高等学校测绘工程系列教材

控制测量学

下册

（第四版）

孔祥元　郭际明　主编

WUHAN UNIVERSITY PRESS
武汉大学出版社

图书在版编目(CIP)数据

控制测量学. 下册/孔祥元,郭际明主编.—4版.—武汉:武汉大学出版社,2015.11(2024.7重印)
高等学校测绘工程系列教材
ISBN 978-7-307-17024-7

Ⅰ.控… Ⅱ.①孔… ②郭… Ⅲ.控制测量—高等学校—教材
Ⅳ.P221

中国版本图书馆CIP数据核字(2015)第248654号

责任编辑:王金龙　　责任校对:汪欣怡　　版式设计:马　佳

出版发行:**武汉大学出版社**　(430072　武昌　珞珈山)
(电子邮箱:cbs22@whu.edu.cn 网址:www.wdp.com.cn)
印刷:武汉雅美高印刷有限公司
开本:787×1092　1/16　印张:22.5　字数:562千字
版次:1996年10月第1版　2002年2月第2版
2006年11月第3版　2015年11月第4版
2024年7月第4版第6次印刷
ISBN 978-7-307-17024-7　定价:56.00元

内容简介

“控制测量学”是高等学校测绘工程专业(本科)一门主干课程,也是从事测绘工程工作者必须掌握的核心知识和技术。本书根据高等学校测绘工程专业本科生(含日校和成人教育)的培养目标和要求,同时兼顾相关专业方向的需求,详细介绍了控制测量学的基本理论、新技术和新方法。为便于教学,分上册、下册两本书出版,这是第四版。

《控制测量学》(上册)第四版,共6章。第1章绪论,主要介绍控制测量学的基本任务、体系和研究内容,地球重力场基本知识以及控制测量的现状和发展,特别介绍了全球导航卫星系统(GNSS)中GPS、GLONASS、BD(我国北斗卫星导航系统)的技术特点和发展与应用。第2章测量控制网的技术设计,主要介绍国家及工程水平测量控制网建立的基本原理,水平测量控制网的质量要求与标准,控制网的优化设计与注意事项以及技术设计书的编制。第3、4、5、6章是控制测量的另一重点内容——基本测量技术与方法。分别详细介绍精密测角、精密测距、精密测高和精密GPS定位的常用的新仪器(包括电子经纬仪、电磁波测距仪、电子水准仪及GPS接收机)的测量原理、结构特点和使用方法及注意事项,外业测量误差来源及减弱的措施,测量的基本操作原则和规范实施,外业测量成果的检查、验收与提供。

《控制测量学》(下册)第四版,共7章。其中第7、8、9(接上册章序)3章主要介绍地球椭球及其数学投影变换的原理、方法及应用。其中,第7章主要介绍地球椭球的数学性质、测量元素向地球椭球面上归算及在地球椭球面上的测量计算。第8章地球椭球的数学投影变换,重点是高斯投影的原理,坐标投影正、反算计算公式以及方向、距离的归算,同时还介绍了通用横轴墨卡托(UTM)、兰勃脱投影、工程测量投影面和投影带的选择等必要知识。第9章测量成果的检查与概算。第10章常用大地坐标系及坐标变换,重点介绍坐标系建立的原理和方法,参心坐标系(1954北京坐标系、1980西安坐标系等),地心坐标系(WGS84、ITRS及ITRF、CGCS2000——我国2000国家大地坐标系),坐标系间的坐标变换原理、方法与注意事项。本书最后一部分重点内容测量控制网的平差计算与数据管理,包括以下3章:第11章测量控制网条件平差(根据需要可选讲),第12章测量控制网间接平差,第13章测量控制网的近代平差及数据管理,重点介绍工程控制网的相关分解平差,大地网综合数据在三维空间坐标系中平差及在二维平面坐标系平差,工程测量控制网数据库系统设计的概念等。本书有关章节附有详细算例和程序说明,供读者学以致用。

本书是高等学校测绘工程专业本科(含日校和成人教育)教材,也可作为其他测绘专业师生、科研和生产技术人员的参考书。

第四版前言

《控制测量学》(上册)、(下册)第四版在保持第三版原书框架结构、知识体系及基本内容基本不变的基础上,结合现代控制测量科学技术最新发展和教学改革的需要,增加和补充了必要的新内容,增补的主要内容有:

(1)全球导航卫星系统(GNSS)核心供应商 GPS、GLONASS、BD(我国北斗卫星导航系统)的技术特点、发展与应用;

(2)新一代国家测绘基准:国家卫星定位连续运行基准站网、国家卫星大地控制网、国家高程控制网、重力基准点、国家测绘基准管理服务系统等建设工程的内容和特点;

(3)2000 国家大地坐标系(CGCS)定义、基本参数及实现与推广使用;

(4)不同坐标系控制点坐标转换模型:三维转换模式(包括不同空间直角坐标系间的转换(布尔沙模型)和不同大地坐标系间转换)、二维转换模式(包括二维四参数转换模型和二维七参数转换模型)、转换模型的选取、转换方法及注意事项。

此外,本版书还对第三版书中个别地方进行了调整、删除了过时不用的内容,并对全书的文字、图表、公式等进行了订正。

本书第四版体系更完整、内容更全面先进、重点更突出。在武汉大学测绘学院测绘工程专业本科教学中多次使用,深受广大师生的欢迎和好评。编者认为,《控制测量学》(上册)、(下册)第四版可以更好地满足当代测绘工程专业本科(含日校和成人教育)教学的需要。

《控制测量学》(上册)、(下册)第四版的增补和修订工作由孔祥元教授和郭际明教授完成。由于水平有限,书中难免有不足之处,欢迎读者批评指正。

编　者

2014 年 5 月

第三版前言

进入21世纪以来，由于空间技术、计算机技术、通信技术以及地理信息技术等相关科学技术和我国各项建设事业的快速发展，测绘科学的理论基础、工程技术体系、研究领域以及科学目标和服务对象等都发生着深刻的变化。作为测绘科学的重要组成部分，《控制测量学》对这些变化显得尤为突出和鲜明：

空间测量技术特别是人造地球卫星定位与导航技术给控制测量提供了全新的现代测量手段，促进控制测量更加生机勃勃的发展；

工程控制网优化设计理论和应用得到长足发展，测量数据处理和分析理论取得许多新成果；

信息时代的控制测量仪器和测量系统已形成数字化、智能化和集成化的新的发展态势，空间测量和地面测量仪器和测量系统出现互补共荣的新的发展格局；

电子计算机促进控制测量工作及工程信息管理等工作向着自动化、网络化、标准化和规范化方向发展，适应不同工程控制测量信息管理的信息系统正在逐步走向成熟，等等。

毫无疑问，控制测量必将在国民经济建设和社会发展中，在防灾、减灾、救灾及环境监测、评价及保护中，在发展空间技术及国防建设中，以及在地球科学及相关科学的研究等广大领域中，有着重要的地位和作用，有着广阔的发展空间和服务领域。控制测量学的发展已进入了新时期。

与此同时，随着全国高等教育的改革和发展，我国在高等学校设置了测绘工程本科专业，这是由传统测绘中的几个分支学科专业综合而成的，体现了这种多学科之间的交叉、渗透和融合。鉴于测绘科学和测绘教育这种新的发展形势，在全国高等学校测绘学科教学指导委员会和武汉大学测绘学院的指导和大力支持下，我们本着宽口径、厚基础和培养复合型人才的发展战略和教改精神，重新调整、组织和安排了《控制测量学》的教学计划。经过几年的摸索和实践，我们对《控制测量学》课程教学积累了一定的教学经验，因此，在控制测量学下册第二版的基础上，特为测绘工程本科专业新编写了本书第三版。

《控制测量学》下册第三版共7章。按照内容的相关性把它划分为相对独立的三个部分，即地球椭球及其数学投影变换的原理与应用，常用大地控制测量坐标系和测量控制网平差计算与数据管理。其中，地球椭球及其数学投影变换的原理与应用部分包括第7、8、9（接上册章序）三章：第7章椭球面上的测量计算，主要讲椭球几何数学性质，大地线，地面观测元素归算至椭球面，大地主题解算即高斯平均引数法、白塞尔法和微分方程的数值解法，本章增加一些必要内容，理论阐述更简明，公式推导更详细，结论公式均适宜计算机编程，且都有计算实例；第8章椭球面元素归算至高斯平面—高斯投影，主要讲地图数学投影变换的基本概念（这是新扩展的内容），高斯投影坐标正反算公式及算例，平面子午线收敛角公式，方向改化公式，距离改化公式，高斯投影的邻带坐标换算，通用横轴墨卡托投影（UTM）和高斯投影族的概念，兰勃脱投影概述，工程测量投影面与投影带选择的概念；第9章控制测量概算，用实例说明以上理论的应用。作为本书的另一部分重要内容是第 10 章常用大地测量坐标系及其变换，主要讲地球的运动，参考系的定义和类型，地心坐标系（WGS-84 世界大地坐标系，国际地球参考系统（ITRS）与国际地球参考框架（ITRF）），参心坐标系（我国的参心坐标系）及坐标系间的换算，这是依据工程控制测量的特点和理论结合实际的原则重新编写的一章，给出关于常用大地测量坐标系及其变换方面简明而又完整的基础理论知识。本书最后一部分是测量控制网平差计算及数据管理，包括以下 3 章：第 11 章工程控制网条件平差，第 12 章工程控制网间接平差，第 13 章测量控制网近代平差与数据管理，在这一章中详细介绍工程控制网相关分解平差（条件分解解法、间接分解解法和序贯平差），大地控制测量数据处理的数学模型（GPS 基线向量网在地心空间直角坐标系中平差的数学模型、GPS 观测值与地面观测值在参心空间坐标系中平差的数学模型、GPS 观测值与地面观测值在二维坐标系中平差的数学模型），最后以例介绍了工程控制网数据库系统设计概念。各章内容均有算例及相应的程序，学以致用。

由此可见，第三版总的保持了第二版的框架结构，对具体章节的编排和内容则作了较大的改动：增加或删除了一些章节，对有些章节给予合并、分开、顺序调整，个别章节则作了重新安排，绝大多数章节的内容作了必要的增补、删减或重写，从而使该书体系更完整，内容更全面，重点更突出，理论更结合实际，充分反映了本课程的全貌和最新发展成果。修订本曾在武汉大学测绘学院和许多兄弟院校测绘工程专业本科教学中使用，深受学生和老师们的欢迎。编者认为，《控制测量学》下册第三版可以更好地满足当代测绘工程专业本科教学的需要。

本书第三版由孔祥元和郭际明主编，参加编写的还有刘宗泉、邹进贵、丁士俊、孔令华、徐忠阳和范士杰。

受编者水平所限，书中难免有不足之处，欢迎读者批评指正。

编　者

2006 年 6 月

第二版前言

自《控制测量学(下册)》第一版(1996年)出版以来,测绘学科特别是大地、控制测量学领域的测绘科学技术有了很大的发展和进步。同时,随着全国高等教育的改革与发展,高等测绘工程专业本科教育也出现了一些新变化,为适应测绘学科建设与测绘高等教育发展的这种新情况,特对本书第一版的某些内容作了修订。

《控制测量学(下册)》第二版主要是对第一版中的有关内容进行了增补。增加的主要内容有:(1)地心纬度及归化纬度坐标系,主曲率半径的计算,子午线弧长与大地纬度的互算;(2)大地主题算法述评,白塞尔大地主题算法,高斯投影簇以及兰勃脱投影;(3)三维、二维及一维大地坐标系的换算等。此外,对原书理论推导不够详细的地方,也作了必要的补充和修正。上述内容简明扼要,适宜计算机编程,学以致用。

本书第二版内容曾经在武汉大学测绘学院(包括原武汉测绘科技大学)测绘工程专业本科日校及函授教学中使用。编者认为,《控制测量学》(下册)第二版,可以更好地满足当前测绘工程专业本科教学的需要。

本书第二版增补的内容由孔祥元教授在征求原书有关编者意见的基础上编写而成。

编　者

2002年1月

前　言

控制测量学是高等学校测绘工程专业的一门主干课程,在专业课程设置中具有重要地位和作用。十几年来,在学校大力支持下,我们在控制测量学教学和课程建设等方面做了一定的改革工作,在总结日校和成人教育多年教学经验和科研成果的基础上,根据现行教学大纲,特为测绘工程专业本科学生新编了这套《控制测量学》上册及下册教材。

《控制测量学》下册内容主要讲述测量控制网计算的理论和方法。近年来,由于电子计算机在测量计算中的普及与应用,测量平差理论迅速发展及我国新大地坐标系建立等新成就,促使《控制测量学》下册内容发生了很大变化。首先,在地球椭球、高斯投影及平差计算等章节的理论和公式推导中尽量简化,并舍去那些不必要的级数展开及手算表格,使其适宜电算程序的编写和应用;在阐述经典平差方法的基础上,概述了近代平差的理论及其在工程测量中的应用,其中包括控制网逐次分解平差,GPS 网与地面网联合平差以及控制测量数据管理系统等内容;此外,还简介了参考椭球定位,1980 年国家大地坐标系,坐标变换及工程测量中投影带和投影面选择等概念。力求在加强基础理论和方法的基础上,理论联系实际,反映近代控制测量新发展。

本书由孔祥元和梅是义主编，参加编写工作的有：张琰、岑虹、姚优华、郭际明等。

本书承邢永昌教授、刘近伯副教授初审，朱鸿禧教授复审，并经测绘教材评委会审定通过，作为全国普通高等教育测绘类规划教材。在审定过程中提出了许多宝贵的意见和建议，在此谨致衷心的感谢。由于编者水平有限，对书中可能存在的不足和错误之处，敬请读者批评指正。

编　者

1996 年 5 月

目　　录

第3部分　地球椭球及其数学投影变换的原理与应用

第 4 部分　常用大地控制测量坐标系及其变换

第 5 部分　测量控制网平差计算与数据管理

第 3 部分　地球椭球及其数学投影变换的原理与应用

第7章　椭球面上的测量计算

本章前五节内容讲述地球椭球的数学性质，其中包括：地球椭球，椭球的基本几何参数，基本坐标系及其相互关系，椭球面上的曲率半径及弧长，大地线定义及其微分方程等，这些是学习本章及以后其他内容的基础。接着讲述椭球面同地面之间的关系，即将地面观测元素，其中包括天文方位角、水平方向及斜距等归算至椭球面上的公式和方法，从而为椭球面上点的位置坐标计算做好数据准备。最后讲述椭球面上点的大地坐标计算。

7.1　地球椭球的基本几何参数及其相互关系

7.1.1　地球椭球的基本几何参数

在控制测量中，用来代表地球的椭球叫做地球椭球，通常简称椭球，它是地球的数学代表。具有一定几何参数、定位及定向的用以代表某一地区大地水准面的地球椭球叫做参考椭球。地面上一切观测元素都应归算到参考椭球面上，并在这个面上进行计算。参考椭球面是大地测量计算的基准面，同时又是研究地球形状和地图投影的参考面。

地球椭球是经过适当选择的旋转椭球。旋转椭球是椭圆绕其短轴旋转而成的几何形体。在图7-1中，O是椭球中心，NS为旋转轴，a为长半轴，b为短半轴。包含旋转轴的平面与椭球面相截所得的椭圆，叫做子午圈(或经圈，或子午椭圆)，如$NKAS$。旋转椭球面上所有的子午圈的大小都是一样的。垂直于旋转轴的平面与椭球面相截所得的圆，叫做平行圈(或纬圈)，如QKQ'。通过椭球中心的平行圈，叫做赤道，如EAE'。赤道是最大的平行圈，而南极点、北极点是最小的平行圈。

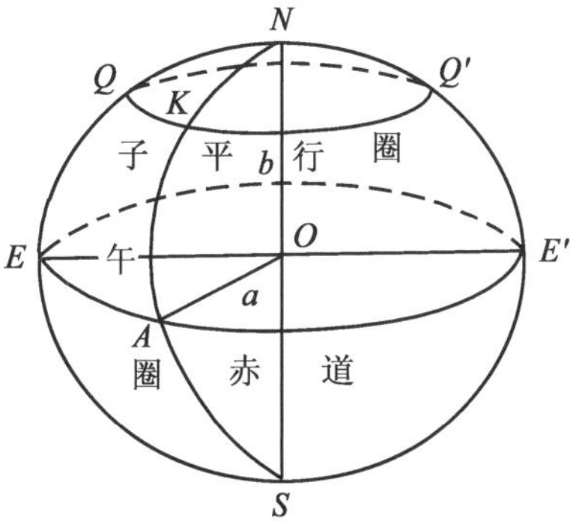

图7-1

旋转椭球的形状和大小是由子午椭圆的五个基本几何参数(或称元素)来决定的，它们是：

椭圆的长半轴 a

椭圆的短半轴 b

椭圆的扁率 $\alpha=\dfrac{a-b}{a}$　　(7-1)

椭圆的第一偏心率 $e=\dfrac{\sqrt{a^2-b^2}}{a}$　　(7-2)

椭圆的第二偏心率 $e'=\frac{\sqrt{a^2-b^2}}{b}$ (7-3)

其中：a,b 称为长度元素；扁率 α 反映了椭球体的扁平程度，如当 $a=b$ 时，$\alpha=0$，椭球变为球体；当 b 减小时，α 增大，则椭球体变扁；当 $b=0$ 时，$\alpha=1$，则变为平面。因此 α 值介于 1 和 0 之间。偏心率 e 和 e' 是子午椭圆的焦点离开中心的距离与椭圆半径之比，它们也反映椭球体的扁平程度，偏心率愈大，椭球愈扁，其数值恒小于 1。

决定旋转椭球的形状和大小，只需知道五个参数中的两个参数就够了，但其中至少有一个长度元素（比如 a 或 b），通常习惯于用 a,e^2 或 a,e'^2 或 a,α，因为其中包含一个小于 1 的量，便于级数展开。

为简化书写，还常引入以下符号：

$$c=\frac{a^2}{b},\quad t=\tan B,\quad \eta^2=e'^2\cos^2 B \tag{7-4}$$

式中：B 是大地纬度；以后在 7.3.1 小节中将会看到，c 有明确的几何意义，它是极点处的子午线曲率半径。

此外，还有两个常用的辅助函数：

$$\begin{cases} W=\sqrt{1-e^2\sin^2 B} \\ V=\sqrt{1+e'^2\cos^2 B} \end{cases} \tag{7-5}$$

传统大地测量利用天文大地测量和重力测量资料推求地球椭球的几何参数。19 世纪以来，已经求出许多地球椭球参数，比较著名的有白塞尔椭球（1841 年），克拉克椭球（1866 年），海福特椭球（1910 年）和克拉索夫斯基椭球（1940 年）等。20 世纪 60 年代以来，空间大地测量学的兴起和发展，为研究地球形状和引力场开辟了新途径。国际大地测量和地球物理联合会（IUGG）已推荐了更精密的椭球参数，比如第 16 届 IUGG 大会（1975 年）推荐的 1975 年国际椭球参数等。新中国成立以来，我国建立 1954 年北京坐标系应用的是克拉索夫斯基椭球；建立 1980 年国家大地坐标系应用的是 1975 年国际椭球；而全球定位系统（GPS）应用的是 WGS-84 系椭球参数。现将这三个椭球元素值列于表 7-1。

表 7-1

	克拉索夫斯基椭球体	1975 年国际椭球体	WGS-84 椭球体
a	6 378 245.000 000 000 0(m)	6 378 140.000 000 000 0(m)	6 378 137.000 000 000 0(m)
b	6 356 863.018 773 047 3(m)	6 356 755.288 157 528 7(m)	6 356 752.314 2(m)
c	6 399 698.901 782 711 0(m)	6 399 596.651 988 010 5(m)	6 399 593.625 8(m)
α	1/298.3	1/298.257	1/298.257 223 563
e^2	0.006 693 421 622 966	0.006 694 384 999 588	0.006 694 379 901 3
e'^2	0.006 738 525 414 683	0.006 739 501 819 473	0.006 739 496 742 27

7.1.2 地球椭球参数间的相互关系

依(7-1)~(7-3)式，可很容易导出各参数间的关系式，下面仅以 e 和 e' 的关系式为例作一

推导。由(7-2)式及(7-3)式,得

$$e^2=\frac{a^2-b^2}{a^2},\quad e'^2=\frac{a^2-b^2}{b^2}$$

$$1-e^2=\frac{b^2}{a^2},\quad 1+e'^2=\frac{a^2}{b^2}$$

进而得

$$(1-e^2)(1+e'^2)=1 \tag{7-6}$$

于是有

$$e^2=\frac{e'^2}{1+e'^2},\quad e'^2=\frac{e^2}{1-e^2} \tag{7-7}$$

其他元素间的关系式也可以类似地导出。现把有关的关系式归纳如下:

$$\begin{cases} a=b\sqrt{1+e'^2}, & b=a\sqrt{1-e^2} \\ c=a\sqrt{1+e'^2}, & a=c\sqrt{1-e^2} \\ e'=e\sqrt{1+e'^2}, & e=e'\sqrt{1-e^2} \\ V=W\sqrt{1+e'^2}, & W=V\sqrt{1-e^2} \\ e^2=2\alpha-\alpha^2\approx 2\alpha \end{cases} \tag{7-8}$$

此外,还有下列关系式:

$$\begin{cases} W=\sqrt{1-e^2}\cdot V=\left(\dfrac{b}{a}\right)\cdot V \\ V=\sqrt{1+e'^2}\cdot W=\left(\dfrac{a}{b}\right)\cdot W \\ W^2=1-e^2\sin^2B=(1-e^2)V^2 \\ V^2=1+\eta^2=(1+e'^2)W^2 \end{cases} \tag{7-9}$$

7.2 椭球面上的常用坐标系及其相互关系

为了表示椭球面上点的位置,必须建立相应的坐标系。下面将要介绍的几种坐标系,都可惟一地确定空间任意点的位置,并且这些位置坐标之间可以按给出的相应公式直接进行精确的相互换算,因为它们的椭球大小及其相对地球表面的相对位置都是确定不变的。

7.2.1 各种坐标系的建立

1. 大地坐标系

如图 7-2 所示,P 点的子午面 NPS 与起始子午面 NGS 所构成的二面角 L,叫做 P 点的大地经度。由起始子午面起算,向东为正,叫做东经(0°~180°);向西为负,叫做西经(0°~180°)。P 点的法线 Pn 与赤道面的夹角 B,叫做 P 点的大地纬度。由赤道面起算,向北为正,叫做北纬(0°~90°);向南为负,叫做南纬(0°~90°)。在该坐标系中,P 点的位置用 L,B 表示。如果点不在椭球面上,表示点的位置除 L,B 外,还要附加另一参数——大地高 H,它同正常高 $H_{正常}$ 及正高 $H_{正}$ 有如下关系

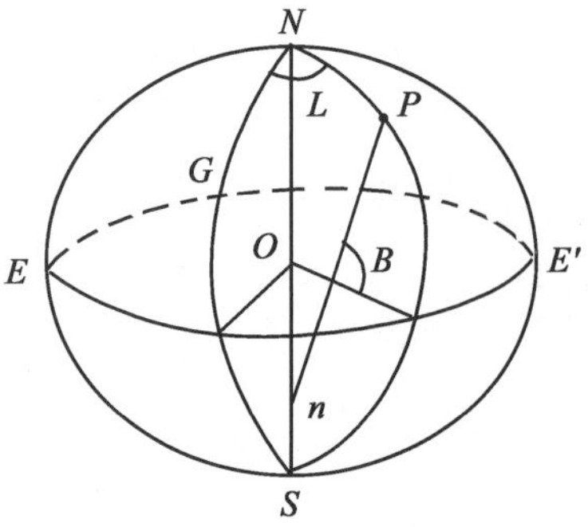

图 7-2

$$\begin{cases} H=H_{正常}+\zeta(高程异常) \\ H=H_{正}+N(大地水准面差距) \end{cases} \quad (7\text{-}10)$$

显然,如果点在椭球面上,$H=0$。

大地坐标系是大地测量的基本坐标系,具有如下优点:

(1)它是整个椭球体上统一的坐标系,是全世界公用的最方便的坐标系统。经纬线是地形图的基本线,所以在测图及制图中应用这种坐标系。

(2)它与同一点的天文坐标(天文经纬度)比较,可以确定该点的垂线偏差的大小。

因此,大地坐标系对于大地测量计算、地球形状研究和地图编制等都很有用。

2. 空间直角坐标系

如图 7-3 所示,以椭球体中心 O 为原点,起始子午面与赤道面交线为 X 轴,在赤道面上与 X 轴正交的方向为 Y 轴,椭球体的旋转轴为 Z 轴,构成右手坐标系 $O\text{-}XYZ$,在该坐标系中,P 点的位置用 X,Y,Z 表示。

3. 子午面直角坐标系

如图 7-4 所示,设 P 点的大地经度为 L,在过 P 点的子午面上,以子午圈椭圆中心为原点,建立 x,y 平面直角坐标系。在该坐标系中,P 点的位置用 L,x,y 表示。

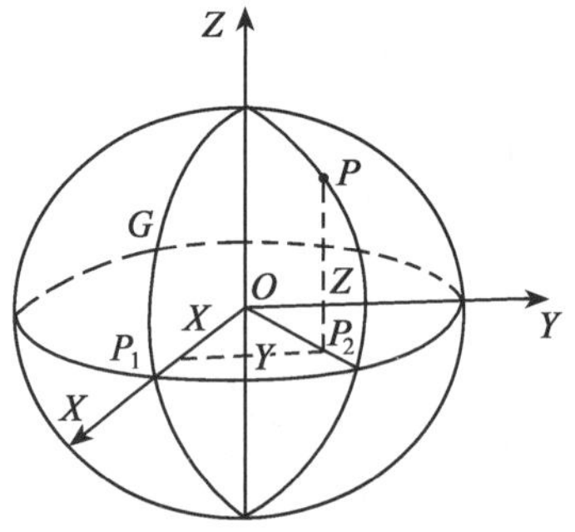

图 7-3

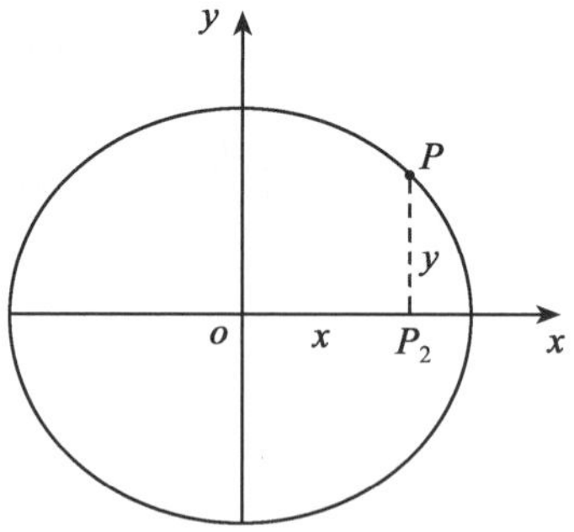

图 7-4

4. 地心纬度坐标系及归化纬度坐标系

如图 7-5 所示。设椭球面上 P 点的大地经度 L,在此子午面上以椭圆中心 O 为原点建立地心纬度坐标系。连接 OP,则 $\angle POx=\phi$ 称为地心纬度,而 $OP=\rho$ 称为 P 点向径,在此坐标系中,点的位置用 L、ϕ、ρ 表示。

又如图 7-6 所示,设椭球面上 P 点的大地经度为 L,在此子午面上以椭圆中心 O 为圆心,以椭球长半径 a 为半径作辅助圆,延长 P_2P 与辅助圆相交于 P_1 点,则 OP_1 与 x 轴夹角称为 P 点的归化纬度,用 u 表示,在此归化纬度坐标系中,P 点位置用 L,u 表示。

在这两种坐标中,如果点不在椭球面上,那么应先沿法线将该点投影到椭球面上,此时的地心纬度、归化纬度则是此投影点的纬度值,并且增加坐标的第三量——大地高 H。

子午面直角坐标系及地心纬度、归化纬度坐标系主要用于大地测量的公式推导和某些特

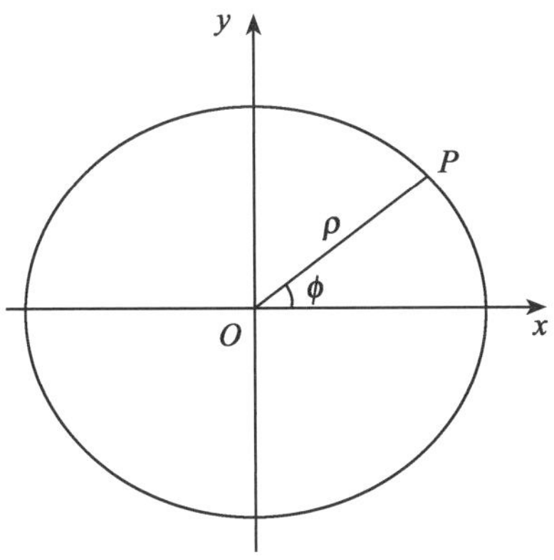

图 7-5

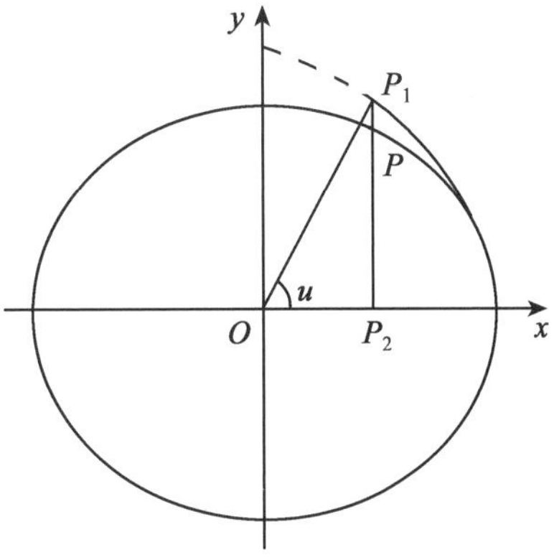

图 7-6

殊的测量计算中。

5. 大地极坐标系

在图 7-7 中，M 为椭球体面上任意一点，MN 为过 M 点的子午线，S 为连接 MP 的大地线长，A 为大地线在 M 点的方位角。以 M 为极点，MN 为极轴，S 为极半径，A 为极角，这样就构成大地极坐标系。在该坐标系中 P 点的位置用 S,A 表示。

椭球面上点的极坐标(S,A)与大地坐标(L,B)可以互相换算，这种换算叫做大地主题解算。

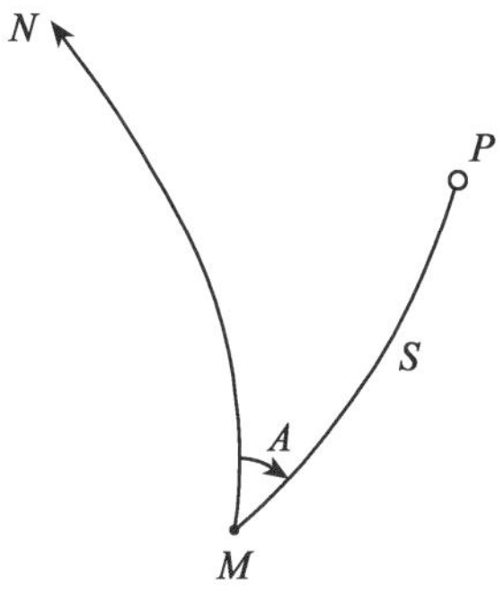

图 7-7

7.2.2 坐标系间的关系

如上所述，椭球面上的点位可在各种坐标系中表示，由于所用坐标系不同，表现出来的坐标值也不同。既然各种坐标系均可用来表示同一点的位置，那么它们之间必然存在着内部联系。因此，必须寻找出各坐标系的内在联系和规律，从而解决各种坐标系的变换问题，为以后的某些理论推导作必要的准备。

1. 子午面直角坐标系同大地坐标系的关系

在这两个坐标系中，L 是相同的，因此，问题在于推求 x,y 同 B 的关系。

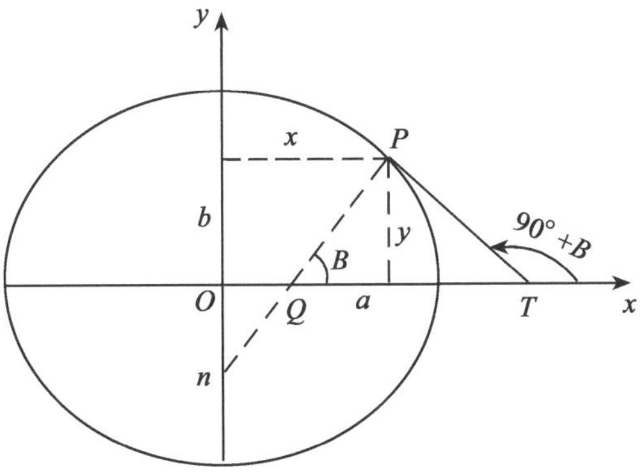

图 7-8

如图 7-8 所示，过 P 点作法线 Pn，它与 x 轴之夹角为 B，过 P 点作子午圈的切线 TP，它与 x 轴的夹角为$(90°+B)$。由解析几何学可知，该夹角的正切值叫做曲线在 P 点处之切线的斜率，它等于曲线在该点处的一阶导数：

$$\frac{\mathrm{d}y}{\mathrm{d}x}=\tan(90°+B)=-\cot B \qquad (7\text{-}11)$$

又由于 P 点在以 O 为中心的子午椭圆上，故它的直角坐标 x,y 必满足下列方程：

$$\frac{x^2}{a^2}+\frac{y^2}{b^2}=1 \qquad (7\text{-}12)$$

上式对 x 取导数，得

$$\frac{\mathrm{d}y}{\mathrm{d}x}=-\frac{b^2}{a^2}\cdot\frac{x}{y} \tag{7-13}$$

将(7-13)式同(7-11)式比较可得

$$\cot B=\frac{b^2}{a^2}\cdot\frac{x}{y}=(1-e^2)\frac{x}{y}$$

所以

$$y=x(1-e^2)\tan B \tag{7-14}$$

将(7-14)式代入(7-12)式中,得

$$\frac{x^2}{a^2}+\frac{x^2(1-e^2)^2\tan^2B}{b^2}=1 \tag{7-15}$$

用 $a^2\cos^2B$ 乘以(7-15)式两边,得

$$x^2[\cos^2B+(1-e^2)\sin^2B]=a^2\cos^2B$$

或

$$x^2(1-e^2\sin^2B)=a^2\cos^2B$$

由此得

$$x=\frac{a\cos B}{\sqrt{1-e^2\sin^2B}}=\frac{a\cos B}{W} \tag{7-16}$$

将上式代入(7-14)式中得

$$y=\frac{a(1-e^2)\sin B}{\sqrt{1-e^2\sin^2B}}=\frac{a}{W}(1-e^2)\sin B=\frac{b\sin B}{V} \tag{7-17}$$

(7-16)式及(7-17)式即为子午面直角坐标 x,y 同大地纬度 B 的关系式。

如果设 $Pn=N$,由图 7-8 直接看出

$$x=N\cos B \tag{7-18}$$

与(7-16)式比较,可知:

$$N=\frac{a}{W} \tag{7-19}$$

于是有

$$y=N(1-e^2)\sin B \tag{7-20}$$

又由图 7-8 直接看出:

$$y=PQ\sin B \tag{7-21}$$

与(7-20)式比较可知:

$$PQ=N(1-e^2) \tag{7-22}$$

显然

$$Qn=Ne^2 \tag{7-23}$$

(7-22)式和(7-23)式指明了法线 Pn 在赤道两侧的长度。利用这个结论,对今后某些公式推导是比较方便的。

2. 空间直角坐标系同子午面直角坐标系的关系

注意到图 7-3 及图 7-4 中,空间直角坐标系中的 P_2P 相当于子午平面直角坐标系中的 y,前者的 OP_2 相当于后者的 x,并且二者的经度 L 相同。于是由图 7-3 直接可以得到

$$\begin{cases}X=x\cos L\\Y=x\sin L\\Z=y\end{cases} \tag{7-24}$$

3. 空间直角坐标系同大地坐标系的关系

将(7-18)式及(7-20)式代入上式,易得

$$\begin{cases} X = N\cos B\cos L \\ Y = N\cos B\sin L \\ Z = N(1-e^2)\sin B \end{cases} \tag{7-25}$$

如果将(7-16)式及(7-17)式代入,则得

$$\begin{cases} X = \dfrac{a\cos B}{W}\cos L \\ Y = \dfrac{a\cos B}{W}\sin L \\ Z = \dfrac{b\sin B}{V} \end{cases} \tag{7-26}$$

如果 P 点不在椭球面上,如图 7-9 所示。设大地高为 H,P 点在椭球面上投影为 P_0,显然矢量

$$\rho = \rho_0 + H \cdot \boldsymbol{n} \tag{7-27}$$

由于 $$\rho_0 = \begin{bmatrix} X \\ Y \\ Z \end{bmatrix} = N\begin{bmatrix} \cos B\ \cos L \\ \cos B\ \sin L \\ (1-e^2)\sin B \end{bmatrix} \tag{7-28}$$

外法线单位矢量

$$\boldsymbol{n} = \begin{bmatrix} \cos B\ \cos L \\ \cos B\ \sin L \\ \sin B \end{bmatrix} \tag{7-29}$$

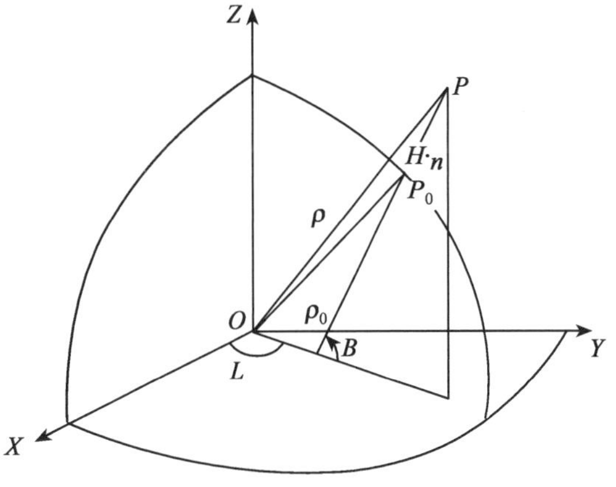

图 7-9

因此有:

$$\rho = \begin{bmatrix} X \\ Y \\ Z \end{bmatrix} = \begin{bmatrix} (N+H)\cos B\cos L \\ (N+H)\cos B\sin L \\ [N(1-e^2)+H]\sin B \end{bmatrix} \tag{7-30}$$

当已知 P 点的空间直角坐标计算相应大地坐标时,对大地经度 L 有:

或 $$\begin{cases} L = \arctan = \dfrac{Y}{X} \\ L = \arcsin \dfrac{Y}{\sqrt{X^2+Y^2}} \\ L = \arccos \dfrac{X}{\sqrt{X^2+Y^2}} \end{cases} \tag{7-31}$$

大地纬度 B 的计算比较复杂,通常采用迭代法,如图 7-10 所示。$PP''=Z$,$OP''=\sqrt{X^2+Y^2}$,$PP'''=OK_P=Ne^2\sin B$,$OQ=Ne^2\cos B$,由图可知

$$\tan B = \frac{Z+Ne^2\sin B}{\sqrt{X^2+Y^2}} \tag{7-32}$$

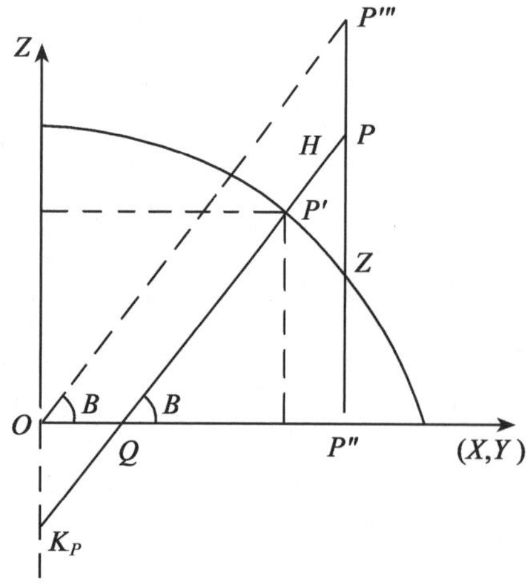

图 7-10

或
$$\cot B=\frac{\sqrt{X^2+Y^2}-Ne^2\cos B}{Z} \tag{7-33}$$

(7-32)式右端有待定量 B,需要迭代计算。迭代时可取 $\tan B_1=\frac{Z}{\sqrt{X^2+Y^2}}$,用 B 的初值 B_1 计算 N_1 和 $\sin B_1$,按(7-32)式进行第二次迭代,直至最后两次 B 值之差小于允许误差为止。

当已知大地纬度 B 时,按下式计算大地高:

$$H=\frac{Z}{\sin B}-N(1-e^2) \tag{7-34}$$

或
$$H=\frac{\sqrt{X^2+Y^2}}{\cos B}-N \tag{7-35}$$

由于(7-32)式左、右两端具有不同的三角函数,这对于迭代很不方便。为克服这一缺点,建议采用下面的迭代公式:

由于(7-65)式 $N=\frac{c}{V}$,

$$N=\frac{c}{\sqrt{1+e'^2\cos^2 B}} \tag{7-36}$$

$$\frac{1}{\cos^2 B}=1+\tan^2 B \tag{7-37}$$

将它们代入(7-32)式,经整理则得

$$\tan B=\frac{Z}{\sqrt{X^2+Y^2}}+\frac{ce^2\tan B}{\sqrt{X^2+Y^2}\cdot\sqrt{1+e'^2+\tan^2 B}} \tag{7-38}$$

因此
$$t_{i+1}=t_0+\frac{Pt_i}{\sqrt{k+t_i^2}} \tag{7-39}$$

式中
$$t_0=\frac{Z}{\sqrt{X^2+Y^2}},\ p=\frac{ce^2}{\sqrt{X^2+Y^2}},\ k=1+e'^2 \tag{7-40}$$

t_i 为前一次迭代值,第一次迭代令 $t_i=t_0$。

4. 大地纬度 B,归化纬度 u,地心纬度 φ 之间的关系

(1) B,u 之间的关系。

由于
$$x=a\cos u,\ y=b\sin u$$
$$x=\frac{a}{W}\cos B,\ y=\frac{a}{W}(1-e^2)\sin B=\frac{b\sin B}{V}$$

故
$$\sin u=\frac{\sqrt{1-e^2}}{W}\sin B \tag{7-41}$$

$$\cos u=\frac{1}{W}\cos B \tag{7-42}$$

$$\sin B=V\sin u \tag{7-43}$$

$$\cos B = W\cos u \tag{7-44}$$

$$\tan u = \sqrt{1 - e^2}\tan B \tag{7-45}$$

(2) u, ϕ 之间的关系。

由于
$$\tan\phi = \frac{y}{x}$$

又
$$\frac{y}{x} = \sqrt{1 - e^2}\tan u$$

因此得到
$$\tan\phi = \sqrt{1 - e^2}\tan u \tag{7-46}$$

(3) B, ϕ 之间的关系。

将(7-45)式代入(7-46)式,易得

$$\tan\phi = (1-e^2)\tan B$$

下面把公式汇总如下:

$$\tan B = \sqrt{1 + e'^2}\tan u = (1 + e'^2)\tan\phi \tag{7-47}$$

$$\tan u = \sqrt{1 - e^2}\tan B = \sqrt{1 + e'^2}\tan\phi \tag{7-48}$$

$$\tan\phi = (1 - e^2)\tan B = \sqrt{1 - e^2}\tan u \tag{7-49}$$

从上可见,大地纬度、地心纬度、归化纬度之间的差异很小,经过计算,当 $B=45°$时,

$$\begin{cases} (B - u)_{\max} = 5.9' \\ (u - \phi)_{\max} = 5.9' \\ (B - \phi)_{\max} = 11.8' \end{cases} \tag{7-50}$$

且有关系
$$B>u>\phi \tag{7-51}$$

7.2.3 站心地平坐标系

大地站心地平坐标系是以测站法线和子午线方向为依据的坐标系。按照使用的需要有不同定义,通常是使用站心左手地平直角坐标系及地平极坐标系。如图 7-11 所示,以测站点 P_1 为原点,以 P_1 点的法线为 Z 轴,指向天顶为正,以子午线方向为 X 轴,指向北为正,Y 轴与 XZ 平面垂直,向东为正。在此坐标系中,点的坐标用 P_2-(x,y,z) 表示。也可以这样说,任意点 P_2 的位置可用距离 S,大地方位角 A 及大地天顶距 Z 来表示,将 P-(S,A,Z) 叫做大地站心地平极坐标系。显然有坐标关系式

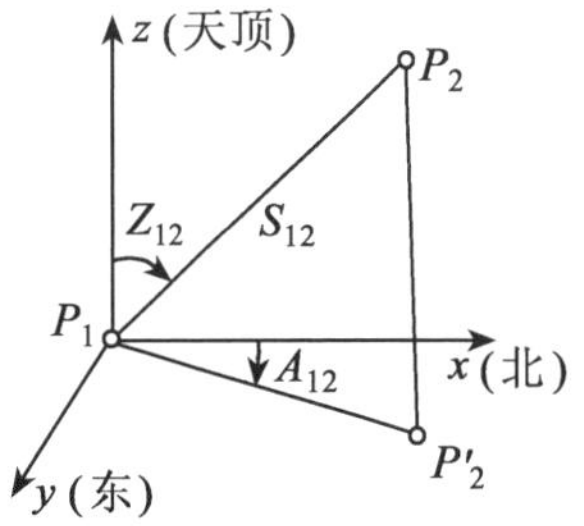

图 7-11

$$\begin{cases} x = S \cdot \sin Z\cos A \\ y = S \cdot \sin Z\sin A \\ z = S\cos Z \\ \cos Z = \dfrac{z}{S}, \quad \tan A = \dfrac{y}{x}, \quad S = \sqrt{x^2 + y^2 + z^2} \end{cases} \tag{7-52}$$

式中:A 为大地方位角,它是由过测站 P_1 的子午面顺时针转向包含 P_1 点法线和 P_2 点的垂直面之间的夹角,数值为 0°~180°;Z 为大地天顶距,它是 P_1 点法线和 P_1P_2 方向的夹角,数值为0°~90°。

如果说,大地站心地平坐标系是由椭球法线,大地地平面(P_1XY)及起始点的大地子午面决定的话,那么天文站心地平坐标系便由垂线,真地平面及天文子午面所决定的。同样地,我

们把过原点 P_1 的天文子午面与过 P_1 点铅垂线及线 P_1P_2 的平面之间的夹角称为天文方位角，即 α 表示；把 P_1 点垂线与直线 P_1P_2 之间的夹角称为天文天顶距，用 Z_0 表示。

此站心地平坐标系在常规大地测量数据处理及深空大地测量 PPAE 体制的研究中有重要意义。

7.3 椭球面上的几种曲率半径

为了在椭球面上进行控制测量计算，就必须了解椭球面上有关曲线的性质。过椭球面上任意一点可作一条垂直于椭球面的法线，包含这条法线的平面叫做法截面，法截面同椭球面交线叫做法截线（或法截弧）。可见，要研究椭球面上曲线的性质，就要研究法截线的性质，而法截线的曲率半径便是一个基本内容。

包含椭球面一点的法线，可作无数多个法截面，相应有无数多个法截线。椭球面上的法截线曲率半径不同于球面上的法截线曲率半径都等于圆球的半径，而是不同方向的法截弧的曲率半径都不相同。因此，本节首先研究子午线及卯酉线的曲率半径，在此基础上再研究平均曲率半径及任意方向的曲率半径公式。

7.3.1 子午圈曲率半径

在如图 7-12 所示的子午椭圆的一部分上取一微分弧长 $DK=\mathrm{d}S$，相应地有坐标增量 $\mathrm{d}x$，点 n 是微分弧 $\mathrm{d}S$ 的曲率中心，于是线段 Dn 及 Kn 便是子午圈曲率半径 M。

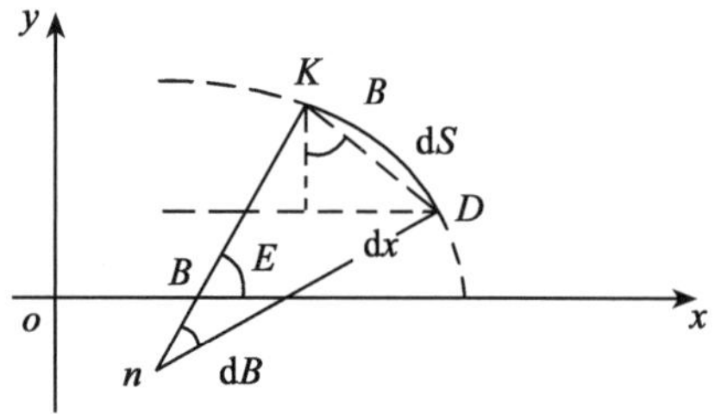

图 7-12

由任意平面曲线的曲率半径的定义公式，易知

$$M=\frac{\mathrm{d}S}{\mathrm{d}B} \tag{7-53}$$

从微分三角形 DKE 可求得

$$\mathrm{d}S=-\frac{\mathrm{d}x}{\sin B}$$

式中 $\mathrm{d}x$ 之所以取负号，那是因为子午椭圆上点的横坐标随着纬度 B 的增加而缩小。

将上式代入(7-52)式，得

$$M=-\frac{\mathrm{d}x}{\mathrm{d}B}\cdot\frac{1}{\sin B} \tag{7-54}$$

由(7-16)式可求得

$$\frac{\mathrm{d}x}{\mathrm{d}B}=a\left(\frac{-\sin BW-\cos B\dfrac{\mathrm{d}W}{\mathrm{d}B}}{W^2}\right) \tag{7-55}$$

由于

$$\frac{\mathrm{d}W}{\mathrm{d}B}=\frac{\mathrm{d}\sqrt{1-e^2\sin^2B}}{\mathrm{d}B}=\frac{-2e^2\sin B\cos B}{2\sqrt{1-e^2\sin^2B}}=\frac{-e^2\sin B\cos B}{W} \tag{7-56}$$

将上式代入(7-55)式，得

$$\frac{\mathrm{d}x}{\mathrm{d}B} = -a\sin B\left(\frac{1}{W} - \frac{e^2\cos^2 B}{W^3}\right) = -\frac{a\sin B}{W^3}(W^2 - e^2\cos^2 B) \tag{7-57}$$

又因

$$W^2 = 1 - e^2\sin^2 B$$

则有

$$\frac{\mathrm{d}x}{\mathrm{d}B} = -\frac{a\sin B}{W^3}(1 - e^2\sin^2 B - e^2\cos^2 B) \tag{7-58}$$

或

$$\frac{\mathrm{d}x}{\mathrm{d}B} = -\frac{a\sin B}{W^3}(1 - e^2) \tag{7-59}$$

顾及(7-59)式,则曲率半径公式(7-54)变为

$$M = \frac{a(1 - e^2)}{W^3} \tag{7-60}$$

顾及(7-8)式及(7-9)式中有关公式,上式又可写成

$$M = \frac{c}{V^3} \quad 或 \quad M = \frac{N}{V^2} \tag{7-61}$$

(7-60)式及(7-61)式即为子午圈曲率半径的计算公式。由这些公式可知,M 与 B 有关,它随 B 的增大而增大,变化规律如表 7-2 所示。

表 7-2

B	M	说　明
$B=0°$	$M_0=a(1-e^2)=\frac{c}{\sqrt{(1+e'^2)^3}}$	在赤道上,M 小于赤道半径 a
$0°<B<90°$	$a(1-e^2)<M<c$	此间 M 随纬度的增大而增大
$B=90°$	$M_{90}=\frac{a}{\sqrt{1-e^2}}=c$	在极点上,M 等于极点曲率半径 c

由表 7-2 中可知,7.1 节中给出的极曲率半径 c 的几何意义就是椭球体在极点(两极)的曲率半径。

7.3.2 卯酉圈曲率半径

过椭球面上一点的法线,可作无限个法截面,其中一个与该点子午面相垂直的法截面同椭球面相截形成的闭合的圈称为卯酉圈。如图7-13中 PEE' 即为过 P 点的卯酉圈。卯酉圈的曲率半径用 N 表示。

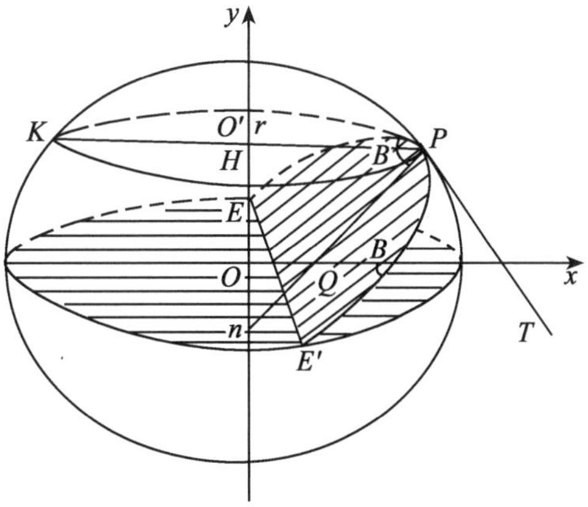

图 7-13

为了推求 N 的计算公式,过 P 点(图 7-13)作以 O' 为中心的平行圈 PHK 的切线 PT,该切线位于垂直于子午面的平行圈平面内。因卯酉圈也垂直于子午面,故 PT 也是卯酉圈在 P 点处的切线,即 PT 垂直于 Pn。所以 PT

是平行圈 PHK 及卯酉圈 PEE' 在 P 点处的公切线。

由麦尼尔定理知,假设通过曲面上一点引两条截弧,一为法截弧,一为斜截弧,且在该点上这两条截弧具有公共切线,这时斜截弧在该点处的曲率半径等于法截弧的曲率半径乘以两截弧平面夹角的余弦。

由图 7-13 可知,平行圈平面与卯酉圈平面之间的夹角,即为大地纬度 B,如果平行圈的半径用 r 表示,则有

$$r = N\cos B \tag{7-62}$$

又据图 7-8 可知,平行圈半径 r 就等于 P 点的横坐标 x,亦即

$$x = r = \frac{a\cos B}{W} \tag{7-63}$$

因此,卯酉圈曲率半径

$$N = \frac{a}{W} \tag{7-64}$$

顾及(7-8)式中有关公式,上式又可写为

$$N = \frac{c}{V} \tag{7-65}$$

(7-64)式及(7-65)式即为卯酉圈曲率半径的计算公式。

由图 7-13 可以看出:

$$Pn = N = \frac{PO'}{\cos B} = \frac{r}{\cos B} \tag{7-66}$$

这就是说,卯酉圈曲率半径恰好等于法线介于椭球面和短轴之间的长度,亦即卯酉圈的曲率中心位于椭球的旋转轴上。

由 N 的计算公式(7-64)和(7-65)可知,N 与 B 有关,且随 B 的增大而增大,其变化规律如表 7-3 所示。

表 7-3

B	N	说　明
$B=0°$	$N_0=a=\frac{c}{\sqrt{1+e'^2}}$	此时卯酉圈变为赤道,N 即为赤道半径 a
$0°<B<90°$	$a<N<c$	此间 N 随纬度的增加而增加
$B=90°$	$N_{90}=\frac{a}{\sqrt{1-e^2}}=c$	此时卯酉圈变为子午圈,N 即为极点的曲率半径 c

以上讨论的子午圈曲率半径 M 及卯酉圈曲率半径 N,是两个互相垂直的法截弧的曲率半径,这在微分几何中统称为主曲率半径。

在实际计算中,还经常引用下面两个符号:

$$\left\{\begin{aligned}(1) &= \frac{\rho''}{M}\\ (2) &= \frac{\rho''}{N}\end{aligned}\right. \tag{7-67}$$

及 $\pi=3.1415926535897932$，$\rho°=57.2957795130823210°$，$\rho'=3437.74677078493917'$，$\rho''=206264.806247096355''$。

(1)和(2)的数值可以直接算得，也可在《大地坐标计算用表》中以 B 为引数查取。

7.3.3 主曲率半径的计算

将

$$M=a(1-e^2)(1-e^2\sin^2 B)^{-\frac{3}{2}} \tag{7-68}$$

$$N=a(1-e^2\sin^2 B)^{-\frac{1}{2}} \tag{7-69}$$

按牛顿二项式定理展开级数，取至 8 次项，则有

$$M=m_0+m_2\sin^2 B+m_4\sin^4 B+m_6\sin^6 B+m_8\sin^8 B \tag{7-70}$$

$$N=n_0+n_2\sin^2 B+n_4\sin^4 B+n_6\sin^6 B+n_8\sin^8 B \tag{7-71}$$

式中

$$\begin{cases} m_0=a(1-e^2) & n_0=a \\ m_2=\dfrac{3}{2}e^2 m_0 & n_2=\dfrac{1}{2}e^2 n_0 \\ m_4=\dfrac{5}{4}e^2 m_2 & n_4=\dfrac{3}{4}e^2 n_2 \\ m_6=\dfrac{7}{6}e^2 m_4 & n_6=\dfrac{5}{6}e^2 n_4 \\ m_8=\dfrac{9}{8}e^2 m_6 & n_8=\dfrac{7}{8}e^2 n_6 \end{cases} \tag{7-72}$$

将克拉索夫斯基椭球元素值代入(7-72)式，得级数展开式前 8 项的系数

$$\begin{cases} m_0=6\,335\,552.717\,00 & n_0=6\,378\,245.000\,00 \\ m_2=63\,609.788\,33 & n_2=21\,346.141\,49 \\ m_4=532.208\,92 & n_4=107.159\,04 \\ m_6=4.156\,02 & n_6=0.597\,72 \\ m_8=0.031\,30 & n_8=0.003\,50 \\ (m_{10})=0.000\,23 & (n_{10})=0.000\,02 \end{cases} \tag{7-73}$$

将 1975 年国际椭球元素值代入(7-72)式，得级数展开式前 10 项的系数

$$\begin{cases} m_0=6\,335\,442.275 & n_0=6\,378\,140.000 \\ m_2=63\,617.835 & n_2=21\,348.862 \\ m_4=532.353 & n_4=107.188 \\ m_6=4.158 & n_6=0.598 \\ m_8=0.031 & n_8=0.003 \\ (m_{10})=0.000 & (n_{10})=0.000 \end{cases} \tag{7-74}$$

如果将

$$M=c\cdot(1+e'^2\cos^2 B)^{-\frac{3}{2}} \tag{7-75}$$

$$N=c\cdot(1+e'^2\cos^2 B)^{-\frac{1}{2}} \tag{7-76}$$

按牛顿二项式定理展开级数，取至 8 次项，则得

$$M=m_0'+m_2'\cos^2 B+m_4'\cos^4 B+m_6'\cos^6 B+m_8'\cos^8 B \tag{7-77}$$

$$N = n_0' + n_2'\cos^2 B + n_4'\cos^4 B + n_6'\cos^6 B + n_8'\cos^8 B \tag{7-78}$$

式中

$$\begin{cases} m_0' = c = a/\sqrt{1-e^2} & n_0' = c = a/\sqrt{1-e^2} \\ m_2' = -\dfrac{3}{2}e'^2 m_0' & n_2' = -\dfrac{1}{2}e'^2 n_0' \\ m_4' = -\dfrac{5}{4}e'^2 m_2' & n_4' = -\dfrac{3}{4}e'^2 n_2' \\ m_6' = -\dfrac{7}{6}e'^2 m_4' & n_6' = -\dfrac{5}{6}e'^2 n_4' \\ m_8' = -\dfrac{9}{8}e'^2 m_6' & n_8' = -\dfrac{7}{8}e'^2 n_6' \\ (m_{10}') = -\dfrac{11}{10}e'^2 m_8' & (n_{10}') = -\dfrac{9}{10}e'^2 n_8' \end{cases} \tag{7-79}$$

将克拉索夫斯基椭球元素值代入,则得各项系数

$$\begin{cases} m_0' = 6\ 399\ 698.902 & n_0' = 6\ 399\ 698.902 \\ m_2' = -64\ 686.800 & n_2' = -21\ 562.266 \\ m_4' = 544.867 & n_4' = 108.973 \\ m_6' = -4.284 & n_6' = -0.612 \\ m_8' = +0.033 & n_8' = 0.004 \\ (m_{10}') = 0.000 & (n_{10}') = 0.000 \end{cases} \tag{7-80}$$

将 1975 年国际椭球元素值代入(7-79)式,则得各项系数

$$\begin{cases} m_0' = 6\ 399\ 596.652 & n_0' = 6\ 399\ 596.652 \\ m_2' = -64\ 695.142 & n_2' = -21\ 565.047 \\ m_4' = 545.016 & n_4' = 109.003 \\ m_6' = -4.285 & n_6' = -0.612 \\ m_8' = 0.032 & n_8' = 0.004 \\ (m_{10}') = 0.000 & (n_{10}') = 0.000 \end{cases} \tag{7-81}$$

7.3.4 任意法截弧的曲率半径

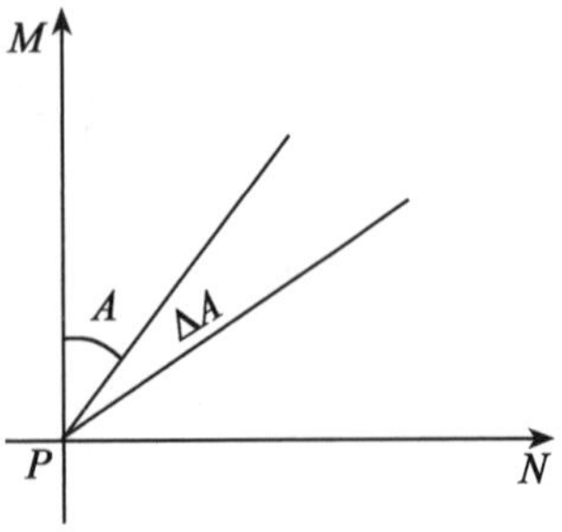

图 7-14

我们知道,子午法截弧是南北方向,其方位角为 0°或 180°。卯酉法截弧是东西方向,其方位角为 90°或 270°,这两个法截弧在 P 点上是正交的,如图 7-14 所示。现在来讨论在 P 点方位角为 A 的任意法截弧的曲率半径 R_A 的计算公式。

按尤拉公式,由曲面上任意一点主曲率半径计算该点任意方位角 A 的法截弧的曲率半径的公式为

$$\frac{1}{R_A} = \frac{\cos^2 A}{M} + \frac{\sin^2 A}{N} \tag{7-82}$$

上式可改写成

$$R_A = \frac{MN}{N\cos^2 A + M\sin^2 A} \tag{7-83}$$

将上式分子分母同除以 M,并顾及

$$\frac{N}{M} = V^2 = 1 + \eta^2 \tag{7-84}$$

于是

$$R_A = \frac{N}{1 + \eta^2\cos^2 A} = \frac{N}{1 + e'^2\cos^2 B\cos^2 A} \tag{7-85}$$

上式即为任意方向 A 的法截弧的曲率半径的计算公式。为了实用,还需对它进行某些变化。将(7-85)式展开级数:

$$R_A = N(1 - \eta^2\cos^2 A + \eta^4\cos^4 A + \cdots)$$

实际上,总是用平均曲率半径 R 代替 N,$N = R\sqrt{1+\eta^2} \approx R(1+\frac{1}{2}\eta^2)$。将此式代入上式,并略去 η^4 项,可得

$$\begin{aligned} R_A &= R\left(1 + \frac{1}{2}\eta^2\right)(1 - \eta^2\cos^2 A) \\ &= R - \frac{R}{2}e'^2\cos B\cos 2A = R + \Delta \end{aligned} \tag{7-86}$$

式中

$$\Delta = -\frac{R}{2}e'^2\cos B\cos 2A \tag{7-87}$$

(7-86)式即为任意方向法截弧曲率半径的实用公式。式中 R 和 Δ 均可在《一、二等基线测量细则》的附表"任意法截弧曲率半径计算用表"中分别以 B 和以 B 与 A 为引数查取。

从 R_A 的计算公式可知,R_A 不仅与点的纬度 B 有关,而且还与过该点的法截弧的方位角 A 有关。当 $A=0°$(或 180°)时,R_A 值最小,这时(7-85)式变为计算子午圈曲率半径的(7-61)式,即 $R_0=M$;当 $R_A=90°$(或 270°)时,R_A 值最大,这时的曲率半径 R_A 即为卯酉圈曲率半径,即 $R_{90}=N$。由此可见,主曲率半径 M 及 N 分别是 R_A 的极小值和极大值。

从(7-85)式还可知,当 A 由 $0°\to 90°$ 时,R_A 值由 $M\to N$,当 A 由 $90°\to 180°$ 时,R_A 值由 $N\to M$,可见 R_A 值的变化是以 90°为周期且与子午圈和卯酉圈对称的。

7.3.5 平均曲率半径

所谓平均曲率半径 R 是指经过曲面任意一点所有可能方向上的法截线曲率半径 R_A 的算术平均值。

由(7-85)式可知,曲率半径 R_A 是随 $\cos^2 A$ 的变化而变化的,且与子午线和卯酉线对称,因此,为了确定平均曲率半径只要 A 在一个象限内($0\to\pi/2$)的微分变量 ΔA 所有法截线曲率半径的积分即可。此时,曲率半径的总数是 $\pi/2\Delta A$,曲率半径的算术平均值

$$\left(\sum_{A=\Delta A}^{\frac{\pi}{2}} R_A\right) : \frac{\pi}{2\Delta A} = \frac{2}{\pi}\sum_{A=\Delta A}^{\frac{\pi}{2}} R_A\Delta A \tag{7-88}$$

当 $\Delta A\to 0$ 时的极限,便得到平均曲率半径的积分公式:

$$R = \frac{2}{\pi}\int_0^{\pi/2} R_A \mathrm{d}A \tag{7-89}$$

将(7-85)式代入,得

$$R=\frac{2N}{\pi}\int_{0}^{\pi/2}\frac{\mathrm{d}A}{1+\eta^{2}\cos^{2}A} \tag{7-90}$$

将被积函数变化一下:

$$\frac{\dfrac{\mathrm{d}A}{\cos^{2}A}}{1+\eta^{2}+\tan^{2}A}=\frac{\mathrm{d}(\tan A)}{V^{2}+\tan^{2}A}=\frac{\mathrm{d}\left(\dfrac{\tan A}{V}\right)}{V\left[1+\left(\dfrac{\tan A}{V}\right)^{2}\right]} \tag{7-91}$$

则积分后得

$$R=\frac{2N}{\pi V}\left[\arctan\left(\frac{\tan A}{V}\right)\right]_{0}^{\pi/2} \tag{7-92}$$

则得

$$R=\frac{N}{V}=\frac{c}{V^{2}}=\sqrt{MN} \tag{7-93}$$

(7-93)式就是平均曲率半径的计算公式。它表明,曲面上任意一点的平均曲率半径是该点上主曲率半径的几何平均值。

7.3.6 M,N,R 的关系

椭球面上某一点 M,N,R 均是自该点起沿法线向内量取,它们的长度通常是不相等的,由(7-60)、(7-61)、(7-86)、(7-87)及(7-88)、(7-89)式比较可知它们有如下关系

$$N>R>M \tag{7-94}$$

只有在极点上,它们才相等,且都等于极曲率半径 c,即

$$N_{90}=R_{90}=M_{90}=c \tag{7-95}$$

为了便于记忆,我们把 N,R,M 的公式写成有规律的形式,见表 7-4。

表 7-4

曲率半径	N	R	M
公式	$\frac{c}{V^{1}}$	$\frac{c}{V^{2}}$	$\frac{c}{V^{3}}$
	$\frac{a\sqrt{1-e^{2}}^{0}}{W^{1}}$	$\frac{a\sqrt{1-e^{2}}^{1}}{W^{2}}$	$\frac{a\sqrt{1-e^{2}}^{2}}{W^{3}}$

为了帮助大家对这些曲率半径的大小有个数值概念,这里列出它们的数值表,以供参考(表 7-5):

表 7-5

B	N/m	R/m	M/m
0°	6 378 245	6 356 863	6 335 553
15°	6 379 675	6 359 714	6 339 816

续表

B	N/m	R/m	M/m
30°	6 383 588	6 367 518	6 351 488
45°	6 388 954	6 378 209	6 367 491
60°	6 394 315	6 388 936	6 383 561
75°	6 398 255	6 369 811	6 395 368
90°	6 399 699	6 399 699	6 399 699

在这一节里，导出了主曲率半径 M，N 及与它们有关的平均曲率半径 R 的计算公式。同时，还导出了它们在特殊点位上（赤道及极点）的特殊形式，从而知道它们都是随着 B 的增大而增大，且在极点上都等于极曲率半径 c。另外，还推导了任意方向法截弧的曲率半径 R_A 的计算公式，知道它们是以子午圈和卯酉圈为对称的。从而对椭球面上任意一点法截弧的曲率半径有了一个比较全面的认识。

7.4　椭球面上的弧长计算

在研究与椭球体有关的一些测量计算时，例如研究高斯投影计算及弧度测量计算，往往要用到子午线弧长及平行圈弧长，本节就来推导它们的计算公式。

7.4.1　子午线弧长计算公式

我们知道，子午椭圆的一半，它的端点与极点相重合，而赤道又把子午线分成对称的两部分，因此，推导从赤道开始到已知纬度 B 间的子午线弧长的计算公式就足够使用了。

如图 7-15 所示，今取子午线上某微分弧 $PP'=\mathrm{d}x$，令 P 点纬度为 B，P'点纬度为 $B+\mathrm{d}B$，P 点的子午圈曲率半径为 M，于是有

$$\mathrm{d}x = M\mathrm{d}B \tag{7-96}$$

因此，为了计算从赤道开始到任意纬度 B 的平行圈之间的弧长，必须求出下列积分值

$$X = \int_0^B M\mathrm{d}B \tag{7-97}$$

子午线曲率半径 M 的级数展开式见（7-70）式，为便于积分往往将正弦的幂函数展开为余弦的倍数函数，由于

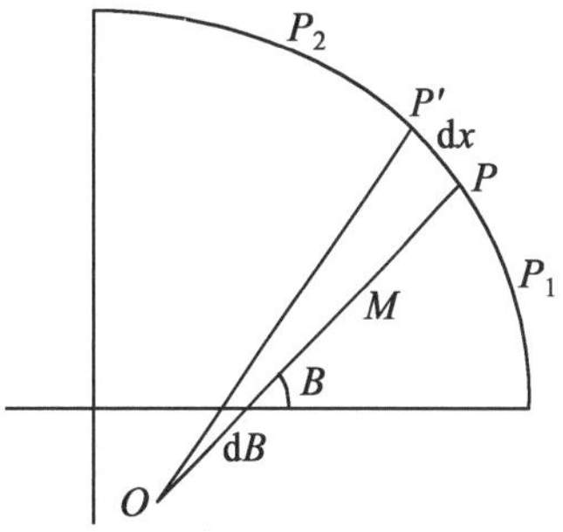

图 7-15

$$\begin{cases}\sin^2 B=\dfrac{1}{2}-\dfrac{1}{2}\cos 2B\\ \sin^4 B=\dfrac{3}{8}-\dfrac{1}{2}\cos 2B+\dfrac{1}{8}\cos 4B\\ \sin^6 B=\dfrac{5}{16}-\dfrac{15}{32}\cos 2B+\dfrac{3}{16}\cos 4B-\dfrac{1}{32}\cos 6B\\ \sin^8 B=\dfrac{35}{128}-\dfrac{7}{16}\cos 2B+\dfrac{7}{32}\cos 4B-\dfrac{1}{16}\cos 6B+\dfrac{1}{128}\cos 8B\\ \cdots\end{cases} \tag{7-98}$$

将它代入(7-70)式,并经整理得到:

$$M = a_0 - a_2\cos2B + a_4\cos4B - a_6\cos6B + a_8\cos8B \tag{7-99}$$

式中

$$\begin{cases} a_0 = m_0 + \dfrac{m_2}{2} + \dfrac{3}{8}m_4 + \dfrac{5}{16}m_6 + \dfrac{35}{128}m_8 + \cdots \\ a_2 = \dfrac{m_2}{2} + \dfrac{m_4}{2} + \dfrac{15}{32}m_6 + \dfrac{7}{16}m_8 \\ a_4 = \dfrac{m_4}{8} + \dfrac{3}{16}m_6 + \dfrac{7}{32}m_8 \\ a_6 = \dfrac{m_6}{32} + \dfrac{m_8}{16} \\ a_8 = \dfrac{m_8}{128} \end{cases} \tag{7-100}$$

将(7-99)式代入(7-97)式进行积分,经整理后得

$$X = a_0B - \frac{a_2}{2}\sin2B + \frac{a_4}{4}\sin4B - \frac{a_6}{6}\sin6B + \frac{a_8}{8}\sin8B \tag{7-101}$$

最后一项$\frac{a_8}{8}=\frac{m_8}{1024}$,总是小于 0. 000 03m,故可忽略不计。最后,当将克拉索夫斯基椭球元素值代入时,得子午弧长计算公式

$$X = 111\ 134.861B^\circ - 16\ 036.480\sin2B + 16.828\sin4B - 0.022\sin6B \tag{7-102}$$

代入 1975 年国际椭球元素值后,则得

$$X = 111\ 133.005B^\circ - 16\ 038.528\sin2B + 16.833\sin4B - 0.022\sin6B \tag{7-103}$$

如果将(7-70)式展成正弦 n 次幂和余弦乘积的形式,那将更适用于计算机计算,注意到

$$\int_0^B \sin^n B\mathrm{d}B = -\frac{1}{n}\sin^{n-1}B\cos B + \frac{n-1}{n}\int_0^B \sin^{n-2}B\mathrm{d}B$$

经过整理易得下式:

$$X = a_0B - \sin B\cos B\left[(a_2 - a_4 + a_6) + \left(2a_4 - \frac{16}{3}a_6\right)\sin^2B + \frac{16}{3}a_6\sin^4B\right] \tag{7-104}$$

当将克拉索夫斯基椭球元素值代入上式,则得

$$X = 111\ 134.861B^\circ - 32\ 005.780\sin B\cos B - 133.929\sin^3B\cos B - 0.697\sin^5B\cos B \tag{7-105}$$

当将 1975 年国际椭球元素值代入上式,则得

$$X = 111\ 133.005B^\circ - 32\ 009.858\sin B\cos B - 133.960\sin^3B\cos B - 0.698\sin^5B\cos B \tag{7-106}$$

如果利用(7-77)式,并注意到

$$\int_0^B \cos^n B\mathrm{d}B = \frac{\sin B\cos^{n-1}B}{n} + \frac{n-1}{n}\int_0^B \cos^{n-2}B\mathrm{d}B$$

则可得

$$X = c[\beta_0 B + (\beta_2 \cos B + \beta_4 \cos^3 B + \beta_6 \cos^5 B + \beta_8 \cos^7 B)\sin B] \tag{7-107}$$

式中

$$\begin{cases} \beta_0 = 1 - \dfrac{3}{4}e'^2 + \dfrac{45}{64}e'^4 - \dfrac{175}{256}e'^6 + \dfrac{11\ 025}{16\ 384}e'^8 \\ \beta_2 = \beta_0 - 1 \\ \beta_4 = \dfrac{15}{32}e'^4 - \dfrac{175}{384}e'^6 + \dfrac{3\ 675}{8\ 192}e'^8 \\ \beta_6 = -\dfrac{35}{96}e'^6 + \dfrac{735}{2\ 048}e'^8 \\ \beta_8 = \dfrac{315}{1\ 024}e'^8 \end{cases} \tag{7-108}$$

或

$$X = C_0 B + (C_2 \cos B + C_4 \cos^3 B + C_6 \cos^5 B + C_8 \cos^7 B)\sin B \tag{7-109}$$

当将克拉索夫斯基椭球元素值代入,则有各系数值

$$\begin{cases} C_0 = \beta_0 c = 637\ 558.496\ 9\text{m} \\ C_2 = \beta_2 c = -32\ 140.404\ 9\text{m} \\ C_4 = \beta_4 c = 135.330\ 3\text{m} \\ C_6 = \beta_6 c = -0.709\ 2\text{m} \\ C_8 = \beta_8 c = 0.004\ 2\text{m} \end{cases} \tag{7-110}$$

当将 1975 年国际椭球元素值代入,则有各系数值

$$\begin{cases} C_0 = \beta_0 c = 6\ 367\ 452.132\ 8\text{m} \\ C_2 = \beta_2 c = -32\ 144.518\ 9\text{m} \\ C_4 = \beta_4 c = 135.364\ 6\text{m} \\ C_6 = \beta_6 c = -0.703\ 4\text{m} \end{cases} \tag{7-111}$$

如果以 $B=90°$代入,则得子午椭圆在一个象限内的弧长约为 10 002 137m。旋转椭球的子午圈的整个弧长约为 40 008 549.995m。即一象限子午线弧长约为 10 000km,地球周长约为 40 000km。

在测量实践中,往往会遇到两个十分接近的平行圈(B_1=常数,B_2=常数)间的子午线弧段长的计算问题,比如计算梯形图幅东西两边的长度等。解决此类问题的一种方法是将 B_1 和 B_2 分别代入(7-104)式中,求得 X_1 和 X_2,最后计算它们的差 $X_2-X_1=\Delta X$ 即可。

另外一种解决方法就是直接将 ΔX 展开 $\Delta B=B_2-B_1$ 的级数。因为 ΔB 是微小量,此时在 1 点上展开 ΔB 的级数为:

$$\Delta X = \left(\frac{\mathrm{d}X}{\mathrm{d}B}\right)_1 \Delta B + \left(\frac{\mathrm{d}^2 X}{\mathrm{d}B^2}\right)_1 \frac{\Delta B^2}{2} + \left(\frac{\mathrm{d}^3 X}{\mathrm{d}B^3}\right)_1 \frac{\Delta B^3}{6} + \cdots \tag{7-112}$$

因为

$$\begin{aligned} &\frac{\mathrm{d}X}{\mathrm{d}B} = M. \\ &\frac{\mathrm{d}^2 X}{\mathrm{d}B^2} = \frac{\mathrm{d}M}{\mathrm{d}B} = m_2 \sin 2B + 2m_4 \sin 2B \sin^2 B + \cdots \\ &\frac{\mathrm{d}^3 X}{\mathrm{d}B^3} = \frac{\mathrm{d}^2 M}{\mathrm{d}B^2} = 2m_2 \cos 2B + \cdots \end{aligned} \tag{7-113}$$

将(7-72)式中的 m_2 和 m_4 的数值代入上式,进而代入(7-112)式,得

$$\Delta X=M_1\Delta B+\frac{3}{2}ae^2(1-e^2)\left[\left(1+\frac{5}{2}e^2\sin^2B_1\right)\sin2B_1\frac{\Delta B^2}{2}+\cos2B_1\frac{\Delta B^3}{3}+\cdots\right] \tag{7-114}$$

式中 ΔB 以弧度为单位。

假如将克氏椭球元素值代入,则得:

$$\Delta X=M_1\Delta B+21\ 203[(3+0.050\ 2\sin^2B_1)\sin B_1\cos B_1+(1-2\sin^2B_1)\Delta B]\Delta B^2 \tag{7-115}$$

在(7-114)式中省略了 $ae^6\Delta B^2$,$ae^4\Delta B^3$,$ae^2\Delta B^4$ 及更高阶项。

(7-115)式的计算误差:当 $\Delta B=0.01$ 时,$\Delta X\approx60$km,小于 0.001m;当 $\Delta B=0.1$ 时,$\Delta X\approx$ 600km,不大于 1m。

当在 $B_m=\frac{1}{2}(B_1+B_2)$ 点展开级数时,(7-112)式可以减少两倍的项数,则根据(7-112)式,得

$$\Delta X=\left(\frac{dX}{dB_m}\right)+\Delta B\left(\frac{d^3X}{dB^3}\right)_m\frac{\Delta B^3}{24}+\cdots$$

这个公式不但项数少,而且比(7-112)式更精确,因为此式省略的是 ΔB^5 及以上项,而(7-114)式省略的是 ΔB^4 及以上项。

将上面有关数值代入,则有式:

$$\Delta X=M_m\Delta B+\frac{ae^2(1-e^2)}{8}\cos2B_m\Delta B^3+\cdots \tag{7-116}$$

或

$$\Delta X=M_m\Delta B+5\ 300(1-2\sin^2B_m)\Delta B^3 \tag{7-117}$$

上式右边第二项当 $B_m=45°$时等于零,当纬度等于 60°或 30°以及对于 $\Delta B=0.01(\approx30')$时,都小于 0.002m,所以对于短子午弧段有更简单的计算公式:

$$\Delta X=M_m\Delta B \tag{7-118}$$

现在推求由 ΔX 计算 ΔB 的反算公式。采用级数反解公式,由(7-114)式得:

$$\Delta B=\Delta\beta-\frac{3}{2}e^2\left[(1+e^2\sin^2B_1)\sin2B_1\frac{\Delta\beta^2}{2}+\cos2B_1\frac{\Delta\beta^3}{3}\right] \tag{7-119}$$

式中

$$\Delta\beta=\frac{\Delta X}{M_1} \tag{7-120}$$

由(7-116)式,对小弧段,求得:

$$\Delta B=\frac{\Delta X}{M_m} \tag{7-121}$$

由(7-119)式、(7-121)式计算的纬度差以弧度为单位。

例如:起算数据:$B_1=30°$,$B_2=30°30'$

按(7-105)式计算:

$X_1=3\ 320\ 172.406$;　　$X_2=3\ 375\ 601.713$

$\Delta X=X_2-X_1=55\ 429.307$m.

按(7-115)式计算:

$M_1=6\ 351\ 488.50$;　　$\Delta X=55\ 429.307$m

按(7-116)式计算:

$M_m=6\ 351\ 730.48$;　　$\Delta X=55\ 429.307$m

按(7-119)式校核:

$\Delta\beta=0.008\ 726\ 979\ 0$;　　$\Delta B=0.008\ 726\ 646\ 3$ 或 $30'$。

7.4.2 由子午线弧长求大地纬度

利用子午线弧长反算大地纬度在高斯投影坐标反算公式中要用到,反解公式可以采用迭代解法和直接解法。

当利用迭代解法时,例如对(7-102)式,就克拉索夫斯基椭球,迭代开始时设

$$B_f^1 = X/111\ 134.861\ 1 \tag{7-122}$$

以后每次迭代按下式计算

$$B_f^{i+1} = (X - F(B_f^i))/111\ 134.861\ 1 \tag{7-123}$$

$$F(B_f^i) = -16\ 036.480\ 3\sin 2B_f^i + 16.828\ 1\sin 4B_f^i - 0.022\ 0\sin 6B_f^i$$

重复迭代直至 $B_f^{i+1}-B_f^i<\varepsilon$ 为止。

对 1975 年国际椭球,也有类似公式。

当利用直接解法时,例如对(7-103)式和 1975 年国际椭球,若令

$$\beta_{(弧度)} = X/6\ 367\ 452.133$$

则有

$$B_f = \beta - 2.518\ 829\ 807 \times 10^{-3} \times \sin 2B + 2.643\ 546 \times 10^{-6}\sin 4B - 3.452 \times 10^{-9}\sin 6B + 5 \cdot 10^{-12}\sin 8B \tag{7-124}$$

利用三角级数的回代公式:

$$y = x + P_2\sin 2x + P_4\sin 4x + P_6\sin 6x$$

$$x = y + q_2\sin 2y + q_4\sin 4y + q_6\sin 6y$$

式中

$$q_2 = -P_2 - P_2P_4 + \frac{1}{2}P_2^3$$

$$q_4 = -P_4 + P_2^2 - 2P_2P_6 + 4P_2^2P_4 + \cdots$$

$$q_6 = -P_6 + 3P_2P_4 - \frac{3}{2}P_2^3$$

可获得子午弧长的反解公式:

$$B_f = \beta + 2.518\ 828\ 475 \cdot 10^{-3}\sin 2\beta + 3.701\ 007 \cdot 10^{-6} \cdot \sin 4\beta + 7.447 \cdot 10^{-9}\sin 6\beta \tag{7-125}$$

最后利用三角函数倍角公式,变为余弦升幂多项式:

$$B_f = \beta + [50\ 228\ 976 + (293\ 697 + (2\ 383 + 22\cos^2\beta)\cos^2\beta)\cos^2\beta] \cdot 10^{-10} \cdot \sin\beta\cos\beta \tag{7-126}$$

同理,对于克拉索夫斯基椭球,有下式:

$$\beta_{(弧度)} = X/6\ 367\ 588.496\ 9 \tag{7-127}$$

$$B_f = \beta + (50\ 221\ 746 + (293\ 622 + (2\ 350 + 22\cos^2\beta)\cos^2\beta)\cos^2\beta) \cdot 10^{-10} \cdot \sin\beta\cos\beta \tag{7-128}$$

7.4.3 平行圈弧长公式

旋转椭球体的平行圈是一个圆,其短半轴 r 就是圆上任意一点的子午面直角坐标 x,亦即有

$$r = x = N\cos B = \frac{a\cos B}{\sqrt{1 - e^2\sin^2 B}} \tag{7-129}$$

如果平行圈上有两点，它们的经度差 $l''=L_2-L_1$，于是可以写出平行圈弧长公式：

$$S = N\cos B \frac{l''}{\rho''} = b_1 l'' \tag{7-130}$$

式中：$b_1 = \frac{N}{\rho''}\cos B$，该值可以 B 为引数从《高斯投影坐标计算表》中查取。

很显然，同一个经度差 l''，在不同纬度的平行圈上的弧长是不相同的。由(7-130)式可知，平行圈弧长随纬度变化的微分公式可近似地写为

$$\mathrm{d}S = \frac{\partial S}{\partial B} \cdot \Delta B \approx - M\sin B l'' \cdot \Delta B$$

因为 $M\Delta B=\Delta X$，于是

$$\Delta S = -(L_2 - L_1)\sin B_m \cdot \Delta X \tag{7-131}$$

式中

$$B_m = \frac{(B_2 + B_1)}{2} \tag{7-132}$$

例如，当经度差 $l=L_2-L_1=5.729\ 58°$ 时，$B_1=29°30'$ 及 $B_2=30°30'$ 两个平行圈的相应弧长之差：由于 $\Delta B=1°$，$\Delta X=111\ 210\text{m}$，则

$$\Delta S = -\frac{5.729\ 58°}{57.295\ 8°}\sin 30° \times 111\ 210 = -5\ 556.5\text{m}$$

这就是说，此时平行圈弧长相应缩短近 5.6km。

7.4.4 子午线弧长和平行圈弧长变化的比较

为了对子午线弧长和平行圈弧长有个数量上的概念，现将不同纬度相应的一些弧长的数值列于表 7-6。

表 7-6

B	子午线弧长			平行圈弧长		
	$\Delta B=1°$	1′	1″	$l=1°$	1′	1″
0°	110 576m	1 842.94m	30.716m	111 321m	1 855.36m	30.923m
15°	110 656	1 844.26	30.738	107 552	1 792.54	29.876
30°	110 863	1 847.71	30.795	96 488	1 608.13	26.802
45°	111 143	1 852.39	30.873	78 848	1 314.14	21.902
60°	111 423	1 857.04	30.951	55 801	930.02	15.500
75°	111 625	1 860.42	31.007	28 902	481.71	8.028
90°	111 696	1 861.60	31.027	0	0.00	0.000

从表中可以看出，单位纬度差的子午线弧长随纬度升高而缓慢地增长；而单位经度差的平行圈弧长则随纬度升高而急剧缩短。同时还可以看出，1°的子午线弧长约为 110km，1′约为 1.8km，1″约为 30m，而平行圈弧长，仅在赤道附近才与子午线弧长大体相当，随着纬度的升高

它们的差值愈来愈大。

7.4.5 椭球面梯形图幅面积的计算

由两条子午线和两条平行圈围成的椭球表面称为椭球面梯形。现在我们来讨论椭球梯形面积的计算。由图 7-16 可知,微分面积 dp 等于坐标微分长度 dx 和 dy 的乘积:

$$\mathrm{d}p=\mathrm{d}x\times\mathrm{d}y \tag{7-133}$$

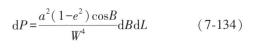

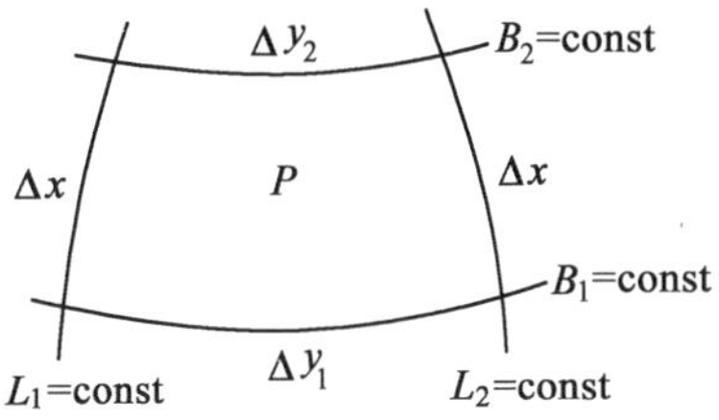

图 7-16

又由图 7-16 可知,d$x=M$dB　　　d$y=N$dL

于是

$$\mathrm{d}P=\frac{a^2(1-e^2)\cos B}{W^4}\mathrm{d}B\mathrm{d}L \tag{7-134}$$

由于

$$\begin{gathered}a^2(1-e^2)=b^2\\ W^2=1-e^2\sin^2 B\end{gathered} \tag{7-135}$$

则

$$P=b^2\int_{L_1}^{L_2}\int_{B_1}^{B_2}(1-e^2\sin^2 B)^{-2}\cos B\mathrm{d}B\mathrm{d}L \tag{7-136}$$

得

$$P=b^2(L_2-L_1)\int_{B_1}^{B_2}(1-e^2\sin^2 B)^{-2}\cos B\mathrm{d}B \tag{7-137}$$

上式右边的积分可以按换元方法转换为基本函数再进行积分。

设

$$e\sin B=\sin\psi \tag{7-138}$$

得

$$\int(1-e^2\sin^2 B)^{-2}\cos B\mathrm{d}B=\frac{1}{e}\int\frac{\mathrm{d}\psi}{\cos^3\psi} \tag{7-139}$$

上式右边的积分可查表得到

$$P=\frac{b^2}{2}(L_2-L_1)\left|\frac{\sin B}{1-e^2\sin^2 B}+\frac{1}{2e}\ln\frac{1+e\sin B}{1-e\sin B}\right|_{B_1}^{B_2} \tag{7-140}$$

据上式计算梯形面积是相当复杂的。实际上,是首先将(7-137)式的被积函数展开级数,然后再分项进行积分。因此得:

$$P=b^2(L_2-L_1)\int_{B_1}^{B_2}(\cos B+2e^2\sin^2 B\cos B+3e^4\sin^4 B\cos B+4e^6\sin^6 B\cos B+\cdots)\mathrm{d}B \tag{7-141}$$

积分后,得:

$$P=b^2(L_2-L_1)\left|\sin B+\frac{2}{3}e^2\sin^3 B+\frac{3}{5}e^4\sin^5 B+\frac{4}{7}e^6\sin^7 B+\cdots\right|_{B_1}^{B_2} \tag{7-142}$$

上式即为椭球梯形图幅面积的计算公式。

下面我们来求地球椭球的全面积。

为此，我们将 $L_2-L_1=2\pi, B_1=0, B_2=\frac{\pi}{2}$ 代入(7-142)式，并将其值 2 倍即可。

得

$$P_E=4\pi b^2\left(1+\frac{2}{3}e^2+\frac{3}{5}e^4+\frac{4}{7}e^6+\cdots\right) \tag{7-143}$$

将克氏椭球元素值代入，整个地球椭球的面积为 510 083 060km²，约为 5.1 亿 km²。

最后我们计算一下，与地球椭球面积相等的地球圆球的半径 R_E。

由于 $4\pi R_E^2=P_E$

则

$$R_E=b\sqrt{1+\frac{2}{3}e^2+\frac{3}{5}e^4+\frac{4}{7}e^6+\cdots} \tag{7-144}$$

将克氏椭球元素值代入，得等价地球的半径等于 6 371 116m。

因此，在解决有关地球的许多问题时，可以把等价地球的半径作为地球的半径，即地球半径等于 6371.1km。

7.5 大地线

我们知道，两点间的最短距离，在平面上是两点间的直线，在球面上是两点间的大圆弧，那么在椭球面上又是怎样的一条线呢？经研究确认为，它应是大地线。因此，在这一节里，我们从相对法截线入手，着重研究有关大地线定义、性质及其微分方程等基本内容。

7.5.1 相对法截线

设在椭球面上任取两点 A 和 B，如图 7-17 所示。其纬度分别为 B_1 和 B_2，且 $B_1\neq B_2$。通过 A，B 两点分别作法线与短轴交于 n_a 和 n_b 点，与赤道面分别交于 Q_1 和 Q_2。现在证明 n_a 和 n_b 将不重合。

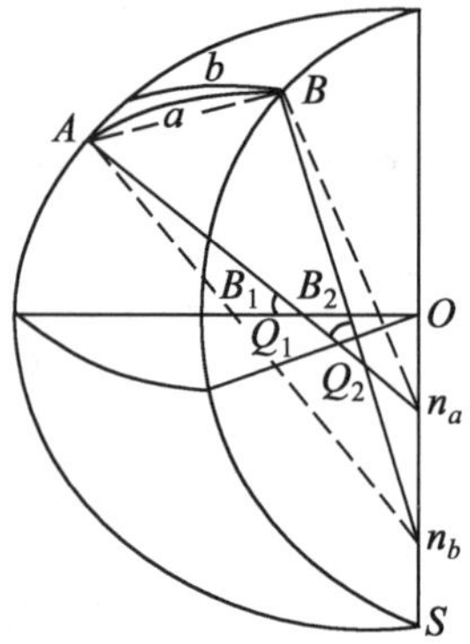

图 7-17

由图可知，

$$\begin{cases} On_a=Q_1n_a\sin B_1 \\ On_b=Q_2n_b\sin B_2 \end{cases} \tag{7-145}$$

顾及(7-23)式 $Qn=Ne^2$，上式又可写成

$$\begin{cases} On_a=N_1e^2\sin B_1 \\ On_b=N_2e^2\sin B_2 \end{cases} \tag{7-146}$$

故当 $B_1\neq B_2$ 时，$On_a\neq On_b$，故 n_a 和 n_b 不重合，所以当两点不在同一子午圈上，也不在同一平行圈上时，两点间就有两条法截线存在。

现在假设经纬仪的纵轴同 A，B 两点的法线 An_a 和 Bn_b 重合(忽略垂线偏差)，如此以两点为测站，则经纬仪的照准面就是法截面。用 A 点照准 B 点，则照准面 An_aB 同椭球面的截线为 AaB，叫做 A 点的正法截线，或 B 点的反法截线；同样由 B 点照准 A 点，则照准面 Bn_bA 与椭球面之截线 BbA，叫做 B 点的正法截线或 A 点的反法截线。因法线 An_a 和 Bn_b 互不相交，故 AaB 和 BbA 这两条法截线不相重合。我们把 AaB 和 BbA 叫做 A，B 两点的相对法截线。

由(7-146)式可知，当 $B_2>B_1$ 时，$On_b>On_a$，这就是说，某点的纬度愈高，其法线与短轴的交点愈低，即法截线 BbA 偏上，而 AaB 偏下。根据上述定理，现将 AB 方向在不同象限时，正反法截线的关系表示于图 7-18 中。

当 A,B 两点位于同一子午圈或同一平行圈上时,正反法截线则合二为一,这是一种特殊情况。在通常情况下,正反法截线是不重合的。因此在椭球面上 A,B,C 三个点处所测得的角度(各点上正法截线之夹角)将不能构成闭合三角形,见图 7-19。为了克服这个矛盾,在两点间另选一条单一的大地线代替相对法截线,从而得到由大地线构成的单一的三角形。下面先叙述大地线的定义和性质。

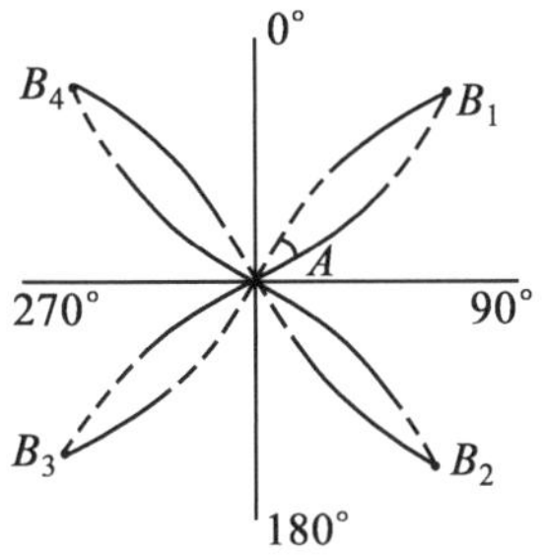

图 7-18

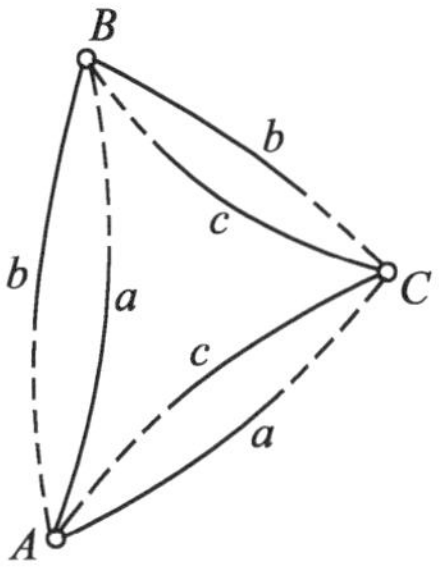

图 7-19

7.5.2 大地线的定义和性质

椭球面上两点间的最短程曲线叫做大地线。在微分几何中,大地线(又称测地线)另有这样的定义:"大地线上每点的密切面(无限接近的三个点构成的平面)都包含该点的曲面法线",亦即"大地线上各点的主法线与该点的曲面法线重合"。因曲面法线互不相交,故大地线是一条空间曲面曲线。

假如在椭球模型表面 A,B 两点之间,画出相对法截线如图 7-20,然后在 A,B 两点上各插定一个大头针,并紧贴着椭球面在大头针中间拉紧一条细橡皮筋,并设橡皮筋和椭球面之间没有摩擦力,则橡皮筋形成一条曲线,恰好位于相对法截线之间,如图 7-20 所示,这就是一条大地线,由于橡皮筋处于拉力之下,所以它实际上是两点间的最短线。

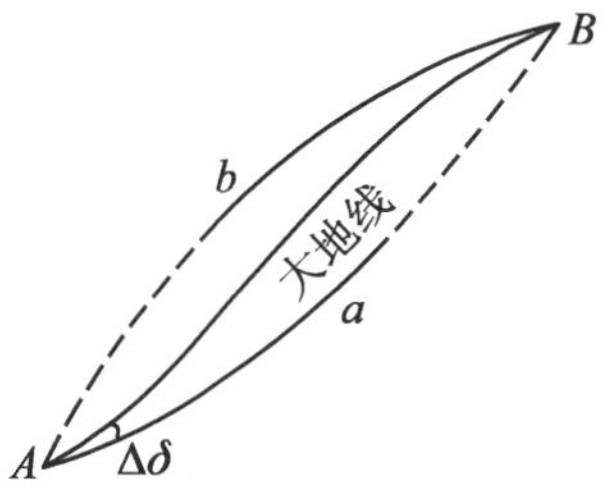

图 7-20

上已言及,不在同一子午圈或同一平行圈上的两点的正反法截线是不重合的,它们之间的夹角 Δ,在一等三角测量中可达到千分之四秒,可见此时是不容忽略的。大地线是两点间唯一最短线,而且位于相对法截线之间,并靠近正法截线(见图 7-20),它与正法截线间的夹角

$$\delta = \frac{1}{3}\Delta \tag{7-147}$$

在一等三角测量中,δ 数值可达千分之一两秒,可见在一等或相当于一等三角测量精度的工程三角测量中是不容忽略的。

大地线与法截线长度之差只有百万分之一毫米,所以在实际计算中,这种长度差异总是可忽略不计的。

但是,上面已经阐明的大地线性质告诉我们,在椭球面上进行测量计算时,应当以两点间的大地线为依据。在地面上测得的方向、距离等,应当归算成相应大地线的方向、距离。

7.5.3 大地线的微分方程和克莱劳方程

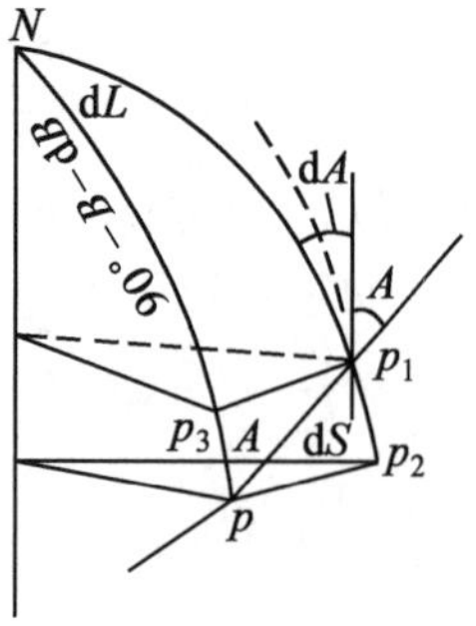

图 7-21

如图 7-21 所示，设 p 为大地线上任意一点，其经度为 L，纬度为 B，大地线方位角为 A。当大地线增加 dS 到 p_1 点时，则上述各量相应变化 dL，dB 及 dA。所谓大地线微分方程，即表达 dL，dB，dA 各自与 dS 的关系式。由图可知，dS 在子午圈上分量 $p_2p_1 = MdB$，在平行圈上分量 $pp_2 = rdL = N\cos BdL$。又三角形 pp_2p_1 是一微分直角三角形，因

$$MdB = dS\cos A$$

故

$$dB = \frac{\cos A}{M}dS \tag{7-148}$$

又

$$N\cos BdL = dS \cdot \sin A$$

$$dL = \frac{\sin A}{N\cos B}dS \tag{7-149}$$

又由球面直角三角形 p_1p_3N 可得

$$\cos(90° - dA) = \sin dL \cdot \sin[90° - (90° - B - dB)]$$

即

$$\sin dA = \sin dL\sin(B + dB) \tag{7-150}$$

由于 dA，dL 及 dB 均是微分量，故有

$$\sin dA = dA$$
$$\sin dL = dL$$
$$\sin(B + dB) = \sin B$$

于是(7-150)式可写成

$$dA = dL \cdot \sin B \tag{7-151}$$

将(7-149)式代入，则得

$$dA = \frac{\sin A}{N}\tan BdS \tag{7-152}$$

以上(7-148)、(7-149)、(7-152)三个关系式称为大地线微分方程，这三个微分方程在解决与椭球体有关的一些测量计算中经常用到。

现在推导大地线的克莱劳方程。

将(7-148)式代入(7-152)式，得

$$dA = \frac{\sin A}{\cos A} \cdot \frac{M\sin BdB}{N\cos B} \tag{7-153}$$

顾及 $r = N\cos B$，$M\sin BdB = -dr$，则又得

$$\cot AdA = -\frac{dr}{r} \tag{7-154}$$

两边积分，易得

$$\ln\sin A + \ln r = \ln C$$

或

$$r \cdot \sin A = C \tag{7-155}$$

上式即为著名的克莱劳方程，也叫克莱劳定理。

克莱劳定理表明:在旋转椭球面上,大地线各点的平行圈半径与大地线在该点的大地方位角的正弦的乘积等于常数。

(7-155)式中常数 C 也叫大地线常数。它的意义可以从两方面来理解。

当大地线穿越赤道时,$B=0°$,$r=a$,$A=A_0$,于是

$$C = a\sin A_0 \tag{7-156}$$

当大地线达极小平行圈时,$A=90°$,设此时 $B=B_0$,$r=r_0$,于是

$$C = r_0 \cdot \sin 90° = r_0 \tag{7-157}$$

由此可见,某一大地线常数等于椭球半径与该大地线穿越赤道时的大地方位角的正弦乘积,或者等于该大地线上具有最大纬度的那一点的平行圈半径。

克莱劳方程在椭球大地测量学中有重要意义,它是经典的大地主题解算的基础。

由克莱劳方程可以写出

$$\frac{r_2}{r_1} = \frac{\sin A_1}{\sin A_2} \tag{7-158}$$

利用这个关系式可以检查纬度和方位角计算的正确性。

当顾及 $r=N\cos B$ 时,克莱劳方程可写成

$$N\cos B\sin A = C \tag{7-159}$$

或依归化纬度定义,易知 $r=a\cos u$,于是克莱劳方程又可写成下面的形式

$$a\cos u \cdot \sin A = C \tag{7-160}$$

或

$$\cos u \cdot \sin A = C \tag{7-161}$$

7.6 将地面观测值归算至椭球面

上面讨论了椭球体的数学性质,并着重指出,参考椭球面是测量计算的基准面。但大家知道,在野外的各种测量都是在地面上进行的,观测的基准线不是各点相应的椭球面的法线,而是各点的垂线,各点的垂线与法线存在着垂线偏差。因此,也就不能直接在地面上处理观测成果,而应将地面观测元素(包括方向和距离等)归算至椭球面。在归算中有两个基本要求:①以椭球面的法线为基准;②将地面观测元素化为椭球面上大地线的相应元素。

7.6.1 将地面观测的水平方向归算至椭球面

将水平方向归算至椭球面上,包括垂线偏差改正、标高差改正及截面差改正,习惯上称此三项改正为三差改正。

1. 垂线偏差改正 δ_u

地面上所有水平方向的观测都是以垂线为根据的,而在椭球面上则要求以该点的法线为依据。这样,在每一三角点上,把以垂线为依据的地面观测的水平方向值归算到以法线为依据的方向值而应加的改正定义为垂线偏差改正,以 δ_u 表示。

垂线偏差改正同经纬仪垂直轴不垂直的改正是很相似的。如图 7-22 所示,以测站 A 为中心作出单位半径的辅助球,u 是垂线偏差,它在子午圈和卯酉圈上的分量分别以 ξ,η 表示,M 是地面观测目标 m 在球面上的投影。

由图可知,如果 M 在 ZZ_1O 垂直面内,无论观测方向以法线为准或以垂线为准,照准面都是一个,而无需作垂线偏差改正。因此,我们可把 AO 方向作为参考方向。

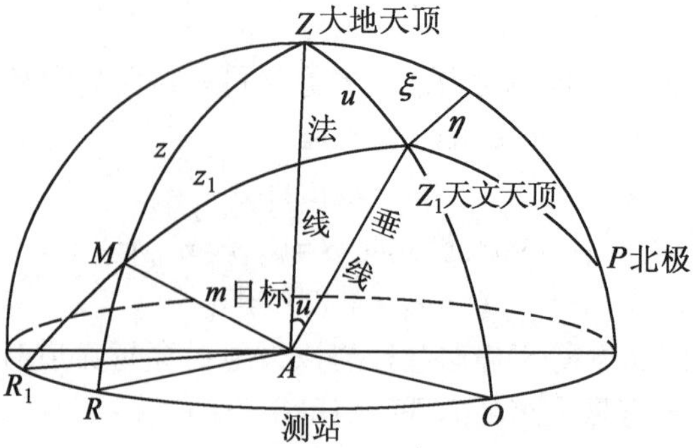

图 7-22

如果 M 不在 ZZ_1O 垂直面内，情况就不同了。若以垂线 AZ_1 为准，照准 m 点得 OR_1；若以法线 AZ 为准，则得 OR。由此可见，垂线偏差对水平方向的影响是 $(R-R_1)$，这个量就是 δ_u。

垂线偏差改正的计算公式是

$$\begin{aligned}\delta_u'' &= -(\xi''\sin A_m - \eta''\cos A_m)\cot Z_1 \\ &= -(\xi''\sin A_m - \eta''\cos A_m)\tan\alpha_1\end{aligned} \tag{7-162}$$

式中：ξ,η 为测站点上的垂线偏差在子午圈及卯酉圈上的分量，它们可在测区的垂线偏差分量图中内插取得。A_m 为测站点至照准点的大地方位角；Z_1 为照准点的天顶距；α_1 为照准点的垂直角。

从(7-162)式可以看出，垂线偏差改正的数值主要与测站点的垂线偏差和观测方向的天顶距(或垂直角)有关。

2. 标高差改正 δ_h

标高差改正又称由照准点高度而引起的改正。我们知道，不在同一子午面或同一平行圈上的两点的法线是不共面的。这样，当进行水平方向观测时，如果照准点高出椭球面某一高度，则照准面就不能通过照准点的法线同椭球面的交点，由此引起的方向偏差的改正叫做标高差改正，以 δ_h 表示。

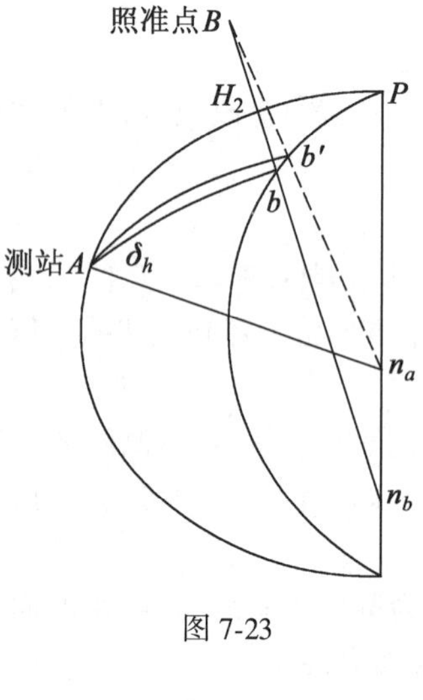

图 7-23

如图 7-23 所示，A 为测站点，如果测站点观测值已加垂线偏差改正，则可认为垂线同法线一致。这时测站点在椭球面上或者高出椭球面某一高度，对水平方向是没有影响的。这是因为测站点法线不变，则通过某一照准点只能有一个法截面，为简单起见，我们设 A 在椭球面上。

设照准点高出椭球面的高程为 H_2，An_a 和 Bn_b 分别为 A 点及 B 点的法线，B 点法线与椭球面的交点为 b。因为通常 An_a 和 Bn_b 不在同一平面内，所以在 A 点照准 B 点得出的法截线是 Ab' 而不是 Ab，因而产生了 Ab 同 Ab' 方向的差异。按归算的要求，地面各点都应沿自己法线方向投影到椭球面上，即需要的是 Ab 方向值而不是 Ab' 方向值，因此需加入标高差改正数 δ_h，以便将 Ab' 方向改到 Ab 方向。

标高差改正的计算公式是

$$\delta_h'' = \frac{e^2}{2} H_2 (1)_2 \cos^2 B_2 \sin 2A_1 \tag{7-163}$$

式中：B_2 为照准点大地纬度，A_1 为测站点至照准点的大地方位角；H_2 为照准点高出椭球面的高程，它由三部分组成：

$$H_2 = H_{常} + \zeta + a \tag{7-164}$$

$H_{常}$ 为照准点标石中心的正常高，ζ 为高程异常，a 为照准点的觇标高。$(1)_2 = \rho''/M_2$，M_2 是与照准点纬度 B_2 相应的子午圈曲率半径。

在实用上，为计算方便起见，设

$$K_1 = \frac{e^2}{2} H_2 (1)_2 \cos^2 B_2 \tag{7-165}$$

则(7-163)式变为

$$\delta_h'' = K_1 \sin 2A_1 \tag{7-166}$$

K_1 在《测量计算用表集》(之一)中有表列数值，以照准点的高程(H_2)(单位：m)和照准点纬度 B_2 为引数查取。

由(7-163)式可知，标高差改正主要与照准点的高程有关。经过此项改正后，便将地面观测的水平方向值归化为椭球面上相应的法截弧方向。

3. 截面差改正 δ_g

在椭球面上，纬度不同的两点由于其法线不共面，所以在对向观测时相对法截弧不重合，应当用两点间的大地线代替相对法截弧。这样将法截弧方向化为大地线方向应加的改正叫截面差改正，用 δ_g 表示。

如图 7-24 所示，AaB 是 A 至 B 的法截弧，它在 A 点处的大地方位角为 A_1'，ASB 是 AB 间的大地线，它在 A 点的大地方位角是 A_1，A_1 与 A 之差 δ_g 就是截面差改正。

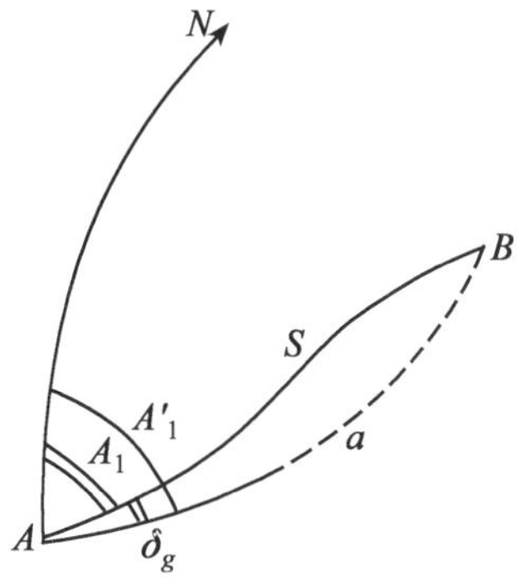

图 7-24

截面差改正的计算公式为

$$\delta_g'' = -\frac{e^2}{12\rho''} S^2 (2)_1^2 \cos^2 B_1 \sin 2A_1 \tag{7-167}$$

式中：S 为 AB 间大地线长度，$(2)_1 = \dfrac{\rho''}{N_1}$，$N_1$ 为测站点纬度 B_1 相对应的卯酉圈曲率半径。

现令

$$K_2 = \frac{e^2}{12\rho''} S^2 (2)_1^2 \cos^2 B_1 \tag{7-168}$$

则(7-167)式变为

$$\delta_g'' = -K_2 \sin 2A_1 \tag{7-169}$$

K_2 可由《测量计算用表集》(之一)中以 S(单位：km)和 B_1 为引数查取。由上式可知，截面差改正主要与测站点至照准点间的距离 S 有关。

天文方位角归算为大地方位角按(1-85)式进行。

天文天顶距归算为大地天顶距按(1-88)式进行。

7.6.2 将地面观测的长度归算至椭球面

根据测边使用的仪器不同，地面长度的归算分两种：一是基线尺量距的归算，二是电磁波测距的归算，下面分别介绍它们的归算公式和方法。

1. 基线尺量距的归算

将基线尺量取的长度加上测段倾斜改正后，可以认为它是基线平均高程面上的长度，以 S_0 表示，现要把它归算至参考椭球面上的大地线长度 S。

1）垂线偏差对长度归算的影响

由于垂线偏差的存在，使得垂线和法线不一致，水准面不平行于椭球面。为此，在长度归算中应首先消除这种影响。假设垂线偏差沿基线是线性变化的，则垂线偏差 u 对长度归算的影响公式是

$$\Delta s_u = \frac{u''_1 + u''_2}{2\rho''}\sum \Delta h = \frac{u''_1 + u''_2}{2\rho''}(H_2 - H_1) \tag{7-170}$$

式中：u''_1 和 u''_2 为在基线端点 1 和 2 处，垂线偏差在基线方向上的分量；$\sum \Delta h$ 为各个测段测量的高差总和；H_1 及 H_2 为基线端点 1 和 2 的大地高。

从(7-170) 式可见，垂线偏差对基线长度归算的影响，主要与垂线偏差分量 u 及基线端点的大地高差 $\sum \Delta h$ 有关，其数值一般比较小，此项改正是否需要，需结合测区及计算精度要求的实际情况作具体分析。

2）高程对长度归算的影响

假如基线两端点已经过垂线偏差改正，则基线平均水准面平行于椭球体面。此时由于水准面离开椭球体面一定距离，也引起长度归算的改正。

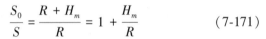

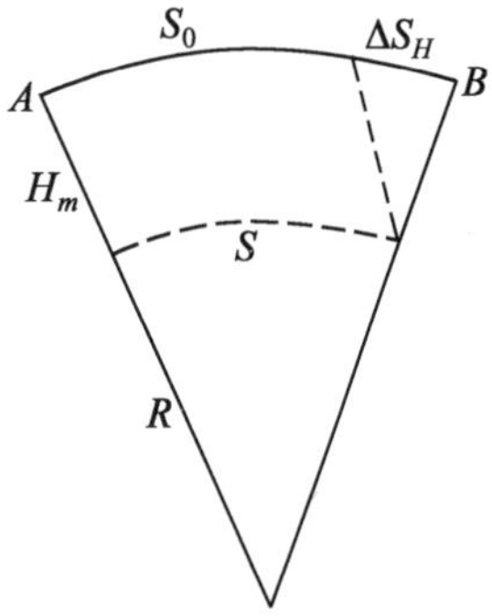

图 7-25

如图 7-25 所示，AB 为平均高程水准面上的基线长度，以 S_0 表示，现要求其在椭球面上的长度 S。由图可知

$$\frac{S_0}{S} = \frac{R + H_m}{R} = 1 + \frac{H_m}{R} \tag{7-171}$$

由此得椭球面上的长度

$$S = S_0\left(1 + \frac{H_m}{R}\right)^{-1} \tag{7-172}$$

式中：$H_m = \frac{1}{2}(H_1+H_2)$，即基线端点平均大地高程；$R$ 为基线方向法截线曲率半径，按(7-85)式计算。

如果将上式展开级数，取至二次项，则有

$$S = S_0\left(1 - \frac{H_m}{R} + \frac{H_m^2}{R^2}\right) \tag{7-173}$$

此式为(7-172)式的近似式，由此式可得由高程引起的基线归化改正数公式

$$\Delta S_H = - S_0\frac{H_m}{R} + S_0\frac{H_m^2}{R^2} \tag{7-174}$$

可见，此项改正数主要是与基线的平均高程 H_m 及长度有关。

这样，顾及以上两项，则地面基线长度归算到椭球面上长度的公式为

$$S = S_0\left(1 + \frac{H_m}{R}\right)^{-1} + \frac{u''_1 + u''_2}{2\rho''}(H_2 - H_1) \tag{7-175}$$

经过以上计算后，便得到了椭球面上的基线长度。至此，这类归算业已完成。

2. 电磁波测距的归算

电磁波测距仪测得的长度是连接地面两点间的直线斜距，也应将它归算到参考椭球面上。

如图 7-26 所示，大地点 Q_1 和 Q_2 的大地高分别为 H_1 和 H_2。其间用电磁波测距仪测得的斜距为 D，现要求大地点在椭球面上沿法线的投影点 Q_1'和 Q_2'间的大地线的长度 S。

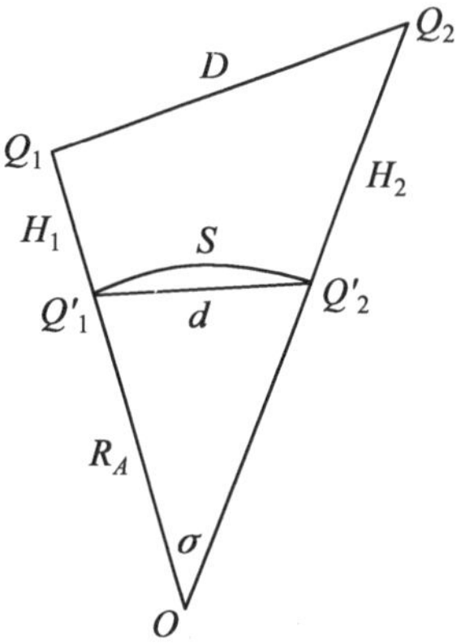

图 7-26

由前已知，在椭球面上两点间大地线长度与相应法截线长度之差是极微小的，可以忽略不计，这样可将两点间的法截线长度认为是该两点间的大地线长度。通过证明又知，两点间的法截线的长度与半径等于其起始点曲率半径的圆弧长相差也很微小，比如当 $S=640\text{km}$ 时，之差等于 0.3m；$S=200\text{km}$ 时，之差等于 0.005m。由于工程测量中边长一般都是几公里，最长也不过十几公里，从而，这种差异又可忽略不计。因此，所求的大地线的长度可以认为是半径

$$R_A = \frac{N}{1+e'^2\cos^2 B_1 \cos^2 A_1}$$

对应的圆弧长。

于是，在平面三角形 Q_1Q_2O 中，由余弦定理有

$$\cos\sigma = \frac{(R_A+H_1)^2+(R_A+H_2)^2-D^2}{2(R_A+H_1)(R_A+H_2)}$$

另外，又知

$$\cos\sigma = \cos\frac{S}{R_A} = 1-2\sin^2\frac{S}{2R_A}$$

由以上两式易得

$$\sin^2\frac{S}{2R_A} = \frac{D^2-(H_2-H_1)^2}{4(R_A+H_1)(R_A+H_2)}$$

经过简单变化，得

$$S = 2R_A \arcsin\frac{D}{2R_A}\sqrt{\frac{1-\left(\frac{H_2-H_1}{D}\right)^2}{\left(1+\frac{H_1}{R_A}\right)\left(1+\frac{H_2}{R_A}\right)}} \tag{7-176}$$

将上式按反正弦函数展开级数，舍去五次项，则得

$$S = D\sqrt{\frac{1-\left(\frac{H_2-H_1}{D}\right)^2}{\left(1+\frac{H_1}{R_A}\right)\left(1+\frac{H_2}{R_A}\right)}}+\frac{D^3}{24R_A^2} \tag{7-177}$$

上式即为电磁波测距的归算公式。式中大地高 H 由两项组成：一个是正常高，另一个是高程异常。为了保证 S 的计算精度不低于 10^{-6}级，当 $D<10\text{km}$ 时，高差 $\Delta h=H_2-H_1$ 的精度必须达 0.1m；当 $D>10\text{km}$ 时，其精度必达 1m。大地高 H 本身的精度，须达 5m 级，而曲率半径 R_A 达 1km 即可。

为了某些应用和说明各项的几何意义，(7-177)式经进一步化简，又可写成

$$S = D-\frac{1}{2}\frac{\Delta h^2}{D}-D\frac{H_m}{R_A}+\frac{D^3}{24R_A^2} \tag{7-178}$$

式中：$H_m=\frac{1}{2}(H_1+H_2)$。显然，上式右端第二项是由于控制点之高差引起的倾斜改正的主项，

经过此项改正,测线已变成平距;第三项是由平均测线高出参考椭球面而引起的投影改正,经此项改正后,测线已变成弦线;第四项则是由弦长改化为弧长的改正项。(7-177)式还可用下式表达

$$S = \sqrt{D^2 - \Delta h^2}\left(1 - \frac{H_m}{R_A}\right) + \frac{D^3}{24R_A^2} \tag{7-179}$$

显然第一项即为经高差改正后的平距。

将以上两式同(7-177)式对照,我们便知两点间的弦长

$$d = D\sqrt{\frac{1 - \left(\frac{H_2 - H_1}{D}\right)^2}{\left(1 + \frac{H_1}{R_A}\right)\left(1 + \frac{H_2}{R_A}\right)}} \tag{7-180}$$

此式在某些计算中有时会用到。

经过以上各项改正的计算,即将地面上用电磁波测距仪测得的两点间的斜距化算到参考椭球面上,从而这类归算即告结束。

7.7 大地测量主题解算概述

7.7.1 大地主题解算的一般说明

椭球面上点的大地经度 L、大地纬度 B,两点间的大地线长度 S 及其正、反大地方位角 A_{12}、A_{21},通称为大地元素。如果知道某些大地元素,推求另一些大地元素,这样的计算问题就叫大地主题解算,大地主题解算有正解和反解。

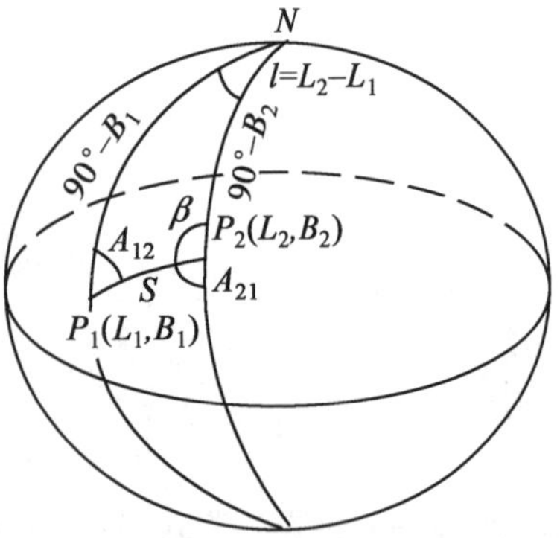

图 7-27

如图 7-27 所示,已知 P_1 点的大地坐标(L_1,B_1),P_1 至 P_2 的大地线长 S 及其大地方位角 A_{12},计算 P_2 点的大地坐标(L_2,B_2)和大地线 S 在 P_2 点的反方位角 A_{21},这类问题叫做大地主题正解。

如果已知 P_1 和 P_2 点的大地坐标(L_1,B_1)和(L_2,B_2),计算 P_1 至 P_2 的大地线长 S 及其正、反方位角 A_{12} 和 A_{21},这类问题叫做大地主题反解。

由上可见,椭球面上两控制点大地坐标,大地线长度及方位角的正解和反解问题同平面上两控制点平面坐标、平面距离及方位角的正反算是相似的,不过解算椭球面上的大地问题要比平面上相应计算复杂得多。

大地主题正解和反解,从解析意义来讲,就是研究大地极坐标与大地坐标间的相互变换。

大地主题正、反解原是用于推求一等三角锁中各点的大地坐标或反算边长和方位角的,目前由于大量的三角网都转化到高斯投影面上计算,所以它在三角测量计算中的作用就大大降低了。但是随着现代科学技术,特别是空间技术、航空、航海、国防等方面的科学技术的发展,大地主题又有了重要作用,解算的距离也由原来几十、几百公里扩大到几千甚至上万公里。

根据大地线的长短,主题解算可分为短距离(400km 以内),中距离(400~1 000km)及长距离(1 000km 以上)三种。

由于大地主题解算的复杂性,不同的目的要求及不同的计算工具和技术发展的变化,一百多年以来,许多测量学者提出了种类繁多的公式和方法,据不完全统计,目前已有 70 余种。对于这些不同解法的理论基础,大致可归纳成以下五类:

1. 以大地线在大地坐标系中的微分方程为基础

这时可直接在地球椭球面上进行积分运算。由 7.5.3 可知,大地线微分方程

$$\begin{cases} \dfrac{\mathrm{d}B}{\mathrm{d}S}=\dfrac{\cos A}{M} \\ \dfrac{\mathrm{d}L}{\mathrm{d}S}=\dfrac{\sin A}{N\cos B} \\ \dfrac{\mathrm{d}A}{\mathrm{d}S}=\dfrac{\tan B}{N}\sin B \end{cases} \tag{7-181}$$

这三个方程通过将大地线长度 S 作为独立变量,将四个变量 B,L,A 和 S 紧紧联系在一起。它们是常一阶微分方程,沿 P_1 和 P_2 点间的大地线弧长 S 积分得:

$$\begin{cases} B_2-B_1=\displaystyle\int_{P_1}^{P_2}\frac{\cos A}{M}\mathrm{d}S \\ L_2-L_1=\displaystyle\int_{P_1}^{P_2}\frac{\sin A}{N\cos B}\mathrm{d}S \\ A_2-A_1\pm 180^\circ=\displaystyle\int_{P_1}^{P_2}\frac{\tan B\sin A}{N}\mathrm{d}S \end{cases} \tag{7-182}$$

在初等函数中这些积分不能计算,所以其精确值不能求得,必须进行趋近解算,为此需要将上述积分进行变换。其中一种方法是运用勒让德级数将它们展开为大地线长度 S 的升幂级数,再逐项计算以达到主题解算的目的。这类解法的典型代表是高斯平均引数公式。其主要特点在于:解算精度与距离有关,距离越长,收敛越慢,因此只适用于较短的距离。

2. 以白塞尔大地投影为基础

我们知道,地球椭球的形状与圆球区别不大。在球面上解算大地主题问题可借助于球面三角学公式简单而严密地进行。因此,如将椭球面上的大地线长度投影到球面上为大圆弧,大地线上的每个点都与大圆弧上的相应点一致,也就是说实现了所谓的大地投影,那么给解算工作带来方便。如果我们已经找到了大地线上某点的数值 B、L、A、S,与球面上大圆弧相应点的数值 φ、λ、α、σ 的关系式,亦即实现了下面的微分方程:

$$\frac{\mathrm{d}B}{\mathrm{d}\varphi}=f_1,\quad \frac{\mathrm{d}L}{\mathrm{d}\lambda}=f_2,\quad \frac{\mathrm{d}A}{\mathrm{d}\alpha}=f_3,\quad \frac{\mathrm{d}S}{\mathrm{d}\sigma}=f_4 \tag{7-183}$$

积分后,我们就找到了从椭球面向球面过渡的必要公式。因此,按这种思想,可得大地主题解算的步骤:

(1)按椭球面上的已知值计算球面相应值,即实现椭球面向球面的过渡;

(2)在球面上解算大地问题;

(3)按球面上得到的数值计算椭球面上的相应数值,即实现从圆球向椭球的过渡。

白塞尔首先提出并解决了投影条件,使这一解法得以实现。这类公式的特点是:计算公式

展开 e^2 或 e'^2 的幂级数，解算精度与距离长短无关。因此，它既适用于短距离解算，也适用于长距离解算。依据白塞尔的这种解法，派生出许许多多的公式，有的是逐渐趋近的解法，有的是直接解法。这些公式大多可适应 20 000km 或更长的距离，这对于国际联测、精密导航、远程导弹发射等都具有重要意义。

3. 利用地图投影理论解算大地问题

如在地图投影中，采用椭球面对球面的正形投影和等距离投影以及椭球面对平面的正形投影（如高斯投影），它们都可以用于解算大地主题，这类解法受距离的限制，只在某些特定情况下才比较有利。

4. 对大地线微分方程进行数值积分的解法

这种解法既不采用勒让德级数，也不采用辅助面，而是直接对（7-182）式进行数值积分计算以解决大地主题的解算。常用的数值积分算法有高斯法，龙格-库塔法，牛顿法以及契巴雪夫法等。这种算法易于编写程序，适用于任意长度距离。其缺点是随着距离的增长，计算工作量大，且精度降低，而在近极地区，这种方法无能为力。

5. 依据大地线外的其他线为基础

连接椭球面两点的媒介除大地线之外，当然还有其他一些有意义的线，比如弦线、法截线等。利用弦线解决大地主题实质是三维大地测量问题，由电磁波测距得到法截线弧长。所以对三边测量的大地主题而言，运用法截弧进行解法有其优点。当然，这些解算结果还应加上归化至大地线的改正。

限于篇幅，我们这里只就第 1、2、4 种解法加以介绍，其他解法读者可参看有关文献。

7.7.2 勒让德级数式

由图 7-27 可知，在过已知点 $P_1(L_1, B_1)$ 且在该点处大地方位角为 A_{12} 的大地线 S 上，任意一点 P_2 的大地坐标 (L_2, B_2) 及其方位角 A_{21} 必是大地线长度 S 的函数

$$B_2 = B(S),\quad L_2 = L(S),\quad A_{21} = A(S) \tag{7-184}$$

显然，当 $S=0$ 时，这些函数值分别等于 P_1 点的相应数值

$$B(0) = B_1,\quad L(0) = L_1,\quad A(0) = A_{12} \tag{7-185}$$

因此，我们可在已知点 P_1 点 $(S=0)$ 上，按麦克劳林公式将 P_1 和 P_2 点的纬度差、经度差及方位角之差展开为大地线长度 S 的幂级数

$$\begin{aligned}B_2 - B_1 = \Delta B &= \sum \left(\frac{\mathrm{d}^n B}{\mathrm{d}S^n}\right)_1 \frac{S^n}{n!}\\ &= \left(\frac{\mathrm{d}B}{\mathrm{d}S}\right)_1 S + \left(\frac{\mathrm{d}^2 B}{\mathrm{d}S^2}\right)_1 \frac{S^2}{2!} + \left(\frac{\mathrm{d}^3 B}{\mathrm{d}S^3}\right)_1 \frac{S^3}{3!} + \cdots\end{aligned} \tag{7-186}$$

$$\begin{aligned}L_2 - L_1 = \Delta L &= \sum \left(\frac{\mathrm{d}^n L}{\mathrm{d}S^n}\right)_1 \frac{S^n}{n!}\\ &= \left(\frac{\mathrm{d}L}{\mathrm{d}S}\right)_1 S + \left(\frac{\mathrm{d}^2 L}{\mathrm{d}S^2}\right)_1 \frac{S^2}{2!} + \left(\frac{\mathrm{d}^3 L}{\mathrm{d}S^3}\right)_1 \frac{S^3}{3!} + \cdots\end{aligned} \tag{7-187}$$

$$\begin{aligned}A_{21} \pm 180^\circ - A_1 = \Delta A &= \sum \left(\frac{\mathrm{d}^n A}{\mathrm{d}S^n}\right) \frac{S^n}{n!}\\ &= \left(\frac{\mathrm{d}A}{\mathrm{d}S}\right)_1 S + \left(\frac{\mathrm{d}^2 A}{\mathrm{d}S^2}\right)_1 \frac{S^2}{2!} + \left(\frac{\mathrm{d}^3 A}{\mathrm{d}S^3}\right)_1 \frac{S^3}{3!} + \cdots\end{aligned} \tag{7-188}$$

以上的下标“1”的各阶导数表示其值按 $S=0$ 时,$B=B_1$,$L=L_1$,$A=A_{12}$来计算。

可见,为计算 ΔB,ΔL 及 ΔA 的级数展开式,关键问题是推求各阶导数。其中一阶导数就是大地坐标系中的大地线微分方程,由 7.5 节可知

$$\begin{cases} \dfrac{\mathrm{d}B}{\mathrm{d}S}=\dfrac{1}{M}\cos A=\dfrac{V^3}{c}\cos A \\ \dfrac{\mathrm{d}L}{\mathrm{d}S}=\dfrac{1}{N\cos B}\sin A=\dfrac{V}{c}\sec B\sin A \\ \dfrac{\mathrm{d}A}{\mathrm{d}S}=\dfrac{\tan B}{N}\sin A=\dfrac{V}{c}\tan B\sin A \end{cases} \tag{7-189}$$

以上式为基础,可依次导出其他高阶导数。于是对二阶导数

$$\frac{\mathrm{d}^2B}{\mathrm{d}S^2}=\frac{\partial}{\partial B}\left(\frac{\partial B}{\partial S}\right)\frac{\mathrm{d}B}{\mathrm{d}S}+\frac{\partial}{\partial A}\left(\frac{\mathrm{d}B}{\mathrm{d}S}\right)\frac{\mathrm{d}A}{\mathrm{d}S}=\frac{3V^2}{c}\cos A\frac{\mathrm{d}V}{\mathrm{d}S}-\frac{V^3}{c}\sin A\left(\frac{\mathrm{d}A}{\mathrm{d}S}\right)$$

而
$$\frac{\mathrm{d}V}{\mathrm{d}S}=\frac{\mathrm{d}V}{\mathrm{d}B}\frac{\mathrm{d}B}{\mathrm{d}S}=-\frac{\eta^2t}{V}\frac{V^3}{c}\cos A$$

因此
$$\frac{\mathrm{d}^2B}{\mathrm{d}S^2}=-\frac{V^4}{c^2}t(3\eta^2\cos^2A+\sin^2A) \tag{7-190}$$

对三阶导数

$$\frac{\mathrm{d}^3B}{\mathrm{d}S}=-\frac{4}{c^2}V^3t\frac{\mathrm{d}V}{\mathrm{d}S}t(\sin^2A+3\eta^2\cos^2A)-\frac{V^4}{c^2}(\sin^2A+3\eta^2\cos^2A)\frac{\mathrm{d}t}{\mathrm{d}S}-$$
$$\frac{V^4}{c^2}t(2\sin A\cos A\frac{\mathrm{d}A}{\mathrm{d}S}-6\eta^2\cos A\sin A\frac{\mathrm{d}A}{\mathrm{d}S}+3\cos^2A\frac{\mathrm{d}\eta^2}{\mathrm{d}S})$$

而
$$\frac{\mathrm{d}t}{\mathrm{d}S}=\frac{\mathrm{d}t}{\mathrm{d}B}\cdot\frac{\mathrm{d}B}{\mathrm{d}S}=(1+t^2)\frac{V^3}{c}\cos A,\quad \frac{\mathrm{d}\eta^2}{\mathrm{d}S}=\frac{\mathrm{d}\eta^2}{\mathrm{d}B}\cdot\frac{\mathrm{d}B}{\mathrm{d}S}=-2\eta^2t\frac{V^3}{c}\cos A$$

代入上式,经过整理,得到

$$\frac{\mathrm{d}^3B}{\mathrm{d}S^3}=-\frac{V^5}{c^3}\cos A[\sin^2A(1+3t^2+\eta^2-9\eta^2t^2)+3\eta^2\cos A(1-t^2+\eta^2-5\eta^2t^2) \tag{7-191}$$

用类似方法可得

$$\frac{\mathrm{d}^2L}{\mathrm{d}S^2}=\frac{2V^2}{c^2}t\sec B\sin A\cos A \tag{7-192}$$

$$\frac{\mathrm{d}^3L}{\mathrm{d}S^3}=\frac{2V^3}{c^3}\sec B[\sin A\cos^2A(1+\eta^2+3t^2)-t^2\sin^3A] \tag{7-193}$$

…

$$\frac{\mathrm{d}^2A}{\mathrm{d}S^2}=\frac{V^2}{c^2}\sin A\cos A(1+2t^2+\eta^2) \tag{7-194}$$

$$\frac{\mathrm{d}^3A}{\mathrm{d}S^3}=\frac{V^3}{c^3}t[\cos^2A\sin A(5+6t^2+\eta^2-4\eta^4)-\sin^3A(1+2t^2+\eta^2)] \tag{7-195}$$

…

把(7-189)~(7-195)式一并代入(7-186)、(7-187)及(7-188)式,并引用符号

$$u=S\cdot\cos A_1,v=S\cdot\sin A_1$$

顾及$\dfrac{V}{c}=\dfrac{1}{N}$及第 4、第 5 阶导数,则得出勒让德级数式如下:

$$\frac{(B_2 - B_1)''}{\rho''} = \frac{V_1^2}{N_1}u - \frac{V_1^2 t_1}{2N_1^2}v^2 - \frac{2V_1^2 \cdot \eta_1^2 t_1}{2N_1^2}u^2 - \frac{V_1^2(1 + 3t_1^2 + \eta_1^2 - 9\eta_1^2 t_1^2)}{6N_1^3}uv^2 -$$
$$\frac{V_1^2\eta_1^2(1 - t_1^2 + \eta_1^2 - 5\eta_1^2 t_1^2)}{2N_1^3}u^3 + \frac{V_1^2 t_1(1 + 3t_1^2 + \eta_1^2 - 9\eta_1^2 t_1^2)}{24N_1^4}v^4 -$$
$$\frac{V_1^2 t_1(4 + 6t_1^2 - 13\eta_1^2 - 9\eta_1^2 t_1^2)}{12N_1^4}u^2v^2 + \frac{V_1^2\eta_1^2 t_1}{2N_1^4}u^4 +$$
$$\frac{V_1^2(1 + 30t_1^2 + 45t_1^4)}{120N_1^5}uv^4 - \frac{V_1^2(2 + 15t_1^2 + 15t_1^4)}{30N_1^5}u^3v^2 + 6\text{ 次项} \tag{7-196}$$

$$\frac{(L_2 - L_1)''\cos B_1}{\rho''} = \frac{v}{N_1} + \frac{t_1}{N_1^2}uv - \frac{t_1^2}{3N_1^3}v^3 + \frac{(1 + 3t_1^2 + \eta_1^2)}{3N_1^3}u^2v -$$
$$\frac{t_1(1 + 3t_1^2 + \eta_1^2)}{3N_1^4}uv^3 + \frac{t_1(2 + 3t_1^2 + \eta_1^2)}{3N_1^4}u^3v +$$
$$\frac{t_1^2(1 + 3t_1^2)}{15N_1^5}v^5 - \frac{(1 + 20t_1^2 + 30t_1^4)}{15N_1^5}u^2v^3 +$$
$$\frac{(2 + 15t_1^2 + 15t_1^4)}{15N_1^5}u^4v + 6\text{ 次项} \tag{7-197}$$

$$\frac{(A_2 - A_1)''}{\rho''} \pm \pi = \frac{t_1}{N_1}v + \frac{(1 + 2t_1^2 + \eta_1^2)}{2N_1^2}uv - \frac{t_1(1 + 2t_1^2 + \eta_1^2)}{6N_1^3}v^3 +$$
$$\frac{t_1(5 + 6t_1^2 + \eta_1^2 - 4\eta_1^4)}{6N_1^3}u^2v - \frac{(1 + 20t_1^2 + 24t_1^4 + 2\eta_1^2 + 8\eta_1^2 t_1^2)}{24N_1^4}uv^3 +$$
$$\frac{(5 + 28t_1^2 + 24t_1^4 + 6\eta_1^2 + 8\eta_1^2 t_1^2)}{24N_1^4}u^3v + \frac{t_1(1 + 20t_1^2 + 24t_1^4)}{120N_1^5}v^5 -$$
$$\frac{t_1(58 + 280t_1^2 + 240t_1^4)}{120N_1^5}u^2v^3 +$$
$$\frac{t_1(61 + 180t_1^2 + 120t_1^4)}{120N_1^5}u^4v + 6\text{ 次项} \tag{7-198}$$

勒让德级数是大地主题正算的一组基本公式,但它仅适用于边长短于 30km 的情况。因为边长长的话,级数收敛很慢,且计算工作很复杂。后来博尔茨对级数中 u,v 及它们各次幂之积的系数作了改化,使之成为带有 e'^2的升幂和 $\sin mB_1$ 及 $\cos mB_1$(m 为正整数)的级数式,并编制了计算用表,使勒让德级数成为手算实用公式。同时,赫里斯托夫(Hristow),史赖伯(Schreiber)等也对级数系数进行了改化,并编制了相应计算用表或公式。为解算大地主题,高斯于 1846 年对勒让德级数也进行了改化,提出了以大地线两端点平均纬度及平均方位角为依据的高斯平均引数公式,它具有级数收敛快,公式项数少,精度高,计算较简便,使用范围大等优点。

7.7.3 高斯平均引数正算公式

高斯平均引数正算公式推导的基本思想是:首先把勒让德级数在 P_1 点展开改在大地线长

度中点 M 展开,以使级数公式项数减少,收敛快,精度高;其次,考虑到求定中点 M 的复杂性,将 M 点用大地线两端点平均纬度及平均方位角相对应的 m 点来代替,并借助迭代计算,便可顺利地实现大地主题正解。

如图 7-28 所示,设点 M 是大地线 P_1P_2 的中点,即点 M 到点 P_1 和 P_2 的大地线长度相等:

$$MP_2 = \frac{S}{2}, \quad MP_1 = -\frac{S}{2} \tag{7-199}$$

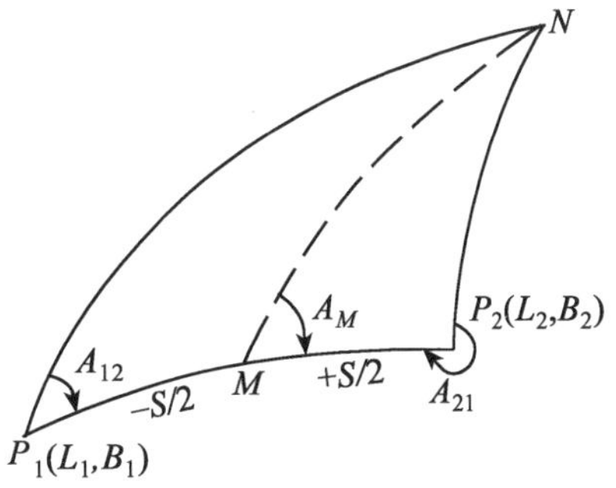

图 7-28

上式的正负号以大地线 P_1P_2 的方向为准。M 点经、纬度为 L_M, B_M,在 M 点处的大地线的大地方位角为 A_M。分别对 MP_2 及 MP_1 写出如(7-186)式的展开式

$$B_2 - B_M = \left(\frac{dB}{dS}\right)_M \frac{S}{2} + \frac{1}{2}\left(\frac{d^2B}{dS^2}\right)_M \cdot \frac{S^2}{4} + \frac{1}{6}\left(\frac{d^3B}{dS^3}\right)_M \frac{S^3}{8} + \cdots \tag{7-200}$$

$$B_1 - B_M = -\left(\frac{dB}{dS}\right)_M \frac{S}{2} + \frac{1}{2}\left(\frac{d^2B}{dS^2}\right)_M \cdot \frac{S^2}{4} - \frac{1}{6}\left(\frac{d^3B}{dS^3}\right)_M \frac{S^3}{8} + \cdots \tag{7-201}$$

两式相减,得

$$(B_2 - B_1)'' = \Delta B'' = \rho''\left(\frac{dB}{dS}\right)_M S + \frac{\rho''}{24}\left(\frac{d^3B}{dS^3}\right)_M S^3 + 5\text{ 次项} \tag{7-202}$$

同理有

$$(L_2 - L_1)'' = \Delta L'' = \rho''\left(\frac{dL}{dS}\right)_M S + \frac{\rho''}{24}\left(\frac{d^3L}{dS^3}\right)_M S^3 + 5\text{ 次项} \tag{7-203}$$

$$(A_{21} - A_{12})'' = \Delta A'' = \rho''\left(\frac{dA}{dS}\right)_M S + \frac{\rho''}{24}\left(\frac{d^3A}{dS^3}\right)_M S^3 + 5\text{ 次项} \tag{7-204}$$

由上可知,用大地线中点 M 的纬度 B_M 和大地方位角 A_M 来计算各阶导数值,两项已达原四项精度。然而由于 B_M 和 A_M 均为未知,不能直接用来计算。为此,引进 P_1 和 P_2 点平均纬度和平均方位角相对应的 m 点代替 M 点。这时

$$B_m = \frac{1}{2}(B_1 + B_2), \quad A_m = \frac{1}{2}(A_{12} + A_{21} \pm 180°) \tag{7-205}$$

显然

$$B_m \neq B_M, \quad A_m \neq A_M$$

但它们的差异是很小的,因为将(7-200)和(7-201)两式相加除以 2,得

$$B_m - B_M = \frac{S^2}{8}\left(\frac{d^2B}{dS^2}\right)_M + 4\text{ 次项} \tag{7-206}$$

同理有

$$A_m - A_M = \frac{S^2}{8}\left(\frac{d^2A}{dS^2}\right)_M + 4\text{ 次项} \tag{7-207}$$

可见它们之差均属二次微小量。因此，如能设法将(7-202)～(7-204)式中以 B_M, A_M 为依据的导数值改化为以 B_m, A_m 为依据的导数值，问题就得到解决。下面以 ΔB 的展开式为例进行推导。

由于 $\frac{dB}{dS}$ 是 B 和 A 的函数，因此有式

$$\left(\frac{dB}{dS}\right)_M = f(B_M, A_M) = f(B_m + B_M - B_m, A_m + A_M - A_m) \tag{7-208}$$

将上式以 B_m, A_m 为依据展开级数

$$\left(\frac{dB}{dS}\right)_M = f(B_m, A_m) + \left(\frac{\partial f}{\partial B}\right)_m (B_M - B_m) + \left(\frac{\partial f}{\partial A}\right)_m (A_M - A_m) + \cdots \tag{7-209}$$

亦即

$$\left(\frac{dB}{dS}\right)_M = \left(\frac{dB}{dS}\right)_m + \left(\frac{\partial\left(\frac{dB}{dS}\right)}{\partial B}\right)_m (B_M - B_m) + \left(\frac{\partial\left(\frac{dB}{dS}\right)}{\partial A}\right)_m (A_M - A_m) + \cdots \tag{7-210}$$

下面分别求出上式右边各项。

第一项，由大地线微分方程知

$$\left(\frac{dB}{dS}\right)_m = \frac{\cos A_m}{M_m} = \frac{V_m^3}{c}\cos A_m = \frac{V_m^2}{N_m}\cos A_m \tag{7-211}$$

第二项

$$\left(\frac{\partial\left(\frac{dB}{dS}\right)}{\partial B}\right)_m = \frac{\partial\left(\frac{V_m^3}{c}\cos A_m\right)}{\partial B} = -\frac{3}{N_m}t_m\eta_m^2\cos A_m \tag{7-212}$$

第三项

$$\left(\frac{\partial\left(\frac{dB}{dS}\right)}{\partial A}\right)_m = \frac{\partial\left(\frac{V_m^3}{c}\cos A_m\right)}{\partial A} = -\frac{V_m^2}{N_m}\sin A_m \tag{7-213}$$

第四项由于 $(B_m - B_M)$ 是二次微小量，故略去证明，直接用 $\left(\frac{d^2B}{dS^2}\right)_m$ 代替 $\left(\frac{d^2B}{dS^2}\right)_M$。因此(7-206)及(7-207)式分别有

$$\begin{aligned} B_M - B_m &= -\frac{S^2}{8}\left(\frac{d^2B}{dS^2}\right)_m \\ &= \frac{V_m^2 S^2}{8N_m^2}(t_m \cdot \sin^2 A_m + 3t_m\eta_m^2\cos^2 A_m) \end{aligned} \tag{7-214}$$

及

$$\begin{aligned} A_M - A_m &= -\frac{S^2}{8}\left(\frac{d^2A}{dS^2}\right)_m \\ &= -\frac{S^2}{8N_m^2}\sin A_m\cos A_m(1+2t_m^2+\eta_m^2) \end{aligned} \tag{7-215}$$

将(7-211)～(7-215)式代入(7-210)式，经整理得到按 B_m 和 A_m 计算 $\left(\frac{dB}{dS}\right)_M$ 的公式

$$S\cdot\left(\frac{\mathrm{d}B}{\mathrm{d}S}\right)_M=\frac{V_m^2}{N_m}S\cdot\cos A_m-\frac{3V_m^2}{8N_m^3}\cos A_m t_m^2\eta_m^2(\sin^2A_m+3\eta_m^2\cos^2A_m)\cdot S^3+$$
$$\frac{V_m^2}{8N_m^3}\sin^2A_m\cos A_m(1+2t_m^2+\eta_m^2)\cdot S^3+5\text{ 次项}\tag{7-216}$$

在考虑(7-202)式右边第二项导数值时,根据上面分析,可直接用$\left(\frac{\mathrm{d}^3B}{\mathrm{d}S^3}\right)_m$代替$\left(\frac{\mathrm{d}^3B}{\mathrm{d}S^3}\right)_M$,于是有式

$$\frac{S^3}{24}\left(\frac{\mathrm{d}^3B}{\mathrm{d}S^3}\right)_M=-\frac{V_m^2}{24N_m^3}\cos A_m\{\sin^2A_m(1+3t_m^2+\eta_m^2-9t_m^2\eta_m^2)+$$
$$3\eta_m^2\cos^2A_m(1-t_m^2+\eta_m^2-5t_m^2\eta_m^2)\cdot S^3+5\text{ 次项}\tag{7-217}$$

最后将(7-216)及(7-217)式代入(7-202)式,经整理可得高斯平均引数正算公式

$$\Delta B''=(B_2-B_1)''=\frac{V_m^2}{N_m}\rho''S\cdot\cos A_m\{1+\frac{S^2}{24N_m^2}[\sin^2A_m(2+3t_m^2+2\eta_m^2)+$$
$$3\eta_m^2\cos^2A_m(-1+t_m^2-\eta_m^2-4t_m^2\eta_m^2)]\}+5\text{ 次项}\tag{7-218}$$

仿上,可得

$$\Delta L''=(L_2-L_1)''=\frac{\rho''}{N_m}S\cdot\sec B_m\sin A_m\{1+\frac{S^2}{24N_m^2}[\sin^2A_m\cdot t_m^2-$$
$$\cos^2A_m(1+\eta_m^2-9t_m^2\eta_m^2)]\}+5\text{ 次项}\tag{7-219}$$

$$\Delta A''=(A_{21}-A_{12})''=\frac{\rho''}{N_m}S\cdot\sin A_m t_m\{1+\frac{S^2}{24N_m^2}[\cos^2A_m(2+7\eta_m^2+9t_m^2\eta_m^2+$$
$$5\eta_m^4)+\sin^2A_m(2+t_m^2+2\eta_m^2)]\}+5\text{ 次项}\tag{7-220}$$

以上三式保证了四次项的精度,可解算 120km 主题问题。

当距离小于 70km 时,上述各式中的 η_m^2 项可略去,若设主项

$$\begin{cases}\Delta B_0''=\dfrac{\rho''}{M_m}S\cdot\cos A_m,\quad \Delta L_0''=\dfrac{\rho''}{N_m}S\cdot\sin A_m\sec B_m\\ \Delta A_m''=\dfrac{\rho''}{N_m}S\cdot\sin A_m\tan B_m=\Delta L_0''\cdot\sin B_m\end{cases}\tag{7-221}$$

则得简化公式

$$\begin{cases}\Delta L''=\dfrac{\rho''}{N_m}S\cdot\sin A_m\sec B_m\left(1+\dfrac{\Delta A''^2_0}{24\rho''^2}-\dfrac{\Delta B''^2_0}{24\rho''^2}\right)\\ \Delta B''=\dfrac{\rho''}{M_m}S\cdot\cos A_m\left(1+\dfrac{\Delta L''^2_0}{12\rho''^2}+\dfrac{\Delta A''^2_0}{24\rho''^2}\right)\\ \Delta A''=\dfrac{\rho''}{N_m}S\cdot\sin A_m\tan B_m\left(1+\dfrac{\Delta B''^2_0}{12\rho''^2}+\dfrac{\Delta L''^2_0}{12\rho''^2}\cos^2B_m+\dfrac{\Delta A''^2_0}{24\rho''^2}\right)\end{cases}\tag{7-222}$$

高斯平均引数公式,结构比较简单,精度比较高。从公式可知,欲求 ΔL,ΔB 及 ΔA,必先有 B_m 及 A_m。但由于 B_2 和 A_{21} 未知,故精确值尚不知,为此需用逐次趋近的迭代方法进行公式的计算。一般主项趋近 3 次,改正项趋近 1~2 次就可满足要求了。

7.7.4 高斯平均引数反算公式

大地主题反算是已知两端点的经、纬度 L_1,B_1 及 L_2,B_2,反求两点间的大地线长度 S 及正、

反大地方位角 A_{12} 和 A_{21}。这时,由于经差 ΔL、纬差 ΔB 及平均纬度 B_m 均为已知,故可依正算公式很容易地导出反算公式。

由(7-219)式及(7-218)式两式,分别移项,经整理可得

$$S\cdot\sin A_m=\frac{\Delta L''}{\rho''}N_m\cos B_m-\frac{S\cdot\sin A_m}{24N_m^2}[S^2t_m^2\sin^2A_m+S^2\cos^2A_m(1+\eta_m^2-9\eta_m^2t_m^2)] \tag{7-223}$$

$$S\cdot\cos A_m=\frac{\Delta B''}{\rho''}\frac{N_m}{V_m^2}-\frac{S\cdot\cos A_m}{24N_m^2}[S^2\sin^2A_m(2+3t_m^2+2\eta_m^2)-3\eta_m^2S^2\cos^2A_m(t_m^2-1-\eta_m^2-4\eta_m^2t_m^2)] \tag{7-224}$$

上两式右端第二项含有 $S\cdot\sin A_m$ 及 $S\cdot\cos A_m$,它们可用其主式代换,即有

$$S\cdot\sin A_m=\frac{\Delta L''}{\rho''}N_m\cos B_m,\quad S\cdot\cos A_m=\frac{\Delta B''}{\rho''}\frac{N_m}{V_m^2} \tag{7-225}$$

将上式代入前两式,并按 ΔL 和 ΔB 集项,得

$$\begin{cases}S\cdot\sin A_m=r_{01}\Delta L''+r_{21}\Delta B''^2\Delta L''+r_{03}\Delta L''^3\\ S\cdot\cos A_m=S_{10}\Delta B''+S_{12}\Delta B''L''^2+S_{30}\Delta B''^3\end{cases} \tag{7-226}$$

式中各系数

$$\begin{cases}r_{01}=\dfrac{N_m}{\rho''}\cos B_m,\quad r_{21}=\dfrac{N_m\cos B_m}{24\rho''^3}(1-\eta_m^2-9\eta_m^2t_m^2),\quad r_{03}=\dfrac{N_m}{24\rho''^3}\cos^3B_mt_m^2\\ S_{10}=\dfrac{N_m}{\rho''V_m^2},S_{12}=\dfrac{N_m}{24\rho''^3}\cos^2B_m(-2-3t_m^2+3t_m^2\eta_m^2),S_{30}=\dfrac{N_m}{8\rho''^3}(\eta_m^2-t_m^2\eta_m^2)\end{cases} \tag{7-227}$$

将(7-226)式、(7-227)式一并代入(7-220)式,经整理得到

$$\Delta A''=t_{01}\Delta L''+t_{21}\Delta B''^2\Delta L''+t_{03}L''^3 \tag{7-228}$$

式中

$$\begin{cases}t_{01}=t_m\cos B_m,\quad t_{21}=\dfrac{1}{24\rho''^2}\cos B_mt_m(3+2\eta_m^2-2\eta_m^4)\\ t_{03}=\dfrac{1}{12\rho''^2}\cos^3B_mt_m(1+\eta_m^2)\end{cases} \tag{7-229}$$

求出 $S\cdot\sin A_m$,$S\cdot\cos B_m$ 及 $\Delta A''$后,按下式计算大地线长度 S 及正、反方位角 A_{12},A_{21}

$$\tan A_m=\frac{S\cdot\sin A_m}{S\cdot\cos A_m} \tag{7-230}$$

由此求出 A_m 后,进而再求

$$\begin{cases}S=\dfrac{S\cdot\sin A_m}{\sin A_m}=\dfrac{S\cdot\cos A_m}{\cos A_m}\\ A_{12}=A_m-\dfrac{1}{2}\Delta A'',A_{21}=A_m+\dfrac{1}{2}\Delta A''\pm180^\circ\end{cases} \tag{7-231}$$

上述公式同正算公式一样,保证了四次项精度,可用于 200km 下的反算。

当距离小于 70km 时,可由简化公式(7-222)式写出

$$
\begin{cases}
S \cdot \sin A_m = \dfrac{N_m \Delta L'' \cos B_m}{\rho''\left(1 + \dfrac{\Delta A''^2_0}{24\rho''^2} - \dfrac{\Delta B''^2_0}{24\rho''^2}\right)} \\
S \cdot \cos A_m = \dfrac{M_m \Delta B''}{\rho''\left(1 + \dfrac{\Delta L''}{12\rho''^2} + \dfrac{\Delta A''^2}{24\rho''^2}\right)}
\end{cases}
\tag{7-232}
$$

而 $\Delta A''_0$ 可用下式替代

$$
\Delta A''_0 = \Delta L''_0 \cdot \sin B_m \tag{7-233}
$$

精密方位角之差按(7-220)式计算,其他计算同(7-230)及(7-231)式。

为判断 A_m 的象限,设 $b=B_2-B_1, l=L_2-L_1$,先按下式求出

$$
\begin{cases}
T = \begin{cases} \arctan\left|\dfrac{S \cdot \sin A_m}{S \cdot \cos A_m}\right|, \text{当} \ |b| \geqslant |l| \\ \dfrac{\pi}{4} + \arctan\left|\dfrac{1-c}{1+c}\right|, \text{当} \ |b| \leqslant |l| \end{cases} \\
c = \left|\dfrac{S \cdot \cos A_m}{S \cdot \sin A_m}\right|
\end{cases}
\tag{7-234}
$$

所以

$$
A_m = \begin{cases}
T & \text{当} \ b > 0, l \geqslant 0 \\
\pi - T & \text{当} \ b < 0, l \geqslant 0 \\
\pi + T & \text{当} \ b \leqslant 0, l < 0 \\
2\pi - T & \text{当} \ b > 0, l < 0 \\
\dfrac{\pi}{2} & \text{当} \ b = 0, l > 0
\end{cases}
\tag{7-235}
$$

反算公式结构简单,收敛快,精度高,无需迭代,这些优点使它成为迄今为止短距离大地主题反算的最佳公式。

最后,可按下列框图编写高斯平均引数公式解算大地主题正、反算问题的电算程序。

7.7.5 白塞尔大地主题解算方法

白塞尔法解算大地主题的基本思想是将椭球面上的大地元素按照白塞尔投影条件投影到辅助球面上,继而在球面上进行大地主题解算,最后再将球面上的计算结果换算到椭球面上。由此可见,这种方法的关键问题是找出椭球面上的大地元素与球面上相应元素之间的关系式。同时也要解决在球面上进行大地主题解算的方法。

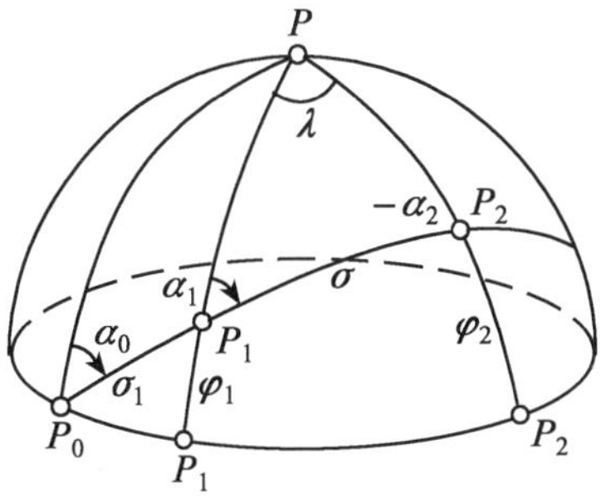

图 7-29

1. 在球面上进行大地主题解算

如图 7-29 所示,在球面上有两点 P_1 和 P_2,其中 P_1 点的大地纬度 φ_1,大地经度 λ_1,P_2 点大地纬度 φ_2,大地经度 λ_2;P_1 和 P_2 点间的大圆弧长为 σ,P_1P_2 的方位角为 α_1,其反方位角为 α_2,球面上大地主题正算是已知 $\varphi_1,\alpha_1,\sigma$,要求 φ_2,α_2 及经差 λ;反算问题是已知 φ_1,φ_2 及经差 λ,要求 σ,α_1 及 α_2。

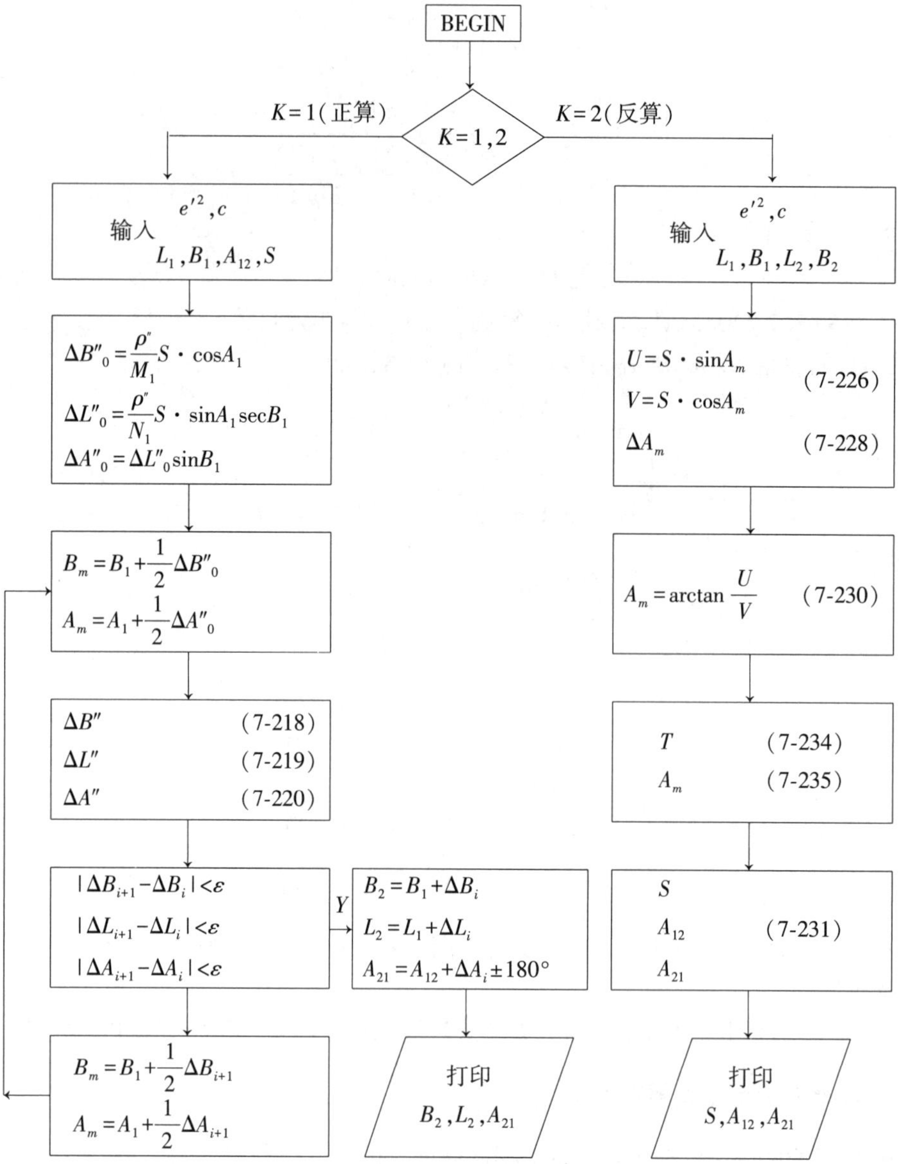

算例:

已知:$B_1=47°46'52.647\ 0''$

$L_1=35°49'36.330\ 0''$

$A_1=44°12'13.664''$

$S=44\ 797.282\ 6\text{m}$

求得:$B_2=48°04'09.638\ 4''$

$L_2=36°14'45.000\ 4''$

$A_{21}=224°30'53.550''$

算例:

已知:$B_1=47°46'52.647\ 0''$

$L_1=35°49'36.330\ 0''$

$B_2=48°04'09.638\ 4''$

$L_2=36°14'45.000\ 4''$

求得:$S=44\ 797.282\ 6\text{m}$

$A_{12}=44°12'13.664''$

$A_{21}=224°30'53.550''$

在球面上进行大地主题正反算,实质是对极球面三角形 PP_1P_2 的解算。为了解算极球面三角形可以采用多种球面的三角学公式。在这里,我们给出正切函数式,其优点是能保证反正切函数的精度。在有关计算中,反三角函数应用最少,易于编写计算机程序,从而使其得到实质性的改善。

现在我们首先把极球面三角元素间的基本公式汇总如下:

$$\sin\sigma\sin\alpha_1 = \sin\lambda\cos\varphi_2 \tag{a}$$

$$\sin\sigma\sin\alpha_2 = -\sin\lambda\cos\varphi_1 \tag{b}$$

$$\sin\sigma\cos\alpha_1 = \cos\varphi_1\sin\varphi_2 - \sin\varphi_1\cos\varphi_2\cos\lambda \tag{c}$$

$$\sin\sigma\cos\alpha_2 = \sin\varphi_1\cos\varphi_2 - \cos\varphi_1\sin\varphi_2\cos\lambda \tag{d}$$

$$\cos\sigma = \sin\varphi_1\sin\varphi_2 + \cos\varphi_1\cos\varphi_2\cos\lambda \tag{e}$$

$$\cos\varphi_2\cos\lambda = \cos\varphi_1\cos\sigma - \sin\varphi_1\sin\sigma\cos\alpha_1 \tag{f}$$

$$\cos\varphi_2\cos\alpha_2 = \sin\varphi_1\sin\sigma - \cos\varphi_1\cos\sigma\cos\alpha_1 \tag{g}$$

$$\cos\varphi_2\sin\alpha_2 = -\cos\varphi_1\sin\alpha_1 \tag{h}$$

$$\sin\varphi_2 = \sin\varphi_1\cos\sigma + \cos\varphi_1\sin\sigma\cos\alpha_1 \tag{i}$$

1)球面上大地主题正解方法

此时已知量:φ_1,α_1 及 σ;要求量:φ_2,α_2 及 λ。

首先按(i)式计算 $\sin\varphi_2$,继而用下式计算 φ_2:

$$\tan\varphi_2 = \frac{\sin\varphi_2}{\sqrt{1 - \sin^2\varphi_2}} \tag{j}$$

为确定经差 λ,将(a)÷(f),得

$$\tan\lambda = \frac{\sin\sigma\sin\alpha_1}{\cos\varphi_1\cos\sigma - \sin\varphi_1\sin\sigma\cos\alpha_1} \tag{k}$$

为求定反方位角 α_2,将(h)÷(g),得

$$\tan\alpha_2 = \frac{\cos\varphi_1\sin\alpha_1}{\cos\varphi_1\cos\sigma\cos\alpha_1 - \sin\varphi_1\sin\sigma} \tag{l}$$

2)球面上大地主题反解方法

此时已知量:φ_1,φ_2 及 λ;要求量:σ,α_1 及 α_2。

为确定正方位角 α_1,我们将(a)÷(c)式,得

$$\tan\alpha_1 = \frac{\sin\lambda\cos\varphi_2}{\cos\varphi_1\sin\varphi_2 - \sin\varphi_1\cos\varphi_2\cos\lambda} = \frac{p}{q} \tag{m}$$

式中

$$p = \sin\lambda\cos\varphi_2, \quad q = \cos\varphi_1\sin\varphi_2 - \sin\varphi_1\cos\varphi_2\cos\lambda \tag{n}$$

为求解反方位角 α_2,我们将(b)÷(d)式,得

$$\tan\alpha_2 = \frac{\sin\lambda\cos\varphi_1}{\cos\varphi_1\sin\varphi_2\cos\lambda - \sin\varphi_1\cos\varphi_2} \tag{o}$$

为求定球面距离 σ,我们首先将(a)式乘以 $\sin\alpha_1$,(c)式乘以 $\cos\alpha$,并将它们相加;将相加结果再除以(e)式,则易得:

$$\tan\sigma = \frac{\cos\varphi_2\sin\lambda\sin\alpha_1 + (\cos\varphi_1\sin\varphi_2 - \sin\varphi_1\cos\varphi_2\cos\lambda)\sin\alpha_1}{\sin\varphi_1\sin\varphi_2 + \cos\varphi_1\cos\varphi_2\cos\lambda}$$

$$= \frac{p\sin\alpha_1 + q\cos\alpha_1}{\cos\sigma} \tag{p}$$

式中，p 及 q 见(n)式。

2. 椭球面和球面上坐标关系式

如图 7-30 所示，在椭球面极三角形 PP_1P_2 中，用 B,L,S 及 A 分别表示大地线上某点的大地坐标，大地线长及其大地方位角。在球面极三角形 $P'P_1'P_2'$中，与之相应，用 φ,λ,σ 及 α 分别表示球面大圆弧上相应点的坐标、弧长及方位角。

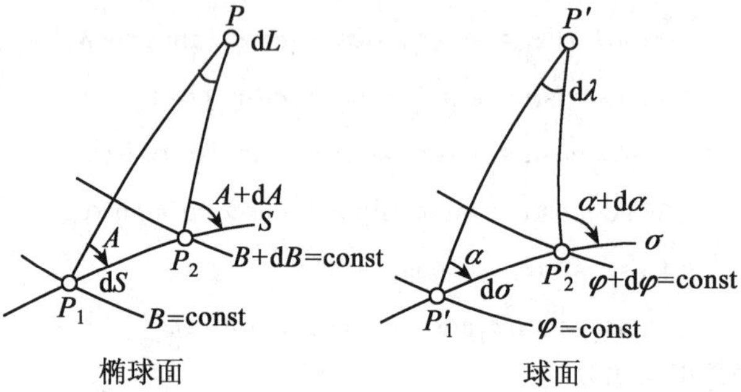

图 7-30

在椭球面上大地线微分方程为

$$\begin{cases} dB = \dfrac{\cos A}{M}dS \\ dL = \dfrac{\sin A}{N\cos B}dS \\ dA = \dfrac{\tan B\sin A}{N}dS \end{cases} \tag{7-236}$$

在单位圆球面上，易知大圆弧的微分方程为：

$$\begin{cases} d\varphi = \cos\alpha d\sigma \\ d\lambda = \dfrac{\sin\alpha}{\cos\varphi}d\sigma \\ d\alpha = \tan\varphi\ \sin\alpha d\sigma \end{cases} \tag{7-237}$$

由以上两组关系式易知二者有如下关系式：

$$\frac{dB}{d\varphi} = \frac{\cos A}{M\cos\alpha}\frac{dS}{d\sigma} \tag{7-238}$$

$$\frac{dL}{d\lambda} = \frac{\cos\varphi\ \sin A}{N\cos B\sin\alpha}\frac{dS}{d\sigma} \tag{7-239}$$

$$\frac{dA}{d\alpha} = \frac{\tan B\sin A}{N\tan\varphi\ \sin\alpha}\frac{dS}{d\sigma} \tag{7-240}$$

为简化计算，白塞尔提出如下三个投影条件：

(1)椭球面大地线投影到球面上为大圆弧；

(2)大地线和大圆弧上相应点的方位角相等；

(3)球面上任意一点的纬度等于椭球面上相应点的归化纬度。

按照上述条件,在球面极三角形 $P'P_1'P_2'$ 中,依正弦定理得

$$\cos u_1 \sin\alpha_1 = \cos u_2 \sin\alpha_2 \tag{7-241}$$

另外,依大地线克莱劳方程

$$\cos u_1 \sin\alpha_1 = \cos u_2 \sin A_2 \tag{7-242}$$

比较以上两式,易知

$$\alpha_2 = A_2 \tag{7-243}$$

这表明,在白塞尔投影方法中,方位角投影保持不变。

至此,在白塞尔投影中的六个元素,其中四个元素($B_1 \sim u_1, B_2 \sim u_2, A_1 \sim \alpha_1, A_2 \sim \alpha_2$)的关系已经确定,余下的 λ 与 l,σ 与 S 的关系尚未确定。下面我们首先建立它们之间的微分方程。

根据第一投影条件,可使用(7-238)、(7-239)及(7-240)式,顾及第二投影条件($A=\alpha$),则由(7-240)式可得:

$$\frac{\mathrm{d}S}{\mathrm{d}\sigma} = \frac{N\tan\varphi}{\tan B} \tag{7-244}$$

将上式代入(7-238)式,得

$$\frac{\mathrm{d}B}{\mathrm{d}\varphi} = \frac{N\tan\varphi}{M\tan B} \tag{7-245}$$

进而得到

$$\frac{\mathrm{d}L}{\mathrm{d}\lambda} = \frac{\sin\varphi}{\sin B} \tag{7-246}$$

现在我们研究以上三个方程的积分。

首先对(7-245)式,可写成

$$\tan\varphi \mathrm{d}\varphi = \frac{M\sin B}{N\cos B}\mathrm{d}B \tag{7-247}$$

由于 $M\sin B\mathrm{d}B=-\mathrm{d}r$,则

$$\tan\varphi \mathrm{d}\varphi = -\frac{\mathrm{d}r}{r} \tag{7-248}$$

则

$$\ln\cos\varphi - \ln r + \ln C = 0$$

或

$$C \cdot \cos\varphi = r \tag{7-249}$$

式中:C 为积分常数。根据白塞尔投影第三条件确定常数 C,由于 $\varphi=u$,因为 $r=a\cos u$,于是 $C=a$。

再来研究(7-244)式及(7-246)式,根据第三投影条件,它们可以写成

$$\frac{\mathrm{d}S}{\mathrm{d}\sigma} = \frac{N\tan u}{\tan B} = \frac{a\sqrt{1-e^2}}{W} = \frac{a}{V} \tag{7-250}$$

$$\frac{\mathrm{d}L}{\mathrm{d}\lambda} = \frac{\sin u}{\sin B} = \frac{1}{V} \tag{7-251}$$

又因为

$$V^2 = 1 + e'^2\cos^2 B = 1 + \frac{e^2}{1-e^2}W^2\cos^2 u = 1 + e^2V^2\cos^2 u$$

则

$$V^2 = \frac{1}{1-e^2\cos^2 u}$$

因此(7-250)式及(7-251)式可写成下式

$$\frac{dS}{d\sigma} = a\sqrt{1 - e^2\cos^2 u} \tag{7-252}$$

$$\frac{dL}{d\lambda} = \sqrt{1 - e^2\cos^2 u} \tag{7-253}$$

以上两式称为白塞尔微分方程，它们表达了椭球面上大地线长度与球面上大圆弧长度，椭球面上经差与球面上经差的微分关系，对这组方程进行积分：

$$S = a\int_{P_1}^{P_2} \sqrt{1 - e^2\cos^2 u}\, d\sigma \tag{7-254}$$

$$L = L_2 - L_1 = \int_{P_1}^{P_2} \sqrt{1 - e^2\cos^2 u}\, d\lambda \tag{7-255}$$

就可求得 S 与 σ，L 与 λ 的关系式。

3. 白塞尔微分方程的积分

首先研究(7-254)式的积分。

见图 7-31，将大圆弧 P_2P_1 延长与赤道相交于 P_0，此点处大圆弧方位角为 A_0，则在球面直角三角形 $P_0Q_1P_1$ 中，

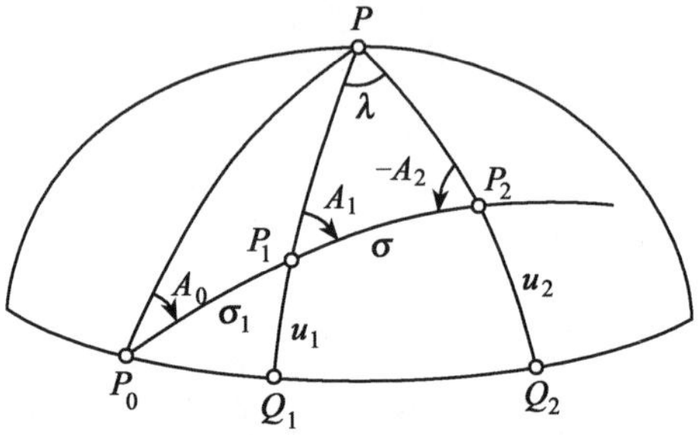

图 7-31

$$\sin u = \sin\sigma\cos A_0$$

则

$$\cos^2 u = 1 - \cos^2 A_0\sin^2\sigma$$

于是(7-254)式可写成

$$\begin{aligned} S &= a\int_{P_1}^{P_2} \sqrt{1 - e^2 + e^2\cos^2 A_0\sin^2\sigma}\, d\sigma \\ &= a\sqrt{1 - e^2}\int_{P_1}^{P_2} \sqrt{1 + \frac{e^2}{1 - e^2}\cos^2 A_0\sin^2\sigma}\, d\sigma \\ &= b\int_{P_1}^{P_2} \sqrt{1 + e'^2\cos^2 A_0\sin^2\sigma}\, d\sigma \end{aligned} \tag{7-256}$$

式中：b 为椭球短半径。

对被积函数的常数引用符号

$$k^2 = e'^2\cos^2 A_0 \tag{7-257}$$

则

$$S = b\int_{P_1}^{P_2} (1 + k^2\sin^2\sigma)^{1/2}\, d\sigma \tag{7-258}$$

为便于积分，将被积函数展开级数

$$(1+k^2\sin^2\sigma)^{1/2}=1+\frac{k^2}{2}\sin^2\sigma-\frac{k^4}{8}\sin^4\sigma+\frac{k^6}{16}\sin^6\sigma-\cdots \tag{7-259}$$

很显然,由于 k 中含偏心率 e'^2,故它收敛快。

为便于积分,将幂函数用倍数函数代替:

$$\sin^2\sigma=\frac{1}{2}-\frac{1}{2}\cos2\sigma$$

$$\sin^4\sigma=\frac{3}{8}-\frac{1}{2}\cos2\sigma+\frac{1}{8}\cos4\sigma$$

$$\sin^6\sigma=\frac{5}{16}-\frac{15}{32}\cos2\sigma+\frac{3}{16}\cos4\sigma-\frac{1}{32}\cos6\sigma$$

同类项合并后,得

$$\begin{aligned}(1+k^2\sin^2\sigma)^{1/2}=&\left(1+\frac{k^2}{4}-\frac{3}{64}k^4+\frac{5}{256}k^6-\cdots\right)-\\&\left(\frac{k^2}{4}-\frac{k^4}{16}+\frac{15}{512}k^6-\cdots\right)\cos2\sigma-\\&\left(\frac{k^4}{64}-\frac{3}{256}k^6+\cdots\right)\cos4\sigma-\left(\frac{k^6}{512}-\cdots\right)\cos6\sigma\end{aligned} \tag{7-260}$$

上式最后一项积分后,乘以椭球短半轴 b,得

$$\frac{bk^6}{3072}\sin6\sigma<0.000\,6\text{m}$$

甚至在最精密的计算中,它也可忽略不计。其他三角函数积分后,分别得

$$\int\cos2\sigma\mathrm{d}\sigma=\frac{1}{2}\sin2\sigma \tag{7-261}$$

$$\int\cos4\sigma\mathrm{d}\sigma=\frac{1}{2}\sin2\sigma\cos2\sigma \tag{7-262}$$

现在,我们可以得到具有足够精度保证的 S 与 σ 的关系式:

$$S_i=A\sigma_i-B\sin2\sigma_i-C\sin2\sigma_i\cos2\sigma_i-\cdots \tag{7-263}$$

式中

$$\begin{cases}A=b\left(1+\dfrac{k^2}{4}-\dfrac{3k^4}{64}+\dfrac{5}{256}k^6-\cdots\right)\\B=b\left(\dfrac{k^2}{8}-\dfrac{k^4}{32}+\dfrac{15}{1024}k^6-\cdots\right)\\C=b\left(\dfrac{k^4}{128}-\dfrac{3}{512}k^6+\cdots\right)\end{cases} \tag{7-264}$$

当将克拉索夫斯基椭球元素值代入上式,得

$$\begin{cases}A=6\,356\,863.020+(10\,708.949-13.474\cos^2A_0)\cos^2A_0\\\quad=30.818\,341\,61+(51\,918\,450-65\,324\cos^2A_0)\cos^2A_0\cdot10^{-9}\\B=(5\,354.469-8.978\cos^2A_0)\cos^2A_0\\C=(2.238\cos^2A_0)\cos^2A_0+0.006\end{cases} \tag{7-265}$$

如果将 1975 年国际椭球元素值代入,则得

$$\begin{cases}A = 6\ 356\ 755.288 + (10\ 710.341 - 13.534\cos^2 A_0)\cos^2 A_0 \\ B = (5\ 355.171 - 9.023\cos^2 A_0)\cos^2 A_0 \\ C = (2.256\cos^2 A_0)\cos^2 A_0 + 0.006\end{cases} \tag{7-266}$$

(7-263)式的解算精度与距离长短无关，其误差最大不超过0.005m。利用此式可计算从赤道开始至大圆弧任意一点 P_i 的大地线的长度。为计算 P_1、P_2 两点间的大地线长度，对这两点分别使用(7-263)式后：

$$\begin{cases}S_1 = A\sigma_1 - B\sin 2\sigma_1 - C\sin 2\sigma_1 \cos 2\sigma_1 \\ S_2 = A\sigma_2 - B\sin 2\sigma_2 - C\sin 2\sigma_2 \cos 2\sigma_2\end{cases} \tag{7-267}$$

因为 $S=S_2-S_1$，$\sigma=\sigma_2-\sigma_1$，故

$$S = A\sigma + \sin 2\sigma_1(B + C\cdot\cos 2\sigma_1) - \sin 2\sigma_2(B + C\cos 2\sigma_2) \tag{7-268}$$

此式用于大地主题反算。当正算时，可采用趋近法和直接法。对于逐次趋近法，由(7-268)式可得

$$\sigma = \frac{1}{A}\{S - \sin 2\sigma_1(B + C\cos 2\sigma_1) + \sin 2(\sigma_1 + \sigma)[B + C\cos 2(\sigma + \sigma_1)]\} \tag{7-269}$$

第一次趋近时，初值可采用

$$\sigma_0 = \frac{1}{A}[S - (B + C\cdot\cos 2\sigma_1)\sin 2\sigma_1] \tag{7-270}$$

对于直接法，由(7-267)式第二式，得

$$\frac{S_2}{A} = \sigma_2 - \frac{B}{A}\sin 2\sigma_2 - \frac{C}{2A}\sin 4\sigma_2 \tag{7-271}$$

根据三角级数反解规则，由上式解出

$$\sigma_2 = \frac{S_2}{A} + \frac{B'}{A}\sin 2\left(\frac{S_2}{A}\right) + \frac{C'}{2A}\sin 4\left(\frac{S_2}{A}\right) \tag{7-272}$$

式中

$$\begin{cases}B' = B - \dfrac{BC}{2A} - \dfrac{B^3}{2A^2} = B - \dfrac{3b}{2\ 048}k^6 \\ C' = C + \dfrac{2B^2}{A} = 5C\end{cases} \tag{7-273}$$

对于 B' 式右端第二项的数值很小，如果舍去，误差不会超过0.000 1″，故在许多情况下，可以认为 $B=B'$。

由于 $S_2=S_1+S$，顾及(7-267)式第一式时，得

$$\frac{S_2}{A} = \sigma_1 - \frac{B}{A}\sin 2\sigma_1 - \frac{C}{A}\sin 2\sigma_1\cos 2\sigma_1 + \frac{S}{A}$$

注意到(7-270)式，上式可写为

$$\frac{S_2}{A} = \sigma_1 + \sigma_0 \tag{7-274}$$

因此由(7-272)式，顾及上式，经某些变换后，可得

$$\sigma = \sigma_0 + \frac{1}{A}[B + 5C\cos 2(\sigma_1 + \sigma_0)]\sin 2(\sigma_1 + \sigma_0) \tag{7-275}$$

此式即为对 σ 的直接解法公式，比(7-269)式有优点。

现在研究(7-255)式的积分。

在积分前，必须对被积函数做某些变换，以使被积函数中的变量和积分变量一致。为此，首先将被积函数展开级数，并对第一项积分后，易得：

$$L = \int_{P_1}^{P_2} (1 - e^2\cos^2 u)^{1/2} d\lambda = \int_{P_1}^{P_2} \left(1 - \frac{e^2}{2}\cos^2 u - \frac{e^4}{8}\cos^4 u - \frac{e^6}{16}\cos^6 u - \cdots\right) d\lambda$$

$$= \lambda - \int_{P_1}^{P_2} \left(\frac{e^2}{2} + \frac{e^4}{8}\cos^2 u + \frac{e^6}{16}\cos^4 u + \cdots\right)\cos^2 u d\lambda \tag{7-276}$$

注意到

$$\cos^2 u = 1 - \cos^2 A_0 \sin^2\sigma \tag{7-277}$$

又据白塞尔投影条件，在球面三角形 $P_0P_1Q_1$ 中有式

则易得

$$\begin{cases} \cos u \sin A = \sin A_0 \\ d\lambda \cos u = d\sigma \sin A \\ \cos^2 u d\lambda = \sin A_0 d\sigma \end{cases} \tag{7-278}$$

将(7-277)式及(7-278)式代入(7-276)式，得

$$L = \lambda - \sin A_0 \cdot \int_{P_1}^{P_2} \left[\left(\frac{e^2}{2} + \frac{e^4}{8} + \frac{e^6}{16} + \cdots\right) - \left(\frac{e^4}{8} + \frac{e^6}{8} + \cdots\right)\cos^2 A_0 \sin^2\sigma + \left(\frac{e^6}{16} + \cdots\right)\cos^2 A_0 \sin^4\sigma + \cdots\right] d\sigma \tag{7-279}$$

将三角函数的幂函数用倍数函数代替，并合并同类项，得：

$$L = \lambda - \sin A_0 \int_{P_1}^{P_2} \left\{ \left(\frac{e^2}{2} + \frac{e^4}{8} + \frac{e^6}{16} + \cdots\right) - \left(\frac{e^4}{16} + \frac{e^6}{16} + \cdots\right)\cos^2 A_0 + \left(\frac{3}{128}e^6 + \cdots\right)\cos^4 A_0 + \cdots + \left[\left(\frac{e^4}{16} + \frac{e^6}{16} + \cdots\right)\cos^2 A_0 + \left(\frac{e^6}{32} + \cdots\right)\cos^4 A_0 + \cdots\right]\cos 2\sigma + \cdots \right\} d\sigma \tag{7-280}$$

上式右端的截断项 $\frac{e^6}{128}\cos^4 A_0 \sin A_0 \cos 4\sigma$，其值小于 0.000 15″。

对上式积分，并代入 σ_1 及 σ_2，则得到纬差的计算公式：

对于正算，有式

$$L = \lambda - \sin A_0 [\alpha\sigma + \beta(\sin 2\sigma_2 - \sin 2\sigma_1)] \tag{7-281}$$

对于反算，有式

$$\lambda = L + \sin A_0 [\alpha\sigma + \beta(\sin 2\sigma_2 - \sin 2\sigma_1)] \tag{7-282}$$

式中

$$\begin{cases} \alpha = \left(\frac{e^2}{2} + \frac{e^4}{8} + \frac{e^6}{16} + \cdots\right) - \left(\frac{e^4}{16} + \frac{e^6}{16} + \cdots\right)\cos^2 A_0 + \left(\frac{3}{128}e^6 + \cdots\right)\cos^4 A_0 + \cdots \\ \beta = \left(\frac{e^4}{32} + \frac{e^6}{32} + \cdots\right)\cos^2 A_0 - \left(\frac{e^6}{64} + \cdots\right)\cos^4 A_0 \end{cases} \tag{7-283}$$

当将克拉索夫斯基椭球元素值代入，得系数

$$\begin{cases} \alpha = [33\ 523\ 299 - (28\ 189 - 70\cos^2 A_0)\cos^2 A_0] \times 10^{-10} \\ \alpha = 691.467\ 68 - (0.581\ 43 - 0.001\ 44\cos^2 A_0)\cos^2 A_0 \\ \beta = (0.290\ 7 - 0.001\ 0\cos^2 A_0)\cos^2 A_0 \end{cases} \tag{7-284}$$

当将 1975 年国际椭球元素值代入,则得系数

$$\begin{cases} \alpha = (33\ 528\ 130 - (28\ 190 - 70\cos^2 A_0)\cos^2 A_0] \times 10^{-10} \\ \beta = (14\ 095 - 46.7\cos^2 A_0)\cos^2 A_0 \times 10^{-10} \end{cases} \tag{7-285}$$

用这些系数计算经度的误差不大于 0.000 2″。

下面我们来研究反解问题时,计算 S 和 σ 的更简化的公式。

将(7-268)式可改写为:

$$S = A\sigma - B(\sin 2\sigma_2 - \sin 2\sigma_1) - C(\sin 2\sigma_2 \cos 2\sigma_2 - \sin 2\sigma_1 \cos 2\sigma_1) \tag{7-286}$$

则

$$S = A\sigma - 2B\sin\sigma\cos(2\sigma_1 + \sigma) - C\sin 2\sigma\cos(4\sigma_1 + 2\sigma) \tag{7-287}$$

为便于计算机编程计算,还需对上式进行一些变换。由于

$$\begin{aligned} \cos(2\sigma_1 + \sigma) &= \cos 2\sigma_1 \cos\sigma - \sin 2\sigma_1 \sin\sigma \\ &= \cos\sigma - 2\sin\sigma_1(\sin\sigma_1\cos\sigma + \cos\sigma_1\sin\sigma) \\ &= \cos\sigma - 2\sin\sigma_1\sin\sigma_2 \end{aligned}$$

在球面三角形中有公式

$$\sin\varphi = \sin\sigma\cos A_0$$

于是有

$$\sin\sigma = \frac{\sin\varphi}{\cos A_0}$$

注意到 $\varphi_1 = u_1$,$\varphi_2 = u_2$,经某些变化则得

$$\cos(2\sigma_1 + \sigma) = \frac{1}{\cos^2 A_0}(\cos^2 A_0 \cos\sigma - 2\sin u_1 \sin u_2)$$

此外

$$\cos(4\sigma_1 + 2\sigma) = 2\cos^2(2\sigma_1 + \sigma) - 1$$

把这些公式代入(7-287)式,得:

$$S = A\sigma + \frac{2B}{\cos^2 A_0}(2\sin u_1 \sin u_2 - \cos^2 A_0 \cos\sigma)\sin\sigma + \frac{2C}{\cos^4 A_0}[\cos^4 A_0 - 2\cos^4 A_0 \cos^2(2\sigma_1 + \sigma)]\cos\sigma\sin\sigma \tag{7-288}$$

引入符号

$$\begin{cases} x = 2\sin u_1 \sin u_2 - \cos^2 A_0 \cos\sigma \\ y = (\cos^4 A_0 - 2x^2)\cos\sigma \end{cases} \tag{7-289}$$

将它代入(7-288)式,得反解时计算大地线长度的公式

$$S = A\sigma + (B''x + C''y)\sin\sigma \tag{7-290}$$

如将克拉索夫斯基椭球元素值代入,则

$$\begin{cases} A = 6\ 356\ 863.020 + (10\ 708.949 - 13.474\cos^2 A_0)\cos^2 A_0 \\ B'' = \dfrac{2B}{\cos^2 A_0} = 10\ 708.938 - 17.956\cos^2 A_0 \\ C'' = \dfrac{2C}{\cos^4 A_0} = 4.487 \end{cases} \tag{7-291}$$

如将 1975 年国际椭球元素值代入,则

$$\begin{cases} A = 6\ 356\ 755.288 + (10\ 710.341 - 13.534\cos^2 A_0)\cos^2 A_0 \\ B'' = 10\ 710.342 - 18.046\cos^2 A_0 \\ C'' = 4.512 \end{cases} \tag{7-292}$$

(7-290)式的优点是不必计算 σ_1 及其三角函数值,且系数计算也简单。

仿此,对(7-282)式变换后有式

$$\lambda = L - (2\sigma - \beta' x\sin\sigma)\sin A_0$$

式中系数,对克拉索夫斯基椭球有

$$\begin{cases} \alpha = [33\ 523\ 299 - (28\ 189 - 70\cos^2 A_0)\cos^2 A_0] \times 10^{-10} \\ \beta' = 2\beta = (281\ 89 - 94\cos^2 A_0) \times 10^{-10} \end{cases} \tag{7-293}$$

对 1975 年国际椭球有

$$\begin{cases} \alpha = (33\ 528\ 130 - (28190 - 70\cos^2 A_0)\cos^2 A_0] \times 10^{-10} \\ \beta' = 2\beta = (28\ 190 - 93.4\cos^2 A_0) \times 10^{-10} \end{cases} \tag{7-294}$$

4. 白塞尔法大地主题正算步骤

已知:大地线起点的纬度 B_1,经度 L_1,大地方位角 A_1 及大地线长度 S。

求:大地线终点的纬度 B_2,经度 L_2 及大地方位角 A_2。

(1)计算起点的归化纬度

$$W_1 = \sqrt{1 - e^2\sin^2 B_1},\quad \sin u_1 = \frac{\sin B_1\sqrt{1-e^2}}{W_1},\ \cos u_1 = \frac{\cos B_1}{W_1},$$

(2)计算辅助函数值

$$\sin A_0 = \cos u_1 \sin A_1,\quad \cot\sigma_1 = \frac{\cos u_1\cos A_1}{\sin u_1}$$

$$\sin 2\sigma_1 = \frac{2\cot\sigma_1}{\cot^2\sigma_1 + 1},\quad \cos 2\sigma_1 = \frac{\cot^2\sigma_1 - 1}{\cot^2\sigma_1 + 1},$$

(3)注意到 $\cos^2 A_0 = 1 - \sin^2 A_0$,按(7-266)及(7-284)式计算系数 A, B, C 及 α, β 之值。

(4)计算球面长度

$$\sigma_0 = [S - (B + C\cdot\cos 2\sigma_1)\sin 2\sigma_1]\frac{1}{A}$$

$$\sin 2(\sigma_1 + r_0) = \sin 2\sigma_1\cos 2\sigma_0 + \cos 2\sigma_1\sin 2\sigma_0$$

$$\cos 2(\sigma_1 + r_0) = \cos 2\sigma_1\cos 2\sigma_0 - \sin 2\sigma_1\sin 2\sigma_0$$

$$\sigma = \sigma_0 + [B + 5C\cos 2(\sigma_1 + \sigma_0)]\frac{\sin 2(\sigma_1 + \sigma_0)}{A}$$

(5)计算经度差改正数

$$\lambda - l = \delta = \{\alpha\sigma + \beta[\sin2(\sigma_1 + \sigma_0) - \sin2\sigma_1]\}\sin A_0$$

(6)计算终点大地坐标及大地方位角

$$\sin u_2 = \sin u_1\cos\sigma + \cos u_1\cos A_1\sin\sigma$$

$$B_2 = \arctan\left(\frac{\sin u_2}{\sqrt{1-e^2}\sqrt{1-\sin^2 u_2}}\right)$$

$$\lambda = \arctan\left(\frac{\sin A_1\sin\sigma}{\cos u_1\cos\sigma - \sin u_1\sin\sigma\cos A_1}\right)$$

$\sin A_1$ 符号	+	+	−	−
$\tan\lambda$ 符号	+	−	−	+
$\lambda=$	$\lvert\lambda\rvert$	$180°-\lvert\lambda\rvert$	$-\lvert\lambda\rvert$	$\lvert\lambda\rvert-180°$

$$L_2 = L_1 + \lambda - \delta$$

$$A_2 = \arctan\left(\frac{\cos u_1\sin A_1}{\cos u_1\cos\sigma\cos A_1 - \sin u_1\sin\sigma}\right)$$

$\sin A_1$ 符号	−	−	+	+
$\tan A_2$ 符号	+	−	+	−
$A_2=$	$\lvert A_2\rvert$	$180°-\lvert A_2\rvert$	$180°+\lvert A_2\rvert$	$360°-\lvert A_2\rvert$

$\lvert\lambda\rvert$，$\lvert A_2\rvert$为第一象限角。

5. 白塞尔法大地主题反算步骤

已知：大地线起点、终点的大地坐标 B_1, L_1 及 B_2, L_2。

求：大地线长度 S 及起点、终点处的大地方位角 A_1 及 A_2。

(1)辅助计算：

$$W_1 = \sqrt{1-e^2\sin^2 B_1}, \qquad W_2 = \sqrt{1-e^2\sin B_2},$$

$$\sin u_1 = \frac{\sin B_1\sqrt{1-e^2}}{W_1}, \quad \sin u_2 = \frac{\sin B_2\sqrt{1-e^2}}{W_2},$$

$$\cos u_1 = \frac{\cos B_1}{W_1}, \qquad \cos u_2 = \frac{\cos B_2}{W_2},$$

$$L = L_2 - L_1,$$

$$a_1 = \sin u_1\sin u_2, \quad a_2 = \cos u_1\cos u_2$$

$$b_1 = \cos u_1\sin u_2, \quad b_2 = \sin u_1\cos u_2$$

(2)用逐次趋近法同时计算起点大地方位角、球面长度及经差 $\lambda = l+\delta$：

第一次趋近时，取 $\delta=0$，

$$p = \cos u_2\sin\lambda, \quad q = b_1 - b_2\cos\lambda$$

$$A_1 = \arctan \frac{p}{q}$$

p 符号	+	+	−	−
q 符号	+	−	−	+
$A_1 =$	$\lvert A_1 \rvert$	$180° - \lvert A_1 \rvert$	$180° + \lvert A_1 \rvert$	$360° - \lvert A_1 \rvert$

$$\sin\sigma = p\sin A_1 + q\cos A_1, \quad \cos\sigma = a_1 + a_2\cos\lambda,$$

$$\sigma = \arctan\left(\frac{\sin\sigma}{\cos\sigma}\right)$$

$\cos\sigma$ 符号	+	−
$\sigma =$	$\lvert\sigma\rvert$	$180° - \lvert\sigma\rvert$

$\lvert A_1 \rvert$、$\lvert\sigma\rvert$为第一象限角。

$$\sin A_0 = \cos u_1 \sin A_1, \quad x = 2a_1 - \cos^2 A_0 \cos\sigma$$

$$\delta = [\alpha\sigma - \beta' x \sin\sigma]\sin A_0$$

系数 α 及β'按(7-293)式计算,用算得的 δ 计算 $\lambda_1 = l+\delta$,依此,按上述步骤重新计算得 δ_2 再用 δ_2 计算 λ_2,仿此一直迭代,直到最后两次 δ 相同或小于给定的允许值。λ、A_1、σ、x 及 $\sin A_0$ 均采用最后一次计算的结果。

(3)按(7-291)式计算系数 A,B''及 C'';之后计算大地线长度 S。

$$y = (\cos^4 A_0 - 2x^2)\cos\sigma$$

$$S = A\sigma + (B''x + C''y)\sin\sigma$$

(4)计算反方位角

$$A_2 = \arctan\left(\frac{\cos u_1 \sin\lambda}{b_1\cos\lambda - b_2}\right)$$

A_2 的符号确定与 A_1 相同。

算例:白塞尔主题解算(正、反算)

已知:$B_1 = 30°30'00''$　　$L_1 = 114°20'00''$　　$A_1 = 225°00'00''$　　$S = 10\ 000\ 000.00$m

正算(见表 7-7):

(1)$W_1 = \sqrt{1-e^2\sin^2 B_1} = 0.999\ 137\ 531$

$$\sin u_1 = \frac{\sin B_1\sqrt{1-e^2}}{W_1} = 0.506\ 273\ 571$$

$$\cos u_1 = \frac{\cos B_1}{W_1} = 0.862\ 372\ 929$$

(2)$\sin A_0 = \cos u_1 \sin A_1 = -0.609\ 789\ 749$

$\cos^2 A_0 = 1 - \sin^2 A_0 = 0.628\ 156\ 465$

$A = 6\ 356\ 863.020 + (107\ 08.949 - 13.474\cos^2 A_0)\cos^2 A_0 = 6.363\ 584\ 598\times 10^6$

$B=(5\ 354.469-8.978\cos^2A_0)\cos^2A_0=3.359\ 901\ 774\times10^3$

$C=(2.238\cos^2A_0)\cos^2A_0+0.006=0.889\ 071\ 258$

$\alpha=[33\ 523\ 299-(28\ 189-70\cos^2A_0)\cos^2A_0]\times10^{-10}=691.103\ 011\ 8$

$\beta=(0.2907-0.0010\cos^2A_0)\cos^2A_0=0.182\ 210\ 504$

(3) $\sigma_0=[S-(B+C\cos2\sigma_1)\sin2\sigma_1]\dfrac{1}{A}$

$\sin2\sigma_1=\dfrac{2\cot\sigma_1}{\cot^2\sigma_1+1}=-0.982\ 941\ 195\qquad\cos2\sigma_1=\dfrac{\cot^2\sigma_1-1}{\cot^2\sigma_1+1}=0.183\ 920\ 109$

$\cot2\sigma_1=\dfrac{\cos u_1\cos A_1}{\sin u_1}=-0.187\ 112\ 016$

$\sin2(\sigma_1+\sigma_0)=\sin2\sigma_1\cos2\sigma_0+\cos2\sigma_1\sin2\sigma_0=0.982\ 510\ 348$

$\cos2(\sigma_1+\sigma_0)=\cos2\sigma_1\cos2\sigma_0-\sin2\sigma_1\sin2\sigma_0=-0.186\ 207\ 987$

$\sigma=\sigma_0+[B+5C\cos2(\sigma_1+\sigma_0)]\dfrac{\sin2(\sigma_0+\sigma_1)}{A}=1.572\ 478\ 989$

(4) $\lambda-1=\delta=\{2\sigma+\beta[\sin2(\sigma_1+\sigma_0)-\sin2\sigma_1]\}\sin A_0=-662.904\ 318\ 9$

(5) $\sin u_2=\sin u_1\cos\sigma+\cos u_1\cos A_1\sin\sigma=-0.610\ 640\ 768$

$B_2=\arctan\left(\dfrac{\sin u_2}{\sqrt{1-e^2}\sqrt{1-\sin^2u_2}}\right)=-37°43'44.1''$

$\lambda'=\arctan\left(\dfrac{\sin A_1\sin\sigma}{\cos u_1\cos\sigma-\sin u_1\sin\sigma\cos A_1}\right)=-63°14'30.4''$

$\lambda=-63°14'30.4''$

$L_2=L_1+\lambda-\delta=-51°16'32.5''$

$A_2=\arctan\left(\dfrac{\cos u_1\sin A_1}{\cos u_1\cos\sigma\cos A_1-\sin u_1\sin\sigma}\right)=50°21'22.49''$

表 7-7 **正 算 表 格**

B_1	30°30′00. 00″	A	$6.363\ 584\ 598\times10^6$
L_1	114°20′00″	B	$3.359\ 901\ 774\times10^3$
A_1	225°00′00″	C	0. 889 071 258
S	10 000 000. 00	α	691. 103 011 8
W_1	0. 999 137 531	β	0. 889 071 258
$\sin u_1$	0. 506 273 571	σ_0	
$\cos u_1$	0. 862 372 929	$\sin2(\sigma_1+\sigma_0)$	0. 982 510 348
$\sin A_1$	−0. 707 106 781	$\cos2(\sigma_1+\sigma_0)$	−0. 186 207 987
$\cos A_1$	−0. 707 106 781	σ	−1. 572 478 989
$\sin A_0$	−0. 609 789 747	δ	−662. 904 318 9
$\cos^2A_0$	0. 628 156 465	$\sin\sigma$	0. 999 998 584
$\cot\sigma_1$	−1. 204 466 874	$\cos\sigma$	$-1.682\ 664\ 554\times10^{-3}$

$\sin 2\sigma_1$	-0. 982 941 195	λ	-63°14′30. 4″
$\cos 2\sigma_1$	0. 183 920 109	B_2	-37°43′44. 1″
		L_2	-51°16′32. 5″
		A_2	50°21′22. 49″

反算（见表 7-8）：

$W_1=\sqrt{1-e^2\sin^2 B_1}=0.999\ 137\ 531$

$W_2=\sqrt{1-e^2\sin^2 B_2}=0.998\ 746\ 205$

$$\sin u_1=\frac{\sin B_1\sqrt{1-e^2}}{W_1}=0.506\ 273\ 571$$

$$\sin u_2=\frac{\sin B_2\sqrt{1-e^2}}{W_2}=-0.610\ 640\ 768$$

$a_1=\sin u_1\sin u_2=-0.309\ 151\ 283$

$a_2=\cos u_1\cos u_2=0.682\ 919\ 786$

$b_1=\cos u_1\sin u_2=-0.526\ 599\ 999$

$b_2=\sin u_1\cos u_2=-0.400\ 921\ 954$

$\lambda=l+\delta$　　　第一次取 $\delta=0$　$\lambda=1$

$p=\cos u_2\sin\lambda=-0.705\ 956\ 267$

$q=b_1-b_2\cos\lambda=-0.708\ 255\ 372$

$$A_1=\arctan\frac{p}{q}=224°54'24.7''$$

$\sin\sigma_1=p\sin A_1+q\cos A_1=0.999\ 999\ 962$

$\cos\sigma=a_1+a_2\cos\lambda=0.000\ 275\ 526$

$$\sigma=\arctan\left(\frac{\sin\sigma}{\cos\sigma}\right)=1.570\ 520\ 800$$

$\sin A_0=\cos u_1\sin A_1=-0.608\ 797\ 598$

$x=2a_1-\cos^2 A_0\cos\sigma=-0.618\ 475\ 973$

$\delta=[\alpha\sigma-\beta' x\sin\sigma]\sin A_0=-661''.001\ 630\ 809$

第二次取 $\delta=-662.898\ 859\ 275$

第三次取 $\delta=-662.904\ 304\ 382$

第四次取 $\delta=-662.904\ 320\ 010$

表 7-8　　　　　　　　　　**反 算 表 格**

$B_1=30°30'00''$　$B_2=-37°43'44.1''$　$l=-63°3'27.5''$			
$\sin u_1$	0. 506 273 571	a_1	-0. 309 151 283
$\cos u_1$	0. 862 372 929	a_2	0. 682 919 786
$\sin u_2$	-0. 610 640 768	b_1	-0. 526 599 999
$\cos u_2$	0. 791 907 729	b_2	0. 400 921 954

计算值	趋 近 次 数			
	1	2	3	4
$\sin\lambda$	−0. 891 462 782	−0. 892 910 199	−0. 892 914 340	−0. 892 914 352
$\cos\lambda$	0. 453 093 928	0. 450 234 801	0. 450 226 588	0. 450 226 564
p	−0. 705 956 267	−0. 707 102 488	−0. 707 105 767	−0. 707 105 777
q	−0. 708 255 372	−0. 707 109 085	−0. 707 105 792	−0. 707 105 783
A_1	224°54′24. 7″	224°59′59. 03″	224°59′59″. 996	224°59′59″. 999
$\sin A_1$	−0. 705 959 294	−0. 707 103 482	−0. 707 106 768	−0. 707 106 778
$\cos A_1$	−0. 708 255 399	−0. 707 110 079	−0. 707 106 793	−0. 707 109 784
$\sin\sigma$	0. 999 999 962	0. 999 998 594	0. 999 998 584	0. 999 998 584
$\cos\sigma$	0. 000 275 526	−0. 001 677 028	−0. 001 682 636	−0. 001 682 652
σ	1. 570 520 800	1. 572 473 355	1. 572 478 964	1. 572 478 980
$\sin A_0$	−0. 608 797 598	−0. 609 786 902	−0. 609 789 735	0. 609 789 744
x	−0. 618 475 973	−0. 617 249 124	−0. 617 245 607	−0. 617 245 597
α	0. 003 350 558	0. 003 350 562	0. 003 350 562	0. 003 350 562
δ	−661″. 001 630 809	−662″. 898 859 275	−662″. 904 304 382	−662″. 904 320 010
β'	0. 000 002 813	0. 000 002 813	0. 000 002 813	0. 000 002 813

A	6 363 584. 598 967 814	y	0. 000 618 213
B'	10 697. 659	s	9 999 999. 952 070 301
C'	4. 487	A_2	50°21′22″. 4881

7. 7. 6 用大地线微分方程的数值积分方法来解算大地主题问题

用大地线微分方程的数值积分方法来解算大地主题问题有多种方法,在这里介绍龙格-库塔方法和分段累加法。

1. 按龙格-库塔方法解大地线微分方程,并用于大地主题解算

德国学者龙格(Rungc)和库塔(Kytta)最先研究了一阶微分方程的数值积分法,后来经英国学者密尔松(Mcrson)对这种方法进行部分改进,使其计算更简单和方便快速,下面简单介绍这种方法的基本原理,并将其用于大地主题解算中。

若已知一阶微分方程

$$\frac{\mathrm{d}y}{\mathrm{d}x}=f(x,y) \tag{7-295}$$

和起始点数值 $x=x_0,y=y_0$,要确定已知自变量 x_n 处的函数 y 的数值 y_n。

为了计算 y_n,要依次计算等间隔自变量 $x_i=x_0+h_i(i=1,2,\cdots,n)$ 相应的各个中间过渡值 y_i,但要注意,每次计算时都把前一次已经求得的数值 x_{i-1},y_{i-1} 作为已知值。式中,$h=(x_n-x_0)/n$,称为积分步长,其数值大小取决于确定待定函数值 y_n 的精度。

待定函数 y_i 按下式计算:

$$y_i=y_0+\frac{1}{2}(k_1+4k_4+k_5) \tag{7-296}$$

式中：

$$\left.\begin{aligned}
k_1 &= \frac{h}{3}f\left(x_{i-1}, y_{i-1}\right)\\
k_2 &= \frac{h}{3}f\left(x_{i-1} + \frac{h}{3}, y_{i-1} + k_1\right)\\
k_3 &= \frac{h}{3}f\left(x_{i-1} + \frac{h}{3}, y_{i-1} + \frac{k_1}{2} + \frac{k_2}{2}\right)\\
k_4 &= \frac{h}{3}f\left(x_{i-1} + \frac{h}{2}, y_{i-1} + \frac{3}{8}k_1 + \frac{9}{8}k_3\right)\\
k_5 &= \frac{h}{3}f\left(x_{i-1} + h, y_{i-1} + \frac{3}{2}k_1 - \frac{9}{2}k_3 + 6k_4\right)
\end{aligned}\right\} \tag{7-297}$$

在推导这些公式时，把函数 y_i 展开泰勒级数到 h 的四次幂，因此上式又称龙格-库塔的四阶公式。这就是说，(7-296)式的截断误差在 h^5 项。

从上可见，龙格-库塔方法的实质就是以函数 f 在计算区间内某些点上值的线性组合乘上区间步长 h 来逼近所要求的积分值。其优点是每次计算都只需要计算函数 f 的值，而无需再计算 f 的任何导数值，从而节省大量计算工作量且保证了计算精度。

在这里，我们用上述公式来解算大地主题问题。

已知大地线的三个一阶微分方程：

$$\left.\begin{aligned}
\frac{\mathrm{d}B}{\mathrm{d}s} &= f_B(B, A) = \frac{\cos A}{c}(1 + e'^2\cos^2 B)^{3/2}\\
\frac{\mathrm{d}L}{\mathrm{d}s} &= f_L(B, A) = \frac{\sin A}{c\cos B}(1 + e'^2\cos^2 B)^{1/2}\\
\frac{\mathrm{d}A}{\mathrm{d}s} &= f_A(B, A) = f_L(B, A)\sin B
\end{aligned}\right\} \tag{7-298}$$

和函数 f 在起始点（即 $s=0$ 时）处的大地坐标为 B_1, L_1，大地方位角为 A_1，且步长 $h=s$。

在这里，与(7-296)式中的 k_r 相应（r 为计算顺序号），纬度用 ΔB_r，方位角用 ΔA_r 表示，在计算函数 f_B 和 f_L 用到的 B_r 和 A_r 见表 7-9。

表 7-9

r	B_r	A_r
1	B_1	A_1
2	$B_1+2\Delta B_1$	$A_1+2\Delta A_1$
3	$B_1+\Delta B_1+\Delta B_2$	$A_1+\Delta A_1+\Delta A_2$
4	$B_1+\frac{3}{4}\Delta B_1+\frac{9}{4}\Delta B_3$	$A_1+\frac{3}{4}\Delta A_1+\frac{9}{4}\Delta A_3$
5	$B_1+3\Delta B_1-9\Delta B_3+12\Delta B_4$	$A_1+3\Delta A_1-9\Delta A_3+12\Delta A_4$

在这里，我们还使用了常因子：

$$\sigma = \frac{s}{6c}\rho'' \tag{7-299}$$

现在 $\Delta B_r, \Delta A_r$ 按下式计算（对克氏椭球）：

$$\left.\begin{aligned} \Delta B_r &= \sigma \cos A_r \sqrt{(1 + 0.006\,738\,53\cos^2 B_r)^3} \\ \Delta L_r &= \frac{\sigma \sin A_r}{\cos B_r}\sqrt{1 + 0.006\,738\,53\cos^2 B_r} \\ \Delta A_r &= \Delta L_r \sin B_r \quad (r = 1,2,3,4,5) \end{aligned}\right\} \tag{7-300}$$

式中 B_r 和 A_r 取自上表。

最后，大地线终点的大地坐标及反方位角按下式计算：

$$\left.\begin{aligned} B_2 &= B_1 + \Delta B_1 + 4\Delta B_4 + \Delta B_5 \\ L_2 &= L_1 + \Delta L_1 + 4\Delta L_4 + \Delta L_5 \\ A_2 &= A_1 + \Delta A_1 + 4\Delta A_4 + \Delta A_5 \pm 180° \end{aligned}\right\} \tag{7-301}$$

此方法用于大地主题正算的算例见表 7-10。

表 7-10

已知数据		r	B_r	A_r
B_1	45°	1	0.785 398 163	0.785 398 163
L_1	10°	2	0.792 801 464	0.792 776 604
A_1	45°	3	0.792 773 777	0.792 859 068
s	400 000.00m	4	0.796 440 129	0.796 651 589
σ	2148.6928″	5	0.807 352 444	0.808 283 803

r	ΔB_r	ΔL_r	ΔA_r
1	1 527.040 4″	2 152.3 095″	1 521.912 7″
2	1 515.618 7″	2 184.308 4″	1 555.931 5″
3	1 515.492 3″	2 184.424 7″	1 555.971 9″
4	1 509.591 7″	2 200.747 1″	1 573.251 1″
5	1 491.366 5″	2 250.789 3″	1 626.103 3″

$B_2 = 46°15'28.3869''$，　$L_2 = 11°50'03.0437''$，$A_2 = 226°18'40.501''$。

对于短距离，可按一个步长计算，对于长距离，可把它分成几段小弧，每小弧均按上式分别计算，最后得到结果。

这种用于大地主题正算的龙格-库塔方法，原理比较简单，易于编程序，计算量和计算精度与高斯平均引数法相当。

2. 用分段累加法解大地线微分方程，并用于大地主题解算

由基佛加（Kivioja）于 1971 年提出的分段累加法解大地主题的基本原理十分简单：将大地

线分成若干相等的且足够短小的线段，以至可把这样的线段视为直线，于是就可以按大地线的微分方程计算经差、纬差和方位角差。

用这种方法进行大地主题正算时，首先将已知的大地线长 S 分成 n 等份，每小段长为 δs，亦即：

$$S = n\delta s \tag{7-302}$$

于是各段的纬差 δB、经差 δL 按大地线微分方程计算：

$$\delta B = \frac{\cos A}{M}\delta s, \qquad \delta L = \frac{\sin A}{N\cos B}\delta s, \tag{7-303}$$

而方位角按克莱罗方程确定：

$$N_1\cos B_1\sin A_1 = N_2\cos B_2\sin A_2 = C \tag{7-304}$$

将分段算得的纬差 δB、经差 ΔL 分别累加到起始点的纬度和经度上，即得第 2 点的纬度和经度。显然，大地线被分得越短，计算精度越高。

用这种方法进行大地主题反算时，首先利用近似方法计算两点间的近似距离 S' 和近似方位角 A'，然后从起始点出发，利用上述正算方法推算第 2 点的经度和纬度。显然这样推算得来的第 2 点坐标不会等于原先给定的坐标，利用它们之间的差值，再利用大地线的第一类微分公式，对近似距离 S' 和近似方位角 A' 进行改正，如果精度不够，再作一次迭代。

利用这种分段累加法进行大地主题解算例，见文献[32]。

分段累加法解大地线微分方程从而进行大地主题解算，其原理简单，计算有规律，易于编写程序，但其解算精度和计算工作量将取决于大地线长度和分段的细小程度。

第8章　椭球面元素归算至高斯平面——高斯投影

在前一章里，已经讲过椭球面是处理控制测量计算问题的基准面，并通过将地面观测元素归算到椭球面，解决了地面同椭球面这对矛盾，从而大地控制网完全有可能在椭球面上进行计算了。然而实践证明，在它上面进行各种计算并不简单，甚至可以说还是相当复杂和繁琐的；另外，在椭球面上表示点、线位置的经度、纬度、大地线长度及大地方位角等这些大地坐标元素，对于国民经济建设中的经常性的大比例尺测图控制网和工程建设控制网的建立和应用也很不适应。因此，为了便于测量计算和生产实践，我们还需要将椭球面上的元素化算到平面上，并在平面直角坐标系中采用大家熟知的简单公式计算平面坐标。这样，椭球面和平面两者又构成了一对矛盾，这对矛盾的解决就是本章的主要研究内容。也就是说，本章的主要内容是研究椭球面上的元素——大地坐标、大地线长度和方向以及大地方位角等向平面转化的问题。这部分内容通常称为地图投影，简称为投影。由于我国当前采用高斯-克吕格投影（简称高斯投影），故本章主要讲述高斯投影的原理和方法。它是本课程的重点内容之一，在大地测量理论和实践上具有特别重要的意义，因此将比较详细地研究它。

8.1　地图数学投影变换的基本概念

8.1.1　地图数学投影变换的意义和投影方程

所谓地图数学投影，简略地说就是将椭球面上元素（包括坐标、方位和距离）按一定的数学法则投影到平面上，研究这个问题的专门学科叫地图投影学。这里所说的一定的数学法则，可用下面两个方程式概括

$$\begin{cases} x = F_1(L, B) \\ y = F_2(L, B) \end{cases} \tag{8-1}$$

式中：L，B 是椭球面上某点的大地坐标；x，y 是该点投影后的平面直角坐标。这里所说的平面，通常也叫投影面。很显然，投影面必是可以展成为平面的曲面，比如椭圆（或圆）柱面，圆锥面以及平面等。

（8-1）式表达了椭球面上一点同投影面上相应点坐标之间的解析关系式，它也叫坐标投影方程，F_1 和 F_2 称投影函数。根据（8-1）方程可以求得相应方向和距离的投影公式，因为两点间的方向和距离均可用两端点坐标的某种函数式表达。由此可见，地图投影主要研究内容就是探讨所需要的投影方法及建立椭球面元素和投影面相应元素之间的解析关系式。在地图投影中，投影的种类和方法有很多，各种方法的本质特征可以说都是由投影条件和投影函数 F 的具体形式决定的。

8.1.2 地图投影的变形

1. 长度比

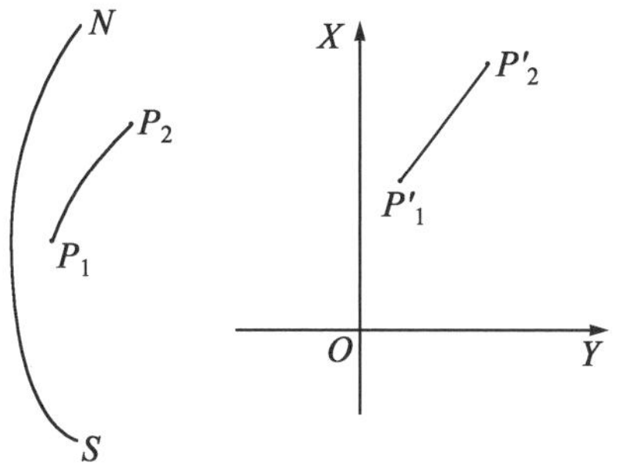

图 8-1

为了研究投影变形，要首先明白长度比。

如图 8-1 所示，设椭球面上一微小线段为 P_1P_2，投影到平面上相应线段为 $P'_1P'_2$，我们把投影面上的线段 $P'_1P'_2$ 同原面上相应线段 P_1P_2 之比，当 $P_1P_2 \to 0$ 时的极限叫投影长度比，简称长度比，用 m 表示，亦即

$$m = \lim_{P_1P_2 \to 0} \frac{P'_1P'_2}{P_1P_2} \tag{8-2}$$

或者说，长度比 m 就是投影面上一段无限小的微分线段 $\mathrm{d}s$，与椭球面上相应的微分线段 $\mathrm{d}S$ 二者之比，也就是

$$m = \frac{\mathrm{d}s}{\mathrm{d}S} \tag{8-3}$$

由此可见，一点上的长度比，不仅随点的位置，而且随线段的方向而发生变化。也就是说，不同点上的长度比都不相同，而且同一点上不同方向的长度比也不相同。

2. 主方向和变形椭圆

投影后一点的长度比依方向不同而变化。其中最大及最小长度比的方向，称为主方向。下面，我们用图 8-2 来说明极值长度比的主方向处在椭球面上两个互相垂直的方向上。

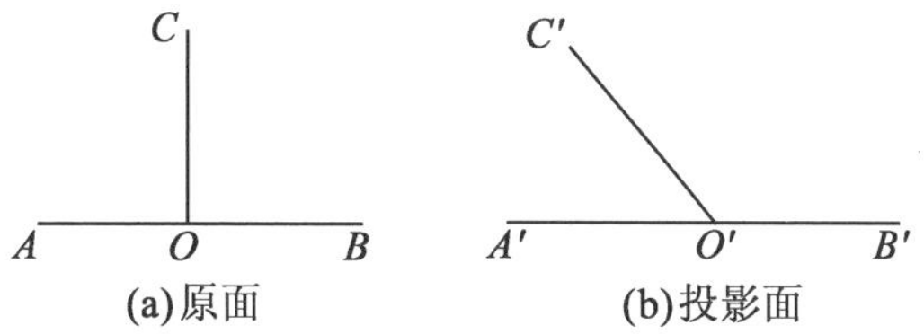

图 8-2

设原面上有两条垂直线 AB 和 CO，它们相交原面于 O 点，组成两个直角 $\angle AOC$ 及 $\angle COB$。在投影面上，它们分别相交于 O' 点，并组成锐角 $\angle A'O'C'$ 及钝角 $\angle C'O'B'$。设想在椭球面上，以 O 为中心，将直角 $\angle AOC$ 逐渐向右旋转，达到 $\angle COB$ 的位置；则该直角的投影，将以 O' 为中心，由锐角 $\angle A'O'C'$ 开始，逐渐增大，最后变成钝角 $\angle C'O'B'$。这样我们可以看到，在其旋转过程中，不仅它的投影位置在变化，而且角值也随之增大，即由一个锐角逐渐变成一个钝角，其间必定在某个位置上为直角。这就告诉我们，在椭球面的任意点上，必定有一对相互垂直的方向，它在平面上的投影也必是相互垂直的。这两个方向就是长度比的极值方向，也就是主方向。

如果已知主方向上的长度比，就可计算任意其他方向上的长度比，从而以定点为中心，以长度比的数值为向径，构成以两个长度比极值为长、短半轴的椭圆。这个椭圆称为变形椭圆，下面我们来推导变形椭圆方程。

如图 8-3 所示。设在椭球面上有以 O 点为中心的单位微分圆。两个主方向分别为 ξ 轴和 η 轴。在微分圆上有一点 P，其坐标 $OA=\xi$，$OB=\eta$，则该单位微分圆的方程为：

$$\xi^2 + \eta^2 = 1 \tag{8-4}$$

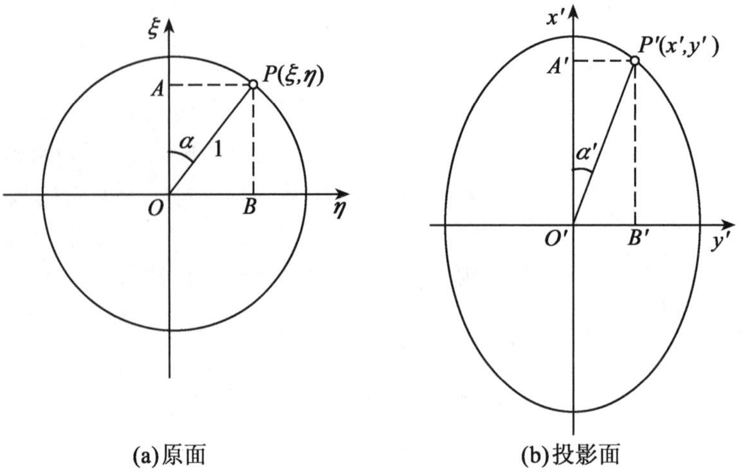

图 8-3

在投影面上,设 O 点的投影点 O'为原点,主方向的投影为 x'和 y',则 P 点的投影点 P'的坐标 $O'A'=x'$,$O'B'=y'$,于是根据长度比定义,知主方向上的长度比,分别为

$$\frac{O'A'}{OA}=a,\quad \frac{O'B'}{OB}=b \tag{8-5}$$

于是有式

$$x'=a\xi,\quad y'=b\eta$$

P'点的运动轨迹就是上述圆的投影,且可写成:

$$\frac{x'^2}{a^2}+\frac{y'^2}{b^2}=1 \tag{8-6}$$

这就是在投影面上,以某定点为圆心,以主方向上长度比为长、短半轴的椭圆方程。该椭圆称为变形椭圆。它说明,椭圆面上的微分圆投影后为微分椭圆,在原面上与主方向一致的一对直径,投影后成为椭圆的长轴和短轴。变形椭圆的形状、大小及方向,完全由投影条件确定、随投影条件不同而不同,同一投影中因点位不同也不同。

若设原面上单位为 1 的微分圆上一点 P 投影到平面上变成微分椭圆上的一点 P'的向径为 r,则由长度比定义可知

$$m=\frac{r}{1}=r \tag{8-7}$$

从此式可更进一步认识到,OP 方向上的长度比等于变形椭圆上 P'的向径,因此可以说,某定点 O 处的变形椭圆是描述该点各方向上长度比的椭圆。

综上所述,变形椭圆可形象地表达点的投影变形情况。这对研究投影性质,投影变形等有着很重要的作用。

3. 投影变形

我们知道,椭球面是一个凸起的不可展平的曲面,如果将这个曲面上的元素,比如一段距离、一个方向、一个角度及图形等投影到平面上,必然同原来的距离、方向、角度及图形产生差异,这一差异称为投影变形。下面我们分别来研究这些投影变形的基本特征。

1)长度变形

由图 8-4 可知，

$$r = \sqrt{x'^2 + y'^2} \tag{8-8}$$

而 $$x' = a\xi,\quad y' = b\eta,\quad \xi = \cos\alpha,\quad \eta = \sin\alpha$$

则得 $$m = r = \sqrt{a^2\cos^2\alpha + b^2\sin^2\alpha} \tag{8-9}$$

式中：α 为所研究线段的方位角。此式充分说明，利用主方向上的长度比 a、b，即可计算任意方位角为 α 方向上的长度比。

我们称 m 与 1 之差为相对长度变形，简称长度变形，用 ν 表示：

$$\nu = m - 1 \tag{8-10}$$

很显然，m 值可大于、小于或等于 1，因此 ν 值可能为正、负或 0。若在变形椭圆中心上做一单位圆，则各方向上，椭圆向径 m 与单位圆半径 1 之差，就是长度变形，如图 8-4 所示。

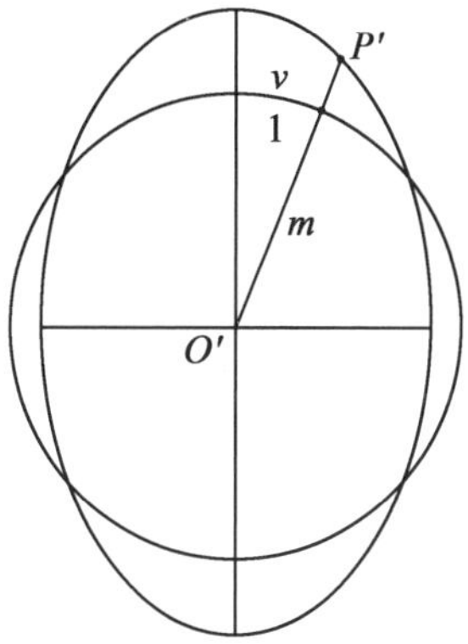

图 8-4

2) 方向变形

如图 8-3 所示，设从主方向量起 OP 的方向角为 α，投影后 $O'P'$ 的方位角 α'，则 $(\alpha'-\alpha)$ 称为方向变形。

由于 $$\tan\alpha' = \frac{y'}{x'} = \frac{b}{a}\frac{\eta}{\xi} = \frac{b}{a}\tan\alpha \tag{8-11}$$

由上式可得

$$\tan\alpha - \tan\alpha' = \frac{a-b}{a}\tan\alpha \tag{8-12}$$

$$\tan\alpha + \tan\alpha' = \frac{a+b}{a}\tan\alpha \tag{8-13}$$

由于 $$\tan\alpha - \tan\alpha' = \sin(\alpha - \alpha')/\cos\alpha\cos\alpha' \tag{8-14}$$

$$\tan\alpha + \tan\alpha' = \sin(\alpha + \alpha')/\cos\alpha\cos\alpha' \tag{8-15}$$

将(8-14)式代入(8-12)式；将(8-15)式代入(8-13)式，并相除，得

$$\sin(\alpha - \alpha') = \frac{a-b}{a+b}\sin(\alpha + \alpha') \tag{8-16}$$

上式即为计算方向变形公式。很显然，当 $\alpha=\alpha'$（等于 0°或 90°时），亦即在主方向上，没有方向变形，而当 $\alpha+\alpha'=90°$ 或 270°时，方向变形最大，并设此时的方位角为 α_0 及 α_0'，最大方向变形用 ω 表示，则

$$\sin\omega = \sin(\alpha_0 - \alpha'_0) = \frac{a-b}{a+b} \tag{8-17}$$

此时，由于 $\tan\alpha' = \tan(90° - \alpha) = \cot\alpha$

顾及(8-11)式，易得

$$\tan\alpha_0 = \pm\sqrt{\frac{a}{b}},\quad \tan\alpha'_0 = \pm\sqrt{\frac{b}{a}} \tag{8-18}$$

这就是计算最大方向变形的方向公式。

3) 角度变形

在大多数情况下，投影前后两个对应的角度并不都是方向角，亦即由组成该角度的两条边都不在主方向上，这时应该研究角度变形及最大的角度变形。所谓角度变形就是投影前的角

度 u 与投影后对应角度 u'之差

$$\Delta u = u' - u \tag{8-19}$$

现在我们研究最大角度变形。

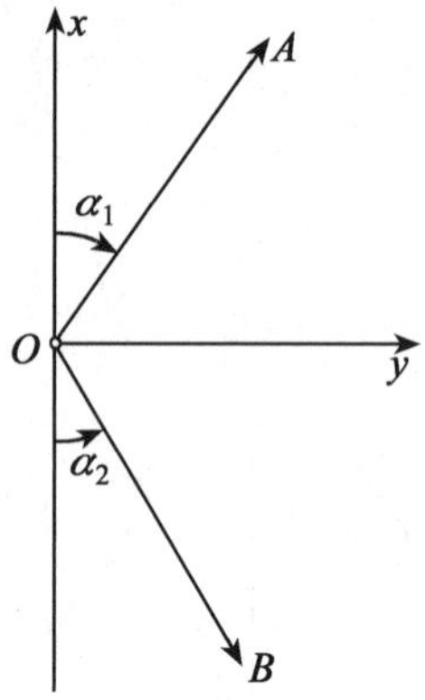

图 8-5

如图 8-5 所示，设 OA 及 OB 分别为最大的变形方向，它们与 x 轴夹角分别为 α_1 和 α_2，由于这两个方向与 y 轴对称，则 $\angle AOB$ 可表示为：

$$u = \alpha_2 - \alpha_1 = 180° - \alpha_1 - \alpha_1 = 180° - 2\alpha_1 \tag{8-20}$$

同理，该角度投影后为

$$u' = \alpha'_2 - \alpha'_1 = 180° - \alpha'_1 - \alpha'_1 = 180° - 2\alpha'_1 \tag{8-21}$$

以上两式相减，即得最大角度变形公式

$$\Delta u = u' - u = 2(\alpha_1 - \alpha'_1) \tag{8-22}$$

顾及(8-17)式，显然，最大角度变形

$$\sin\frac{\Delta u}{2} = \frac{a-b}{a+b} \tag{8-23}$$

故
$$\Delta u = 2\omega = 2\arcsin\frac{a-b}{a+b} \tag{8-24}$$

这就是说，最大角度变形可用最大方向变形计算，且是最大方向变形的两倍。

4）面积变形

原面上单位圆的面积为 π，投影后变形椭圆的面积为 πab，则投影的面积比

$$P = \frac{\pi ab}{\pi} = ab \tag{8-25}$$

从而有面积变形（$P-1$）。

地图投影必然产生变形，这是一个不以人们意志为转移的客观事实。投影变形一般有长度变形、方向变形、角度变形和面积变形。在地图投影中，尽管投影变形是不可避免的，但是人们可以根据需要来掌握和控制它，可使某种变形为零，而其他变形最小。因而在地图数学投影中产生了许多种类的投影以供人们日常工作和生活使用。

8.1.3 地图投影的分类

地图投影分类方法很多。这里主要介绍按变形性质和正轴经纬网形状的外部特征的两种分类方法。

1. 按变形性质分类

1）等角投影

这类投影方法是保证投影前后的角度不变形，由(8-23)式可知，等角投影必须满足下式：

$$a - b = 0 \tag{8-26}$$

或
$$a = b$$

这就是说，在等角投影中，微分圆的投影仍为微分圆，投影前后保持微小圆形的相似性；投影的长度比与方向无关，即某点的长度比是一个常数。因此，又把等角投影称为正形投影。

2）等积投影

这类投影是要保持投影前后的面积不变形，由(8-25)式可知，等积投影必满足下式：

$$ab = 1 \tag{8-27}$$

3）任意投影

这类投影是既不等角，又不等积，即

$$a \neq b, \quad ab \neq 1 \tag{8-28}$$

这类投影方法有许多种，应用也比较广泛。其中，保持某一主方向的长度比等于 1，即

$$a = 1 \text{ 或 } b = 1 \tag{8-29}$$

即为等距离投影。

2. 按经纬网投影形状分类

在这种分类方法中，是按正轴投影经纬网形状来划分，而以采用的投影面名称命名。

1) 方位投影

取一平面与椭球极点相切，将极点附近区域投影在该平面上。纬线投影后为以极点为圆心的同心圆，而经线则为它的向径，且经线交角不变。用极坐标可表示投影方程为

$$\rho = f(B), \quad \delta = l \tag{8-30}$$

2) 圆锥投影

取一圆锥面与椭球某条纬线相切，将纬圈附近的区域投影于圆锥面上，再将圆锥面沿某条经线剪开成平面。在这种投影中，纬线投影成同心圆，经线是这些圆的半径，且经线交角与经差成比例，用极坐标表示的投影方法为

$$\rho = f(B), \quad \delta = \beta l \tag{8-31}$$

很显然，方位投影是圆锥投影当 $\beta = 1$ 时的特例。

3. 圆柱（或椭圆柱）投影

取圆柱（或椭圆柱）与椭球赤道相切，将赤道附近区域投影到圆柱面（或椭圆柱面）上，然后将圆柱或椭圆柱展开成平面。在这类投影中，纬线投影为一组平行线，且对称于赤道；经线是与纬线垂直的另一组平行线。设中央经线投影为 x 轴，赤道投影为 y 轴，圆柱的半径为 C，则圆柱投影的一般方程为

$$x = Cf(B), \quad y = Cl \tag{8-32}$$

在地图投影的实际应用中，为使投影变形较小，并达到变形均匀的效果，除运用投影面和地球椭球面相对正常位置外（即正轴投影外），还常常采用其他的相对位置，这时也可以按投影面和原面的相对位置关系来进行分类：

正轴投影：即圆锥轴或圆柱轴与地球自转轴相重合时的投影，此时称正轴圆锥投影或正轴圆柱投影。

斜轴投影：即投影面与原面相切于除极点和赤道以外的某一位置所得的投影。

横轴投影：投影面的轴线与地球自转轴相垂直，且与某一条经线相切所得的投影。比如横轴椭圆柱投影等。

除此之外，为调整变形分布，投影面还可以与地球椭球相割于两条标准线，这就是所谓割圆锥、割圆柱投影等。

我国大地测量中，采用横轴椭圆柱面等角投影，即所谓的高斯投影。

8.2 高斯投影概述

8.2.1 控制测量对地图投影的要求

为了控制测量而选择地图投影时，应根据测量的任务和目的来进行。为此，对地图投影提出了以下要求：

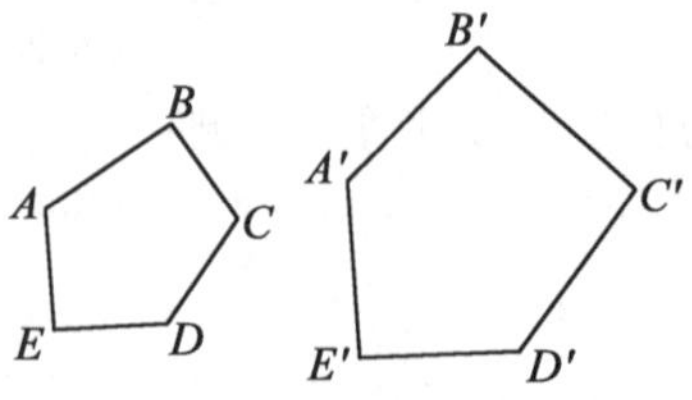

图 8-6

首先,应当采用等角投影(又称为正形投影)。这是因为,假如采用正形投影的话,在三角测量中大量的角度观测元素在投影前后保持不变,这样就免除了大量投影计算工作;另外,我们测制的地图主要是为国防和国民经济建设服务,采用这种等角投影可以保证在有限的范围内使得地图上图形同椭球上原形保持相似,这给识图、用图将带来很大方便。比如,在椭球面上有一个有限小的多边形 $ABCDE$(图8-6),它在平面上被描写为相应的多边形$A'B'C'D'E'$,那么根据等角投影的定义,则有

$$\angle A = \angle A', \angle B = \angle B', \angle C = \angle C', \angle D = \angle D', \angle E = \angle E'$$

且投影面上的边长与原面上的相应长度之比,即称为长度比,即

$$m = \frac{A'B'}{AB} = \frac{B'C'}{BC} = \frac{C'D'}{CD} = \frac{D'E'}{DE} = \frac{E'A'}{EA}$$

这就表明,在微小范围内保持了形状的相似性,因为 $ABCDE$ 无限接近,以至可把这个多边形看做一点,因此在正形投影中,长度比 m 仅与点的位置有关,而与方向无关。这就给地图测制以及在地图上进行各种量、算等工作带来极大方便。

其次,在所采用的正形投影中,还要求长度和面积变形不大,并能够应用简单公式计算由于这些变形而带来的改正数。在一般情况下,从理论上说,不管投影变形有多大,都是可以计算出来的,但计算很大的变形,比起直接在椭球面上进行数据处理,显得并不简单,从而将失去投影的意义。因此,为了测量目的的地图投影应该限制在不大的投影范围内,从而控制变形,并能以简单公式计算由它引起的改正数。

最后,对于一个国家乃至全世界,投影后应该保证具有一个单一起算点的统一的坐标系,可这是不可能的。因为如果是这样的话,变形将会很大,并且难以顾及。为了解决这个矛盾,测量上往往是将这样大的区域按一定规律分成若干小区域(或带)。每个带单独投影,并组成本身的直角坐标系,然后,再将这些带用简单的数学方法联接在一起,从而组成统一的系统。因此,要求投影能很方便地按分带进行,并能按高精度的、简单的、同样的计算公式和用表把各带联成整体。

8.2.2 高斯投影的基本概念

著名的德国科学家卡尔·弗里德里赫·高斯(1777—1855)在 1820—1830 年间在对德国汉诺威三角测量成果进行数据处理时,曾采用了由他本人研究的将一条中央子午线长度投影规定为固定比例尺度的椭球正形投影。可是并没有发表和公布它。人们只是从他给朋友的部分信件中知道这种投影的结论性投影公式。

高斯投影的理论是在他死后,首先在史赖伯于 1866 年出版的名著《汉诺威大地测量投影方法的理论》中进行了整理和加工,从而使高斯投影的理论得以公布于世。

更详细地阐明高斯投影理论并给出实用公式的是由德国测量学家克吕格在他 1912 年出版的名著《地球椭球向平面的投影》中给出的。在这部著作中,克吕格对高斯投影进行了比较深入的研究和补充,从而使之在许多国家得以应用。从此,人们将这种投影称为高斯-克吕格投影。

为了方便地实际应用高斯-克吕格投影,德国学者巴乌盖尔在 1919 年建议采用 3°带投影,并

把坐标纵轴西移 500km,在纵坐标前冠以带号,这个投影带是从格林尼治开始起算的。

高斯-克吕格投影得到世界许多测量学家的重视和研究。其中保加利亚的测量学者赫里斯托夫的研究工作最具代表性。他的两部力作 1943 年《旋转椭球上的高斯-克吕格坐标》及 1955 年《克拉索夫斯基椭球上的高斯和地理坐标》,在理论及实践上都丰富和发展了高斯-克吕格投影。

现在世界上许多国家都采用高斯-克吕格投影,比如奥地利、德国、希腊、英国、美国、前苏联等,我国于 1952 年正式决定采用高斯-克吕格投影。

由于高斯投影完全能满足上述一切要求,因此,我国在解放以后决定采用高斯投影。高斯投影又称横轴椭圆柱等角投影,它是德国测量学家高斯于 1825—1830 年首先提出的。实际上,直到 1912 年,由德国另一位测量学家克吕格推导出实用的坐标投影公式后,这种投影才得到推广,所以该投影又称高斯-克吕格投影。

如图 8-7 所示,想象有一个椭圆柱面横套在地球椭球体外面,并与某一条子午线(此子午线称为中央子午线或轴子午线)相切,椭圆柱的中心轴通过椭球体中心,然后用一定投影方法,将中央子午线两侧各一定经差范围内的地区投影到椭圆柱面上,再将此柱面展开即成为投影面,如图 8-8 所示。

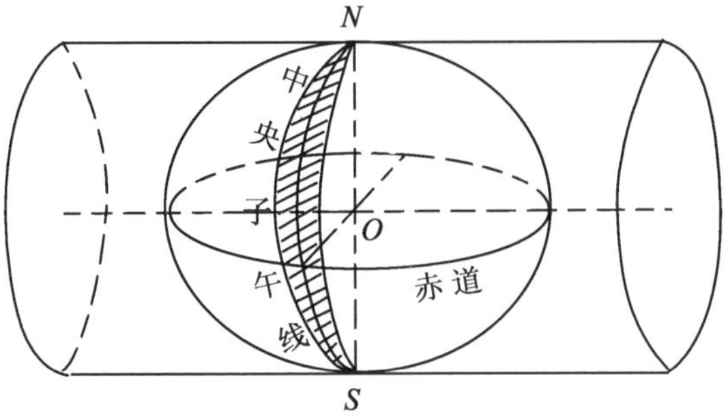

图 8-7

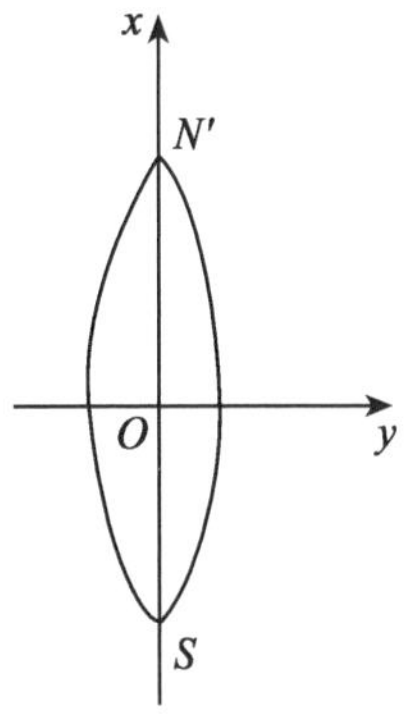

图 8-8

我国规定按经差 6°和 3°进行投影分带,为大比例尺测图和工程测量采用 3°带投影。在特殊情况下,工程测量控制网也可采用 $1\frac{1}{2}$°带或任意带。但为了测量成果的通用,需同国家 6°或 3°带相联系。

高斯投影 6°带,自 0°子午线起每隔经差 6°自西向东分带,依次编号 1,2,3,…。我国 6°带中央子午线的经度,由 69°起每隔 6°而至 135°,共计 12 带,带号用 n 表示,中央子午线的经度用 L_0 表示,它们的关系是 $L_0=6n-3$,如图 8-9 所示。

高斯投影 3°带是在 6°带的基础上形成的,它的中央子午线一部分同 6°带中央子午线重合,一部分同 6°带的分界子午线重合,如用 n'表示 3°带的带号,L 表示 3°带中央子午线经度,它们的关系 $L=3n'$,如图 8-9 所示。

在投影面上,中央子午线和赤道的投影都是直线,并且以中央子午线和赤道的交点 O 作为坐标原点,以中央子午线的投影为纵坐标轴,以赤道的投影为横坐标轴,这样便形成了高斯平面直角坐标系。在我国 x 坐标都是正的,y 坐标的最大值(在赤道上)约为 330km。为了避免出现负的横坐标,可在横坐标上加上 500 000m。此外还应在坐标前面再冠以带号。这种坐标称为国家统一坐标。例如,有一点 Y= 19 123 456. 789m,该点位在 19°带内,其相对于中央子午线而言的横坐标则是:首先去掉带号,再减去 500 000m,最后得 y= −376 543. 211m。

由于分带造成了边界子午线两侧的控制点和地形图处于不同的投影带内,这给使用造成不便。为了把各带联成整体,一般规定各投影带要有一定的重叠度,其中每一 6°带向东加宽 30′,向西加宽 15′或 7. 5′,这样在上述重叠范围内,控制点将有两套相邻带的坐标值,地形图将有两套公里格网,从而保证了边缘地区控制点间的互相应用,也保证了地图的顺利拼接和使用。

由此可见,高斯投影由于是正形投影,故保证了投影的角度的不变性,图形的相似性以及在某点各方向上的长度比的同一性。由于采用了同样法则的分带投影,这既限制了长度变形,又保证了在不同投影带中采用相同的简便公式和数表进行由于变形引起的各项改正的计算,并且带与带间的互相换算也能用相同的公式和方法进行。高斯投影这些优点使它得到广泛的推广。

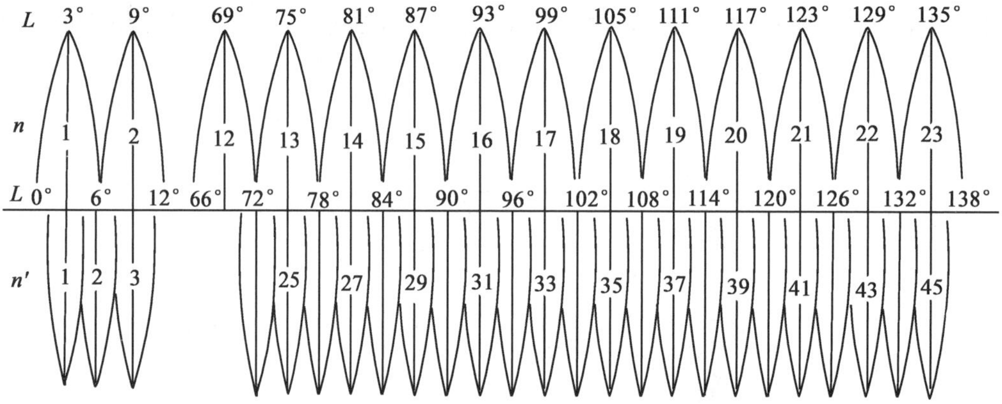

图 8-9

8. 2. 3 椭球面三角系化算到高斯投影面

如图 8-10 所示,假设在椭球面某一带内有一要化算到高斯平面上的三角网 P,K,T,M,Q 等,其中 P 点为起始点,其大地坐标为 B,l,而 $l=L-L_0$,L 及 L_0 为 P 点及轴子午线的大地经度;起始边 $PK=S$;中央子午线 ON,赤道 OE,起始边的大地方位角 A_{PK};PC 为垂直于中央子午线的大地线,C 点大地坐标为 $B_0,l=0°$;PP_1 为过 P 点平行圈,P_1 点的大地坐标 $B,l=0°$;X 为赤道至纬度 B 的平行圈子午弧长。

在高斯投影面上,中央子午线和赤道被描写为直线 ON' 及 OE'。其他的子午线和平行圈,比如过 P 点的子午线和平行圈均变为曲线,如 $P'N'$ 和 $P'P'_1$,点 P 的投影点 P' 的直角坐标为 x,y,椭球面三角形投影后变为边长 $s_i>S_i$ 的曲线三角形,且这些曲线都凹向纵坐标轴;由于是等角投影,所以大地方位角 A_{PK} 投影后没有变化。

由于在正形投影中椭球面三角形各边被描写成曲线,这对于在平面上解算测量问题是极其困难的,因此我们应首先用连接各点间的弦线来代替曲线。为此,必须在每个方向上引进由于大地线投影后变成曲线、再将其改化成直线的所谓水平方向改正 δ。此外,还必须有根据起始点 P 的大地坐标 B,l 计算平面坐标的坐标正算公式;同时为了计算的检核,还应该有其反算

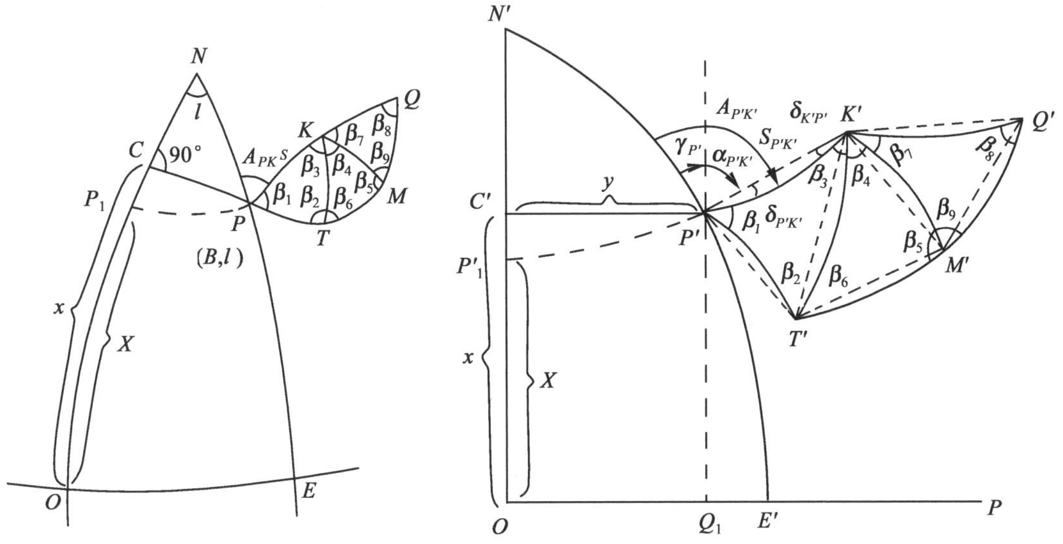

图 8-10

公式;最后,为了计算其他三角点的平面坐标:

$$x_{K'} = x_P + s_{P'K'}\cos\alpha_{P'K'}$$

$$y_{K'} = y_P + s_{P'K'}\sin\alpha_{P'K'}$$

还应该确定平面三角形各边长 s 及其坐标方位角 α。由于是正形投影,则由图 8-10 可知:

$$A_{P'K'} = \alpha_{P'K'} + \gamma_P - \delta_{P'K'} \tag{8-33}$$

式中 $\gamma_{P'}$ 为 P' 点的子午线收敛角,它是过 P' 点的子午线的投影 $P'N'$ 同平面直角坐标系中 X 轴的夹角,$\alpha_{P'K'}$ 为直线边 $P'K'$ 的坐标方位角,$\delta_{P'K'}$ 为由曲线改成直线 $P'K'$ 的曲率改正。由于在计算中已经顾及了它的正负号,因此计算方位角的实用公式为

$$\alpha_{P'K'} = A_{P'K'} - \gamma_{P'} + \delta_{P'K'} \tag{8-34}$$

显然,为计算坐标方位角 α,必须知道子午线收敛角 γ 及曲率改正 δ。

最后,为了计算平面坐标 x,y,还必须将椭球面上的大地线长度 S 投影到平面上的相应长度 s,为此应加入长度改正 Δs,即

$$s = S + \Delta s \tag{8-35}$$

因此,将椭球面三角系归算到高斯投影面的主要内容是:

(1)将起始点 P 的大地坐标(L,B)归算为高斯平面直角坐标 x,y;为了检核还应进行反算,亦即根据 x,y 反算 B,L,这项工作统称为高斯投影坐标计算。

(2)按(8-34)式,将椭球面上起算边大地方位角 A_{PK} 归算到高斯平面上相应边 $P'K'$ 的坐标方位角 $\alpha_{P'K'}$,这是通过计算该点的子午线收敛角 γ 及方向改正 δ 实现的。

(3)将椭球面上各三角形内角归算到高斯平面上的由相应直线组成的三角形内角。这是通过计算各方向的曲率改正和方向改正来实现的。

(4)按(8-35)式,将椭球面上起算边 PK 的长度 S 归算到高斯平面上的直线长度 s。这是通过计算距离改正 Δs 实现的。

由此可见,要将椭球面三角系归算到平面上,包括坐标、曲率改正、距离改正和子午线收敛

角等项计算工作。

最后，当控制网跨越两个相邻投影带，以及为将各投影带连成统一的整体，还需要进行平面坐标的邻带换算。

从下节开始我们就来逐一解决以上提出的各个问题以及与工程测量有关的一些其他问题。

8.3 正形投影的一般条件

由上节知道，正形投影是地图投影中的一种，而高斯投影又是正形投影中的一种。所以，正形投影对于投影来说，是一种特殊的投影，但对于高斯投影来说却是一种一般投影。这就是说，高斯投影首先必须满足正形投影的一般条件。因此，在研究具体高斯投影之前，必须对正形投影的法则有一个比较深入的了解。本节的任务就是导出正形投影的一般条件。在这个基础上，再加上高斯投影的特殊条件，就可以导出高斯投影坐标正、反算公式来。

要想导出正形投影的一般条件，就必须紧紧抓住正形投影区别于其他投影的特殊本质。这个特殊的本质就是在正形投影中长度比与方向无关，它是推导正形投影一般条件的基本出发点。

(1)图 8-11 为椭球面，图 8-12 为它在平面上的投影。在椭球面上有无限接近的两点 P_1 和 P_2，投影后为 p'_1 和 p'_2，其坐标均已注在图上，dS 为大地线的微分弧长，其方位角为 A。在投影面上，建立如图 8-12 所示的坐标系，dS 的投影弧长为 ds。

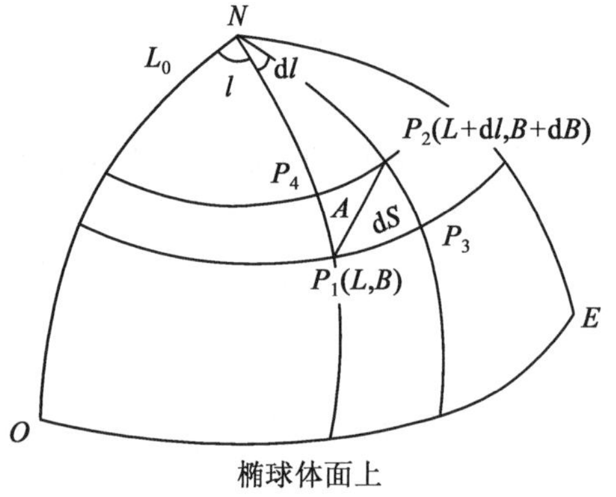

图 8-11

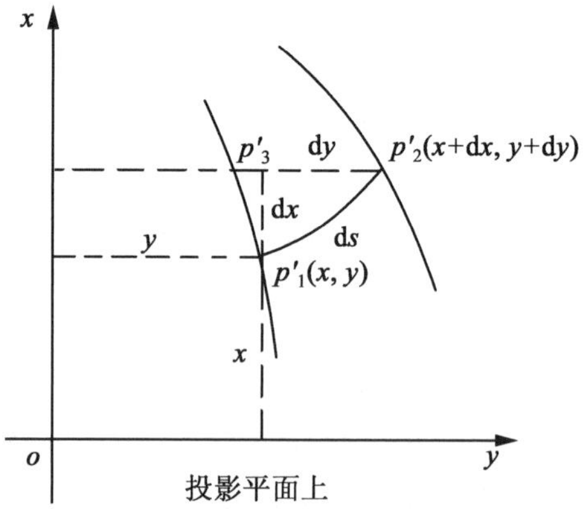

图 8-12

在微分直角三角形 $p_1p_2p_3$ 及 $p'_1p'_2p'_3$ 中，可有

$$\left.\begin{aligned} \mathrm{d}S^2 &= (M\mathrm{d}B)^2 + (N\cos B\mathrm{d}l)^2 \\ \mathrm{d}s^2 &= \mathrm{d}x^2 + \mathrm{d}y^2 \end{aligned}\right\} \tag{8-36}$$

则长度比

$$\begin{aligned} m^2 = \left(\frac{\mathrm{d}s}{\mathrm{d}S}\right)^2 &= \frac{\mathrm{d}x^2 + \mathrm{d}y^2}{(M\mathrm{d}B)^2 + (N\cos B\mathrm{d}l)^2} \\ &= \frac{\mathrm{d}x^2 + \mathrm{d}y^2}{(N\cos B)^2\left[\left(\dfrac{M\mathrm{d}B}{N\cos B}\right)^2 + \mathrm{d}l^2\right]} \end{aligned} \tag{8-37}$$

为了简化以后公式的推导过程，引用符号：

$$\mathrm{d}q = \frac{M\mathrm{d}B}{N\cos B} \tag{8-38}$$

则

$$q = \int_0^B \frac{M\mathrm{d}B}{N\cos B} \tag{8-39}$$

称它为等量纬度，因为它仅与纬度有关。因此，可以把 $\mathrm{d}q$ 和 $\mathrm{d}l$ 看做是互为独立的变量的微分。这样，则有长度比 m^2 的表达式：

$$m^2 = \frac{\mathrm{d}x^2 + \mathrm{d}y^2}{\gamma^2[(\mathrm{d}q)^2 + (\mathrm{d}l)^2]} \tag{8-40}$$

在 8.1 节中讲过，所有地图投影就是要具体地确定(8-1)式中的 F_1 和 F_2，亦即建立平面坐标 x,y 和大地坐标 L,B 的函数关系。由(8-39)式知，大地纬度 B 同等量纬度 q 有确定的关系，因此投影问题也可以说成是建立 x,y 与 l,q 的函数关系。现设其函数关系为

$$x = x(l,q), \quad y = y(l,q) \tag{8-41}$$

由上式全微分得

$$\left.\begin{aligned} \mathrm{d}x &= \frac{\partial x}{\partial q}\mathrm{d}q + \frac{\partial x}{\partial l}\mathrm{d}l \\ \mathrm{d}y &= \frac{\partial y}{\partial q}\mathrm{d}q + \frac{\partial y}{\partial l}\mathrm{d}l \end{aligned}\right\} \tag{8-42}$$

将上式代入(8-36)式第二式，并令

$$\left.\begin{aligned} E &= \left(\frac{\partial x}{\partial q}\right)^2 + \left(\frac{\partial y}{\partial q}\right)^2 \\ F &= \frac{\partial x}{\partial q}\cdot\frac{\partial x}{\partial l} + \frac{\partial y}{\partial q}\cdot\frac{\partial y}{\partial l} \\ G &= \left(\frac{\partial x}{\partial l}\right)^2 + \left(\frac{\partial y}{\partial l}\right)^2 \end{aligned}\right\} \tag{8-43}$$

得

$$\mathrm{d}s^2 = E(\mathrm{d}q)^2 + 2F(\mathrm{d}q)(\mathrm{d}l) + G(\mathrm{d}l)^2 \tag{8-44}$$

于是(8-40)式变为

$$m^2 = \frac{E(\mathrm{d}q)^2 + 2F(\mathrm{d}q)(\mathrm{d}l) + G(\mathrm{d}l)^2}{\gamma^2[(\mathrm{d}q)^2 + (\mathrm{d}l)^2]} \tag{8-45}$$

(2)现在在上式中引入方向。由图 8-11 知：

$$\tan(90° - A) = \frac{P_2P_3}{P_1P_3} = \frac{M\mathrm{d}B}{\gamma\mathrm{d}l} = \frac{\mathrm{d}q}{\mathrm{d}l} \tag{8-46}$$

即

$$\mathrm{d}l = \tan A\mathrm{d}q \tag{8-47}$$

将上式代入(8-45)式得

$$\begin{aligned} m^2 &= \frac{E(\mathrm{d}q)^2 + 2F\tan A(\mathrm{d}q)^2 + G\tan^2 A(\mathrm{d}q)^2}{\gamma^2[(\mathrm{d}q)^2 + \tan^2 A(\mathrm{d}q)^2]} \\ &= \frac{E + 2F\tan A + G\tan^2 A}{\gamma^2\sec^2 A} \end{aligned}$$

$$
= \frac{E\cos^2 A + 2F\sin A\cos A + G\sin^2 A}{\gamma^2} \tag{8-48}
$$

要想使上式中 m 与 A 脱离关系,必须满足:

$$
F = 0, \quad E = G \tag{8-49}
$$

将(8-43)式代入得

$$
\left.\begin{aligned}
&\frac{\partial x}{\partial q} \cdot \frac{\partial x}{\partial l} + \frac{\partial y}{\partial q} \cdot \frac{\partial y}{\partial l} = 0 \\
&\left(\frac{\partial x}{\partial q}\right)^2 + \left(\frac{\partial y}{\partial q}\right)^2 = \left(\frac{\partial x}{\partial l}\right)^2 + \left(\frac{\partial y}{\partial l}\right)^2
\end{aligned}\right\} \tag{8-50}
$$

由上式第一式得

$$
\frac{\partial x}{\partial l} = -\frac{\dfrac{\partial x}{\partial q} \cdot \dfrac{\partial y}{\partial l}}{\dfrac{\partial x}{\partial q}}
$$

代入第二式得

$$
\left(\frac{\partial x}{\partial q}\right)^2 + \left(\frac{\partial y}{\partial q}\right)^2 = \frac{\left(\dfrac{\partial y}{\partial l}\right)^2}{\left(\dfrac{\partial x}{\partial q}\right)^2}\left[\left(\frac{\partial x}{\partial q}\right)^2 + \left(\frac{\partial y}{\partial q}\right)^2\right]
$$

消去共同项得

$$
\left(\frac{\partial x}{\partial q}\right)^2 = \left(\frac{\partial y}{\partial l}\right)^2
$$

将上式开方,并代入(8-50)式第一式,得

$$
\left.\begin{aligned}
\frac{\partial x}{\partial q} &= \frac{\partial y}{\partial l} \\
\frac{\partial x}{\partial l} &= -\frac{\partial y}{\partial q}
\end{aligned}\right\} \tag{8-51}
$$

(8-51)式即为椭球面到平面的正形投影一般公式,在微分几何中,称柯西-黎曼条件。

与此相反,按照由此及彼的方法,不难导出平面正形投影到椭球面上的一般条件:

$$
\left.\begin{aligned}
\frac{\partial q}{\partial x} &= \frac{\partial l}{\partial y} \\
\frac{\partial l}{\partial x} &= -\frac{\partial q}{\partial y}
\end{aligned}\right\} \tag{8-52}
$$

(8-51),(8-52)两式即为由椭球面到平面及由平面到椭球面正形投影的一般条件,它们是各类正形投影方法都必须遵循的公共法则,因此,在推导高斯投影坐标正、反算公式时也必须以它们为基础。

顺便指出,在满足 $F=0, E=G$ 时,长度比公式(8-48)式化简为

$$
m^2 = \frac{E}{\gamma^2} = \frac{\left(\dfrac{\partial x}{\partial q}\right)^2 + \left(\dfrac{\partial y}{\partial q}\right)^2}{\gamma^2}
$$

或

$$m^2 = \frac{G}{\gamma^2} = \frac{\left(\frac{\partial x}{\partial l}\right)^2 + \left(\frac{\partial y}{\partial l}\right)^2}{\gamma^2} \tag{8-53}$$

(3)为了理解柯西-黎曼条件的几何意义,下面用几何方法来推导这一方程。

设 A 点是椭球面上某点在平面上的投影(见图8-13),$\overset{\frown}{AB}$和$\overset{\frown}{AC}$分别是 L=常数的子午微分弧段及 B=常数的平行圈微分弧段在平面上的投影。角 γ 是子午线收敛角,它是直角坐标纵线(x=常数)及横线(y=常数)分别与子午线和平行圈投影间的夹角,从坐标线按反时针量取。详见8.6节。

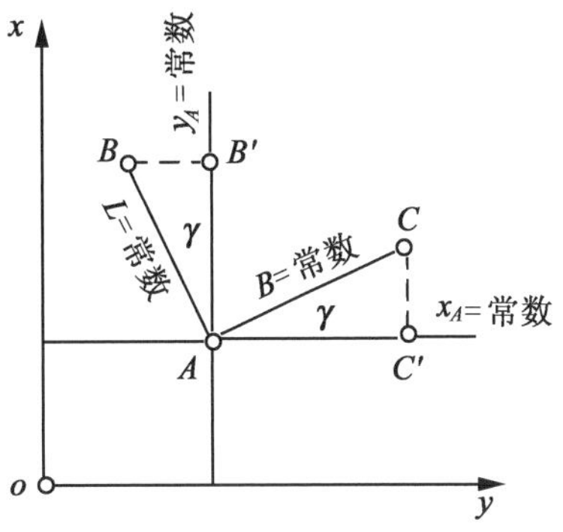

图 8-13

因三角形 ABB'和 ACC'相似,故有关系式:

$$\left.\begin{aligned} \frac{AB'}{AB} &= \frac{AC'}{AC} = \cos\gamma \\ \frac{BB'}{AB} &= \frac{CC'}{AC} = \sin\gamma \end{aligned}\right\} \tag{8-54}$$

现在来求这些线段的长度。

因正形投影的长度比 m 与方向无关,故有

$$AB = mM\mathrm{d}B, \quad AC = mN\cos B\mathrm{d}l \tag{8-55}$$

由投影方程(8-41)式的全微分方程

$$\left.\begin{aligned} \mathrm{d}x &= \frac{\partial x}{\partial B}\mathrm{d}B + \frac{\partial x}{\partial l}\mathrm{d}L \\ \mathrm{d}y &= \frac{\partial y}{\partial B}\mathrm{d}B + \frac{\partial y}{\partial l}\mathrm{d}L \end{aligned}\right\} \tag{8-56}$$

可知,对 L=常数的子午微分弧段的投影,有

$$\left.\begin{aligned} \mathrm{d}x_B &= AB' = \frac{\partial x}{\partial B}\mathrm{d}B \\ \mathrm{d}y_B &= BB' = -\frac{\partial y}{\partial B}\mathrm{d}B \end{aligned}\right\} \tag{8-57}$$

式中负号是因纬度增加而 y 坐标减少的缘故。同理,对 B=常数的平行圈微分弧段的投影,有

$$\left.\begin{aligned} \mathrm{d}x_L &= CC' = \frac{\partial x}{\partial L}\mathrm{d}L \\ \mathrm{d}y_L &= AC' = \frac{\partial y}{\partial L}\mathrm{d}L \end{aligned}\right\} \tag{8-58}$$

将(8-55),(8-57)及(8-58)三式确定的线段代入(8-54)式,则得

$$\left.\begin{aligned} \frac{\frac{\partial x}{\partial B}\mathrm{d}B}{mM\mathrm{d}B} &= \frac{\frac{\partial y}{\partial L}\mathrm{d}L}{mN\cos B\mathrm{d}L} = \cos\gamma \\ \frac{-\frac{\partial y}{\partial B}\mathrm{d}B}{mM\mathrm{d}B} &= \frac{\frac{\partial x}{\partial L}\mathrm{d}L}{mN\cos B\mathrm{d}L} = \sin\gamma \end{aligned}\right\} \tag{8-59}$$

由以上关系式,即可得到柯西-黎曼条件:

$$\left.\begin{aligned}\frac{\partial x}{\partial B}&=\frac{M}{N\cos B}\frac{\partial y}{\partial L}\\\frac{\partial y}{\partial B}&=-\frac{M}{N\cos B}\frac{\partial x}{\partial L}\end{aligned}\right\}\tag{8-60}$$

此外又有

$$\left.\begin{aligned}m\cos\gamma&=\frac{1}{M}\frac{\partial x}{\partial B}=\frac{1}{N\cos B}\frac{\partial y}{\partial L}\\m\sin\gamma&=-\frac{1}{M}\frac{\partial y}{\partial B}=\frac{1}{N\cos B}\frac{\partial x}{\partial L}\end{aligned}\right\}\tag{8-61}$$

由上式,又可得计算子午线收敛角 γ 的公式:

$$\tan\gamma=\frac{-\dfrac{\partial y}{\partial B}}{\dfrac{\partial x}{\partial B}}=\frac{\dfrac{\partial x}{\partial L}}{\dfrac{\partial y}{\partial L}}\tag{8-62}$$

及长度 m 的计算公式:

$$m=\frac{1}{M}\sqrt{\left(\frac{\partial x}{\partial B}\right)^2+\left(\frac{\partial y}{\partial B}\right)^2}=\frac{1}{N\cos B}\sqrt{\left(\frac{\partial x}{\partial L}\right)^2+\left(\frac{\partial y}{\partial L}\right)^2}\tag{8-63}$$

顾及到(8-38)式,比较(8-51)式和(8-60)式可知,微分公式(8-60)式即为正形投影必须满足的基本条件。

8.4 高斯投影坐标正反算公式

要将椭球体上元素投影到平面上,包括坐标、方向和长度三类问题。因此,所讨论的问题不只是一种矛盾,而是有多种矛盾存在。从研究投影这个过程来说,如果(8-1)式的具体形式已经知道,亦即椭球面与平面对应点间的坐标关系已经确定的话,相应地,方向和长度的投影关系也就确定了。由此可见,推求高斯投影坐标关系式,是整个投影过程的主要矛盾,这个矛盾一经解决,那么方向和长度的换算公式就可迎刃而解,所以,首先来研究高斯投影坐标计算公式。

因此,本节的主要内容就是导出高斯平面坐标(x,y)与大地坐标(L,B)的相互关系式。关系式分两类:第一类称高斯投影正算公式,亦即由 L,B 求 x,y;第二类称高斯投影反算公式,亦即由 x,y 求 L,B。

上已言及,既然高斯投影是正形投影的一种,当然它必须满足正形投影一般条件(8-51)式。但是,有了这个条件并没有最后确定(8-41)式的具体形式,也就是说,并没有完成大地坐标对平面坐标的转化。为此,必须再加入高斯投影本身的特殊条件,才能导出高斯投影坐标的正算和反算公式。下面分别加以推导。

8.4.1 高斯投影坐标正算公式

综合 8.2 节和 8.3 节所述,高斯投影必须满足以下三个条件:

(1)中央子午线投影后为直线;

(2)中央子午线投影后长度不变；

(3)投影具有正形性质，即正形投影条件。

由第一个条件可知，由于地球椭球体是一个旋转椭球体，所以高斯投影必然有这样一个性质，即中央子午线东西两侧的投影必然对称于中央子午线。具体地说，比如在椭球面上有对称于中央子午线的两点 P_1 和 P_2，它们的大地坐标分别为(l,B)及$(-l,B)$，式中 l 为椭球面上 P 点的经度与中央子午线的经度差，P 点在中央子午线之东，l 为正，在西则为负，则投影后的平面坐标一定为 $P'_1(x,y)$ 和 $P'_2(x,-y)$。这就是说，在所求的投影公式中，当 B=常数，l 以 $-l$ 代替时，x 值不变号，而 y 值则变号，亦即(8-41)式中，第一式为 l 的偶函数，第二式为 l 的奇函数。

又由于高斯投影是按带投影的，在每带内经差 l 是不大的，$\dfrac{l}{\rho}$是一个微小量，所以可将(8-41)式中的函数展开为经差 l 的幂级数，它可写成如下形式：

$$\left.\begin{aligned} x &= m_0 + m_2 l^2 + m_4 l^4 + \cdots \\ y &= m_1 l + m_3 l^3 + m_5 l^5 + \cdots \end{aligned}\right\} \tag{8-64}$$

式中 $m_0, m_1, m_2, \cdots$是待定系数，它们都是纬度 B 的函数。

由第三个条件：$\dfrac{\partial y}{\partial l}=\dfrac{\partial x}{\partial q}$和$\dfrac{\partial x}{\partial l}=-\dfrac{\partial y}{\partial q}$，将(8-64)式分别对 l 和 q 求偏导数代入，得

$$\left.\begin{aligned} m_1 + 3m_3 l^2 + 5m_5 l^4 + \cdots &= \frac{\mathrm{d}m_0}{\mathrm{d}q} + \frac{\mathrm{d}m_2}{\mathrm{d}q}l^2 + \frac{\mathrm{d}m_4}{\mathrm{d}q}l^4 + \cdots \\ 2m_2 l + 4m_4 l^3 + \cdots &= -\frac{\mathrm{d}m_1}{\mathrm{d}q}l - \frac{\mathrm{d}m_3}{\mathrm{d}q}l^3 - \cdots \end{aligned}\right\} \tag{8-65}$$

为使上面两式两边相等，其必要而充分的条件是 l 的同次幂的系数相等，因而有

$$\left.\begin{aligned} m_1 &= \frac{\mathrm{d}m_0}{\mathrm{d}q} \\ m_2 &= -\frac{1}{2}\frac{\mathrm{d}m_1}{\mathrm{d}q} \\ m_3 &= \frac{1}{3}\frac{\mathrm{d}m_2}{\mathrm{d}q} \end{aligned}\right\} \tag{8-66}$$

为要最终地求出待定系数 $m_1, m_2, m_3, \cdots$，显然矛盾的焦点在于求得导数$\dfrac{\mathrm{d}m_0}{\mathrm{d}q}$。为此，首先要确定 m_0 的表达式。

由第二条件可知，位于中央子午线上的点，投影后的纵坐标 x 应该等于投影前从赤道量至该点的子午线弧长，即在(8-64)第一式中，当 $l=0$ 时，

$$x = m_0 = X \tag{8-67}$$

式中 X 为自赤道量起的子午线弧长。

顾及7.4节中子午线弧长微分公式$\dfrac{\mathrm{d}X}{\mathrm{d}B}=M$ 和(8-38)式$\dfrac{\mathrm{d}B}{\mathrm{d}q}=\dfrac{N\cos B}{M}$，于是得

$$\frac{\mathrm{d}m_0}{\mathrm{d}q} = \frac{\mathrm{d}m_0}{\mathrm{d}B}\cdot\frac{\mathrm{d}B}{\mathrm{d}q} = \frac{\mathrm{d}X}{\mathrm{d}B}\cdot\frac{N\cos B}{M} = M\cdot\frac{N\cos B}{M} = N\cos B \tag{8-68}$$

故

$$m_1 = N\cos B = \frac{c}{V}\cos B \tag{8-69}$$

其次求$\frac{\mathrm{d}m_1}{\mathrm{d}q}$，由上式对 q 求偏导数得

$$\begin{aligned}\frac{\mathrm{d}m_1}{\mathrm{d}q} &= \frac{\mathrm{d}m}{\mathrm{d}B}\cdot\frac{\mathrm{d}B}{\mathrm{d}q} = \frac{\mathrm{d}}{\mathrm{d}B}\left(\frac{c}{V}\cos B\right)\frac{\mathrm{d}B}{\mathrm{d}q} \\ &= \left(-\frac{c}{V^2}\frac{\mathrm{d}V}{\mathrm{d}B}\cos B - \frac{c}{V}\sin B\right)\frac{\mathrm{d}B}{\mathrm{d}q}\end{aligned}$$

顾及

$$\frac{\mathrm{d}V}{\mathrm{d}B} = -\frac{1}{V}\eta^2 t$$

于是得出

$$\begin{aligned}\frac{\mathrm{d}m_1}{\mathrm{d}q} &= \left[-\frac{c}{V^2}\left(-\frac{1}{V}\eta^2 t\right)\cos B - \frac{c}{V}\sin B\right]\frac{\frac{c}{V}\cos B}{\frac{c}{V^3}} \\ &= \left[\frac{c}{V^3}\sin B(\eta^2 - V^2)\right]V^2\cos B = -\frac{c}{V}\sin B\cos B\end{aligned}$$

于是

$$m_2 = \frac{N}{2}\sin B\cos B \tag{8-70}$$

依次求导，并依次代入(8-66)式右可得 $m_3, m_4, \cdots$各值：

$$\left.\begin{aligned} m_3 &= \frac{N}{b}\cos^3 B(1 - t^2 + \eta^2) \\ m_4 &= \frac{N}{24}\sin B\cos^3 B(5 - t^2 + 9\eta^2) \\ m_5 &= \frac{N}{120}\cos^5 B(5 - 18t^2 + t^4) \\ &\cdots \end{aligned}\right\} \tag{8-71}$$

将上面已经求出的各个确定系数 m_i，代入(8-64)式，并略去 $\eta^2 l^5$ 及 l^6 以上各项，最后得出高斯投影坐标正算公式如下：

$$\left.\begin{aligned} x &= X + \frac{N}{2\rho''^2}\sin B\cos B l''^2 + \frac{N}{24\rho''^4}\sin B\cos^3 B(5 - t^2 + 9\eta^2)l''4 \\ y &= \frac{N}{\rho''}\cos B l'' + \frac{N}{6\rho''^3}\cos^3 B(1 - t^2 + \eta^2)l''^3 + \frac{N}{120\rho''^5}\cos^5 B(5 - 18t^2 + t^4)l''^5 \end{aligned}\right\} \tag{8-72}$$

应 $l<3.5°$时，公式换算的精度为±0.1m。欲要换算精确至 0.001m 的坐标公式，可将上式继续扩充，现直接写出如下：

$$
\left.\begin{aligned}
x &= X + \frac{N}{2\rho''^2}\sin B\cos B l''^2 + \frac{N}{24\rho''^4}\sin B\cos^3 B(5 - t^2 + 9\eta^2 + 4\eta^4)l''^4 + \\
&\quad \frac{N}{720\rho''^6}\sin B\cos^5 B(61 - 58t^2 + t^4)l''^6 \\
y &= \frac{N}{\rho''}\cos B l'' + \frac{N}{6\rho''^3}\cos^3 B(1 - t^2 + \eta^2)l''^3 + \\
&\quad \frac{N}{120\rho''^5}\cos^5 B(5 - 18t^2 + t^4 + 14\eta^2 - 58\eta^2 t^2)l''^5
\end{aligned}\right\} \tag{8-73}
$$

(8-72),(8-73)两式即为高斯投影坐标正算公式,它们就是(8-1)式中的 F_1 和 F_2 的具体形式。

8.4.2 高斯投影坐标反算公式

在高斯投影反算时,原面是高斯面,投影面是椭球面,相应地可以写出如下投影方程:

$$
\left.\begin{aligned}
B &= \varphi_1(x, y) \\
l &= \varphi_2(x, y)
\end{aligned}\right\} \tag{8-74}
$$

同正算一样,对投影函数 φ_1,φ_2 提出以下三个条件:

(1)x 坐标轴投影成中央子午线,是投影的对称轴;

(2)x 轴上的长度投影保持不变;

(3)正形投影条件,即高斯面上的角度投影到椭球面上后角度没有变形,仍然相等。

反算公式的推导方法和正算公式相类似,它的基本思想是,首先根据 x 计算纵坐标在椭球面上的投影的垂足纬度 B_f,接着按 B_f 计算(B_f−B)及经差 l,最后得到

$$
\left.\begin{aligned}
B &= B_f - (B_f - B) \\
L &= L_0 + l
\end{aligned}\right\} \tag{8-75}
$$

为了简化差值(B_f−B)及 l 的计算公式的推导,我们还是借助于等量纬度 q。由于高斯投影区域不大,其中 y 值和椭球半径相比也是不大的,因此可将(q,l)展开为 y 的幂级数。顾及到上述第一个条件,即投影对轴子午线对称的要求,q 应是 y 的偶函数,l 应是 y 的奇函数,因此

$$
\left.\begin{aligned}
q &= n_0 + n_2 y^2 + n_4 y^4 + \cdots \\
l &= n_1 y + n_3 y^3 + n_5 y^5 + \cdots
\end{aligned}\right\} \tag{8-76}
$$

由第三个条件:$\frac{\partial q}{\partial x}=\frac{\partial l}{\partial y}$,$\frac{\partial l}{\partial x}=-\frac{\partial q}{\partial y}$,将(8-76)式分别对 x 和 y 求偏导数;并考虑到上述第二个条件,当 $y=0$ 时,点处在中央子午线上,亦即 $l=0$,$x=X$,$\varphi_1(x)=q_f$,于是可求出待定系数 n,把它们代入上式,则得

$$
\left.\begin{aligned}
q &= q_f - \frac{y^2}{2}\left(\frac{\mathrm{d}^2 q}{\mathrm{d}X^2}\right)_f + \frac{y^4}{24}\left(\frac{\mathrm{d}^4 q}{\mathrm{d}X^4}\right)_f - \cdots \\
l &= y\left(\frac{\mathrm{d}q}{\mathrm{d}X}\right)_f - \frac{y^3}{6}\left(\frac{\mathrm{d}^3 q}{\mathrm{d}X^3}\right)_f + \cdots
\end{aligned}\right\} \tag{8-77}
$$

式中 q_f 和 $\left(\frac{\mathrm{d}q}{\mathrm{d}X}\right)_f$ 均是对应于垂足纬度 B_f 的数值。

至此还只是求得了等量纬度 q，为最终求得大地纬度 B，还需进一步化算。由(8-38)式可知，q 同 B 必有固定的函数关系，今设

$$B=f(q),\quad B_f=f(q_f) \tag{8-78}$$

又

$$B=f(q)=f(q_f+\mathrm{d}q) \tag{8-79}$$

式中

$$\mathrm{d}q=q-q_f$$

按台劳级数展开则有

$$B=f(q_f)+\left(\frac{\mathrm{d}B}{\mathrm{d}q}\right)\mathrm{d}q+\frac{1}{2}\left(\frac{\mathrm{d}^2B}{\mathrm{d}q^2}\right)\mathrm{d}q^2+\frac{1}{6}\left(\frac{\mathrm{d}^3B}{\mathrm{d}q^3}\right)\mathrm{d}q^3+\cdots \tag{8-80}$$

因此

$$-(B_f-B)=B-B_f=\left(\frac{\mathrm{d}B}{\mathrm{d}q}\right)(q-q_f)+\frac{1}{2}\left(\frac{\mathrm{d}^2B}{\mathrm{d}q^2}\right)\cdot(q-q_f)^2+\frac{1}{6}\left(\frac{\mathrm{d}^3B}{\mathrm{d}q^3}\right)(q-q_f)^3+\cdots \tag{8-81}$$

为了求得高斯坐标的实用反算公式，我们还必须求出(8-77)式和(8-81)式中的各阶导数值$\frac{\mathrm{d}^nq}{\mathrm{d}X^n}$及$\frac{\mathrm{d}^nB}{\mathrm{d}q^n}$。

首先求导数值$\frac{\mathrm{d}^nq}{\mathrm{d}X^n}$。由(8-68)式知一阶导数

$$\frac{\mathrm{d}q}{\mathrm{d}x}=\frac{\mathrm{d}q}{\mathrm{d}X}=\frac{1}{N_f\cos B_f} \tag{8-82}$$

其他各阶导数可依上式逐次对 X 求导得到，因此有

$$\left.\begin{aligned}
\frac{\mathrm{d}^2q}{\mathrm{d}X^2}&=\frac{t_f}{N_f^2\cos B_f}\\
\frac{\mathrm{d}^3q}{\mathrm{d}X^3}&=\frac{1}{N_f^3\cos B_f}(1+2t_f^2+\eta_f^2)\\
\frac{\mathrm{d}^4q}{\mathrm{d}X^4}&=\frac{1}{N_f^4\cos B_f}(5+6t_f^2+\eta_f^2-4\eta_f^6)
\end{aligned}\right\} \tag{8-83}$$

其次求导数$\frac{\mathrm{d}^nB}{\mathrm{d}q^n}$。由(8-38)式易知一阶导数

$$\left(\frac{\mathrm{d}B}{\mathrm{d}q}\right)_f=\left(\frac{N\cos B}{M}\right)_f=V_f^2\cos B_f \tag{8-84}$$

其他各阶导数可依上式对 q 逐次求导得到，其结果是

$$\left.\begin{aligned}
\left(\frac{\mathrm{d}^2B}{\mathrm{d}q^2}\right)_f&=-\sin B_f\cos B_f(1+4\eta_f^2+3\eta_f^4)\\
\left(\frac{\mathrm{d}^3B}{\mathrm{d}q^3}\right)_f&=-\cos^3B_f(1-t_f^2+5\eta_f^2-13\eta_f^2t_f^2)\\
&\cdots
\end{aligned}\right\} \tag{8-85}$$

当将(8-83)式中有关式代入到(8-77)式第一式后，又可得到

$$(q-q_f)=-\frac{t_f\cos B_f}{2N_f^2}y^2+\frac{t_f\sec B_f}{24N_f^4}(5+6t_f^2+\eta_f^2-4\eta_f^4)y^4-$$
$$\frac{t_f\sec B_f}{720N_f^6}(61+180t_f^2+120t_f^4+46\eta_f^4+48\eta_f^2t_f^2)y^6$$

对上式分别平方和三次方得

$$\left.\begin{aligned}(q-q_f)^2&=\frac{t_f^2\sec B_f}{4N_f^4}y^4-\frac{t_f^2\sec^2 B_f}{24N_f^6}(5+6t_f^2+\eta_f^2-4\eta_f^4)y^6\\(q-q_f)^3&=-\frac{t_f^3\sec^3 B}{8N_f^6}y^6\end{aligned}\right\}\tag{8-86}$$

将(8-84)式~(8-86)式代入(8-81)式,将(8-82)式,(8-83)式代入(8-77)式的第二式,并略去 $\eta_f^4y^4$ 和 $\eta_f^6y^6$ 次项,经整理得

$$\left.\begin{aligned}B&=B_f-\frac{t_f}{2M_fN_f}y^2+\frac{t_f}{24M_fN_f^3}(5+3t_f^3+\eta_f^2-9\eta_f^2t_f^2)y^4-\\&\quad\frac{t_f}{720M_fN_f^5}(61+90t_f^2+45t_f^4)y^6\\l&=\frac{1}{N_f\cos B_f}y-\frac{1}{6N_f^3\cos B_f}(1+2t_f^2+\eta_f^2)y^3+\\&\quad\frac{1}{120N_f^5\cos B_f}(5+28t_f^2+24t_f^4+6\eta_f^2+8\eta_f^2t_f^2)y^5\end{aligned}\right\}\tag{8-87}$$

当1<3.5°时,上式换算精度为0.000 1″。欲要换算精确至0.01″时,可按上式简化成

$$\left.\begin{aligned}B&=B_f-\frac{t_f}{2M_fN_f}y^2+\frac{t_f}{24M_fN_f^3}(5+3t_f^2+\eta_f^2-9\eta_f^2t_f^2)y^4\\l&=\frac{1}{N_f\cos B_f}y-\frac{1}{6N_f^3\cos B_f}(1+2t_f^2+\eta_f^2)y^3+\\&\quad\frac{1}{120N_f^5\cos B_f}(5+28t_f^2+24t_f^4)y^5\end{aligned}\right\}\tag{8-88}$$

上式即为高斯投影坐标反算公式,它们就是(8-74)式中的 φ_1 和 φ_2 的具体形式。

8.4.3 高斯投影正反算公式的几何解释

正算时,是已知 B,L 求 x,y。由于 l 值不大,因此公式可展开为 l 的幂级数,并以已知纬度 B 的函数 m 作为其系数,公式结果是

$$\begin{aligned}x&=X+(m_2l^2+m_4l^4+\cdots)\\&=X+\Delta X\end{aligned}$$

由图8-14可知,当 $l=0$ 时,根据轴子午线投影的正长条件,故

$$x=X$$

(即 P'点的 x 值)。当 $l\neq0$ 时,$x\neq X$,其差为 ΔX,所以根据 B 值查出 X 后还需加上 ΔX,即

$$x=X+\Delta X\quad(\text{即 } P \text{ 点的 } x \text{ 值})$$

然而在反算时,是已知 x,y 求 B,l。由于 y 值不大,因此公式可展开为 y 的幂级数。此时纬度 B 是要求的,但 p 点垂足纬度 B_f 却是已知的,如图8-15过 P 点作垂线和中央子午线的交点为 P'',其纬度称垂足纬度 B_f。该点的横坐标 y 为零,纵坐标和 P 点纵坐标一样,即 $x=X$。根

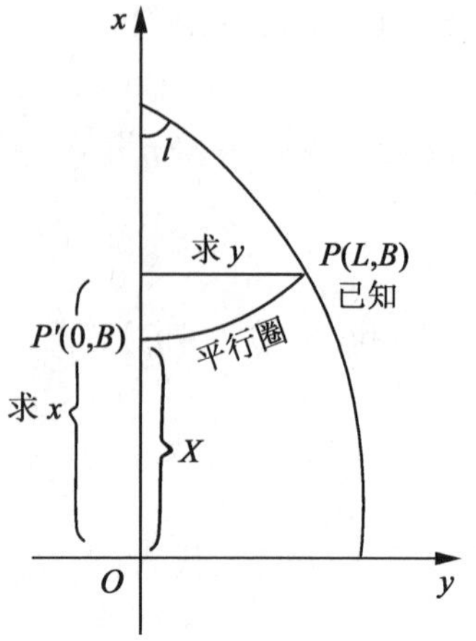

图 8-14

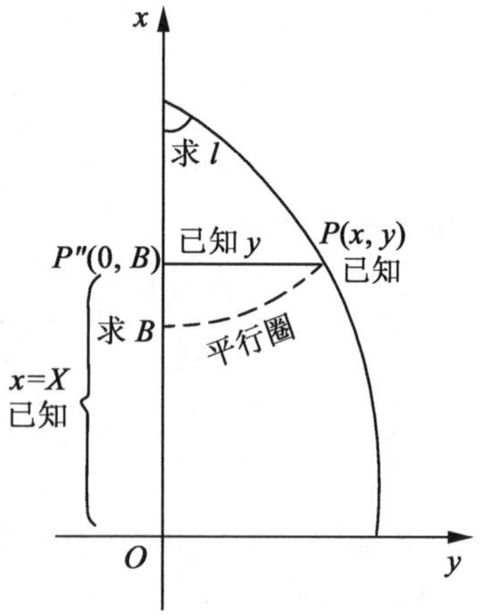

图 8-15

据子午线弧长公式,则 $x=X$ 可以很快解出 B_f,进而求出 B。因此公式中的各系数是 B_f 的函数,它的公式必然成为这样形式:

$$
\begin{aligned}
B &= B_f - (n_2y^2 + n_4y^4 + \cdots) \\
&= B_f - \Delta B
\end{aligned}
$$

当 $y=0$ 时,$l=0$;当 $l=0$ 时,$x=X$。所以 x 对应 B_f,而当 $y\neq 0$ 时,$x\neq X$,$B\neq B_f$,因此 $B=B_f-\Delta B$。

从上可见,正算公式实际上是在中央子午线上 P' 点展开 l 的幂级数,而反算公式实际上则是在中央子午线上 P''点展开 y 的幂级数。

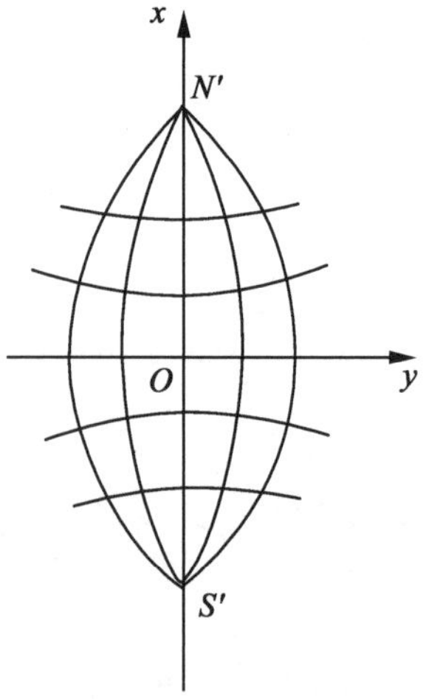

图 8-16

高斯投影坐标正、反算公式是在高斯投影必须遵循的三个条件下导出的,因此这些公式也必然完备地表现出高斯投影的特点。比如对正算公式(8-73)式的分析,可知具有如下特点(参见图 8-16):

(1)当 l 等于常数时,随着 B 的增加 x 值增大,y 值减小;又因 $\cos(-B)=\cos B$,所以无论 B 值为正或负,y 值不变。这就是说,椭球面上除中央子午线外,其他子午线投影后,均向中央子午线弯曲,并向两极收敛,同时还对称于中央子午线和赤道。

(2)当 B 等于常数时,随着 l 的增加,x 值和 y 值都增大。所以在椭球面上对称于赤道的纬圈,投影后仍成为对称的曲线,同时与子午线的投影曲线互相垂直凹向两极。

(3)距中央子午线越远的子午线,投影后弯曲越厉害,长度变形也越大。

8.5 高斯投影坐标计算的实用公式及算例

在高斯投影坐标计算的实际工作中,往往采用查表和电算两种方法,为此对于在 8.4 节推导的正、反算公式,相应地也有两种实用公式。下面分别加以介绍,并给出算例。

8.5.1 适用于查表的高斯坐标计算的实用公式及算例

为了便于查表计算,编有专门的计算用表,例如,《高斯-克吕格投影计算表》(纬度 0°~60°)。该表适用于高斯投影正算 x,y,精确至 0.001m,高斯投影反算 L,B 精确至 0.000 1″。上表及其他有关用表都是对于克拉索夫斯基椭球面而言的。

1. 高斯投影正算公式

由(8-73)式可得

$$\left.\begin{aligned} x &= X + \frac{N}{2\rho''^2}\sin B\cos B l''^2 + \frac{N}{24\rho''^4}\sin B\cos^3 B(5 - t^2 + 9\eta^2 + 4\eta^4) l''^4 + \\ &\quad \frac{N}{720\rho''^6}\sin B\cos^5 B(61 - 58t^2 + t^4) l''^6 \\ y &= \frac{N}{\rho''}\cos B l'' + \frac{N}{6\rho''^3}\cos^3 B(1 - t^2 + \eta^2) L''^5 + \\ &\quad \frac{N}{120\rho''^5}\cos^5 B(5 - 18t^2 + t^4 + 14\eta^2 - 58\eta^2 t^2) l''^5 \end{aligned}\right\} \tag{8-89}$$

在编表时引用下列符号:

$$\left.\begin{aligned} l' &= l''^2 \cdot 10^{-8} \\ a_1 &= \frac{N}{2\rho''^2}\sin B\cos B 10^8 \\ a_2 &= \frac{N}{24\rho''^4}\sin B\cos^3 B(5 - t^2 + 9\eta^2 + 4\eta^4) 10^{16} \\ b_1 &= \frac{N}{\rho''}\cos B \\ b_2 &= \frac{N}{6\rho''^3}\cos^3 B(1 - t^2 + \eta^2) 10^8 \\ \delta_x &= \frac{N}{720\rho''^6}\sin B\cos^5 B(61 - 58t^2 + t^4) l''^6 \\ \delta_y &= \frac{N}{120\rho''^5}\cos^5 B(5 - 18t^2 + t^4 + 14\eta^2 - 58\eta^2 t^2) l''^5 \end{aligned}\right\} \tag{8-90}$$

于是(8-89)式可写成

$$\left.\begin{aligned} x &= X + l'(a_1 + a_2 l') + \delta_x \\ y &= l''(b_1 + b_2 l') + \delta_y \end{aligned}\right\} \tag{8-91}$$

上式即为查表计算时的实用公式。式中 X,a_1,a_2,b_1,b_2 都可以纬度为引数,δ_x 和 δ_y 以 B,l 为引数,在该表中查取。其中 X,b_1 需进行二次内插,即

$$\left.\begin{aligned} X &= X' + \Delta B\{\Delta 1'' + \mathrm{d}(\Delta 1'')\} \\ b_1 &= b'_1 + \Delta B\{\Delta 1'' + \mathrm{d}(\Delta 1'')\} \\ \Delta B &= B - B_0 \end{aligned}\right\} \tag{8-92}$$

式中 X',b'_1 为略小于 B 且靠近 B 的表列纬度 B_0 处的相应值。$\Delta 1''$为其相应的每秒平均一次差,$\mathrm{d}\Delta 1''$以 $\Delta B=B-B_0$ 和 $\Delta 1''$的变化值(B_0 处 $\Delta 1''$与其下面的 $\Delta 1''$之差)为引数由附表中查得,系二次差影响部分。算例见表 8-1。

表 8-1

计算次序	测站 符号	D	E
1	B	29°34′16.511 2″	29°25′05.581 7″
2	L	106 25 14.866 3	106 51 59.543 8
3	L_0	105	105
4	l	+1°25′14.866 3″	1°51′59.543 8″
5	l''	5 114.866 3″	6 719.543 8″
6	$l'=l''^2 10^{-8}$	0.261 618 6	0.451 522 7
9	$a_2, 10^{-3}$	2 254	2 254
11	$b_2, 10^{-7}$	54 489	54 438
13	$c_2, 10^{-7}$	2 970	2 970
8	a_1	3 220.016	3 220.933
14	$a_2 l'$	0.590	1.018
17	$a_1+a_2 l'$	3 220.606	3 221.951
7	X	3 272 646.401	3 274 156.403
20	$l'(a_1+a_2 l')$	842.570	1 454.784
23	δ_x	0.001	0.001
24	x	3 273 488.972	3 275 611.188
14	b_1	26.916 653 8	26.913 040 2
15	$b_2 l'$	1 425 5	2 458 0
18	$b_1+b_2 l'$	26.918 079 3	26.915 498 2
21	$l''(b_1+b_2 l')$	137 682.377	180 859.869
25	δ_y	0	−1
27	y	137 682.377	180 859.868
12	c_1	0.493 505 7	0.493 718 4
16	$c_2 l'$	77 7	134 1
17	$c_1+c_2 l'$	0.493 583 4	0.493 846 5
22	$l''(c_1+c_2 l')$	2 524.613″	3 118.423″
24	δ_γ	1	1
28	γ	0°42′04.614″	0°51′58.424″

2. 高斯投影反算公式

由(8-87)式可进一步写成

$$
\left.\begin{aligned}
(B_f - B)'' &= \frac{\rho'' t_f}{2M_f N_f} y^2 - \frac{\rho'' t_f}{24 M_f N_f^3}(5 + 3t_f^2 + \eta_f^2 - 9t_f^2\eta_f^2)y^4 + \\
&\quad \frac{\rho''}{720 M_f N_f^5}(61 + 90t_f^2 + 45t_f^4)y^6 \\
l'' &= y : \left(\frac{N_f \cos B_f}{\rho''} + \frac{(1 + 2t_f^2 + \eta_f^2)\cos B_f}{6N_f\rho''} y^2\right) + \\
&\quad \frac{\rho''}{360 N_f^5 \cos B_f}(5 + 44t_f^2 + 32t_f^4 - 2\eta_f^2 - 16\eta_f^2 t_f^2)y^5
\end{aligned}\right\} \tag{8-93}
$$

在编表时引用下列符号：

$$
\left.\begin{aligned}
y' &= y^2 \cdot 10^{-10} \\
A_1 &= \frac{\rho'' t_f}{2N_f M_f} 10^{10} \\
A_2 &= -\frac{\rho'' t_f}{24 M_f N_f^3}(5 + 3t_f^2 + \eta_f^2 - 9t_f^2\eta_f^2)10^{20} \\
B_2 &= \frac{(1 + 2t_f^2 + \eta_f^2)\cos B_f}{6N_f\rho''} 10^{10} \\
\delta_B &= \frac{\rho''}{720 M_f N_f^5}(61 + 90t_f^2 + 45t_f^4)y^6 \\
\delta_l &= \frac{\rho''}{360 N_f^5 \cos B_f}(5 + 44t_f^2 + 32t_f^4 - 2\eta_f^2 - 16\eta_f^2 t_f^2)y^5
\end{aligned}\right\} \tag{8-94}
$$

于是(8-93)式可写成

$$
\left.\begin{aligned}
(B_f - B)'' &= y'(A_1 + A_2 y') + \delta_B \\
l'' &= y : (b_1 + B_2 y') + \delta_l \\
B &= B_f - (B_f - B) \\
L &= L_0 + l
\end{aligned}\right\} \tag{8-95}
$$

反算时，将 x 当作 X_f 反内插查取 B_f，然后以 B_f 为引数按线性内插查取 A_1, A_2, b_1, B_2 等值。A_2 无需作内插。δ_l 以 B(取至分)和 $y : (b_1+B_2y')$ 为引数查取，当 l 为负值时，δ_l 应反号。以 x 为引数按下式反插 B_f：

$$
\left.\begin{aligned}
B_f &= B(\text{表列值}) + \Delta B \\
\Delta B &= \frac{\Delta x}{\Delta 1'' + \mathrm{d}(\Delta 1'')} \\
\Delta x &= x - X
\end{aligned}\right\} \tag{8-96}
$$

在计算时，首先自表中查出略小于 x 且靠近 x 之表列 X 和相应的表列之 B，计算 $\Delta x = x - X$，以 Δx 和 $\Delta 1''$的变化值为引数由附表中查得 $\mathrm{d}(\Delta 1'')$，最后计算得 ΔB 和 B_f，算例见表 8-2。

8.5.2 适用于电算的高斯坐标计算的实用公式及算例

现行高斯投影用表都是采用拉索夫斯基椭球参数。我国 1980 年国家大地坐标系采用 1975 年国际椭球参数，因此现有各种数表已不再适用。又由于电子计算机和各种可编程序电子计算器在测量上广泛使用,因而也有可能直接进行高斯投影计算。因此,在这里给出有关电算的实用公式和算例。

表 8-2

计算次序	符号 \ 点名	A	B
1	x	3 273 488.972	3 275 611.188
2	y	137 082.377	180 859.868
3	$y'=y^2\cdot 10^{-10}$	1 895.644	3 271.029
8	$A_1, 10^{-6}$	−1.757	−1.761
9	$B_2, 10^{-6}$	181.575	181.651
7	A_1	14.438 67	14.449 86
10	A_2y'	−0.003 33	−0.005 76
12	A_1+A_2y'	14.435 34	14.444 10
5	B_f	29°34′43.905 5″	29°35′52 828 8″
14	$-y'(A_1+A_2y')$	−27.364 3	−47.247 1
16	$-\delta B$	0.000 1	0.000 1
18	B	29°34′16.541 1″	19°35′05.581 6″
6	b_1	26.914 637 7	26.909 557 5″
11	B_2y'	0.003 442 0	0.005 941 8
13	b_1+B_2y'	26.918 079 7	26.915 499 3
15	$y:(b_1+B_2y')$	5 114.866 2″	6 719.543 5″
17	δ_l	+1	+3
19	l''	5 114.866 3	6 719.543 8
20	l	1°25′14.866 3″	1°51′59.543 8″
4	L_0	105°	105°
21	L	106°25′14.866 3″	106°51′59.543 8″

1. 高斯投影正算公式

为适用于电算程序的编写,需对(8-73)式作进一步变化。比如写成

$$\left.\begin{aligned} x &= X + \frac{N}{2}t\cos^2 Bl^2 + \frac{N}{24}t(5 - t^2 + 9\eta^2 + 4\eta^4)\cos^4 Bl^4 + \\ &\quad \frac{N}{720}t(61 - 58t^2 + t^4)\cos^6 Bl^6 \\ y &= N\cos Bl + \frac{N}{6}(1 - t^2 + \eta^2)\cos^3 Bl^3 + \frac{N}{120}(5 - 18t^2 + \\ &\quad t^4 + 14\eta^2 - 58\eta^2 t^2)\cos^5 Bl^5 \end{aligned}\right\} \tag{8-97}$$

若令 $m=\cos Bl\cdot\frac{\pi}{180}$,则上式可写为

$$\left.\begin{aligned}
x &= X + Nt\left\{\left[\frac{1}{2} + \left(\frac{1}{24}(5 - t^2 + 9\eta^2 + 4\eta^4) + \right.\right.\right. \\
&\quad \left.\left.\left.\frac{1}{720}(61 - 58t^2 + t^4)m^2\right)m^2\right]m^2\right\} \\
y &= N\left\{\left[1 + \left(\frac{1}{6}(1 - t^2 + \eta^2) + \frac{1}{120}(5 - 18t^2 + \right.\right.\right. \\
&\quad \left.\left.\left.t^4 + 14\eta^2 - 58\eta^2 t^2)m^2\right)m^2\right]m\right\}
\end{aligned}\right\} \tag{8-98}$$

下面我们导出适宜克拉索夫斯基椭球及 1975 年国际椭球的具体的正算公式。

若令

$$\left.\begin{aligned}
A_2 &= \frac{1}{2}N\sin B\cos B \\
A_4 &= \frac{1}{24}N\sin B\cos^3 B(5 - t^2 + 9\eta^2 + 4\eta^4) \\
&= \frac{1}{24}N\sin B\cos B(5\cos^2 B - \sin^2 B + 9e'^2\cos^4 B + 4e'^4 \cdot \cos^6 B) \\
&= N\sin B\cos B\left(-\frac{1}{24} + \frac{1}{4}\cos^2 B + \frac{3}{8}e'^2\cos^4 B + \frac{1}{6}e'^4\cos^6 B\right) \\
A_6 &= \frac{1}{720}N\sin B\cos B(61\cos^4 B - 58\sin^2 B\cos^2 B + \sin^4 B) \\
&= N\sin B\cos B\left(\frac{1}{720} - \frac{1}{12}\cos^2 B + \frac{1}{6}\cos^4 B\right) \\
&\approx N\sin B\cos^3 B(-0.083 + 0.167\cos^2 B) \\
A_3 &= \frac{1}{6}N\cos^3 B(1 - t^2 + \eta^2) \\
&= \frac{1}{6}N\cos^2 B(\cos^2 B - \sin^2 B + e'^2\cos^4 B) \\
&= N\cos B\left(-\frac{1}{6} + \frac{1}{3}\cos^2 B + e'^2\cos^4 B\right) \\
A_5 &= \frac{1}{120}N\cos^5 B(5 - 18t^2 + t^4 + 14\eta^2 - 58\eta^2 t^2) \\
&= \frac{1}{120}N\cos B(5\cos^4 B - 18\sin^2 B\cos^2 B + \sin^4 B + 14e'^2\cos^6 B - \\
&\quad 58e'^2\sin^2 B\cos^4 B) \\
&= N\cos B\left(\frac{1}{120} - \frac{1}{6}\cos^2 B + \frac{12 - 29e'^2}{60}\cos^4 B + \frac{3}{5}e'^2\cos^6 B\right)
\end{aligned}\right\} \tag{8-99}$$

当将克拉索夫斯基椭球元素值代入上式,并顾及(8-98)式,经整理,则得正算公式:

$$\left.\begin{aligned}
x &= 6\,367\,558.496\,9\frac{B''}{\rho''} - \{a_0 - [0.5 + (a_4 + a_6 l^2)l^2]l^2 N\}\sin B\cos B \\
y &= [1 + (a_3 + a_5 l^2)l^2]lN\cos B
\end{aligned}\right\} \tag{8-100}$$

式中

$$\left.\begin{aligned}
&l=\frac{(L-L_0)''}{\rho''}\\
&N=6\,399\,698.902-[21\,562.267-(108.973-0.612\cos^2B)\cos^2B]\cos^2B\\
&a_0=32\,140.404-[135.330\,2-(0.709\,2-0.004\,0\cos^2B)\cos^2B]\cos^2B\\
&a_4=(0.25+0.002\,52\cos^2B)\cos^2B-0.041\,66\\
&a_6=(0.166\cos^2B-0.084)\cos^2B\\
&a_3=(0.333\,333\,3+0.001\,123\cos^2B)\cos^2B-0.166\,666\,7\\
&a_5=0.008\,3-[0.166\,7-(0.196\,8+0.004\,0\cos^2B)\cos^2B]\cos^2B
\end{aligned}\right\}\quad(8\text{-}101)$$

它们的计算精度,即平面坐标可达 0.001m,算例见表 8-3。

表 8-3

序　号	公　　式	结　　果
1	B	51°38′43.902 3″
2	B''	185 923.902 3″
3	B''/ρ''	0.901 384 542
4	$\sin B$	0.784 186 8
5	$\cos B$	0.620 524 8
6	$\cos^2 B$	0.385 051 0
7	$l^\circ=L-L_0$	3°02′13.136 0″
8	l''	10 933.136 0″
9	$l=l''/\rho''$	0.053 005 341
10	N	6 391 412.451
11	a_0	32 088.400
12	a_4	0.054 976 37
13	a_6	-0.007 732 41
14	a_3	-0.038 149 88
15	a_5	-0.026 481 23
16	$\sin B\cos B$	0.486 607 3
17	l^2	0.002 809 566
18	Nl^2	17 957.096
19	6 367 558.496 9 B''/ρ''	5 739 618.799 4
20	x	5 728 374.726m
21	$1+(a_3+a_5l^2)l^2$	0.999 892 60
22	$[21]l\cos B$	0.032 887 60
23	y	+210 198.193m

当把 1975 年国际椭球参数代入(8-99)式,并注意到(8-98)式经过某些简单变化,可得相似的正算电算公式:

$$\left.\begin{aligned}
&x=6\,367\,452.132\,8\frac{B''}{\rho''}-\{a_0-[0.5+(a_4+a_6l^2)l^2]l^2N\}\cos B\sin B\\
&y=(1+(a_3+a_5l^2)l^2)lN\cos B
\end{aligned}\right\}\quad(8\text{-}102)$$

式中

$$N = 6\ 399\ 596.652 - [21\ 565.045 - (108.996 - 0.603\cos^2 B)\cos^2 B]\cos^2 B$$
$$a_0 = 32\ 144.518\ 9 - [135.364\ 6 - (0.703\ 4 - 0.0041\cos^2 B)\cos^2 B]\cos^2 B$$
$$a_4 = (0.25 + 0.002\ 53\cos^2 B)\cos^2 B - 0.041\ 67$$
$$a_6 = (0.167\cos^2 B - 0.083)\cos^2 B$$
$$a_3 = (0.333\ 333\ 3 + 0.001\ 123\cos^2 B)\cos^2 B - 0.166\ 666\ 7$$
$$a_5 = 0.008\ 78 - (0.170\ 2 - 0.203\ 82\cos^2 B)\cos^2 B$$

2. 高斯投影反算公式

当将$\frac{1}{M}=\frac{1+\eta^2}{N}$代入(8-87)式,整理得

$$\left.\begin{aligned}
B^\circ &= B_f^\circ - \frac{1}{2}V_f^2 t_f\left[\left(\frac{y}{N_f}\right)^2 - \frac{1}{12}(5 + 3t_f^2 + \eta_f^2 - 9\eta_f^2 t_f^2)\left(\frac{y}{N_f}\right)^4 + \right.\\
&\quad \left.\frac{1}{360}(61 + 90t_f^2 + 45t_f^2)\cdot\left(\frac{y}{N_f}\right)^6\right]\frac{180}{\pi}\\
l^\circ &= \frac{1}{\cos B_f}\left[\left(\frac{y}{N_f}\right) - \frac{1}{6}(1 + 2t_f^2 + \eta_f^2)\left(\frac{y}{N_f}\right)^3 + \frac{1}{120}(5 + 28t_f^2 + 24t_f^2 + \right.\\
&\quad \left. 6\eta_f^2 + 8\eta_f^2 t_f^2)\left(\frac{y}{N_f}\right)^5\right]\frac{180}{\pi}
\end{aligned}\right\}\quad (8\text{-}103)$$

上式已经变成$\left(\frac{y}{N_f}\right)$的幂级数,故便于编写程序。

下面再推演适用于克拉索夫斯基椭球及1975年国际椭球的具体的反算公式。若令

$$Z = \frac{y}{N_f\cos B_f}$$

$$\begin{aligned}
B_2 &= \frac{t_f}{2M_f N_f}y^2 = \left(\frac{y}{N_f\cos B_f}\right)^2\frac{1}{2}\sin B_f\cos B_f(1 + e'^2\cos^2 B_f)\\
&= Z^2\left(0.5 + \frac{1}{2}e'^2\cos^2 B_f\right)\sin B_f\cos B_f
\end{aligned}$$

$$\begin{aligned}
B_3 &= \frac{1}{6N_f^3\cos B_f}(1 + 2t_f^2 + \eta_f^2)y^3\\
&= Z^3\left(\frac{1}{6}\cos^2 B_f + \frac{1}{3}\sin^2 B_f + \frac{1}{6}e'^2\cos^4 B_f\right)\\
&= Z^3\left(0.333\ 333 - 0.166\ 667\cos^2 B_f + \frac{1}{6}e'^2\cos^4 B_f\right)
\end{aligned}$$

$$\begin{aligned}
B_4 &= \frac{t_f}{24M_f N_f^3}(5 + 3t_f^2 + \eta_f^2 - 9\eta_f^2 t_f^2)y^4\\
&= B_2\frac{y^2}{N_f^2}\left(\frac{5}{12} + \frac{1}{4}t_f^2 + \frac{1}{12}\eta_f^2 - \frac{3}{4}\eta_f^2 t_f^2\right)\\
&= B_2 Z^2\left(\frac{5}{12}\cos^2 B_f + \frac{1}{4}\sin^2 B_f + \frac{1}{12}e'^4\cos^4 B_f - \frac{3}{4}e'^4\sin^2 B_f\cos^2 B_f\right)
\end{aligned}$$

$$B_5=\frac{1}{120N_f^5\cos B_f}(5+28t_f^2+24t_f^2+6\eta_f^2+8\eta_f^2t_f^2)y^5$$

$$=Z^5\left(\frac{1}{24}\cos^4B_f+\frac{7}{30}\sin^2B_f\cos^2B_f+\frac{1}{5}\sin^4B_f+\frac{1}{20}e'^2\cos^6B_f+\frac{1}{15}e'^2\sin^2B_f\cos^4B_f\right)$$

$$B_6=\frac{t_f}{720M_fN_f^5}(61+90t_f^2+45t_f^4)y^6$$

$$=B_2\left(\frac{y}{N_f}\right)^4\left(\frac{61}{360}+\frac{1}{4}t_f^2+\frac{1}{8}t_f^4\right)$$

$$=Z^4B_2(0.169\,4\cos^4B_f+0.25\sin^2B_f\cos^2B_f+0.125\sin^4B_f)$$

$$=Z^4B_2(0.125+0.044\cos^4B_f) \tag{8-104}$$

上式中 B_5 最末项忽略，B_6 取 1/2 代替末项的 $\cos^4B_f$，其误差都不超过 0. 000 06″，可忽略不计。

当把有关克氏椭球参数代入上式，并依(8-87)式，经过某些简单变化，可得到更实用的反算电算公式：

$$\left.\begin{aligned}B&=B_f-[1-(b_4-0.12Z^2)Z^2]Z^2b_2\rho''\\ l&=[1-(b_3-b_5Z^2)Z^2]Z\rho''\\ L&=L_0+l\end{aligned}\right\} \tag{8-105}$$

式中

$$B_f=\beta+\{50\,221\,746+[293\,622+(2\,350+22\cos^2\beta)\cos^2\beta]\cos^2\beta\}\times10^{-10}\sin\beta\cos\beta\rho''$$

$$\beta=\frac{x}{6\,367\,558.496\,9}\rho''$$

$$Z=y/(N_f\cos B_f)$$

$$N_f=6\,399\,698.902-[21\,562.267-(108.973-0.612\cos^2B_f)\cos^2B_f]\cos^2B_f$$

$$b_2=(0.5+0.003\,369\cos^2B_f)\sin B_f\cos B_f$$

$$b_3=0.333\,333-(0.166\,667-0.001\,123\cos^2B_f)\cos^2B_f$$

$$b_4=0.25+(0.161\,61+0.005\,62\cos^2B_f)\cos^2B_f$$

$$b_5=0.2-(0.166\,7-0.008\,8\cos^2B_f)\cos^2B_f$$

它的计算精度，即大地坐标可达 0. 000 1″，算例见表 8-4。

已知 $B=51°38'43.902\,3''$，$l=126°02'13.136\,0''$，求 x，y，电算格式如表 8-4。

表 8-4

序　号	公　　式	结　　果
1	β(弧度)	0. 899 618 704
2	β''	185 559. 672 2″
3	$\beta°$	51°32′39. 672 2″
4	$\sin\beta$	0. 783 089 8
5	$\cos\beta$	0. 621 908 6
6	$\cos^2\beta$	0. 386 770 3

续表

序号	公式	结果
7	B_f(弧度)	0. 902 070 103
8	B''_f	186 065. 309 4″
9	B°_f	51°41′05. 309 4″
10	$\sin B_f$	0. 784 612 1
11	$\cos B_f$	0. 619 987 1
12	$\cos^2 B_f$	0. 384 384 0
13	N_f	6 391 426. 777 6
14	b_2	0. 243 854 67
15	b_3	0. 269 434 80
16	b_4	0. 312 950 66
17	b_5	0. 137 223 40
18	$N_f \cos B_f$	3 962 602. 152 7
19	z	0. 053 045 50
20	z^2	0. 002 813 82
21	$[1-(b_4-0.12Z^2)Z^2]Z^2 b_2$	0. 000 685 56
22	$\rho''[21]$	141. 407 0
23	B	51°38′43. 902 4″
24	$[1-(b_3-b_5 Z^2)Z^2]Z$	+0. 053 005 342
25	$e=[24]\rho''$	+3°02′13. 136 2″
26	$L=L_0+l$	126°02′13. 136 2″

当将 1975 年国际椭球参数代入(8-104)式,经过某些变化,可得更实用的反算电算公式:

$$\left.\begin{aligned} B &= B_f - [1-(b_4-0.147Z^2)Z^2]Z^2 b_2 \rho'' \\ l &= [1-(b_3-b_5 Z^2)Z^2]Z\rho'' \end{aligned}\right\} \tag{8-106}$$

式中

$$B_f = B + \{50\ 228\ 976 + [293\ 697 + (2\ 383 + 22\cos^2\beta)\cos^2\beta]\cos^2\beta\} \times 10^{-10} \cdot \sin\beta\cos\beta$$

$$\beta = (x/6\ 367\ 452.132\ 8)\rho''$$

$$Z = y/(N_f \cos B_f)$$

$$b_2 = (0.5 + 0.003\ 369\ 75\cos^2 B_f)\sin B_f \cos B_f$$

$$b_3 = 0.333\ 333\ 3 - (0.166\ 666\ 7 - 0.001\ 123\cos^2 B_f)\cos^2 B_f$$

$$b_4 = 0.25 + (0.161\ 612 + 0.005\ 617\cos^2 B_f)\cos^2 B_f$$

$$b_5 = 0.2 - (0.166\ 67 - 0.008\ 78\cos^2 B_f)\cos^2 B_f$$

N_f 按有关 N 的算式以 B_f 代替 B 计算。

8.6 平面子午线收敛角公式

在本章第一节曾指出,为把椭球面上的大地方位角 A 改化成平面坐标方位角 α,必须知道平面子午线收敛角 γ 和方向改化 δ。其计算公式由(8-34)式给出,即 $\alpha=A-\gamma+\delta$。为此,本节首先讨论平面子午线收敛角 γ 的公式及其计算,下节再来讨论 δ。

8.6.1 平面子午线收敛角的定义

如图 8-17 所示,p',$p'N'$ 及 $p'Q'$ 分别为椭球面 P 点、过 P 点的子午线 PN 及平行圈 PQ 在高斯平面上的描写。由图可知,所谓点 p' 子午线收敛角就是 $p'N'$ 在 p' 上的切线 $p'n'$ 与坐标北 $p't$ 之间的夹角,用 γ 表示。

在椭球面上,因为子午线同平行圈正交,又由于投影具有正形性质,因此它们的描写线 $p'N'$ 及 $p'Q'$ 也必正交,由图可见,平面子午线收敛角也就是等于 $p'Q'$ 在 p' 点上的切线 $p'q'$ 同平面坐标系横轴 y 的倾角。

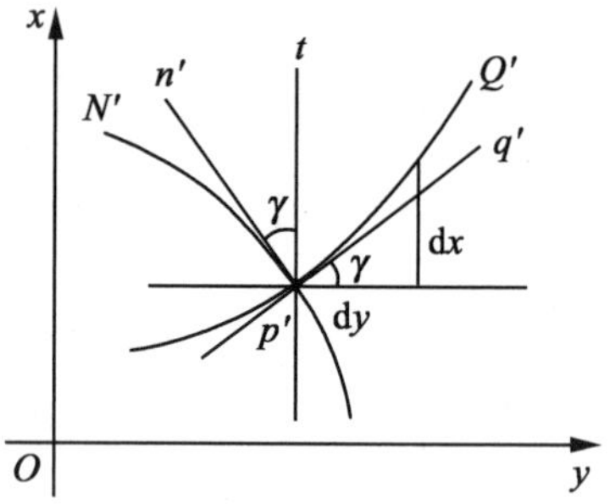

图 8-17

8.6.2 公式推导

平面子午线收敛角 γ 可以由大地坐标 L,B 算得,也可由平面坐标 x,y 算得。下面分别推导它们的计算公式。

1. 由大地坐标 L、B 计算平面子午线收敛角 γ 的公式

由图 8-17,根据一阶导数的几何意义立即可写出:

$$\tan\gamma=\frac{\mathrm{d}x}{\mathrm{d}y} \tag{8-107}$$

在平行圈 $P'Q'$ 上,B=常数,即 $\mathrm{d}B=0$,于是对于 $x=F_1(L,B)$ 及 $y=F_2(L,B)$ 可有

$$\mathrm{d}x=\frac{\partial x}{\partial l}\mathrm{d}l$$

$$\mathrm{d}y=\frac{\partial y}{\partial l}\mathrm{d}l$$

故由(8-107)式得

$$\tan\gamma=\frac{\partial x}{\partial l}\cdot\left(\frac{\partial y}{\partial l}\right)^{-1} \tag{8-108}$$

根据高斯投影正算公式(8-73),可以得到

$$\left.\begin{aligned}\frac{\partial x}{\partial l}&=N\sin B\cos B\cdot l+\frac{N\sin B\cos^3 B}{6}(5-t^2+9\eta^2+4\eta^4)l^3+\\&\quad\frac{N\sin B\cos^5 B}{120}(61-58t^2+t^4)l^5\\\frac{\partial y}{\partial l}&=N\cos B\left\{1+\frac{\cos^2 B}{2}(1-t^2+\eta^2)l^2+\frac{\cos^4 B}{24}(5-18t^2+t^4)l^4\right\}\end{aligned}\right\} \tag{8-109}$$

为了按(8-108)式还需对上式第二式求倒数。由级数展开式

$$\frac{1}{1+x}=1-x+x^2-x^3$$

可得

$$\frac{1}{\dfrac{\partial y}{\partial l}}=\frac{1}{N\cos B}\left(1-\frac{l^2}{2}\cos^2 B(1-t^2+\eta^2)+\frac{l^4}{24}\cos^4 B(1+6t^2+5t^4)\right) \tag{8-110}$$

将(8-109)式第一式和上式一起代入(8-108)式,得

$$\tan\gamma=\sin B\cdot l+\frac{1}{3}(1+t^2+3\eta^2+2\eta^4)\sin B\cos^2 Bl^3+$$
$$\frac{1}{15}(2+4t^2+2t^4)\sin B\cos^4 Bl^5 \tag{8-111}$$

再应用三角学公式 $\tan\gamma=x$,得

$$\gamma=\arctan x=x-\frac{1}{3}x^3+\frac{1}{5}x^5+\cdots$$

于是有

$$\gamma=\tan\gamma-\frac{1}{3}\tan^3\gamma+\frac{1}{5}\tan^5\gamma+\cdots$$

将(8-111)式代入,经整理得

$$\gamma=\sin B\cdot l+\frac{1}{3}\sin B\cos^2 B\cdot l^3(1+3\eta^2+2\eta^4)+$$
$$\frac{1}{15}\sin B\cos^4 B\cdot l^5(2-t^2)+\cdots \tag{8-112}$$

此式即为由大地坐标 L,B 计算平面子午线收敛角 γ 的公式。由此式可知:

(1)γ 为 l 的奇函数,而且 l 愈大,γ 也愈大;

(2)γ 有正负,当描写点在中央子午线以东时,γ 为正;在西时,γ 为负;

(3)当 l 不变时,则 γ 随纬度增加而增大。

2. 由平面坐标 x,y 计算平面子午线收敛角 γ 的公式

由平面坐标 x,y 计算子午线收敛角 γ 的公式,可直接由(8-112)式推得,此时只需将该式中的 l 用(8-103)式中的 l 代入,B 用 B_f 代替即可。关于用 B_f 代替 B 的方法如下:

由于

$$B=B_f-(B_f-B),$$

及

$$\sin B=\sin[B_f-(B_f-B)]$$
$$=\sin B_f-\cos B_f\cdot\frac{(B_f-B)''}{\rho''}+\cdots$$

将(8-103)式中的(B_f-B)代入,并只取主项,且顾及到

$$\frac{M_f}{N_f}=1+\eta_f^2$$

于是上式可写成

$$\sin B = \sin B_f\left[1 - \frac{y^2}{2N_f^2}(1 + \eta_f^2)\right]$$

同理

$$\cos B = \cos B_f\left(1 + \frac{t_f^2}{2M_fN_f} \cdot y^2\right)$$

将此式及(8-103)式的 l 式代入(8-112)式,忽略 y^5 以上的小项,则得

$$\gamma = \frac{\rho''}{N_f}y\tan B_f\left[1 - \frac{y^2}{3N_f^3}(1 + t_f^2 - \eta_f^2)\right] \tag{8-113}$$

此式精度可达 1″。如欲使精度达 0.001″,可顾及 y^5,经推导有

$$\gamma'' = \frac{\rho''}{N_f}yt_f - \frac{\rho''y^2}{3N_f^3}t_f(1 + t_f^2 - \eta_f^2) + \frac{\rho''y^5}{15N_f^5}t_f(2 + 5t_f^2 + 3t_f^4) \tag{8-114}$$

(8-113),(8-114)两式即为用平面坐标计算平面子午线收敛角公式。

8.6.3 实用公式及算例

1. 适于查表的实用公式及算例

为了便于应用大地坐标 L,B 计算平面子午线收敛角 γ,依(8-112)式在《高斯-克吕格投影计算用表》中专门编制了数表以供查算。在编表时,为取 γ 及 l 以秒为单位,则(8-112)式变为

$$\gamma'' = \sin B \cdot l'' + \frac{\sin B\cos^2 B}{3\rho''^2}(1 + 3\eta^2 + 2\eta^4)l''^3 + \frac{\sin B\cos^4 B}{15\rho''^4}(2 - t^2)l''^5 \tag{8-115}$$

引入下列符号:

$$\left.\begin{aligned}
l' &= l''^2 \cdot 10^{-8}\\
C_1 &= \sin B\\
C_2 &= \frac{\sin B}{2\rho''^2}\cos^2 B(1 + 3\eta^2 + 2\eta^4)10^8\\
\delta_r &= \frac{\sin B\cos^4 B}{15\rho''^4}(2 - t^2)l''^5
\end{aligned}\right\} \tag{8-116}$$

于是(8-115)式可写成以下的简单形式:

$$\gamma'' = l''(C_1 + C_2l') + \delta_r \tag{8-117}$$

C_1,C_2 及 δ_r 都列在《高斯-克吕格投影计算表》中,其中,C_1,C_2 以 B 为引数,δ_r 以 B,l 为引数,后者在该表的表Ⅱ查取。

γ 的算例见表 8-1 中的后六项,精确至 0.001″。

当应用平面坐标 x,y 计算平面子午线收敛角 γ 时,对于(8-113)式则

$$\gamma'' = \frac{\rho''t_f}{N''_f}y - \frac{\rho''t_f}{3N_f^3}(1 + t_f^2 - \eta_f^2)y^3 \tag{8-118}$$

引用下面符号:

$$\left.\begin{aligned}
K &= \frac{\rho''}{N_f}t_f\\
\delta_r &= -\frac{\rho''t_f}{3N_f^3}(1 + t_f^2 - \eta_f^2)y^3
\end{aligned}\right\} \tag{8-119}$$

于是子午线收敛角按下式计算：

$$\gamma'' = K \cdot y + \delta''_r \tag{8-120}$$

式中 K 和 δ''_r 均可在《测量计算用表集》(之一)中查取。K 以纵坐标 x(取至 0.1km)为引数，δ''_r 以 x(取至 km)和 y(取至 10km)为引数，其符号与 y 的符号相同。精确至 1″。

当需使计算精度达 0.000 1″，只要对(8-114)式加以扩展，便得到公式

$$\gamma'' = C'_1 y + C'_3 y^3 + C'_5 y^5 \tag{8-121}$$

式中

$$\left.\begin{aligned} C'_1 &= \frac{t_f}{N_f} \\ C'_3 &= \frac{\rho''}{3N_f^3} t_f(1 + t_f^2 - \eta_f^2 - 4\eta_f^2) \\ C'_5 &= \frac{\rho''}{15N_f^5} t_f(2 + 5t_f^2 + 3t_f^4 + 2\eta_f^2 + \eta_f^2 t_f^2) \end{aligned}\right\} \tag{8-122}$$

2. 适于电算的实用公式

当已知大地坐标(L,B)计算子午线收敛角 γ 时，电算公式为

$$\begin{aligned}\gamma = \{1 + [(0.333\,33 + 0.006\,74\cos^2 B) + \\ (0.2\cos^2 B - 0.006\,7) l^2] l^2 \cos^2 B\} l \sin B \rho''\end{aligned} \tag{8-123}$$

当由平面坐标 x,y 计算子午线收敛角 γ 时，电算公式为

$$\begin{aligned}\gamma = \{1 - [(0.333\,33 - 0.002\,25\cos^4 B_f) - \\ (0.2 - 0.067\cos^2 B_f) Z^2] Z^2\} Z \sin B_f \rho''\end{aligned} \tag{8-124}$$

以上两式中的符号与(8-102)式及(8-105)式相同。这两个公式分别依据(8-112)式及(8-114)式，把克氏椭球元素代入后经过整理而成。它们的精度可达 0.001″。

仿上，把 1975 年国际椭球元素代入，则有公式：

$$\gamma = \{1 + (C_3 + C_5 l^2) l^2 \cos^2 B\} l \sin B \rho''$$

式中

$$C_3 = 0.333\,32 + 0.006\,78\cos^2 B$$

$$C_5 = 0.2\cos^2 B - 0.066\,7$$

8.7 方向改化公式

本章第一节曾指出，椭球面上的三角网是由大地线组成的，大地线在高斯平面上的投影是曲线，为了在平面上利用平面三角学公式进行计算，须把大地线的投影曲线用其弦来代替，因此需要在水平方向观测值中加上由于"曲改直"而带来的所谓"方向改正数"。也就是说，方向改正的数值指的是大地线投影曲线和连接大地线两点的弦之夹角。由于在三角测量中，大量观测元素是方向，而每个方向都必须进行方向改化，因此方向改正数计算的任务是比较多且又重要的。本节将详细研究适于不同精度要求时方向改正的计算公式及其应用。

8.7.1 方向改化近似公式的推导

如图 8-18 所示，假设地球椭球为一圆球，在球面轴子午线之东有一条大地线 AB，当然它

定是一条大圆弧。它在投影面上投影为曲线 ab。过 A,B 点,在球面上各作一大圆弧与轴子午线正交,其交点分别为 D,E,它们在投影面上的投影分别为 ad 和 be。由于是把地球近似看成球,故 ad 和 be 都是垂直于 x 轴的直线。由图可知,在 a,b 点上的方向改化分别为 δ_{ab} 和 δ_{ba}。当大地线长度不大于 10km,y 坐标不大于 100km 时,二者之差不大于 0.05″,因而可近似认为 $\delta_{ab}=\delta_{ba}$。

我们知道,在球面上四边形 $ABED$ 的内角之和等于 $360°+\varepsilon$,ε 是四边形的球面角超。在平面上四边形 $abed$ 的内角之和等于 $360°+\delta_{ab}+\delta_{ba}$。由于是等角投影,所以这两个四边形内角之和应该相等,即

$$360° + \varepsilon = 360° + \delta_{ab} + \delta_{ba}$$

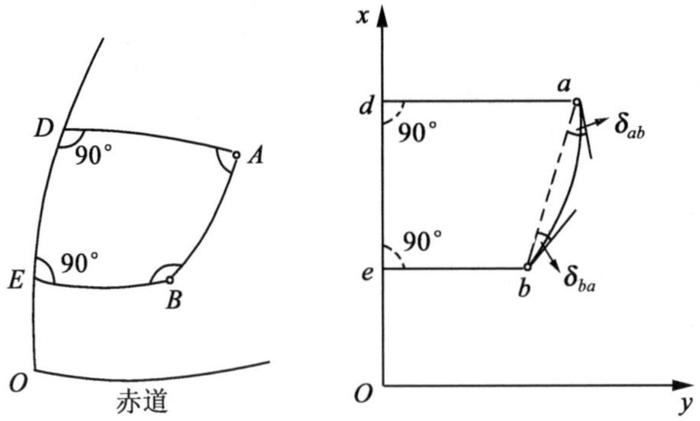

图 8-18

因此得

$$\varepsilon = \delta_{ab} + \delta_{ba} = 2\delta_{ab} = 2\delta_{ba}$$

由此有

$$\delta_{ab} = \delta_{ba} = \frac{1}{2}\varepsilon \tag{8-125}$$

众所周知,在球面上,球面角超有公式:

$$\varepsilon'' = \frac{P}{R^2}\rho''$$

式中 P 为球面图形面积,在此即为 $ABED$ 的面积,其计算公式为

$$P = \frac{AD + BE}{2}DE$$

在平面上,$\widehat{DE}=x_d-x_e=x_a-x_b$,当边长不大,横坐标 y 之值较小时,可近似认为$\widehat{AD}\approx y_a$,$\widehat{BE}\approx y_b$。又由于球面角超总为正值,于是可把球面角超公式写为

$$\varepsilon'' = \frac{\rho''}{R^2}\left|(x_a - y_b)\ \frac{(y_a + y_b)}{2}\right| \tag{8-126}$$

顾及(8-125)式,则得方向改正的计算公式:

$$\delta_{ab} = \delta_{ba} = \frac{\rho''}{2R^2} \mid y_m(x_a - x_b) \mid \tag{8-127}$$

式中

$$y_m = \frac{1}{2}(y_a + y_b)$$

上面只是方向改正的绝对值。但实际上,由于大地线的位置和方向不同,δ 的数值可能为正也可能为负。为使计算所得的 δ 永远加到观测的方向值上去,我们必须顾及 δ 的符号。由图 8-18 可知,这时的 δ_{ab} 应为正号,而 δ_{ba} 应为负号,为此最终的方向改正公式应是

$$\left.\begin{aligned} \delta_{ab} &= \frac{\rho''}{2R^2} y_m (x_a - x_b) \\ \delta_{ba} &= -\frac{\rho''}{2R^2} y_m (x_a - x_b) \end{aligned}\right\} \tag{8-128}$$

上式的误差小于 0.1″,故适用于三、四等三角测量的计算。

表 8-5 中按上式计算给出 δ 值的一些概略数值。

表 8-5

y_m/km \ $x_2 - x_1$/km	0	4	8	12	16	20	24	28	32	36	40
100	0.0	1.0	2.0	3.0	4.0	5.1	6.1	7.1	8.1	9.1	10.1
200	0.0	2.0	4.1	6.1	8.1	10.1	12.2	14.2	16.2	18.3	20.3
300	0.0	3.0	6.1	9.1	12.2	15.2	18.2	21.3	24.3	27.4	30.4

由表可见,对于各等三角测量计算,方向改正都不能忽略。

8.7.2 方向改化较精密公式的推导

较精密公式的推导方法,多数教材都是以近似公式作为微分方程,引入曲率半径公式和新坐标系,建立二阶微分方程,再进行二重积分而求得的。这里应用几何方法可使推导过程大为简化。同推导近似公式一样,仍视椭球为球。在图 8-19(a)中,过 P_1 点加作一条平行于中央子午线的小圆弧 $\overparen{P_1Q}$,它与 AP_1,BP_2 正交;过 P_1,Q 再作大圆弧$\overparen{P_1CQ}$。在投影平面上(图 8-19(b))相应的投影为直线 P'_1Q'和曲线 $P'_1C'Q'$,设其夹角为 δ。因为是正形投影,所以 P'_1Q'与 $A'P'_1$,$B'P'_2$ 垂直即平行于 x 轴,由图可得

$$\delta_{1,2} = \delta + \alpha - T \tag{8-129}$$

δ 的推求原理和近似公式一样,有式:

$$\delta = \frac{1}{2R^2}(x_2 - x_1) y_1 \tag{8-130}$$

由球面三角形 P_1CQP_2 按勒让德定理

$$\frac{QP_2}{P_1P_2} = \frac{\sin\left(\alpha - \dfrac{\varepsilon}{3}\right)}{\sin\left(\beta - \dfrac{\varepsilon}{3}\right)} \tag{8-131}$$

式中 ε 为相应的球面角超。因 $\beta \approx 90°$,$\sin(\beta - \frac{\varepsilon}{3}) \approx 1$,故有

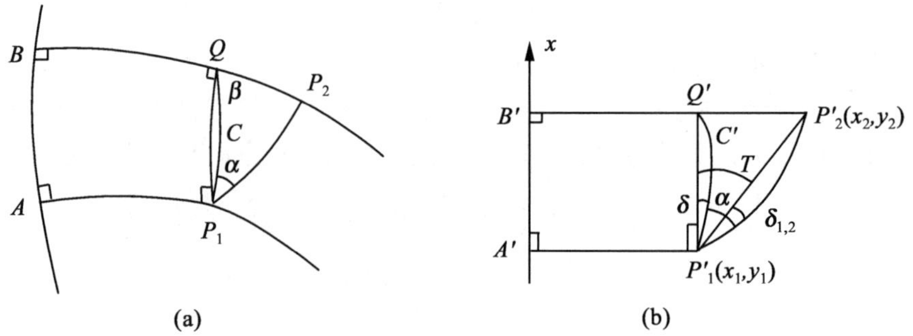

图 8-19

$$\frac{QP_2}{P_1P_2}=\sin\left(\alpha-\frac{\varepsilon}{3}\right) \tag{8-132}$$

由图 8-19(b)可知

$$\frac{Q'P'_2}{P'_1P'_2}=\sin T \tag{8-133}$$

设 P_2 点长度比为 m_2,则近似有式 $Q'P'_2=QP_2m_2$,$P'_1P'_2=P_1P_2\cdot m_2$,于是有

$$\frac{QP_2}{P_1P_2}=\frac{Q'P'_2}{P'_1P'_2} \tag{8-134}$$

由(8-132),(8-133)两式可得

$$\alpha-\frac{\varepsilon}{3}=T \tag{8-135}$$

顾及

$$\varepsilon=\frac{1}{2R^2}(x_2-x_1)(y_2-y_1) \tag{8-136}$$

于是得到

$$\alpha-T=\frac{\varepsilon}{3}=\frac{1}{6R^2}(x_2-x_1)(y_2-y_1) \tag{8-137}$$

将(8-130)式及上式代入(8-129)式,得

$$\delta_{1,2}=\frac{1}{2R^2}(x_2-x_1)y_1+\frac{1}{6R^2}(x_2-x_1)(y_2-y_1) \tag{8-138}$$

用平均曲率半径 R_m 代替球半径 R。顾及测量计算习惯,将 $\delta_{1,2}$赋以负号,并以秒表示之,则得方向改化的较精密公式:

$$\left.\begin{aligned}\delta''_{1,2}&=-\frac{\rho''}{6R_m^2}(x_2-x_1)(2y_1+y_2)\\ \delta''_{2,1}&=\frac{\rho''}{6R_m^2}(x_2-x_1)(2y_2+y_1)\end{aligned}\right\} \tag{8-139}$$

我国二等三角网平均边长为 13km,当 $y_m<250$km 时,上式精确至 0.01″,故通常用于二等三角测量计算。若 $y_m>250$km,则需用下面的精密公式计算:

$$
\left.\begin{aligned}
\delta''_{1,2} &= -\frac{\rho''}{6R_{\mathrm{m}}^2}(x_2 - x_1)\left(2y_1 + y_2 - \frac{y_{\mathrm{m}}^3}{R_{\mathrm{m}}^2}\right) - \\
&\quad \frac{\rho''\eta^2 t}{R_{\mathrm{m}}^3}(y_2 - y_1)y_{\mathrm{m}}^2 \\
\delta''_{2,1} &= \frac{\rho''}{6R_{\mathrm{m}}^2}(x_2 - x_1)\left(2y_2 + y_1 - \frac{y_{\mathrm{m}}^3}{R_{\mathrm{m}}^2}\right) + \\
&\quad \frac{\rho''\eta^2 t}{R_{\mathrm{m}}^3}(y_2 - y_1)y_{\mathrm{m}}^2
\end{aligned}\right\} \tag{8-140}
$$

该式精确至0.001″,适用于一等三角测量计算。

8.7.3 实用公式及算例

为简化方向改正数值的计算,在《高斯-克吕格投影计算用表》中已经编写出了有关系数和项。在该表中引用下列符号:

$$
\left.\begin{aligned}
& f_{\mathrm{m}} = \frac{\rho''}{2R_{\mathrm{m}}^2},\ \text{Ⅲ}_{\delta} = \frac{y_m^3}{3R_{\mathrm{m}}^2},\ \sigma_a = y_{\mathrm{m}} - \frac{y_b - y_a}{6} - \text{Ⅲ}_{\delta} \\
& \sigma_b = y_{\mathrm{m}} + \frac{y_b - y_a}{6} - \text{Ⅲ}_{\delta} \\
& \Delta = \frac{\eta_{\mathrm{m}}^2 t_{\mathrm{m}}(y_b - y_a)}{R_{\mathrm{m}}^3} y_{\mathrm{m}}^2 \rho''
\end{aligned}\right\} \tag{8-141}
$$

于是,可把方向改正的实用公式汇总如下:

对于一等三角测量,有

$$
\left.\begin{aligned}
\delta''_{a,b} &= -f_{\mathrm{m}}(x_b - x_a)\sigma_a - \Delta \\
\delta''_{b,a} &= f_{\mathrm{m}}(x_b - x_a)\sigma_b - \Delta
\end{aligned}\right\} \tag{8-142}
$$

对于二等三角测量,有

$$
\left.\begin{aligned}
\delta''_{a,b} &= -\frac{f_{\mathrm{m}}}{3}(x_b - x_a)(2y_a + y_b) \\
\delta''_{b,a} &= \frac{f_{\mathrm{m}}}{3}(x_b - x_a)(2y_b + y_a)
\end{aligned}\right\} \tag{8-143}
$$

对于三、四等三角测量,有

$$
\left.\begin{aligned}
\delta''_{a,b} &= -f_{\mathrm{m}}(x_b - x_a)y_{\mathrm{m}} \\
\delta''_{b,a} &= f_{\mathrm{m}}(x_b - x_a)y_{\mathrm{m}}
\end{aligned}\right\} \tag{8-144}
$$

以上三式(8-142),(8-143),(8-144)的精度,分别可达0.001″,0.01″及0.1″。式中系数f_{m}及Ⅲ_{δ}分别以x_{m}和y_{m}在《高斯-克吕格投影计算用表》的附表中查取,Δ在一定的B和x_{m}的范围内,以Δy和y_{m}为引数查取。如已知1(5 728.375,+210.198)(km),2(5 716.817,+233.436)(km),现按(8-142)式计算方向改正数,见表8-6。

表 8-6

x_1/km	5 728. 375	
Δx/km	-11. 558	
x_2/km	5 716. 817	
y_1/km	+210. 198	
Δy/km	+23. 238	
y_2/km	+233. 436	$y_m=\frac{1}{2}(y_1+y_2)$
y_m/km	+221. 817	
$\frac{1}{6}\Delta y$/km	+3. 873	
$y_m-\frac{1}{6}\Delta y$	+217. 944	
$y_m+\frac{1}{6}\Delta y$	+225. 690	
III_δ	-0. 09	$\text{III}_\delta=\frac{y^3}{3R_m^2}$
σ_1	+217. 85	$\sigma_1=y_m-\frac{1}{6}\Delta y-\text{III}_\delta$
σ_2	+225. 60	
B_m	51°36′	$\sigma_2=y_m+\frac{1}{6}\Delta y-\text{III}_\delta$
f_m	0. 002 531 23	
δ'_{12}	+6. 374″	$\delta'_{12}=-f_m\sigma_1\Delta x$
$-\delta'$	-0. 003	
δ_{12}	+6. 371″	
δ'_{21}	-6. 600″	$\delta'_{21}=f_m\sigma_2\Delta x$
$+\delta'$	+0. 003	
δ_{21}	-6. 597	

为了方向改正数值的计算,下面还必须说明两点。

首先为计算方向改正的数值,必须预先知道点的平面坐标。然而要精确知道点的平面坐标,却又要先算出方向改正值,所以这是一个矛盾。解决这个矛盾的办法,就要采用逐次趋近计算。由于各等计算精度要求不同,所以趋近次数也是不一样的。为在保证精度前提下,力争计算迅速,需要对所需的坐标精度作一定的分析。

由(8-128)式,作全微分可得

$$\left.\begin{aligned} &\Delta\delta''=\frac{\rho''}{2R^2}[y_m\Delta(x_2-x_1)+(x_2-x_1)\Delta y]\\ \text{今设}\quad &\Delta(x_2-x_1)=\Delta y=\Delta P\\ \text{则有}\quad &\Delta\delta''=\frac{\rho''}{2R^2}\Delta P[y_m+(x_2-x_1)]\\ \text{亦即}\quad &\Delta P=\frac{2R^2}{\rho''}\cdot\frac{\Delta\delta''}{y_m+(x_2-x_1)} \end{aligned}\right\}\tag{8-145}$$

在三等三角测量中,令 $\Delta\delta''=0.1''$,并设 $y=350\text{km}$,$x_2-x_1=10\text{km}$,则得 $\Delta P\approx 0.1\text{km}$。由此可见,需将概略坐标计算至 0. 1km,即可满足三等方向改化计算精度的要求。同样道理,对于二等及一等来说,平面坐标精度分别满足 10m 和 1m 的精度也就足够了。事实上,对于大量的三等三角测量来说,由于对概略坐标的精度要求不高,因此可不必进行趋近计算。

其次，在计算中，虽力求计算正确，但差错有时还是难免的。为了避免计算中的错误，必须找出检核方向改正数计算正确性的公式。椭球面三角形内角之和为 180°+ε，正形投影至平面后由曲线组成的该三角形内角之和当然仍是180°+ε。方向改正是将平面上的曲线三角形的边改直线，则由图 8-20 可知，平面角

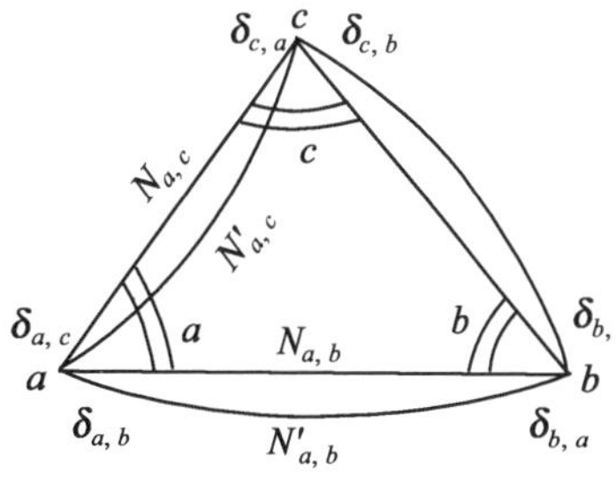

图 8-20

$$
\begin{aligned}
a &= N_{a,b} - N_{a,c} = N'_{a,b} + \delta_{a,b} - (N'_{a,c} + \delta_{a,c}) \\
&= N'_{a,b} - N'_{a,c} + (\delta_{a,b} - \delta_{a,c})
\end{aligned}
$$

式中 $N'_{a,b}$，$N'_{a,c}$ 及 $N_{a,b}$，$N_{a,c}$ 分别为椭球面及平面上的方向观测值，若 $N'_{a,b}-N'_{a,c}=A$，$\delta_{a,b}-\delta_{a,c}=\Delta a$ 为角度改正数，则有

$$
\left.
\begin{aligned}
a &= A + \Delta a \\
b &= B + \Delta b \\
c &= C + \Delta c
\end{aligned}
\right\} \tag{8-146}
$$

将上式两端相加得

$$
a + b + c = A + B + C + (\Delta a + \Delta b + \Delta c)
$$

顾及到

$$
a + b + c = 180^\circ
$$

$$
A + B + C = 180^\circ + \varepsilon
$$

因而得

$$
\Delta a + \Delta b + \Delta c = - \varepsilon \tag{8-147}
$$

由此可知，一个三角形的三个内角的角度改正值（同一点相应两个方向的方向改正之差）之和应等于该三角形的球面角超的负值。此式可用来检核方向改正计算的正确性。其不符值，二等不得大于±0.02″，三等以下不得大于±0.2″。

8.8 距离改化公式

如图 8-21 所示，设椭球体上有两点 P_1，P_2 及其大地线 S，在高斯投影面上的投影为 P'_1，P'_2 及 s。s 是一条曲线，而连接 $P'_1P'_2$ 两点的直线为 D。如前所述由 S 化至 D 所加的改正称为距离改正 ΔS，本节就来推导它的计算公式。

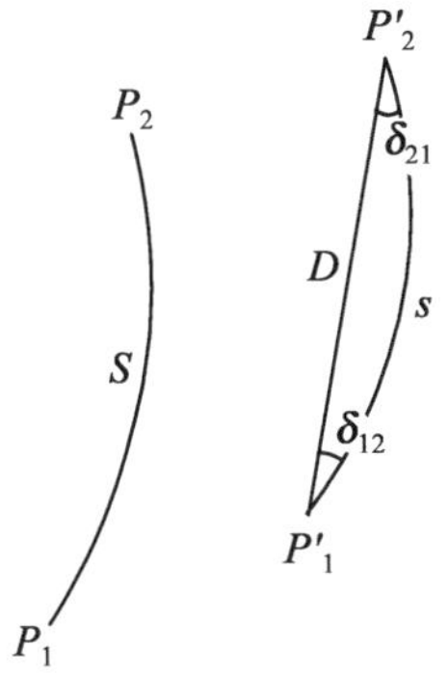

图 8-21

由于高斯投影的长度比在一般情况下恒大于 1，因此有如下关系：

$$
S < s > D
$$

我们的目的是要求出 S 与 D 的关系。在推导过程中，首先研究大地线的平面曲线长度 s 与其弦线长度 D 的关系；接着研究用大地坐标 (B,l) 和平面坐标 (x,y) 计算长度比 m 的公式；最后导出距离改化 ΔS 的计算公式。

8.8.1 s 与 D 的关系

设 $\mathrm{d}D$ 是 $P'_1P'_2$ 弦上的微分线段，$\mathrm{d}s$ 表示弧线 $\overset{\frown}{P'_1P'_2}$ 上的微分线段，它们的夹角为 υ（见图 8-22）。由图可知，它们之间有关系式：

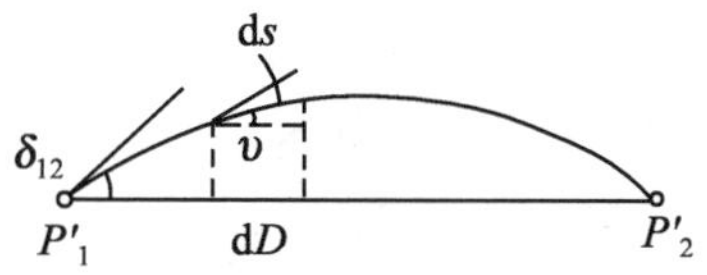

图 8-22

$$dD = ds\ \cos v$$

因此

$$D = \int_0^s \cos v ds$$

由于 v 是一个小角，最大不会超过方向改化值 δ，因此可把 $\cos v$ 展开为级数：

$$\cos v = 1 - \frac{v^2}{2} + \cdots$$

于是

$$D = \int_0^s \left(1 - \frac{v^2}{2}\right) ds = s - \frac{\delta^2}{2} s \tag{8-148}$$

在上式中，用 v 的最大值 δ 代替 v。

由上式可知，D 与 s 之差是一个微小量 $\frac{\delta^2}{2}s$。比如，当 δ 取最大 40″，$s=50$km 时，代入上式得 $\frac{\delta^2}{2}s=1$mm。因此，用 D 代替 s 在最不利情况下，误差也不会超过 1mm。而实际上，边长要比 50km 短得多，此时误差将会更小。所以在应用上，完全可以认为大地线的平面投影曲线的长度 s 等于其弦线长度 D。

8.8.2 长度比和长度变形

在 8.3 节中已经知道，所谓长度比 m 指的是椭球面上某点的一微分元素 dS，其投影面上的相应微分元素 ds，则

$$m = \frac{ds}{dS}$$

称为该点的长度比。由于长度比 m 恒大于 1，故称 $(m-1)$ 为长度变形，显而易见，距离改化时与长度变形有关。因此长度比、长度变形以及距离改正三者密切有关，为解决距离改化的问题，首先必须解决长度比及长度变形问题。

上已指出，在正形投影中，某点的长度比仅同该点的位置有关，而与方向无关。长度比既可作为大地坐标位置 (B,l) 的函数，也可作为平面坐标位置 (x,y) 的函数。

1. 用大地坐标 (B,l) 表示的长度比 m 的公式

在(8-53)式中，写出了两个特殊方向的长度比公式。其中第一式是对子午线而言的（因为 $l=$ 常数），第二式是对平行圈而言的（$q=$ 常数）。结合高斯投影坐标计算公式，显然对 l 求偏导数容易一些，因此采用(8-53)式的第二式求长度比。

由(8-53)式的第二式得

$$m^2 = \frac{\left(\frac{\partial x}{\partial l}\right)^2 + \left(\frac{\partial y}{\partial l}\right)^2}{r^2} = \frac{1}{N^2\cos^2 B}\left[\left(\frac{\partial x}{\partial l}\right)^2 + \left(\frac{\partial y}{\partial l}\right)^2\right] \tag{8-149}$$

将(8-73)式对 l 取偏导数得

$$\left.\begin{aligned} \frac{\partial x}{\partial l} &= N\sin B\cos B \cdot l + \cdots \\ \frac{\partial y}{\partial l} &= N\cos B + \frac{N}{2}\cos^2 B(1 - t^2 + \eta^2)l^2 + \cdots \end{aligned}\right\} \tag{8-150}$$

将此两式代入(8-149)式,再经过一些相应的变化,得

$$m = 1 + \frac{1}{2}l^2\cos^2B(1+\eta^2) + \cdots \tag{8-151}$$

或

$$m = 1 + \frac{l''^2}{2\rho''^2}\cos^2B(1+\eta^2) \tag{8-151$'$}$$

上式即为用大地坐标(B,l)求长度比的近似公式。如果在推导公式时,再多顾及一项,那么同样可以得到更精确的长度比 m 的计算公式。今不加推导直接写出:

$$m = 1 + \frac{1}{2}l^2\cos^2B(1+\eta^2) + \frac{1}{24}l^4\cos^4B(5-4t^2) \tag{8-152}$$

或写成

$$m = 1 + d_2l^2 + d_4l^4 \tag{8-153}$$

式中

$$\left.\begin{aligned} d_2 &= \frac{1}{2}\cos^2B(1+\eta^2) \\ d_4 &= \frac{1}{24}\cos^4B(5-4t^2) \end{aligned}\right\} \tag{8-154}$$

2. 用平面坐标(x,y)表示的长度比 m 的公式

为此,取(8-73)式第二式的主项,解出

$$l'' = \frac{y}{N\cos B}\rho''$$

代入(8-151)式,则得

$$m = 1 + \frac{y^2}{2N^2}(1+\eta^2)$$

因为

$$1+\eta^2 = \frac{N}{M}, \qquad R = \sqrt{MN}$$

所以上式变为

$$m = 1 + \frac{y^2}{2R_m^2} \tag{8-155}$$

式中 R_m 表示按大地线始末两端点的平均纬度计算(查取)的椭球的平均曲率半径。上式即为用平面坐标(x,y)表示的长度比的近似式。同理,也可得到更精确的长度比 m 的公式:

$$m = 1 + \frac{y^2}{2R^2} + \frac{y^4}{24R^4} \tag{8-156}$$

或写成

$$m = 1 + d'_2y^2 + d'_4y^4 \tag{8-157}$$

式中

$$d'_2 = \frac{1}{2R^2}, \qquad d'_4 = \frac{1}{24R^4} \tag{8-158}$$

表 8-7 给出长度比的大约数值。

表 8-7

B / y/km	20°	30°	40°	50°
50	1.000 031	1.000 031	1.000 031	1.000 031
100	1.000 124	1.000 123	1.000 123	1.000 123
200	1.000 494	1.000 493	1.000 492	1.000 491
300	1.001 112	1.011 10		
350	1.001 514			

(8-153)式或(8-156)式将有助于我们进一步分析和认识高斯投影及长度变形的规律。由两式显而易见：

(1) 长度比 m 只与点的位置(B,l)或(x,y)有关,即 m 只是点位坐标的函数,只随点的位置不同而变化,但在一点上与方向无关。这同正形投影一般条件是一致的。

(2) 当 $y=0$(或 $l=0$)时,亦即在纵坐标轴(或中央子午线)上,各点的长度比 m 都等于 1,也就是说,中央子午线投影后长度不变。这同高斯投影本身的条件是一致的。

(3) 当 $y\neq0$(或($l\neq0$)时,不管 y(或 l)为正还是为负,亦即不管该点在纵坐标轴之东还是之西,由于 m 是 y(或 l)的偶函数,故 m 恒大于 1。这就是说,不在中央子午线上的点,投影后都变长了。

(4) 长度变形$(m-1)$与 y^2(或 l^2)成比例地增大,对于在椭球面上等长的子午线来说,离开中央子午线越远的那条,其长度变形越大,而对某一条子午线来说,在赤道处有最大的变形。

8.8.3 距离改化公式

将椭球面上大地线长度 S 描写在高斯投影面上,变为平面长度 D。由(8-156)式可知,大地线上各微分弧段的长度比是不同的。但对于一条三角边来说,由于边长较短,长度比的变化实际上是很微小的,可以认为是一个常数,因而可用$\frac{D}{S}$来代替$\frac{\mathrm{d}s}{\mathrm{d}S}$。因此由(8-155)式有

$$\frac{D}{S}=1+\frac{y_{\mathrm{m}}^2}{2R_{\mathrm{m}}^2} \tag{8-159}$$

故距离改化公式为

$$D=S\left(1+\frac{y_{\mathrm{m}}^2}{2R_{\mathrm{m}}^2}\right) \tag{8-160}$$

式中 y_{m} 取大地线投影后始末两点横坐标平均值,即 $y_{\mathrm{m}}=\frac{y_1+y_2}{2}$。同理,根据(8-156)式可得更精密的距离改化公式：

$$\frac{D}{S}=\left(1+\frac{y_{\mathrm{m}}^2}{2R_{\mathrm{m}}^2}+\frac{\Delta y^2}{24R_{\mathrm{m}}^2}\right) \tag{8-161}$$

或

$$D=S\left(1+\frac{y_{m}^{2}}{2R_{m}^{2}}+\frac{\Delta y^{2}}{24R_{m}^{2}}\right) \tag{8-162}$$

上式计算精度可达 0.01m。要使计算要求达 0.001m,则有更精确的距离改化公式:

$$\frac{D}{S}=\left(1+\frac{y_{m}^{2}}{2R_{m}^{2}}+\frac{\Delta y^{2}}{24R_{m}^{2}}+\frac{y_{m}^{4}}{24R_{m}^{4}}\right) \tag{8-163}$$

或

$$D=S\left(1+\frac{y_{m}^{2}}{2R_{m}^{2}}+\frac{\Delta y^{2}}{24R_{m}^{2}}+\frac{y_{m}^{4}}{24R_{m}^{4}}\right) \tag{8-164}$$

8.8.4 距离改化的实用公式及算例

在进行距离改化计算时,往往是计算大地线的平面长度 D 和椭球面上的长度 S 之差 $D-S=\Delta S$——距离改正,或者是二者的对数之差 $\lg D-\lg S$——距离的对数改正。因此根据上面有关的距离改化公式易得不同等级的距离改正实用公式。

对于一等的距离改正的实用公式有

$$\Delta S=D-S=S\left(\frac{y_{m}^{2}}{2R_{m}^{2}}+\frac{\Delta y^{2}}{24R_{m}^{2}}+\frac{y_{m}^{4}}{24R_{m}^{4}}\right) \tag{8-165}$$

或

$$\lg D-\lg S=\frac{\mu}{2R_{m}^{2}}y_{m}^{2}+\frac{\mu}{24R_{m}^{2}}\Delta y^{2}-\frac{\mu}{12R_{m}^{4}}y_{m}^{4} \tag{8-166}$$

对于二等的距离改正,有

$$\Delta S=S\left(\frac{y_{m}^{2}}{2R_{m}^{2}}+\frac{\Delta y^{2}}{24R_{m}^{2}}\right) \tag{8-167}$$

或

$$\lg D-\lg S=\frac{\mu}{2R_{m}^{2}}y_{m}^{2}+\frac{\mu}{24R_{m}^{2}}\Delta y^{2} \tag{8-168}$$

对于三等以下的距离改正有

$$\Delta S=S\cdot\frac{y_{m}^{2}}{2R_{m}^{2}} \tag{8-169}$$

或

$$\lg D-\lg S=\frac{\mu}{2R_{m}^{2}}y_{m}^{2} \tag{8-170}$$

为了便于查算,在《高斯-克吕格投影计算用表》中,采用以下符号:

$$f'=\frac{\mu}{2R_{m}^{2}}10^{8};\ \mathrm{II}=\frac{\Delta y^{2}}{12};\ \mathrm{III}=\frac{y_{m}^{4}}{6R_{m}^{2}};\ A=\frac{1}{6R_{m}^{2}};\ K=\frac{y_{m}^{2}}{2R_{m}^{2}} \tag{8-171}$$

则以上有关距离改正公式变为:

一等(算至 0.001m 或对数第八位为单位)

$$D=S\left[1+3A\left(y_{m}^{2}+\mathrm{II}+\frac{1}{2}\mathrm{III}\right)\right] \tag{8-172}$$

或

$$(\lg D-\lg S)10^8=f'(y_m^2+\text{Ⅱ}-\text{Ⅲ})=f'\sigma \tag{8-173}$$

二等(算至0.01m或对数第七位为单位)

$$D=S[1+3A(y_m^2+\text{Ⅱ})] \tag{8-174}$$

或

$$(\lg D-\lg S)10^7=\frac{1}{10}f'(y_m^2+\text{Ⅱ}) \tag{8-175}$$

三等以下(算至0.1m或以对数第六位为单位)

$$D=S(1+K) \tag{8-176}$$

或

$$(\lg D-\lg S)10^6=\frac{1}{100}f'y_m^2 \tag{8-177}$$

取8.6方向改正数计算的有关数据,则有1(5 728.375,+210.198)(km),2(5 716.817,+233.436)(km),按(8-165)式的计算过程如表8-8。

表8-8

R_m/km	6 383.091
$\frac{y_m}{R_m}$	0.034 750 7
$\frac{\Delta y}{R_m}$	0.003 640 6
$\frac{S}{2}$	12 969m
$\left(\frac{y_m}{R_m}\right)^2$	0.001 207 6
$\left(\frac{\Delta y}{R_m}\right)^2+\left(\frac{y_m}{R_m}\right)^4$	0.000 014 77
ΔS	15.677m

为了距离改化的计算,下面还要说明两点。

其一,同方向改正数δ的计算一样,要计算距离改正数ΔS,也必须首先知道点的坐标。然而要精确知道点的平面坐标,却又要先算出距离改正,这也是一个矛盾。与8.7节中的分析一样,认为只要满足方向改正计算时要求的坐标精度,那么距离改正的精度是有足够保证的。

其二,由于距离改正的计算没有校核公式,因此为保证这项计算准确无误,必须用两人对算或一人用两套公式分别计算的方法予以校核。

8.9 高斯投影的邻带坐标换算

从以上各节可知,高斯投影虽然保证了角度没有变形这一优点,但其长度变形较严重。为了限制高斯投影的长度变形,必须依中央子午线进行分带,把投影范围限制在中央子午线东、西两侧一定的狭长带内分别进行。但这又使得统一的坐标系分割成各带的独立坐标系。于是，因分带的结果产生了新的矛盾，即在生产建设中提出了各相邻带的互相联系问题。这个问题是通过由一个带的平面坐标换算到相邻带的平面坐标，简称为"邻带换算"的方法来解决的。

具体来说，在以下情况下需要进行坐标邻带换算：

(1)如图 8-23 所示，A,B，1，2，3，4，C,D 为位于两个相邻带边缘地区并跨越两个投影带(东、西带)的控制网。假如起算点 A,B 及 C,D 的起始坐标是按两带分别给出的话，那么为了能在同一带内进行平差计算，必须把西带的 A,B 点的起始坐标换算到东带，或者把东带的 C，D 点的坐标换算到西带。

(2)在分界子午线附近地区测图时，往往需要用到另一带的三角点作为控制，因此必须将这些点的坐标换算到同一带中；为实现两邻带地形图的拼接和使用，位在 45′(或 37.5′)重叠地区的三角点需具有相邻两带的坐标值。见图 8-24。

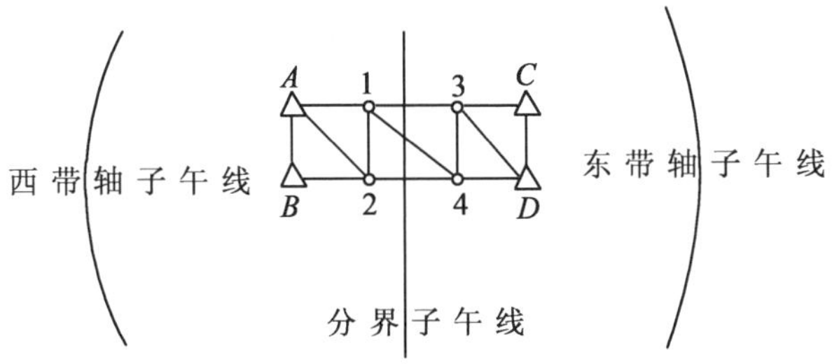

图 8-23

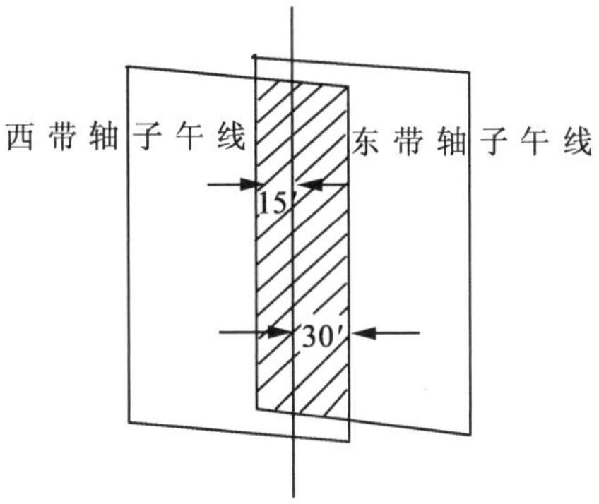

图 8-24

(3)当大比例尺(1∶10 000 或更大)测图时，特别是在工程测量中，要求采用 3°带、1.5°带或任意带，而国家控制点通常只有 6°带坐标，这时就产生了 6°带同 3°带(或 1.5°带、任意带)之间的相互坐标换算问题。

综上所述，换带计算是分带带来的必然结果，是生产实践的需要，没有分带就不会有换带。因此，高斯投影坐标换带计算是必须掌握的又一重要基础知识。

高斯投影坐标邻带换算的方法有多种。在这里，介绍其中常用的两种，它们具有精度高、通用和便于计算等优点。

8.9.1 应用高斯投影正、反算公式间接进行换带计算

这种方法的实质是把椭球面上的大地坐标作为过渡坐标。首先把某投影带(比如Ⅰ带)内有关点的平面坐标 $(x,y)_{\mathrm{I}}$，利用高斯投影反算公式(比如(8-107)式)换算成椭球面上的大地坐标 (B,l)，进而得到 $L=L_0^{\mathrm{I}}+l$；然后再由大地坐标 (B,l)，利用投影正算公式(比如(8-101)式)换算成相邻带的(第Ⅱ带)的平面坐标 $(x,y)_{\mathrm{II}}$。但在这一步计算时，要根据第Ⅱ带的中央子午线 L_0^{II} 来计算经差 l，亦即此时 $l=L-L_0^{\mathrm{II}}$。

比如，在中央子午线 $L_0^{\mathrm{I}}=123°$ 的Ⅰ带中，有某一点的平面直角坐标 $x_1=5\ 728\ 374.726\text{m}$，

$y_1=+210\ 198.193$m，现要求计算该点在中央子午线 $L_0^{\mathrm{II}}=129°$的第Ⅱ带的平面直角坐标。如上所述，计算应按两步进行。首先，按(8-74)式，根据 x_1,y_1 换算 B_1,L_1。此项工作已经在 8.5 节中完成，得到 $B_1=51°38'43.902\ 4''$，$L_1=126°02'13.136\ 2''$。第二步，采用已求得的 B_1,L_1，并顾及到第Ⅱ带的中央子午线 $L_0^{\mathrm{II}}=129°$，求得 $l=-2°57'46.864''$，按(8-102)式计算第Ⅱ带的直角坐标 $x_{\mathrm{II}},y_{\mathrm{II}}$，这一步的解算与 8.5 节中的正算算例相似，为了检核计算的正确性，每步都应进行往返计算。表 8-9 给出电算算例，返算检核略；如手算，则需《高斯-克吕格投影计算用表》。

表 8-9

序　号	公　　式	结　　果
1	L_1	126°02′13.136 0″
2	L_0	129°
3	B_1^0	51°38′43.902 3″
4	B''_1	185 923.902 3″
5	B''_1/ρ''	0.901 384 542
6	$\sin B_1$	0.784 186 8
7	$\cos B_1$	0.620 524 8
8	$\cos^2 B_1$	0.385 051 0
9	$l^0=L_1-L_0$	−2°57′46.864″
10	l''	−10 666.864
11	l(弧度)	−0.051 714 418
12	N	6 391 412.451
13	a_0	32 088.400
14	a_1	0.054 976 37
15	a_6	−0.007 732 41
16	a_3	−0.038 149 88
17	a_5	−0.026 481 23
18	$\sin B_1\cos B_1$	0.486 607 3
19	l^2	0.002 674 381
20	Nl^2	17 093.071 944
21	$6\ 367\ 558.496\ 9B''/\rho''$	5 739 618.800 0
22	x_{II}	5 728 164.378m
23	$1+(a_3+a_5l^2)l^2$	0.999 897 78
24	$[23]l\cos B_1$	−0.032 086 80
25	y_{II}	−205 079.963m

从上可见，利用这种方法进行坐标邻带换算，理论上最简明严密，精度最高，通用性最强，它不仅适用于6°→6°带，3°→3°带以及6°→3°带互相之间的邻带坐标换算，而且也适用于任意

带之间的坐标换算。虽然计算的工作量稍大一些,但当使用电子计算机时,由于本法的通用性和计算的高精度,它自然便成为坐标邻带换算中最基本的方法。

可按下列框图编写高斯投影正、反算公式及换带计算电算程序,算例见表 8-10。

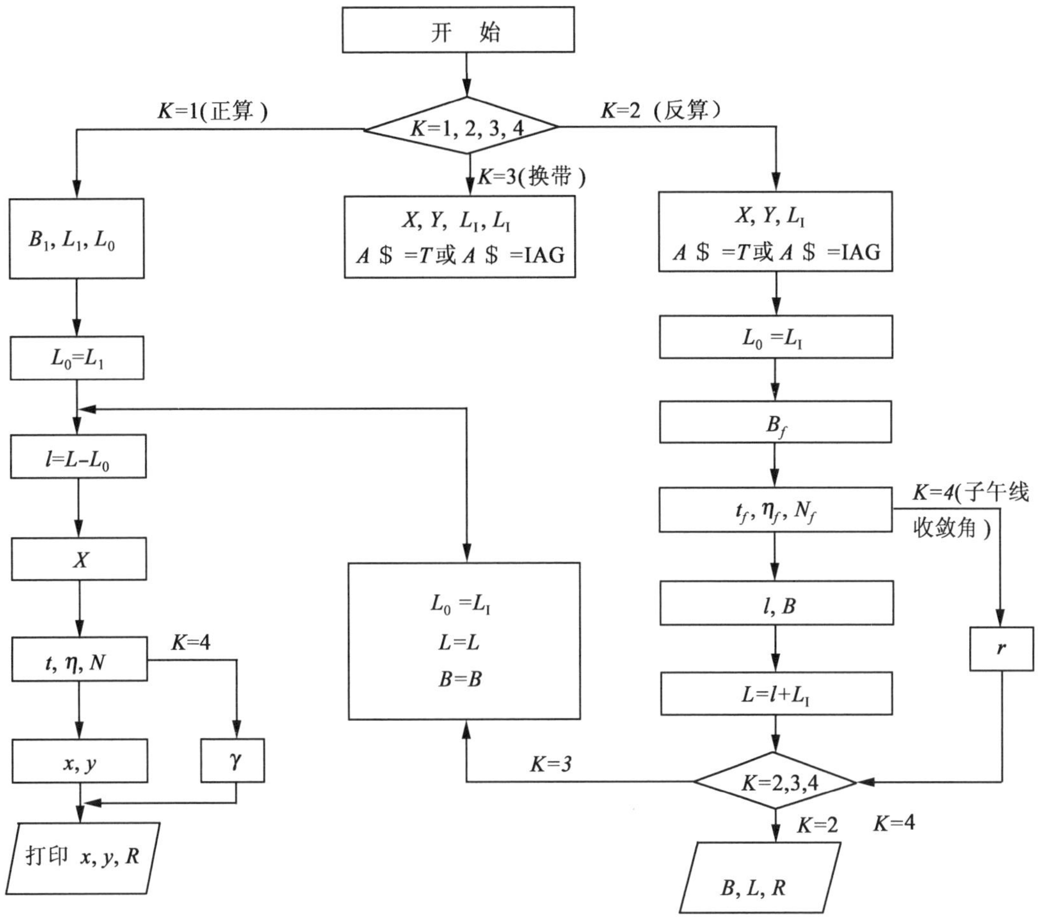

表 8-10

	克氏椭球		IAG 椭球	
	输入已知数据	打印输出	输入已知数据	打印输出
正算	$A\ \$ = T$ $K=1$ $B=17.335\ 573\ 39$ $L=9.155\ 211\ 59$ $L_0=7°$	$X_2=1\ 944\ 359.607\ 0$ $Y_2=240\ 455.456\ 3$ $R=0.410\ 145\ 8$	$A\ \$ = IAG$ $K=1$ $B=17.335\ 573\ 39$ $L=9.155\ 211\ 59$ $L_0=7$	$X_2=1\ 944\ 325.803\ 0$ $Y_2=240\ 451.508\ 5$ $R=0.410\ 145\ 8$
反算	$K=2$ $x=1\ 944\ 359.607\ 0$ $y=240\ 455.456\ 3$ $L_0=117°$	$L=119.155\ 211\ 50$ $B=17.335\ 573\ 38$ $R=0.410\ 145\ 8$	$K=2$ $x=1\ 944\ 325.803\ 0$ $y=240\ 451.508\ 5$ $L_0=117$	$L=119.155\ 211\ 50$ $B=17.335\ 573\ 39$ $R=0.410\ 145\ 8$

续表

	克氏椭球		IAG 椭球	
	输入已知数据	打印输出	输入已知数据	打印输出
换带	$K=3$ $x_1=1\ 944\ 359.607\ 0$ $y_1=240\ 455.456\ 3$ $L_0=7$ $L_0=10$(新带)	$L=9.155\ 211\ 59$ $B=17.335\ 573\ 38$ $X_2=1\ 943\ 076.298\ 0$ $Y_2=-78\ 087.222\ 1$ $R=-0.131\ 916\ 0$	$K=3$ $x_1=1\ 944\ 325.803\ 0$ $y_1=240\ 451.508\ 5$ $L_0=7$ $L_0=10$(新带)	$L=9.155\ 211\ 59$ $B=17.335\ 573\ 39$ $X_2=1\ 943\ 042.516\ 0$ $Y_2=-78\ 085.939\ 9$ $R=-0.131\ 916\ 0$

8.9.2 应用换带表直接进行换带计算

1. 基本原理

设椭球面上有一点 P_1,已知它西带(或称第Ⅰ带)的坐标 x_1,y_1,求它在东带(或称第Ⅱ带)的坐标 x_2,y_2;或者相反,已知 x_2,y_2,求 x_1,y_1。下面以西带换算到东带情况来讨论这种换带计算的基本原理。

"对称点"的选择和作用。如图 8-25 所示,在椭球面上选取一点 P_2,使 P_2 与 P_1 对称于分带子午线,亦即 P_1 和 P_2 点都在同一纬圈上,又它们相对分带子午线的经差,数值相等,符号相反。这时,称 P_2 为 P_1 点的对称点。P_2 点投影在Ⅰ带上的坐标设为 x'_2,y'_2,见图 8-26。显然它和 P_1 点在东带的坐标有如下关系:

$$\left.\begin{aligned} x_2 &= x'_2 \\ y_2 &= -y'_2 \end{aligned}\right\} \tag{8-178}$$

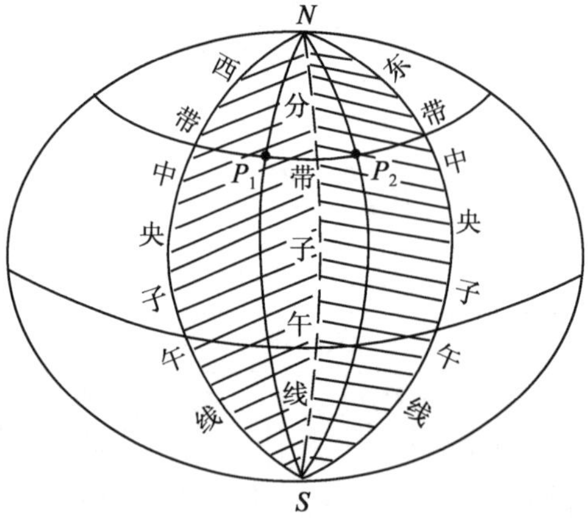

图 8-25

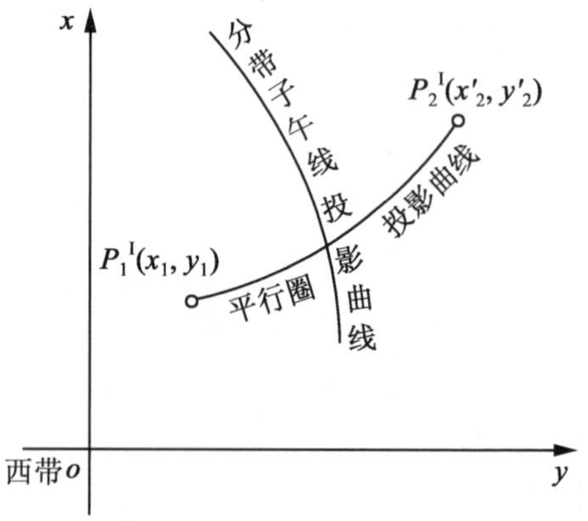

图 8-26

由此可见,如果我们能求出 x'_2,y'_2 与 x_1,y_1 的关系,根据上式即可得到 x_2,y_2 与 x_1,y_1 的关系。亦即现在通过"对称点"把 P_1 点在东、西两带的坐标换算问题,转化成 P_1 和 P_2 两点在同一投影带内的坐标计算问题,当然在同一带上研究问题要方便得多。现在的问题变为,求 P_1 点在Ⅰ带的投影坐标 $P_1^{\mathrm{I}}(x_1,y_1)$ 与 P_2 点在Ⅰ带的投影坐标 $P_2^{\mathrm{I}}(x'_2,y'_2)$ 间的相互关系。

"辅助点"的选择和作用。由于对称点 P_2 在西带的坐标 x'_2,y'_2 与已知点 P_1 的坐标 x_1,y_1

并无直接关系，要建立两者的关系，需选择一个“辅助点”作为“桥”，借助于它来建立 P_1^{I}，P_2^{I} 间的坐标关系。显然，“辅助点”必须是一个已知点。为便于下面公式的推导，还需把“辅助点”选在分带子午线上，记为 M，如图 8-27。由于 P_2 与 P_1 相对分界子午线相对称，故在椭球面上，大地线长度有 $MP_1=MP_2=S$，如果 MP_1 大地方位角为 A_1，则 MP_2 大地方位角为 $360°-A_1$。图 8-28 是它们在西带上的投影。其中，M_0 为 M 点的投影，它在 I 带的坐标为 x_0，y_0，此值及子午线收敛角 γ_0 可以按经差（3°或 1.5°）及一定的 B_0 预先算出。$M_0P_1^{\mathrm{I}}$ 和 $M_0P_2^{\mathrm{I}}$ 的弦长分别为 D_1，D_2，相应的方位角为 T_1，T_2，方向改化为 δ_1，δ_2。由图可知，P_1^{I} 和 P_2^{I} 相对 M_0 的坐标差为：

$$\left.\begin{aligned}\Delta x_1 &= x_1 - x_0 = D_1\cos T_1\\ \Delta y_1 &= y_1 - y_0 = D_1\sin T_1\end{aligned}\right\}\tag{8-179}$$

$$\left.\begin{aligned}\Delta x'_2 &= x'_2 - x_0 = D_2\cos T_2\\ \Delta y'_2 &= y'_2 - y_0 = D_2\sin T_2\end{aligned}\right\}\tag{8-180}$$

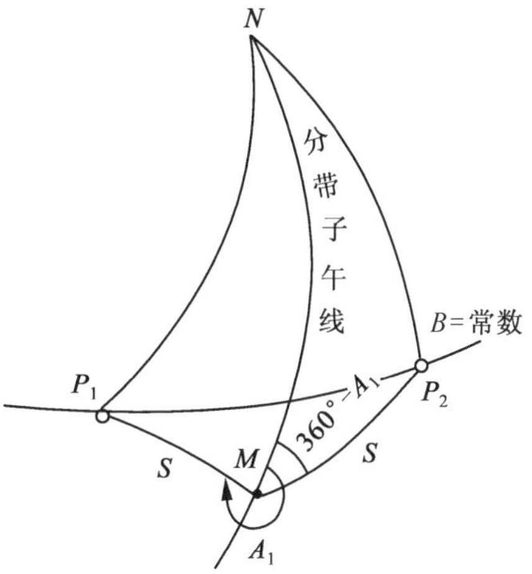

图 8-27

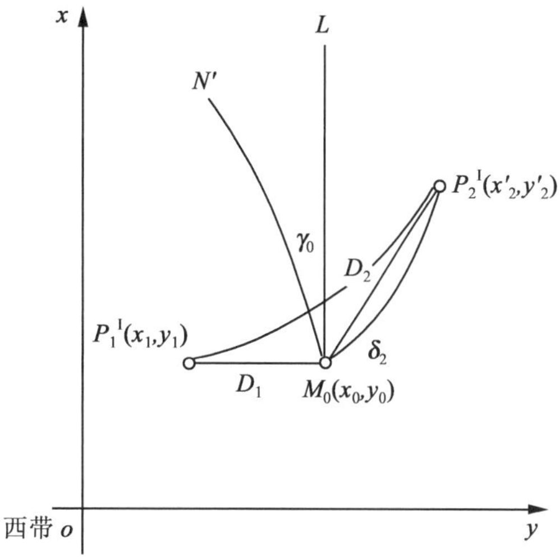

图 8-28

为便于计算，如果选取 M 点时使得 $T_1=270°$，把它代入上两式则有

$$\left.\begin{aligned}\Delta x_1 &= x_1 - x_0 = 0\\ \Delta y_1 &= y_1 - y_0 = -D_1\end{aligned}\right\}\tag{8-181}$$

$$\left.\begin{aligned}\Delta x'_2 &= x'_2 - x_0 = D_2\cos T_2\\ \Delta y'_2 &= y'_2 - y_0 = D_2\sin T_2\end{aligned}\right\}\tag{8-182}$$

而

$$\begin{aligned}T_2 &= A_2 - r_0 + \delta_2 = (360° - A_1) - \gamma_0 + \delta_2\\ &= (360° - (T_1 + \gamma_0)) - \gamma_0 + \delta_2 = 90° - (2\gamma_0 - \delta_2)\end{aligned}\tag{8-183}$$

至此，通过“辅助点”，坐标关系已经建立起来了。如果能求出 D_2 和 δ_2，即可由（8-183）式及（8-182）式求出坐标差 $\Delta x'_2$，$\Delta y'_2$，从而再由（8-182）式求出 x'_2，y'_2，最后再按（8-178）式求出 x_2，y_2。以上即为邻带换算直接解法的基本原理。

2. 公式的建立

现在的关键是求出 D_2 和 δ_2。下面说明公式推演的主要过程。

由(8-160)式有

$$D_1 = S\left(1 + \frac{y_{m_1}^2}{2R^2}\right)$$

$$D_2 = S\left(1 + \frac{y_{m_2}^2}{2R^2}\right)$$

因此两式之比

$$\frac{D_2}{D_1} = \frac{\left(1 + \dfrac{y_{m_2}^2}{2R^2}\right)}{\left(1 + \dfrac{y_{m_1}^2}{2R^2}\right)}$$

忽略四次方以上各项得

$$D_2 = D_1\left(1 + \frac{y_{m_2}^2}{2R^2} - \frac{y_{m_1}^2}{2R^2}\right) = D_1\left\{1 + \frac{1}{2R^2}\left[\left(y_0 + \frac{\Delta y'_2}{2}\right)^2 - \left(y_0 + \frac{\Delta y_1}{2}\right)^2\right]\right\}$$

略去$\frac{1}{8R^2}\Delta y$ 项得

$$D_2 = D_1\left[1 + \frac{y_0}{2R^2}(\Delta y'_2 - \Delta y_1)\right] \tag{8-184}$$

将(8-181),(8-183)及(8-184)各式代入(8-182)式前一式得

$$\Delta x'_2 = -\Delta y\left[1 - \frac{y_0}{2R^2}(\Delta y'_2 - \Delta y_1)\right]\sin(2\gamma_0 - \delta) \tag{8-185}$$

而

$$\sin(2\gamma_0 - \delta_2) = \sin 2\gamma_0 - \cos 2\gamma_0 \delta_2 \tag{8-186}$$

由(8-128)式有

$$\delta_2 = -\frac{1}{2R^2}(x'_2 - x_0)y_{m_2} = -\frac{1}{2R^2}\Delta x'_2\left(y_0 + \frac{\Delta y'_2}{2}\right)$$

略去$\frac{\Delta x'_2 y'_2}{4R^2}$项得

$$\delta_2 = -\frac{y_0}{2R^2}\Delta x'_2 \tag{8-187}$$

将(8-186)及(8-187)两式代入(8-185)式得

$$\left.\begin{aligned}
\Delta x'_2 &= -\Delta y_1 \sin 2\gamma_0 - \Delta y_1 \sin 2\gamma_0 \frac{y_0}{2R^2}(\Delta y'_2 - \Delta y_1) - \\
&\quad \Delta y_1 \cos 2\gamma_0 \frac{y_0}{2R^2}\Delta x'_2 \\
&\text{同理} \\
\Delta y'_2 &= -\Delta y_1 \cos 2\gamma_0 - \Delta y_1 \cos 2\gamma_0 \frac{y_0}{2R^2}(\Delta y'_2 - \Delta y_1) + \\
&\quad \Delta y_1 \sin 2\gamma_0 \frac{y_0}{2R^2}\Delta x'_2
\end{aligned}\right\} \tag{8-188}$$

上式右端因含未知数 $\Delta x'_2$ 和 $\Delta y'_2$，故仍不能直接应用，但这可用逐次趋近法来求它。将上式右端第一项作为 $\Delta x'_2$ 和 $\Delta y'_2$ 的近似值代入上式，则得到

$$\Delta x'_2 = -\Delta y_1 \sin 2\gamma_0 + \frac{y_0}{2R^2}\Delta y_1^2 \sin 2\gamma_0 (2\cos 2\gamma_0 + 1)$$

又因

$$\sin 2\gamma_0 (2\cos 2\gamma_0 + 1) = 2\sin 3\gamma_0 \cos\gamma_0$$

故

$$\left.\begin{aligned}\Delta x'_2 &= -\Delta y_1 \sin 2\gamma_0 + \sin 3\gamma_0 \left(\frac{y_0}{R^2}\cos\gamma_0\right)\Delta y_1^2 \\ \Delta y'_2 &= -\Delta y_1 \cos 2\gamma_0 + \cos 3\gamma_0 \left(\frac{y_0}{R^2}\cos\gamma_0\right)\Delta y_1^2\end{aligned}\right\} \tag{8-189}$$

求出 $\Delta x'_2$ 和 $\Delta y'_2$ 后，由(7-127)式及(7-131)式不难求得

$$\left.\begin{aligned}x_2 &= x_0 + \Delta x'_2 \\ y_2 &= -(y_0 + \Delta y'_2)\end{aligned}\right\} \tag{8-190}$$

在上面公式推导中，我们只推求公式的主项，实际上(8-189)式中 $\Delta y'_2$ 前的系数要比这里的复杂得多。

3. 实用公式

为了简化实用计算，已按经差 3°或 1.5°分别编制出“6°带”及“3°带”“高斯-克吕格坐标换带表”。前者适于 6°↔6°带间的互算；后者适合于 3°↔3°带间的互算，也适于 6°↔3°及 6°↔6°带间的互算，但用于 6°↔6°带间互算时需进行两次换算。在编制这些用表时，针对(8-189)式及其更精确的公式，采用如下的一些符号：

$$\left.\begin{aligned}m &= -\sin 2\gamma_0 \\ m_1 &= \sin 3\gamma_0 \left(\frac{y_0}{R^2}\cos\gamma_0 + \cdots\right) \\ n &= -\cos 2\gamma_0 \\ n_1 &= \cos 3\gamma_0 \left(\frac{y_0}{R^2}\cos\gamma_0 + \cdots\right)\end{aligned}\right\} \tag{8-191}$$

于是

$$\left.\begin{aligned}\Delta x'_2 &= m\Delta y_1 + m_1 \Delta y_1^2 \\ \Delta y'_2 &= n\Delta y_1 + n_1 \Delta y_1^2\end{aligned}\right\}$$

若令

$$m_1 \Delta y_1^2 = \varepsilon_x, \quad n_1 \Delta y_1^2 = \varepsilon_y \tag{8-192}$$

则得实用公式：

$$\left.\begin{aligned}x_2 &= x_1 + m\Delta y_1 + \varepsilon_x \\ y_2 &= -(y_1 + n\Delta y_1 + \varepsilon_y)\end{aligned}\right\} \tag{8-193}$$

上式是西带换算至东带的实用公式。当由东带换算至西带时，可以按同样方法推导出计算公式，但此时由于辅助点选在东带子午线之西，故 γ_0, y_0, y_1 等均为负值，从而表中 m, n, ε_x，

ε_y 等也要发生相应的变化。也就是说在造表时,要编出两套符号,显然这是很不方便的。为能用同样一本表进行换带计算,可以按如下方法来解决。如图 8-29,已知 P'_1 点在东带(第 2 带)的坐标$(x_1,-y_1)$,求它在西带(第 1 带)的坐标。

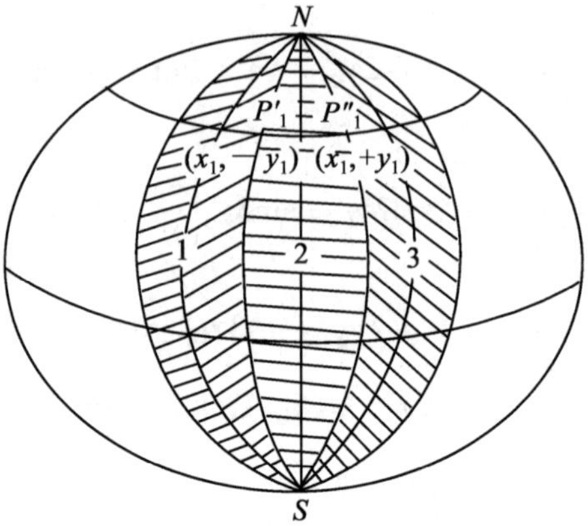

图 8-29

设在椭球体上有一点 P''_1,它和 P'_1 点对称于第 2 带中央子午线。显然 P''_1 在第 2 带的坐标为$(x_1,+y_1)$。由高斯投影的对称性质可知:P''_1 点在第 3 带坐标和 P'_1 点在第 1 带的坐标,x 值相同,y 的绝对值也相同,但符号相反。因此,可以把原来 P'_1 点由东带换算至西带的问题,改成为:首先把 y 反号(相当于将 P'_1 点改为 P''_1 点),然后仍按西带换算至东带(相当第 2 带换算至第 3 带)进行计算,最后将得到的 y 值反号。

综合西带换至东带和东带换至西带两种情况,得到以下最后实用公式:

$$\left.\begin{aligned} x_2 &= x_1 + m\Delta y_1 + \varepsilon_x \\ \mp y_2 &= y_0 + n\Delta y_1 + \varepsilon_y \end{aligned}\right\} \tag{8-194}$$

式中

$$\Delta y_1 = \pm y_1 - y_0$$

y_0 永为正,由西/东带换至东/西带时,y_1 前取+/−号,y_2 前取−/+号,此时应注意 y_1 采用其在原坐标带中应有的正负号。“换带常数”y_0,m,n,ε_x 及 ε_y 在《高斯-克吕格坐标换带表》的简表中查取。利用(8-194)式进行换带计算时,误差不超过 1m。

精密的换带计算的实用公式为

$$\left.\begin{aligned} x_2 &= x_1 + (m + m_1\Delta y_1)\Delta y_1 + \delta_x \\ \mp y_2 &= y_0 + (n + n_1\Delta y_1)\Delta y_1 + \delta_y \end{aligned}\right\} \tag{8-195}$$

或

$$\left.\begin{aligned} x_2 &= x_1 + \{m + (m_1 + m_2\Delta y_1)\Delta y_1\}\Delta y_1 + \sigma_x \\ y_2 &= y_0 + \{n + (n_1 + n_2\Delta y_1)\Delta y_1\}\Delta y_1 + \sigma_y \end{aligned}\right\} \tag{8-196}$$

其中

$$\left.\begin{aligned} \delta_x &= m_2\Delta y_1^3 + m_3\Delta y_1^4 \\ \delta_y &= n_2\Delta y_1^3 + n_3\Delta y_1^4 \end{aligned}\right\} \tag{8-197}$$

$$\left.\begin{aligned}\sigma_x &= m_3\Delta y_1^4\\ \sigma_y &= n_3\Delta y_1^4\end{aligned}\right\} \tag{8-198}$$

而

$$\left.\begin{aligned}
m &= -\sin2\gamma_0\\
m_1 &= A\sin3\gamma_0\\
m_2 &= -C\cos4\gamma_0 - D\sin4\gamma_0\\
m_3 &= \frac{5y_0}{8R}\sin2\gamma_0\\
n &= -\cos2\gamma_0\\
n_1 &= A\cos3\gamma_0\\
n_2 &= C\sin4\gamma_0 - D\cos4\gamma_0\\
n_3 &= \frac{y_0}{12R_0^4}
\end{aligned}\right\} \tag{8-199}$$

$$A = \cos\gamma_0\left(\frac{y_0}{R_0^2} - \frac{2\eta_0^2 t_0}{R_0^3}y_0^2\tan\gamma_0 - \frac{y_0^3}{3R_0^4}\right)$$

$$C = \frac{1}{6R_0^2}\sin2\gamma_0 + \frac{4\eta_0^2 t_0}{3R_0^3}y_0\cos2\gamma_0$$

$$D = \left(\frac{y_0}{R_0^2}\cos\gamma_0\right)^2$$

应用(8-195)、(8-196)两式时,有关公式符号的规定与(8-194)式的规定相同。当用6°带换带表时,如 $\Delta y_1<60$km,或当用3°带换带表时,如 $\Delta y_1<80$km 时,均采用(8-195)式,反之采用(8-196)式。

$m, m_1, m_2, n, n_1, n_2, \delta_x, \delta_y, \sigma_x, \sigma_y$ 等换带常数均在换带表中查取。按(8-195),(8-196)两式进行换带计算,精度可达1mm。

4. 3°带与6°带间的相互换算

由图8-30可知,3°带和6°带有以下关系:即半数3°带(带号为奇数)的中央子午线和6°带的中央子午线相重合;而另半数3°带(带号为偶数)的中央子午线和6°带的分带子午线重合。因此,对于前者,由于轴子午线一致,所以两个平面坐标也是一致的。比如图中3°带的41带与6°带的21带中央子午线重合,即投影后它们属于同一平面直角坐标系。因此已知 P_1 点的6°带第21带的坐标,即为3°带的第41带的坐标,在这种情况下,就不需要任何换算,反之也是一样。

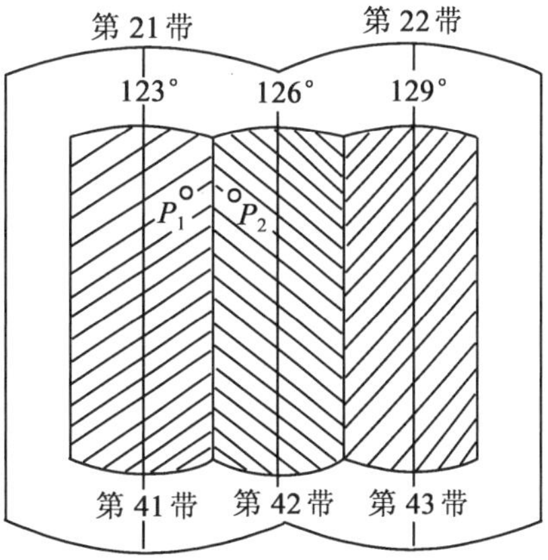

图8-30

当3°带的中央子午线与6°带的分带子午线重合时,比如已知 P_2 点在3°带第42带的坐标,欲求它在6°带第21带内的坐标,这时可根据3°带第42带的坐标换至3°带第41带，因为3°带第41带与6°带度第21带是属同一坐标系，因此就等于把3°带第42带内的坐标换算至6°带第21带了。

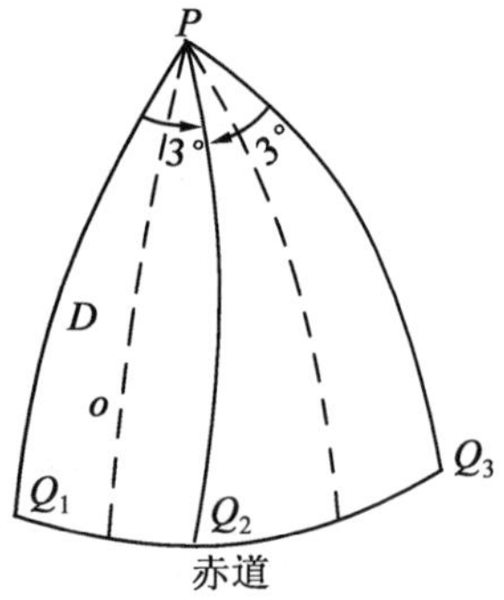

图 8-31

5. 换带计算示例及说明

如图8-31所示，PQ_1，PQ_2 及 PQ_3 是经度间隔为3°的三条子午线，分别代表西带、中带及东带等三个投影带的中央子午线。已知 D 点在西带投影平面的坐标为

$$x = 1\ 945\ 024.114\text{m}$$
$$y = +\ 239\ 233.054\text{m}$$

求该点在中带及东带投影平面的坐标。

计算说明：

（1）表8-11正算是西带换至中带，反算是中带换至西带，亦即正算可看成6°→3°带或3°→3°带的算例，反算可看成3°→6°带或3°→3°带的算例。表8-12正算是中带换至东带，反算是东带换至中带，亦即此时正算可看成3°→3°带或3°→6°带的算例，反算可看成3°→3°带或6°→3°带的算例。表8-11和表8-12合在一起，可看成通过二次3°→3°带的换带计算实现一次6°→6°带的换算。因此，本算例需采用《3°带高斯-克吕格坐标换带计算用表》。

（2）计算公式即为(8-195)，(8-196)式，现将它们写成如下形式：

$$x_2 = x_1 + M\Delta y_1 + \delta_x(\text{或 } \sigma_x)$$
$$\mp y_2 = y_0 + N\Delta y_1 + \delta_y(\text{或 } \sigma_y)$$

式中

$$M = m + M_1\Delta y_1$$
$$N = n + N_1\Delta y_1$$

表 8-11

例 1			
计算程序	计算项目	正算 D_1 点由西带到中带	反算校核
1	x_1	1 945 024.114	1 943 759.616
16	$M\Delta y_1$	− 1 264.464	+ 1 264.464
9	δ_x 或 σ_x	− 34	+ 34
17	x_2	1 943 759.616	1 945 024.114
8	$\Delta y_1 = \pm y_1 - y_0$	+ 79 985.011	− 79 959.842
2	y_1	+ 239 233.054	− 79 298.198
3	y_0	159 248.043	159 258.040
15	$N\Delta y_1$	− 79 949.838	+ 79 975.006
10	δ_y 或 σ_y	− 7	+ 7
18	$\mp y_2$	+ 79 298.198	+ 239 233.053

续表

例 1			
计算程序	计算项目	正算 D_1 点由西带到中带	反算校核
4 14	$M\begin{cases}m\\M_1\Delta y_1\end{cases}$	− 0. 015 816 23 + 747	− 0. 015 806 28 − 746
5 13	$N\begin{cases}n\\N_1\Delta y_1\end{cases}$	− 0. 999 874 91 + 314 66	− 0. 999 875 07 − 314 58
6 12	$M_1\begin{cases}m_1\\m_2\Delta y_1\end{cases}10^{-14}$	+ 9 335 --	+ 9 330 --
7 11	$N_1\begin{cases}n_1\\n_2\Delta y_1\end{cases}10^{-14}$	+ 393 398 --	+ 393 423 --
附注:换带方向		由西向东	由东向西

表 8-12

例 2		
计算程序	正算 D_1 点由中带到东带	反算校核
1 16 9	1 943 759. 616 + 3 776. 908 + 3	1 947 536. 527 − 3 776. 914 + 3
17	1 947 536. 527	1 943 750. 616
8 2	− 238 556. 238 − 79 298. 198	+ 238 780. 416 − 398 008. 577
3 15 10	159 258. 040 + 238 750. 511 + 26	159 228. 161 − 238 526. 387 + 26
18	+ 398 008. 577	− 79 298. 200
4 14	− 0. 015 806 28 − 260 8	− 0. 015 836 00 + 184 8
5 13	− 0. 999 875 07 − 939 30	− 0. 999 874 61 + 938 47
6 12	+ 9 330 + 1 603	+ 9 345 + 1 607

续表

例 2		
计算程序	正　　算 D_1 点由中带到东带	反算校核
7	+ 393 423	+ 393 347
11	+ 320	+ 320
换带方向	由西向东	由东向西

而

$$M_1=\begin{cases}m_1,\text{当使用 }\delta_x\text{ 时}\\ m_1+m_2\Delta y_1,\text{当使用 }\sigma_x\text{ 时}\end{cases}$$

$$N_1=\begin{cases}n,\text{当使用 }\delta_y\text{ 时}\\ n_1+n_2\Delta y_1,\text{当使用 }\sigma_y\text{ 时}\end{cases}$$

(3) 在填 y_1 时,应去掉带号及 500km。本例起始数据已经实现这步计算,故直接填入表中。

(4) 填入 x_1,y_1 后,在换带表 I 中,先查取略小于 x_1 的表列值 x_0 相对的表列值 y'_0,再加上改正值 $\Delta x\{\delta_{y_0}+\mathrm{d}(\delta_{y_0})\}$,而 $\Delta x=x_1-x_0$,其中 $\mathrm{d}(\delta_{y_0})$ 用 Δx 为引数由小表中查取,符号同 δ_{y_0}。这就是说 y_0 要按二次内插查算。

(5) 查取 m,n,m_1,n_1 等值时,采用线性内插即可。即先查取略小于 x_1 的表列值 x_0 相对的表列值 m',n',m'_1,n'_1,再分别加上相应的改正项 $\Delta x\delta_m$,$\Delta x\delta_n$,$\Delta x\delta_{m_1}$,$\Delta x\delta_{n_1}$ 即可,此时应注意表头所示的上述各系数的单位。

(6) 查 δ_x,δ_y 的方法,按公式正负号规则求出 Δy_1 后,以 Δy_1 为引数由小表 b,c 来查取 δ_x,δ_y。并注意 Δy_1 和 δ 的正负号。

(7) 用 Δy_1 依次计算 11-16 栏中各乘积。

(8) 由 1+16+9 各栏之和得 17 栏 x_2;由 3+15+10 各栏之和得 18 栏。比如表 8-11 正算采用 $\mp y_2$ 的负号,即 $y_2=-79\ 298.198$,反算中则应采用正号,$y_2=239\ 233.053$。表 8-12 与此相似。

以上是对于 3°带换带表的解说,6°带换带表的用法与此完全相同,不需另作解说。

此种换带表之后有“换带简表”,它是适用(8-194)式的,使用起来更为方便,但精度较低(误差不超过 1m),用法及算例见换带表中的说明。

8.10 通用横轴墨卡托投影及高斯-克吕格投影族概念

8.10.1 通用横轴墨卡托投影概念

通用横轴墨卡托投影(Universal Transverse Mercator Projection)取其前面三个英文单词的大写字母而称 UTM 投影。从几何意义上讲,UTM 投影属于横轴等角割椭圆柱投影(见图

8-32)。它的投影条件是取第 3 个条件“中央经线投影长度比不等于 1 而是等于 0. 999 6”,投影后两条割线上没有变形,它的平面直角系与高斯投影相同,且和高斯投影坐标有一个简单的比例关系,因而有的文献上也称它为 $m_0=0.9996$ 的高斯投影。该投影 1938 年由美国军事测绘局提出,1945 年开始采用。

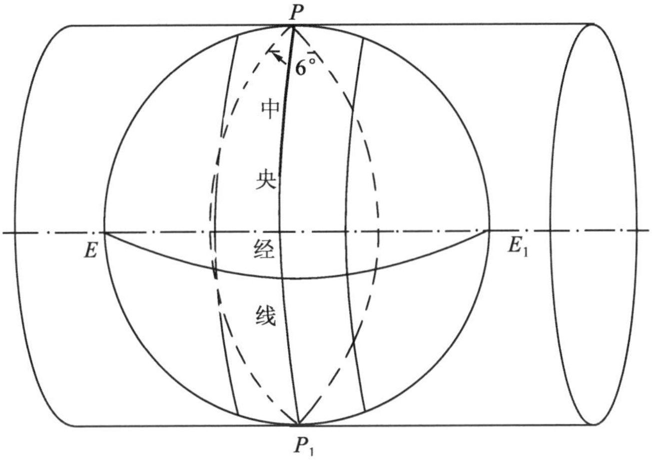

图 8-32

因此,UTM 投影的直角坐标(x,y)、长度比以及子午线收敛角等计算公式,既可由高斯-克吕格投影簇通用公式导出,也可依高斯投影而得。这里略去公式推导而直接给出。

直角坐标公式:

$$\left.\begin{aligned} x &= 0.9996\left[S+\frac{l^2N}{2}\sin B\cos B+\frac{l^4}{24}N\sin B\cos^3 B(5-t^2+9\eta^2+4\eta^4)+\cdots\right] \\ y &= 0.9996\left[lN\cos B+\frac{l^3N}{6}\cos^3 B(1-t^2+\eta^2)+\frac{l^5N}{120}\cos^5 B(5-18t^2+t^4)+\cdots\right] \end{aligned}\right\} \tag{8-200}$$

长度比公式:

$$m=0.9996\left[1+\frac{1}{2}\cos^2 B(1+\eta^2)l^2+\frac{1}{6}\cos^4 B(2-t^2)-\frac{1}{8}\cos^4 Bl^4+\cdots\right] \tag{8-201}$$

子午线收敛角公式:

$$\gamma=l\sin B+\frac{l^3}{3}\sin B\cos^2 B(1+3\eta^2)+\cdots \tag{8-202}$$

(8-200)式中的 S 是从赤道开始的子午线弧长。

与高斯投影坐标公式比较可知,这里 y 坐标只有一个常系数 0. 999 6 的差异,而 x 坐标除也有这样的一个系数外,高次项也有不同。

该投影长度变形可用(8-201)式加以分析,表 8-13 给出不同纬度和经差情况下的长度变形值。

表 8-13

长度变形 / 经差 / 纬度	0°	1°	2°	3°
90°	−0. 000 40	−0. 000 40	−0. 000 40	−0. 000 40
80°	−0. 000 40	−0. 000 40	−0. 000 38	−0. 000 36
70°	−0. 000 40	−0. 000 38	−0. 000 33	−0. 000 24
60°	−0. 000 40	−0. 000 36	−0. 000 25	−0. 000 06
50°	−0. 000 40	−0. 000 34	−0. 000 15	+0. 000 17
40°	−0. 000 40	−0. 000 31	−0. 000 04	+0. 000 41
30°	−0. 000 40	−0. 000 28	+0. 000 06	+0. 000 63
20°	−0. 000 40	−0. 000 27	+0. 000 14	+0. 000 81
10°	−0. 000 40	−0. 000 26	+0. 000 19	+0. 000 94
0°	−0. 000 40	−0. 000 25	+0. 000 21	+0. 000 98

由公式和表列数值可知，中央经线长度变形为-0. 000 40，即中央经线长度比为 0. 999 6；这是为了使得 $B=0°$，$l=3°$处的最大变形值小于 0. 001 而选择的数值。两条割线（在赤道上，它们位于离中央子午线大约±180km 即约±1°40′处）上没有长度变形；离开这两条割线愈远变形愈大；在两条割线以内长度变形为负值；在两条割线之外长度变形为正值。

UTM 投影的分带是将全球划分为 60 个投影带，带号 1，2，…，60 连续编号，每带经差为 6°，从经度 180°W 和 174°W 之间为起始带（1 带），连续向东编号。带的编号与 1∶100 万比例尺地图有关规定相一致。该投影在南纬 80°至北纬 84°范围内使用。使用时直角坐标的实用公式为：

$$y_{实} = y + 50\,000（轴之东用），\quad x_{实} = 10\,000\,000 - x\ （南半球用）$$

$$y_{实} = 500\,000 - y（轴之西用），\quad x_{实} = x \qquad （北半球用）$$

同样，由于使用椭球元素不同，即使是同一点，它们的 UTM 坐标值也是不同的，这是在实际应用中应该注意的一个问题。

8. 10. 2　高斯投影族的概念

高斯投影具有许多优点，因而我国和世界上许多国家都采用它作为大地测量和地图投影的数学基础，适应并满足了测量和制图的生产需要。但高斯投影也有不足之处，最主要的缺点，正如 8. 8 节中所指出的那样，长度变形比较大，而面积变形更大，特别是纬度越低，越靠近投影带边缘的地区，这些变形将更厉害。我国地处中低纬度地区，随着社会主义建设事业的发展，对大比例尺测图和工程测量的平面精度提出了越来越高的要求，过大的变形显然是不适应的。因而研究旨在保留高斯投影优点而减少缺点——缩小长度变形新的一族投影就更具有实际意义了。

高斯投影族是概括依经线分带的一族横轴等角投影。它应满足的投影条件是：

（1）中央经线和赤道投影后为相互垂直的直线，且为投影的对称轴；

（2）投影具有等角性质；

（3）中央经线上的长度比 $m_0=f(B)$。

有了这三个条件，就可仿 8.4 节中那样的方法建立该投影族的坐标投影计算通用公式。其中关键的问题是根据第三个条件求式

$$\left.\begin{aligned} x &= a_0 + a_2 l^2 + a_4 l^4 + \cdots \\ y &= a_1 l^1 + a_3 l^3 + a_5 l^5 + \cdots \end{aligned}\right\} \qquad (8\text{-}203)$$

式中的各系数 $a_0, a_1, a_2, a_3, a_4, a_5, \cdots$

若令 $F=\dfrac{N\cos B}{M}=\dfrac{r}{M}=\cos B(1+\eta^2)$，$\eta^2=e'^2\cos^2 B$，则经推导，得各系数 a_i，今汇总如下：

$$\left.\begin{aligned} a_0 &= \int_0^B m_0 M \mathrm{d}B \\ a_1 &= m_0 r \\ a_2 &= \frac{1}{2}F(m_0 r)' \\ a_3 &= \frac{1}{3}F' a_2 - \frac{1}{6}F^2(m_0 r)'' \\ a_4 &= -\frac{1}{4}F' a_3 + \frac{1}{24}F^2[F''(m_0 r)' + 2F'(m_0 r)'' + F(m_0 r)'''] \\ &\cdots \end{aligned}\right\} \qquad (8\text{-}204)$$

式中

$$\left.\begin{aligned} F' &= -\sin B(1+3\eta^2) \\ F'' &= -\cos B(1+6e'^2+9\eta^2) \\ F''' &= \sin B(1-6e'^2+27\eta^2) \\ &\cdots \end{aligned}\right\} \qquad (8\text{-}205)$$

$$\left.\begin{aligned} (m_0 r)' &= m_0 r' + m_0' r \\ (m_0 r)'' &= m_0 r'' + 2m_0' r' + m''_0 r \\ (m_0 r)''' &= m_0 r''' + 3m_0' r'' + 3m''_0 r' + m''_0 r \\ &\cdots \end{aligned}\right\} \qquad (8\text{-}206)$$

$$\left.\begin{aligned} r &= a\cos B/(1-e^2\sin^2 B)^{1/2} \\ r' &= -\sin BM = -a(1-e^2)\sin B \cdot G \\ r'' &= -a(1-e^2)(\cos B \cdot G + \sin B \cdot G') \\ r''' &= -a(1-e^2)(-\sin BG + 2\cos B \cdot G' + \sin B \cdot G'') \\ &\cdots \end{aligned}\right\} \qquad (8\text{-}207)$$

$$\left.\begin{aligned} G &= A_1 - B_1\cos 2B + C_1\cos 4B - D_1\cos 6B + E_1\cos 8B \\ G' &= 2B_1\sin 2B - 4C_1\sin 4B + 6D_1\sin 6B - 8E_1\sin 8B \\ G'' &= 4B_1\cos 2B - 16C_1\cos 4B + 36D_1\cos 6B - 64E_1\cos 8B \\ &\cdots \end{aligned}\right\} \qquad (8\text{-}208)$$

$$
\left.\begin{aligned}
A_1 &= 1 + \frac{3}{4}e^2 + \frac{45}{64}e^4 + \frac{175}{256}e^6 + \frac{11\ 025}{16\ 384}e^8 + \cdots \\
B_1 &= \frac{3}{4}e^2 + \frac{15}{16}e^4 + \frac{525}{512}e^6 + \frac{2\ 205}{2\ 068}e^8 + \cdots \\
C_1 &= \frac{15}{64}e^4 + \frac{105}{256}e^6 + \frac{2\ 205}{4\ 096}e^8 + \cdots \\
D_1 &= \frac{35}{512}e^6 + \frac{315}{2\ 048}e^8 + \cdots \\
E_1 &= \frac{315}{16\ 384}e^8 + \cdots
\end{aligned}\right\} \tag{8-209}
$$

根据给定的第3条件 $m_0=f(B)$，便可求出 a_0 项，进而依次求得 $m'_0, m''_0, m'''_0, \cdots$，再求得各系数值 $a_1, a_2, a_3, a_4, a_5, \cdots$，最后代入(8-203)式便得到由已知大地坐标 B, l，计算直角坐标的计算公式。

下面我们研究 $m_0=1-q\cos^2(KB)$ 情况下计算 a_0 的公式，其中 q, K 为参数。

$$
\begin{aligned}
a_0 = \int m_0 M \mathrm{d}B = (1 - \frac{q}{2})X - \\
\frac{q}{8}a(1-e^2)\Big\{A_1\left[\frac{1}{K}\sin 2KB + \frac{1}{K}\sin 2KB\right] - \\
B_1\left[\frac{1}{1+K}\sin 2(1+K)B + \frac{1}{1-K}\sin 2(1-K)B\right] + \\
C_1\left[\frac{1}{2+K}\sin 2(2+K)B + \frac{1}{2-K}\sin 2(2-K)B\right] - \\
D_1\left[\frac{1}{3+K}\sin 2(3+K)B + \frac{1}{3-K}\sin 2(3-K)B\right] + \\
E_1\left[\frac{1}{4+K}\sin 2(4+K)B + \frac{1}{4-K}\sin 2(4-K)B\right]\Big\}
\end{aligned} \tag{8-210}
$$

式中

$$
X = a(1-e^2)(A_1 B - \frac{B_1}{2}\sin 2B + \frac{C_1}{4}\sin 4B - \frac{D_1}{6}\sin 6B + \frac{E_1}{8}\sin 8B) \tag{8-211}
$$

由

得

$$
\left.\begin{aligned}
m_0 &= 1 - q\cos^2 KB \\
m'_0 &= Kq\sin 2KB \\
m''_0 &= 2K^2 q\cos 2KB \\
m''_0 &= - 4K^3 q\sin 2KB
\end{aligned}\right\} \tag{8-212}
$$

于是，便可按(8-204)式计算各系数，近而按(8-203)式进行坐标计算。

由长度比定义公式

$$
m = \frac{1}{r}\left[\left(\frac{\partial x}{\partial l}\right)^2 + \left(\frac{\partial y}{\partial l}\right)^2\right]^{1/2} \tag{8-213}
$$

按(8-203)式可求得$\frac{\partial x}{\partial l}$及$\frac{\partial y}{\partial l}$，将它们代入上式经整理可得计算长度比 m 的通用公式：

$$m = a_1^2 + (6a_1a_3 + 4a_2^2)l^2 + (9a_3^2 + 10a_1 \cdot a_5 + 16a_2 \cdot a_4)l^4 + \cdots \tag{8-214}$$

由子午线收敛角计算公式(8-108)式，将$\frac{\partial x}{\partial l}$及$\frac{\partial y}{\partial l}$值代入，经整理可得计算子午线收敛角的通用公式：

$$\tan\gamma = \frac{2a_2}{a_1}l + \frac{4a_4}{a_1}l^3 - \frac{6a_2a_3}{a_1^2}l^5 + \cdots \tag{8-215}$$

综上所述，我们可对高斯投影族中各类投影作如下简要概括：

(1)设 $q=0$，则 $m_0=1$，该投影即为高斯-克吕格投影。在6°带范围内，其长度变形在边界子午线与赤道交点处最大，达0.138%，随纬度增高长度变形逐渐减小。

(2)设 $q=0.000\,4$，$K=0$，则 $m_0=0.999\,6$，该投影即为通用横轴墨卡托投影。在6°带范围内，长度变形在分界子午线与赤道交点处最大，达0.098%，中央子午线上的长度变形为-0.04%。

(3)设 $q=0.000\,609$，$K=1$，则 $m_0=1-0.000\,609\cos^2 B$，该投影即为双标准经线等角横椭圆柱投影。在6°带范围内，双标准经线选在距中央子午线±2°为相割的经线上。在双标准经线上，长度没变形，在同一纬线上，长度变形随远离中央经线而增大。在同一经线上，长度变形随纬度增高而减小。在赤道与分界经线交点处，长度变形最大，可达+0.077%；中央子午线上长度变形最大，达-0.016%。

(4)设 $q=0.000\,609$，$K=1.5$，则 $m_0=1-0.000\,609\cos^2\frac{3}{2}B$，该投影在分界子午线与赤道交点处变形最大，达0.077%；长度变形随纬度增高而减小，在中央子午线上，最大长度变形-0.061%，纬度60°处长度变形为0。

从上可见，取不同的 q 和 K 值，可确定不同的正形等角投影方案。这说明，在高斯投影族中有无穷多种投影方法。

8.11 兰勃脱投影概述

8.11.1 兰勃脱投影基本概念

我国在新中国成立前曾采用兰勃脱(Lambert)割圆锥投影作为全国统一投影。现在世界上仍有不少国家，特别是中纬度地区的国家还是采用兰勃脱圆锥投影作为地图制图和大地测量的基本投影。为此，我们对这种投影作一简要介绍。

兰勃脱投影是正形正轴圆锥投影。如图8-33(a)、(b)所示，设想用一个圆锥套在地球椭球面上，使圆锥轴与椭球自转轴相一致，使圆锥面与椭球面一条纬线(纬度 B_0)相切，按照正形投影的一般条件和兰勃脱投影的特殊条件，将椭球面上的纬线(又称平行圈)投影到圆锥面上成为同心圆，经线投影圆锥面上成为从圆心发出的辐射直线，然后沿圆锥面某条母线(一般为中央经线 L_0)，将圆锥面切开而展成平面，从而实现了兰勃脱切圆锥投影。如果圆锥面与椭球面上二条纬线(纬度分别为 B_1 及 B_2)相割，则称之为兰勃脱割圆锥投影，如图8-34(a)、(b)所示。

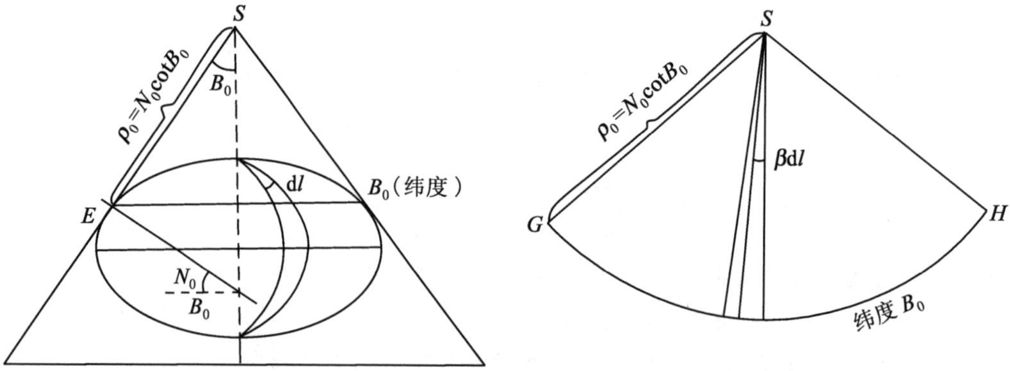

(a) 在椭圆体上　　(b) 在平面上

图 8-33

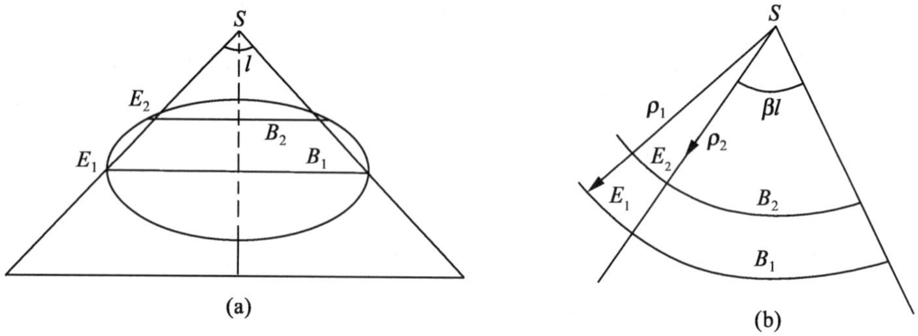

(a)　　(b)

图 8-34

8.11.2　兰勃脱投影坐标正、反算公式

1. 兰勃脱切圆锥投影直角坐标系的建立

圆锥面与椭球面相切的纬线(纬度 B_0)称为标准纬线。将中央子午线的投影作为该投影平面直角坐标系的 x 轴;将中央子午线与标准纬线相交的投影点作为坐标原点 o,过原点 o 与标准纬线投影相切的直线,亦即从原点 o 作 x 轴的垂线,作为该投影直角坐标系 y 轴指向东为正,从而构成兰勃脱切圆锥投影平面直角坐标系(见图 8-35)。很显然,在该坐标系中任意点 P 的坐标(x,y)与极坐标有如下关系式:

$$\left.\begin{aligned} x &= \rho_0 - \rho\cos\gamma \\ y &= \rho\sin\gamma \end{aligned}\right\} \tag{8-216}$$

式中,ρ_0 为标准纬线的极距,由图 8-33 易知有式

$$\rho_0 = N_0\cot B_0 \tag{8-217}$$

可见,纬度 B_0 一经给定,ρ_0 也确定了。ρ 为计算点 P 的极径,当然,它只能是 P 点纬度 B 的函数;γ 为计算点 P 的子午线收敛角,它必是经差 l 的函数。于是,对极坐标

$$\rho = f(B),\gamma = \beta l \tag{8-218}$$

式中,β 为由兰勃脱投影条件决定的常系数。

根据长度比的定义,沿子午线方向的长度比

$$m_B = -\frac{d\rho}{MdB} \tag{8-219}$$

沿纬线方向的长度比

$$m_L = \frac{\rho d\gamma}{N\cos B dl} \tag{8-220}$$

注意到(8-218)式,则 $d\gamma=\beta dl$,所以上式可写为

$$m_L = \frac{\rho d\gamma}{N\cos B dl} = \frac{\rho\beta dl}{N\cos B dl} = \frac{\rho\beta}{N\cos B} \tag{8-221}$$

在正形投影中,要求以上两种长度比相等,亦即

$$m = -\frac{d\rho}{MdB} = \frac{\rho\beta}{N\cos B} \tag{8-222}$$

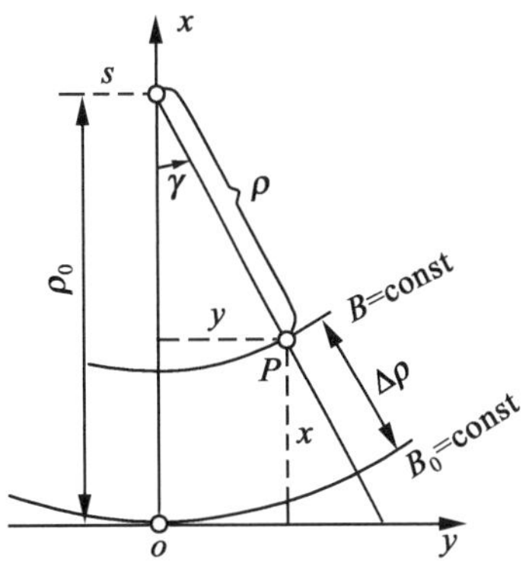

图 8-35

由此式,可写成:

$$\frac{d\rho}{\rho} = -\beta\frac{MdB}{N\cos B} \tag{8-223}$$

顾及到

$$dq = \frac{MdB}{N\cos B} \tag{8-224}$$

故上式可写成:

$$\frac{d\rho}{\rho} = -\beta dq \tag{8-225}$$

两边积分后,得

$$\ln\rho = -\beta\Delta q + \ln K$$

或

$$\rho = Ke^{-\beta\Delta q} \tag{8-226}$$

式中,K 为积分常数,e 为自然对数底。

如果 Δq 及常数 β 及 K 都已确定,那么(8-226)式即可实现。下面分别研究它们同大地纬度 B(或 ΔB)的关系。

2. 大地纬度差 ΔB 同等量纬度差 Δq 的关系式

由于

$$dq=\frac{MdB}{N\cos B}$$

两边积分后得

$$q = \int_0^B \frac{MdB}{N\cos B} \tag{8-227}$$

由于 $M=a(1-e^2)(1-e^2\sin B)^{-\frac{3}{2}}$,$N=a(1-e^2\sin^2 B)^{-\frac{1}{2}}$,代入上式,得

$$\begin{aligned} q &= \int_0^B \frac{(1-e^2)dB}{(1-e^2\sin^2 B)\cos B} \\ &= \int_0^B \frac{(1-e^2\sin^2 B - e^2\cos^2 B)}{(1-e^2\sin^2 B)\cos B}dB \\ &= \int_0^B \frac{dB}{\cos B} - \int_0^B \frac{e^2\cos B}{1-e^2\sin^2 B}dB \end{aligned} \tag{8-228}$$

为便于积分,令

$$\sin A = e\sin B \tag{8-229}$$

两边微分:

$$d\sin A = d(e\sin B) \tag{8-230}$$

$$\cos A \mathrm{d}A = e\cos B \mathrm{d}B \tag{8-231}$$

又
$$1 - \sin^2 A = 1 - e^2\sin^2 B = \cos^2 A \tag{8-232}$$

于是(8-228)式右边第二项可写为

$$\int_0^B \frac{e^2\cos B}{1 - e^2\sin^2 B}\mathrm{d}B = e\int_0^A \frac{e\cos A}{\cos^2 A}\mathrm{d}A = e\int_0^A \frac{\mathrm{d}A}{\cos A} \tag{8-233}$$

于是(8-228)式变为

$$q = \int_0^B \frac{\mathrm{d}B}{\cos B} - e\int_0^A \frac{\mathrm{d}A}{\cos A}$$
$$= \ln\tan\left(45° + \frac{B}{2}\right) - e\ln\tan\left(45° + \frac{A}{2}\right)$$

整理后得
$$q = \ln\tan\left(45° + \frac{B}{2}\right) + \frac{e}{2}\ln\frac{1 - e\sin B}{1 + e\sin B} \tag{8-234}$$

或
$$q = \frac{1}{2}\ln\frac{1 + \sin B}{1 - \sin B} - \frac{e}{2}\ln\frac{1 + e\sin B}{1 - e\sin B} \tag{8-235}$$

式中,e 为椭球第一偏心率。此式即为由大地纬度 B 计算等量纬度 q 的封闭关系式。显然当 $B=0°$,$q=0$。

如果以上逐式中积分上、下限分别为 B_2、B_1,则利用(8-234)式或(8-235)式经二次计算,分别算出对应大地纬度 B_2 及 B_1 的等量纬度 q_2 及 q_1,就可得到由大地纬度计算等量纬度差 Δq 的公式。但在实际工作中,不是采用(8-234)式,而是直接采用大地纬度差 ΔB 计算等量纬度差 Δq 的级数展开式。

由于
$$q = q_0 + \Delta q = f(B_0 + \Delta B) \tag{8-236}$$

故用泰勒级数将上式展开:

$$\Delta q = \left(\frac{\mathrm{d}q}{\mathrm{d}B}\right)_0 \Delta B + \left(\frac{\mathrm{d}^2 q}{\mathrm{d}B^2}\right)_0 \Delta B^2 + \frac{1}{6}\left(\frac{\mathrm{d}^3 q}{\mathrm{d}B^3}\right)\Delta B^3 + \cdots \tag{8-237}$$

设
$$t_n = \frac{1}{n!}\left(\frac{\mathrm{d}^n q}{\mathrm{d}B^n}\right)_0, \quad n = 1,2,3,\cdots \tag{8-238}$$

则(8-237)式可写成:

$$\Delta q = t_1\Delta B + t_2\Delta B^2 + t_3\Delta B^3 + t_4\Delta B^4 + t_5\Delta B^5 + \cdots \tag{8-239}$$

式中
$$\frac{\mathrm{d}q}{\mathrm{d}B} = \frac{M}{N\cos B} = \frac{1}{V^2\cos B}, \quad \frac{\mathrm{d}V^2}{\mathrm{d}B} = -2\eta^2\tan B,$$

逐次求导,可依次得

$$\left.\begin{aligned}
t_1 &= \frac{1}{\cos B_0}(1 - \eta_0^2 + \eta_0^4 - \eta_0^6) \\
t_2 &= \frac{1}{2\cos B_0}\tan B_0(1 + \eta_0^2 - 3\eta_0^4) \\
t_3 &= \frac{1}{6\cos B_0}(1 + 2\tan B_0^2 + \eta_0^2 - 3\eta_0^4 + 6\eta_0^4\tan^2 B_0) \\
t_4 &= \frac{1}{24\cos B_0}\tan B_0(5 + 6\tan^2 B_0 - \eta_0^2) \\
t_5 &= \frac{1}{120\cos B_0}(5 + 28\tan^2 B_0 + 24\tan^4 B_0)
\end{aligned}\right\} \tag{8-240}$$

(8-239)式即为由大地纬度差 ΔB 计算等量纬度差 Δq 的公式。

利用级数回求法,可得(8-239)式的反算式:

$$\Delta B = B - B_0 = t'_1\Delta q + t'_2\Delta q^2 + t'_3\Delta q^3 + t'_4\Delta q^4 + t'_5\Delta q^5 + \cdots \tag{8-241}$$

式中

$$\left.\begin{aligned}
t'_1 &= \cos B_0(1 + \eta_0^2)\\
t'_2 &= \frac{1}{2}\cos^2 B_0\tan B_0(-1 - 4\eta_0^2 - 3\eta_0^4)\\
t'_3 &= \frac{1}{6}\cos^3 B_0(-1 + \tan^2 B_0 - 5\eta_0^2 + 13\eta_0^2\tan^2 B_0 - 7\eta_0^4 + 27\eta_0^4\tan^2 B_0)\\
t'_4 &= \frac{1}{24}\cos^4 B_0\tan B_0(5 - \tan^2 B_0 + 56\eta_0^2 - 40\eta_0^2\tan^2 B_0)\\
t'_5 &= \frac{1}{120}\cos^5 B_0(5 - 18\tan^2 B_0 + \tan^4 B_0)
\end{aligned}\right\} \tag{8-242}$$

(8-241)式即为由等量纬度差 Δq 计算大地纬度差 ΔB 的公式。

3. 常数 β 及 K 的确定

根据兰勃脱切圆锥投影特殊条件:标准纬线 B_0 的投影不变形,也就是说,在标准纬线上所有点的长度比都恒等于 1,而其导数为 0,用数学公式可表达为:

$$m_0 = 1, \left(\frac{\mathrm{d}m}{\mathrm{d}\rho}\right)_0 = \left(\frac{\mathrm{d}m}{\mathrm{d}q}\right)_0 = 0 \tag{8-243}$$

由(8-222)式,取自然对数可得

$$\ln m + \ln(N\cos B) = \ln\beta + \ln\rho$$

两边对 q 微分,得

$$\frac{1}{m}\frac{\mathrm{d}m}{\mathrm{d}q} + \frac{1}{N\cos B}\frac{\mathrm{d}N\cos B}{\mathrm{d}q} = \frac{1}{\rho}\frac{\mathrm{d}\rho}{\mathrm{d}q} \tag{8-244}$$

因为

$$\frac{\mathrm{d}(N\cos B)}{\mathrm{d}q} = \frac{\mathrm{d}r}{\mathrm{d}B}\cdot\frac{\mathrm{d}B}{\mathrm{d}q} = -M\sin B\frac{N\cos B}{M}$$

注意到

$$\frac{\mathrm{d}\rho}{\mathrm{d}q} = -\beta\rho \tag{8-245}$$

从而易得

$$\beta = \sin B_0 \tag{8-246}$$

根据(8-226)式,对于 B_0 处,有

$$\rho_0 = N_0\cot B_0 = K\mathrm{e}^{-\sin B_0\cdot q_0} \tag{8-247}$$

于是

$$K = N_0\cot B_0\mathrm{e}^{\sin B_0\cdot q_0} \tag{8-248}$$

(8-246)式,(8-248)式就是兰勃脱切圆锥投影时计算系数 β 及 K 的公式。

根据兰勃脱割圆锥投影特殊条件:两条标准纬线(B_1,B_2)的投影不变形,也就是说,这两条标准纬线投影前后的长度相等,即长度比 $m_1 = m_2 = 1$。于是仿(8-222)式,并注意到(8-226)式则有下式

$$\left.\begin{aligned}
N_1\cos B_1 &= \beta K\mathrm{e}^{-\beta q_1}\\
N_2\cos B_2 &= \beta K\mathrm{e}^{-\beta q_2}
\end{aligned}\right\} \tag{8-249}$$

由此可解得

$$\beta=\frac{1}{q_2-q_1}\ln\left(\frac{N_1\cos B_1}{N_2\cos B_2}\right) \tag{8-250}$$

$$K=\frac{N_1\cos B_1}{\beta e^{-\beta q_1}}=\frac{N_2\cos B_2}{\beta e^{-\beta q_2}} \tag{8-251}$$

(8-250)式,(8-251)式即为兰勃脱割圆锥投影时计算系数β及K的公式。只要知道$B_1(q_1)$及$B_2(q_2)$,即可求出β及K,进而依(8-226)式计算ρ_1及ρ_2。

4. 兰勃脱投影坐标正、反算公式

下面我们把兰勃脱投影坐标正、反算公式汇总如下。

对于正算是已知$B,l(=L-L_0)$,求x,y:

$$\left.\begin{aligned}\gamma&=\beta l\\ \rho&=\rho_0 e^{\beta(q_0-q)}\\ x&=\rho_0-\rho\cos\gamma\\ y&=\rho\sin\gamma\end{aligned}\right\} \tag{8-252}$$

当切圆锥投影时,β及K分别按(8-246)式及(8-248)式计算;当割圆锥投影时,β及K分别按(8-250)式及(8-251)式计算,再计算ρ_1,ρ_2,一般取$\rho_2=\rho_0$。

对于反算是已知x,y,求B,L:

$$\left.\begin{aligned}&\gamma=\arctan\frac{y}{\rho_0-x},l=\frac{\gamma}{\beta},L=L_0+l\\ &\rho=\sqrt{(\rho_0-x)^2+y^2}\end{aligned}\right\} \tag{8-253}$$

$$\Delta q=q-q_0=-\frac{1}{\beta}\ln\frac{\rho}{\rho_0}$$

$$\Delta B=B-B_0=t'_1\Delta q+t'_2\Delta q^2+t'_3\Delta q^3+t'_4\Delta q^4+t'_5\Delta q^5,$$

当切圆锥投影时,β及K分别按(8-246)式及(8-248)式计算;当割圆锥投影时,β及K分别按(8-250)式及(8-251)式计算。

在上述坐标正、反算时,都要涉及ρ的计算,为简化数值运算,往往计算一个小数值的量

$$\Delta\rho=\rho_0-\rho \tag{8-254}$$

来代替。在正算时,对(8-254)式展开Δq的幂级数:

$$-\Delta\rho=\left(\frac{d\rho}{dq}\right)_0\Delta q+\frac{1}{2}\left(\frac{d^2\rho}{dq^2}\right)_0\Delta q^2+\frac{1}{6}\left(\frac{d^3 e}{dq^3}\right)_0\Delta q^3+\cdots \tag{8-255}$$

由于 $$\frac{d\rho}{dq}=-\beta\rho,\quad\frac{d^2\rho}{dq^2}=\beta^2\rho,\cdots$$

故 $$\Delta\rho=\rho_0\left[\beta\Delta q-\frac{1}{2}(\beta\Delta q)^2+\frac{1}{6}(\beta\Delta q)^3-\frac{1}{24}(\beta\Delta q)^4+\cdots\right] \tag{8-256}$$

在坐标反算时,有

$$\Delta\rho=\rho_0(1-\cos\gamma)-x\cos\gamma+y\sin\gamma \tag{8-257}$$

上式也可展开级数:

$$\Delta\rho=x-\frac{y^2}{2\rho_0}-\frac{xy^2}{2\rho_0^2}+\cdots \tag{8-258}$$

对(8-256)式进行级数反算,得到

$$\beta\Delta q=\frac{\Delta\rho}{\rho_0}+\frac{1}{2}\left(\frac{\Delta\rho}{\rho_0}\right)^2+\frac{1}{3}\left(\frac{\Delta\rho}{\rho_0}\right)^3+\cdots \tag{8-259}$$

最后按(8-241)式计算 ΔB。

在大地测量应用兰勃脱投影时,除有椭球大地坐标同投影平面直角坐标的互算外,同其他正形投影一样,也需将椭球面方向值及大地线长度归算到投影平面上成为平面方向值及直线距离,进而按平面坐标公式进行计算。这些方向及长度的归算方法,公式及步骤,与高斯投影时基本相仿,下面不加推导,直接给出方向改化及距离改化的简化公式:

$$\begin{aligned}\delta''_{1.2}&=\frac{\rho''}{6R_0^2}(y_2-y_1)(2x_1+x_2)\\&=\delta_0(y_2-y_1)(2x_1+x_2)10^{-10}\end{aligned} \tag{8-260}$$

$$d-S=\Delta S=\frac{S}{6R_0^2}(x_1^2+x_1x_2+x_2^2) \tag{8-261}$$

或更近似地:

$$\Delta S=\frac{S}{2R_0^2}x_m^2=\Delta_0x_m^2S10^{-15} \tag{8-262}$$

式中

$$\left.\begin{aligned}R_0^2=M_0N_0=\frac{N_0^2}{V_0^2},\delta_0=\frac{\rho''}{6R_0^2}10^{10}\\x_m=\frac{1}{2}(x_1+x_2),\Delta_0=\frac{10^{15}}{2R_0^2}\end{aligned}\right\} \tag{8-263}$$

精密公式的推导过程比较繁琐,在此从略。

8.11.3 兰勃脱投影长度比、投影带划分及应用

对兰勃脱投影的长度比公式

$$m=\frac{\beta\rho}{N\cos B}$$

在 ρ_0 处展开 $\Delta\rho$ 的幂级数,则有

$$\begin{aligned}m=1&+\frac{V_0^2}{2N_0^2}\Delta\rho^2+\frac{V_0^2\tan B_0}{6N_0^3}(1-4\eta_0^2)\Delta\rho^3+\\&\frac{V_0^2}{24N_0^4}(1+3\tan^2B_0-3\eta_0^2+\cdots)\Delta\rho^4+\cdots\end{aligned} \tag{8-264}$$

如将(8-258)式代入,整理后得

$$m=1+\frac{V_0^2}{2N_0^2}x^2+\frac{V_0^2\tan B_0}{6N_0^3}(1-4\eta_0^2)x^3-\frac{V_0^2\tan B_0}{2N_0^3}xy^2+\cdots \tag{8-265}$$

这是用直角坐标计算长度比 m 的公式。由(8-265)式可知,当 $B=B_0$,此时 $x=0$,则 $m_0=1$,这说明,在标准纬线 B_0 处,长度比为 1,没有变形。当离开标准纬线(B_0)无论是向南还是向北,$|\Delta B|$ 增加,$|x|$ 数值增大,因而长度比迅速增大,长度变形($m-1$)也迅速增大。因此,为限制长度变形,必须限制南北域的投影宽度,为此必须按纬度分带投影。以上是兰勃脱切圆锥投影的情况。

对兰勃脱割圆锥投影的长度比,应按(8-250)式及(8-251)式计算 β 及 K,然后再把此值代

入(8-222)式中计算长度比 m。对南标准纬线 B_1 而言,有式

$$m_1 = \frac{\beta\rho_1}{N_1\cos B_1} \tag{8-266}$$

将

$$\rho_1 = Ke^{-\beta q_1}, \beta = \frac{N_1\cos\beta_1}{Ke^{-\beta q_1}}$$

代入,则

$$m_1 = \frac{N_1\cos B_1}{N_1\cos B_1} \cdot \frac{Ke^{-\beta q_1}}{Ke^{-\beta q_1}} = 1 \tag{8-267}$$

同理,对北标准纬线 B_2 处,$m_2=1$。由此可见,在兰勃脱割圆锥投影中,在南、北两条标准纬线上,长度比 $m_1=m_2=1$,说明长度没有变形。很显然,当点位于区域 $B_1<B<B_2$ 时,长度比 m 必小于 1,当在中间平行圈 B_0 处,长度比 m 达最小;当点位于区域 $B<B_1$ 及 $B>B_2$ 时,长度比 m 必大于 1。为限制长度变形$(m-1)$,同样也必须限制投影的南北宽度,即采用按纬度分带投影。

从上又知,长度比 m 与经差无关。

为了限制长度变形,可按纬圈进行分带投影。即取不同的圆锥与各投影带的标准纬线相切或相割,分别进行投影,然后再将各投影带拼接成整体。投影带的纬度宽,即纬度差,过大过小都不好:过大,长度变形大,于测图及工程建设应用不允许或不方便;过小,长度变形虽小,但给测量计算及投影带的拼接等带来诸多的麻烦和不便。为此,每个国家应根据本国的实际情况,适当地选取投影带的宽度。新中国成立前,采用兰勃脱割圆锥投影作为大地测量投影用,按纬差 2°30′进行分带(如图 8-36),自纬度 22°10′起,由南向北共分 11 个投影带(22°10′以南地区,另行计算),并且相邻投影带重叠 30′,采用东经 105°的经线作为中央子午线,投影后成为纵坐标轴。为保证我国坐标均为正值,将坐标纵轴西移 3 500km;对每带而言,取过南边纬与中央经线相交点的切线,向东为正,为横坐标。对全国统一坐标而言,选赤道投影为横坐标轴。采取以上措施后,就保证我国版图内所有点的坐标均为正值。

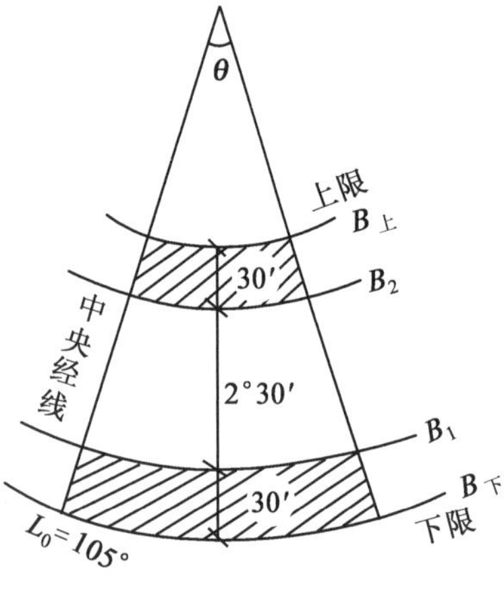

图 8-36

我国新编百万分之一地图也采用兰勃脱割圆锥投影方法,按纬差 4°进行分带,自赤道由南向北将我国分成 14 个投影带,采取每带的中纬和边纬的长度变形绝对值相等的条件确定投影常数。

综上所述,兰勃脱投影是正形正轴圆锥投影,它的长度变形$(m-1)$与经度无关,但随纬差 ΔB,即纵坐标 x 的增大而迅速增大,为限制长度变形,采用按纬度的分带投影,因此,这种投影适宜南北狭窄,东西延伸的国家和地区。这些国家根据本国实际情况,采用相应的分带方法和统一的坐标系统。但与高斯投影相比较,这种投影子午线收敛角有时过大,精密的方向改化和距离改化公式也较高斯投影要复杂,故目前国际上还是建议采用高斯投影。

8.12 工程测量投影面与投影带选择的概念

我国大地测量法式和有关测量规范中明确规定,国家大地测量控制网依高斯投影方法按 6°带或 3°带进行分带和计算,并把观测成果归算到参考椭球体面上。这样规定,不但符合高斯投影的分带原则和计算方法,与国际惯例相一致,而且也便于大地测量成果的统一、使用和互算。经过分析确认,无论对按 6°带测制 1∶25 000 或更小比例尺国家基本图,还是对按 3°带测制 1∶10 000 比例尺图,都能满足测图的精度要求。因此,对于国家大地测量控制网来说,按上述规定建立和采用坐标系具有实用、普遍及深远的意义。

对于工程测量,其中包括城市测量,既有测制大比例尺图的任务,又有满足各种工程建设和市政建设施工放样工作的要求。如何根据这些目的和要求合适地选择投影面和投影带,亦即经济合理地确立工程平面控制网的坐标系,目前尚缺乏统一的规定和明确的条文。在这里,只就有关的一般性问题,比如工程测量中选择投影面和投影带的基本出发点以及几种可能采用的坐标系等问题作一些介绍。

8.12.1 工程测量中投影面和投影带选择的基本出发点

1. 有关投影变形的基本概念

众所周知,平面控制测量投影面和投影带的选择,主要是解决长度变形问题。这种投影变形主要是由于以下两种因素引起的:

(1)实量边长归算到参考椭球面上的变形影响,其值为 Δs_1,依(7-171)式有

$$\Delta s_1 = \frac{sH_m}{R} \tag{8-268}$$

式中 H_m 为归算边高出参考椭球面的平均高程,s 为归算边的长度,R 为归算边方向参考椭球法截弧的曲率半径。归算边长的相对变形

$$\frac{\Delta s_1}{s} = -\frac{H_m}{R} \tag{8-269}$$

依(8-268)式计算的每公里长度投影变形值,依(8-269)式计算的不同高程面上的相对变形,见表 8-14。R 的概值为 6 370km。

从表 8-14 可见,Δs_1 值是负值,表明将地面实量长度归算到参考椭球面上,总是缩短的;$|\Delta s_1|$ 值与 H_m 成正比,随 H_m 增大而增大。

(2) 将参考椭球面上的边长归算到高斯投影面上的变形影响,其值为 Δs_2,依(8-169)式有

$$\Delta s_2 = \frac{1}{2}\left(\frac{y_m}{R_m}\right)^2 s_0 \tag{8-270}$$

表 8-14

H_m/m	10	20	30	40	50	60	70	80	90	100	160	1 000	2 000	3 000
Δs_1/mm	−1.6	−3.1	−4.7	−6.3	−7.8	−9.4	−11.0	−12.6	−14.1	−15.7	−25.1	−157	−314	−472
$\frac{\Delta s_1}{S}$	$\frac{1}{637\,000}$	$\frac{1}{318\,500}$	$\frac{1}{212\,000}$	$\frac{1}{159\,000}$	$\frac{1}{127\,400}$	$\frac{1}{106\,000}$	$\frac{1}{91\,000}$	$\frac{1}{79\,000}$	$\frac{1}{70\,000}$	$\frac{1}{63\,700}$	$\frac{1}{39\,000}$	$\frac{1}{6\,370}$	$\frac{1}{3\,180}$	$\frac{1}{2\,120}$

式中 $s_0=s+\Delta s_1$，即 s_0 为投影归算边长，y_m 为归算边两端点横坐标平均值，R_m 为参考椭球面平均曲率半径。投影边长的相对投影变形为

$$\frac{\Delta s_2}{s_0}=\frac{1}{2}\left(\frac{y_m}{R_m}\right)^2 \tag{8-271}$$

依(8-270)，(8-271)两式分别计算的每公里长度投影变形值以及相对投影变形值见表 8-15（以测区平均纬度 $B=41°52'$，$R_m=6\ 375.9\text{km}$）。

表 8-15

y/m	10	20	30	40	50	60	70	80	90	100	150
Δs_2/mm	1.2	4.9	11.1	19.7	30.7	44.3	60.3	78.7	99.6	133.0	
$\frac{\Delta s_2}{s_0}$	1/810 000	1/200 000	1/90 000	1/50 000	1/32 000	1/22 000	1/16 500	1/12 700	1/10 000	1/8 000	1/3 500

从上可见，Δs_2 值总是正值，表明将椭球面上长度投影到高斯面上，总是增大的；Δs_2 值随着 y_m 平方成正比而增大，离中央子午线愈远，其变形愈大。

2. 有关工程测量平面控制网的精度要求的概念

工程测量控制网不但应作为测绘大比例尺的控制基础，还应作为城市建设和各种工程建设施工放样测设数据的依据。为了便于施工放样工作的顺利进行，要求由控制点坐标直接反算的边长与实地量得的边长，在长度上应该相等，这就是说由上述两项归算投影改正而带来的长度变形或者改正数，不得大于施工放样的精度要求。一般来说，施工放样的方格网和建筑轴线的测量精度为 1/5 000~1/20 000。因此，由投影归算引起的控制网长度变形应小于施工放样允许误差的 1/2，即相对误差为 1/10 000~1/40 000，也就是说，每公里的长度改正数不应该大于 10~2.5cm。

3. 工程测量投影面和投影带选择的基本出发点

(1)在满足工程测量上述精度要求的前提下，为使得测量结果的一测多用，这时应采用国家统一 3°带高斯平面直角坐标系，将观测结果归算至参考椭球面上。这就是说，在这种情况下，工程测量控制网要同国家测量系统相联系，使二者的测量成果互相利用。

(2) 当边长的两次归算投影改正不能满足上述要求时，为保证工程测量结果的直接利用和计算的方便，可以采用任意带的独立高斯投影平面直角坐标系，归算测量结果的参考面可以自己选定。为此，可采用下面三种手段来实现：(a)通过改变 H_m 从而选择合适的高程参考面，将抵偿分带投影变形，这种方法通常称为抵偿投影面的高斯正形投影；(b)通过改变 y_m，从而对中央子午线作适当移动，来抵偿由高程面的边长归算到参考椭球面上的投影变形，这就是通常所说的任意带高斯正形投影；(c)通过既改变 H_m(选择高程参考面)，又改变 y_m(移动中央子午线)，来共同抵偿两项归算改正变形，这就是所谓的具有高程抵偿面的任意带高斯正形投影。

8.12.2 工程测量中几种可能采用的直角坐标系

目前，在工程测量中主要有以下几种常用的平面直角坐标系。

1. 国家 3°带高斯正形投影平面直角坐标系

由表 8-14 和表 8-15 可见，当测区平均高程在 100m 以下，且 y_m 值不大于 40km 时，其投影

变形值 Δs_1 及 Δs_2，均小于 2.5cm，可以满足大比例尺测图和工程放样的精度要求。因此，在偏离中央子午线不远和地面平均高程不大的地区，无需考虑投影变形问题，直接采用国家统一的 3°带高斯正形投影平面直角坐标系作为工程测量的坐标系，使两者相一致。

2. 抵偿投影面的 3°带高斯正形投影平面直角坐标系

在这种坐标系中，仍采用国家 3°带高斯投影，但投影的高程面不是参考椭球面而是依据补偿高斯投影长度变形而选择的高程参考面。在这个高程参考面上，长度变形为零。当采用第一种坐标系时，有

$$\Delta s_1 + \Delta s_2 = \Delta s$$

且 Δs 超过允许的精度要求（10~2.5cm）时，我们可令 $\Delta s=0$，即

$$s\left(\frac{y_m^2}{2R_m^2} + \frac{H_m}{R}\right) = \Delta s_2 + \Delta s_1 = \Delta s = 0 \tag{8-272}$$

于是，当 y_m 一定时，由上式可求得

$$\Delta H = \frac{y_m^2}{2R} \tag{8-273}$$

比如，某测区海拔 $H_m = 2\,000$（m），最边缘中央子午线 100（km），当 $s = 1\,000$（m）时，则有

$$\Delta s_1 = -\frac{H_m}{R_m} \cdot s = -0.313(\mathrm{m})$$

及

$$\Delta s_2 = \frac{1}{2}\left(\frac{y_m^2}{R_m^2}\right) s = 0.123(\mathrm{m})$$

而

$$\Delta s_1 + \Delta s_2 = -0.19(\mathrm{m})$$

超过允许值（10~2.5cm）。这时为不改变中央子午线位置，而选择一个合适的高程参考面，使（8-272）式成立。于是依（8-273）式算得高差

$$\Delta H \approx 780(\mathrm{m})$$

这就是说，将地面实测距离归算到

$$2\,000 - 780 = 1\,220(\mathrm{m})$$

的高程面上，此时，两项长度改正得到完全补偿。事实上，

$$\Delta s_1 = -\frac{780}{6\,370\,000} \times 1\,000 = -0.122(\mathrm{m})$$

$$\Delta s_2 = \frac{1}{2}\left(\frac{100}{6\,370}\right)^2 \times 1\,000 = 0.123(\mathrm{m})$$

亦即

$$\Delta s = \Delta s_1 + \Delta s_2 = 0$$

3. 任意带高斯正形投影平面直角坐标系

在这种坐标系中，仍把地面观测结果归算到参考椭球面上，但投影带的中央子午线不按国家 3°带的划分方法，而是依据补偿高程面归算长度变形而选择的某一条子午线作为中央子午线。这就是说，在（8-272）式中，保持 H_m 不变，于是求得

$$y = \sqrt{2R_m H_m} \tag{8-274}$$

比如，某测区相对参考椭球面的高程 $H_m = 500$m，为抵偿地面观测值向参考椭球面上归算

的改正值,依上式算得

$$y = \sqrt{2 \times 6\,370 \times 0.5} = 80(\mathrm{km})$$

即选择与该测区相距 80km 处的子午线。此时在 $y_m = 80\mathrm{km}$ 处,两项改正项得到完全补偿。事实上

$$\Delta s_1 = -\frac{H_m}{R_m} \cdot s = -\frac{500}{6\,370\,000} \times 1\,000 = -0.078(\mathrm{m})$$

$$\Delta s_2 = \frac{1}{2}\left(\frac{y_m}{R_m}\right)^2 s = \frac{1}{2}\left(\frac{80}{6\,370}\right)^2 \times 1\,000 = 0.078(\mathrm{m})$$

亦即

$$\Delta s_1 + \Delta s_2 = \Delta s = 0$$

但在实际应用这种坐标系时,往往是选取过测区边缘,或测区中央,或测区内某一点的子午线作为中央子午线,而不经过上述的计算。

4. 具有高程抵偿面的任意带高斯正形投影平面直角坐标系

在这种坐标系中,往往是指投影的中央子午线选在测区的中央,地面观测值归算到测区平均高程面上,按高斯正形投影计算平面直角坐标。由此可见,这是综合第二、三两种坐标系长处的一种任意高斯直角坐标系。显然,这种坐标系更能有效地实现两种长度变形改正的补偿。

5. 假定平面直角坐标系

当测区控制面积小于 $100\mathrm{km}^2$ 时,可不进行方向和距离改正,直接把局部地球表面作为平面建立独立的平面直角坐标系。这时,起算点坐标及起算方位角,最好能与国家网联系,如果联系有困难,可自行测定边长和方位,而起始点坐标可假定。这种假定平面直角坐标系只限于某种工程建筑施工之用。

第 9 章　控制测量概算

控制测量外业工作结束以后,获得大量的外业观测值(如水平方向、边长和天文方位角等)和其他必要的测绘资料(如归心投影用纸等),紧接着应进行控制测量的概算。概算的主要目的是:

(1)系统地检查外业成果质量,把好质量关;

(2) 将地面上观测成果化算到高斯平面上,为平差计算做好数据准备工作;

(3) 计算各控制点的资用坐标,为其他急需提供未经平差的控制测量基础数据。

为了达到上述目的,控制测量概算的过程和主要内容应该是:

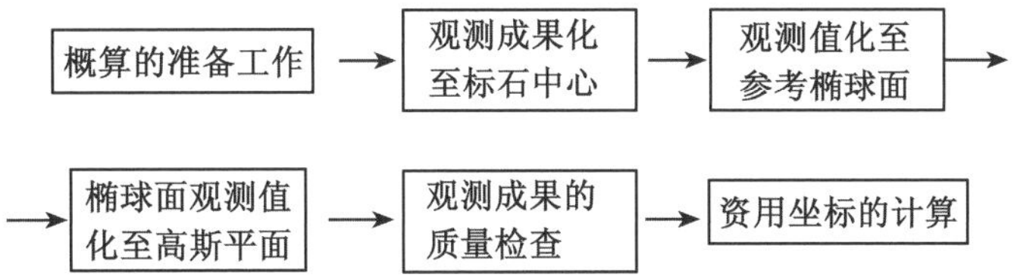

也就是说,概算工作是紧紧围绕前两章中已经讲述过的将地面观测值化至椭球面并进一步化至高斯平面上的理论进行的。因此,本章主要将应用前面两章的理论知识,通过实例具体介绍控制测量概算的各项内容和具体做法,使理论与实践得以紧密结合。

由于各等控制测量要求的精度不同,概算中的计算项目、公式以及做法也略有差别。比如在一、二等三角测量概算中,要按上述完整程序逐一进行,而在有些计算步骤上,还要经过有限的逐渐趋近才能得以实现;而在三、四等三角测量概算时,在某些情况下(比如 $\zeta,\eta<10''$,$H<2\ 000$m 时)一般可将大地水准面上的观测值直接看做参考椭球面上的观测量,其他计算项目与一、二等三角测量概算相同,但相应的计算公式可简略一些。下面以二等三角测量概算为例来讨论,而对其他各等只作必要说明。

概算工作是把好质量关的重要一环,概算中的差错将直接影响到平差计算的最后成果,因此计算必须认真负责,确保成果质量真实、准确、可靠和整洁。

9.1　概算的准备工作

9.1.1　外业成果资料的检查

外业资料是控制测量的原始记录,如果存在着错误,直接影响和损害成果的质量,而计算时又难以发现。所以,在概算前对外业观测成果及资料应进行认真全面的检查,检查的主要项目和内容有:

1. 观测手簿

观测手簿包括水平方向(角度)手簿、垂直角手簿以及边长手簿。检查这些原始数据是否清楚,运算是否准确和合乎要求,各项限差是否满足有关的限差规定,度盘位置是否正确,仪器高、觇标高的量取是否合乎要求,测站点和观测点的气温、气压是否有明确记载,各项整饰注记是否齐全等。

2. 观测记簿

要全面核对记簿和手簿有关内容是否有差错,成果的取舍和重测是否合理,分组观测是否合乎要求,测站平差是否正确。把检查后确认为无误的水平方向值填入水平方向表中(见9.7节表9-14中观测方向值栏),凑整至0.01″。若是三、四等三角测量概算,则凑整至0.1″。

3. 归心投影用纸

原始投影点线是否清楚、正确,投影时间、次数是否合乎要求,示误三角形、检查角及投影偏差是否合限,应改正的方向有否错漏,归心元素量取是否正确,注记和整饰是否齐全等。把经检查确认无误的归心元素填入归心改正计算用表(见9.7节表9-6)。

4. 仪器检验资料及其他

仪器检验项目、方法及次数是否符合规定,计算是否正确,检验结果是否满足限差的要求,点之记注记是否完整,觇标及标石委托保管书有无遗漏。

如检查中发现重大问题要认真研究,及时处理,确保外业成果资料无误和可靠。

9.1.2 已知数据表和控制网略图的编制

凡直接测定的起始边长、天文方位角称为起始数据,凡通过推算求得的高等边长、方位角以及点的坐标作为低等网控制时,称为起算数据,两者统称为已知数据。对于二等三角网应首先收集可能利用的国家一等网点的已知数据,并编制成已知数据表。已知数据是计算的依据,如抄录有误将对计算结果产生系统性影响,因而这项工作需由两名具有一定水平的技术人员独立编制,经仔细校对后方能使用。编制时对资料的来源、精度情况等要认真分析研究,并在表中加以说明(见9.7节表9-2~表9-4)。

为了概算和以后平差计算的需要,需绘制控制网资用略图(见算例三角网略图)。略图应用墨汁在结实的纸上绘制,应绘出经纬线(或直角坐标网线),略图比例尺不作要求,但应做到清晰、美观、实用。起算点根据坐标展绘并标以红色,起算边用红线表示。从起算点出发,用角度交汇或距离交汇展绘所有其他控制点,各控制点及其相应方向均用黑色绘出,在边角网中应标明测距的边长。各三角点应注明名称(或编号)、等级、高程及测站点归心元素等。

9.2 观测成果化至标石中心的计算

9.2.1 三角形近似边长及球面角超的计算

1. 近似边长计算

为了计算归心改正数、近似坐标、球面角超及三角高程推算,必须计算三角网中各边的近似边长。近似边长的计算按三角形正弦公式进行,由图9-1所示:

$$\left.\begin{aligned} a &= b \cdot \frac{\sin A}{\sin B} \\ c &= b \cdot \frac{\sin C}{\sin B} \end{aligned}\right\} \tag{9-1}$$

式中 a,b,c 分别为三角形顶角 A,B,C 所对的边长，其中 b 为已知边长，a,c 为推算边长，计算在表格上进行（见 9.7 节表 9-5）。表中第一栏为三角形编号，该编号应按推算路线依次编排。第二栏为三角形顶点名称，三角形已知边所对的顶点应写入该栏第一列，间隔边所对的顶点写入第二列，推算边所对的顶点写入第三列。第三栏为三角形顶点相应的角度值，它是水平方向表中未经归心改正的相应方向值（即 9.7 节表 9-14中第五栏）之差数，并凑至 0.1″。第四栏为角度改正数，将各三角形内角和与 180°之差值，按 1/3 反号分配于各角。当商数不为整数时要凑整，凑整误差较大的分配给大角。第五栏为近似平差角值，由相应的第三栏观测角值加上第四栏改正数得到，凑至 1″。若三、四等则凑至 10″即可。

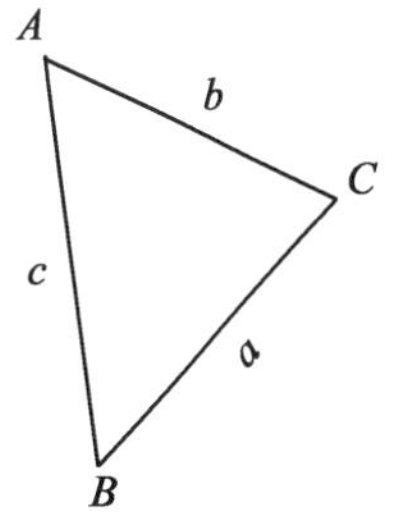

图 9-1

近似边长计算到 0.1m，当边长解算闭合到已知边上时，其闭合差不得超过±0.5n，其中 n 为推算时用到的三角形个数，若 w_s 合限，则按下式分配：

$$\Delta s_i = -\frac{w_s}{n}\cdot i$$

式中 $w_s = s_{推算} - s_{已知}$，i 是由已知边至闭合边的三角形序号，Δs_i 是第 i 个三角形待定边的改正数。算例中因 w_s 很小，又使用近似边长时取至整米，故未计算 Δs_i。

通常情况下起算边长为球面上的大地线的长度，所以计算的近似边长为球面边长。为了便于以后近似坐标计算，还需计算近似平面边长 D'，$D' = sm$，而 $m = 1+\frac{y_m^2}{2R^2}$，R_m 以测区平均纬度 B_m 为引数从《测量计算用表》查取，y_m 和 B_m 由三角网略图查取。算得的 D'填在表 9-5 第八栏的相应的列内。

2. 球面角超的计算

为了检查方向改正计算的正确性和近似平面角的计算，要计算球面角超。计算公式为

$$\varepsilon'' = fab\sin C = fac\sin B = fbc\sin A \tag{9-2}$$

式中 $f=\frac{\rho''}{2R^2}$，以测区平均纬度 B_m 在《高斯-克吕格投影用表》中查取；a,b,c 为边长，以 km 为单位，取至 0.01km；ε 计算到 0.01″，若三、四等则计算到 0.1″即可。

球面角超计算通常与近似边长解算在同一表内进行（见表 9-5 中第七栏）。

9.2.2 观测值化至标石中心的计算

为了把观测方向值归算到标石中心的方向值，必须将观测方向值加上测站点归心改正和照准点归心改正，其计算公式如下。

测站点归心改正公式：

$$C''_i = \frac{e_y \sin(M_1 + \theta_y)}{s_{ik}}\rho'' \tag{9-3}$$

照准点归心改正公式：

$$r''_k = \frac{e_T \sin(M_2 + \theta_T)}{s_{ik}}\rho'' \tag{9-4}$$

式中 s_{ik}为测站至照准点间的距离，抄自近似边长计算结果，以 km 为单位。e_y,θ_y 及 e_T,θ_T 分别为测站点和照准点的归心元素，M_i 为测站上观测方向值。归心改正计算也在表格上进行（见

表 9-6)。归心改正计算到 0.001″,取至 0.01″,若三、四等则算到 0.01″,取至 0.1″。

在计算归心改正数时,应特别注意到:(1)测站点归心改正数是改正本测站观测各照准点的方向值;而照准点归心改正数是改正周围各测站观测本点的方向值,二者要严加区别;(2)当观测的零方向和偏心角所量的零方向不一致时,应化成测站零方向后再计算;(3)特别注意 $C''(r'')$ 的正、负号;(4)对于大偏心,应采取更严密公式进行计算。

归心改正数计算完毕后,把归心改正数 C'' 和 r'' 分别填入水平方向表,并取 C'' 和 r'' 的代数和,然后化算归零值,即得到归零后的归心改正数;将它加到观测值上去,即得到归心改正后化至标石中心的水平方向观测值(见表 9-14 中第六栏至第十栏)。

观测边长化至标石中心的计算:

如果在三角网中加测了若干条电磁波测距的边长,当测距时存在偏心,对这些边也应计算归心改正,使其归算到标石中心的观测边长。

如图 9-2 所示,C_1 和 C_2 为三角点标石中心,i 和 k 为测距仪中心和镜站中心,e_i 和 e_k 为其偏心长度元素;θ_i 和 θ_k 为其偏心角度元素,分别从测边方向顺时针至偏心距 e_i 和 e_k 间的夹角。偏心观测边长为 d',现要求归化到标石中心的边长 d。

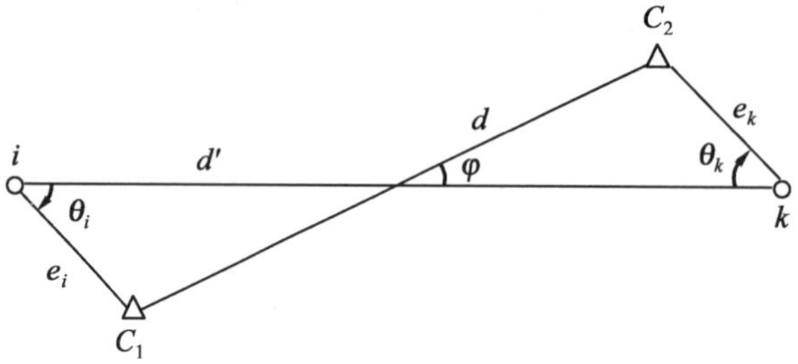

图 9-2

由图易知

$$\left.\begin{aligned} d\cos\varphi &= d' - e_i\cos\theta_i - e_k\cos\theta_k \\ d\sin\varphi &= e_i\sin\theta_i + e_k\sin\theta_k \end{aligned}\right\} \tag{9-5}$$

顾及 $\cos^2\varphi+\sin^2\varphi=1$,则由以上两式可得

$$d = [(d' - e_i\cos\theta_i - e_k\cos\theta_k)^2 + (e_i\sin\theta_i + e_k\sin\theta_k)^2]^{\frac{1}{2}} \tag{9-6}$$

上式即为由偏心观测边长 d' 及偏心元素 e 和 θ 计算标石中心边长的严密公式。

若将上式展开台劳级数,取前两项,并设

$$\Delta d = \Delta_i + \Delta_k \tag{9-7}$$

而

$$\left.\begin{aligned} \Delta_i &= - e_i\cos\theta_i + \frac{e_i^2\sin^2\theta_i}{2(d' - e_i\cos\theta_i - e_k\cos\theta_k)} \\ \Delta_k &= - e_k\cos\theta_k + \frac{e_k^2\sin^2\theta_k}{2(d' - e_i\cos\theta_i - e_k\cos\theta_k)} \end{aligned}\right\} \tag{9-8}$$

又设

$$\Delta d' = \frac{e_i e_k \sin\theta_i \sin\theta_k}{d' - e_i\cos\theta_i - e_k\cos\theta_k} \tag{9-9}$$

则得计算标石中心边长的又一公式:

$$d = d' + \Delta d + \Delta d' \tag{9-10}$$

9.3 观测值化至椭球面上的计算

9.3.1 预备计算

将地面上经归心改正后的观测值归化至椭球面上的计算在第七章中已进行了详细地讨论。其内容包括水平方向的归化改正(三差改正)、长度归化改正和天文方位角归化为大地方位角的计算。在这些公式中需要有关边长的近似大地方位角,为此需进行一些必要的预备计算工作。

1. 三角形闭合差及测角中误差的计算

计算三角形闭合差的目的是为了计算近似平面归化角和测角中误差;求定近似归化角的目的是为求各边的近似坐标方位角和各点近似坐标做好准备工作。整个计算在表格中进行,见表9-7。

表9-7中第三栏的角度值由水平方向表中经归心改正到标石中心的相应方位值(即表9-14中第十栏)相减得到。表中第四栏球面角超ε''抄自算例表8-5相应的数值,按$-\frac{\varepsilon''}{3}$分到各角上。表中第五栏,三角形闭合差按下式计算:

$$w'' = \sum\beta - (180^\circ + \varepsilon'') \tag{9-11}$$

按$-\frac{w''}{3}$平均分配给各角。第六栏为三、四、五栏之代数和,即为近似平面归化角值,计算到0.01″,若三、四等则计算到0.1″。

测角中误差按菲列罗公式计算:

$$m'' = \pm\sqrt{\frac{[ww]}{3n}} \tag{9-12}$$

式中w为三角形闭合差,按(9-11)式计算,n为三角形个数。

2. 近似坐标的计算

为了计算近似子午线收敛角(为求近似大地方位角用)及方向改化和距离改正,需计算各三角点的近似坐标。坐标计算有两种方法。

变形戎格公式:

$$\left.\begin{aligned} x_3 &= \frac{x_1\cot2 + x_2\cot1 - y_1 + y_2}{\cot1 + \cot2} \\ y_3 &= \frac{y_1\cot2 + y_2\cot1 + x_1 - x_2}{\cot1 + \cot2} \end{aligned}\right\} \tag{9-13}$$

三角形编号如图9-3所示,1,2为已知点,3为待求点。

坐标增量公式:

$$\left.\begin{aligned} x_2 &= x_1 + \Delta x_{12} = x_1 + D'_{12}\cos T'_{12} \\ y_2 &= y_1 + \Delta y_{12} = y_1 + D'_{12}\sin T'_{12} \end{aligned}\right\} \tag{9-14}$$

当有两个已知点坐标时,用(9-13)式计算较为方便,否则应用(9-14)式为好。式中D'_{12}为近似平面边长,由近似边长计算得到(见表9-5中第八栏)。T'_{12}为近似坐标方位角,由已知的坐标方位角和近似平面角(表9-7中第六栏数值)推算得到。近似坐标计算也在表格中进行(见表9-8),计算到0.1m,若三、四等计算到1m。高等控制网要求归化工作很高精度时,有时要经过

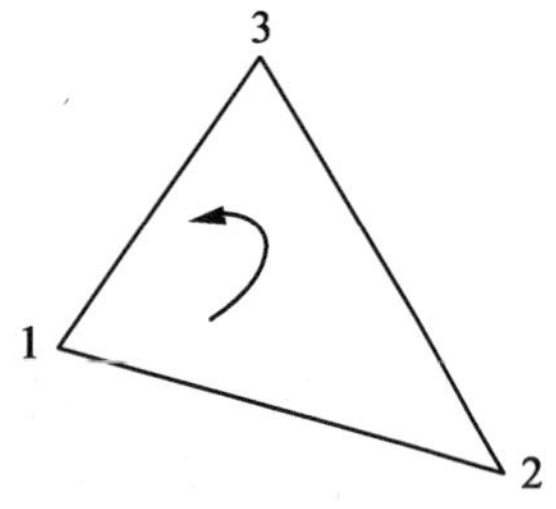

图 9-3

二次趋近计算近似坐标才能满足要求，但三、四等时，一般计算一次就够了。

3. 近似子午线收敛角及近似大地方位角的计算

计算近似子午线收敛角的目的是为计算近似大地方位角，近似大地方位角计算的目的则是为满足观测值归化至椭球面上各项计算之需。

近似子午线收敛角的计算公式：

$$\gamma' = Ky + \delta_r \tag{9-15}$$

式中

$$K = \frac{\rho' \tan B}{N}$$

$$\delta_r = -\frac{y^3\rho'(\tan B + \tan^3 B - \tan B\eta^2)}{3N^3}$$

K 和 δ_r 可在《测量计算用表》中以近似坐标 x, y 查取。

近似大地方位角的计算公式：

$$A'_{12} = T'_{12} + \gamma' \tag{9-16}$$

式中 T'_{12}抄自近似坐标计算时的近似坐标方位角。近似子午收敛角和近似大地方位角计算也在表格上进行(见表 9-10)。

4. 已知数据的换算

1）平面直角坐标换算为大地坐标

为了计算已知点的子午线收敛角 r 和垂线偏差分量，当已知点的起算坐标为高斯投影平面直角 x, y 时，则应将它换算为大地坐标。换算公式即为在第八章叙述过的高斯投影坐标反算公式：

$$\left.\begin{aligned} B &= B_f - y'(A_1 + A_2 y') - \delta''_B \\ L &= L_0 + l'' = L_0 + y:(b_1 + B_2 y') + \delta''_l \end{aligned}\right\} \tag{9-17}$$

关于此项计算的过程与前一章介绍的完全相同(见表 8-8)。

2）已知点子午线收敛角的计算

为将已知点上的天文方位角换成大地方位角，应该首先计算出该点上的子午线收敛角。计算公式在前一章也讲过了，今重写如下：

$$\gamma'' = l''(c_1 + c_1 l') + \delta_r \tag{9-18}$$

具体计算见算例表 9-9。

5. 垂线偏差分量的计算

为对水平方向施加垂线偏差改正，必须计算各点的垂线偏差分量 ξ, η。如果有测区范围内的垂线偏差图，那么可根据各三角点的近似坐标由图直接查取，可不必进行此项计算。如果没有垂线偏差分量图，可视以下两种情况采用不同方法进行计算。

对有天文观测资料(天文经纬度)的全部三角点，按下式求出垂线偏差分量：

$$\left.\begin{aligned} \xi &= \varphi - B \\ \eta &= (\lambda - L)\cos\varphi \end{aligned}\right\} \tag{9-19}$$

对有重力资料的三角点按下式计算：

$$\left.\begin{aligned} \xi &= \xi_p + \delta_\xi \\ \eta &= \eta_p + \delta_\eta \end{aligned}\right\} \tag{9-20}$$

$$
\left.\begin{aligned}
\delta_{\xi} &= \frac{\sum(\xi^{\circ} - \xi_{p}^{\circ})}{n} \\
\delta_{\eta} &= \frac{\sum(\eta^{\circ} - \eta_{p}^{\circ})}{n}
\end{aligned}\right\}
$$

以上两式的含义及其计算,在天文和重力测量中都有详述,在此不再赘述。将算得的垂线偏差 ξ,η 分别标在图上,并根据它们的数值内插描绘 ξ,η 的等间隔曲线,则其余控制点的 ξ,η 可在该图上内插得到。将获得的 ξ,η 取至 0.1″填在三项改正计算用表内(见表 9-11 中的第二栏)。本算例中的 ξ,η 是由垂线偏差分量图上查取,故没具体计算表格。对于三、四等三角测量,在我国东部平原地区,当 $\xi,\eta<10''$ 时,可不进行此项计算。

6. 大地水准面差距的计算

为将基线长度归算至参考椭球面以及为了在水平方向中加入标高差改正数,需计算各三角点的大地水准面差距 h。如有大地水准面差距图,可采用天文水准的方法推求,其公式为

$$h_2 - h_1 = -\frac{s}{2\rho''}[(\eta_1 + \eta_2)\sin A_{12} + (\xi_1 + \xi_2)\cos A_{12}] \tag{9-21}$$

该式的推证和计算在重力测量中已有详述。

本算例中用到的大地水准面差距 h 是由大地水准面差距图中查取的。有时,在平原地区,由于 h 值不大,往往略去该项计算。

7. 三角点上的三角高程的计算

为了计算三差改正中的"标高差"改正数,必须要知道各三角点的高程。在没有几何水准测定高程的三角点上,可用三角高程方法推求,其计算公式为

$$H = H_1 + S\tan\alpha_{12} + cS^2 + i_1 - a_1 + \Delta h_{12} \tag{9-22}$$

式中 H_1 为已知点高程,S 为两点间球面边长,抄自近似边长计算表(见表 8-4 第六栏),α_{12} 为观测的高度角,c 为地球曲率半径和大气折光差改正系数,i 及 a 分别为测站点仪器高和照准点标高,Δh_{12} 为高差改正项,$\Delta h_{12}=\frac{H_m}{R}(H_2-H_1)$ 或 $\Delta h_{12}=S\cdot\frac{H_m}{R}\tan\alpha_{12}$,当两点高差小于 1 000m 时,可略去 Δh_{12} 的计算。

算例中各三角点高程均由几何水准测量得到,故没有此项计算。

9.3.2 观测值化至椭球面上的计算

1. 观测方向值归化改正数的计算

水平方向归化到椭球面上须在测站平差和归心改正后的方向值中加入以下三项改正:

1) 垂线偏差改正

计算公式为

$$\delta''_u = -(\xi_1\sin A'_{12} - \eta_1\cos A'_{12})\tan\alpha_{12} \tag{9-23}$$

计算取至 0.001″,三、四等三角测量通常不计算 δ''_u,只有当 $\xi,\eta''>10''$ 时才考虑 δ''_u 的改正,此时取至 0.01″即可。

2) 标高差改正

计算公式为

$$\delta''_h = [H_2^0 + h_2 + a_2]_2(1)_2\frac{e^2}{2}\cos^2 B_2\sin 2A'_{12} = K_1\sin 2A'_{12} \tag{9-24}$$

式中 H_2^0 为照准点的海拔高程,h_2 为照准点的大地水准面差距,a_2 为标高。K_1 按 $H_2=(H_2^0+h_2+a_2)$ 和 B_2 在《测量计算用表》中查取。δ''_h 算至 0.001″。三、四等角测量时,通常不考虑 δ''_h,但当 $H_2>2\ 000\text{m}$ 时,应计算 δ''_h 改正,计算时取至 0.01″即可。

3) 由法截弧方向化为大地线方向的改正

计算公式为

$$\delta''_g=-\frac{e^2}{12\rho''}s^2(2)_1^2\cos^2B_1\sin2A'_{12}=K_2\sin2A'_{12} \tag{9-25}$$

式中 K_2 按 S 和 B 在《测量计算用表》中查取。因 δ''_g 很小,只有在一等三角测量概算时才计算。

以上三项改正计算通常在同一表格中进行,具体计算见算例表 9-11。表中第一栏为三角形序号,第二栏为测站点名称,在测站点名称下面写出该点垂线偏差分量 ξ,η。表中高度角 α_{12}抄自垂直角观测手簿,方位角 A'_{12}抄自近似大地方位角计算用表(见表 9-10),取至分即可。表中右边第六栏即为照准点的大地高,它等于照准点的海拔高度(几何水准得到)加上大地水准面差距(由大地水准面差距图查取),取至 m 即可。第七栏为照准点的纬度,由近似坐标查取《高斯-克吕格投影计算用表》中的 B_f 即可,取至分。

三项改正计算后,填入水平方向表,并取各改正数的代数和,然后化算为归零值,即得到观测方向值归化至椭球面上的改正数。把归算至标石中心的观测方向值加上相应的归化改正数,便获得归化到椭球面上的方向值。具体数值计算见表 9-14 中的第 11~15 栏。

2. 基线长度和观测边长的归化改正

起算边长以及实测边长都应归化为椭球面上的大地线长度。归化公式已在第七章讲过了,今重写如下:

$$\Delta s=-d\frac{H_{\text{m}}}{R+H_{\text{m}}} \tag{9-26}$$

式中 $\Delta s=s-d$ 为边长归化改正数,d 为经倾斜及归心改正后的实测边长,s 为椭球面上相应的大地线长度,H_{m} 为归化边长高出椭球面的平均高程(大地高),R 为归化边长方向法截弧曲率半径。Δs 计算到 0.01mm,算例中已知边长已是大地线长度故无 Δs 的计算。

3. 起始方位角的化算

已知的起始天文方位角或实测的天文方位角都必须归化成椭球面上大地方位角。其计算公式为

$$A_{12}=\alpha_{12}-(\lambda_1-L_1)\sin\varphi_1+\delta_u \tag{9-27}$$

式中 α_{12}为观测的天文方位角,λ_1 和 φ_1 分别为测站点的天文经、纬度,L_1 为测站点的大地经度,δ_u 为垂线偏差改正。算例中的起始方位角已是大地方位角,故无该项计算。

至此,已将地面观测值都归化到椭球面上。

9.4 椭球面上的观测值化至高斯平面上的计算

为了在平面上进行平差,还必须将椭球面上观测值化算到高斯投影平面上。这项工作包括方向改化、距离改化和大地方位角化算为坐标方位角等三项内容。

9.4.1 方向改化的计算

为将椭球面上方向值化算到高斯平面上,需计算方向改化用的方向改正数。其公式已在前一章作了详细的推证,今抄写如下:

$$\left.\begin{aligned}\delta''_{1,2} &= -\frac{f_m}{3}(x_2 - x_1)(2y_1 + y_2)\\ \delta''_{2,1} &= \frac{f_m}{3}(x_2 - x_1)(2y_2 + y_1)\end{aligned}\right\} \tag{9-28}$$

三、四等方向改正计算公式:

$$\delta''_{1,2} = |\delta_{2,1}| = \frac{\rho''}{2R_m^2} y_m \Delta x = f_m \Delta x y_m \tag{9-29}$$

以上两式中 $f_m = \dfrac{\rho''}{2R_m^2}$,由《高斯-克吕格投影计算用表》,按两点间平均纬度 B_m 查取。x,y 均抄自近似坐标计算,取至 0.1m。方向改化也在表格中计算(见表 9-13)。每个三角形三个内角的角度方向改化之代数和应等于该三角形的球面角超的反号,以此作为方向改正数计算正确性的检核,不符值应在 0.002″内,三、四等应在 0.02″之内。经检核无误的方向改化,填入水平方向表相应栏内(见表 9-14 中第十六栏)。归零后再加到已归化至椭球面上的方向值上,于是便得到化算至高斯平面上的方向值。高斯平面上方向值取至 0.01″,三、四等取至 0.1″。

9.4.2 距离改化计算

为把椭球面上大地线的长度化算为高斯平面上的直线长度,需计算距离改化的改正数,其公式由前一章抄得

$$D = \left(1 + \frac{y_m^2}{2R_m} + \frac{\Delta y^2}{24R_m^2}\right) S = (1 + K) S \tag{9-30}$$

其中 S 为椭球面上大地线长度,D 为高斯平面上长度。y_m 以 km 为单位,$y_m = \dfrac{1}{2}(y_1 + y_2)$,$y_1$,$y_2$ 抄自近似坐标计算。R_m 以 B_m 为引数从《测量计算用表集》中查取,以 km 为单位。距离改化计算见表 9-12,计算取值到 1mm。

9.4.3 大地方位角化算为坐标方位角的计算

为在高斯平面上进行坐标计算,要求推求各边的坐标方位角,为此需把起始大地方位角化算成坐标方位角,其计算公式为

$$T_{1,2} = A_{12} - \gamma_1 + \delta_{12} \tag{9-31}$$

式中 A_{12} 为大地方位角,γ_1 为起算点的子午线收敛角,可由起算点的坐标算得(见表 9-8),δ_{12} 为起始方向的方向改化值(见表 9-13)。

由于本算例已知的是起始边坐标方位角,故无此项计算。

至此,观测成果及有关已知数据的化算工作已全部结束。

9.5 依控制网几何条件检查观测质量

角度观测质量的好坏,直接影响控制网的精度,因此,外业观测质量必须经过严格检验,使其合乎规范要求。在角度观测中,虽在测站上进行过观测限差的检查,但它只能保证本测站观测值的内符合精度,只能部分地反映观测值的质量。本节所述按控制网几何条件检查观测质量是从各测站结果之间应满足的几何条件的关系式出发来全面考虑的。它不仅反映作业本身

的误差,也包含了某些粗差和系统误差的综合影响,因而能全面地表示观测质量。本节主要内容有二:一是按规定的限差检验各几何条件闭合差和测角中误差;二是几何条件闭合差超限时,大误差测站的查寻。

9.5.1 依控制网几何条件检查观测质量的主要内容

控制网中可能产生的几何条件有角度条件(包括图形条件,水平闭合条件,方位角或固定角条件)和正弦条件(包括极条件,线条件和纵横坐标条件),这些条件闭合差的限差公式将在本书 11.1 节中详细介绍。下面给出外业成果质量检查的内容和步骤:

(1)计算角度条件闭合差并用限差值进行检验,接近限差值的角度条件只能是个别的;

(2)按菲列罗公式计算测角中误差,并依本三角网相应等级规定的测角中误差进行检验;但参与计算测角中误差的三角形闭合差个数应在 20 个以上,如果少于此数值,算出的测角中误差只作参考,不作为检核的依据;

(3)计算正弦条件闭合差并用限差值进行检验,同样,接近限差值的正弦条件应是个别的。

以上项目的检查,一般在三角网略图上依次进行。

9.5.2 依几何条件查寻闭合差超限的测站

依控制网几何条件检查观测质量,主要是用客观检验尺度来验证观测结果是否合乎要求,因此,检验的过程同时也是揭露矛盾和暴露矛盾的过程。在检查中,如发现某项检验不通过,就要集中全力,全面地分析和寻找可能出现大误差的测站,进行重测,以保证最后结果全部合乎限差要求。下面通过几个典型例子来说明查寻大误差测站的方法。

图 9-4 是三等三角网中的一个图形,三角形闭合差分别标注在三角形内,其中$\triangle ABF$,$\triangle AEF$ 闭合差超限。此时,不要认为 A,B,E,F 各测站的观测都有问题,要学会全面分析的方法,养成分析的习惯。由相邻三角形闭合差的符号及其大小可以看出,错误的测站可能是 A 或 F,再根据极校验资料,发现以 F 为极的极条件闭合差较大。当$\angle BAF$ 增大,$\angle FAE$ 减小,角、边闭合差均减小。这就可说明 A 站发生错误的可能性最大。

又如图 9-5 中,由各三角形闭合差的大小及符号来看,错误的测站可能是 B 或 D。再分别以 A,B,C,D 为极作校验,如以 D 为极的闭合差最小,A,C 为极的闭合差都合乎要求,仅以 B 为极的闭合差超限,则可认为$\angle ADB$,$\angle BDC$ 测错的可能性最大,应先检测 D 站。这是因为以 D 为极作校验时,未用$\angle ADB$ 和$\angle BDC$,而以 A,C 为极时只用了两角中的一角,当以 B 为极时两个角都用了。显然,从极校验闭合差的大小和所使用的角度情况来分析,可判定 D 站发生错误的可能性最大。

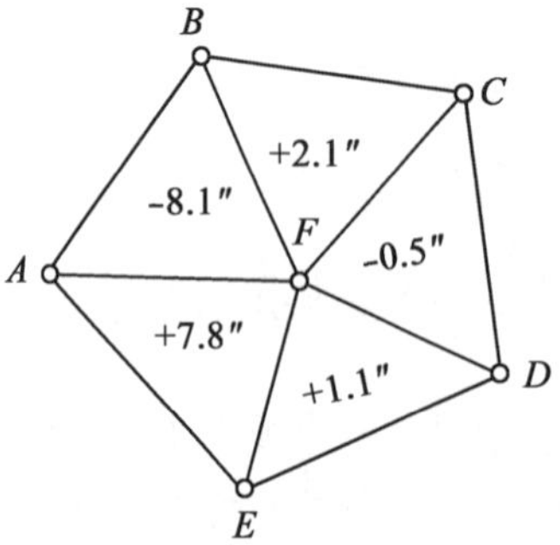

图 9-4

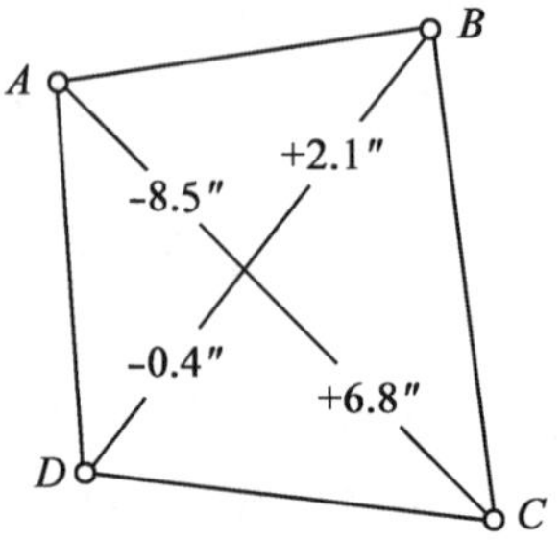

图 9-5

对于连续三角网,图形之间联系更多,校验时,应综合有关的边、角条件来分析。

最后指出:上述分析是以观测结果的数值为基础的,这是问题的一个方面。还须看到,产生大误差总有其根源,所以还必须结合各站观测情况(如目标成像质量、水平折光及位相差等的影响)全面衡量,以判明需检测的测站,这才是合理的。

9.6 资用坐标计算

资用坐标是用概算后的平面方向值推算的,由于没有经过平差,所以是一种概略坐标。某些地区因任务紧迫,急需平面坐标,此时只有提供资用坐标,以满足测区和其他一般性工作的需要。资用坐标的另一种用途是:按坐标平差法平差三角网时作近似坐标用。资用坐标虽是概略的,但根据作业实践证明,其点位中误差在±1.5m 范围内,这对控制 1∶5 万或 1∶2.5 万比例尺测图,精度是够用的。

资用坐标计算方法有两种:一种按坐标增量计算,另一种是按变形戎格公式计算。前者具体计算程序同近似坐标计算(见表 9-8),只要将有关元素换成高斯平面上的边长和方位角即可。如果三角网中有两个已知点坐标,则按变形戎格公式计算更方便。公式与(9-13)式同,相应关系见图 9-3,具体计算见表 9-15。算例中虽只给出后白岗一个点的坐标,但因给出至沙汪村点的坐标方位角和边长,这就相当于已知沙汪村点的坐标,所以可用变形戎格公式计算。

资用坐标算完后,若需要三角形的边长和方位角,可按平面坐标反算边长和平面坐标方位角,其计算公式为

$$D_{ij} = \sqrt{(x_j - x_i)^2 + (y_j - y_i)^2} = \sqrt{\Delta x_{ij}^2 + \Delta y_{ij}^2} \tag{9-32}$$

$$\tan T_{ij} = \frac{y_j - y_i}{x_j - x_i} = \frac{\Delta y_{ij}}{\Delta x_{ij}}$$

为了使用方便,往往将资用成果按三角点抄编在三角点资用成果表上,同时写出成果的必要说明等。

至此,概算工作宣告结束。

从上可见,在三角测量概算中,方向化算工作是大量的;当控制网中有电磁波测距的边长时,边长化算工作也是很大的。对于一、二等网,这两项化算工作有时需逐次趋近一二次才能得以实现,对三、四等网一般计算一次便可。对于已知数据,视情况而定。如果已知数据都是高斯平面值,则无需任何化算;如果是椭球面上的数值,则只需作椭球面向高斯面的化算工作。为保证概算工作的准确和可靠,应特别注意计算中的校核和合理的取位。今把三角测量概算中主要项目计算的小数位数规定归纳于表 9-1,供概算中参考和使用。

表 9-1

项目 \ 小数位 \ 等级	一	二	三	四
观测方向值	0.01″	0.01″	0.1″	0.1″
近似球面边长	1m	1m	1m	1m
球面角超	0.001″	0.01″	0.1″	0.1″
第二次近似球面边长	—	—	0.1m	0.1m
归心改正数	0.001″	0.01″	0.1″	0.1″
测站平面后方向值	0.01″	0.01″	0.1″	0.1″

小数位 \ 等级 / 项目	一	二	三	四
第一次近似坐标	0.01km	0.01km	0.01km	0.01km
三差改正数($\delta_u,\delta_h,\delta_y$)	0.001″	0.01″	—	—
化算至球面方向值	0.01″	0.01″	0.1″	0.1″
第一次曲率改正数	0.1″	0.1″	0.1″	0.1″
第二次近似坐标	0.1m	1m	—	—
第二次曲率改正数	0.001″	0.01″	—	—
化算至平面方向值	0.01″	0.01″	0.1″	0.1″
三角形闭合差	0.01″	0.01″	0.1″	0.1″
测角中误差	0.01″	0.01″	0.1″	0.1″
极条件闭合差	对数第七位	对数第六位	对数第六位	对数第六位
基线条件闭合差	对数第七位	对数第六位	对数第六位	对数第六位
方位角条件闭合差	0.01″	0.01″	0.1″	0.1″
资用坐标	0.01m	0.01m	0.1m	0.1m
资用方位角	0.01″	0.01″	0.1″	0.1″
资用边长	0.01m	0.01m	0.1m	0.1m

控制网概算的项目和内容虽然比较多和复杂,但其过程是比较清晰的。本章主要介绍表格式的手算过程和方法,也有直接在略图上进行的。若将概算内容编成电子计算机程序,或直接使用现有的电算程序,则概算工作将十分方便,这将在12.6节中作介绍。

9.7 三角网概算算例

9.7.1 已知数据表和控制网略图的编制

(1)已知点,见表9-2。

表9-2

序号	点名	等级	平面直角坐标		高程	天文方位角	至点
			x	y	H	α	
1	2	3	4	5	6	7	8
1	后白岗	Ⅰ	3 730 958.610m	19 764 342.591m	535.7m	144°30′04.34″	沙汪村

(2)已知边长,见表9-3。

表9-3

序号	点名	等级	观测边长 D	投影至椭球面的改正数 ΔS	大地线长度 S	高斯平面边长 s_0	备注
1	2	3	4	5	6	7	8
1	后白岗 沙汪村	Ⅱ	20 558.027m	−3.864m	20 554.163m	20 572.712m	

(3)已知方位角,见表 9-4。

表 9-4

序号	点名	等级	天文坐标		经正反方位角平差后的天文方位角 α	$\Delta\alpha=(L_1-\lambda)\sin\varphi$	大地方位角 A	至点
			φ	λ				
1	2	3	4	5	6	7	8	9
1	后白岗	Ⅰ	33°40′21.56″	$7^h35^m23.92^s$	144°04′44.31″	+0.46″	144°04′44.77″	沙汪村
2	沙汪村	Ⅱ						

(4)三角网略图(附起算数据及观测值),见图 9-6。

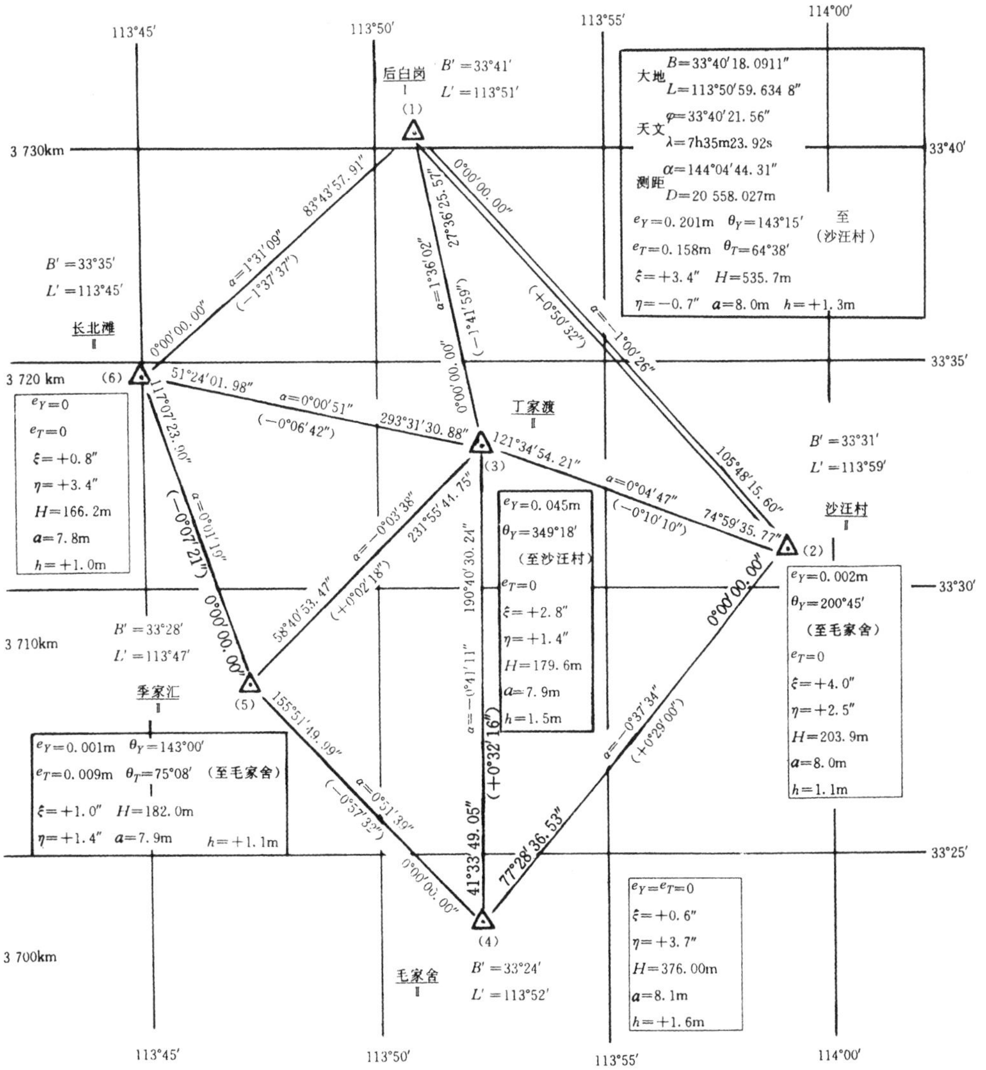

图 9-6

9.7.2 观测成果化至标石中心的计算

(1)三角形近似边长解算及球面角超的计算见表 9-5。

表 9-5

三角形编号	顶点名称	观测角值 A_1 ° ′ ″	改正数 $v=-\frac{w}{3}$	近似平差角值 A_1 ° ′ ″	边长 S/m	球面角超 ε''	近似平面边长 $D'=Sm$
1	2	3	4	5	6	7	8
1	丁家渡	121 34 54.2	+0.2	121 34 54	20 554.2	0.299	20 571.9
	沙汪村	30 48 39.8	+0.1	30 48 40	12 358.4		12 368.9
	后白岗	27 36 25.6	+0.1	27 36 26	11 180.9		11 190.5
	Σ	179 59 59.6					
2	毛家渡	35 54 47.5	+0.2	35 54 48		0.488	
	丁家渡	69 05 36.0	+0.2	69 05 36	17 806.9		17 822.1
	沙汪村	74 59 35.8	+0.3	74 59 36	18 411.8		18 427.5
	Σ	179 59 59.3					
3	季家汇	97 10 56.5	0	97 10 56		0.378	
	丁家渡	41 15 14.5	0	41 15 14	12 236.7		12 247.1
	毛家舍	41 33 49.0	0	41 33 49	12 311.9		12 322.4
	Σ	180 00 00.0					
4	长北滩	59 43 21.9	−0.5	59 43 22		0.335	
	丁家渡	61 35 46.1	−0.5	61 35 46	12 540.3		12 551.1
	季家汇	58 40 53.5	−0.5	58 40 53	12 179.2		12 189.7
	Σ	180 00 01.5					
5	后白岗	56 07 32.3	−1.1	56 07 31		0.351	
	丁家渡	66 28 29.1	−1.2	66 28 28	13 450.0		13 461.5
	长北滩	57 24 02.0	−1.1	57 24 01	12 358.2		
	Σ	180 00 03.4					

$$B_m = 33°33',\ f=\frac{\rho''}{2R^2}=0.002\,541\,74$$

而

$$m = 1+\frac{y_m^2}{2R_m^2}=1.000\,859\,2$$

(2)归心改正数的计算见表 9-6。

表 9-6

序号	测站点 点名	测站点 归心元素	照准点	$M+\theta_y$ $M+\theta_r$	S_{ik}/km	C'' r''
1	后白岗	$e_Y=0.201$m $\theta_Y=143°15'$ $e_T=0.158$m $\theta_T=64°38'$ 归心零方向：沙汪村	沙汪村 丁家渡 长北滩	° ′ 143 15 64 38 170 51 92 14 226 59 148 22	20.554 12.358 13.450	1.207 1.433 0.534 2.635 −2.254 1.271
2	丁家渡	$e_Y=0.045$m $\theta_Y=349°18'$ $e_T=0$ $\theta_T=0$ 归心零方向：沙汪村	后白岗 沙汪村 毛家舍 季家汇 长北滩	227 43 349 18 58 23 99 39 161 15	12.358 11.181 18.412 12.312 12.179	0.556 −0.154 0.429 0.743 0.245
3	沙汪村	$e_Y=0.002$m $\theta_Y=200°45'$ $e_T=0$ 归心零方向：毛家舍	毛家舍 丁家渡 后白岗	200 45 275 45 306 33	17.807 11.181 20.554	−0.008 −0.037 −0.016
4	季家汇	$e_Y=0.001$m $\theta_Y=143°00'$ $e_T=0.009$m $\theta_T=75°80'$ 归心零方向：毛家舍	长北滩 丁家渡 毛家舍	279 16 45 49 337 57 140 00 25 08	12.540 12.312 12.237	−0.004 −0.146 0.012 −0.057 0.010 0.147

注：毛家舍、长北滩两点 $e_Y=e_T=0$

9.7.3 将观测成果归化至椭球面上的计算

（1） 三角形闭合差、测角中误差计算见表 9-7。

表 9-7

序号	三角形顶点名称	归算至标石中心的角度观测值	$-\frac{\varepsilon''}{3}$	$-\frac{w''}{3}$	近似平差后平面归化角
1	2	3	4	5	6
		° ′ ″			° ′ ″
1	后白岗				
	沙汪村	27 36 24.90	−0.100	0.713	27 36 25.51
	丁家渡	30 48 41.28	−0.099	0.713	30 48 41.89
		121 34 51.98	−0.100	0.713	121 34 52.60
	$\sum$	179 59 58.16	−0.299	2.139	
2	毛家舍	35 54 47.48	−0.163	0.220	35 54 47.54
	丁家渡	69 05 36.61	−0.163	0.220	69 05 36.67
	沙汪村	74 59 35.74	−0.163	0.219	74 59 35.79
	$\sum$	179 59 59.83	−0.489	0.659	
3	季家汇	97 10 56.51	−0.126	0.066	97 10 56.45
	丁家渡	41 15 14.77	−0.127	0.067	41 15 14.71
	毛家舍	41 33 48.90	−0.127	0.067	41 33 48.84
	$\sum$	180 00 00.18	−0.380	0.200	
4	长北滩	59 43 21.77	−0.112	−0.205	59 43 21.45
	丁家渡	61 35 45.69	−0.111	−0.205	61 35 45.38
	季家汇	58 40 53.49	−0.112	−0.205	58 40 53.17
	$\sum$	180 00 00.95	−0.335	−0.615	
5	后白岗	56 07 29.55	−0.117	−0.286	56 07 29.15
	丁家渡	66 28 03.95	−0.117	−0.287	66 28 30.54
	长北滩	57 24 00.71	−0.117	−0.286	57 24 00.31
	$\sum$	180 00 01.21	−0.351	−0.859	

$[ww]=6.1657$，$n=5$，测角中误差计算（菲列罗公式）：$m=\pm\sqrt{[ww]/3n}=\pm0.64''$

（2）近似坐标计算见表 9-8。

表 9-8

已知点（1）	后白岗	沙汪村	丁家渡	毛家舍	季家汇
待定点（2）	沙汪村	丁家渡	毛家舍	季家汇	长北滩
T已知	142°30′05″	322°30′05″	111°41′23″	0°47′00″	139°13′11″
β_{12}		30°48′42″	69°05′37″	318°26′11″	204°08′10″
T'_{12}	142°30′05″	291°41′23″	180°47′00″	319°13′11″	343°21′21″
x_2	3 714 637.6	3 718 773 4	3 700 347.6	3 709 621.3	3 721 646.5
x_1	3 730 958.6	3 714 637.6	3 718 773.4	3 700 347.6	3 709 621.3
Δx_{12}	−16 312.0	4 135.8	−18 425.8	9 273.7	+12 025.2

续表

已知点（1）	后白岗	沙汪村	丁家渡	毛家舍	季家汇
待定点（2）	沙汪村	丁家渡	毛家舍	季家汇	长北滩
$\cos T'_{12}$	-0. 793 366	0. 369 580	-0. 999 907	0. 757 217	0. 958 102
D'_{12}	20 572. 7	11 190. 5	18 427. 5	12 247. 1	21 551. 1
$\sin T'_{12}$	0. 608 745	-0. 929 199	-0. 013 671	0. 653 164	0. 286 427
Δy_{12}	12 523. 0	-10 398. 2	-251. 9	-7 999. 3	-3 595. 0
y_1	264 342. 6	776 865. 6	266 467. 4	266 215. 5	258 216. 2
y_2	276 865. 6	266 467. 4	266 215. 5	258 216. 2	254 121. 2

（3）由 x，y 计算 B，L 及其校核计算见表 9-9。

表 9-9

次　序	计 算 项 目	点名：后白岗Ⅰ	次　序	计 算 项 目	点名：后白岗Ⅰ
1	x	3 730 958. 611	1	B	33°40′18. 091 1″
2	y	264 342. 590	2	L	113°50′59. 634 8″
3	$y'=y^2\cdot 10^{-10}$	6. 987 700 5	3	L_0	111°
8	A_2	$21\ 905\times10^{-8}$	4	l	2°50′59. 634 8″
9	B_2	$199\ 458\times10^{-8}$	5	l''	10259. 634 8″
7	A_1	+16. 953 69	6	$l'=l^2\cdot 10^{-8}$	1. 052 601 1
10	A_2y'	-1 531	9	a_2	2. 160
12	A_1+A_2y'	+16. 938 38	11	b_2	+39 200. 10
5	Bf	33°42′16. 451 6″	13	c_2	$+3\ 051\times10^{-7}$
14	$-y'(A+A_2y')$	-1′58. 360 33″	8	a_1	3 462. 265
16	$-\delta B$	-1	14	a_2l'	2. 273 0
18	B	33°40′18. 091 1″	17	a_1+a_2l'	+3 462. 535 1
6	b_1	25. 751 37″	7	X	3 727 311. 836
11	B_2y	+139 375	20	$l'(a_1+a_2'l)$	3 646. 773
13	b_1+B_2y'	25. 765 308 6	23	δ_x	+1
15	$y:(b_1+B_2y')$	10 259. 632 2	26	x	3 730 958. 010
17	δ	-26	10	b_1	25. 761 177
19	L''	10 259. 634 8	15	b_2l'	+41 262
20	L	2°50′59. 634 8″	18	b_1+b_2l'	25. 765 303

续表

次　序	计算项目	点名:后白岗Ⅰ	次　序	计算项目	点名:后白岗Ⅰ
4	L_0	111°	21	$l''(b_1+b_2l')$	264 342.605
21	L	113°50′59.634 8″	25	δ_y	−18
22			27	y	264 342.587
23			12	c_1	0.554 433 3
24			16	c_2l'	3 211
25			19	c_1+c_2l'	0.554 754
26			22	$l''(c_1+c_2l')$	5 691.57″
27			24	δ_r	+0
			28	γ	1°34′51.57″

(4)近似子午线收敛角及近似大地方位角计算见表9-10。

表9-10

测站	x/km	y/km	K	Ky	δ_r	子午线收敛角γ' ° ′	至点	T' ° ′ ″	A' ° ′ ″
后白岗	3 730.96	264.34	0.359 1	94.92′	−0.08′	1 34.8	沙汪村	142 30 04	144 04 41
							丁家滩	170 06 30	171　41
							长北滩	226 13 59	227　49
沙汪村	3 724.64	276.87	0.357 2	98.90′	−0.09′	1 38.8	毛家舍	216 41 47	218　21
							丁家渡	291 41 22	293　20
							后白岗	322 30 04	324　09
丁家渡	3 718.77	266.47	0.357 7	95.32′	−0.08′	1 35.2	后白岗	350 06 30	351　42
							沙汪村	111 41 22	113　17
							毛家舍	180 46 59	182　22
							季家汇	220 02 14	223　37
							长北滩	283 37 51	285　13
毛家舍	3 700.35	266.22	0.355 4	94.61′	−0.08′	1 34.5	季家汇	319 13 10	320　48
							丁家渡	0 46 59	2　21
							沙汪村	36 41 47	38　16
季家汇	3 709.62	258.22	0.356 6	92.08′	−0.07′	1 32.0	长北滩	343 21 21	344　53
							丁家渡	42 02 14	43　34
							毛家舍	139 13 10	140　45
长北滩	3 721.65	254.62	0.358 0	91.15′	−0.07′	1 13.1	后白岗	46 13 59	47　45
							丁家渡	103 37 59	105　09
							季家汇	163 21 21	164　52

(5)三项改正计算见表 9-11。

表 9-11

序号	测　站	照准点高度角 α_{12} ° ′ ″	方位角 A'_{12} ° ′ ″	δ_u	$H+h+a$	B_2 ° ′	K_1	δ_h
1	2	3	4	5	6	7	8	9
1	后白岗	沙汪村 −1 00 26	144 05	0.025	212	33 33	0.016 0	−0.015
	$\xi=3.4''$	丁家渡 −1 41 59	171 41	−0.006	188	33 34	0.014 0	−0.004
	$\eta=0.7''$	长北滩 −1 37 37	227 49	−0.085	174	33 35	0.012 9	0.013
2	沙汪村	毛家舍 0 29 00	218 21	0.004	384	33 24	0.029 2	0.028
	$\xi=0.4''$	丁家渡 −0 10 10	293 20	−0.014	183	34	0.013 6	−0.010
	$\eta=2.5''$	后白岗 0 50 32	324 09	0.064	544	40	0.040 9	−0.039
3	毛家舍	季家汇 −0 57 32	320 48	−0.054	190	33 28	0.014 2	−0.014
	$\xi=0.6''$	丁家渡 −0 41 11	2 21	−0.044	188	34	0.014 0	0.014
	$\eta=3.7''$	沙汪村 −0 37 34	38 16	−0.028	212	33	0.016 0	0.016
4	季家汇	长北滩 −0 07 21	344 53	−0.003	174	33 35	0.012 9	−0.007
	$\xi=1.0''$	丁家渡 −0 03 38	43 34	−0.000	188	34	0.014 0	0.014
	$\eta=1.4''$	毛家舍 0 51 39	140 35	−0.026	384	24	0.029 2	−0.028
5	长北滩	后白岗 1 31 09	47 45	0.045	544	33 40	0.040 9	0.041
	$\xi=0.8''$	丁家渡 0 00 51	105 09	0.000	188	34	0.014 0	−0.007
	$\eta=3.4''$	季家汇 0 01 19	164 52	−0.001	190	28	0.014 0	−0.007
6		后白岗 1 36 02	351 42	0.050	544	33 40	0.040 9	−0.012
	丁家渡	沙汪村 0 04 47	113 17	−0.004	212	33	0.016 0	−0.012
	$\xi=2.8''$	毛家舍 0 32 16	182 22	−0.012	384	24	0.029 2	0.002
	$\eta=1.4''$	季家汇 0 02 18	223 37	0.001	190	28	0.014 2	0.014
		长北滩 −0 06 42	285 13	−0.006	174	35	0.012 9	0.007

9.7.4 将椭球面上的观测成果化算到高斯平面上的计算

(1)把椭球面上大地线化算到高斯平面上计算见表 9-12。

表 9-12

计　算　项　目	边名:后白岗~沙汪村	附　　注
B_m	33°36′	
y_1	264.342 6	以 km 为单位
y_2	276.865 6	以 km 为单位

续表

计 算 项 目	边名:后白岗~沙汪村	附 注
y_m	270.604 1	以 km 为单位
y_m^2	73 226.578 9	
R_m	6 370.083 8	以 B_m 为引数查表,以 km 为单位
R_m^2	40 577 967.61	
$2R_m^2$	81 155 935.22	
$K=y_m^2/2R_m^2$	$9.022\ 948\times10^{-4}$	
$1+K+\dfrac{\Delta y^2}{24R_m^2}$	1.000 902 456	
S	20 554.163	以 m 为单位
D	20 572.712	以 m 为单位

(2)方向改化计算见表 9-13。

表 9-13

测站点(1)	照准点(2)	x_2/km	(x_2-x_1)/km	y_2/km	δ_{12} ″	δ_{21} ″	$f_m/3$
1	2	3	4	5	6	7	8
后白岗	沙汪村	3 714.638	−16.321	276.866	+11.139	−11.312	0.000 847 24
	丁家渡	3 718.773	−12.186	266.467	+8.210	− 8.231	
	长北滩	3 721.649	− 9.312	254.621	+6.180	− 6.103	
	x_1 =	3 730.959	y_1 =	264.343			
沙汪村	毛家舍	3 700.348	−14.290	266.216	+ 9.928	− 9.709	0.000 847 27
	丁家渡	3 718.773	+ 4.135	266.467	− 2.874	+ 2.837	
	x_1 =	3 714.638	y_1 =	276.866			
毛家舍	长北滩	3 709.621	+ 9.273	258.216	− 6.212	+ 6.149	0.000 847 26
	丁家渡	3 718.773	+18.425	266.467	−12.471	+12.475	
	x_1 =	3 700.348	y_1 =	266.216			
季家汇	长北滩	3 721.647	+12.026	254.621	− 7.856	+ 7.820	0.000 847 25
	丁家渡	3 718.773	+ 9.152	266.467	− 6.071	+ 6.135	
	x_1 =	3 709.621	y_1 =	258.216			
长北滩	丁家渡	3 718.773	− 2.847	266.467	+1.889	− 1.918	0.000 847 25
	x_1 =	3 721.647	y_1 =	254.621			

(3)水平方向成果见表 9-14。

表 9-14

点名	等级	方向名称	等级	观测方向值 ° ′ ″	归心改正 c ″	r ″	c+r ″	归零 ″	算至标石中心观测的方向值 ° ′ ″	三项改正 δ_u	δ_h	$\delta_u+\delta_h$	归零	算至参考椭球面上的方向值 ° ′ ″	方向改化 δ_{12} ″	归零	算至高斯平面上的方向值 ° ′ ″	备注
1	2	3	4	5	6	7	8	9	10	11	12	13	14	15	16	17	18	19
后白岗	Ⅰ	沙汪村	Ⅱ	0 00 00.00	+1.207	0	+1.207	+0.00	0	0.025	−0.015	+0.010	0.00	0	+11.139	0.00	0 00 00.00	
		丁家渡	Ⅱ	27 36 25.57	+0.534	0	+0.534	−0.67	27 36 24.90	−0.006	−0.004	−0.010	−0.02	27 36 24.88	+ 8.210	−2.93	27 36 21.95	
		长北滩	Ⅱ	83 43 57.91	−2.254	0	+2.254	−3.46	83 43 54.45	−0.085	+0.013	−0.072	−0.08	83 43 54.37	+ 6.180	−4.96	83 43 49.41	
沙汪村	Ⅱ	毛家舍	Ⅱ	0 00 00.00	−0.008	0	−0.008	0.00	0	−0.004	+0.028	+0.032	0.00	0	+ 9.928	0.00	0 00 00.00	
		丁家渡	Ⅱ	74 59 35.77	−0.037	0	−0.037	−0.03	74 59 35.74	−0.014	−0.010	−0.024	−0.06	74 59 35 68	− 2.874	−12.80	74 59 22.88	
		后白岗	Ⅰ	105 48 15.60	−0.016	+1.433	+1.417	+1.42	105 48 17.02	+0.064	−0.039	+0.025	−0.01	105 48 17.01	−11.312	−21.24	105 47 55.77	
毛家舍	Ⅱ	季家汇	Ⅱ	0 00 00.00	0	+0.147	+0.147	0.00	0	+0.054	−0.014	−0.068	0.00	0	−6.212	0.00	0 00 00.00	
		丁家渡	Ⅱ	41 33 49.05	0	0	0	−0.15	41 33 48.90	−0.044	+0.001	−0.043	+0.02	41 33 48.92	−12.471	−6.26	41 33 42.66	
		沙汪村		77 28 36.53	0	0	0	−0.15	77 28 36.38	−0.028	+0.016	−0.012	+0.06	77 28 36.44	− 9.799	−3.59	77 28 32.85	
季家汇	Ⅱ	长北滩	Ⅱ	00 00.00	−0.004	0	−0.004	0.00	0	−0.003	−0.007	−0.010	0.00	0	− 7.856	0.00	0 00 00.00	
		丁家渡	Ⅱ	58 40 53.47	+0.012	0	+0.012	+0.02	58 40 53.49	0	+0.014	+0.014	+0.02	58 40 53.51	− 6.071	+1.78	58 40 55.29	
		毛家舍	Ⅱ	155 51 49.99	+0.010	0	+0.010	+0.01	155 51 50.00	−0.026	−0.028	−0.054	−0.04	155 51 49.96	+ 6.149	+14.00	155 51 03.96	
长北滩	Ⅱ	后白岗	Ⅰ	0 00 00.00	0	+1.272	+1.272	0.00	0	+0.045	+0.041	0.086	0.00	0	− 6.103	0.00	0 00 00.00	
		丁家渡	Ⅱ	57 24 01.98	0	0	0	−1.27	57 24 00.71	0	−0.007	−0.007	−0.09	57 24 00.62	+ 1.889	+7.99	57 24 08.61	
		季家汇	Ⅱ	117 07 23.90	0	−0.146	−0.146	−1.42	117 07 22.48	−0.001	−0.007	−0.008	−0.09	117 07 22.39	+ 7.820	+13.92	117 07 36.31	
丁家渡	Ⅱ	后白岗	Ⅰ	0 00 00.00	−0.556	+2.635	+2.079	0.00	0	+0.050	−0.012	+0.038	0.00	0	− 8.231	0.00	0 00 00.00	
		沙汪村	Ⅱ	121 34 54.21	−0.154	0	−0.154	−2.23	121 34 51.98	−0.004	−0.012	−0.016	−0.05	121 34 51.93	+ 2.837	+11.07	121 35 03.00	
		毛家舍	Ⅱ	190 40 30.24	+0.429	0	+0.429	−1.65	190 40 28.59	−0.012	+0.002	−0.010	−0.05	190 40 28.54	+12.475	+20.71	190 40 49.25	
		季家汇	Ⅱ	231 55 44.75	+0.743	−0.057	+0.686	−1.39	231 55 43.36	+0.001	+0.014	+0.015	−0.02	231 55 43.34	+ 6.135	+14.37	231 55 57.71	
		长北滩	Ⅱ	293 31 30.88	+0.245	0	+0.245	−1.83	293.31 29.05	−0.006	−0.007	−0.013	−0.05	293 31 29.00	− 1.918	+6.31	293 31 35.31	

9.7.5 资用坐标计算

见表 9-15。

表 9-15

三角形	顶点名称	高斯平面上角值 ° ′ ″	$-\frac{w}{3}$ ″	角度近似平差值 A_i ° ′ ″	资用坐标计算			
					x/m		cotA_i	y/m
1							3.589 205 71	
	沙汪村	30 48 32.89	+0.72	30 48 33.61	3 714 636.9		1.676 894 29	276 866.1
	后白岗	27 36 21.95	+0.72	27 36 22.67	3 730 958.6	$\sum$	1.912 311 42	264 342.6
	丁家渡	121 35 03.00	+0.72	121 35 03.72	3 718 773.3		−0.614 827 98	266 467.6
	$\sum$		+2.16				1.297 483 44	
2							0.650 078 86	
	沙汪村	74 59 22.88	0.23	74 59 23.11	3 714 636.9		0.268 140 89	276 866.1
	丁家渡	69 05 46.25	0.23	69 05 46.48	3 718 773.3	$\sum$	0.381 937 97	266 467.6
	毛家舍	35 54 50.19	0.22	35 54 50.41	3 700 347.3		1.380 735 26	266 214.1
	$\sum$		0.68				1.762 673 23	
3							2.268 024 35	
	毛家舍	41 33 42.66	0.07	41 33 42.73	3 700 347.3		1.127 838 01	266 214.1
	丁家渡	41 15 08.46	0.07	41 15 08.53	3 718 773.3	$\sum$	1.140 186 34	266 467.6
	季家汇	97 11 08.67	0.07	97 11 08.74	3 709 621.9		−0.126 076 91	158 215.9
	$\sum$		0.21				1.014 109 43	
4							1.149 280 17	
	季家汇	58 40 55.29	−0.20	58 40 55.09	3 709 621.9		0.608 440 64	258 215.9
	丁家渡	61 35 37.60	−0.19	61 35 37.41	3 718 773.3	$\sum$	0.540 839 53	266 467.6
	长北滩	59 43 27.70	−0.20	59 43 27.50	3 721 646.6		0.583 783 89	254 621.7
	$\sum$		−0.59				1.124 623 42	
5							1.074 832 99	
	长北滩	57 24 08.61	−0.25	57 24 08.36	3 721 646.6		0.639 469 57	254 621.7
	丁家渡	66 28 24.69	−0.26	66 28 24.43	3 718 773.3	$\sum$	0.435 363 42	266 467.6
	后白岗	56 07 27.46	−0.25	56 07 27.21	3 730 958.3		0.671 358 56	264 342.6
	$\sum$		−0.76				1.106 721 98	

第 4 部分　常用大地控制测量坐标系及其变换

第 10 章　常用大地测量坐标系及其变换

地面点空间位置的描述需要选择一定的参照系和坐标系。坐标系的建立是一切测量计算与地形图测绘的基础。本章主要讨论建立大地测量坐标系的基本原理和常用测量坐标系及其变换。

10.1　地球的运转

10.1.1　地球绕太阳公转

在太阳系中，地球可以看做是绕太阳旋转的质点，一年旋转一圈，这一运动可以用开普勒的三大行星运动定律来描述：

(1)行星轨道是一个椭圆，太阳位于椭圆的一个焦点上。

(2)行星运动中，与太阳连线在单位时间内扫过的面积相等。

(3)行星绕轨道运动周期的平方与轨道长半轴的立方之比率为常数。

根据开普勒定律，地球绕太阳旋转(也称地球的公转)的轨道是椭圆，称为黄道(见图 10-1)，地球的运动速度在轨道的不同位置是不同的，当靠近太阳时，运动速度变快，当远离太阳时则变慢，距离太阳最近的点称为近日点，距离太阳最远的点称为远日点，近日点和远日点的连线是椭圆的长轴，地球绕太阳旋转一圈的时间是由其轨道的长半轴的大小决定的，称为一恒星年。开普勒定律是描述的理想的二体运动规律，但在现实世界中，其他行星和月球会对地球的运动产生影响，使其轨道产生摄动，地球的实际轨道并不是严格的椭圆轨道。

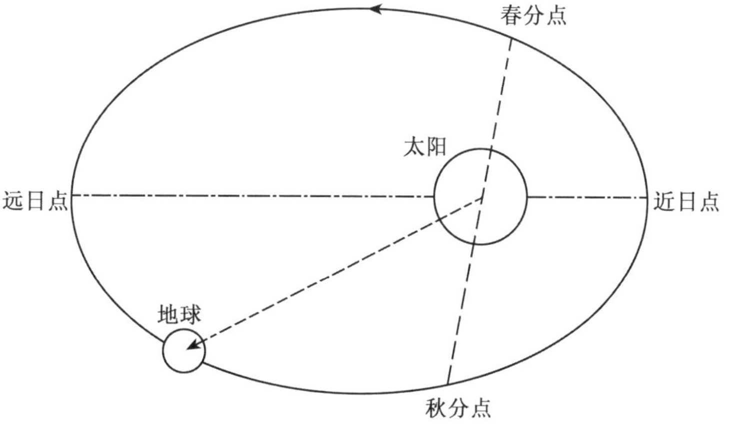

图 10-1　地球绕太阳公转

10.1.2 地球的自转

地球在绕太阳公转的同时,绕其自身的旋转轴(地轴)自转,从而形成昼夜变化。地轴是过地球中心和两极的轴线,在某一时刻的旋转轴称为瞬时旋转轴,它在空间的指向、与地球体的相对关系、地球绕地轴的旋转速度是不断变化的,其变化有:

1. 地轴方向相对于空间的变化(岁差和章动)

地球绕地轴旋转,可以看做是巨大的陀螺,由于日、月等天体的影响,类似于旋转陀螺在重力场中的进动,地球的旋转轴在空间围绕黄极发生缓慢旋转,形成一个倒圆锥体(见图10-2),其锥角等于黄赤交角 $\varepsilon=23.5°$,旋转周期为26 000年,这种运动称为岁差,是地轴方向相对于空间的长周期运动。岁差使春分点每年向西移动50.3″,以春分点为参考点的坐标系将受岁差的影响,例如恒星的赤经 α、赤纬 δ 分别是以某时刻的春分点位置和赤道为参考,在不同时刻,由于岁差影响,其值将发生变化。

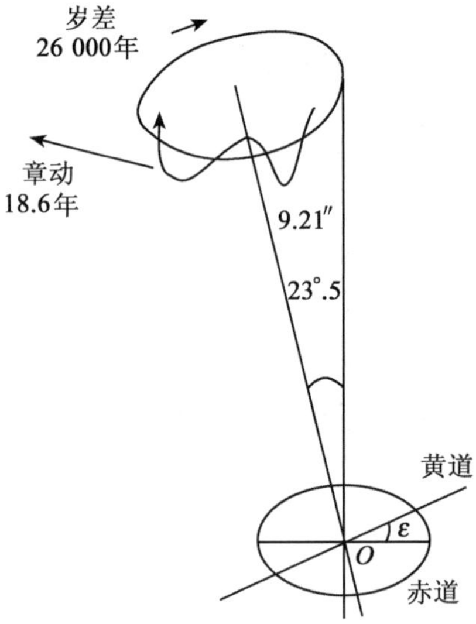

图10-2 岁差与章动

月球绕地球旋转的轨道称为白道,由于白道对于黄道有约5°的倾斜,这使得月球引力产生的转矩的大小和方向不断变化,从而导致地球旋转轴在岁差的基础上叠加18.6年的短周期圆周运动,振幅为9.21″,如图10-2所示,这种现象称为章动。在岁差和章动的共同影响下,地球在某一时刻的实际旋转轴称为真旋转轴或瞬时轴,对应的赤道称为真赤道。假定只有岁差的影响,则地球旋转轴为平轴,对应的赤道称为平赤道。由于章动引起的黄经和黄赤交角的变化,分别称为黄经章动和交角章动。

2. 地轴相对于地球本体内部结构的相对位置变化(极移)

地球自转轴除了上述在空间的变化外,还存在相对于地球体自身内部结构的相对位置变化,从而导致极点在地球表面上的位置随时间而变化,这种现象称为极移。某一观测瞬间地球北极所在的位置称为瞬时极,某段时间内地极的平均位置称为平极。

地球极点的变化,导致地面点的纬度发生变化。同一经线上的点,纬度变化相同;经度相差180°的经线上的点,纬度变化符号相反。美国的张德勒(S. C. Chandler)分析了1837—1891

年期间的全球17个天文台的纬度观测数据,发现极移存在 434 天的周期分量和周年分量,前者称为张德勒摆动,后者称为张德勒周期。

国际天文联合会(IAU)和国际大地测量与地球物理联合会(IUGG)在 1967 年于意大利共同召开的第 32 次讨论会上,建议采用国际上 5 个纬度服务(ILS)站以 1900—1905 年的平均纬度所确定的平极作为基准点,通常称为国际协议原点(CIO,Conventional International Origin),它相对于 1900—1905 年平均历元 1903.0。另外国际极移服务(IPMS)和国际时间局(BIH)等机构分别用不同的方法得到地极原点,与 CIO 相应的地球赤道面称为平赤道面或协议赤道面。

采用国际协议原点作为坐标原点,以零子午线的方向作为 x 轴,以 270°子午线的方向作为 y 轴,建立的坐标系称为地极坐标系,用于描述地极移动的规律,任意瞬时 t 的极点位置可用(x_t,y_t)表示,如图 10-3 所示。图 10-4 描述了 1995.0—1998.5 期间地极的变化以及 1900—1997 期间地极的年平均位置。

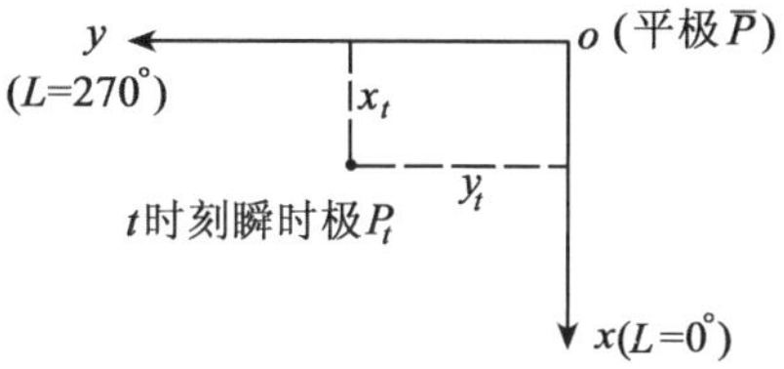

图 10-3　地极坐标系

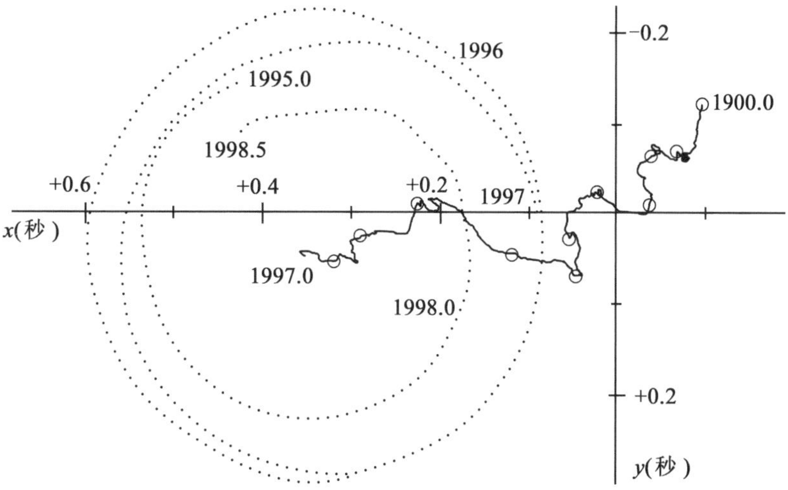

图 10-4　地极的变化(虚线代表 1995.0—1998.5 期间地极的连续变化,实线代表 1900—1997 期间地极的年平均位置)

3. 地球自转速度变化(日常变化)

地球自转不是均匀的,存在着多种短周期变化和长期变化,短周期变化是由于地球周期性潮汐,变化周期包括 2 个星期、1 个月、6 个月、12 个月,长期变化表现为地球自转速度缓慢变小。地球的自转速度变化,导致日长的视扰动和缓慢变长,从而使以地球自转为基准的时间尺度产生变化。

描述上述三种地球自转运动规律的参数称为地球定向参数(EOP),描述地球自转速度变化的参数和描述极移的参数称为地球自转参数(ERP)。EOP 即为 ERP 加上岁差和章动,其数值可以在国际地球旋转服务(IERS)网站(www.iers.com)上得到。

从上可见,建立测量坐标系是一个非常复杂的科学技术问题,它要涉及天文、测量、时间、物理、数学等多学科的综合知识,而且还需要多年不断的努力才能逐渐建立所需要的比较完善的相应坐标系。

10.2 参考系的定义和类型

10.2.1 基本概念

1. 大地基准(Geodetic Datum)

用以代表地球形体的旋转椭球(椭圆绕其短轴旋转一周所生成的形体),如图 10-5 所示。建立大地基准就是求定旋转椭球的参数及其定向(椭球旋转轴平行于地球的旋转轴,椭球的起始子午面平行于地球的起始子午面)和定位(旋转椭转中心与地球中心的相对关系)。

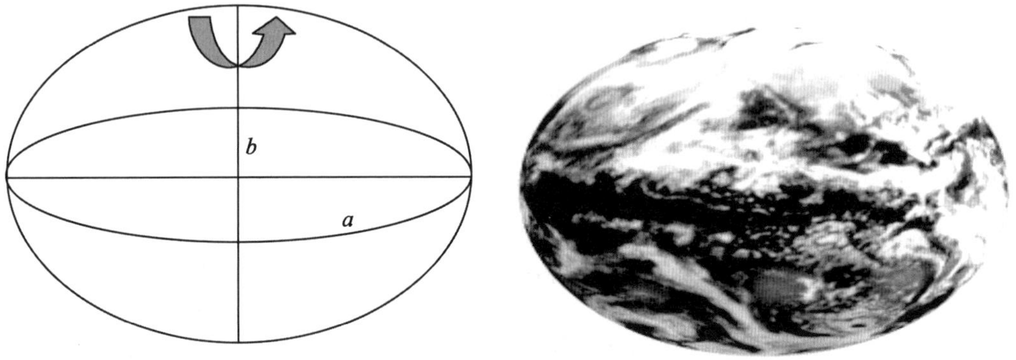

图 10-5 旋转椭球与地球体

2. 天球

以地球质心为中心,以无穷大为半径的假想球体称为天球,如图 10-6 所示,天球上的重要的点、线、面有:

天轴与天极:地球自转轴的延伸直线为天轴;天轴与天球的交点称为天极(P_n为北天极 P_s为南天极)。

天球赤道面与天球赤道:通过地球质心 O 与天轴垂直的平面,称为天球赤道面,它与天球相交的大圆,称为天球赤道。

天球子午面与子午圈:包含天轴并通过地球上任一点的平面,称为天球子午面,它与天球相交的大圆,称为天球子午圈。

时圈:通过天球的平面与天球相交的半个大圆。

黄道:地球公转的轨道面与天球相交的大圆,黄道面与赤道面的夹角 ε,称为黄赤空角,约为 23.5°。

黄极:通过天球中心,且垂直于黄道面的直线与天球的交点。其中靠近北天极的交点 E_n 称为北黄极,靠近南天极的交点 E_s 为南黄极。

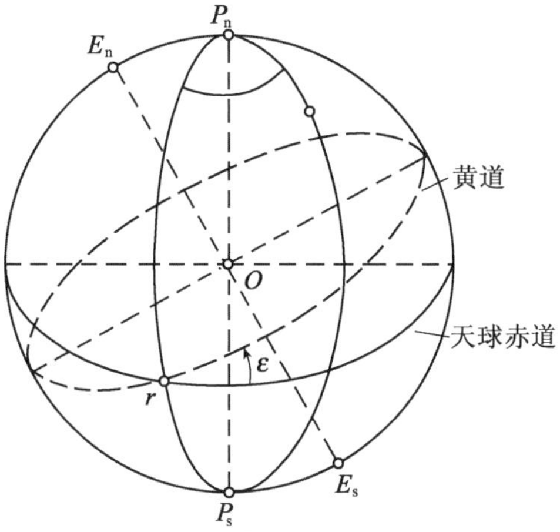

图 10-6　天球上的点、线、面

春分点：当太阳在黄道上从天球南半球向北半球运行时，黄道与天球赤道的交点 r。

原点位于地球质心 o，z 轴指向天球北极 P_n，x 轴指向春分点 r，y 轴垂直于 xoz 平面，从而建立起来的坐标系称为天球直角坐标系；天球直角坐标也可转化为赤经（α）、赤纬（δ）、向径（d）构成的球面坐标，如图 10-7 所示。

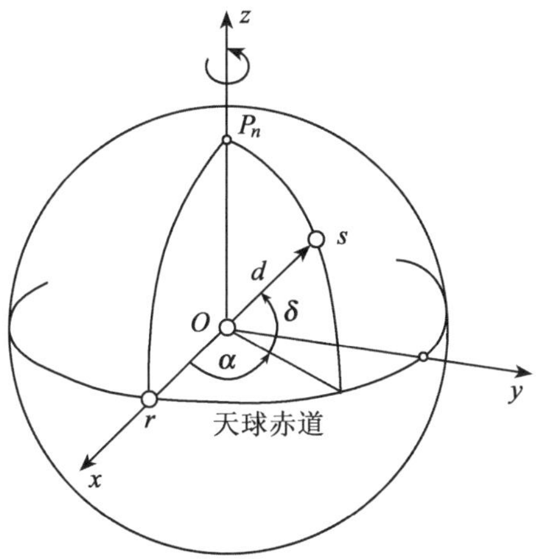

图 10-7　天球坐标系

春分点和天球赤道面，是建立天球坐标系的重要基准点和基准面。

10.2.2　大地测量参考系统及大地测量参考框架

1. 大地测量参考系统（Geodetic Reference System）

客观世界，包括宏观世界和微观世界，都是以时间-空间为无界的变化着的世界。人们要研究客观世界，就必须设法建立一个参考系或坐标系或参考基准，以该基准为起始原点（基准点）来进行定量和定性分析。

当今世界参考基准基本上是以时间和空间来表达的统一的四维系统，即由一维的时间系统及三维的空间系统组成，由它们共同构成客观世界的四维参数的描绘与表达。

三维空间坐标系，按研究的对象不同，大致分两类。一类是与地球运动无关的，即空间固定参考系或天球坐标系，这对研究人造卫星、行星及恒星的运动是十分方便的。坐标系是由原点、坐标轴指向以及尺度来定义和确定的。该坐标系原点一般选在地球质心（或星心质心），而由于坐标轴指向不同而产生相应的不同的坐标系统，比如赤道坐标系、黄道坐标系及轨道坐标系等。一般来说，z 轴指向北极星，x 轴指向某颗遥远的恒星或春分点（黄、赤面升交点），并且指出相应的时间。

另一类是与人们赖以生活的地球固结在一起的，即地固坐标系，这对研究和描绘地球本身是十分方便的。在该坐标系中，它的坐标原点可以是地球的质心或者是参心，一般 z 轴与地球自转轴重合，x 轴指向格林尼治的子午圈与赤道交点等。

综上所述，坐标参考系统分为天球坐标系和地球坐标系。

天球坐标系用于研究天体和人造卫星的定位与运动。地球坐标系用于研究地球上物体的定位与运动，是以旋转椭球为参照体建立的坐标系统，它固结在地球上，与地球一起运动。

按坐标的表示方式可把地球坐标系分为笛卡儿（直角）坐标系、曲线坐标系和平面直角坐标系三种。

对于笛卡儿（直角）坐标系，按坐标系坐标原点不同又可分为地心空间大地直角坐标系（包括地心空间大地协议直角坐标系和地心空间大地瞬时直角坐标系）、参心空间大地直角坐标系以及测站中心测量坐标系（包括测站法线测量坐标系和测站垂线测量坐标系）三种。

对于曲线坐标系，按使用的参考面不同可分为以总地球椭球面为参考面的地心大地坐标系、以参考椭球面为参考面的参心大地坐标系和以大地体为参考面的天文坐标系。

对平面直角坐标系则是通过数学投影变换的方法，将空间三维坐标变换到二维投影面上从而建立的平面直角坐标系，比如高斯平面直角坐标系。

空间直角坐标系如图 10-8 所示，空间任意点的坐标用（X，Y，Z）表示，坐标原点位于总地球质心或参考椭球中心，Z 轴与地球平均自转轴相重合，亦即指向某一时刻的平均北极点，X 轴指向平均自转轴与平均格林尼治天文台所决定的子午面与赤道面的交点 G_e，而 Y 轴与 XOZ 平面垂直，且指向东为正。

大地坐标系如图 10-9 所示，P 点的子午面 NPS 与起始子午面 NGS 所构成的二面角 L，叫做 P 点的大地经度。由起始子午面起算，向东为正，叫东经（$0°\sim180°$）；向西为负，叫西经（$0°\sim180°$）。P 点的法线 P_n 与赤道面的夹角 B，叫做 P 点的大地纬度。由赤道面起算，向北为正，叫北纬（$0°\sim90°$）；向南为负，叫南纬（$0°\sim90°$）。在该坐标系中，P 点的位置用（L，B）表示。如果点不在椭球面上，表示点的位置除（L，B）外，还要附加另一参数——大地高 H，它是从观测点沿椭球的法线方向到椭球面的距离。

上面介绍的坐标系，在大地测量、地形测量以及制图学的理论研究及实践工作中都得到广泛应用。因为它们将全地球表面上的关于大地测量、地形测量及制图学的资料都统一在一个坐标系中。此外，它们是由地心、旋转轴、赤道以及地球椭球法线确定的，因此，它们对地球自然形状及大地水准面的研究、高程的确定以及解决大地测量及其他学科领域的科学和实践问题也是最方便的。

高程参考系统：以大地水准面为参照面的高程系统称为正高，以似大地水准面为参照面的高程系统称为正常高，大地水准面相对于旋转椭球面的起伏见图 10-10，正常高 $H_{正常}$ 及正高

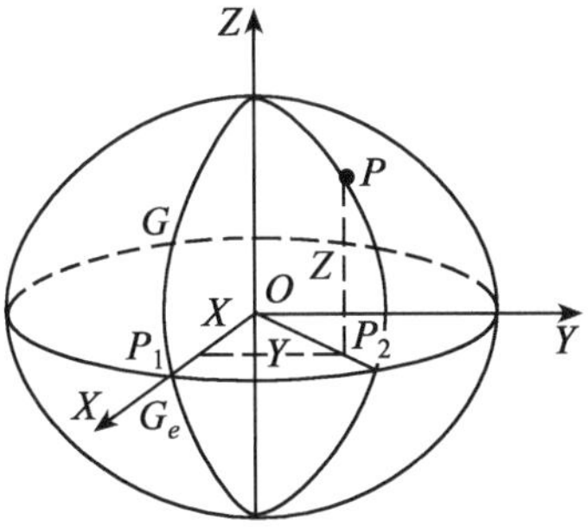

图 10-8　大地坐标系

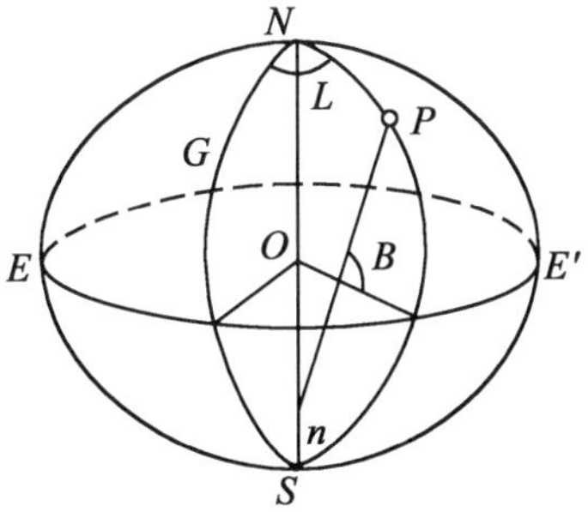

图 10-9　空间直角坐标系

$H_{正}$与大地高有如下关系：

$$\left.\begin{aligned}H&=H_{正常}+\zeta\\H&=H_{正}+N\end{aligned}\right\}$$

式中：ζ 为高程异常，N 为大地水准面差距。

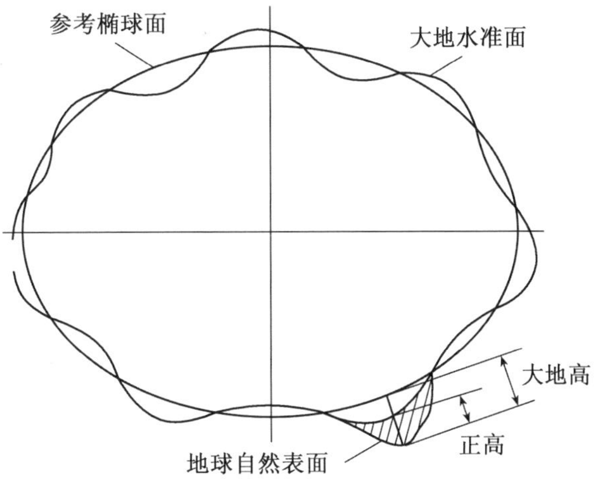

图 10-10　参考椭球面与大地水准面

重力参考系统：重力观测值的参考系统。

2. 大地测量参考框架(Geodetic Reference Frame)

大地测量参考框架是大地测量参考系统的具体实现，是通过大地测量手段确定的固定在地面上的控制网(点)所构建的，分为坐标参考框架、高程参考框架、重力参考框架。国家平面控制网是全国进行测量工作的平面位置的参考框架，国家平面控制网按控制等级和施测精度分为一、二、三、四等网。目前提供使用的国家平面控制网含三角点、导线点共 154 348 个；国家高程控制网是全国进行测量工作的高程参考框架，按控制等级和施测精度分为一、二、三、四等网，目前提供使用的 1985 国家高程系统共有水准点成果 114 041 个，水准路线长度为 416 619. 1km；国家重力基本网是确定我国重力加速度数值的参考框架，目前提供使用的 2000 国家重力基本网包括 21 个重力基准点和 126 个重力基本点，重力成果在研究地球形状，精确处理大地测量观测数据，发展空间技术、地球物理、地质勘探、地震、天文、计量和高能物理等方面有着广泛的应用;“2000 国家 GPS 控制网”由国家测绘局布设的高精度 GPS A、B 级网,总参测绘局布设的 GPS 一、二级网,中国地震局、总参测绘局、中国科学院、国家测绘局共建的中国地壳运动观测网组成,该控制网整合了上述三个大型的、有重要影响力的 GPS 观测网的成果,共2 609个点,通过联合处理将其归于一个坐标参考框架,形成了紧密的联系体系,可满足现代测量技术对地心坐标的需求,同时为建立我国新一代的地心坐标系统打下了坚实的基础。

10.2.3 椭球定位和定向

旋转椭球体是椭圆绕其短轴旋转而成的形体,通过选择椭圆的长半轴和扁率,可以得到与地球形体非常接近的旋转椭球。旋转椭球面是一个形状规则的数学表面,在其上可以做严密的计算,而且所推算的元素(如长度与角度)同大地水准面上的相应元素非常接近。这种用来代表地球形状的椭球称为地球椭球,它是地球坐标系的参考基准。

椭球定位是指确定椭球中心的位置,可分为两类:局部定位和地心定位。局部定位要求在一定范围内椭球面与大地水准面有最佳的符合,而对椭球的中心位置无特殊要求;地心定位要求在全球范围内椭球面与大地水准面有最佳的符合,同时要求椭球中心与地球质心一致或最为接近。

椭球定向是指确定椭球旋转轴的方向,不论是局部定位还是地心定位,都应满足两个平行条件:①椭球短轴平行于地球自转轴;②大地起始子午面平行于天文起始子午面。

这两个平行条件是人为规定的,其目的在于简化大地坐标、大地方位角同天文坐标、天文方位角之间的换算。

具有确定参数(长半径 a 和扁率 α),经过局部定位和定向,同某一地区大地水准面最佳拟合的地球椭球,叫做参考椭球。

除了满足地心定位和双平行条件外,在确定椭球参数时能使它在全球范围内与大地体最密合的地球椭球,叫做总地球椭球。

10.3 地心坐标系

地心空间直角坐标系的定义是:原点 O 与地球质心重合,Z 轴指向地球北极,X 轴指向格林尼治平均子午面与地球赤道的交点,Y 轴垂直于 XOZ 平面构成右手坐标系。

地心大地坐标系的定义是:地球椭球的中心与地球质心重合,椭球面与大地水准面在全球范围内最佳符合,椭球的短轴与地球自转轴重合(过地球质心并指向北极),大地纬度为过地面点的椭球法线与椭球赤道面的夹角,大地经度为过地面点的椭球子午面与格林尼治的大地子午面之间的夹角,大地高为地面点沿椭球法线至椭球面的距离。如图 10-11 所示,地球北极是地心坐标系的基准指向点,地球北极点的变动将引起坐标轴方向的变化。国际天文联合会(IAU)和国际大地测量与地球物理联合会(IUGG)在 1967 年于意大利共同召开的第 32 次讨论会上,建议采用国际上 5 个纬度服务(ILS)站以 1900—1905 年的平均纬度所确定的平极作为基准点,通常称为国际协议原点 CIO(Conventional International Origin),也称为协议地球极 CTP(Con-

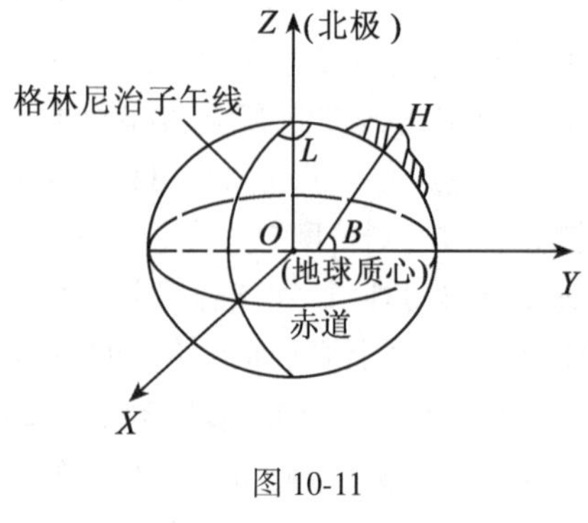

图 10-11

ventional Terrestrial Pole)，它相对于1900—1905年平均历元1903.0。另外国际极移服务(IPMS)和国际时间局(BIH)等机构分别用不同的方法得到地极原点，因而有不同的CIO，属于BIH的CIO有$BIH_{1968.0}$，$BIH_{1979.0}$，$BIH_{1984.0}$等。与CIO相应的地球赤道面称为平赤道面或协议赤道面。

10.3.1 地心坐标系的建立方法

建立地心坐标系的方法可分为直接法和间接法两类。所谓直接法，就是通过一定的观测资料(如天文、重力资料、卫星观测资料等)直接求得点的地心坐标的方法，如天文重力法和卫星大地测量动力法等。所谓间接法，就是通过一定的资料(其中包括地心系统和参心系统的资料)，求得地心坐标系和参心坐标系之间的转换参数，而后按其转换参数和参心坐标，间接求得点的地心坐标的方法，如应用全球天文大地水准面差距法以及利用卫星网与地面网重合点的两套坐标建立地心坐标转换参数等方法。

20世纪60年代以来，美国和原苏联等国家利用卫星观测等资料，开展了建立地心坐标系的工作。美国国防部曾先后建立过世界大地坐标系(World Geodetic System，WGS)WGS-60，WGS-66和WGS-72，并于1984年开始，经过多年修正和完善，建立起更为精确的地心坐标系统，称为WGS-84。

近十多年来，我国有关部门在建立地心坐标系方面也已取得一定的成果。1978年建立了地心一号(DX-1)转换参数，1988年建立了更精确的地心二号(DX-2)转换参数，用于将1954年北京坐标系与1980年西安坐标系的坐标换算为我国地心坐标系DXZ_{78}或DXZ_{88}的坐标。2008年7月1日起，我国启用2000国家大地坐标系，这是我国具有世界水平的地心坐标系。

10.3.2 WGS-84世界大地坐标系

美国国防部1984年世界大地坐标系WGS-84是一个协议地球参考系CTS。该坐标系的原点是地球的质心，Z轴指向$BIH_{1984.0}$定义的协议地球极CTP方向，x轴指向$BIH_{1984.0}$零度子午面和CTP对应的赤道的交点，Y轴和Z、X轴构成右手坐标系，如图10-12所示。

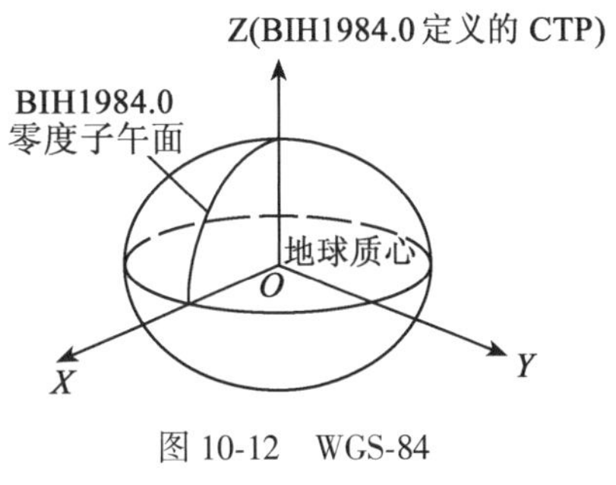

图10-12 WGS-84

WGS-84坐标系统最初是由美国国防部(DOD)根据TRANSIT导航卫星系统的多普勒观测数据所建立的，从1987年1月开始作为GPS卫星所发布的广播星历的坐标参照基准，采用的4个基本参数是：

长半轴 $a=6\ 378\ 137\text{m}$

地球引力常数(含大气层)

$GM=3\ 986\ 005\times10^8\text{m}^3\text{s}^{-2}$

正常化二阶带球谐系数

$\bar{C}_{2.0}=-484.166\ 85\times10^{-6}$

地球自转角速度 $\omega=7\ 292\ 115\times10^{-11}\text{rad/s}$

根据以上4个参数可以进一步求得：

地球扁率 $\alpha=0.003\ 352\ 810\ 664\ 74$

第一偏心率平方 $e^2=0.006\ 694\ 379\ 901\ 3$

第二偏心率平方 $e'^2=0.006\ 739\ 496\ 742\ 27$

赤道正常重力 $\gamma_e=9.780\ 326\ 771\ 4\text{m/s}^2$

极正常重力　$\gamma_p = 9.8321863685 \mathrm{m/s^2}$

WGS-84 是由分布于全球的一系列 GPS 跟踪站的坐标来具体体现的。当初 GPS 跟踪站的坐标精度是 1~2m,远低于国际地球参考框架 ITRF 坐标的精度(10~20mm)。为了改善 WGS-84 系统的精度,1994 年 6 月,由美国国防制图局(DMA)将其和美国空军在全球的 10 个 GPS 跟踪站的数据加上部分 IGS 站的 ITRF91 数据,进行联合处理,并以 IGS 站在 ITRF91 框架下的站坐标为固定值,重新计算了这些全球跟踪站在 1994.0 历元的站坐标,并将 WGS-84 的地球引力常数 GM 更新为 IERS1992 标准规定的数值:$3986004.418 \times 108 \mathrm{m^3 \cdot s^{-2}}$,从而得到更精确的 WGS-84 坐标框架,即 WGS-84(G730),其中 G 表示 GPS,730 表示 GPS 周,第 730 周的第一天对应于 1994 年 1 月 2 日。

WGS-84(G730)系统中的站坐标与 ITRF91、ITRF92 的差异减小为 0.1m 量级,这与 1987 年最初的站坐标相比有了显著改进,但与 ITRF 站坐标的 10~20mm 的精度比要差一些。

1996 年,WGS-84 坐标框架再次进行更新,得到了 WGS-84(G873),其坐标参考历元为 1997.0。WGS-84(G873)框架的站坐标精度有了进一步的提高,它与 ITRF94 框架的站坐标差异小于 2cm。2004 年进一步更新为 WGS-84(G1150),这是目前使用的 GPS 广播星历和 NGS(DMA 更名为 NIMA,后又更名为 NGS)精密星历的坐标参考基准。

10.3.3　国际地球参考系统与国际地球参考框架

1. 国际地球自转服务(IERS)

IERS 于 1988 年由国际大地测量学与地球物理学联合会(IUGG)和国际天文学联合会(IAU)共同建立,用以取代国际时间局(BIH)的地球自转部分和原有的国际极移服务(IPMS)。根据创立时的委托协议,IERS 的任务主要有以下几个方面:

(1)维持国际天球参考系统(ICRS)和框架(ICRF);

(2)维持国际地球参考系统(ITRS)和框架(ITRF);

(3)为当前应用和长期研究提供及时准确的地球自转参数(EOP)。

IERS 采用了多种技术手段进行观测和分析,来完成对上述参考框架和地球自转的监测。这些技术包括雷达干涉技术、甚长基线干涉(VLBI)和激光测月(LLR)、激光测卫(SLR)、GPS、DORIS 等。

IERS 通过分布在全球各地的 IERS 观测网获取各种技术的观测数据,这些观测数据首先由不同技术各自的分析中心进行处理,如 VLBI 的分析中心有戈达德空间飞行中心(GSFC)、波恩大学大地测量学院(GIUB)、美国海洋和大气局(NOAA)、喷气推进实验室(JPL)等;SLR 的分析中心有空间研究中心(CSR)、戈达德空间飞行中心(GSFC)等;GPS 的分析中心有加拿大天然能源(NRCan,前 EMR)、德国地球科学研究所(GFZ)、欧洲轨道测量中心(CODE)、欧洲空间局(ESA)、美国国家大地测量局(NGS)、美国喷气实验室(JPL)、美国斯克里普思海洋研究所(SIO)等;DORIS 的分析中心有法国空间大地测量研究(GRGS)、美国得克萨斯大学空间研究中心(CSR)、法国国家地理研究所(IGN)等。最后由 IERS 中心局根据各分析中心的处理结果进行综合分析,得出 ICRF、ITRF 和 EOP 的最终结果,并由 IERS 年度报告和技术备忘录向世界发布,提供各方面的使用。

2. 国际地球参考系统(ITRS)

ITRS 是一种协议地球参考系统,它的定义为:

(1)原点为地心,并且是指包括海洋和大气在内的整个地球的质心;

(2)长度单位为 m,并且是在广义相对论框架下的定义;

(3)Z 轴从地心指向 $BIH_{1984.0}$定义的协议地球极(CTP);

(4)X 轴从地心指向格林尼治平均子午面与 CTP 赤道的交点;

(5)Y 轴与 XOZ 平面垂直而构成右手坐标系;

(6)时间演变基准是使用满足无整体旋转 NNR 条件的板块运动模型,用于描述地球各块体随时间的变化。

ITRS 的建立和维持是由 IERS 全球观测网,以及观测数据经综合分析后得到的站坐标和速度场来具体实现的,即国际地球参考框架 ITRF。

3. 国际地球参考框架(ITRF)

ITRF 是 ITRS 的具体实现,是通过 IERS 分布于全球的跟踪站的坐标和速度场来维持并提供用户使用的。IERS 每年将全球站的观测数据进行综合处理和分析,得到一个 ITRF 框架,并以 IERS 年报和 IERS 技术备忘录的形式发布。现已发布的 ITRF 系列有:ITRF88、ITRF89、ITRF90、ITRF91、ITRF92、ITRF93、ITRF94、ITRF96、ITRF97、ITRF00(ITRF2000)。ITRF2000 与其以前框架之间的转换模型为:

$$\begin{bmatrix} X_S \\ Y_S \\ Z_S \end{bmatrix}_t = \begin{bmatrix} X \\ Y \\ Z \end{bmatrix}_{2000} + \begin{bmatrix} T_1 \\ T_2 \\ T_3 \end{bmatrix} + \begin{bmatrix} D & -R_3 & R_2 \\ R_3 & D & -R_1 \\ -R_2 & R_1 & D \end{bmatrix} \begin{bmatrix} X \\ Y \\ Z \end{bmatrix}_{2000} \tag{10-1}$$

式中,$t=88\sim97$。

ITRF2000 转换为以前框架的参数值及速度见表 10-1。

表 10-1

框架	T_1(cm) $\dot{T}_1$(cm/y)	T_2(cm) $\dot{T}_2$(cm/y)	T_3(cm) $\dot{T}_3$(cm/y)	D(ppb) $\dot{D}$(ppb/y)	R_1(0.001″) $\dot{R}_1$(0.001″/y)	R_2(0.001″) $\dot{R}_2$(0.001″/y)	R_3(0.001″) $\dot{R}_3$(0.001″/y)	参考历元 t_0
ITRF97	0.67	0.61	−1.85	1.55	0.00	0.00	0.00	1997.0
rates	0.00	−0.06	−0.14	0.01	0.00	0.00	0.02	
ITRF96	0.67	0.61	−1.85	1.55	0.00	0.00	0.00	1997.0
rates	0.00	−0.06	−0.14	0.01	0.00	0.00	0.02	
ITRF94	0.67	0.61	−1.85	1.55	0.00	0.00	0.00	1997.0
rates	0.00	−0.06	−0.14	0.01	0.00	0.00	0.02	
ITRF93	1.27	0.65	−2.09	1.95	−0.39	0.80	−1.14	1988.0
rates	−0.29	−0.02	−0.06	0.01	−0.11	−0.19	0.07	
ITRF92	1.47	1.35	−1.39	0.75	0.00	0.00	−0.18	1988.0
rates	0.00	−0.06	−0.14	0.01	0.00	0.00	0.02	
ITRF91	2.67	2.75	−1.99	2.15	0.00	0.00	−0.18	1988.0
rates	0.00	−0.06	−0.14	0.01	0.00	0.00	0.02	
ITRF90	2.47	2.35	−3.59	2.45	0.00	0.00	−0.18	1988.0
rates	0.00	−0.06	−0.14	0.01	0.00	0.00	0.02	
ITRF89	2.97	4.75	−7.39	5.85	0.00	0.00	−0.18	1988.0
rates	0.00	−0.06	−0.14	0.01	0.00	0.00	0.02	
ITRF88	2.47	1.15	−9.79	8.95	0.10	0.00	−0.18	1988.0
rates	0.00	−0.06	−0.14	0.01	0.00	0.00	0.02	

任一参数 P 在给定时刻 t 的值为：

$$P(t)=P(t_0)+\dot{P}^*(t-t_0) \tag{10-2}$$

10.3.4 2000 国家大地坐标系

2000 国家大地坐标系英文名为：China Geodetic Coordinate System 2000，缩写为 CGCS2000。

国家大地坐标系的定义包括坐标系的原点、三个坐标轴的指向、尺度以及地球椭球的 4 个基本参数的定义。2000 国家大地坐标系的原点为包括海洋和大气的整个地球的质量中心；2000 国家大地坐标系的 Z 轴由原点指向历元 2000.0 的地球参考极的方向，该历元的指向由国际时间局给定的历元为 1984.0 的初始指向推算，定向的时间演化保证相对于地壳不产生残余的全球旋转，X 轴由原点指向格林尼治参考子午线与地球赤道面（历元 2000.0）的交点，Y 轴与 Z 轴、X 轴构成右手正交坐标系。采用广义相对论意义下的尺度。2000 国家大地坐标系采用的地球椭球参数的数值为：

长半轴 $a=6\ 378\ 137\text{m}$

扁率 $f=1/298.257\ 222\ 101$

地心引力常数 $\text{GM}=3.986\ 004\ 418\times10^{14}\text{m}^3\text{s}^{-2}$

自转角速度 $\omega=7.292\ 115\times10^{-5}\text{rad s}^{-1}$

其导出参数见表 10-2。

表 10-2

短半径 b(m)	6 356 752.314 14
极曲率半径 c(m)	6 399 593.625 86
第一偏心率 e	0.081 819 191 042 8
第一偏心率平方 e^2	0.006 694 380 022 90
第二偏心率 e'	0.082 094 438 151 9
第二偏心率平方 e'^2	0.006 739 496 775 48
1/4 子午圈的长度 O(m)	10 001 965.729 3
椭球平均半径 R_1(m)	6 371 008.771 38
相同表面积的球半径 R_2(m)	6 371 007.180 92
相同体积的球半径 R_3(m)	6371 000.789 97
椭球的正常位 U_0(m^2s^{-2})	62 636 851.714 9
动力形状因子 J_2	0.001 082 629 832 258
球谐系数 J_4	−0.000 002 3709 112 6
球谐系数 J_6	0.000 000 006 083 47
球谐系数 J_8	−0.000 000 000 014 27
$m=\omega^2a^2b/\text{GM}$	0.003 449 786 506 78
赤道正常重力值 γ_e(伽)	9.780 325 336 1
两极正常重力值 γ_p(伽)	9.832 184 937 9
正常重力平均值 γ(伽)	9.797 643 222 4
纬度 45 度的正常重力值 $\gamma_{45°}$(伽)	9.806 197 769 5

采用 2000 国家大地坐标系后仍采用无潮汐系统。

CGCS2000 由 2000 国家 GPS 大地网在历元 2000.0 的点位坐标和速度具体实现。2000 国家 GPS 大地网是下列 GPS 网经联合平差得到的一个全国规模的 GPS 大地网:①全国 GPS 一、二级网;②国家 GPS A、B 级网;③地壳运动监测网;④中国地壳运动观测网络。实现的实质是使 CGCS2000 框架对准 ITRF97。相对于 ITRF97,CGCS2000 的实现精度水平坐标达到 1cm 量级。因此可以认为,CGCS2000 与 ITRF97(ITRF2000 和 ITRF2005)在 cm 级水平上是一致的。相对于 WGS84,也基本是一致的,即关于坐标系原点、尺度、定向及定向演变的定义都是相同的,两个坐标系使用的参考椭球也非常相近,在 4 个椭球常数 a、f、GM、ω 中,唯有扁率 f 有微小差异。但因 2000 国家大地坐标系的坐标定义在 2000 年那一时刻,而在大多数应用中,实际上是在不同时间进行定位,又因地球上的板块是在不断运动的,不同时刻位于地球不同板块上站点的实际位置是在变化的,已经偏离了 2000 的位置。因此不同时间定位得到的 WGS84 坐标不是严格意义下的 2000 国家大地坐标系。如基于当前框架当前历元(如 2009 年)坐标值与 2000 国家大地坐标系的相比,最大差 0.6m。因此 GPS 测站点获得的观测历元的坐标转换为 2000 国家大地坐标系的坐标成果,需经历元归算、板块运动改正、框架转换三个步骤。

1)历元归算

不同 ITRF 框架对应的历元不同,需将不同 ITRF 框架下各参数算到同一历元下。

2)板块运动改正

计算框架点坐标从观测历元到需转换历元期间,由于板块运动引起的坐标变化值。

3)框架转换

利用框架转换公式进行基准站坐标计算。

算例:已知 A 点的 ITRF2000(1997)坐标(单位:m)为(-2 267 749.162,5 009 154.325,3 221 290.762),坐标变化率(M/Y)为(-0.032 5,-0.007 7,-0.011 9),求 A 点的 CGCS2000 框架下(ITRF97,2000)坐标。

(1)板块改正:计算 ITRF2000(2000)坐标

X:$-2\ 267\ 749.162-0.032\ 5X^3=-2\ 267\ 749.260$

Y:$5\ 009\ 154.325-0.007\ 7X^3=5\ 009\ 154.302$

Z:$3\ 221\ 290.762-0.011\ 9X^3=3\ 221\ 290.726$

(2)计算 2000 历元 ITRF2000 到 ITRF97 的转换参数:

$T1(\mathrm{CM})=0.67+0.00X^3=0.67$

$T2(\mathrm{CM})=0.610+0.06X^3=0.43$

$T3(\mathrm{CM})=-1.85-0.14X^3=-2.27$

$D(\mathrm{PPB})=1.55+0.01X^3=1.58$

$R1(0.000\ 1'')=R2(0.000\ 1'')=0.00$

$R3(0.000\ 1'')=0.00+0.02X^3=0.06$

(3)框架转换:利用框架转换公式(10.1)进行坐标计算

算得 A 点的 CGCS2000 框架下坐标:

X:$-2\ 267\ 749.258$

Y:$5\ 009\ 154.313$

Z:$3\ 221\ 290.709$

10.4 参心坐标系

10.4.1 参心坐标系的建立

建立地球参心坐标系,需进行如下几个方面的工作:

(1)选择或求定椭球的几何参数(长半径 a 和扁率 α);

(2)确定椭球中心的位置(椭球定位);

(3)确定椭球短轴的指向(椭球定向);

(4)建立大地原点。

关于椭球参数,一般可选择 IUGG 推荐的国际椭球参数,下面主要讨论椭球定位与定向及建立大地原点。

对于地球和参考椭球可分别建立空间直角坐标系 $O_1-X_1Y_1Z_1$ 和 $O-XYZ$,如图 10-13 所示,两者间的相对关系可用三个平移参数 X_0,Y_0,Z_0(椭球中心 O 相对于地心 O_1 的平移参数)和三个旋转参数 $\varepsilon_X,\varepsilon_Y,\varepsilon_Z$ 来表示。传统的做法是:首先选定某一适宜的点作为大地原点,在该点上实施精密的天文大地测量和高程测量,由此得到该点的天文经度 λ_K,天文纬度 φ_K,正高 $H_{正K}$,至某一相邻点的天文方位角 α_K。以大地原点垂线偏差的子午圈分量 ξ_K、卯酉圈分量 η_K、大地水准面差距 N_K 和 $\varepsilon_X,\varepsilon_Y,\varepsilon_Z$ 为参数,根据广义的垂线偏差公式和广义的拉普拉斯方程式可得

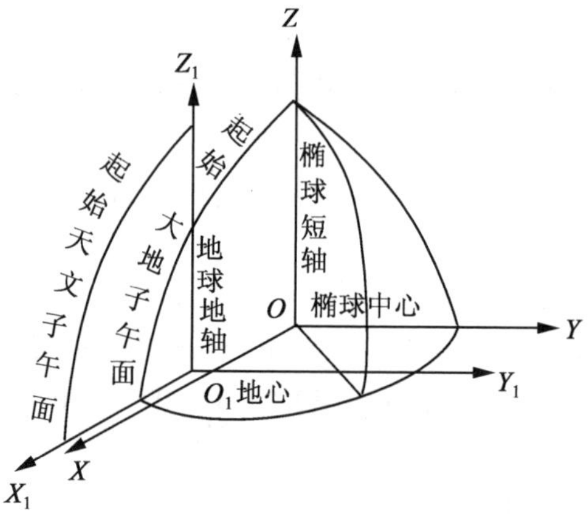

图 10-13

$$\left.\begin{aligned}L_K&=\lambda-\eta_K\sec\varphi_K-(\varepsilon_Y\sin\lambda_K+\varepsilon_K\cos\lambda_K)\tan\varphi_K+\varepsilon_Z\\B_K&=\varphi_K-\xi_K-(\varepsilon_Y\cos\lambda_K-\varepsilon_K\cos\lambda_K)\\A_K&=\alpha_K-\eta_K\tan\varphi_K-(\varepsilon_K\cos\lambda_K+\varepsilon_X\cos\lambda_K)\sec\varphi_K\end{aligned}\right\}\tag{10-3}$$

$$H_K=H_{正K}+N_K+(\varepsilon_Y\cos\lambda_K-\varepsilon_X\sin\lambda_K)N_Ke^2\sin\varphi_K\cos\varphi_K\tag{10-4}$$

式中 L_K,B_K,A_K,H_K 分别为相应的大地经度、大地纬度、大地方位角、大地高。从上可见,用 ξ_K,η_K,N_K 替代了原来的定位参数 X_0,Y_0,Z_0。

顾及椭球定向的两个平行条件,即

$$\varepsilon_X = 0, \quad \varepsilon_Y = 0, \quad \varepsilon_Z = 0 \tag{10-5}$$

代入(10-4)式和(10-5)式,可得:

$$\left.\begin{aligned} L_K &= \lambda_K - \eta_K \sec\varphi_K \\ B_K &= \varphi_K - \xi_K \\ A_K &= \alpha_K - \eta_K \tan\varphi_K \end{aligned}\right\} \tag{10-6}$$

$$K_K = H_{正K} + N_K \tag{10-7}$$

参考椭球定位与定向的方法可分为一点定位和多点定位两种。

1)一点定位

一个国家或地区在天文大地测量工作的初期,由于缺乏必要的资料来确定 η_K,ξ_K 和 N_K 值,通常只能简单地取

$$\left.\begin{aligned} &\eta_K = 0, \xi_K = 0 \\ &N_K = 0 \end{aligned}\right\} \tag{10-8}$$

上式表明,在大地原点 K 处,椭球的法线方向和铅垂线方向重合,椭球面和大地水准面相切。这时,由(10-6)式和(10-7)式得

$$\left.\begin{aligned} &L_K = \lambda_K, B_K = \varphi_K, A_K = \alpha_K \\ &H_K = H_{正K} \end{aligned}\right\} \tag{10-9}$$

因此,仅仅根据大地原点上的天文观测和高程测量结果,顾及(10-5)式和(10-8)式,按(10-9)式即可确定椭球的定位和定向。

2)多点定位

一点定位的结果,在较大范围内往往难以使椭球面与大地水准面有较好地密合,所以在国家或地区的天文大地测量工作进行到一定的时候或基本完成后,利用许多拉普拉斯点(即测定了天文经度、天文纬度和天文方位角的大地点)的测量成果和已有的椭球参数,按照广义弧度测量方程式:

$$\begin{bmatrix} \eta_{新} \\ \xi_{新} \\ N_{新} \end{bmatrix} = \begin{bmatrix} \dfrac{\sin L}{N+H} & -\dfrac{\cos L}{N+H} & 0 \\ \dfrac{\sin B\cos L}{M+H} & \dfrac{\sin B\sin L}{M+H} & -\dfrac{\cos B}{M+H} \\ \cos B\cos L & \cos B\sin L & \sin B \end{bmatrix}_{旧} \begin{bmatrix} \Delta X_0 \\ \Delta Y_0 \\ \Delta Z_0 \end{bmatrix} +$$

$$\begin{bmatrix} -\sin B\cos L & -\sin B\sin L & \cos B \\ \sin L & -\cos L & 0 \\ -Ne^2\sin^2 B\cos B\sin L & Ne^2\sin B\cos B\cos L & 0 \end{bmatrix}_{旧} \begin{bmatrix} \varepsilon_x \\ \varepsilon_y \\ \varepsilon_z \end{bmatrix} + \begin{bmatrix} 0 \\ \dfrac{N}{M}e^2\sin B\cos B \\ N(1-e^2\sin B) \end{bmatrix} m +$$

$$\begin{bmatrix} 0 & 0 \\ -\dfrac{N}{(M+H)a}e^2\sin B\cos B & -\dfrac{M(2-e^2\sin^2 B)}{(M+H)(1-\alpha)}\sin B\cos B \\ -\dfrac{N}{a}(1-e^2\sin^2 B) & \dfrac{M}{1-\alpha}(1-e^2\sin^2 B)\sin^2 B \end{bmatrix}_{旧} \begin{bmatrix} \Delta a \\ \Delta\alpha \end{bmatrix} +$$

$$\begin{bmatrix} (\lambda-L)\cos B \\ \varphi-B \\ N \end{bmatrix}_{旧} \tag{10-10}$$

根据使椭球面与当地大地水准面最佳拟合条件 $\sum N_{新}^2=\min$（或 $\sum \zeta_{新}^2=\min$），采用最小二乘法可求得椭球定位参数 $\Delta X_0, \Delta Y_0, \Delta Z_0$，旋转参数 $\varepsilon_X, \varepsilon_Y, \varepsilon_Z$ 及新椭球几何参数 $a_{新}=a_{旧}+\Delta_a$，$\alpha_{新}=\alpha_{旧}+\Delta_\alpha$。再根据(10-4)式、(10-5)式可求得大地原点的垂线偏差分量 ξ_K, η_K 及 N_K（或 ζ_K）。这样，利用新的大地原点数据和新的椭球参数进行新的定位和定向，从而可建立新的参心大地坐标系。按这种方法进行椭球的定位和定向，由于包含了许多拉普拉斯点，因此通常称为多点定位法。

多点定位的结果使椭球面在大地原点不再同大地水准面相切，但在所使用的天文大地网资料的范围内，椭球面与大地水准面有最佳的密合。

3）大地原点和大地起算数据

如前所述，参考椭球的定位和定向，一般是依据大地原点的天文大地观测和高程测量结果，通过确定 $\varepsilon_X, \varepsilon_Y, \varepsilon_Z, \xi_K, \eta_K$ 和 N_K，计算出大地原点上的 L_K, B_K, H_K 和至某一相邻点的 A_K 来实现的。如图 10-14 所示，依据 L_K, B_K, A_K 和归算到椭球面上的各种观测值，可以精确计算出天文大地网中各点的大地坐标。L_K, B_K, A_K 称做大地测量基准数据（也称做大地测量起算数据），大地原点也称为大地基准点或大地起算点。

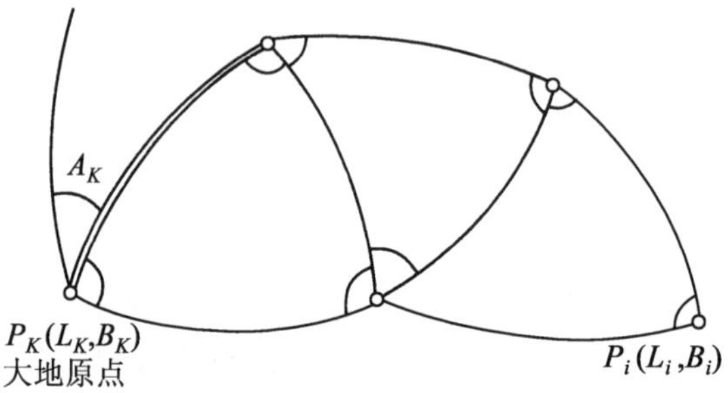

图 10-14　大地原点

椭球的形状和大小以及椭球的定位和定向同大地原点上大地起算数据的确定是密切相关的，对于经典的参心大地坐标系的建立而言，参考椭球的定位和定向是通过确定大地原点的大地起算数据来实现的，而确定起算数据又是椭球定位和定向的结果。不论采取何种定位和定向方法来建立国家大地坐标系，总有一个而且只能有一个大地原点，否则定位和定向的结果就无法明确地表现出来。

因此，一定的参考椭球和一定的大地原点上的大地起算数据，确定了一定的坐标系。通常就是用参考椭球参数和大地原点上的起算数据的确立作为一个参心大地坐标系建成的标志的。

10.4.2　我国的参心坐标系

1. 1954 年北京坐标系

中华人民共和国成立后，大地测量进入了全面发展时期，在全国范围内开展了正规的、全面的大地测量和测图工作，迫切需要建立一个参心大地坐标系。鉴于当时的历史条件，暂时采用了克拉索夫斯基椭球参数，并与前苏联 1942 年坐标系进行联测，通过计算建立了我国大地坐标系，定名为 1954 年北京坐标系。其中高程异常是以前苏联 1955 年大地水准面差距重新平差结果为依据，按我国的天文水准路线换算过来的。

因此,1954 年北京坐标系可以认为是前苏联 1942 年坐标系的延伸。它的原点不在北京,而在前苏联的普尔科沃,相应的椭球为克拉索夫斯基椭球。

1954 年北京坐标系建立以来,我国依据这个坐标系建成了全国天文大地网,完成了大量的测绘任务。但是随着测绘新理论、新技术的不断发展,人们发现该坐标系存在如下缺点:

(1)椭球参数有较大误差。克拉索夫斯基椭球参数与现代精确的椭球参数相比,长半轴约大 109m。

(2)参考椭球面与我国大地水准面存在着自西向东明显的系统性倾斜,在东部地区大地水准面差距最大达+68m。这使得大比例尺地图反映地面的精度受到影响,同时也对观测元素的归算提出了严格要求。

(3)几何大地测量和物理大地测量应用的参考面不统一。我国在处理重力数据时采用赫尔默特 1900—1909 年正常重力公式,与这个公式相应的赫尔默特扁球不是旋转椭球,它与克拉索夫斯基椭球是不一致的,这给实际工作带来了麻烦。

(4)定向不明确。椭球短轴的指向既不是国际上较普遍采用的国际协议(习用)原点 CIO(Conventional International Origin),也不是我国地极原点 $JYD_{1968.0}$;起始大地子午面也不是国际时间局 BIH(Bureau International de I Heure)所定义的格林尼治平均天文台子午面,从而给坐标换算带来一些不便和误差。

另外,鉴于该坐标系是按局部平差逐步提供大地点成果的,因而不可避免地出现一些矛盾和不够合理的地方。

随着我国测绘事业的发展,现在已经具备条件,可以利用我国测量资料和其他有关资料,建立起适合我国情况的新的坐标系。

2. 1980 年国家大地坐标系(1980 西安坐标系)

为了适应我国大地测量发展的需要,在 1978 年 4 月于西安召开的“全国天文大地网整体平差会议”上,参加会议的专家对建立我国比 1954 年北京坐标系更精确的新大地坐标系进行了讨论和研究。到会专家普遍认为 1954 年北京坐标系相对应的椭球参数不够精确,其椭球面与我国大地水准面差距较大,在东部经济发达地区差距高达 60 余米,因而建立我国新的大地坐标系是必要的。该次会议关于建立新大地坐标系提出了如下原则:

(1)全国天文大地网整体平差要在新的坐标系的参考椭球面上进行。为此,首先建立一个新的大地坐标系,并命名为 1980 年国家大地坐标系。

(2)1980 年国家大地坐标系的大地原点定在我国中部,具体选址是陕西省泾阳县永乐镇。

(3)采用国际大地测量和地球物理联合会 1975 年推荐的四个地球椭球基本参数(a, J_2, GM, ω),并根据这四个参数求解椭球扁率和其他参数。

(4)1980 年国家大地坐标系的椭球短轴平行于地球质心指向我国地极原点 $JYD_{1968.0}$ 方向,大地起始子午面平行于格林尼治平均天文台的子午面。

(5)椭球定位参数以我国范围内高程异常值平方和等于最小为条件求解。

1980 年国家大地坐标系就是根据以上原则在 1954 年北京坐标系基础上建立起来的。

仿(10-10)式第三式,可写出:

$$\zeta_{GDZ80} = \cos B_{BJ54}\cos L_{BJ54}\Delta X_0 + \cos B_{BJ54}\sin L_{BJ54}\Delta Y_0 + \sin B_{BJ54}\Delta Z_0 - \frac{N}{a}(1-e^2\sin^2 B_{BJ54})\Delta a + \frac{M}{1-\alpha}(1-e^2\sin^2 B_{BJ54})\cdot\sin^2 B_{BJ54}\Delta\alpha + \zeta_{BJ54} \tag{10-11}$$

式中下标 GDZ80 表示 1980 年国家大地坐标系,下标 BJ54 表示 1954 年北京坐标系。

参考椭球面与大地水准面的最佳拟合条件：

$$\sum \zeta_{\text{GDZ80}}^2 = \min \tag{10-12}$$

利用最小二乘法由(10-11)式可求得 $\Delta X_0, \Delta Y_0, \Delta Z_0, \Delta a, \Delta\alpha$ 五个参数。实际计算时直接选用了 IUGG 1975 年推荐的椭球参数作为 1980 年大地坐标系的椭球参数，因而 $\Delta a = a_{\text{IUGG1975}} - a_{\text{克氏椭球}}$，$\Delta\alpha = \alpha_{\text{IUGG1975}} - \alpha_{\text{克氏椭球}}$ 为已知值，(10-11)式中只剩下 $\Delta X_0, \Delta Y_0, \Delta Z_0$ 三个参数。求得 $\Delta X_0, \Delta Y_0, \Delta Z_0$ 后，将其代入(10-10)式，就可得到大地原点上的 ξ_K, η_K 和 N_K(或 ζ_K)，再由大地原点上测得的天文经度 λ_K、天文纬度 φ_K，正常高 $H_{\text{常}K}$，大地原点至另一点的天文方位角 α_K，按(10-7)式得到大地原点的 L_K, B_K, A_K, H_K，这就是 GDZ80 的大地起算数据。

1980 年国家大地坐标系的特点是：

(1)采用 1975 年国际大地测量与地球物理联合会(IUGG)第 16 届大会上推荐的 4 个椭球基本参数：

地球椭球长半径 $a = 6\ 378\ 140$ m，

地心引力常数 $GM = 3.986\ 005 \times 10^{14} \text{m}^3/\text{s}^2$，

地球重力场二阶带球谐系数 $J_2 = 1.082\ 63 \times 10^{-3}$，

地球自转角速度 $\omega = 7.292\ 115 \times 10^{-5}$ rad/s。

根据物理大地测量学中的有关公式，可由上述 4 个参数算得：

地球椭球扁率 $\alpha = 1/298.257$，

赤道的正常重力值 $\gamma_0 = 9.780\ 32 \text{m/s}^2$。

(2)参心大地坐标系是在 1954 年北京坐标系基础上建立起来的。

(3)椭球面同似大地水准面在我国境内最为密合，是多点定位。

(4)定向明确。椭球短轴平行于地球质心指向地极原点 $\text{JYD}_{1968.0}$ 的方向，起始大地子午面平行于我国起始天文子午面，$\varepsilon_X = \varepsilon_Y = \varepsilon_Z = 0$。

(5)大地原点地处我国中部，位于西安市以北 60km 处的泾阳县永乐镇，简称西安原点。

(6)大地高程基准采用 1956 年黄海高程系。

该坐标系建立后，实施了全国天文大地网平差。平差后提供的大地点成果属于 1980 年西安坐标系，它和原 1954 年北京坐标系的成果是不同的。这个差异除了由于它们各属不同椭球与不同的椭球定位、定向外，还因为前者是经过整体平差，而后者只是作了局部平差。

不同坐标系统的控制点坐标可以通过一定的数学模型，在一定的精度范围内进行互相转换，使用时必须注意所用成果相应的坐标系统。

3. 新 1954 年北京坐标系($\text{BJ54}_{\text{新}}$)

新 1954 年北京坐标系，是由 1980 年国家大地坐标系转换得来的，简称 $\text{BJ54}_{\text{新}}$；原 1954 年北京坐标系又称为旧 1954 年北京坐标系 $\text{BJ54}_{\text{旧}}$。由于在全国的以 GDZ80 为基准的测绘成果建立之前，$\text{BJ54}_{\text{旧}}$ 的测绘成果仍将存在较长的时间，而 $\text{BJ54}_{\text{旧}}$ 与 GDZ80 两者之间差距较大，给成果的使用带来不便，所以又建立了 $\text{BJ54}_{\text{新}}$ 作为过渡坐标系。经过渡坐标系的转换，$\text{BJ}Z_{\text{BJ54新}} = Z_{\text{GDZ80}} - \Delta Z_0$ 和 $\text{BJ54}_{\text{旧}}$ 的控制点的高斯平面坐标，其差值在全国 80%地区内小于 5m，局部地区最大达 12.9m，这种差值反映在 1 : 5 万以及更小比例尺的地形图上的影响，图上位移绝大部分不超过 0.1mm。这样，采用 $\text{BJ54}_{\text{新}}$，对于小比例尺地形图可认为不受影响，在完全采用 GDZ80 测绘成果之后，1 : 5 万以下的小比例尺地形图不必重新绘制。

$\text{BJ54}_{\text{新}}$ 是在 GDZ80 基础上，改变 GDZ80 相对应的 IUGG1975 椭球几何参数为克拉索夫斯基椭球参数，并将坐标原点(椭球中心)平移，使坐标轴保持平行而建立起来的。其关系如图 10-15 所示。

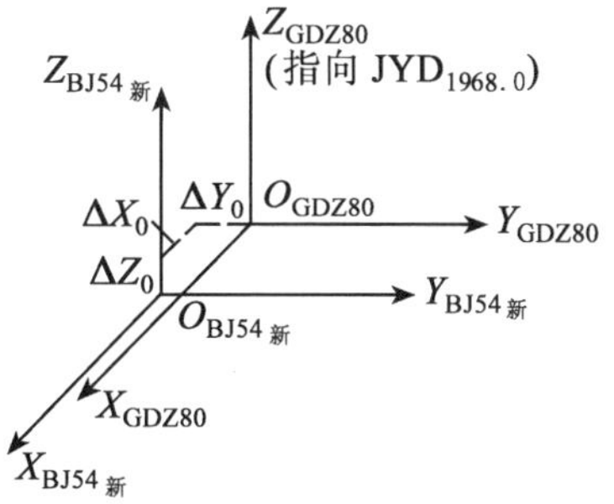

图 10-15

$BJ54_{新}$ 和 GDZ80 的空间直角坐标关系是：

$$\left.\begin{aligned} X_{BJ54新} &= X_{GDZ80} - \Delta X_0 \\ Y_{BJ54新} &= Y_{GDZ80} - \Delta Y_0 \\ Z_{BJ54新} &= Z_{GDZ80} - \Delta Z_0 \end{aligned}\right\} \tag{10-13}$$

式中 $\Delta X_0, \Delta Y_0, \Delta Z_0$ 是由 $BJ54_{旧}$ 建立 GDZ80 时根据(10-11)式、(10-12)式求得的。

$BJ54_{新}$和 GDZ80 的大地坐标变换关系是：

$$\left.\begin{aligned} L_{BJ54新} &= L_{GDZ80} - \Delta L \\ B_{BJ54新} &= B_{GDZ80} - \Delta B \\ H_{BJ54新} &= H_{GDZ80} - \Delta H \end{aligned}\right\} \tag{10-14}$$

$$\begin{bmatrix} \Delta L \\ \Delta B \\ \Delta H \end{bmatrix} = \begin{bmatrix} -\dfrac{\sin L}{(N+H)\cos B}\rho'' & \dfrac{\cos L}{(N+H)\cos B}\rho'' & 0 \\ -\dfrac{\sin B\cos L}{M+H}\rho'' & -\dfrac{\sin B\sin L}{M+H}\rho'' & \dfrac{\cos B}{M+H}\rho'' \\ \cos B\cos L & \cos B\sin L & \sin B \end{bmatrix}_{GDZ80} \begin{bmatrix} \Delta X_0 \\ \Delta Y_0 \\ \Delta Z_0 \end{bmatrix} +$$

$$\begin{bmatrix} 0 & 0 \\ \dfrac{N}{(M+H)a}e^2\sin B\cos B\rho'' & \dfrac{M(2-e^2\sin^2 B)}{(M+H)(1-\alpha)}\sin B\cos B\rho'' \\ -\dfrac{N}{a}(1-e^2\sin^2 B) & \dfrac{M}{1-\alpha}(1-e^2\sin B^2)\sin^2 B \end{bmatrix}_{GDZ80} \begin{bmatrix} \Delta a \\ \Delta \alpha \end{bmatrix} \tag{10-15}$$

$$\Delta a = a_{GDZ80} - a_{BJ54新}, \quad \Delta\alpha = \alpha_{GDZ80} - \alpha_{BJ54新} \tag{10-16}$$

由(10-13)式～(10-15)式可知，$BJ54_{新}$ 与 GDZ80 有严密的数学转换模型，其坐标精度是一致的，其三维空间直角坐标与 GDZ80 相差为平移参数($\Delta X_0, \Delta Y_0, \Delta Z_0$)。

$BJ54_{新}$ 的特点是：

(1)采用克拉索夫斯基椭球参数。

(2)它是综合 GDZ80 和 $BJ54_{新}$ 建立起来的参心坐标系。

(3)采用多点定位，但椭球面与大地水准面在我国境内不是最佳拟合。

(4)定向明确，坐标轴与 GDZ80 相平行，椭球短轴平行于地球质心指向 1968.0 地极原点 $JYD_{1968.0}$的方向，起始子午面平行于我国起始天文子午面，$\varepsilon_X = \varepsilon_Y = \varepsilon_Z = 0$。

(5)大地原点与 GDZ80 相同，但大地起算数据不同。

(6)大地高程基准采用 1956 年黄海高程系。

(7)与 $BJ54_{旧}$ 相比，所采用的椭球参数相同，其定位相近，但定向不同。$BJ54_{旧}$ 的坐标是局部平差结果,而 $BJ54_{新}$ 是 GDZ80 整体平差结果的转换值,两者之间无全国统一的转换参数,只能进行局部转换。

10.5 坐标系间的换算

10.5.1 协议天球坐标系和协议地球坐标系之间的换算

1. 协议天球坐标系内部的坐标整理

由于地球的旋转轴是不断变化的,通常约定某一时刻 t_0 作为参考历元,把该时刻对应的瞬时自转轴经岁差和章动改正后的指向作为 z 轴,以对应的春分点为 x 轴的指向点,以 xoz 的垂直方向为 y 轴建立天球坐标系,称为协议天球坐标系,可以将其原点移动到太阳系中任一星体上,以便于研究不同星体的空间运动,以太阳系质心为原点的协议天球坐标系称为太阳系质心协议天球坐标系,以地心为原点的协议天球坐标系称为地心协议天球坐标系。国际大地测量协会(IAG)和国际天文学联合会(IAU)决定,从 1984 年 1 月 1 日起采用以 J2000.0(2000 年 1 月 15 日)的平赤道和平春分点为依据的协议天球坐标系。

协议天球坐标系与瞬时真天球坐标系的差异是由地球旋转轴的岁差和章动引起的,两者之间的转换关系是:

1)协议天球坐标系转换到瞬时平天球坐标系

协议天球坐标系与瞬时平天球坐标系的差异是由岁差导致的 z 轴方向发生变化而产生的,通过对协议天球坐标系的坐标轴旋转,就可以实现两者之间的坐标变换,其数学转换式为(10-17)式~(10-19)式。

$$\begin{bmatrix} x \\ y \\ z \end{bmatrix}_{M_t} = P \begin{bmatrix} x \\ y \\ z \end{bmatrix}_{CIS} \tag{10-17}$$

$$P = R_3(-90 - Z_A)R_1(\theta_A)R_3(\zeta_A) \tag{10-18}$$

P 称为岁差旋转矩阵。ζ_A, Z_A, θ_A 称为岁差参数,如图 10-16 所示,计算公式为:

$$\begin{aligned} \zeta_A &= (2\,306.218\,1'' + 1.396\,56''T - 0.000\,139''T^2)t \\ &\quad + (0.301\,88'' - 0.000\,344''T)t^2 + 0.017\,998''t^3 \\ Z_A &= (2\,306.218\,1'' + 1.39\,656''T - 0.000\,139''T^2)t \\ &\quad + (1.094\,68'' + 0.000\,066''T)t^2 + 0.018\,203''t^3 \\ \theta_A &= (20\,004.310\,9'' - 0.853\,30''T - 0.000\,217''T^2)t \\ &\quad - (0.426\,65'' + 0.000\,217''T)t^2 - 0.041\,833''t^3 \end{aligned} \tag{10-19}$$

$t = (\mathrm{JD}(t) - \mathrm{JD}(t_0))/36\,525$

$T = (\mathrm{JD}(t_0) - 2\,451\,545.0)/36\,525$

对于以 J2000.0 为参考历元建立的协议天球坐标系,由于 $\mathrm{JD}(t_0) = 2\,451\,545.0$,则 $T=0$。

2)瞬时平天球坐标系转换到瞬时真天球坐标系

瞬时真天球坐球系是以时刻 t 的瞬时北天极和真春分点为参考建立的天球坐标系,它与瞬时平天球坐标系的差异主要是地球自转轴的章动造成的,两者之间的相互转换可以通过章动旋转矩阵来实现,转换公式为(10-20)式~(10-23)式。

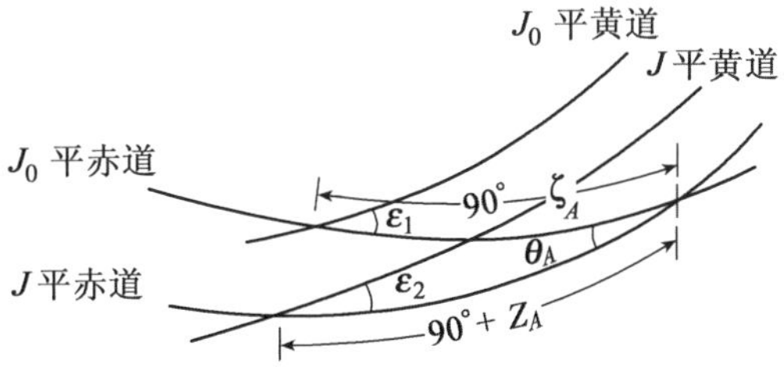

图 10-16　岁差参数

$$\begin{bmatrix} x \\ y \\ z \end{bmatrix}_t = N \begin{bmatrix} x \\ y \\ z \end{bmatrix}_{Mt} \tag{10-20}$$

$$\boldsymbol{N} = \boldsymbol{R}_1(-\varepsilon - \Delta\varepsilon)\boldsymbol{R}_3(-\Delta\psi)\boldsymbol{R}_1(\varepsilon) \tag{10-21}$$

式中：$\boldsymbol{N}$ 称为章动旋转矩阵；ε，$\Delta\varepsilon$，$\Delta\psi$ 分别为黄赤交角、交角章动和黄经章动，其含义如图10-17所示，其中，

$$\varepsilon = 23°26'21.448'' - 46.815\,0''T - 0.000\,59''T^2 + 0.001\,813''T^3 \tag{10-22}$$

而 $\Delta\varepsilon$ 和 $\Delta\psi$ 根据 T 值按最新国际天文联合会发布的表达式精确算得。

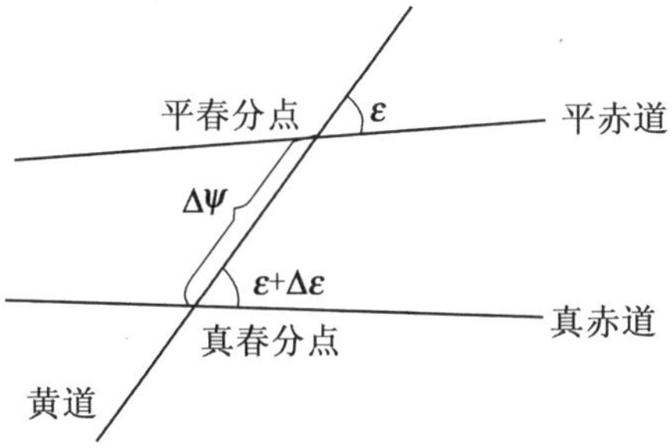

图 10-17　黄赤交角、交角章动和黄经章动

根据(10-17)和(10-20)两式，可以得出：

$$\begin{bmatrix} x \\ y \\ z \end{bmatrix}_t = NP \begin{bmatrix} x \\ y \\ z \end{bmatrix}_{CIS} \tag{10-23}$$

2. 协议地球坐标系与瞬时地球坐标系之间的转换

坐标系统是由坐标原点位置、坐标轴的指向和尺度所定义的，对于地固坐标系，坐标原点选在参考椭球中心或地心，坐标轴的指向具有一定的选择性，国际上通用的坐标系一般采用协议地极方向 CTP(Conventional Terrestrial Pole)作为 Z 轴指向，因而称为协议地球坐标系。与之相应的有以地球瞬时极为 Z 轴指向点的地球坐标系，称为瞬时地球坐标系。

协议地球坐标系与瞬时地球坐标系之间的差异是由极移引起的(见图 10-18)，极移参数由国际地球自转服务组织(IERS)根据所属台站的观测资料推算得到并以公报形式发布，据此可以实现两种坐标系之间的相互变换，变换公式为(10-24)式。

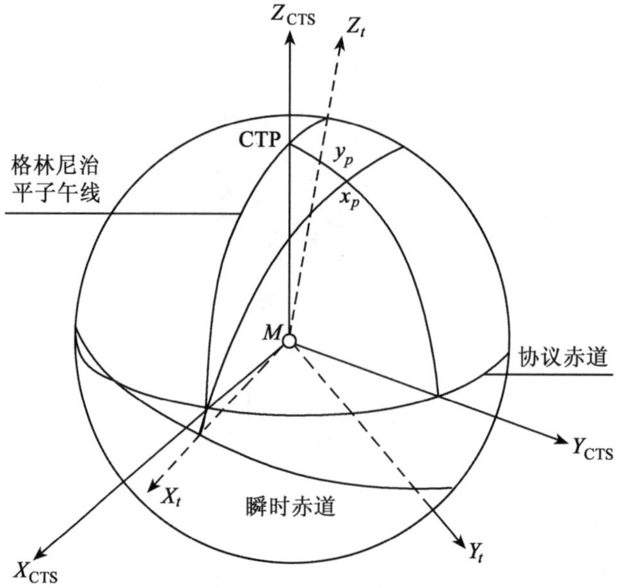

图 10-18　协议地球坐标系与瞬时地球坐标系

$$\begin{bmatrix} x \\ y \\ z \end{bmatrix}_{CTS} = \boldsymbol{M} \begin{bmatrix} x \\ y \\ z \end{bmatrix}_t \tag{10-24}$$

式中，$(x,y,z)_{CTS}$为以 CTP 为指向的协议地球坐标，$(x,y,z)_t$为观测历元 t 的瞬时地球坐标，$\boldsymbol{M}$ 为极移旋转矩阵。

$$\boldsymbol{M} = \boldsymbol{R}_2(-x_p)\boldsymbol{R}_1(-y_p) \tag{10-25}$$

3. 协议地球坐标系与协议天球坐标系之间的转换

协议地球坐标系与协议天球坐标系之间的不同点，只是两瞬时坐标系 X 轴的指向不同，如果春分点的格林尼治恒星时用 GAST 表示，则瞬时地球坐标系与瞬时天球坐标系的转换公式，对于观测瞬时 t，可写出：

$$\begin{bmatrix} X \\ Y \\ Z \end{bmatrix}_t = \boldsymbol{E} \begin{bmatrix} x \\ y \\ z \end{bmatrix}_t \tag{10-26}$$

其中，
$$\boldsymbol{E} = \boldsymbol{R}_3(\mathrm{GAST})$$

根据(10-23)式、(10-24)式，最后，可得出协议天球坐标系和协议地球坐标系之间的换算公式：

$$\begin{bmatrix} X \\ Y \\ Z \end{bmatrix}_{CTS} = \boldsymbol{MENP} \begin{bmatrix} x \\ y \\ z \end{bmatrix}_{CIS} \tag{10-27}$$

10.5.2　不同空间直角坐标系的换算

主要包括不同参心空间直角坐标系间的换算(如 1954 年北京坐标系同 1980 年国家大地坐标系的换算)，同时也包括参心空间直角坐标系同地心空间直角坐标系间的换算。对这一问题，自 1960 年以来，国内外大地测量学者进行了不少研究，建立了多种数学模型。

进行两个空间直角坐标系间的变换（见图 10-19），除对坐标原点实施三个平移参数外，当坐标轴间互不平行时还存在三个旋转角度（也称欧拉角）参数，以及两个坐标系尺度不一样的一个尺度变化参数。这七参数共有三个转换公式：它们是布尔莎公式，莫洛金斯基公式及范士公式。因各有不同的前提条件，故七参数数值是不同的，但坐标变换的结果却是一样的，因此，这些公式对实施坐标系间变换来说是等价的。这里选择布尔莎公式加以推导，并在此基础上引出五参数、四参数及三参数的坐标转换公式。

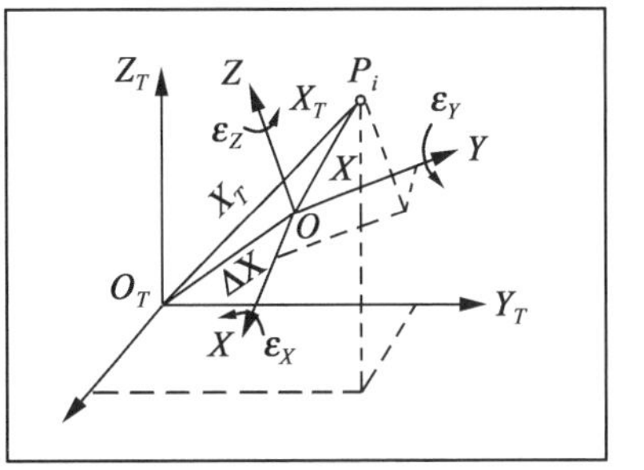

图 10-19

现在研究任意点 P_i 在两个不同的空间直角坐标系间的坐标变换（见图 10-19）。其中 $\boldsymbol{X}_T$ 及 $\boldsymbol{X}$ 分别表示 P_i 点在直角坐标系 O_T-$X_TY_TZ_T$ 及 O-XYZ 中的坐标向量，于是由图可知

$$\boldsymbol{X}_T = \Delta\boldsymbol{X}_0 + (1 + \mathrm{d}K)\boldsymbol{R}(\varepsilon)\boldsymbol{X} \tag{10-28}$$

式中，$\boldsymbol{X}_T=(X_T, Y_T, Z_T)^{\mathrm{T}}$，$\boldsymbol{X}=(X, Y, Z)^{\mathrm{T}}$

$\Delta\boldsymbol{X}_0$ 为原点坐标平移向量，

$$\Delta\boldsymbol{X}_0 = (\Delta X, \Delta Y, \Delta Z)^{\mathrm{T}} \tag{10-29}$$

$\mathrm{d}K$ 为尺度变化系数；$\boldsymbol{R}(\varepsilon)$ 为旋转矩阵，其中

$$\boldsymbol{R}(\varepsilon) = \boldsymbol{R}(\varepsilon_z)\boldsymbol{R}(\varepsilon_y)\boldsymbol{R}(\varepsilon_x) \tag{10-30}$$

$$\boldsymbol{R}(\varepsilon_z) = \begin{bmatrix} \cos\varepsilon_z & \sin\varepsilon_z & 0 \\ -\sin\varepsilon_z & \cos\varepsilon_z & 0 \\ 0 & 0 & 1 \end{bmatrix} \tag{10-31}$$

$$\boldsymbol{R}(\varepsilon_y) = \begin{bmatrix} \cos\varepsilon_y & 0 & -\sin\varepsilon_y \\ 0 & 1 & 0 \\ \sin\varepsilon_y & 0 & \cos\varepsilon_y \end{bmatrix} \tag{10-32}$$

$$\boldsymbol{R}(\varepsilon_x) = \begin{bmatrix} 1 & 0 & 0 \\ 0 & \cos\varepsilon_x & \sin\varepsilon_x \\ 0 & -\sin\varepsilon_x & \cos\varepsilon_x \end{bmatrix} \tag{10-33}$$

而 ε_x、ε_y 和 ε_z 分别是绕 X、Y、Z 轴的三个旋转角，于是有

$$\boldsymbol{R}(\varepsilon) = \begin{bmatrix} \cos\varepsilon_y\cos\varepsilon_z & \cos\varepsilon_x\sin\varepsilon_z + \sin\varepsilon_x\sin\varepsilon_y\cos\varepsilon_z & \sin\varepsilon_x\sin\varepsilon_z - \cos\varepsilon_x\sin\varepsilon_y\cos\varepsilon_z \\ -\cos\varepsilon_y\sin\varepsilon_z & \cos\varepsilon_x\cos\varepsilon_z - \sin\varepsilon_x\sin\varepsilon_y\sin\varepsilon_z & \sin\varepsilon_x\cos\varepsilon_z + \cos\varepsilon_x\sin\varepsilon_y\sin\varepsilon_z \\ \sin\varepsilon_y & -\sin\varepsilon_x\cos\varepsilon_y & \cos\varepsilon_x\cos\varepsilon_y \end{bmatrix} \tag{10-34}$$

当已知转换参数 ΔX、$\mathrm{d}K$ 及 R 时，就可按（10-28）式将一点的坐标从 X 系变换为 X_T 系内。若转换参数未知，则需根据两个坐标系中的公共点来加以确定。由于每个公共点可得三个方程，因此，只要有两个公共点及一个辅助公共分量（如高程）便可解出这七个参数。但实际上往往是利用多个公共点信息按最小二乘准则进行平差计算来求解。为此对（10-28）式线性化，

考虑旋转角 ε 一般很小,则有 $\sin\varepsilon=\varepsilon$ 和 $\cos\varepsilon=1$,同时忽略二阶微小量,于是(10-34)式变为

$$\boldsymbol{R}(\varepsilon)=\begin{bmatrix}1 & \varepsilon_z & -\varepsilon_y\\ -\varepsilon_z & 1 & \varepsilon_x\\ \varepsilon_y & -\varepsilon_x & 1\end{bmatrix}=\boldsymbol{E}+Q \tag{10-35}$$

式中,$\boldsymbol{E}$ 为 3×3 阶单位矩阵,而矩阵

$$\boldsymbol{Q}=\begin{bmatrix}0 & \varepsilon_z & -\varepsilon_y\\ -\varepsilon_z & 0 & \varepsilon_x\\ \varepsilon_y & -\varepsilon_x & 0\end{bmatrix} \tag{10-36}$$

则(10-28)式变为

$$\begin{aligned}\boldsymbol{X}_{Ti}&=\Delta\boldsymbol{X}_0+\boldsymbol{R}(\varepsilon)\mathrm{d}K\boldsymbol{X}_i+\boldsymbol{R}(\varepsilon)\boldsymbol{X}_i=\Delta\boldsymbol{X}_0+(\boldsymbol{E}+\boldsymbol{Q})\mathrm{d}K\boldsymbol{X}_i+(\boldsymbol{E}+\boldsymbol{Q})\boldsymbol{X}_i\\&=\Delta\boldsymbol{X}_0+\mathrm{d}K\boldsymbol{X}_i+\mathrm{d}K\boldsymbol{Q}\boldsymbol{X}_i+\boldsymbol{X}_i+\boldsymbol{Q}\boldsymbol{X}_i\end{aligned} \tag{10-37}$$

忽略二阶微小量 $\mathrm{d}K\boldsymbol{Q}\boldsymbol{X}_i$,上式变为

$$\boldsymbol{X}_{Ti}=\Delta\boldsymbol{X}_0+\mathrm{d}K\boldsymbol{X}_i+\boldsymbol{Q}\boldsymbol{X}_i+\boldsymbol{X}_i \tag{10-38}$$

顾及

$$\boldsymbol{Q}\boldsymbol{X}_i=\begin{bmatrix}0 & \varepsilon_z & -\varepsilon_y\\ -\varepsilon_z & 0 & \varepsilon_x\\ \varepsilon_y & -\varepsilon_x & 0\end{bmatrix}\begin{bmatrix}X_i\\ Y_i\\ Z_i\end{bmatrix}=\begin{bmatrix}0 & -Z_i & Y_i\\ Z_i & 0 & -X_i\\ -Y_i & X_i & 0\end{bmatrix}\begin{bmatrix}\varepsilon_x\\ \varepsilon_y\\ \varepsilon_z\end{bmatrix} \tag{10-39}$$

于是(10-28)式最终写成:

$$\begin{bmatrix}X_i\\ Y_i\\ Z_i\end{bmatrix}_T=\begin{bmatrix}\Delta X_0\\ \Delta Y_0\\ \Delta Z_0\end{bmatrix}+\begin{bmatrix}X_i\\ Y_i\\ Z_i\end{bmatrix}\mathrm{d}K+\begin{bmatrix}0 & -Z_i & Y_i\\ Z_i & 0 & -X_i\\ -Y_i & X_i & 0\end{bmatrix}\begin{bmatrix}\varepsilon_x\\ \varepsilon_y\\ \varepsilon_z\end{bmatrix}+\begin{bmatrix}X_i\\ Y_i\\ Z_i\end{bmatrix} \tag{10-40}$$

上式即为适用于任意两个空间直角坐标系统相互变换的布尔莎七参数公式。该式若把 X_T 认为是地面参心坐标系,X 是 GPS 用的 WGS-84 坐标系,则它便是将 GPS 观测值(坐标向量)向参心坐标系转换公式;若将地面参心系统转换为地心坐标系,只需将转换参数的符号改变即可实现。

以(10-40)式为基础可以得到一些简化公式。设 $\varepsilon_x=\varepsilon_y=0$ 和 $\varepsilon_z\neq0$,即两个空间直角坐标系中,所定的起始子午面不一致,则有转换公式:

$$\begin{bmatrix}X_i\\ Y_i\\ Z_i\end{bmatrix}_T=\begin{bmatrix}\Delta X_0\\ \Delta Y_0\\ \Delta Z_0\end{bmatrix}+\begin{bmatrix}X_i\\ Y_i\\ Z_i\end{bmatrix}\mathrm{d}K+\begin{bmatrix}Y_i\\ -X_i\\ 0\end{bmatrix}\varepsilon_z+\begin{bmatrix}X_i\\ Y_i\\ Z_i\end{bmatrix} \tag{10-41}$$

上式称为五参数转换模型。若再有 $\varepsilon_z=0$,则得四参数转换模型:

$$\begin{bmatrix}X_i\\ Y_i\\ Z_i\end{bmatrix}_T=\begin{bmatrix}\Delta X_0\\ \Delta Y_0\\ \Delta Z_0\end{bmatrix}+\begin{bmatrix}X_i\\ Y_i\\ Z_i\end{bmatrix}\mathrm{d}K+\begin{bmatrix}X_i\\ Y_i\\ Z_i\end{bmatrix} \tag{10-42}$$

若尺度比变化也为零,便得三参数转换模型:

$$\begin{bmatrix} X_i \\ Y_i \\ Z_i \end{bmatrix}_T = \begin{bmatrix} \Delta X_0 \\ \Delta Y_0 \\ \Delta Z_0 \end{bmatrix} + \begin{bmatrix} X_i \\ Y_i \\ Z_i \end{bmatrix} \tag{10-43}$$

具体应用哪种模型合适,需根据具体情况而定。由此知,坐标转换的精度除取决于坐标变换的数学模型和为求解转换参数而用到的公共点坐标精度外,还和公共点的几何图形结构有关。

对 GPS 精密定位,只给出相对坐标,因而利用所述公式均无法求出三个平移量,为此,需研究 GPS 精密定位中基线向量的转换公式。

若对任意两点 k、i 分别用(10-40)式,且两式相减,有

$$\begin{bmatrix} \Delta X_{ki} \\ \Delta Y_{ki} \\ \Delta Z_{ki} \end{bmatrix}_T = \begin{bmatrix} \Delta X_{ki} \\ \Delta Y_{ki} \\ \Delta Z_{ki} \end{bmatrix} \mathrm{d}K + \begin{bmatrix} 0 & -\Delta Z_{ki} & \Delta Y_{ki} \\ \Delta Z_{ki} & 0 & -\Delta X_{ki} \\ -\Delta Y_{ki} & \Delta X_{ki} & 0 \end{bmatrix} \begin{bmatrix} \varepsilon_x \\ \varepsilon_y \\ \varepsilon_z \end{bmatrix} + \begin{bmatrix} \Delta X_{ki} \\ \Delta Y_{ki} \\ \Delta Z_{ki} \end{bmatrix} \tag{10-44}$$

式中,

$$\begin{bmatrix} \Delta X_{ki} \\ \Delta Y_{ki} \\ \Delta Z_{ki} \end{bmatrix}_T = \begin{bmatrix} X_i - X_k \\ Y_i - Y_k \\ Z_i - Z_k \end{bmatrix}_T, \begin{bmatrix} \Delta X_{ki} \\ \Delta Y_{ki} \\ \Delta Z_{ki} \end{bmatrix} = \begin{bmatrix} X_i - X_k \\ Y_i - Y_k \\ Z_i - Z_k \end{bmatrix} \tag{10-45}$$

这就是 GPS 基线向量向参心坐标系转换公式。显然,这时仅需四个转换参数:一个尺度比变化参数 dK 和三个旋转参数 ε_x,ε_y,ε_z。

当根据多个公共点按最小二乘法求解转换参数时,对每个点,则依(10-40)式有如下观测方程:

$$\begin{bmatrix} X_{T_i} - X_i \\ Y_{T_i} - Y_i \\ Z_{T_i} - Z_i \end{bmatrix} = \begin{bmatrix} 1 & 0 & 0 & X_i & 0 & -Z_i & Y_i \\ 0 & 1 & 0 & Y_i & Z_i & 0 & -X_i \\ 0 & 0 & 1 & Z_i & -Y_i & X_i & 0 \end{bmatrix} \begin{bmatrix} \Delta X_0 \\ \Delta Y_0 \\ \Delta Z_0 \\ \mathrm{d}K \\ \varepsilon_x \\ \varepsilon_y \\ \varepsilon_z \end{bmatrix} \tag{10-46}$$

式中 $i=1,2,\cdots,N$,若设

$$\boldsymbol{L}_{\Delta X_i} = \begin{bmatrix} X_{T_i} - X_i \\ Y_{T_i} - Y_i \\ Z_{T_i} - Z_i \end{bmatrix}, \boldsymbol{B}_i = \begin{bmatrix} 1 & 0 & 0 & X_i & 0 & -Z_i & Y_i \\ 0 & 1 & 0 & Y_i & Z_i & 0 & -X_i \\ 0 & 0 & 1 & Z_i & -Y_i & X_i & 0 \end{bmatrix}$$

$$\boldsymbol{Y} = \begin{bmatrix} \Delta X_0 \\ \Delta Y_0 \\ \Delta Z_0 \\ \mathrm{d}K \\ \varepsilon_x \\ \varepsilon_y \\ \varepsilon_z \end{bmatrix}, \boldsymbol{L}_{\Delta x} = \begin{bmatrix} L_{\Delta x1} \\ L_{\Delta x2} \\ \vdots \\ L_{\Delta xn} \end{bmatrix}, \boldsymbol{B} = \begin{bmatrix} B_1 \\ B_2 \\ \vdots \\ B_N \end{bmatrix} \tag{10-47}$$

则(10-46)式变为误差方程 $$V_{\Delta x}=B\hat{Y}-L_{\Delta x} \tag{10-48}$$

设观测值等权观测,即 $P_{L\Delta x}=E$,则法方程 $B^{\mathrm{T}}B\hat{Y}-B^{\mathrm{T}}L_{\Delta x}=0$ (10-49)

从而求出转换参数 $$\hat{Y}=(B^{\mathrm{T}}B)^{-1}B^{\mathrm{T}}L_{\Delta x} \tag{10-50}$$

单位权方差 $$\sigma_0^2=\pm(V^{\mathrm{T}}V)/(3N-7) \tag{10-51}$$

协因数阵 $$Q_{\hat{Y}}=(B^{\mathrm{T}}B)^{-1} \tag{10-52}$$

不等权观测,设 $$P_{L\Delta x}=(\Sigma_{\mathrm{T}}+\Sigma)^{-1} \tag{10-53}$$

式中,Σ_{T}、Σ 分别为地面网点和 GPS 网点的方差-协方差阵,这时法方程

$$B^{\mathrm{T}}PB\hat{Y}-B^{\mathrm{T}}PL_{\Delta x}=0 \tag{10-54}$$

未知数向量 $$\hat{Y}=(B^{\mathrm{T}}PB)^{-1}B^{\mathrm{T}}PL_{\Delta x} \tag{10-55}$$

单位权方差 $$\sigma_0^2=\pm(V^{\mathrm{T}}PV)/(3N-7) \tag{10-56}$$

协因数阵 $$Q_{\hat{Y}}=(B^{\mathrm{T}}PB)^{-1} \tag{10-57}$$

求出转换参数后,便可利用这些参数将 GPS 坐标向量转换成地面网所在的参心坐标系中。

当应用式(10-44)求解转换参数时,有如同(10-48)~(10-53)式或(10-48)式及(10-53)~(10-57)式相似的公式,只是在这些公式中去掉平移参数(ΔX_0、ΔY_0、ΔZ_0)即可,此不再赘述。

10.5.3 不同大地坐标系间的换算

不同大地坐标系统间的换算除具有不同空间直角坐标系统间换算所需的七个转换参数外,还增加由于两个系统采用的地球椭球元素不同而产生的两个地球椭球转换参数。不同大地坐标系统的换算公式又称大地坐标微分公式或变换椭球微分公式。由(7-30)式

$$\begin{bmatrix} X \\ Y \\ Z \end{bmatrix}=\begin{bmatrix} (N+H)\cos B\cos L \\ (N+H)\cos B\sin L \\ [N(1-e^2)+H]\sin B \end{bmatrix} \tag{10-58}$$

顾及 $$N=a/W=a/\sqrt{1-e^2\sin^2 B} \tag{10-59}$$

所以 X,Y,Z 各自是 B,L,H,a,α(或 e^2)的函数。因此这些自变量的变化 $\mathrm{d}B,\mathrm{d}L,\mathrm{d}H,\mathrm{d}a$,$\mathrm{d}\alpha$ 必引起 X,Y,Z 的变化 $\mathrm{d}X,\mathrm{d}Y,\mathrm{d}Z$,由全微分得

$$\begin{bmatrix} \mathrm{d}X \\ \mathrm{d}Y \\ \mathrm{d}Z \end{bmatrix}=A\begin{bmatrix} \mathrm{d}B \\ \mathrm{d}L \\ \mathrm{d}H \end{bmatrix}+C\begin{bmatrix} \mathrm{d}a \\ \mathrm{d}\alpha \end{bmatrix} \tag{10-60}$$

式中,
$$A=\begin{bmatrix} \partial X/\partial B & \partial X/\partial L & \partial X/\partial H \\ \partial Y/\partial B & \partial Y/\partial L & \partial Y/\partial H \\ \partial Z/\partial B & \partial Z/\partial L & \partial Z/\partial H \end{bmatrix},C=\begin{bmatrix} \partial X/\partial a & \partial X/\partial \alpha \\ \partial Y/\partial a & \partial Y/\partial \alpha \\ \partial Z/\partial a & \partial Z/\partial \alpha \end{bmatrix} \tag{10-61}$$

(10-61)式中的偏导数可按(10-58)式右边对相应变量求导得到。

由于

$$\left.\begin{aligned} \frac{\mathrm{d}r}{\mathrm{d}B}&=-M\sin B \\ \frac{\partial z}{\partial B}&=M\cos B \end{aligned}\right\} \tag{10-62}$$

则由(10-58)式,得到:

$$
\left.\begin{aligned}
\frac{\partial x}{\partial B} &= -(M+H)\sin B\cos L \\
\frac{\partial y}{\partial B} &= -(M+H)\sin B\sin L \\
\frac{\partial z}{\partial B} &= (M+H)\cos B \\
\frac{\partial x}{\partial L} &= -(N+H)\cos B\sin L \\
\frac{\partial y}{\partial L} &= (M+H)\cos B\cos L \\
\frac{\partial z}{\partial L} &= 0 \\
\frac{\partial x}{\partial H} &= \cos B\cos L \\
\frac{\partial y}{\partial H} &= \cos B\sin L \\
\frac{\partial z}{\partial H} &= \sin B
\end{aligned}\right\} \tag{10-63}
$$

$$
\left.\begin{aligned}
\frac{\partial x}{\partial a} &= \frac{\partial N}{\partial a}\cos B\cos L \\
\frac{\partial y}{\partial a} &= \frac{\partial N}{\partial a}\cos B\sin L \\
\frac{\partial z}{\partial a} &= \frac{\partial N}{\partial a}(1-e^2)\sin B \\
\frac{\partial x}{\partial e^2} &= \frac{\partial N}{\partial e^2}\cos B\cos L \\
\frac{\partial y}{\partial e^2} &= \frac{\partial N}{\partial e^2}\cos B\sin L \\
\frac{\partial z}{\partial e^2} &= \left[\frac{\partial N}{\partial e^2}(1-e^2)-N\right]\sin B
\end{aligned}\right\} \tag{10-64}
$$

现在求偏导数 $\frac{\partial N}{\partial a}$和$\frac{\partial n}{\partial e^2}$。由于

$$N = a(1-e^2\sin^2 B)^{-1/2}$$

那么

$$
\left.\begin{aligned}
\frac{\partial N}{\partial a} &= \frac{N}{a} \\
\frac{\partial n}{\partial e^2} &= -\frac{a}{2}(1-e^2\sin^2 B)^{-3/2}(-\sin^2 B) = \frac{N\sin^2 B}{2(1-e^2\sin^2 B)}
\end{aligned}\right\} \tag{10-65}
$$

将上式代入到(10-64)式,并经进一步换算,并注意到下面的关系式:

$$\left.\begin{aligned} 1-e^2\sin^2B &= \frac{a^2}{N^2} \\ \frac{e^2\sin^2B}{1-e^2\sin^2B} &= \frac{N^2}{a^2}-1 \end{aligned}\right\} \tag{10-66}$$

如果椭球参数不用偏心率平方而是用扁率,那么(10-63)式及(10-64)式,应该实现下列的替代:

$$e^2=2\alpha-\alpha^2,\quad 1-e^2=(1-\alpha)^2,\quad \mathrm{d}e^2/2=(1-\alpha)d\alpha \tag{10-67}$$

于是有具体表达式:

$$\boldsymbol{A}=\begin{bmatrix} -(M+H)\sin B\cos L & -(N+H)\cos B\sin L & \cos B\cos L \\ -(M+H)\sin B\sin L & (N+H)\cos B\cos L & \cos B\sin L \\ (M+H)\cos B & 0 & \sin B \end{bmatrix} \tag{10-68}$$

$$\boldsymbol{C}=\begin{bmatrix} (N/\alpha)\cos B\cos L & [M/(1-\alpha)]\sin^2B\cos B\cos L \\ (N/\alpha)\cos B\sin L & [M/(1-\alpha)]\sin^2B\cos B\sin L \\ (N/\alpha)(1-\alpha)^2\sin B & (1-\alpha)\sin B(M\sin^2B-2N) \end{bmatrix} \tag{10-69}$$

由(10-60)式可得

$$\begin{bmatrix}\mathrm{d}B\\ \mathrm{d}L\\ \mathrm{d}B\end{bmatrix}=\boldsymbol{A}^{-1}\begin{bmatrix}\mathrm{d}X\\ \mathrm{d}Y\\ \mathrm{d}Z\end{bmatrix}-\boldsymbol{A}^{-1}\boldsymbol{C}\begin{bmatrix}\mathrm{d}a\\ \mathrm{d}\alpha\end{bmatrix} \tag{10-70}$$

为求 $\boldsymbol{A}^{-1}$,把 $\boldsymbol{A}$ 分解为 $\boldsymbol{A}=\boldsymbol{GD}$ (10-71)

式中,

$$\boldsymbol{G}=\begin{bmatrix} -\sin B\cos L & -\sin L & \cos B\cos L \\ -\sin B\sin L & \cos L & \cos B\sin L \\ \cos B & 0 & \sin B \end{bmatrix} \tag{10-72}$$

$$\boldsymbol{D}=\begin{bmatrix} (M+H) & 0 & 0 \\ 0 & (M+H)\cos B & 0 \\ 0 & 0 & 1 \end{bmatrix} \tag{10-73}$$

由于 $\boldsymbol{G}$ 是正交矩阵,即 $\boldsymbol{G}^{-1}=G^{\mathrm{T}}$,而 $\boldsymbol{D}$ 是对角阵,其逆阵为对角阵元素之倒数,故

$$\begin{aligned} \boldsymbol{A}^{-1} &= (\boldsymbol{GD})^{-1}=\boldsymbol{D}^{-1}\boldsymbol{G}^{-1}=\boldsymbol{D}^{-1}\boldsymbol{G}^{\mathrm{T}} \\ &= \begin{bmatrix} -\sin B\cos L/(M+H) & -\sin B\sin L/(M+H) & \cos B/(M+H) \\ -\sec B\sin L/(M+H) & \sec B\cos L(M+H) & 0 \\ \cos B\cos L & \cos B\sin L & \sin B \end{bmatrix} \end{aligned} \tag{10-74}$$

而

$$\begin{bmatrix}\mathrm{d}X\\ \mathrm{d}Y\\ \mathrm{d}Z\end{bmatrix}=\begin{bmatrix}X\\ Y\\ Z\end{bmatrix}_T-\begin{bmatrix}X\\ Y\\ Z\end{bmatrix},\quad \begin{bmatrix}\mathrm{d}B\\ \mathrm{d}L\\ \mathrm{d}H\end{bmatrix}=\begin{bmatrix}B\\ L\\ H\end{bmatrix}_T-\begin{bmatrix}B\\ L\\ H\end{bmatrix} \tag{10-75}$$

则依(10-38)式及(10-70)式,得

$$\begin{bmatrix} dB \\ dL \\ dH \end{bmatrix} = \boldsymbol{A}^{-1}\begin{bmatrix} \Delta X_0 \\ \Delta Y_0 \\ \Delta Z_0 \end{bmatrix} + \boldsymbol{A}^{-1}Q\boldsymbol{X}^* + \boldsymbol{A}^{-1}dK\boldsymbol{X}^* - \boldsymbol{A}^{-1}\boldsymbol{C}\begin{bmatrix} da \\ d\alpha \end{bmatrix} \tag{10-76}$$

式中,$\boldsymbol{X}^* = \begin{bmatrix} X \\ Y \\ Z \end{bmatrix} = \begin{bmatrix} (N+H)\cos B\cos L \\ (N+H)\cos B\sin L \\ [N(1-e^2)+H]\sin B \end{bmatrix}$ (10-77)

将(10-74)式、(10-39)式及(10-77)式代入(10-76)式,并展开整理后,最终得

$$\begin{bmatrix} dB \\ dL \\ dH \end{bmatrix} = \begin{bmatrix} -\dfrac{\sin B\cos L}{M+H}\rho'' & -\dfrac{\sin B\sin L}{M+H}\rho'' & \dfrac{\cos B}{M+H}\rho'' \\ -\dfrac{\sin L}{(N+H)\cos B}\rho'' & -\dfrac{\cos L}{(N+H)\cos B}\rho'' & 0 \\ \cos B\cos L & \cos B\sin L & \sin B \end{bmatrix}\begin{bmatrix} \Delta X_0 \\ \Delta Y_0 \\ \Delta Z_0 \end{bmatrix} +$$

$$\begin{bmatrix} -\sin L & \cos L & 0 \\ \tan B\cos L & \tan B\sin L & -1 \\ Ne^2\sin B\cos B\sin L/\rho'' & Ne^2\sin B\cos B\cos L/\rho'' & 0 \end{bmatrix}\begin{bmatrix} \varepsilon_x \\ \varepsilon_y \\ \varepsilon_z \end{bmatrix} +$$

$$\begin{bmatrix} Ne^2\sin B\cos B\rho''/M \\ 0 \\ N(1-e^2\sin^2 B) \end{bmatrix}dK +$$

$$\begin{bmatrix} \dfrac{N}{(M+H)\alpha}e^2\sin B\cos B\rho'' & \dfrac{M(2-e^2\sin^2 B)}{(M+H)(1-\alpha)}\sin B\cos B\rho'' \\ 0 & 0 \\ -\dfrac{N}{\alpha}(1-e^2\sin^2 B) & \dfrac{M}{1-\alpha}(1-e^2\sin^2 B)\sin^2 B \end{bmatrix}\begin{bmatrix} da \\ d\alpha \end{bmatrix} \tag{10-78}$$

上式即为顾及全部七参数和椭球大小变化的广义大地微分公式。由式可知:da、$d\alpha$ 对大地经度没影响;ε_x 对大地伟度及大地高设影响。

根据 3 个以上公共点的两套大地坐标值,可列出 9 个以上(10-78)式的方程,采用最小二乘原理可求出其中的 9 个转换参数($\Delta X_0, \Delta Y_0, \Delta Z_0, \varepsilon_X, \varepsilon_Y, \varepsilon_Z, dk, da, d\alpha$)。

如果忽略旋转参数和缩放参数,则根据(10-70)式和(10-74)式,不难导出一般的大地坐标微分公式:

$$\begin{bmatrix} dL \\ dB \\ dH \end{bmatrix} = \begin{bmatrix} -\dfrac{\sin L}{(N+H)\cos B}\rho'' & \dfrac{\cos L}{(N+H)\cos B}\rho'' & 0 \\ -\dfrac{\sin B\cos L}{M+H}\rho'' & -\dfrac{\sin B\sin L}{M+H}\rho'' & \dfrac{\cos B}{M+H}\rho'' \\ \cos B\cos L & \cos B\sin L & \sin B \end{bmatrix}\begin{bmatrix} dX \\ dY \\ dZ \end{bmatrix} +$$

$$\begin{bmatrix} 0 & 0 \\ \frac{N}{(M+H)a}e^2\sin B\cos B\rho'' & \frac{M(2-e^2\sin^2 B)}{(M+H)(1-\alpha)}\sin B\cos B\rho'' \\ -\frac{N}{a}(1-e^2\sin^2 B) & \frac{M}{1-\alpha}(1-e^2\sin^2 B)\sin^2 B \end{bmatrix}\begin{bmatrix}\Delta a \\ \Delta\alpha\end{bmatrix} \tag{10-79}$$

该式在大地网平差列立观测值的误差方程式时经常用到。

顺便指出,对于工程测量而言,不同地球椭球基准下的大地坐标系统间点位坐标转换,比如 1954 年北京坐标系、1980 西安坐标系向 2000 国家大地坐标系的转换,由于这两个参心系下的大地高的精度较低,建议采用二维七参数转换模型,由(10-78)式不难得到转换公式为:

$$\begin{bmatrix}\Delta L \\ \Delta B\end{bmatrix} = \begin{bmatrix} -\frac{\sin L}{N\cos B}\rho'' & \frac{\cos L}{N\cos B}\rho'' & 0 \\ -\frac{\sin B\cos L}{M}\rho'' & -\frac{\sin B\sin L}{M}\rho'' & \frac{\cos B}{M}\rho'' \end{bmatrix}\begin{bmatrix}T_x \\ T_y \\ T_z\end{bmatrix} + \begin{bmatrix} \tan B\cos L & \tan B\sin L & -1 \\ -\sin L & \cos L & 0 \end{bmatrix}\begin{bmatrix}R_x \\ R_y \\ R_z\end{bmatrix} +$$

$$\begin{bmatrix} 0 \\ -\frac{N}{M}e^2\sin B\cos B\rho'' \end{bmatrix}\cdot D + \begin{bmatrix} 0 & 0 \\ \frac{N}{Ma}e^2\sin B\cos B\rho'' & \frac{(2-e^2\sin^2 B)}{1-f}\sin B\cos B\rho'' \end{bmatrix}\begin{bmatrix}\Delta a \\ \Delta f\end{bmatrix}$$

(10-80)

在这种情况下,da、dα 是已知的,故上式只有三个平移参数、三个旋转参数一个尺度比参数,共七个未知参数,上式称为二维七参数转换模型。

对于范围较小的不同高斯投影平面坐标转换,建议采用二维四参数转换模型转换公式为:

$$\begin{bmatrix}x_2 \\ y_2\end{bmatrix} = \begin{bmatrix}\Delta x \\ \Delta y\end{bmatrix} + (1+m)\begin{bmatrix}\cos\alpha & -\sin\alpha \\ \sin\alpha & \cos\alpha\end{bmatrix}\begin{bmatrix}x_1 \\ y_1\end{bmatrix} \tag{10-81}$$

式中:

x_1, y_1 为原坐标系下平面直角坐标,单位为米;

x_2, y_2 为 2000 国家大地坐标系下的平面直角坐标,单位为米;

$\Delta x, \Delta y$ 为平移参数,单位为米;

α 为旋转参数,单位为弧度;

m 为尺度参数,无量纲。

10.5.4 站心坐标系及相应的坐标换算

以测站为原点,测站上的法线(或垂线)为 Z 轴方向,北方向为 X 轴,东方向为 Y 轴,建立的坐标系就称为法线(或垂线)站心坐标系,常用来描述参照于测站点的相对空间位置关系,或者作为坐标转换的过渡坐标系。

1. 垂线站心直角坐标系

如图 10-20 所示,以测站 P 为原点,P 点的垂线为 z 轴(指向天顶为正),子午线方向为 x 轴(向北为正),y 轴与 x,z 轴垂直(向东为正)构成左手坐标系。这种坐标系就称为垂线站心直角坐标系,或称为站心天文坐标系。图中 O-XYZ 为地心直角坐标系。

空间任意一点 Q 相对于 P 的位置可通过地面观测值——斜距 d、天文方位角 α 和天顶距 z

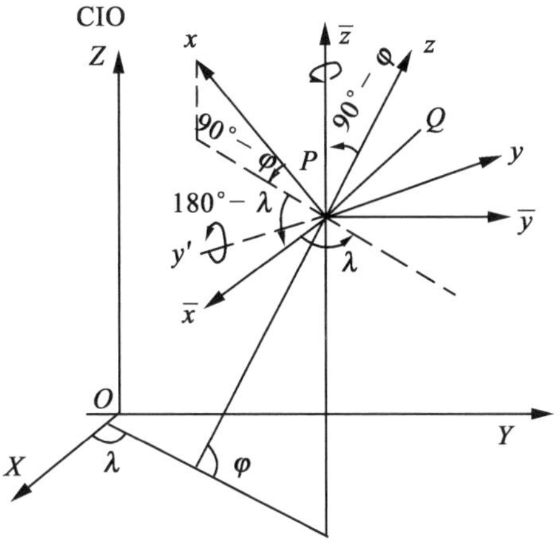

图 10-20　垂线站心直角坐标系

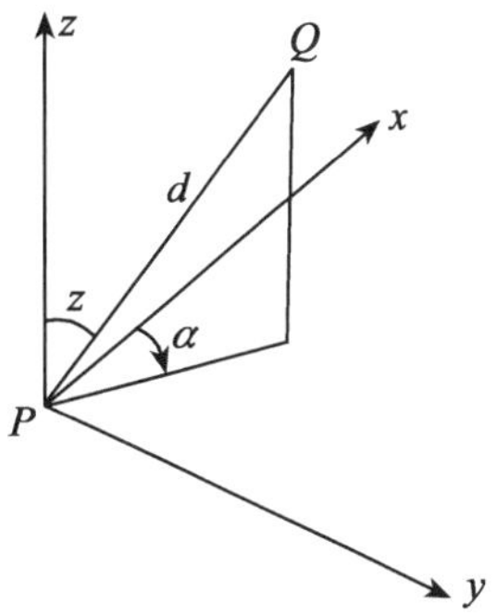

图 10-21　垂线站心极坐标定位

来确定,见图 10-21,公式为:

$$\begin{bmatrix} x \\ y \\ z \end{bmatrix}_{PQ} = \begin{bmatrix} d\cos\alpha\sin z \\ d\sin\alpha\sin z \\ d\cos z \end{bmatrix}_{PQ} \tag{10-82}$$

为了导出站心与地心直角坐标系之间的换算关系,首先将 P-xyz 坐标系的 y 轴反向,得 γ'。设 P 点的天文经纬度为 λ,ϕ,现在再绕 y' 轴旋转$(90°-\phi)$,最后再绕 $\bar{z}$ 轴旋转$(180°-\lambda)$,即可得到

$$\begin{bmatrix} X_Q-X_P \\ Y_Q-Y_P \\ Z_Q-Z_P \end{bmatrix} = \begin{bmatrix} \cos(180°-\lambda) & \sin(180°-\lambda) & 0 \\ -\sin(180°-\lambda) & \cos(180°-\lambda) & 0 \\ 0 & 0 & 1 \end{bmatrix} \cdot$$

$$\begin{bmatrix} \cos(90°-\varphi) & 0 & -\sin(90°-\varphi) \\ 0 & 1 & 0 \\ \sin(90°-\varphi) & 0 & \cos(90°-\varphi) \end{bmatrix} \begin{bmatrix} 1 & 0 & 0 \\ 0 & -1 & 0 \\ 0 & 0 & 1 \end{bmatrix} \begin{bmatrix} x \\ y \\ z \end{bmatrix}_{PQ} \tag{10-83}$$

引入旋转矩阵和反向矩阵符号

$$\boldsymbol{R}_{y'}(90°-\varphi) = \begin{bmatrix} \cos(90°-\varphi) & 0 & -\sin(90°-\varphi) \\ 0 & 1 & 0 \\ \sin(90°-\varphi) & 0 & \cos(90°-\varphi) \end{bmatrix} \tag{10-84}$$

$$\boldsymbol{R}_{\bar{Z}}(180°-\lambda) = \begin{bmatrix} \cos(180°-\lambda) & \sin(180°-\lambda) & 0 \\ -\sin(180°-\lambda) & \cos(180°-\lambda) & 0 \\ 0 & 0 & 1 \end{bmatrix} \tag{10-85}$$

$$\boldsymbol{P}_y = \begin{bmatrix} 1 & 0 & 0 \\ 0 & -1 & 0 \\ 0 & 0 & 1 \end{bmatrix} \tag{10-86}$$

并令

$$\begin{aligned} \boldsymbol{T} &= \boldsymbol{R}_{\bar{Z}}(180^\circ - \lambda)\boldsymbol{R}_{Y'}(90^\circ - \varphi)P_Y \\ &= \begin{bmatrix} -\sin\varphi\cos\lambda & -\sin\lambda & \cos\varphi\cos\lambda \\ -\sin\varphi\sin\lambda & \cos\lambda & \cos\varphi\sin\lambda \\ \cos\varphi & 0 & \sin\varphi \end{bmatrix} \end{aligned} \tag{10-87}$$

则有

$$\begin{bmatrix} X_Q - X_P \\ Y_Q - Y_P \\ Z_Q - Z_P \end{bmatrix} = T \begin{bmatrix} x \\ y \\ z \end{bmatrix}_{PQ} \tag{10-88}$$

或

$$\begin{bmatrix} X_Q \\ Y_Q \\ Z_Q \end{bmatrix} = \begin{bmatrix} X_P \\ Y_P \\ Z_P \end{bmatrix} + \begin{bmatrix} -\sin\varphi\cos\lambda & -\sin\lambda & \cos\varphi\cos\lambda \\ -\sin\varphi\sin\lambda & \cos\lambda & \cos\varphi\sin\lambda \\ \cos\varphi & 0 & \sin\varphi \end{bmatrix} \begin{bmatrix} x \\ y \\ z \end{bmatrix}_{PQ} \tag{10-89}$$

由于 T 为正交矩阵,故有 $\boldsymbol{T}^{-1} = \boldsymbol{T}^{\mathrm{T}}$,因而有

$$\begin{bmatrix} x \\ y \\ z \end{bmatrix}_{PQ} = \begin{bmatrix} -\sin\varphi\cos\lambda & -\sin\varphi\sin\lambda & \cos\varphi \\ -\sin\lambda & \cos\lambda & 0 \\ \cos\varphi\cos\lambda & \cos\varphi\sin\lambda & \sin\varphi \end{bmatrix} \begin{bmatrix} X_Q - X_P \\ Y_Q - Y_P \\ Z_Q - Z_P \end{bmatrix} \tag{10-90}$$

(10-89)式与(10-90)式即为垂线站心坐标系与地心坐标系之间的换算公式。

2. 法线站心直角坐标系

如图 10-22 所示,以测站 P 点为原点,P 点的线线方向为 z^* 轴(指向天顶为正),子午线方向为 x^* 轴,y^* 轴为 x^*,z^* 轴垂直,构成左手坐标系。这种坐标系就称为法线站心直角坐标系,或称为站心椭球坐标系。

若设 P 点的大地经纬度为(L,B),则可导出法线站心直角坐标系与相应的地心(或参心)直角坐标系之间的换算关系:

$$\begin{bmatrix} X_Q \\ Y_Q \\ Z_Q \end{bmatrix} = \begin{bmatrix} X_P \\ Y_P \\ Z_P \end{bmatrix} + \begin{bmatrix} -\sin B\cos L & -\sin L & \cos B\cos L \\ -\sin B\sin L & \cos L & \cos B\sin L \\ \cos B & 0 & \sin B \end{bmatrix} \begin{bmatrix} x^* \\ y^* \\ z^* \end{bmatrix}_{PQ} \tag{10-91}$$

及

$$\begin{bmatrix} x^* \\ y^* \\ z^* \end{bmatrix}_{PQ} = \begin{bmatrix} -\sin B\cos L & -\sin B\sin L & \cos B \\ -\sin L & \cos L & 0 \\ \cos B\cos L & \cos B\sin L & \sin B \end{bmatrix} \begin{bmatrix} X_Q - X_P \\ Y_Q - Y_P \\ Z_Q - Z_P \end{bmatrix} \tag{10-92}$$

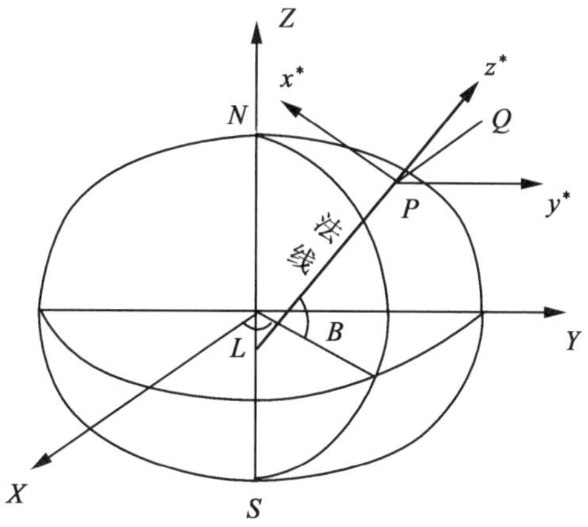

图 10-22　站心椭球坐标系

综上所述,不同坐标系下控制点坐标转换一般有两种模式:一种是二维转换模式,一种是三维转换模式。二维转换模式包括二维四参数转换模型和二维七参数转换模型,这时只需要两坐标系下控制点的二维坐标成果——高斯平面坐标 x,y 或大地坐标 L,B。二维转换模式原理简单,数据计算稳定,适用于转换范围较小,或计算转换参数的重合点不存在系统误差或系统误差较小的情况。三维转换模式包括不同空间直角坐标系间的转换(布尔沙模型)和不同大地坐标系间的转换,这时需要两坐标系下控制点的三维坐标成果——空间直角坐标 x,y,z 或大地坐标 L,B 和大地高 H。三维转换模式理论严密,不存在模型误差和投影变形误差的影响,因而适合于任何地区的坐标转换。坐标转换实施时要注意以下几点:

1)选取重合点

选用两个坐标系下均有坐标成果的控制点。选取等级高、精度高、局部变形小、分布均匀、覆盖整个转换区域的控制点。

2)计算转换参数

(1)利用选取的重合点和转换模型计算转换参数;

(2)用得到的转换参数计算重合点坐标残差;

(3)剔除残差大于 3 倍点位中误差的重合点;

(4)重新计算坐标转换参数(重复上述(1)、(2)、(3)计算过程),直到满足精度要求为止;

(5)最终用于计算转换参数的重合点数量与转换区域大小有关,但不得少于 5 个;

(6)根据最终确定的重合点,按照转换区域范围,选取适用的转换模型,利用最小二乘法计算转换参数。

3)坐标转换

利用计算的转换参数,进行坐标转换。

4)精度评价

坐标转换精度可采用内符合精度和外符合精度进行评价,依据计算转换参数的重合点残差中误差评估坐标转换内符合精度。利用均匀分布的未参与计算转换参数的重合点作为外部检核点,其点数不少于 6 个。

第 5 部分　测量控制网平差计算与数据管理

第 11 章　工程控制网条件平差

由第 9 章内容可知,地面观测值通过概算已归算为以标石中心为准的高斯投影平面上的观测值,接着的工作就是在该平面上进行控制网的平差计算和精度评定。在 $V^T PV = \min$ 的准则下进行平差,随着选用的函数模型不同有不同的平差方法,其中条件平差和间接平差是两种基本的平差方法。在此基础上,随所选未知数不同,又有不同的平差方法,比如带有未知数的条件平差法,未知数间带有约束条件的间接平差法以及其他种种近代平差法等。本章讲工程水平控制网的条件平差,下一章讲间接平差,最后一章讲近代平差及数据处理。

对同一测量控制网,无论采用哪种平差方法,平差结果应该是一样的。但计算工作量及平差效果却不同。当采用计算器进行平差计算时,对小型的或较大的但图形不甚复杂的独立网,或多余起算数据较少的附合网,特别是对导线及导线网平差,一般采用条件平差法,因为这时条件式的组成及法方程解算都较简单容易。但当采用电子计算机进行平差计算时,常常采用间接平差法,这是因为这时组成观测值改正数误差方程规律性强,电算程序易于编写,且平差结果直接是坐标未知数的平差值及其方差-协方差阵。因此,应该根据工程控制网的特点和计算技术条件来选择具体平差方法。

本章主要讲述三角网、三边网及边角网条件平差时条件方程式类型、组成以及条件式数目的确定,并选取典型算例具体说明工程控制网条件平差的具体步骤、过程和方法。

11.1　三角网的条件及条件方程式

根据条件基础方程

$$F_j(\hat{L}_1, \hat{L}_2, \cdots, \hat{L}_n) = 0 \tag{11-1}$$

左边表达式的特点,将三角网条件分为两类:一类是角度(线性)条件,一类是正弦(非线性)条件。

11.1.1　三角网中的角度条件

所谓角度条件是指(11-1)式的左边全部由系数是±1 或 0 的角度组成的条件,常有以下三种:

1.图形条件

是指 n 边形的内角平差值之和应满足$(n-2)\cdot 180°$的条件。具体表达式是:

$$\sum_{i=1}^{n} v_i + w_{图} = 0 \tag{11-2}$$

式中

$$w_{图} = \sum_{i=1}^{n} \beta_i - (n-2) \cdot 180°$$

在三角网中最常见的是由三角形(图 11-1)构成的图形条件:

$$\sum_{i=1}^{3} v_i + w_{图} = 0 \tag{11-3}$$

式中

$$w_{图} = \sum_{i=1}^{3} \beta_i - 180°$$

又如图 11-2,有图形条件:

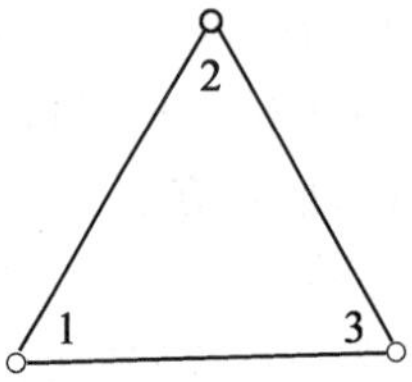

图 11-1

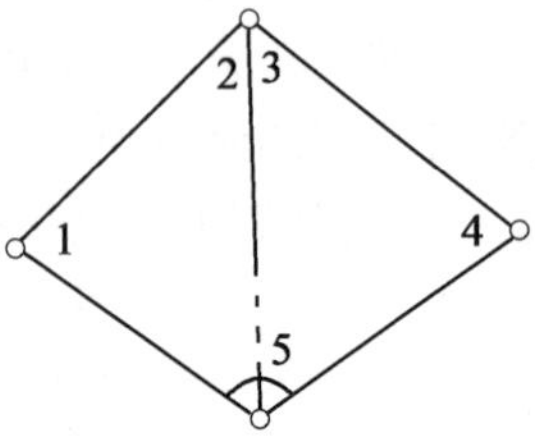

图 11-2

$$\sum_{i=1}^{5} v_i + w_{图} = 0 \tag{11-4}$$

式中

$$w_{图} = \sum_{i=1}^{5} \beta_i - 2 \times 180°$$

2.水平闭合(圆周)条件

若在控制点上观测了按相邻两方向组成的全部角度,亦即在网里面的三角点上,产生水平闭合条件。如图 11-3,有水平闭合条件:

$$\sum_{i=1}^{5} v_i + w_{水} = 0 \tag{11-5}$$

根据水平方向观测纲要可知,水平闭合条件的特点是,当按角度为观测元素进行平差时,其常数项 $w_{水}=0$,故上式又可写为

$$\sum_{i=1}^{5} v_i = 0 \tag{11-5$'$}$$

值得提出的是,按方向平差时没有水平闭合条件。

3.方位角(或固定角)条件

如果网中有两个或两个以上的起算方位角,此时产生方位角(或固定角)条件。如图11-4,有方位角条件:

$$v_2 - v_5 + v_8 - v_{11} + w_\alpha = 0 \tag{11-6}$$

或写为

$$\sum(\pm v_{c_i}) + w_\alpha = 0 \quad (c_i \text{ 为间隔角}) \tag{11-6$'$}$$

式中

$$w_\alpha = \alpha_{AB} + c_2 - c_5 + c_8 - c_{11} - \alpha_{CD}$$

又如图 11-5,有固定角条件

$$v_2 + v_5 + w_\alpha = 0 \tag{11-7}$$

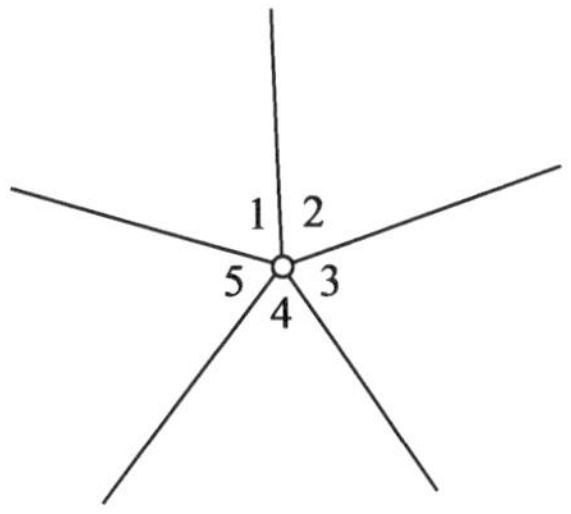

图11-3

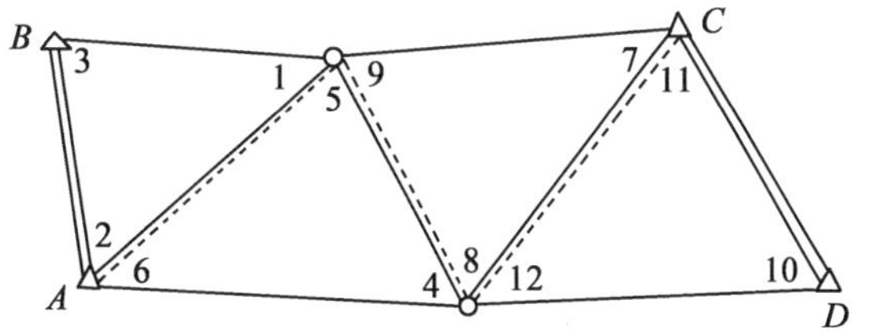

图11-4

或写为

$$\sum(\pm v_{c_i}) + w_\alpha = 0 \qquad (11\text{-}7)'$$

式中

$$w_\alpha = \alpha_{BC} + c_2 + c_5 - \alpha_{BA}$$

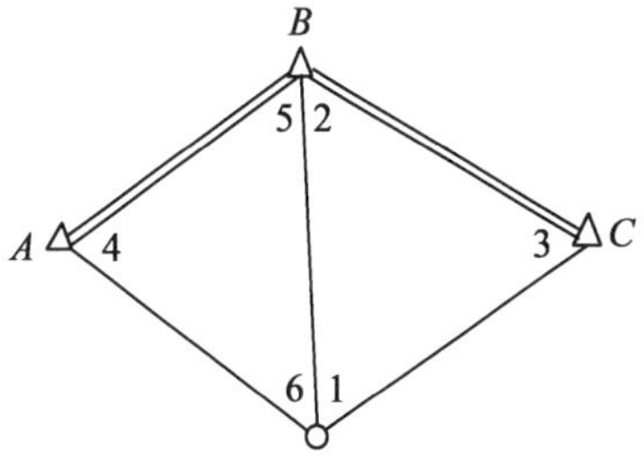

图11-5

从方位角条件可以看出,式中只出现推算路线上各三角形的间隔角。凡推算路线左边的间隔角(如图 11-4 中的 c_2, c_8),其改正数的系数为+1;推算路线右边的间隔角(如 c_5, c_{11}),其改正数的系数为-1。在计算闭合差时,要根据方位角的正反方向以及左右间隔角个数的多少来决定公式中是否要±180°。

11.1.2 三角网中的正弦条件

正弦条件是指(11-1)式的左边全是用正弦(或余弦)三角函数表示的非线性条件。

正弦条件包括极条件、基线(固定边)条件及纵横坐标条件。

1.极条件

在闭合图形中,经过不同的三角形(推算路线)推算的同一条边长应具有相同的长度。产生极条件的图形中有中点多边形、大地四边形及扇形。如图 11-6、图 11-7、图 11-8 所示。显然,图 11-6 的极条件对数形式为

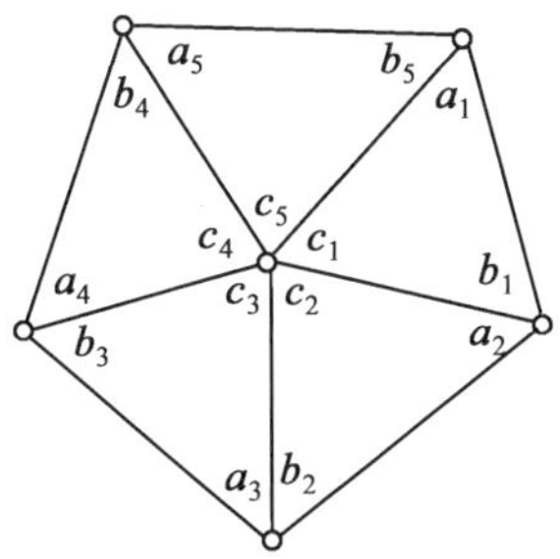

图11-6

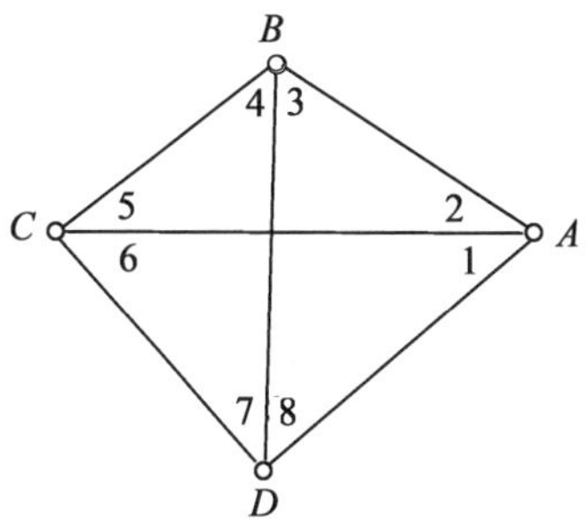

图11-7

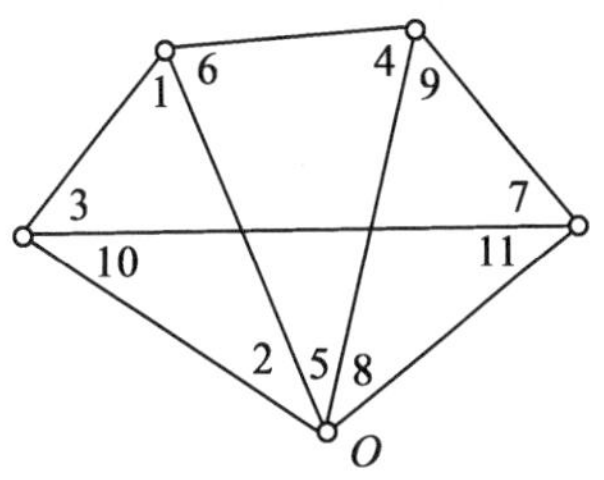

图11-8

$$\sum(\delta_a v_a) - \sum(\delta_b v_b) + w_{极} = 0 \qquad (11\text{-}8)$$

式中

$$w_{极} = \sum \lg \sin a - \sum \lg \sin b$$

$\delta_i, w_{极}$ 均以对数第 6 位为单位，δ_i 为 i 角的正弦对数秒差。

其真数形式为

$$\sum(\cot a\ v_a) - \sum(\cot b\ v_b) + w'_{极} = 0 \tag{11-9}$$

式中

$$w'_{极} = \left(1 - \frac{\Pi \sin b}{\Pi \sin a}\right)\rho''$$

图 11-7 的大地四边形极条件，若以对角线的交点为极列出，那么其对数表达式及真数表达式与(11-8)式及(11-9)式的形式完全一样。如果以四边形的某个顶点(例如 C)为极列出，则产生复合角情况，有

$$\frac{\sin(\hat{3} + \hat{4})\sin\hat{7}\sin\hat{1}}{\sin\hat{2}\sin\hat{4}\sin(\hat{7} + \hat{8})} = 1$$

其线性表达式为

$$\delta_1 v_1 - \delta_2 v_2 + \delta_{3+4} v_3 + (\delta_{3+4} - \delta_4) v_4 + (\delta_7 - \delta_{7+8}) v_7 - \delta_{7+8} v_8 + w_{极} = 0 \tag{11-10}$$

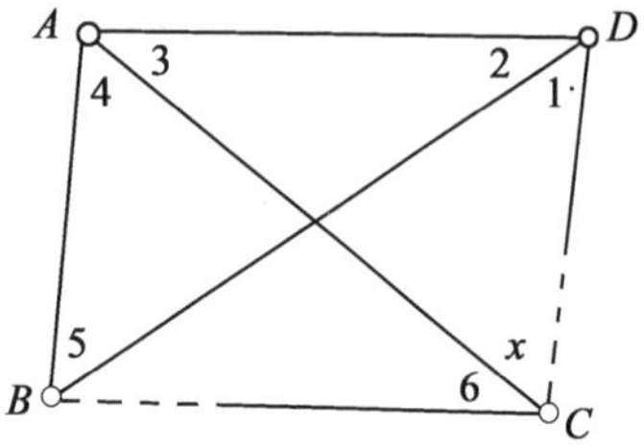

图11-9

如果在大地四边形中有个别角度未观测，但仍可组成闭合图形的话，此时极条件式中未观测的角度可以化为观测角度的函数。如图 11-9 的极条件(以 B 点为极)为

$$\frac{\sin\hat{2}\sin(\hat{6} + \hat{x})\sin\hat{4}}{\sin(\hat{3} + \hat{4})\sin\hat{1}\sin\hat{6}} = 1$$

式中 $\hat{x} = 180° - (\hat{1} + \hat{2} + \hat{3})$。其线性表达式为

$$-(\delta_1 + \delta_{6+x}) v_1 + (\delta_2 - \delta_{6+x}) v_2 - (\delta_{3+4} + \delta_{6+x}) v_3 + (\delta_4 - \delta_{3+4}) v_4 + (\delta_{6+x} - \delta_6) v_6 + w_{极} = 0 \tag{11-11}$$

可见，当大地四边形中仅有一个角度未观测时，列极条件时应将极点选在该角的顶点上。由(11-10)与(11-11)两式还可看出，极点上的角度在条件式中并不出现。

对于图 11-8 的扇形极条件，若以结点 O 为极，仿上则不难列出其对数形式的极条件为

$$-\delta_1 v_1 + \delta_{3+10} v_3 - \delta_4 v_4 + \delta_6 v_6 - \delta_{7+11} v_7 + \delta_9 v_9 + (\delta_{3+10} - \delta_{10}) v_{10} + (\delta_{11} - \delta_{7+11}) v_{11} + w_{极} = 0 \tag{11-12}$$

式中

$$w_{极} = \lg\sin(3 + 10) + \lg\sin(6) + \lg\sin(9) + \lg\sin(11) - \lg\sin(1) - \lg\sin(4) - \lg\sin(7 + 11) - \lg\sin(10)$$

其真数形式为

$$-\cot(1) v_1 + \cot(3 + 10) v_3 - \cot(4) v_4 + \cot(6) v_6 - \cot(7 + 11) v_7 + \cot(9) v_9 + [\cot(3 + 10) - \cot(10)] v_{10} + [\cot(11) - \cot(7 + 11)] v_{11} + w'_{极} = 0 \tag{11-13}$$

式中

$$w'_{极} = \left(1 - \frac{\sin(1)\ \sin(4)\sin(7 + 11)\sin(10)}{\sin(3 + 10)\sin(6)\sin(9)\sin(11)}\right)\rho''$$

2.基线(固定边)条件

如果三角网中有两条或两条以上的起算边时,则产生基线(固定边)条件。为了使该条件的列立具有一定的规律,习惯上以 b_i 表示第 i 个三角形中已知边长相对的传距角,a_i 表示所求边长相对的求距角,而 c_i 表示间隔边相对的间隔角。将各三角形的间隔角顶点用虚线连接起来,就成为基线条件的“推算路线”。如图 11-10 的基线条件

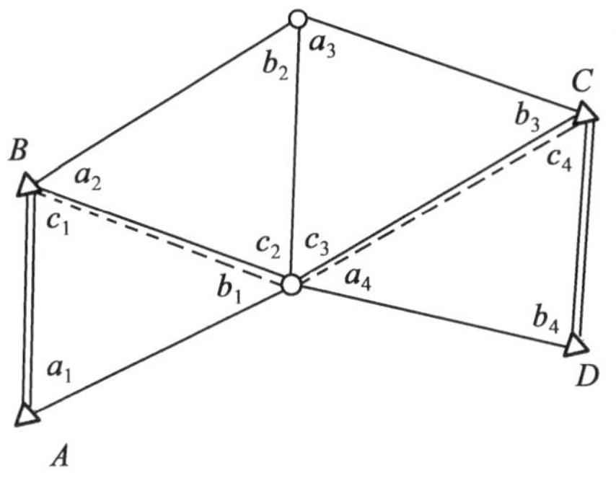

图11-10

$$s_{CD}=s_{AB}\frac{\sin\hat{a}_1\sin\hat{a}_2\sin\hat{a}_3\sin\hat{a}_4}{\sin\hat{b}_1\sin\hat{b}_2\sin\hat{b}_3\sin\hat{b}_4}$$

取对数,按泰勒公式展开,取至一次项,则为

$$\sum(\delta_a v_a)-\sum(\delta_b v_b)+w_s=0 \tag{11-14}$$

式中

$$w_s=\lg s_{AB}+\sum\lg\sin a-\sum\lg\sin b-\lg s_{CD}$$

如果注意到 $\delta_i=\dfrac{\mu}{\rho''}\cot i$, $\mu=0.434\ 29$, $\dfrac{\mu}{\rho''}=2.106\times10^{-6}$,代入上式,则得相应的真数形式的基线条件式:

$$\sum(\cot a v_a)-\sum(\cot b v_b)+w_s'=0 \tag{11-15}$$

式中

$$w_s'=\rho''\left(1-\frac{s_{CD}\sin b_1\sin b_2\sin b_3\sin b_4}{s_{AB}\sin a_1\sin a_2\sin a_3\sin a_4}\right)$$
$$=\rho''\cdot\frac{s_{CD}'-s_{CD}}{s_{CD}'}$$

其中 s_{CD}'是由观测值推算得到的边长。(11-14)式及(11-15)式分别为基线条件的对数形式及真数形式。

又如图 11-11 的固定边条件式,可仿上直接写出,其对数形式为

$$\sum(\delta_a v_a)-\sum(\delta_b v_b)+w_s=0 \tag{11-16}$$

式中

$$w_s=\lg s_{BC}+\sum\lg\sin a-\sum\lg\sin b-\lg s_{BA}$$

其真数形式为

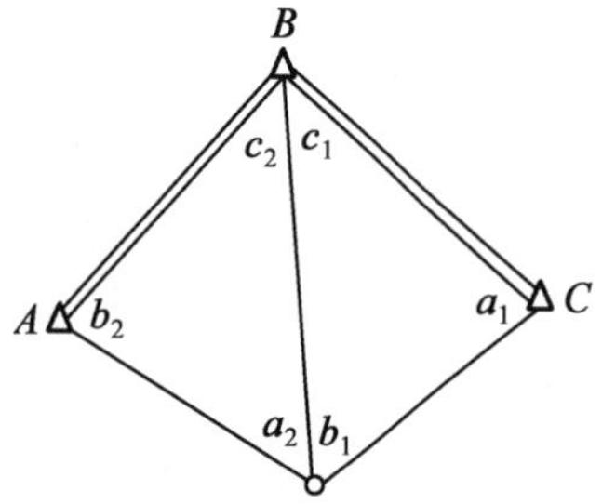

图11-11

$$\sum(\cot a\ v_a) - \sum(\cot b\ v_b) + w_s' = 0 \tag{11-17}$$

式中

$$w_s' = \frac{s_{BA}' - s_{BA}}{s_{BA}'}\rho''$$

3.纵、横坐标条件

当控制网中存在有被隔开的已知点组(由固定边连接的几个已知点)时,则产生坐标条件。所谓坐标条件就是由一个已知点或已知点组开始,通过网中推算路线上的平差角可以求出另一个被隔开的已知点或已知点组的坐标。那么,纵横坐标的推算值应等于该点的已知坐标值。

现以图11-12为例,来阐述导出坐标条件一般公式的基本思想。

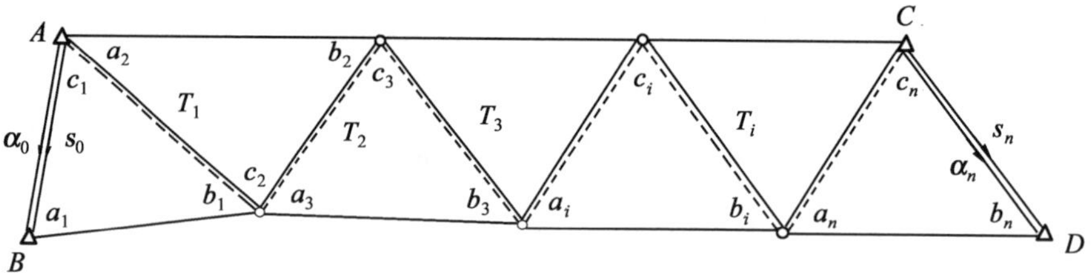

图11-12

图中 A,B 与 C,D 为两个已知点组,利用网中已知边长及各三角形的平差值,依次可以求出推算路线上的各边长 $\hat{s}_1,\hat{s}_2,\cdots,\hat{s}_{n-1}$ 及方位角 $\hat{T}_1,\hat{T}_2,\cdots,\hat{T}_{n-1}$。各点间的纵、横坐标增量 $\Delta\hat{X}_i$,$\Delta\hat{Y}_i$ 也就可求,于是有

$$\left.\begin{aligned} X_C &= X_A + \sum_{i=1}^{n-1}\Delta\hat{X}_i \\ Y_C &= Y_A + \sum_{i=1}^{n-1}\Delta\hat{Y}_i \end{aligned}\right\} \tag{11-18}$$

由于

$$\left.\begin{aligned} \Delta\hat{X}_i &= \Delta X_i + \mathrm{d}\Delta X_i \\ \Delta\hat{Y}_i &= \Delta Y_i + \mathrm{d}\Delta Y_i \end{aligned}\right\}$$

式中 $\Delta X_i,\Delta Y_i$ 为观测角算得的坐标增量,其改正数为 $\mathrm{d}\Delta X_i,\mathrm{d}\Delta Y_i$。将上式代入(11-18)式,得

$$\left.\begin{aligned} X_C &= X_A + \sum\Delta X_i + \sum\mathrm{d}\Delta X_i \\ Y_C &= Y_A + \sum\Delta Y_i + \sum\mathrm{d}\Delta Y_i \end{aligned}\right\} \tag{11-19}$$

或

$$\left.\begin{aligned} \sum_{i=1}^{n-1}\mathrm{d}\Delta X_i + f_x &= 0 \\ \sum_{i=1}^{n-1}\mathrm{d}\Delta Y_i + f_y &= 0 \end{aligned}\right\} \tag{11-20}$$

式中

$$f_x = X_A + \sum_{i=1}^{n-1} \Delta X_i - X_C$$

$$f_y = Y_A + \sum_{i=1}^{n-1} \Delta Y_i - Y_C$$

上式为纵、横坐标条件的初步形式。因为 $d\Delta X$ 与 $d\Delta Y$ 不是直接观测量的改正数，需将它们化为直接观测量的改正数的表达式，现以纵坐标为例说明。

由测量学相关知识可知

$$\Delta \hat{X}_i = \hat{s}_i \cos \hat{T}_i$$

微分上式，并顾及 $\Delta Y_i = s_i \sin T_i$，则有

$$d\Delta X_i = \Delta X_i \frac{ds_i}{s_i} - \Delta Y_i \frac{dT_i}{\rho''} \tag{11-21}$$

而

$$\lg s_i = \lg s_0 + \sum_{i=1}^{i} \lg \sin a_i - \sum_{i=1}^{i} \lg \sin b_i$$

视 s_0 没有误差，微分上式，由于 $d\lg s = \mu \frac{ds}{s}$，且 δ 以对数第六位为单位，故

$$\frac{ds_i}{s_i} = \frac{1}{\mu \cdot 10^6} \sum (\delta_{a_i} v_{a_i} - \delta_{b_i} v_{b_i}) \tag{11-22}$$

又因

$$T_i = \alpha_0 + \sum_{i=1}^{i} (\pm c_i) + i \cdot 180°$$

$$dT_i = \sum_{i=1}^{i} (\pm v_{c_i}) \tag{11-23}$$

将(11-22)，(11-23)两式代入(11-21)式，得

$$d\Delta X_i = \frac{\Delta X_i}{\mu \cdot 10^6} \sum_{i=1}^{i} (\delta_{a_i} v_{a_i} - \delta_{b_i} v_{b_i}) - \frac{\Delta Y_i}{\rho''} \sum (\pm v_{c_i})$$

以 $\mu \cdot 10^6$ 乘上式两端，并令 $k = \frac{\mu \cdot 10^6}{\rho''} = 2.106$，则

$$\mu \cdot 10^6 d\Delta X_i = \Delta X_i \sum_{i=1}^{i} (\delta_{a_i} v_{a_i} - \delta_{b_i} v_{b_i}) - k\Delta Y_i \sum_{i=1}^{i} (\pm v_{c_i})$$

分别以 $i=1,2,\cdots$ 代入上式，并考虑按 $(\delta_{a_i} v_{a_i} - \delta_{b_i} v_{b_i})$ 及 $(\pm v_{c_i})$ 集项，取和，则有

$$\mu \cdot 10^6 \sum_{i=1}^{n-1} d\Delta X_i = \sum_{i=1}^{n-1} [(X_n - X_i)(\delta_{a_i} v_{a_i} - \delta_{b_i} v_{b_i})] - k \sum_{i=1}^{n-1} [(Y_n - Y_i)(\pm v_{c_i})] \tag{11-24}$$

将上式代入(11-20)式，得纵坐标条件式最终形式：

$$\sum_{i=1}^{n-1} [(X_n - X_i)(\delta_{a_i} v_{a_i} - \delta_{b_i} v_{b_i})] - k \sum_{i=1}^{n-1} [(Y_n - Y_i)(\pm v_{c_i})] + w_x = 0 \tag{11-25}$$

式中

$$w_x = f_x \mu \cdot 10^6 = \mu \cdot 10^6 \left[\sum_{i=1}^{n-1} \Delta X_i - (X_C - X_A) \right]$$

同理,可导出横坐标条件式最终形式:

$$\sum_{i=1}^{n-1}\left[(Y_n - Y_i)(\delta_{a_i}v_{a_i} - \delta_{b_i}v_{b_i})\right] + k\sum_{i=1}^{n-1}\left[(X_n - X_i)(\pm v_{c_i})\right] + w_y = 0 \quad (11\text{-}26)$$

式中

$$w_y = f_y\mu \cdot 10^6 = \mu \cdot 10^6\left[\sum_{i=1}^{n-1}\Delta Y_i - (Y_C - Y_A)\right]$$

为避免坐标条件式的系数过大,坐标增量(X_n-X_i)及(Y_n-Y_i)常以 km 为单位,而f_x及f_y则以 m 为单位。所以$w_x=434.29f_x$,$w_y=434.29f_y$。当推算路线与边长较长时,式中坐标增量应以 10km 或 100km 为单位,此时

$$w_x = 43.429f_x,\qquad w_y = 43.429f_y$$

或

$$w_x = 4.342\ 9f_x,\qquad w_y = 4.342\ 9f_y$$

如果网中有几个三角形连续出现在推算路线的同一侧,则它们的间隔角有共同的顶点,式中相应的几个系数均用相同的X_i和Y_i值计算。即坐标差(X_n-X_i)和(Y_n-Y_i)在组成条件式系数时要重复使用几次。如图 11-13 的纵坐标条件式为

$$\begin{aligned}&(X_n - X_1)(\delta_{a_1}v_{a_1} - \delta_{b_1}v_{b_1}) + (X_n - X_2)(\delta_{a_2}v_{a_2} - \delta_{b_2}v_{b_2}) + \\&(X_n - X_2)(\delta_{a_3}v_{a_3} - \delta_{b_3}v_{b_3}) + \cdots - k(Y_n - Y_1)(-v_{c_1}) - \\&k(Y_n - Y_2)(+v_{c_2}) - k(Y_n - Y_2)(+v_{c_3}) - \cdots + w_x = 0\end{aligned} \quad (11\text{-}27)$$

(11-25)式是纵坐标条件的对数表达式,其真数表达式为

$$\sum_{i=1}^{n-1}\left[(X_n - X_i)_{\text{km}}(\cot a_i v_{a_i} - \cot b_i v_{b_i})\right] - \sum_{i=1}^{n-1}\left[(Y_n - Y_i)_{\text{km}}(\pm v_{c_i})\right] + 206.265f_x = 0$$

(11-28)

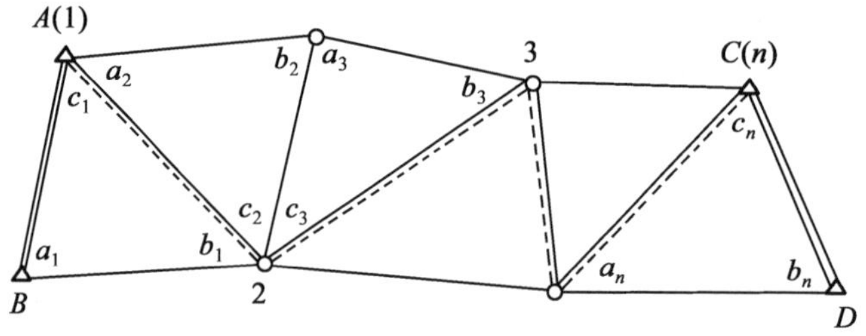

图11-13

相应的(11-26)式横坐标条件的真数表达式为

$$\sum_{i=1}^{n-1}\left[(Y_n - Y_i)_{\text{km}}(\cot a_i v_{a_i} - \cot b_i v_{b_i})\right] + \sum_{i=1}^{n-1}\left[(X_n - X_i)_{\text{km}}(\pm v_{c_i})\right] + 206.265f_y = 0$$

(11-29)

式中$f_x=X_n^{计}-X_n^{固}$,$f_y=Y_n^{计}-Y_n^{固}$且均以 m 为单位。

如果三角网按方向平差,条件式的组成与上面介绍的基本相同,所不同的是要把角度改正数v_{ij}换成构成这个角度的两个方向的方向改正数v_j与v_i之差,经整理即可得到以方向改正数表示的条件式。

如图 11-14 所示三角形的图形条件式

$$v_A + v_B + v_C + w = 0$$

又因　$v_A=v_2-v_1$，$v_B=v_4-v_3$，$v_C=v_6-v_5$，代入上式，并经整理得方向平差时的条件方程式：

$$-v_1+v_2-v_3+v_4-v_5+v_6+w=0 \tag{11-30}$$

又如图 11-15 所示大地四边形当以对角线交点为极时，由(11-8)式可知有极条件式：

$$\delta_1(v_{1.3}-v_{1.2})+\delta_3(v_{2.4}-v_{2.3})+\delta_5(v_{3.1}-v_{3.4})+\delta_7(v_{4.2}-v_{4.1})-$$
$$\delta_2(v_{2.1}-v_{2.4})-\delta_4(v_{3.2}-v_{3.1})-\delta_6(v_{4.3}-v_{4.2})-\delta_8(v_{1.4}-v_{1.3})+w=0$$

经整理合并同类项后有极条件方程式：

$$(\delta_1+\delta_8)v_{1.3}+(\delta_4+\delta_5)v_{3.1}+(\delta_2+\delta_3)v_{2.4}+(\delta_6+\delta_7)v_{4.2}-\delta_1 v_{1.2}-\delta_2 v_{2.1}-$$
$$\delta_3 v_{2.3}-\delta_4 v_{3.2}-\delta_5 v_{3.4}-\delta_6 v_{4.3}-\delta_7 v_{4.1}+\delta_8 v_{1.4}+w=0 \tag{11-31}$$

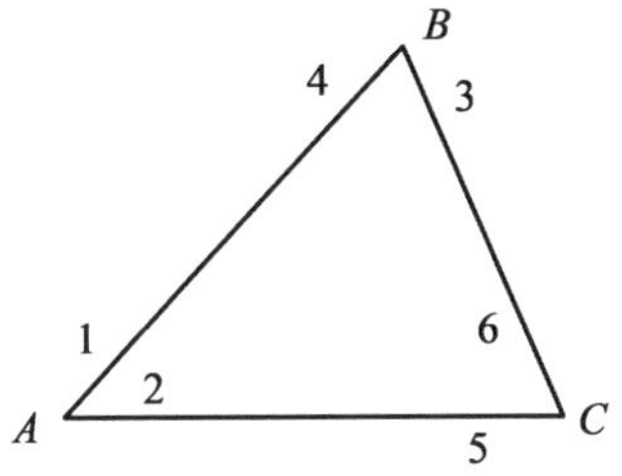

图11-14

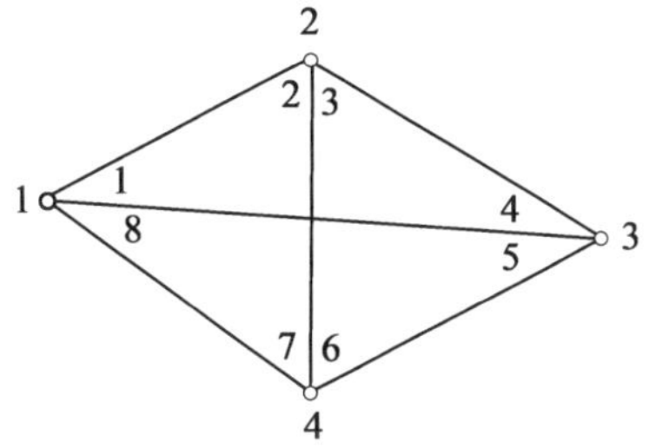

图11-15

此外，当三角网中的方位角条件、基线条件及纵、横坐标按同一推算路线组成时，这时坐标条件的组成规律是：对于纵坐标条件，求距角的系数为基线条件相应系数乘以(X_n-X_i)；间隔角系数为方位角条件相应系数乘以$k(Y_n-Y_i)$并反号；对于横坐标条件，求距角系数为基线条件相应的系数乘以(Y_n-Y_i)，间隔角系数为方位角条件相应系数乘以$k(X_n-X_i)$，并注意不反号。

上面介绍了三角网中的两类六种条件方程式的组成方法及各自的特点。如果按与起算数据是否有关来分类，也可将其分为两类。一类是与起算数据无关的，称为独立网条件。显然，它包括图形条件、水平条件及极条件；另一类是与起算数据有关的，称为起算数据条件或强制附合条件。显然，它包括方位角(固定角)、基线(固定边)及纵、横坐标条件。无论如何划分，三角网中的条件一般就这两类六种形式。至于跨越多个三角形的长对角线组成的横向投影条件(例如线形锁中)，一般说来，设计网形时应尽量避免此条件产生，即使出现，也可采用附有未知数的条件法进行平差。

11.1.3　三角网中条件数目的确定和条件式之间相互替代

控制网条件平差时，准确地确定网中条件式总数及各类条件式数目是一件十分重要的工作。因为在网中总是产生比平差所需要的条件要多得多的条件数。在平差中所需要的是彼此独立的条件，因为只有这样才保证法方程式有正常解；另外要求所列出的条件式的数目要足够，因为只有这样，平差才能保证消除各种不符值(闭合差)。总之，对网中条件要求一是要独立，二是要足够，在此基础上，为节省工作量，条件式越简单越好。

控制网中独立条件总数等于网中多余观测数，而多余观测数又等于观测总数减去必要观测数。因此三角网(包括独立网和非独立网)按方向平差时，条件总数：

$$r_{总}=D-(2K+t) \tag{11-32}$$

其中，图形条件数：

$$r_{图}=D-t-P+1 \tag{11-33}$$

极条件数：　　$r_{极}=P-2n+3$　　(11-34)

基线条件数：　　$r_{基}=K_{基}-1$　　(11-35)

方位角条件数：　　$r_{方}=K_{方}-1$　　(11-36)

坐标条件数：　　$r_{x,y}=2(K_{X,Y}-1)$　　(11-37)

以上各式中：D 为方向观测总数；K 为待定点个数；t 为测角时设站的站数；P 为网中所有边数（包括起算边及待定边，实线边及虚线边）；n 为网中所有点数（包括起算点及待定点）；$K_{基}$ 为起算边数目；$K_{方}$ 为起算方位角数目；$K_{X,Y}$为未用坚强边连接的起算点的组数。

当控制网按角度平差时，条件总数

$$r_{总} = N - 2K \tag{11-38}$$

其中除有按(11-33)～(11-37)式计算的相应条件外，还产生水平闭合条件：

$$r_{水} = N + t - D \tag{11-39}$$

式中 N 为网中观测的角度总数，其他同前。

如图 11-16 所示的独立三角网，当按方向平差时，由于 $D=36$，$n=t=8$，$K=6$，$P=18$，$K_{基}=K_{方}=K_{X,Y}=0$，用这些数值按式(11-32)～(11-34)式算得：

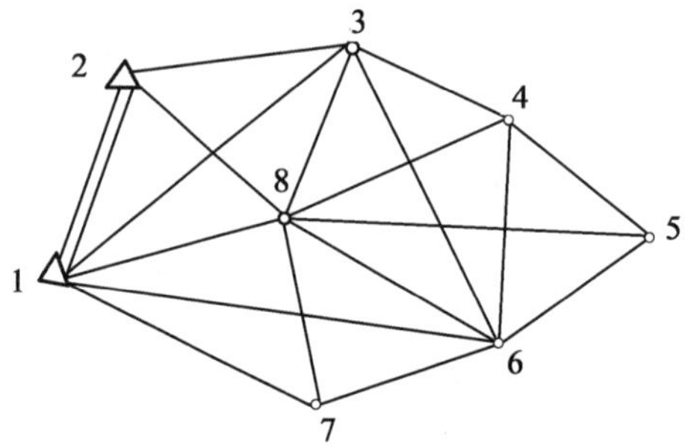

图11-16

$$r_{总}=16,\quad r_{图}=11,\quad r_{极}=5$$

如按角度平差，由于 $N=29$，其他数值均不变，故按(11-38)式，(11-33)～(11-34)及(11-39)式算得　$r_{总}=17$，$r_{图}=11$，$r_{极}=5$，$r_{水}=1$。

又如图 11-17 所示的非独立三角网，当按方向平差时，由于 $D=26$，$n=7$，$K=3$，$P=13$，$t=7$，$K_{基}=2$，$K_{方}=2$，$K_{X,Y}=2$，则有条件：

$$r_{总} = 13,\quad r_{图} = 7,\quad r_{极} = 2,\quad r_{基} = 1,\quad r_{方} = 1,\quad r_{x,y} = 2$$

如按角度平差，由于 $N=26$，其他数值不变，故算得

$$r_{总} = 14,\quad r_{图} = 7,\quad r_{极} = 2,\quad r_{基} = 1,$$
$$r_{方} = 1,\quad r_{x,y} = 2,\quad r_{水} = 1$$

在组成条件式时，图形的选择及构成方式是十分重要的。一般应注意以下几点：

(1)图形条件基本上按三角形列出，在个别情况下凡是实线边构成的多边形也可组成图形条件；

(2)水平闭合条件只是按角度平差时才产生，并且只产生在中点多边形的中点上，按方向平差不产生水平闭合条件；

(3)极条件只在大地四边形、中点多边形及公共点的扇形中产生，且每种图形只列一个极条件；

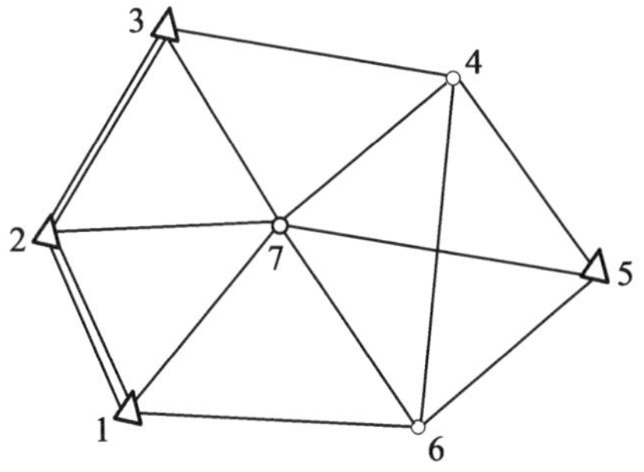

图11-17

(4)由多余起算数据(包括坐标方位角,基线及已知坐标)产生起算数据条件,多余起算数据的个数即为该点条件式个数。但对于由固定边围成的闭合形式的三角网,由于它们同属于一个固定点组内,故不产生坐标条件。为保证图形形状不变,(11-35),(11-36)式中的 $K_{基}$ 和 $K_{方}$ 用它们的新值 $K'_{基}=K_{基}-1$,$K'_{方}=K_{方}-1$ 代替来计算基线条件和方位角条件数。如图 11-18 所示的三角网,$D=16$,$N=12$,$P=8$,$n=5$,$K=1$,$K_{X,Y}=1$,$K'_{基}=3$,$K'_{方}=3$,因此,如按角度平差,则有条件数:

$$r_{总}=10,\ r_{图}=4,\ r_{水}=1,\ r_{极}=1,\ r_{基}=2,\ r_{方}=2;$$

如按方向平差,$r_{总}=9$,$r_{图}$,$r_{极}$,$r_{基}$,$r_{方}$ 与角度平差数目相同,而 $r_{水}=0$。

(5)对环形三角锁,虽然只有一套起算数据,但也产生起算数据条件。如图 11-19 所示,除独立网条件外,还产生 4 个起算数据条件,它们是一对坐标条件,一个基线条件及一个方位角条件,或者两对坐标条件也可以。

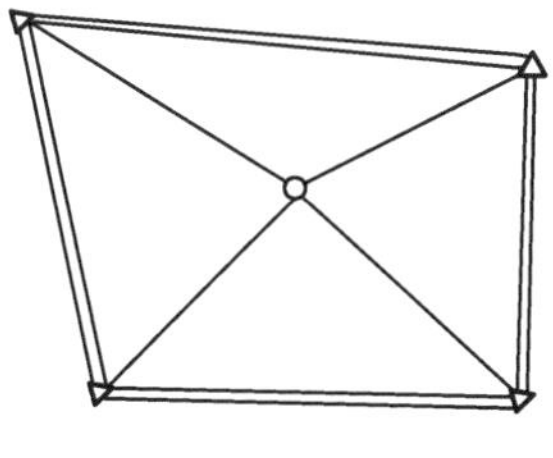

图11-18

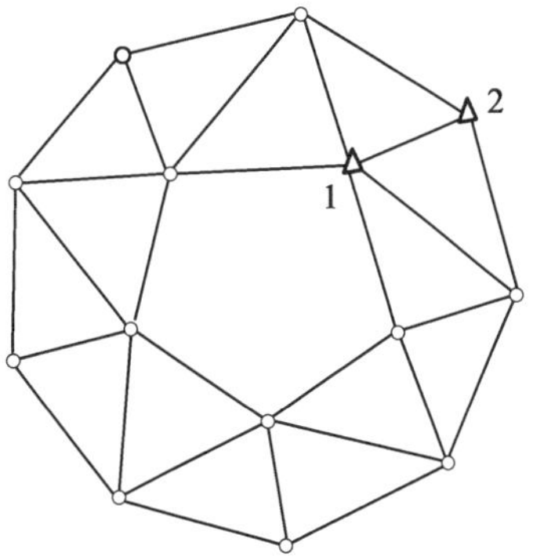

图11-19

总之,应密切结合控制网平差网图,以条件数为依据,逐一准确地确定独立条件总数及各类条件,确保正确地列出条件方程式。

顺便说明,在组成条件式时,人们总是希望选择形式比较简单,包括观测值较少的那些条件。一般地,在一个平差问题中,条件式的选择不是惟一的。在满足独立且足够的基本要求之下,有些条件可以代替另一些条件式。比如圆周角条件和固定角条件,极条件和基线条件,它们之间可以互代,但这并不是说各种条件之间都是可以互相替代的。一般地,只能是角度条件内部,正弦条件内部可以互相替代,而两类条件之间是不能替代的。

11.1.4 条件方程式闭合差的限值

在 9.5 节中已经指出,为了检查外业观测成果质量,评定外业观测精度,把好质量关,必须依控制网几何条件对外业成果进行检验。检验的手段是对每个条件方程式的闭合差的数值大小提出限值要求,将实际计算值与应该满足的限值做比较;如果满足要求,则说明此项检查通过;如果超限,则应分析原因,查找可能产生大误差的测站进行重测,直至满足要求,提供合限成果。所以,合理确定条件方程式闭合差的限值具有很大意义。

根据条件方程式闭合差计算公式,可以将闭合差 w 写成真误差 Δ_i 的线性表达式:

$$w = \sum \delta_i \Delta_i \tag{11-40}$$

式中 δ_i 为真误差 Δ_i 对 w 的影响系数,在角度条件(包括图形条件,水平闭合条件及方位角或固定角条件)中,$\delta_i = \pm 1$;在正弦条件(包括极条件,基线条件及纵横坐标条件)中,它等于角度正弦对数秒差(对于对数形式)或等于角度的余切(对于真数形式)。依上式,据偶然误差传播律,易得条件方程式闭合差的中误差公式:

$$m_w = \pm \sqrt{[\delta^2 m^2]} \tag{11-41}$$

式中 m 为观测量的中误差。

由此可转化为闭合差限值公式:

$$w_{限} = t m_w = t m_\beta \sqrt{[\delta\delta]} \tag{11-42}$$

式中 m_β 为测角中误差;t 为所选择的系数,一般取 2~3,当 $t=2.6$ 时,置信概率为 99%,我国规定取 $t=2$。

依上式可知,对角度条件式闭合差限值公式有

$$w_{限} \leqslant 2 m_\beta \sqrt{n} \tag{11-43}$$

式中 n 为该条件式中所含角度个数。比如,对于三角形图形条件闭合差限值公式有

$$w_{限} \leqslant \pm 2 m_\beta \sqrt{3} \tag{11-44}$$

将我国一、二、三、四等三角测量的测角中误差 0.7″,1.0″,1.8″及 2.5″代入,得到相应等级三角测量图形条件闭合差的限值分别为 3.0″,3.5″,7.0″及 9.0″。

假如顾及始、末边起算方位角误差 m_α 影响,则方位角或固定角条件闭合差限值公式为

$$w_{限} \leqslant \pm 2 \sqrt{m_{\alpha_1}^2 + m_{\alpha_2}^2 + n m_\beta^2} \tag{11-45}$$

同样,对极条件闭合差限值公式,对于对数形式有

$$w_{限} \leqslant \pm 2 m_\beta'' \sqrt{[\delta\delta]} \tag{11-46}$$

对真数形式有

$$w_{限} \leqslant \pm 2 m_\beta'' \sqrt{\sum_1^{2n} \cot^2 i} \tag{11-47}$$

对基线条件闭合差限值公式,当不考虑基线本身误差时,对数形式和真数形式分别与(11-46)式和(11-47)式相同;当顾及基线误差时,并假设它们彼此独立,则对于对数形式有

$$w_{限} \leqslant \sqrt{m_{\tan s_1}^2 + m_{\tan s_2}^2 + m_\beta^2 [\delta\delta]} \tag{11-48}$$

对真数形式,有

$$w_{限} \leqslant \sqrt{\left(\frac{m_{s_1}}{s_1}\rho''\right)^2 + \left(\frac{m_{s_2}}{s_2}\rho''\right)^2 + m_\beta^2 \sum_1^{2n} \cot i} \tag{11-49}$$

以上式中 $m_{\tan s_1}, m_{\tan s_2}$ 分别为起算边 s_1 和 s_2 边长对数的中误差；$m_{s_1}/s_1, m_{s_2}/s_2$ 分别为其相对中误差。

最后，对纵、横坐标条件闭合差限值公式，当不考虑起算坐标误差时，有

$$w_{X限} \leqslant 2m_\beta'' \sqrt{[a_x a_x]} \tag{11-50}$$

$$w_{Y限} \leqslant 2m_\beta'' \sqrt{[a_y a_y]} \tag{11-51}$$

当顾及起算点坐标点位误差 m_{x_0}, m_{y_0} 及 m_{x_n} 和 m_{y_n} 时，则上式变为

$$w_{X限} \leqslant 2\sqrt{m_{x_0}^2 + m_{x_n}^2 + m_\beta^2[a_x a_x]} \tag{11-52}$$

$$w_{Y限} \leqslant 2\sqrt{m_{y_0}^2 + m_{y_n}^2 + m_\beta^2[a_y a_y]} \tag{11-53}$$

式中 $[a_x a_x]$ 及 $[a_y a_y]$ 为纵、横坐标条件方程式中角度改正数前系数的平方和。

11.2 测边网的条件及条件方程式

11.2.1 测边网条件类型

1.图形条件

如果用边长观测元素来确定一个三角形三个顶点的相对位置，则必须测量三条边。可见，测边三角形中不存在多余观测，也就不存在条件。这与测角三角形相比是不同的。

对于图 11-20 的大地四边形，如果抽掉其中一条对角线，则变为两个单三角形，而单三角形是不产生条件的，故测边大地四边形只有一个多余观测，只产生一个条件。同理，对于图 11-21 的中点多边形以及图 11-22 有公共顶点的扇形，都只有一个多余观测，即只产生一个条件。由于上述三种图形都是为了满足图形结构几何条件要求的，故称它们为图形条件。在独立测边网中也只有图形条件。因此，又称为独立网条件。

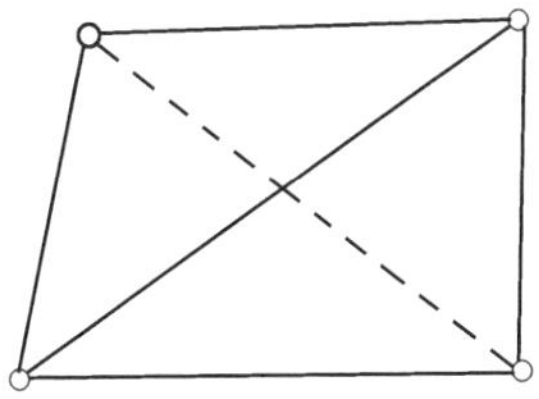

图11-20

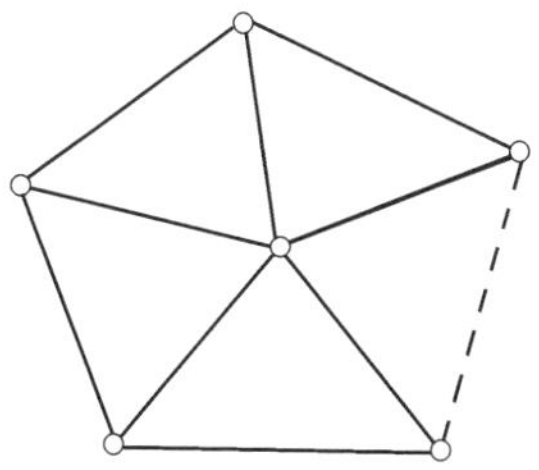

图11-21

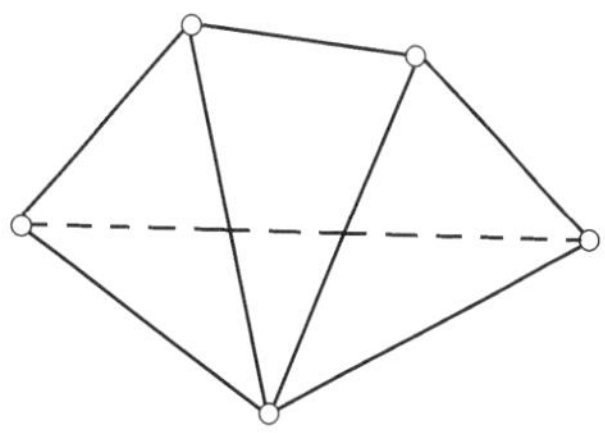

图11-22

2.固定角条件

如图 11-23 所示的附合测边网，用平差后边长计算的两角和（$\angle CD3+\angle ED3$）应等于固定角 $\angle CDE$，这就是固定角条件。

3.方位角条件

如图 11-23 所示，由已知边 AB 的方位角，经由平差边长计算的推算路线上的角度，推算到

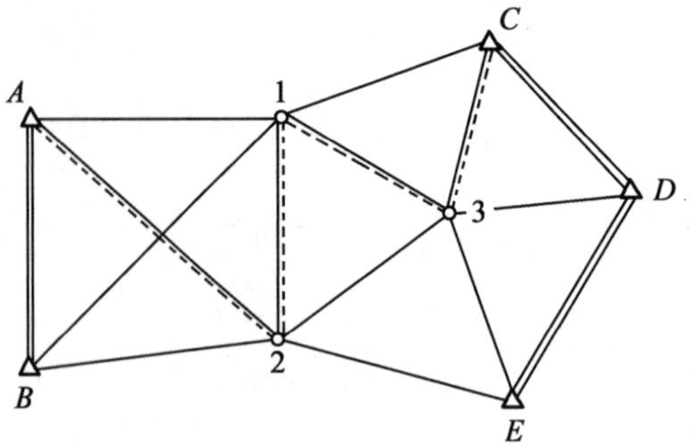

图11-23

ED 边(或 CD 边)的方位角,应等于其固有方位角 α_{ED}(或 α_{CD}),这就是方位角条件。

4.纵、横坐标条件

仍以图 11-23 所示网形为例,由 A 点(或 B 点)沿着坐标传算路线,用平差后边长和角度计算到另一起算点(或点组)C(或 E)的坐标,应等于 C 点(或 E 点)的固有坐标,此条件称为坐标条件。

测边网中不产生基线(固定边)条件。

上述 2,3,4 类条件均是由多余起算数据产生的,故统称为起算数据条件或附合条件。

11.2.2 按角度闭合法组成测边网条件式

测边网条件式的组成有几种方法,但最常用的是角度闭合法。这种方法易于掌握,更主要的是它在任何情况下都适用,用它可以组成测边网中的一切条件式。

所谓角度闭合法,就是将平差边长应满足的条件,首先用角度关系式表达出来,致使由用平差后的边长计算而得的角值应满足角度闭合条件。之后再应用三角公式将角度关系式转变为边长关系式,从而达到组成测边网条件式的目的。下面具体说明。

1.测边网条件式初步形式

(1)如图 11-24 所示,测边大地四边形中,显然有

$$\hat{\beta}_1 + \hat{\beta}_2 - \hat{\beta}_3 = 0$$

式中,$\hat{\beta}_i = \hat{\beta}_i + v_{\hat{\beta}_i}$,$\hat{\beta}_i$ 是用平差后边长 $\hat{s}_i$ 按相应三角形计算的角度。于是,按角度改正数表示的图形条件为

$$v_{\beta_1} + v_{\beta_2} - v_{\beta_3} + w_1 = 0 \qquad (11\text{-}54)$$

式中 $w_1 = \beta_1 + \beta_2 - \beta_3$。

(2)图 11-25 的中点多边形,仿(11-54)式,在中点处,显然有条件式:

$$\sum_{i=1}^{6} v_{\beta_i} + w_2 = 0 \qquad (11\text{-}55)$$

式中 $w_2 = \sum_{i=1}^{6} \beta_i - 360°$。

(3)图 11-26 的扇形图形条件式为

$$\sum_{i=1}^{3} v_{\beta_i} - v_{\beta_4} + w_3 = 0 \qquad (11\text{-}56)$$

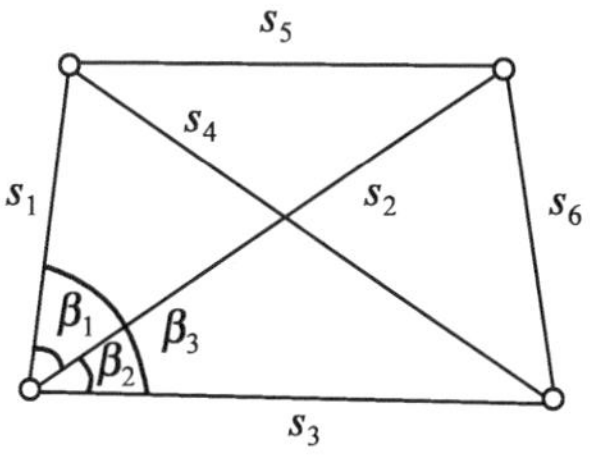

图11-24

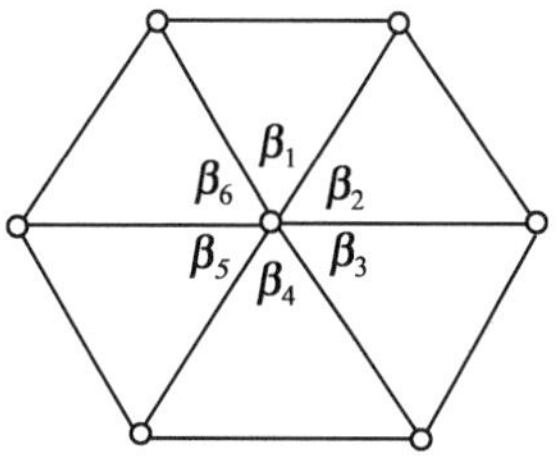

图11-25

式中 $w_3 = \sum_{i=1}^{3} \beta_i - \beta_4$。

(4)图 11-27 的固定角条件为

$$\sum_{i=1}^{4} v_{c_i} + w_4 = 0 \tag{11-57}$$

式中 $w_4 = \sum_{i=1}^{4} c_i - \angle \mathrm{I}\ \mathrm{II}\ \mathrm{III}$。

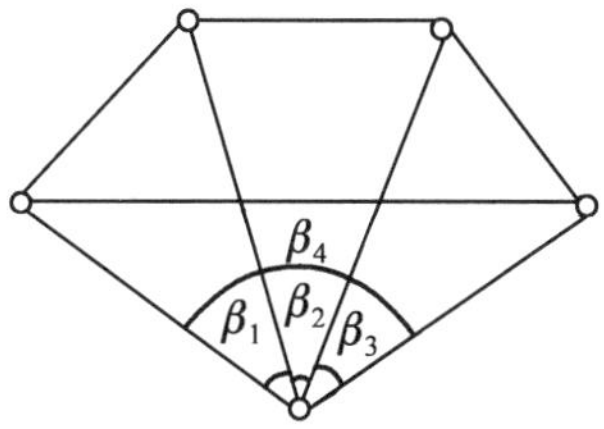

图11-26

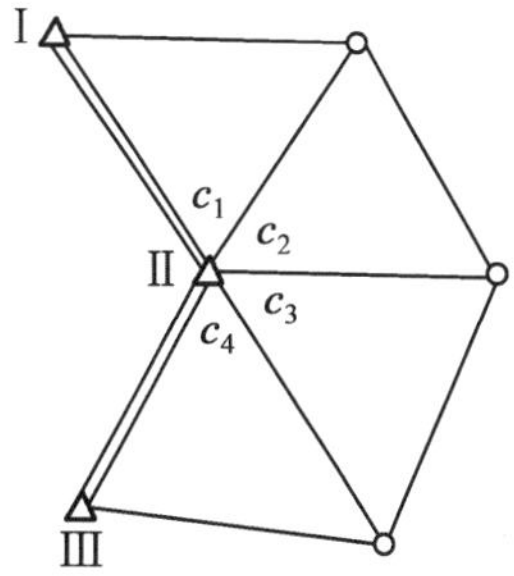

图11-27

(5)图 11-28 的坐标方位角条件为

$$\sum (\pm v_{c_i}) + w_5 = 0 \tag{11-58}$$

式中 $w_5 = \alpha_{EF} + \sum c_{左} - \sum c_{右} \pm n \cdot 180° - \alpha_{GR}$

(6)纵、横坐标条件

如图 11-28 所示测边网,E,F 与 G,R 为两个已知点组。由已知点 E 出发,沿着坐标传算路线(图中虚线),用平差后边长计算各点间坐标增量,推算的 G 点坐标应与该点的已知坐标相等。于是,有

$$\left.\begin{aligned} \sum_{i=1}^{n-1} \mathrm{d}\Delta X_i + w_x = 0 \\ \sum_{i=1}^{n-1} \mathrm{d}\Delta Y_i + w_y = 0 \end{aligned}\right\} \tag{11-59}$$

式中

$$\left.\begin{aligned} w_x = X_E + \sum_{i=1}^{n-1} \Delta X_i - X_G \\ w_y = Y_E + \sum_{i=1}^{n-1} \Delta Y_i - Y_G \end{aligned}\right\}$$

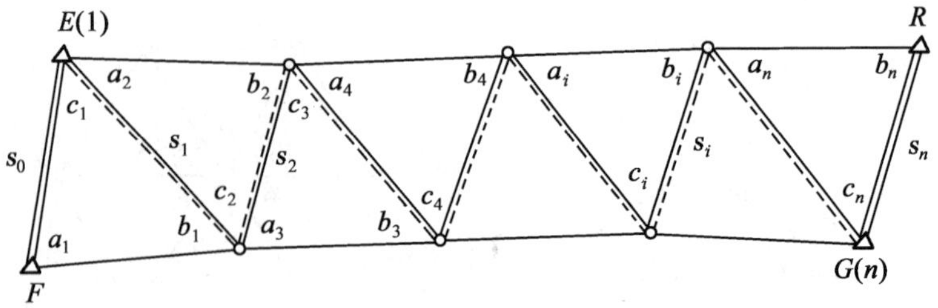

图11-28

$\Delta X_i, \Delta Y_i$ 是用观测边长计算的坐标增量，$d\Delta X_i, d\Delta Y_i$ 是其相应的改正数。与三角网坐标条件推导的思路相仿，将坐标增量的改正数以边长和方位角的改正数线性表出，然后再代入(11-59)式，经整理并将微分符号换成相应的改正数 v，可得

$$\left.\begin{aligned}\sum_{i=1}^{n-1}\cos\alpha_i v_{s_i} - \sum_{i=1}^{n-1}(Y_n - Y_i)(\pm v_{c_i}) + w_x = 0\\ \sum_{i=1}^{n-1}\sin\alpha_i v_{s_i} - \sum_{i=1}^{n-1}(X_n - X_i)(\pm v_{c_i}) + w_y = 0\end{aligned}\right\}\tag{11-60}$$

上式又可写为

$$\left.\begin{aligned}\sum_{i=1}^{n-1}\frac{\Delta X_i}{s_i}v_{s_i} - \sum_{i=1}^{n-1}(Y_n - Y_i)(\pm v_{c_i}) + w_x = 0\\ \sum_{i=1}^{n-1}\frac{\Delta Y_i}{s_i}v_{s_i} + \sum_{i=1}^{n-1}(X_n - X_i)(\pm v_{c_i}) + w_y = 0\end{aligned}\right\}\tag{11-61}$$

式中角度改正数 v_{c_i} 前的±号，按 c 角在传算路线之左取+，之右取-。(11-60)式或(11-61)式即为测边网的纵、横坐标条件式的初步形式。同时它也是导线的纵、横坐标条件式。

2.角度改正数与边长改正数的关系

(11-54)~(11-61)式表示的是测边网条件式的初步形式而不是最终形式。一般地，条件式要求以直接观测值的改正数表示。因此，必须将这些公式中的角度改正数换以边长改正数。为此，要建立二者关系。

由三角学可知，对任意三角形有余弦公式

$$a^2 = b^2 + c^2 - 2bc\cos A$$

取全微分，并将微分符号换以相应的改正数 v，则

同理

$$\left.\begin{aligned}v_A'' &= \frac{\rho''}{h_A}(v_a - \cos C v_b - \cos B v_c)\\ v_B'' &= \frac{\rho''}{h_B}(v_b - \cos A v_c - \cos C v_a)\\ v_C'' &= \frac{\rho''}{h_C}(v_c - \cos B v_a - \cos A v_b)\end{aligned}\right\}\tag{11-62}$$

式中 h_i 为角 i 顶点向对边引出的高。

上式为三角形中角度改正数与边长改正数的关系式。若代入条件式的初步形式中，便可得到测边网相应条件式的最终形式。

比如组成图 11-29 大地四边形的图形条件，由(11-54)式知其初步条件式：

$$v_{\alpha_1} + v_{\alpha_2} - v_{\alpha_3} + w = 0$$

式中 $w = \alpha_1 + \alpha_2 - \alpha_3$，$\alpha_i$ 为按三角形观测边长计算的角度值。

将(11-62)式逐一代入，经整理，最后得

$$a_1 v_{s_1} + a_2 v_{s_2} + a_3 v_{s_3} + a_4 v_{s_4} + a_5 v_{s_5} + a_6 v_{s_6} + w = 0 \qquad (11\text{-}63)$$

式中

$$\left. \begin{array}{l} a_1 = \dfrac{\rho''}{h_{\alpha_1}}, \ a_2 = \dfrac{\rho''}{h_{\alpha_2}}, \ a_3 = \dfrac{\rho''}{h_{\alpha_3}}, \ a_4 = +\left(\dfrac{\rho''}{h_{\alpha_3}}\cos\beta_3 - \dfrac{\rho''}{h_{\alpha_1}}\cos\beta_1\right) \\[3mm] a_5 = -\left(\dfrac{\rho''}{h_{\alpha_1}}\cos\gamma_1 + \dfrac{\rho''}{h_{\alpha_2}}\cos\beta_2\right), \ a_6 = +\left(\dfrac{\rho''}{h_{\alpha_3}}\cos\gamma_3 - \dfrac{\rho''}{h_{\alpha_2}}\cos\gamma_2\right) \end{array} \right\} \qquad (11\text{-}64)$$

又如图11-30中点五边形，由(11-55)式知其初步条件式：

$$\sum_1^5 v_{r_i} + w = 0$$

图11-29

式中 $w = \displaystyle\sum_1^5 r_i - 360°$，$r_i$ 为按三角形观测边长计算的角度值。

将(11-62)式逐一代入，经整理，最后得

$$\begin{aligned} & \lambda_1^0 v_{s_1} + \lambda_2^0 v_{s_2} + \lambda_3^0 v_{s_3} + \lambda_4^0 v_{s_4} + \lambda_5^0 v_{s_5} + \lambda_1 v_{r_1} + \\ & \lambda_2 v_{r_2} + \lambda_3 v_{r_3} + \lambda_4 v_{r_4} + \lambda_5 v_{r_5} + w = 0 \qquad (11\text{-}65) \end{aligned}$$

式中

$$\left. \begin{array}{l} \lambda_i^0 = \dfrac{\rho''}{h_{\gamma_i}}, \ \lambda_i = -\left(\dfrac{\rho''}{h_{\gamma_i}}\cos\alpha_i + \dfrac{\rho''}{h_{\gamma_{i-1}}}\cos\beta_{i-1}\right) \end{array} \right\} \qquad (11\text{-}66)$$

当 $i = 1$ 时

$$\lambda_1 = -\left(\dfrac{\rho''}{h_{\gamma_1}}\cos\alpha_1 + \dfrac{\rho''}{h_{\gamma_n}}\cos\beta_n\right)$$

式中 n 为中心多边形中三角形个数。

图11-31之固定角条件式，由(11-57)式知初步形式为

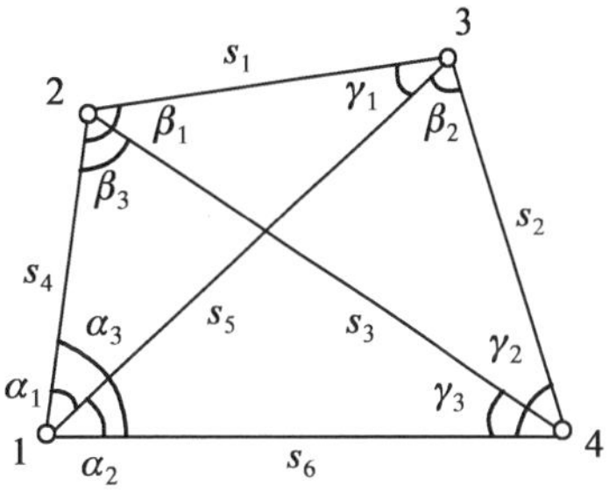

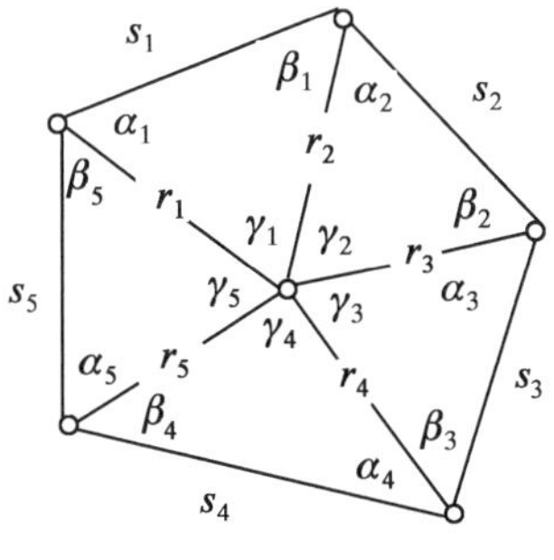

图11-30

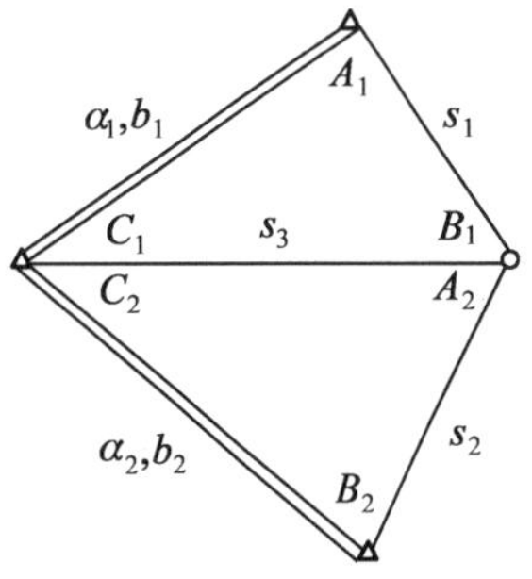

图11-31

$$v_{C_1} + v_{C_2} + w = 0$$

式中

$$w = C_1 + C_2 - (\alpha_2 - \alpha_1)$$

而 α_1, α_2 为起算边的方位角。

将(11-62)式逐一代入，并顾及到边长 b_1 及 b_2 没有改正数，即 $v_{b_1}=v_{b_2}=0$，经整理后得

$$r_1 v_{s_1} + r_2 v_{s_2} + r_3 v_{s_3} + w = 0 \tag{11-67}$$

式中
$$r_1 = \frac{\rho''}{h_{C_1}},\ r_2 = \frac{\rho''}{h_{C_2}},\ r_3 = -\left(\frac{\rho''}{h_{C_1}}\cos B_1 + \frac{\rho''}{h_{C_2}}\cos A_2\right) \tag{11-68}$$

对于图 11-32 之坐标方位角条件，由(11-58)式知其初步条件式为

$$v_2 - v_5 + v_8 - v_{11} + w = 0$$

式中 $w=\angle 2-\angle 5+\angle 8-\angle 11+\alpha_1-\alpha_2$。

将(11-62)式代入，并注意到起算边改正数等于0，即$v_{12}=v_{56}=0$，经整理得坐标方位角条件式：

$$\begin{aligned}&\frac{\rho''}{h_{\angle 2}}v_{13} - \frac{\rho''}{h_{\angle 5}}v_{24} + \frac{\rho''}{h_{\angle 8}}v_{35} - \frac{\rho''}{h_{\angle 11}}v_{46} - \\ &\left(\frac{\rho''}{h_{\angle 2}}\cos\angle 3 - \frac{\rho''}{h_{\angle 5}}\cos\angle 4\right)v_{23} + \\ &\left(\frac{\rho''}{h_{\angle 5}}\cos\angle 6 - \frac{\rho''}{h_{\angle 8}}\cos\angle 7\right)v_{34} - \\ &\left(\frac{\rho''}{h_{\angle 8}}\cos\angle 9 - \frac{\rho''}{h_{\angle 11}}\cos\angle 10\right)v_{45} + w = 0\end{aligned} \tag{11-69}$$

同理，对图 11-32，纵坐标条件式为

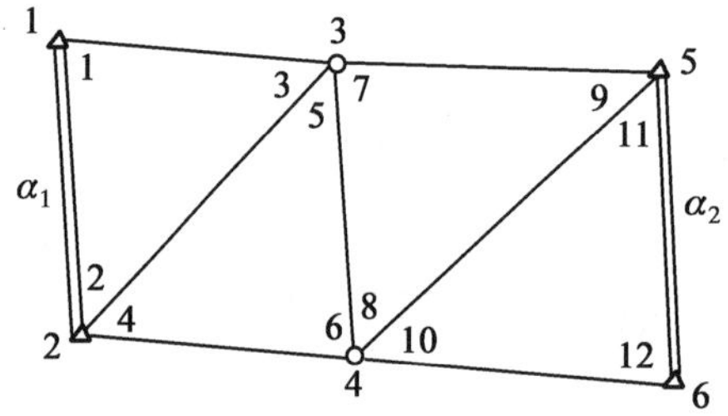

图11-32

$$\begin{aligned}&\left(\cos\alpha_{23}^0 + \frac{y_5 - y_2}{h_{\angle 2}}\cos\angle 3\right)v_{23} + \left(\cos\alpha_{34}^0 + \frac{y_5 - y_3^0}{h_{\angle 5}}\cos\angle 6\right) + \\ &\left(\cos\alpha_{45}^0 + \frac{y_5 - y_4^0}{h_{\angle 8}}\cos\angle 9\right)v_{45} - \\ &\frac{y_5 - y_2}{h_{\angle 2}}v_{13} + \frac{y_5 - y_3^0}{h_{\angle 5}}v_{24} - \frac{y_5 - y_4^0}{h_{\angle 8}}v_{35} + w_x = 0\end{aligned} \tag{11-70}$$

横坐标条件式为

$$\begin{aligned}&\left(\sin\alpha_{23}^0 - \frac{x_5 - x_2}{h_{\angle 2}}\cos\angle 3\right)v_{23} + \left(\sin\alpha_{34}^0 + \frac{x_5 - x_3^0}{h_{\angle 5}}\cos\angle 6\right) + \\ &\left(\sin\alpha_{45}^0 - \frac{x_5 - x_4^0}{h_{\angle 8}}\cos\angle 9\right)v_{45} + \\ &\frac{x_5 - x_2}{h_{\angle 2}}v_{13} - \frac{x_5 - x_3^0}{h_{\angle 5}}v_{24} + \frac{x_5 - x_4^0}{h_{\angle 8}}v_{35} + w_y = 0\end{aligned} \tag{11-71}$$

式中

$$\left.\begin{aligned} w_x &= x_2 + s_{23}\cos\alpha_{23}^0 + s_{34}\cos\alpha_{34}^0 + s_{45}\cos\alpha_{45}^0 - x_5 = x_5^0 - x_5 \\ w_y &= y_2 + s_{23}\sin\alpha_{23}^0 + s_{34}\sin\alpha_{34}^0 + s_{45}\sin\alpha_{45}^0 - y_5 = y_5^0 - y_5 \end{aligned}\right\} \tag{11-72}$$

其中带“0”的符号为据三角形观测边长 s 计算角度而算出的相应计算值。

从上可见，用边角改正数关系式(11-62)组成测边网条件式时，必须先用观测边长算出网中的全部角度，因此计算工作量稍大一些。但用该方法可以组成测边图形中一切条件式，故它被广泛地应用着。

除了依三角学余弦公式导出边角改正数关系外，还可以从三角学其他公式导出这种关系式。因篇幅有限，在此不再详述。

11.2.3 用面积闭合法组成测边网图形条件式

按面积闭合法列立图形条件式的基本思想是：首先列出图中面积应满足的基础方程，再导出面积改正数和边长改正数关系式，最后以边长改正数代替面积改正数，从而达到列立图形条件式目的。

1.以面积改正数表示的图形条件方程式

如图 11-33 所示大地四边形，三角形面积之间有关系式：

$$\hat{F}_{ABD} + \hat{F}_{BCD} - \hat{F}_{ABC} - \hat{F}_{ADC} = 0 \tag{11-73}$$

式中 $\hat{F}$ 为用平差边长计算的三角形面积。若用 F 和 v_F 分别表示用测量边长计算的面积及其改正数，即有式：

$$\hat{F} = F + v_F \tag{11-74}$$

将上式代入(11-73)式，则得用面积改正数表示的条件方程式：

$$v_{F_{ABD}} + v_{F_{BCD}} - v_{F_{ABC}} - v_{F_{ADC}} + w = 0 \tag{11-75}$$

式中 $w = F_{ABD} + F_{BCD} - F_{ABC} - F_{ADC}$。

同理对图 11-34 之中点三边形，显然有式：

$$v_{F_{ABD}} + v_{F_{BCD}} + v_{F_{CAD}} - v_{F_{ABC}} + w = 0 \tag{11-76}$$

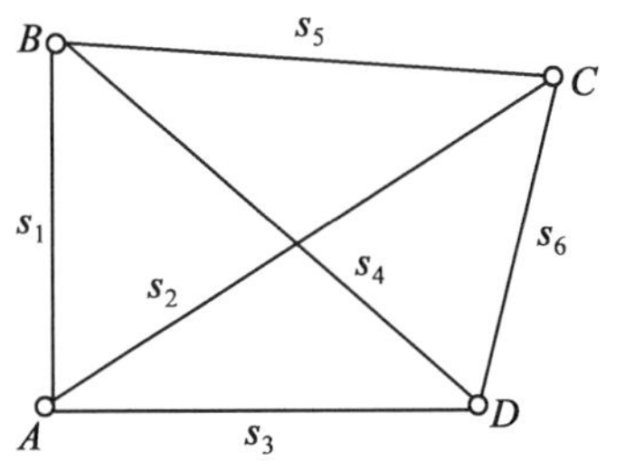

图11-33

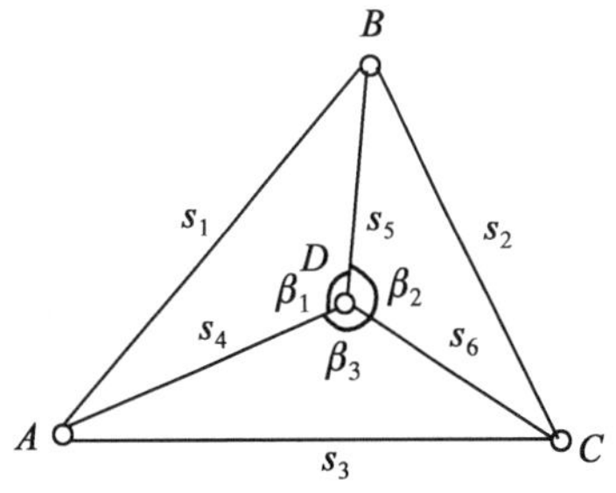

图11-34

式中 $w = F_{ABD} + F_{BCD} + F_{CAD} - F_{ABC}$。

2.面积改正数同边长改正数的关系，图形条件式的列立

由三角学面积公式

$$F = \frac{1}{2}bc\sin A$$

两边乘以 2，平方后得

$$4F^2=b^2c^2\sin^2A=b^2c^2-b^2c^2\cos^2A$$

又知 $\cos A=\dfrac{b^2+c^2-a^2}{2bc}$，代入上式则有

$$16F^2=4b^2c^2-(b^2+c^2-a^2)^2$$

对上式取全微分，再代以相应改正数，则有

$$v_F=\frac{(-a^2+b^2+c^2)}{8F}av_a+\frac{a^2-b^2+c^2}{8F}bv_b+\frac{a^2+b^2-c^2}{8F}cv_c$$

顾及

$$F=\frac{1}{2}bc\sin A=\frac{1}{2}ab\sin C=\frac{1}{2}ac\sin B$$

则上式变为

$$v_F=\frac{a}{2}\cot Av_a+\frac{b}{2}\cot Bv_b+\frac{c}{2}\cot Cv_c \tag{11-77}$$

此式即为面积改正数同边长改正数之关系式。将它代入(11-75)式中便得到图 11-33 大地四边形条件式为

$$\begin{aligned}&(\cot\angle ADB-\cot\angle ACB)\frac{s_1}{2}v_1-(\cot\angle ABC+\cot\angle ADC)\frac{s_2}{2}v_2+\\&(\cot\angle ABD-\cot\angle ACD)\frac{s_3}{2}v_3+(\cot\angle BAD+\cot\angle DCB)\frac{s_4}{2}v_4+\\&(\cot\angle BDC-\cot\angle BAC)\frac{s_5}{2}v_5+(\cot\angle DBC-\cot\angle DAC)\frac{s_6}{2}v_6+w=0\end{aligned} \tag{11-78}$$

该式边长改正数 v_i 前系数有如下规律：每边改正数前系数等于 1/2 边长与该边两对角余切代数和之乘积；对于余切之正负号取决于该角所在的三角形，如果该三角形面积改正数在初步式中为"+"，则该角余切也为"+"，反之取"-"。

同理，对图 11-34 中点三边形之图形条件式为

$$\begin{aligned}&\frac{s_1}{2}(\cot\beta_1-\cot\angle ACB)v_1+\frac{s_2}{2}(\cot\beta_2-\cot\angle CAB)v_2+\frac{s_3}{2}(\cot\beta_3-\cot\angle ABC)v_3+\\&\frac{s_4}{2}(\cot\angle ABD+\cot\angle DCA)v_4+\frac{s_5}{2}(\cot\angle BCD+\cot\angle BAD)v_5+\\&\frac{s_6}{2}(\cot\angle DBC+\cot\angle CAD)v_6+w=0\end{aligned} \tag{11-79}$$

在实际计算时，常用余切公式

$$\cot\frac{A}{2}=\frac{r}{P-a},\quad \cot\frac{B}{2}=\frac{r}{P-b},\quad \cot\frac{C}{2}=\frac{r}{P-c}$$

式中 $P=\dfrac{1}{2}(a+b+c)$，$r=\sqrt{(P-a)(P-b)(P-c)/P}$，以此计算三角形内角，利用公式 $F=Pr=\sqrt{P(P-a)(P-b)(P-c)}$ 计算面积。为方便起见，条件式边长 s_i 以 km 计，w 以 m^2 计，则边长改正数以 mm 计。

由此可见，用面积闭合法组成测边网图形条件式，由于其系数计算有一定规律性，所以便

于应用。但由于图形之限制,这种方法只适用于测边大地四边形及中点三边形,且又不能用来组成测边网的附合条件,因而其应用有限。

除上述用角度闭合法及面积闭合法组成测边大地四边形的图形条件之外,还可用边长闭合法建立。其特点是直接通过线段间的几何关系建立边长改正数的条件式。但这种方法只适宜列立大地四边形图形条件,不适宜其他图形,也不能组成附合条件。

除上述用几何方法组成测边网条件式外,近年来还有用力学方法建立测边网条件式。这种方法有一定优越性,但由于内容超出本书范围,故在此不作介绍。

在测边网条件平差时,一般都以直接观测边长作为平差量,但近年来也有人建议选用观测边长的某种函数,比如边长对数、长度比以及边长平方之半等作为平差量。根据某种需要,以及当能比较准确地确定边长及其函数的权时,这也是可行的,只不过增加了一定的工作量。

11.2.4 测边网中独立条件式数目的确定

在独立测边网中,条件总数

$$r_{总} = n - 2P + 3 \tag{11-80}$$

式中 n 为网中总边数(包括已知边),P 为网中总点数(包括已知点)。如图 11-35 所示测边网,可知 $n=9$,$P=5$,于是该网条件总数

$$r = 9 - 2 \times 5 + 3 = 2$$

它们是大地四边形 $A132$ 及中点多边形 $2-AB31$(或 $2-AB3$)所产生的图形条件。

在非独立网中,条件总数

$$r_{总} = n' - 2K \tag{11-81}$$

式中 n'为测边总数(不包括已知边),K 为待定点数。如图 11-36 所示非独立测边网,由于 $n'=24$,$K=8$,故该网共有条件

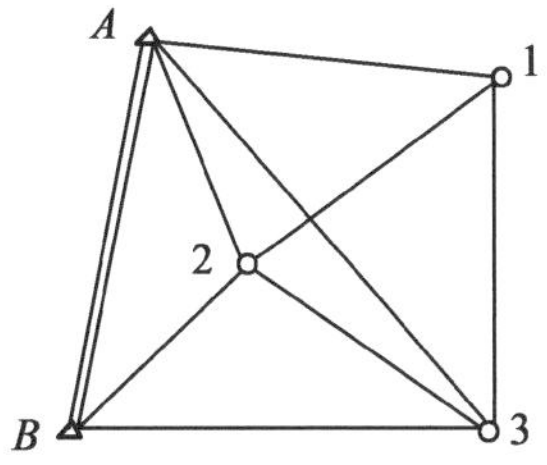

图11-35

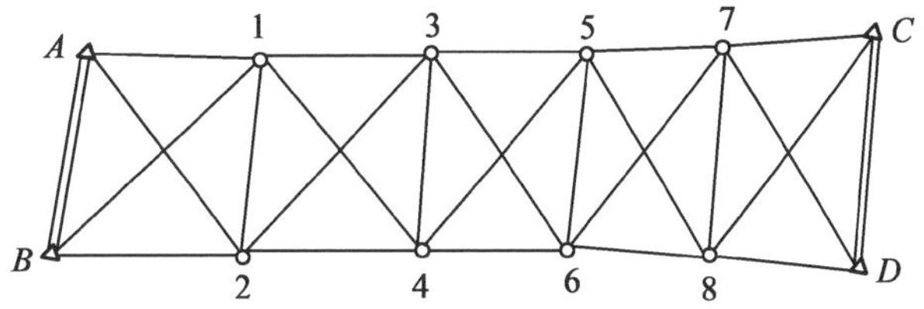

图11-36

$$r_{总} = 24 - 2 \times 8 = 8$$

它们是 5 个图形条件(每个大地四边形有 1 个),1 个方位角条件及 1 对纵横坐标条件。

11.3 边角网的条件及条件方程式

既测边又测角(或方向)的所谓边角网在精密工程测量中得到广泛应用。其布网形式分两类:一类是以导线形式布设,组成单导线或导线网;另一类是以三角形、大地四边形或中点多边形的形式布设,组成连续网(或锁)。当然也可以将二类网联合起来布设,构成混合网。下面分别加以讨论。

11.3.1 导线网的条件和条件方程式

1.导线网的条件方程式

导线网的条件也分两类,即角度条件与正弦条件。其中的角度条件主要产生于方位角条件。如图 11-37 所示单一附合导线,其方位角条件式为

$$\sum_{i=1}^{n+1} v_{\beta_i} + w = 0 \tag{11-82}$$

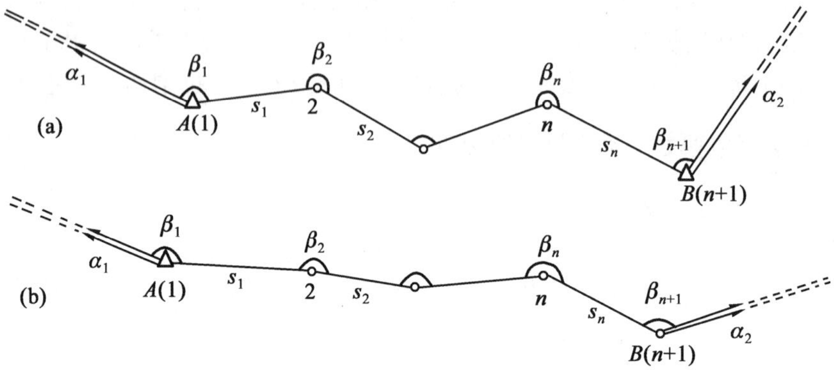

图 11-37

式中

$$w = \alpha_1 + \sum_{i=1}^{n+1} \beta_i - \alpha_2 - n \cdot 180^\circ$$

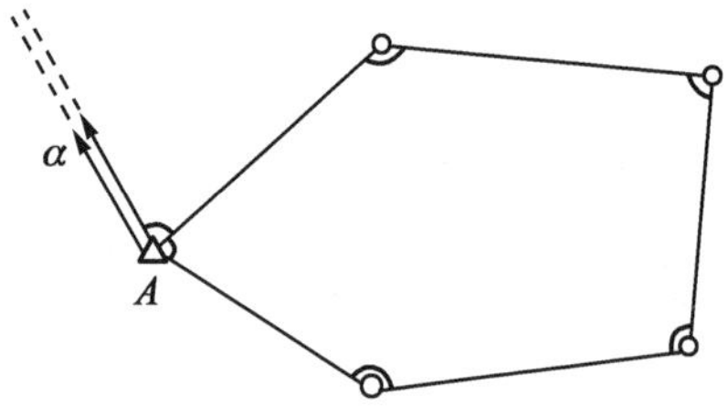

图 11-38

当布设成闭合导线或者是在导线网中有闭合环时,这时的角度条件也可表示为多边形内角和应满足的几何条件。如图 11-38 所示闭合环,其角度条件方程式为

$$\sum_{i=1}^{n} v_{\beta_i} + w = 0 \tag{11-83}$$

式中 $w = \sum_{i=1}^{n} \beta_i - (n-2) \cdot 180^\circ$,$n$ 为折角数。

导线网的正弦条件产生于纵、横坐标条件。这两个条件式在推导测边网坐标条件时已经得出,重写(11-60)式

$$\left.\begin{aligned} \sum_{i=1}^{n-1} \cos\alpha_i v_{s_i} - \sum_{i=1}^{n-1} (Y_n - Y_i)(\pm v_{c_i}) + w_x = 0 \\ \sum_{i=1}^{n-1} \sin\alpha_i v_{s_i} + \sum_{i=1}^{n-1} (X_n - X_i)(\pm v_{c_i}) + w_y = 0 \end{aligned}\right\}$$

由于导线测量一般是规定观测导线前进方向的左角,所以上式中 v_{c_i} 前的符号应取正。此外,还应考虑将角度改正数化为弧度制。上式中的 n 表示的是导线终点号,若以图 11-37(a)和图 11-39 为例,其纵横坐标条件式为

$$\left.\begin{aligned} \sum_{i=1}^{n-1} \cos\alpha_i v_{s_i} - \sum_{i=1}^{n-1} \frac{1}{\rho}(Y_{n+1} - Y_i) v_{c_i} + w_x = 0 \\ \sum_{i=1}^{n} \sin\alpha_i v_{s_i} + \sum_{i=1}^{n} \frac{1}{\rho}(X_{n+1} - X_i) v_{c_i} + w_y = 0 \end{aligned}\right\} \tag{11-84}$$

式中

$$w_x = x_{A(1)} + \sum_{i=1}^{n} \Delta X_i - X_{B(n+1)}$$

$$w_y = y_{A(1)} + \sum_{i=1}^{n} \Delta Y_i - Y_{B(n+1)}$$

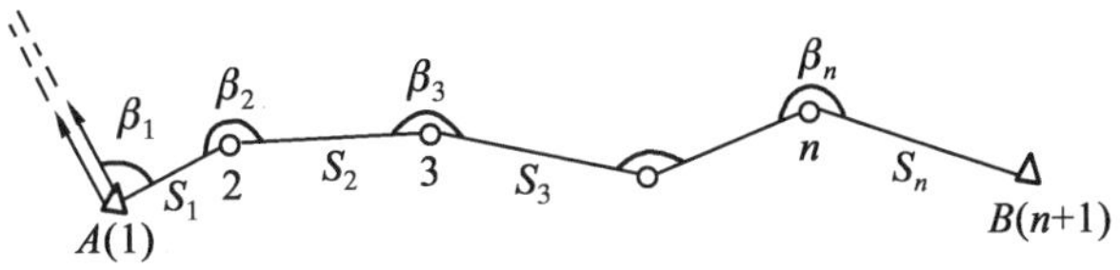

图11-39

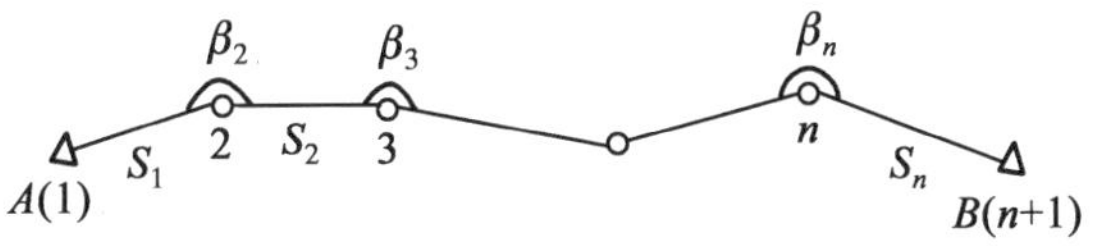

图11-40

对两端有起算点而无起算方位角的单一附合导线,如图 11-40 所示,有一坐标条件,但其组成是比较繁琐的。这时都采用带有未知数的条件平差,这将在第 13 章中讲述。

2.导线网中条件数目的确定

对单一附合导线,由于多于观测数较少,其条件数目是容易确定的。比如图 11-37(a)有三个条件:一个方位角条件,二个坐标条件;图 11-39 有 2 个条件:一对坐标条件;而图 11-37(b)则只有一个方位角条件。

对导线网条件数目,如按边长和方向平差,则角度条件数按下式计算:

$$r_\alpha = Q + N_\alpha - 1 \tag{11-85}$$

正弦条件数为

$$r_{x,y} = 2Q + 2(N_0 - 1) \tag{11-86}$$

因此,导线网中条件总数

$$r = r_\alpha + r_{x,y} = 3Q + 2(N_0 - 1) + (N_\alpha - 1) \tag{11-87}$$

式中,Q 为网中闭合环数,N_0 为已知点数,N_α 为已知方位角数。

如图 11-41 所示导线网,根据(11-87)式计算,有条件总数为

$$r = 3\times0+2(4-1)+(6-1) = 11$$

其中,方位角条件数 $r_\alpha = 5$,坐标条件数 $r_x = r_y = 3$。

又如图 11-42 所示导线网,条件总数为

$$r = 3\times1+2(4-1)+(4-1) = 12$$

其中,$r_\alpha = 4$,$r_x = r_y = 4$。

如按边长和角度平差,除有按(11-85)、(11-86)式计算的角度条件和正弦条件外,还有在节点处的水平(圆周)闭合条件。若设此时节点数为 P,则角度条件总数为

$$r_\alpha = Q + N_\alpha - 1 + P \tag{11-88}$$

正弦条件数不变,仍按(11-86)式计算,总条件数为

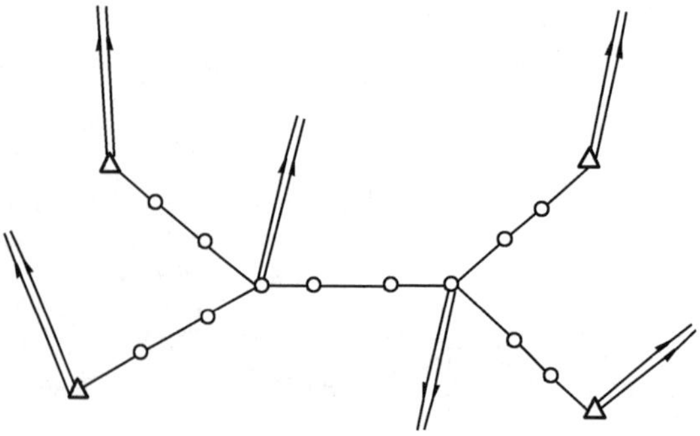

图11-41

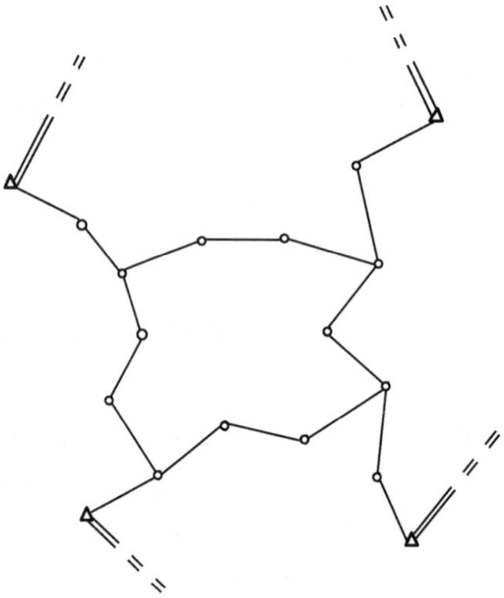

图 11-42

$$r = r_\alpha + r_{x,y} = 3Q + 2(N_0 - 1) + (N_\alpha - 1) + P \tag{11-89}$$

如图 11-42 所示按角度平差时,则:

角度条件数　　$r_\alpha = 1+4-1+4=8$

正弦条件数　　$r_{x,y} = 2\times1+2(4-1) = 8$

即　　$r_x = r_y = 4$

条件总数　　$r = 8+8 = 16$

11.3.2 边角连续网的条件及条件方程式

边角连续网的布网形式通常有以下几种:

(1)在测角网基础上加测部分边,见图 11-43(a);

(2)在测边网基础上加测部分角,见图 11-43(b);

(3)观测部分边长及部分角度,见图 11-43(c);

(4)观测全部边长及全部角度,见图 11-43(d)。

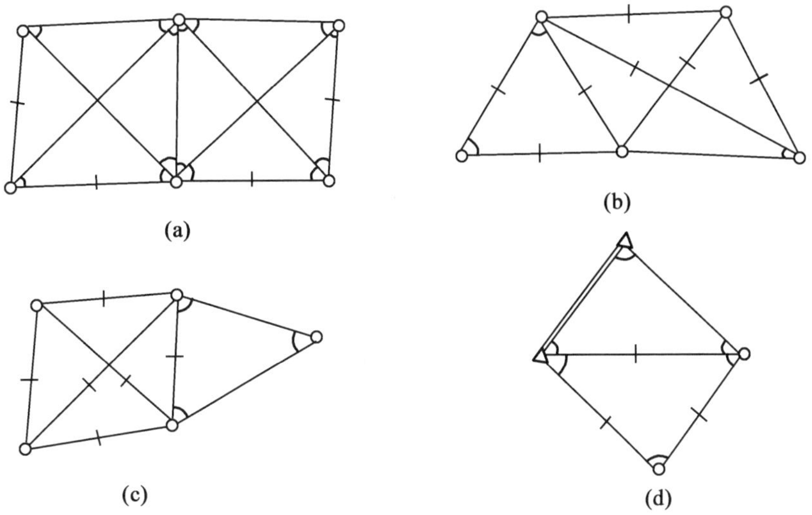

图 11-43

1.边角网条件方程式

由于边角网具有两类不同的观测量,因此,它具有三角网条件、测边网条件,又具有边、角两类观测量共同组成的边角条件。具体有以下几种:

(1)独立三角网条件,包括三角网图形、水平闭合及极条件;

(2)独立测边网条件,即用边长组成的测边网图形条件;

(3)由观测边长及角度共同组成的正弦(包括余弦)条件;

(4)附合网条件,包括测角网或测边网中的方位角(固定角)、坐标及基线(固定边)(测边网除外)三种条件。

以上条件中,(1),(2),(4)三类条件已分别在三角网、测边网及导线网中做了讨论,在此从略。现只讨论第(3)种条件式的组成。

1) 正弦条件方程式的组成

为了不失一般性,先讨论在测角网中加测边的正弦条件式的组成。

如图 11-44 所示边角网,A、B 为已知点,观测了边长 s_{cd} 及所有角度。则根据正弦定理,有

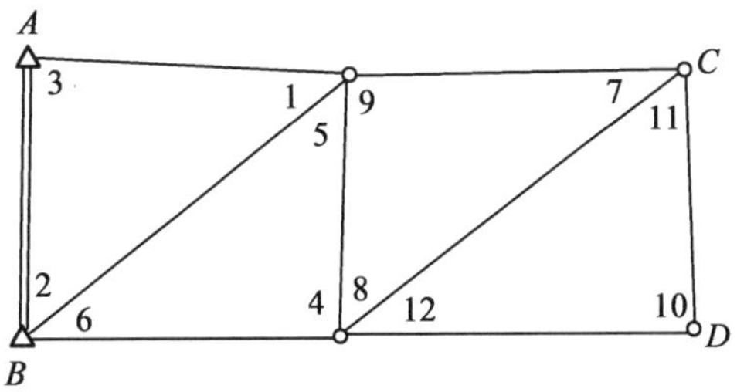

图 11-44

$$s_{AB}\cdot\frac{\sin\hat{\beta}_3\ \sin\hat{\beta}_6\ \sin\hat{\beta}_9\ \sin\hat{\beta}_{12}}{\sin\hat{\beta}_1\ \sin\hat{\beta}_4\ \sin\hat{\beta}_7\ \sin\hat{\beta}_{10}}=\hat{s}_{cd}$$

此式与三角网中基线条件式颇相似，所不同的是边长 s_{cd} 是观测边长，需加改正数 $v_{s_{cd}}$。可见，边角正弦条件式只需在三角网基线条件式中加一项 $v_{s_{cd}}$ 即可。于是，其线性形式可写为

$$-\delta_1 v_1+\delta_3 v_3-\delta_4 v_4+\delta_6 v_6-\delta_7 v_7+\delta_9 v_9-\delta_{10} v_{10}+\delta_{12} v_{12}-\Delta s_{cd} v_{s_{cd}}+w=0 \quad (11\text{-}90)$$

式中

$$\Delta s_{cd}=\frac{\mu}{s_{cd}},\qquad \mu=0.434\ 29$$

若顾及 $\delta=\frac{\mu}{\rho''}\cot\beta$，可将(11-90)式写成真数形式：

$$-\cot\beta_1 v_1+\cot\beta_3 v_3-\cot\beta_4 v_4+\cot\beta_6 v_6-\cot\beta_7 v_7+\cot\beta_9 v_9-$$
$$\cot\beta_{10} v_{10}+\cot\beta_{12} v_{12}-\frac{\rho''}{s_{cd}}v_{s_{cd}}+\frac{\rho'' w'}{s'_{cd}}=0 \quad (11\text{-}90)'$$

式中：s'_{cd} 为计算值；$w'=s_{AB}\cdot\frac{\Pi\sin\beta_i}{\Pi\sin\beta_j}-s_{cd}=s'_{cd}-s_{cd}$，其中 $i=3,6,9,12$，$j=1,4,7,10$。

显然，如果边长 s_{AB} 也是观测值，那么(11-90)式与(11-90)′式中还要增加一项改正 $v_{s_{AB}}$。于是，其对数形式的条件式为

$$\Delta s_{ab} v_{s_{ab}}-\Delta s_{cd} v_{s_{cd}}-\delta_1 v_1+\delta_3 v_3-\delta_4 v_4+\delta_6 v_6-\delta_7 v_7+\delta_9 v_9-$$
$$\delta_{10} v_{10}+\delta_{12} v_{12}+w=0 \quad (11\text{-}91)$$

式中，$w=\lg s_{ab}+\sum\lg\sin\beta_i-\sum\lg\sin\beta_j-\lg s_{cd}$，$i,j$ 取值同前。其真数形式的条件式为

$$\frac{\rho''}{s_{ab}}-\frac{\rho''}{s_{cd}}v_{s_{cd}}-\cot\beta_1 v_1+\cot\beta_3 v_3-\cot\beta_4 v_4+\cot\beta_6 v_6-$$
$$\cot\beta_7 v_7+\cot\beta_9 v_9-\cot\beta_{10} v_{10}+\cot\beta_{12} v_{12}+\frac{\rho'' w'}{s'_{cd}}=0 \quad (11\text{-}92)$$

式中 $w'=s_{ab}\cdot\frac{\Pi\sin\beta_i}{\Pi\sin\beta_j}-s_{cd}$。

作为特例，在测三条边及三个内角的三角形中，显然有两个正弦条件：

其一

$$\Delta_{s_1} v_{s_1}-\Delta_{s_2} v_{s_2}-\delta_1 v_1+\delta_2 v_2+w=0 \quad (11\text{-}93)$$

式中

$$w=\lg s_1-\lg s_2-\lg\sin\beta_1+\lg\sin\beta_2$$

或

$$\frac{\rho''}{s_1}v_{s_1}-\frac{\rho''}{s_2}v_{s_2}-\cot\beta_1 v_1+\cot\beta_2 v_2+\frac{\rho'' w'}{s_2'}=0 \quad (11\text{-}93)'$$

式中

$$w'=s_1\frac{\sin\beta_2}{\sin\beta_1}-s_2$$

其二

$$\Delta_{s_2} v_{s_2}-\Delta_{s_3} v_{s_3}-\delta_2 v_2+\delta_3 v_3+w=0 \quad (11\text{-}94)$$

式中

$$w=\lg s_2-\lg s_3-\lg\sin\beta_2+\lg\sin\beta_3$$

或

$$\frac{\rho''}{s_2}v_{s_2} - \frac{\rho''}{s_3}v_{s_3} - \cot\beta_2 v_2 + \cot\beta_3 v_3 + \frac{\rho'' w'}{s_3{}'} = 0 \qquad (11\text{-}94)'$$

式中
$$w' = s_2\frac{\sin\beta_3}{\sin\beta_2} - s_3$$

当然,也可以将它们写成下面另一种形式:

$$\sin\beta_2 v_{s_1} - \sin\beta_1 v_{s_2} - \frac{s_2}{\rho''}\cos\beta_1 v_1 + \frac{s_1}{\rho''}\cos\beta_2 v_2 + w = 0 \qquad (11\text{-}95)$$

式中
$$w = s_1\sin\beta_2 - s_2\sin\beta_1$$

及
$$\sin\beta_3 v_{s_2} - \sin\beta_2 v_{s_3} - \frac{s_3}{\rho''}\cos\beta_2 v_2 + \frac{s_2}{\rho''}\cos\beta_3 v_3 + w = 0 \qquad (11\text{-}96)$$

式中
$$w = s_2\sin\beta_3 - s_3\sin\beta_2$$

由此可见,边角形网中正弦条件式同三角网中基线条件式很相似,所不同的只是这里将基线条件式增加边长改正数这一项或二项。因此,从这种意义上说,边角网中正弦条件式是三角网基线条件式的扩展。

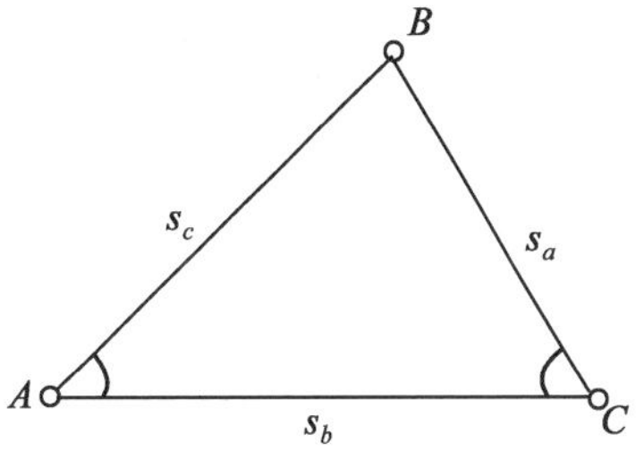

图 11-45

在特殊情况下,如测三条边及两个角度的三角形中,此时显然有两个正弦条件,其一与(11-93)~(11-96)式一样,但第二个条件式则不同。因为由图 11-45 可知,有基础方程

$$\hat{s}_c \cdot \frac{\sin(180° - \hat{A} - \hat{C})}{\sin\hat{C}} = \hat{s}_b$$

于是其对数形式条件式

$$\Delta s_c v_{s_c} - \Delta s_b v_{s_b} + \delta_{A+C} v_A + (\delta_{A+C} - \delta_C) v_C + w = 0 \qquad (11\text{-}97)$$

式中
$$w = \lg s_c - \lg s_b + \cot(A + C) - \lg \sin C$$

或者写成真数形式:

$$\frac{\rho''}{s_c}v_{s_c} - \frac{\rho''}{s_b}v_{s_b} + \cot(A+C)v_A + (\cot(A+C) - \cot C)v_C + \frac{\rho'' w'}{s_b{}'} = 0 \qquad (11\text{-}97)'$$

式中
$$w' = s_c \cdot \frac{\sin(A + C)}{\sin C} - s_b$$

如果在三角形中测三条边及一个角,此时产生余弦条件,它的组成与正弦条件略有不同。

2)余弦条件方程式的组成

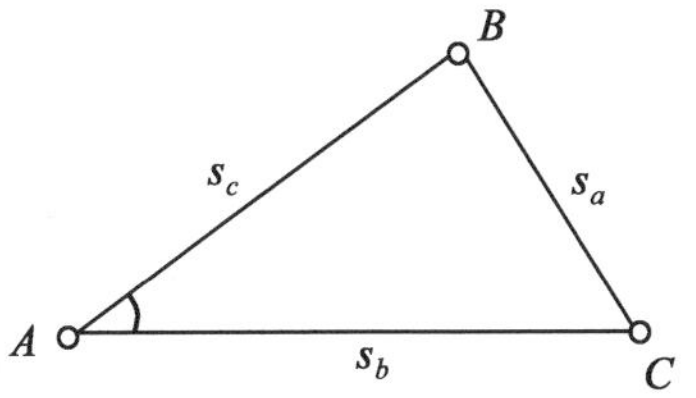

图 11-46

如图 11-46,由平差边长 $\hat{s}$ 计算的角度 $\hat{A}_{计}$ 应等于直接观测角度 A 的平差值 $\hat{A}$,于是有式

$$\hat{A}_{计} = \hat{A} \qquad (11\text{-}98)$$

亦即
$$A_{计} + \mathrm{d}A = A + v_A \qquad (11\text{-}99)$$

由(11-62)式,可知

$$\mathrm{d}A'' = \frac{\rho''}{h_A}(v_{s_a} - \cos B v_{s_c} - \cos C v_{s_b})$$

代入上式,经整理后得余弦条件式

$$\frac{\rho''}{h_A}v_{s_a} - \frac{\rho''}{h_A}\cos v_{s_c} - \frac{\rho''}{h_A}\cos v_{s_b} - v_A'' + w'' = 0 \qquad (11\text{-}100)$$

式中　　$w''=A_{计}-A$,　$A_{计}=\arccos\dfrac{s_b^2+s_c^2-s_a^2}{2s_bs_c}$;$h_A=\dfrac{s_bs_c}{s_a}\sin A$

如果注意到　$\dfrac{s_a}{s_c}=\dfrac{\sin A}{\sin C}$,　$\dfrac{s_a}{s_b}=\dfrac{\sin A}{\sin B}$,则上式又可写为

$$\frac{\rho''}{s_b}\csc C v_{s_a} - \frac{\rho''}{s_b}\cot C v_{s_b} - \frac{\rho''}{s_c}\cot B v_{s_c} - v_A'' + w = 0 \qquad (11\text{-}100)'$$

以上讨论了由边、角改正数共同组成的边角网中正弦和余弦条件方程式。在组成时,必须注意单位的使用。若以真数形式表达,v_β 以 s,v_s 及 w 以 cm(或 mm),s 及 h 以 km 为单位,则 $\rho=2.06$(或 0.206);若以对数形式表达,v_β 与 v_s 分别以 s 与 cm(或 mm)为单位,δ 及 w 均以对数第六位为单位,则 $\Delta s=\dfrac{\mu}{s}=\dfrac{4.343}{s}\left(或\dfrac{0.434\ 3}{s}\right)$,$s$ 以 km 计。v_s 的单位应与定权时所用测距中误差 m_s 的单位一致。

2.边角连续网条件数目的确定

对于边角独立网,按角度平差时,相互独立的条件总数为

$$r = N + s - 2p + 3 = D - 2p + 3 \qquad (11\text{-}101)$$

式中,N 为观测角个数,s 为观测边数,D 为观测总数,p 为包括已知点在内的总点数。

对于边角非独立网,相互独立的条件总数为

$$r = N + S - 2K + N_\alpha + N_s = D - 2K + N_\alpha + N_s \qquad (11\text{-}102)$$

式中,K 为待定点个数,N_α 为多余的已知方位角个数,N_s 为多余的已知边数,其余符号的意义同(11-101)式。

边角网按条件平差时,为了选择足够且相互独立而又简单的条件式,往往要先按角度列出三角网中的有关条件,之后按边角列出正弦条件及坐标条件,第三才选用边角余弦条件。只有在特殊情况下,才按边组成有关条件式。在边角网条件式中,有的也可以互相替代,一般地,也只能是同类条件内部间的替代。

当边角网按方向平差时,只需在上述用角度改正数组成的条件式的基础上,将角度改正数 v_{ij} 换以构成这个角度的两个方向的方向改正数 v_i 及 v_j 之差,然后再经整理,即得方向平差时的边角网条件方程式。

11.3.3　三角-导线混合网条件平差说明

由于地形、地物的影响及工程需要,工程测量控制网有时布成三角网与导线网组成的混合网。当这类三角-导线混合网条件平差时,对应注意事项特作如下说明:

1.三角-导线混合网条件数目的确定

三角-导线混合网中的条件仍分为两类,即角度条件和正弦条件。条件总数为这两类条件数之和。仍按条件数等于观测总数减去必要观测数的原则来确定。

当三角-导线混合网,按边长和方向平差时,条件总数为

$$r_{总} = D^{*} - (2K + t) \tag{11-103}$$

式中 D^{*} 为观测边长及方向总数,若设 D 为观测方向数,K_s 为观测边长数,则 $D^{*}=D+K_s$;K 为未知点数,t 为测方向的设站数。

当三角-导线混合网,按边长和角度平差时,条件总数为

$$r_{总} = N^{*} - 2K \tag{11-104}$$

式中 N^{*} 为观测边长及角度总数,若设 N 为观测角度数,则 $N^{*}=N+K_s$,K 仍是未知点数。

如图 11-47 所示三角-导线混合网,当连接边 2-3 未观测边长时,如按方向平差,则此网共有条件数为

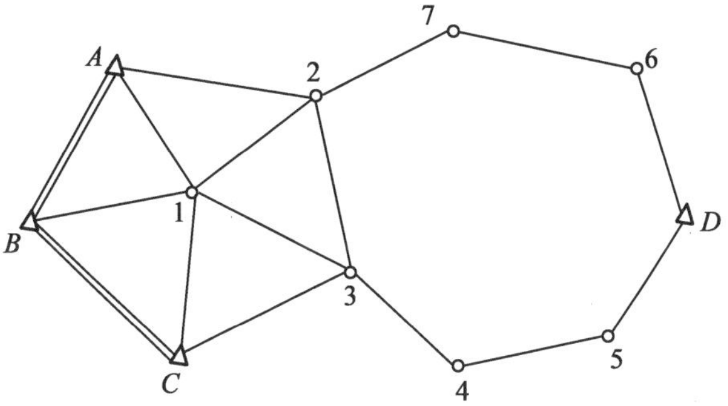

图11-47

$$r_{总} = 32 + 6 - (2 \times 7 + 11)$$
$$= 13$$

它们是三角网条件:三角形图形条件 5 个,极条件 1 个,固定边条件 1 个,固定角条件 1 个,共 8 个条件;导线网条件:多边形内角和图形条件 1 个,闭合环坐标条件 2 个及起算点间的坐标条件 2 个,共 5 个条件。以上共计 13 个条件。

如果该网按边长和角度平差,这时共有条件数

$$r_{总} = 22 + 6 - 14 = 14$$

它们除上述方向平差的 13 个条件外,还增加 1 个圆周闭合条件。

如果连接边 2-3 也观测了边长,这时增加一个观测值,条件数在上述两种情况下均应增加 1 个,即增加三角网中由起始边 AB(或 BC)至观测边 2-3 的一个正弦条件。

2.三角-导线混合网条件式的列立

当三角网与导线网的连接边进行边长测量的情况下,混合网中条件式的组成即按常规三角网条件式及导线网中条件式列立方法进行。如果连接边没有进行边长测量,在组成导线网闭合环纵、横坐标条件式时,需将该 2 个条件式中该边长改正数换以角度改正数。由(11-90)′式去掉最后一项(即闭合差项),即得这种关系式:

$$v_s = \frac{s}{\rho''}\left(\sum \cot\beta_i v_i - \sum \cot\beta_j v_j\right) \tag{11-105}$$

在组成由已知点 A(或 B 或 C)至控制点 D 的纵、横坐标条件时,可按两段列立,即三角网中的点仿三角网坐标条件式列立,导线中的点仿导线坐标条件列立,将它们联合起来,即为这

类坐标条件方程式。

最后指出，在边角网平差中，测边及测角（或方向）权的确定是十分重要的，有关定权问题将在第 12 章讲述。另外，边角网和导线网平差时，一般按分组平差进行，这时，常常将不重叠三角形图形条件列为第一组，其他条件及权函数式列为第二组，按平均分配法则进行第一组条件式及第二组条件式系数及权函数系数的改化，从而进行最后的平差计算和精度评定工作。

11.4 工程水平控制网条件平差算例

11.4.1 非独立三角网按平均分配法则的条件平差

如图 11-48 所示非独立三等三角网，用等权方向观测法观测了所有方向，并依此计算了各三角形内角。现要求按分组平差中平均分配法则进行条件平差，求出角度平差值，各点最或然坐标，并要求对边长 s_{78} 及其方位角 α_{78} 进行精度评定。

平差计算按下列步骤进行：

1.绘制三角网平差略图，提取起算数据及观测数据

三角网略图如图 11-48 所示，并按一定顺序给角度编号。

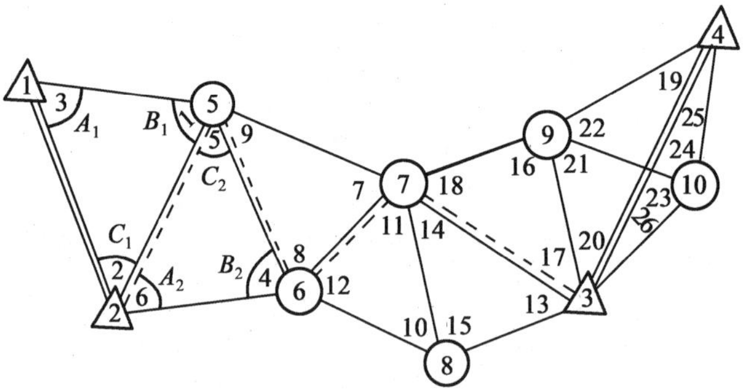

图11-48

起算数据见表 11-1。

表 11-1

点　号	X	Y	边　长	方 位 角 ° ′ ″	至　点
1	5 709 127.37	8 400 987.48	8 288.08	156 16 57.66	2
2	5 701 539.29	8 404 321.15	8 288.08	366 16 57.66	1
3	5 702 517.70	8 420 519.25	10 493.58	25 15 33.29	4
4	5 712 007.96	8 424 997.00	10 493.58	205 15 33.29	3

观测数据见表 11-2。

表 11-2

三角形编号	角号	观测角度 ° ′ ″	第一次改正数 v' ″	第一次改正后角度(秒) ″	sin 值	cot 值	概略边长
1.不重叠三角形							
1	1	72 12 10.4	−0.7	09.7	0.952 143 8	0.321	8 288.08
	2	43 45 14.2	−0.7	13.5	0.691 560 3		6 019.79
	3	64 02 37.5	−0.7	36.8	0.899 127 0	0.487	7 826.59
	$\sum$	180 00 02.1	−2.1	0.00			
	w_1	+2.1					
2	4	70 27 22.0	+1.0	23.0	0.942 387 1	0.355	7 826.59
	5	47 07 31.5	+1.0	32.5	0.732 848 1		6 086.35
	6	62 25 03.5	+1.0	04.5	0.886 348 4	0.522	7 361.18
	$\sum$	179 59 57.0	+3.0	0.00			
	w_2	−3.0					
3	7	68 57 10.0	−0.5	09.5	0.933 283 9	0.385	7 361.18
	8	67 27 45.6	−0.6	45.0	0.923 628 9		7 285.03
	9	43 35 06.1	−0.6	05.5	0.689 428 2	1.051	5 437.79
	$\sum$	180 00 01.7	−1.7	00.0			
	w_3	+1.7					
4	10	54 13 36.8	−0.7	36.1	0.811 336 3	0.720	5 347.79
	11	57 38 51.5	−0.7	50.8	0.844 771 3		5 661.88
	12	68 07 33.8	−0.7	33.1	0.928 004 5	0.401	6 219.73
	$\sum$	180 00 02.1	−2.1	00.0			
	w_4	+2.1					
5	13	53 13 01.1	+0.9	02.0	0.800 911 4	0.748	6 219.73
	14	41 53 55.2	+0.9	56.1	0.667 818 5		5 186.16
	15	84 53 01.0	+0.9	01.9	0.996 016 0	0.090	7 734.88
	$\sum$	179 59 57.3	+2.7	00.0			
	w_5	−2.7					
6	16	87 57 51.7	+0.4	52.1	0.999 369 0	0.036	7 734.88
	17	43 44 30.4	+0.5	30.9	0.691 411 1		5 351.36
	18	48 17 36.6	+0.4	37.0	0.746 564 0	0.891	5 778.23
	$\sum$	179 59 58.7	+1.3	00.0			
	w_6	−1.3					

续表

三角形编号	角号	观测角度 ° ′ ″	第一次改正数 v' ″	第一次改正后角度(秒) ″	sin 值	cot 值	概略边长
1.不重叠三角形							
7	19	31 38 52.1	−0.2	51.9	0.524 695 5	1.622	5 778.23
	20	40 41 29.1	−0.2	28.9	0.651 984 1		7 180.00
	21	57 06 31.7	−0.2	31.5	sin (21+22)		
	22	50 33 08.0	−0.3	07.7	=0.952 868 8	−0.318	10 493.50
	$\sum$	180 00 00.9	−0.9	00.0			
	w_7	+0.9					
8	23	66 47 06.3					
	24	83 14 38.3	+0.2	06.5	sin(23+24)		
	25	14 33 23.6	+0.2	38.5	=0.499 559 1		10 493.50
	26	15 24 51.0	+0.2	23.8	0.251 336 5		5 279.45
			+0.2	51.2	0.265 795 4		5 583.17
	$\sum$	179 59 59.2	+0.8	00.0			
	w_8	−0.8					
2.重叠三角形							
9	22	50 33 08.0	−0.3	07.7			
	24	83 14 38.3	+0.2	38.5			
	25	14 33 23.6	+0.2	23.8			
	19	31 38 52.1	−0.2	51.9			
	$\sum$	180 00 02.0	−0.1	01.9			
	w_9	+2.0					

2.确定条件数,将条件分组,第一组条件的解算

1) 确定条件数

条件总数　$r_{总}=N-2K=26-2\times6=14$;

其中,　图形条件数　$r_{图}=D-P-t+1=36-18-10+1=9$;

圆周条件数　$r_{圆}=N+t-D=26+10-36=0$;

极条件数　$r_{极}=P-2n+3=18-2\times10+3=1$;

基线条件数　$r_{基}=K_{基}-1=2-1=1$;

方位角条件数　$r_{方}=K_{方}-1=2-1=1$;

纵横坐标条件数　$r_{x,y}=2(K_{x,y}-1)=2\times1=2$。

2) 将条件式分组

根据分组平差原理,把不重叠的 8 个图形条件列为第一组,其他 6 个条件列为第二组。

3) 第一次改正数 v'的计算

将第一组图形条件闭合差反号平均分配给各个角度,并按经第一次改正后的角度计算边

长，这些计算均在表 11-2 中进行。

3. 第二组条件方程式及平差值权函数式的组成

1）图形条件方程式

$$v_{19}+v_{22}+v_{24}+v_{25}+1.9''=0$$

2）大地四边形（图 11-49）极条件方程式

以 10 点为极的大地四边形极条件：

$$\frac{\sin(21)\sin(19+25)\sin(26)}{\sin(20+26)\sin(22)\sin(25)}=1$$

其线性表达式为

$$\cot(19+25)v_{19}-\cot(20+26)v_{20}+\cot(21)v_{21}-\cot(22)v_{22}+[\cot(19+25)-\cot(25)]v_{25}+[\cot(26)-\cot(20+26)]v_{26}+w=0$$

该条件式系数及闭合差在表 11-3 中计算。

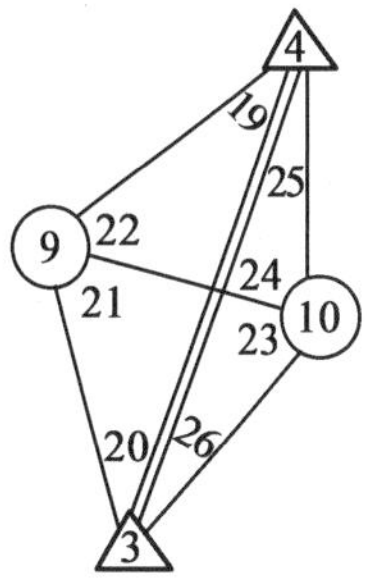

图 11-49

表 11-3

分子				分母			
角号	角度 ° ′ ″	sin 值	cot 值	角号	角度 ° ′ ″	sin 值	cot 值
21	57 06 31.5	0.839 702 8	0.647	20+26	56 06 20.1	0.830 066 6	0.672
19+25	46 12 15.7	0.721 812 9	0.959	22	50 33 07.7	0.772 203 1	0.823
26	15 24 51.2	0.265 795 4	3.627	25	14 33 23.8	0.251 336 5	3.851

$$\Pi_1=0.161\ 100\ 8 \qquad \Pi_2=0.161\ 101\ 7$$

$$w=\frac{\Pi_1-\Pi_2}{\Pi_2}\rho''=-1.15'' \qquad \sum\cot^2\beta=30.453$$

$$w_{限}=2\times1.8\times\sqrt{\sum\cot^2\beta}=\pm19.9''$$

由此得大地四边形极条件方程式：

$$0.959v_{19}-0.672v_{20}+0.647v_{21}-0.823v_{22}-2.892v_{25}+2.955v_{26}-1.15''=0$$

3）基线条件方程式

从起算边 s_{12} 开始，经过三角形推算，用第一次改正后的角值计算另一条基线边 s_{34} 之长度 s_{34}'：

$$s_{34}'=s_{12}\frac{\sin(3)\sin(6)\sin(9)\sin(12)\sin(15)\sin(18)\sin(21+22)}{\sin(1)\sin(4)\sin(7)\sin(10)\sin(13)\sin(16)\sin(19)}$$

其线性表达式

$$-\cot(1)v_1+\cot(3)v_3-\cot(4)v_4+\cot(6)v_6-\cot(7)v_7+\cot(9)v_9-\cot(10)v_{10}+\cot(12)v_{12}-\cot(13)v_{13}+\cot(15)v_{15}-\cot(16)v_{16}+\cot(18)v_{18}-\cot(19)v_{19}+\cot(21+22)v_{21}+\cot(21+22)v_{22}+w''=0$$

式中 $w''=(s_{34}'-s_{34})\dfrac{\rho''}{s_{34}'}$。

在表 11-2 中，已经求出了 s'_{34}= 10 493.50m，而该边已知长度为 s_{34} = 10 493.58m，因此闭合差

$$w'' = (s'_{34} - s_{34})\frac{\rho''}{s'_{34}} = -1.57''$$

$$w_{限} = 2 \times \sqrt{m^2 \sum \tan^2\beta + 2\left(\frac{m_b}{b}\rho''\right)^2}$$

$$= 2 \times \sqrt{1.8^2 \times 6.866\ 6 + 2\left(\frac{2 \times 10^5}{3 \times 10^5}\right)^2}$$

$$= \pm 9.62''$$

式中 $m_b/b = 1:300\ 000$。

按表 11-2 中有关数值代入，得基线条件方程式：

$$-0.321v_1 + 0.487v_3 - 0.355v_4 + 0.522v_6 - 0.385v_7 + 1.051v_9 - 0.720v_{10} + 0.401v_{12} - 0.748v_{13} + 0.090v_{15} - 0.036v_{16} + 0.891v_{18} - 1.622v_{19} - 0.318v_{21} - 0.318v_{22} - 1.57'' = 0$$

4）坐标方位角条件方程式

按平差略图虚线由 α_{21} 推至 α_{34}，其条件方程式为

$$v_2 - v_5 + v_8 - v_{11} - v_{14} + v_{17} + v_{20} + w = 0$$

由表 11-4 和表 11-1 知，$\alpha'_{34} = 25°15'36.56''$，$\alpha_{34} = 25°15'33.29''$，由此得闭合差

$$w = +3.27''$$

$$w_{限} = 2\sqrt{m^2 \cdot n + 2m_\alpha^2} = 2\sqrt{1.8^2 \times 7 + 2 \times 1.0^2} = \pm 9.94''$$

式中取 $m_\alpha = \pm 1.0''$。

因此，坐标方位角条件方程式

$$v_2 - v_5 + v_8 - v_{11} - v_{14} + v_{17} + v_{20} + 3.27'' = 0$$

5）纵、横坐标条件方程式

纵坐标条件方程式

$$\sum (x_n - x)_{km}\cot A v_A - \sum (x_n - x)_{km}\cot B v_B - \sum (y_n - y)_{km} v_{\pm C} + 206.265 w_x = 0$$

横坐标条件方程式

$$\sum (y_n - y)_{km}\cot A v_A - \sum (y_n - y)_{km}\cot B v_B + \sum (x_n - x)_{km} v_{\pm C} + 206.265 w_y = 0$$

(1) 坐标方位角及导线点坐标之计算，见表 11-4。

表 11-4

i	2	5	6	7	3
k	5	6	7	3	4
$\alpha_{已知}$	336°16′57.66″	20°02′11.16″	152°54′38.66″	40°22′23.66″	300°49′36.76″
$\pm C$	+43°45′13.5″	−47°07′32.5″	+67°27′45.0′	−99°32′46.9″	+84°25′59.8″
α_{ik}	20°02′11.16″	152°54′38.66″	40°22′23.66″	120°49′36.76″	25°15′36.56″
x_k	5 708 892.18	5 702 338.53	5 706 481.26	5 702 517.55	
x_i	5 701 539.29	5 708 892.18	5 702 338.53	5 706 481.71	
Δx_{ik}	7 352.89	−6 553.65	4 142.73	−3 963.71	

续表

i	2	5	6	7	3
k	5	6	7	3	4
$\cos\alpha_{ij}$	0.939 474 9	−0.890 298 2	0.761 840 9	−0.512 445 8	
s_{ik}	7 826.59	7 361.18	5 437.79	7 734.88	
$\sin\alpha_{ik}$	0.342 617 6	0.455 378 0	0.647 764 1	0.858 719 6	
Δy_{ik}	2 681.53	3 352.12	3 522.41	6 642.09	
y_i	8 404 321.15	8 407 002.68	8 410 354.80	8 413 877.21	
y_k	8 407 002.68	8 410 354.80	8 413 877.21	8 420 519.30	
C	+2	−5	+8	−(11+14)	+(17+20)

(2)坐标条件方程式系数的计算,见表 11-5。

表 11-5

三角形编号	导线点号	x/km 5700+	y/km 8400+	$\Delta x = x_n - x$	$\Delta y = y_n - y$	$\cot A$	$\cot B$
1	2	1.539	4.321	0.979	16.198	0.487	0.321
2	5	8.892	7.003	−6.374	13.516	0.522	0.355
3	6	2.339	10.535	0.179	9.984	1.051	0.385
4	7	6.481	13.877	−3.963	6.642	0.401	0.720
5	7	6.481	13.877	−3.963	6.642	0.090	0.748
	3	2.518	20.519	0.000	0.000	−	−

(A)	(B)	(C)	(A) $\Delta x\cot A$	(B) $-\Delta x\cot B$	(C) $-\Delta y$	(A) $\Delta y\cot A$	(B) $-\Delta y\cot B$	(C) $+\Delta x$
3	1	+2	0.477	−0.314	−16.198	7.888	−5.200	0.979
6	4	−5	−3.327	2.263	−13.516	7.055	−4.798	−6.374
9	7	+8	0.188	−0.069	−9.984	10.493	−3.844	0.179
12	10	−11	−1.589	2.853	−6.642	2.663	−4.782	−3.963
15	13	−14	0.357	2.964	−6.642	0.598	−4.968	−3.963

$[a_x a_x] = 669.104 \quad [a_y a_y] = 414.960$

由表 11-4 和表 11-1 可知,3 点坐标

计算值　　$x_3' = 5\ 702\ 517.55$,　$y_3' = 8\ 420\ 519.30$

已知值　　$x_3 = 5\ 702\ 517.70$,　$y_3 = 8\ 420\ 519.25$

由此可知　　$w_x = -0.15$　　$w_y = +0.05$

$$w_{x限} = 2\sqrt{\frac{m''^2}{\rho''^2} \times 10^6[a_x a_x] + 2m_x^2}$$

$$= 2\sqrt{\frac{1.8^2}{(2.06 \times 10^5)^2} \times 10^6 \times 669.104 + 2 \times 0.05^2} = \pm 0.47(\text{m})$$

$$w_{y限} = 2\sqrt{\frac{m''^2}{\rho''^2} \times 10^6[a_y a_y] + 2m_y^2}$$

$$= 2\sqrt{\frac{1.8^2}{(2.06 \times 10^5)^2} \times 10^6 \times 414.960 + 2 \times 0.05^2} = \pm 0.38(\text{m})$$

式中取 $m_x = m_y = 0.05\text{m}$。

最后的纵、横坐标条件方程式之闭合差

$$w_x' = 206.265 w_x = -30.94(\text{m})$$

$$w_y' = 206.265 w_y = 10.31(\text{m})$$

为避免该条件式系数及闭合差过大,将整个公式各项同除以 10,于是有

纵坐标条件方程式

$$-0.31v_1 - 1.620v_2 + 0.048v_3 + 0.226v_4 + 1.352v_5 - 0.333v_6 - 0.007v_7 - 0.998v_8 + 0.019v_9 + 0.285v_{10} + 0.664v_{11} - 0.159v_{12} + 0.296v_{13} + 0.664v_{14} - 0.036v_{15} - 3.09 = 0$$

横坐标条件方程式

$$-0.052v_1 + 0.098v_2 + 0.789v_3 - 0.480v_4 + 0.637v_5 + 0.070v_6 - 0.384v_7 + 0.018v_8 + 1.049v_9 - 0.478v_{10} + 0.396v_{11} + 0.266v_{12} - 0.497v_{13} + 0.396v_{14} + 0.060v_{15} + 1.03 = 0$$

6) 权函数式的组成

s_{78}边坐标方位角权函数式

$$f_1 = \Delta\alpha_{78} = v_{14} - v_{17} - v_{20}$$

s_{78}边长权函数式

$$s_{78} = \frac{\sin(19)\sin(16)\sin(13)}{\sin(21+22)\sin(18)\sin(15)}$$

从第一次改正数表中取得相应的连接角余切数值之后,经整理后得到边长 s_{78} 的权函数线性式$\left(\text{注意没有乘以}\frac{s_{78}}{\rho''}\right)$:

$$f_2 = 0.748v_{13} - 0.090v_{15} + 0.036v_{16} - 0.891v_{18} + 1.622v_{19} + 0.318v_{21} + 0.318v_{22}$$

4.第二组条件方程式和权函数式的改化及解算

按照第一组条件式将第二组条件式及权函数式系数分解,之后按三角形依平均分配法则计算第二组条件式及权函数式的改化系数,详见表 11-6(a)及表 11-6(b)。

按表 11-6 系数组成法方程如表 11-7。

表 11-6(a)

三角形编号	角度号	未 改 化 方 程								
		图形	极	方位角	基线	纵坐标	横坐标	f_1	f_2	s
	1				−0.321	−0.031	−0.052			−0.404
1	2			+1		−1.620	+0.098			−0.522
	3				+0.487	+0.048	+0.789			+1.324
	4				−0.355	+0.226	−0.480			−0.609
2	5			−1		+1.352	+0.637			+0.989
	6				+0.522	−0.333	+0.706			+0.895
	7				−0.385	−0.007	−0.348			−0.776
3	8			+1		−0.998	+0.018			+0.020
	9				+1.051	+0.019	+1.049			+2.119
	10				−0.720	+0.285	−0.478			−0.913
4	11			−1		+0.664	+0.396			+0.060
	12				+0.401	−0.159	+0.266			+0.468
	13				−0.748	+0.296	−0.497		+0.748	−0.201
5	14			−1		+0.644	+0.394	+1		+1.058
	15				+0.090	−0.036	+0.060		−0.090	+0.024
	16				−0.036				+0.036	0.000
6	17			+1				−1		0.000
	18				+0.891				−0.891	0.000
	19	+1	+0.959		−1.622				+1.622	+1.959
7	20		−0.672	+1				−1		−0.672
	21		+0.647		−0.318				+0.318	+0.647
	22	+1	−0.823		−0.318				+0.318	+0.177
	23									0.000
8	24	+1								+1.000
	25	+1	−2.892							−1.892
	26		+2.955							+2.955
	w	+1.90	−1.15	+3.27	−1.57	−3.09	+1.03			

表 11-6(b)

三角形编号	角度号	改 化 方 程									
		图形	极	方位角	基线	纵坐标	横坐标	F_1	F_2	S	v''
	1			−0.333	−0.376	+0.503	−0.330			−0.536	+0.7″
1	2			+0.667	−0.055	−1.086	−0.180			−0.654	−0.7
	3			−0.333	+0.432	+0.582	+0.511			+1.192	0.0
	4			+0.333	−0.411	−0.189	−0.768			−1.035	+0.6
2	5			−0.667	−0.056	+0.937	+0.349			+0.563	+0.2
	6			+0.333	+0.467	−0.748	+0.418			+0.470	−0.8
	7			−0.333	−0.607	+0.322	−0.612			−1.230	+0.9
3	8			+0.667	−0.222	−0.669	−0.210			−0.434	−0.8
	9			−0.333	+0.829	+0.348	+0.821			+1.665	−0.1
	10			+0.333	−0.614	+0.022	−0.539			−0.798	−0.1
4	11			−0.667	+0.106	+0.401	+0.335			+0.175	+0.3
	12			+0.333	+0.507	−0.422	+0.205			+0.623	−0.2
	13			+0.333	−0.529	−0.012	−0.483	−0.333	+0.529	−0.495	−0.1
5	14			−0.667	+0.219	+0.356	+0.408	+0.667	−0.219	+0.764	+0.3
	15			+0.333	+0.309	−0.344	+0.074	−0.333	−0.309	−0.270	−0.2

续表

三角形编号	角度号	改化方程									
		图形	极	方位角	基线	纵坐标	横坐标	F_1	F_2	S	v''
6	16			−0.333	−0.321			+0.333	+0.321	0.000	0.0
	17			+0.667	−0.285			−0.667	+0.285	0.000	−1.1
	18			−0.333	+0.606			+0.333	−0.606	0.000	+1.1
7	19	+0.500	+0.931	−0.250	−1.058			+0.250	+1.058	+1.431	−1.4
	20	−0.500	−0.700	+0.750	+0.564			−0.750	−0.564	−1.200	+0.2
	21	−0.500	+0.619	−0.250	+0.246			+0.250	−0.246	+0.119	+0.9
	22	+0.500	−0.851	−0.250	+0.246			+0.250	−0.246	−0.351	+0.3
8	23	−0.500	−0.016							−0.516	−0.4
	24	+0.500	−0.016							+0.484	−0.4
	25	+0.500	−2.908							−2.408	−0.4
	26	−0.500	+2.939							+2.439	+0.4
		+1.90	−1.15	+3.27	−1.57	−3.09	+1.03				$\sum pv^2=9.7$
k		−0.714	+0.007	−1.122	+1.251	+0.259	−1.981				$-\sum kw=9.8$

表 11-7

k_1	k_2	k_3	k_4	k_5	k_6	f_1	f_2	w	$s=w+s'$	检核
2.000	−2.843	−0.500	−0.811	0.000	0.000	0.500	0.811	+1.90	1.057	1.057
	19.599	−0.700	−1.437	0.000	0.000	0.700	1.437	−1.15	15.566	15.566
		4.750	−0.267	−3.449	−1.482	−2.083	−0.060	+3.27	−0.521	−0.521
			5.005	−0.167	2.783	−0.060	−2.533	−1.57	0.943	0.941
				4.501	0.877	0.356	0.022	−3.09	−0.950	−0.950
					3.231	0.408	−0.368	+1.03	6.479	6.480
						2.083	2.533			

按常规方法解算法方程,得联系数:$k_1=-0.713\ 7$, $k_2=+0.006\ 8$, $k_3=-1.122\ 5$, $k_4=+1.250\ 7$, $k_5=+0.258\ 7$, $k_6=-1.980\ 9$;

权倒数:$\frac{1}{P_{f_1}}=0.450$,$\frac{1}{P_{f_2}}=0.456$ 以及$[pv^2]=9.7$。

5.第二次改正数 v″的计算,平差值计算

第二次改正数 $v''=A_ik_a+B_ik_b+\cdots$

平差角度

$$\bar{\beta}_i=\beta_i+v_i'+v_i''$$

以上计算均在表 11-6 及表 11-8 内进行。

6.精度评定

由表 11-8 得$[pv^2]=19.90$,故单位权中误差

$$\mu=\pm\sqrt{\frac{[pv^2]}{r}}=\pm\sqrt{\frac{19.90}{14}}=\pm 1.2''$$

s_{78}边方位角中误差 $m_{\alpha_{78}}=\mu\sqrt{\frac{1}{P_\alpha}}=1.2\times\sqrt{0.450}=\pm 0.8''$

s_{78}边长中误差 $$m_{s_{78}}=\mu\cdot\frac{s_{78}}{\rho''}\sqrt{\frac{1}{P_s}}=1.2\times\frac{6.22\times10^6}{2\times10^5}\times\sqrt{0.456}=0.02(\text{m})$$

上式中之所以乘以系数$\frac{s_{78}}{\rho''}$,是因为在组成权函数式时,其系数没有乘以$\frac{s_{78}}{\rho''}$。

表 11-8

三角形编号	角号	观测角度 ° ′ ″	改正数			平差角 (″)	正弦值	平差边长 (m)
			v'(″)	v''(″)	$v=v'+v''$			
1	1	72 12 10.4	−0.7	+0.7	0.0	10.4	0.952 144 8	8 288.08
	2	43 45 14.2	−0.7	−0.7	−1.4	12.8	0.691 557 9	6 019.76
	3	64 02 37.5	−0.7	0.0	−0.7	36.8	0.899 127 0	7 826.58
	∑	180 00 02.1	−2.1	0.0	−2.1	00.0		
2	4	70 27 22.0	+1.0	+0.6	+1.6	23.6	0.942 388 1	7 826.58
	5	47 07 31.5	+1.0	+0.2	+1.2	32.7	0.732 848 8	6 086.35
	6	62 25 03.5	+1.0	−0.8	+0.2	3.7	0.886 346 6	7 361.15
	∑	179 59 57.0	+3.0	0.0	+3.0	00.0		
3	7	68 57 10.0	−0.5	+0.9	+0.4	10.4	0.933 285 4	7 361.15
	8	67 27 45.6	−0.6	−0.8	−1.4	44.2	0.923 673 8	7 284.97
	9	43 35 06.1	−0.6	−0.1	−0.7	5.4	0.689 427 8	5 437.76
	∑	180 00 01.7	−1.7	0.0	−1.7	00.0		
4	10	54 13 36.8	−0.7	−0.1	−0.8	36.0	0.811 336 0	5 437.76
	11	57 38 51.5	−0.7	+0.3	−0.4	51.1	0.844 772 1	5 661.86
	12	68 07 33.8	−0.7	−0.2	−0.9	32.9	0.928 004 2	6 219.70
	∑	180 00 02.1	−2.1	0.0	−2.1	00.0		
5	13	53 13 01.1	+0.9	−0.1	+0.8	1.9	0.800 911 1	6 219.70
	14	41 53 55.2	+0.9	+0.3	+1.2	56.4	0.667 819 6	5 186.14
	15	84 53 01.0	+0.9	−0.2	+0.7	1.7	0.996 015 9	7 734.84
	∑	179 59 57.3	+2.7	0.0	+2.7	00.0		
6	16	87 57 51.7	+0.4	0.0	+0.4	52.0	0.999 369 0	7 734.84
	17	43 44 30.4	+0.5	−1.1	−0.6	29.8	0.691 407 3	5 351.30
	18	48 17 36.6	+0.4	+1.1	+1.5	38.1	0.746 567 5	5 778.22
	∑	179 59 58.7	+1.3	0.0	+1.3	00.0		
7	19	31 38 52.1	−0.2	−1.4	−1.6	50.5	0.524 689 8	5 778.22
	20	40 41 29.1	−0.2	+0.2	0.0	29.1	0.651 984 8	7 180.08
	21	57 06 31.7	−0.2	+0.9	+0.7	32.4	sin(21+22)=	
	22	50 33 08.0	−0.3	+0.3	+0.0	8.0	0.952 867 0	10 493.59
	∑	180 00 00.9	−0.9	0.0	−0.9	00.0		

续表

三角形编号	角号	观测角度 ° ′ ″	改正数			平差角	正弦值	平差边长 (m)
			$v'('')$	$v''('')$	$v=v'+v''$			
8	23	66 47 06.3	+0.2	+0.4	+0.6	6.9	sin(23+24)=	
	24	83 14 38.3	+0.2	−0.4	−0.2	38.1	0.499 559 1	10 493.59
	25	14 33 23.6	+0.2	−0.4	−0.2	23.4	0.251 334 6	5 279.46
	26	15 24 51.0	+0.2	+0.4	+0.6	51.6	0.265 797 3	5 583.26
	$\sum$	179 59 59.2	+0.8	0.0	+0.8	00.0		
9	22	50 33 08.0	−0.3	+0.3	0.0	8.0	0.772 204 0	5 583.26
	24	83 14 38.3	+0.2	−0.4	−0.2	38.1	0.993 056 0	7 180.08
	25	14 33 23.6	+0.2	−0.4	−0.2	23.4	sin(19+25)=	
	19	31 38 52.1	−0.2	−1.4	−1.6	50.5	0.721 806 9	5 218.87
	$\sum$	180 00 02.0	−0.1	−1.9	−2.0	00.0		

$\sum pv^2 = 19.90$

7.编制实用资料卡片

最后坐标、边长及方位角都按常规方法计算，在此从略。现把有关实用资料编制如表11-9。

表 11-9

点号	坐标		边长 (m)	方位角 ° ′ ″	至点
	x/m	y/m			
1	5 709 127.37	8 400 987.48	8 288.08	156 16 57.66	2
2	5 701 539.29	8 404 321.15	7 826.58	20 02 10.1	5
3	5 702 517.70	8 420 519 25	10 493.58	25 15 33.29	4
4	5 712 007.96	8 424 997.00	7 180.07	236 54 23.6	9
5	5 708 892.18	8 407 002.64	7 361.15	152 54 37.5	6
6	5 702 338.58	8 410 354.78	5 437.75	40 22 21.5	7
7	5 706 481.32	8 413 877.12	6 219.70	162 43 30.4	8
8	5 700 542.18	8 415 724.10	5 186.15	67 36 33.0	3
9	5 708 087.60	8 418 981.67	5 218.87	107 27 31.8	10
10	5 706 521.83	8 423 960.12	5 583.26	10 42 09.6	4

11.4.2 独立测边网按角度闭合法组成条件方程式的条件平差

如图 11-50 所示的测边网为独立测边网，等精度观测了网中边长，起算数据及观测数据分别见表 11-10 及表 11-11。今按条件平差法求平差边长及各待定点坐标，并对边长 s_{64} 之方位角 α_{64} 进行精度评定。

平差计算按以下步骤进行：

1.绘制平差略图

首先，对点进行统一编号，见图 11-50，起算数据见表 11-10。

表 11-10

点　号	x/m	y/m	s/m	α	至　点
1	5 913 998.27	8 541 021.74	7 611.74	22°49′22.42″	2
2	5 921 014.07	8 543 974.21			

平面观测边长及其平差值见表 11-11。

表 11-11

边　号	观测边长 s′/m	改正数 v/m	平差边长 s=s′+v
1—2			7 611.74
1—5	5 365.57	+0.01	5 365.58
1—6	7 481.49	−0.01	7 481.48
2—3	7 598.57	−0.01	7 598.56
2—5	5 407.90	+0.01	5 407.91
3—4	5 496.75	+0.01	5 496.76
3—5	5 430.66	+0.02	5 430.68
3—6	7 450.68	−0.02	7 450.66
4—5	7 615.90	−0.02	7 615.88
4—6	5 281.41	+0.01	5 281.42
5—6	5 107.83	+0.02	5 107.85

2.条件数及种类的确定

条件总数：$r_{总}=P-2n+3=11-2\times6+3=2$。

由图 11-50 可以看出，这两个条件式分别为大地四边形及中点多边形的图形条件。

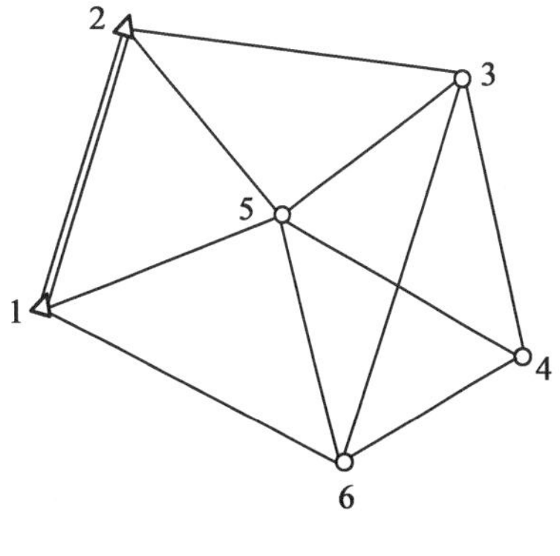

图 11-50

3.三角形角度及高的计算

按三角学余弦定理用观测边长计算各个角度，并用同一三角形三内角和等于 180°作检核。从三角形顶点向对边引出的高按式 $h_A=c\sin B=b\sin C$ 计算，详见表 11-12。项$\frac{\rho''}{10h}$除以 10 是以 dm 为单位。

4.条件方程式及权函数式的组成

据图 11-51 仿(11-63)式可把大地四边形的图形条件式写为

$$a_1v_{34}+a_2v_{46}+a_3v_{36}+a_4v_{35}+a_5v_{45}+a_6v_{56}+w_1=0$$

表 11-12

三角形	顶点	边长 a_i, b_i, c_i /m	边长平方/m^2	$\cos A_i$ $\cos B_i$ $\cos C_i$	角 A_i, B_i, C_i	$\sin A_i$ $\sin B_i$ $\sin C_i$	高 $h_{A_i}, h_{B_i}, h_{C_i}$ / m	$\frac{\rho''}{10h}$	改正数 v_A, v_B, v_C	平差角值
1	5	7 611.74	57 938 586	0.001 656 6	89°54′18.30″	0.999 998 6	3 812.06/06	5.411	−0.65	89°54′17.65″
	2	5 365.57	28 789 341	0.709 300 5	44 49 19.08	0.704 906 2	5 365.89/89	3.814	+0.34	44 49 19.42
	1	5 407.90	29 245 382	0.793 730 2	45 16 22.62	0.710 467 3	5 365.56/56	3.844	+0.31	45 16 22.43
				∑	180 00 00.00			∑	0.00	180 00 00.00
2	3	5 407.90	29 245 382	0.702 588 2	45 21 53.92	0.711 596 7	5 429.87/87	3.799	+0.45	45 21 54.37
	5	7 598.57	57 738 266	0.017 011 2	89 01 31.03	0.999 855 3	3 864.44/44	5.338	−1.37	89 01 29.66
	2	5 430.66	29 492 068	0.699 541 9	45 36 35.06	0.714 591 6	5 407.12/12	3.815	+0.92	45 36 35.98
				∑	180 00 00.01			∑	0.00	180 00 00.01
3	4	5 430.66	29 492 068	0.701 389 6	45 27 41.03	0.712 778 1	5 494.51/51	3.754	+1.15	45 27 42.18
	5	5 496.75	30 214 261	0.692 464 0	46 10 28.30	0.721 452 4	5 428.45/45	3.800	+0.82	46 10 29.12
	3	7 615.90	58 001 933	0.028 548 4	88 21 50.67	0.999 592 4	3.917.96/96	5.265	−1.98	88 21 48.69
				∑	180 00 00.00			∑	−0.01	179 99 59.99
4	6	7 615.90	58 001 933	−0.074 485 3	94°16′17.94″	0.997 222 1	3 352.30/30	5.839	−2.30	94 16 15.64
	5	5 281.41	27 893 292	0.722 333 2	43 45 09.17	0.691 545 4	5 093.64/64	4.049	+1.03	43 45 10.20
	4	5 107.83	26 089 927	0.743 427 4	41 58 32.88	0.668 816 7	5 266.74/74	3.916	+1.27	41 58 34.15
				∑	179 59 59.99			∑	0.00	179 59 59.99
5	1	5 107.83	26 089 927	0.730 798 6	43 02 47.80	0.682 593 1	5 364.50/50	3.845	+0.94	43 02 48.74
	5	7 481.49	55 972 693	−0.019 948 8	91 08 34.91	0.999 801 0	3 662.50/50	5.632	−1.49	91 08 33.42
	6	5 365.57	28 789 341	0.697 035 5	45 48 37.29	0.717 036 6	5 106.83/83	4.039	+0.56	45 48 37.85
				∑	180 00 00.00			∑	+0.01	180 00 00.01
6	3	5 107.83	26 089 927	0.728 024 0	43 16 44.43	0.685 551 7	5 430.66/66	3.798	+1.33	43 16 45.76
	6	5 430.66	29 492 068	0.684 640 0	46 47 33.46	0.728 880 6	5 107.83/83	4.038	+1.45	46 47 34.91
	5	7 450.68	55 512 632	0.001 250 3	89 55 42.11	0.999 999 2	3 723.00/00	5.540	−2.78	89 55 39.33
				∑	180 00 00.00			∑	0.01	180 00 00.00
7	4	7 450.68	55 512 632	0.044 699 3	87 26 18.36	0.999 000 8	3 892.47/47	5.299	−2.01	87 26 16.35
	3	5 281.41	27 893 292	0.706 070 9	45 05 01.94	0.708 141 1	5 491.26/26	3.756	+0.99	45 05 02.93
	6	5 496.75	30 214 261	0.675 877 2	47 28 39.70	0.737 014 3	5 276.13/13	3.909	+1.02	47 28 40.72
				∑	180 00 00.00			∑	0.00	180 00 00.00

式中 $a_1=\dfrac{\rho''}{10h_{\alpha_1}}$； $a_2=\dfrac{\rho''}{10h_{\alpha_2}}$； $a_3=\dfrac{\rho''}{10h_{\alpha_3}}$；

$$a_4=+\left(\frac{\rho''}{10h_{\alpha_3}}\cos\beta_3-\frac{\rho''}{10h_{\alpha_1}}\cos\beta_1\right);$$

$$a_5=-\left(\frac{\rho''}{10h_{\alpha_1}}\cos\gamma_1+\frac{\rho''}{10h_{\alpha_2}}\cos\beta_2\right);$$

$$a_6=+\left(\frac{\rho''}{10h_{\alpha_3}}\cos\gamma_3-\frac{\rho''}{10h_{\alpha_2}}\cos\gamma_2\right);$$

$w_1=\alpha_1+\alpha_2-\alpha_3$。

利用表 11-12 中数据在表 11-13 中计算该条件方程式系数及闭合差。

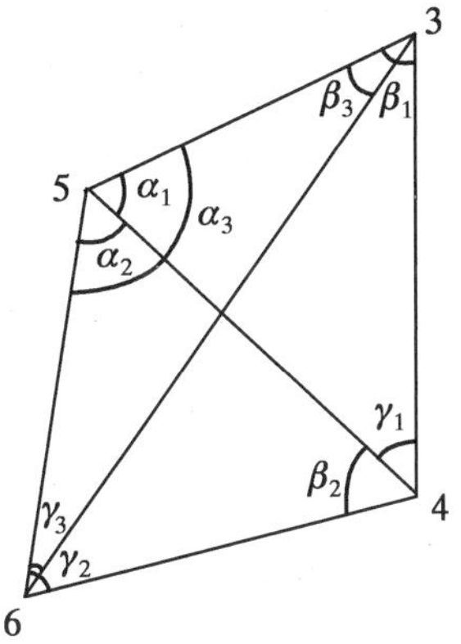

图 11-51

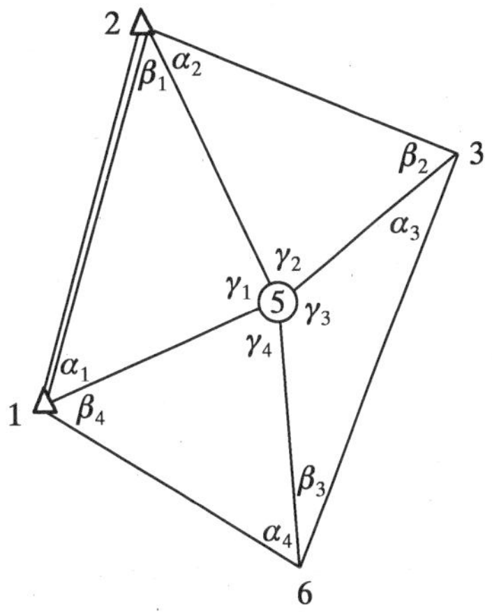

图 11-52

表 11-13

改正数名称	系数 a_i	角度 α_i	角值闭合差
v_{34}	+3.800	α_1'	46°10′28.30″
v_{35}	+3.925	α_2'	43 45 09.17
v_{36}	−5.540	$\sum$	89 55 37.47
v_{45}	−5.675	$-\alpha_3'$	89 55 42.11
v_{46}	+4.049	w_1	−4.64″
v_{56}	+4.095		

因此大地四边形图形条件式：

$$3.800v_{34}+3.925v_{35}-5.540v_{36}-5.675v_{45}+4.049v_{46}+4.095v_{56}-4.64''=0$$

按图 11-52 仿(11-65)式可把中点多边形的图形条件式写为

$$b_2^0v_{23}+b_3^0v_{36}+b_4^0v_{16}+b_1v_{15}+b_2v_{25}+b_3v_{35}+b_4v_{56}+w_2=0$$

式中 $b_2^0=\dfrac{\rho''}{10h_{\gamma_2}}$; $b_3^0=\dfrac{\rho''}{10h_{\gamma_3}}$; $b_4^0=\dfrac{\rho''}{10h_{\gamma_4}}$;

$$b_1=-\left(\frac{\rho''}{10h_{\gamma_1}}\cos\alpha_1+\frac{\rho''}{10h_{\gamma_4}}\cos\beta_4\right);$$

$$b_2=-\left(\frac{\rho''}{10h_{\gamma_2}}\cos\alpha_2+\frac{\rho''}{10h_{\gamma_1}}\cos\beta_1\right);$$

$$b_3=-\left(\frac{\rho''}{10h_{\gamma_3}}\cos\alpha_3+\frac{\rho''}{10h_{\gamma_2}}\cos\beta_2\right);$$

$$b_4=-\left(\frac{\rho''}{10h_{\gamma_4}}\cos\alpha_4+\frac{\rho''}{10h_{\gamma_3}}\cos\beta_3\right);$$

$$w_2=\gamma_1+\gamma_2+\gamma_3+\gamma_4-360°$$

利用表 11-12 中的数据在表 11-14 中计算该条件式系数及闭合差。

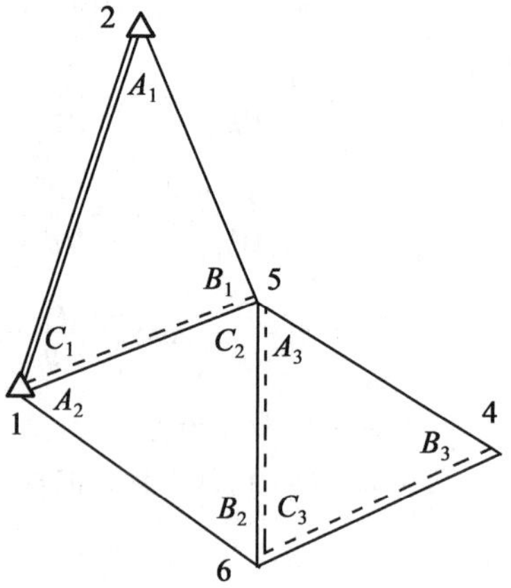

图 11-53

表 11-14

改正数 名　称	系数 b_i	角度 γ_i	角　值 闭合差
v_{15}	−7.924	γ_1'	89°54′18.30″
v_{16}	+5.632	γ_2'	89 01 31.03
v_{23}	+5.338	γ_3'	89 55 42.11
v_{25}	−7.572	γ_4'	91 08 34.91
v_{35}	−7.783	$\sum$	360 00 06.35
v_{36}	+5.540	−	360°
v_{56}	−7.719	w_2	+6.35″

由此可写出中点多边形之图形条件方程式:

$$-7.924v_{15}+5.632v_{16}+5.338v_{23}-7.572v_{25}-7.783v_{35}+5.540v_{36}-7.719v_{56}+6.35''=0$$

按图 11-53 之推算路线及符号,边长 s_{64} 之方位角权函数式为

$$f_\alpha=\Delta\alpha_{64}=v_{c_1}-v_{c_2}+v_{c_3}$$

当顾及起算边改正数等于 0 时,则有条件方程式:

$$f_\alpha=\Delta\alpha_{64}=-\left(\frac{\rho''}{10h_{c_1}}\cos B_1-\frac{\rho''}{10h_{c_2}}\cos A_2\right)v_{15}-\frac{\rho''}{10h_{c_2}}v_{16}+\frac{\rho''}{10h_{c_1}}v_{25}+\frac{\rho''}{10h_{c_3}}v_{45}-\frac{\rho''}{10h_{c_3}}\cos B_3v_{46}+\left(\frac{\rho''}{10h_{c_1}}\cos B_2-\frac{\rho''}{10h_{c_3}}\cos A_3\right)v_{56}$$

采用表 11-12 中有关数据计算各系数值,最后得到权函数式:

$$f_\alpha=\Delta\alpha_{64}=4.110v_{15}-5.632v_{16}+3.844v_{25}+5.839v_{45}-4.341v_{46}-0.292v_{56}$$

5.法方程式组成及解算

条件方程式系数见表 11-15。

表 11-15

改正数名称 v	a	b	f_α	和 s	改正数 v/dm	v/m
v_{15}		-7.924	+4.110	-3.814	+0.09	+0.009
v_{16}		+5.632	-5.632	0.000	-0.06	-0.006
v_{23}		+5.338		+5.338	-0.06	-0.006
v_{25}		-7.572	+3.844	-3.728	+0.08	+0.008
v_{34}	+3.800			+3.800	+0.11	+0.011
v_{35}	+3.925	-7.783		-3.858	+0.20	+0.020
v_{36}	-5.540	+5.540		0.000	-0.22	-0.022
v_{45}	-5.675		+5.839	+0.164	-0.16	-0.016
v_{46}	+4.049		-4.341	-0.292	+0.12	+0.012
v_{56}	+4.095	-7.719	-0.292	-3.916	+0.20	+0.020
w	-4.64″	+6.35″		$[pv^2]$	0.202	
				$[kw]$	-0.204	

法方程式系数见表 11-16。

表 11-16

k_1	k_2	f_α	s	检核
125.906	-92.849	-51.909	-18.852	-18.852
	331.188	-91.140	147.199	147.199
		116.411	-26.638	-26.637

按常规方法解算法方程,得联系数

$$k_1 = 0.028\ 7, \quad k_2 =- 0.011\ 1, \quad \frac{1}{P_{f_\alpha}} = 31.258$$

6.求边长改正数及平差边长

按公式

$$v_{ik} = a_i k_1 + b_i k_2$$

求出各边长改正数。注意这时 v 是以 dm 为单位,换成以 m 为单位后加到观测边长上去,便得到平差边长。具体计算在表 11-17 中进行。

表 11-17

边号	观测边长 /m	改正数 v /m	平差边长 /m	边号	观测边长 /m	改正数 v /m	平差边长 /m
1.2			7 611.740	3.5	5 430.66	+0.020	5 430.680
1.5	5 365.57	+0.009	5 365.579	3.6	7 450.68	−0.022	7 450.658
1.6	7 481.49	−0.006	7 481.484	4.5	7 615.90	−0.016	7 615.884
2.3	7 598.57	−0.006	7 598.564	4.6	5 281.41	+0.012	5 281.422
2.5	5 407.90	+0.008	5 407.908	5.6	5 107.83	+0.020	5 107.850
3.4	5 496.75	+0.011	5 496.761				

其次,采用边长改正数和三角形高 h 按式

$$v_A = \frac{\rho''}{h_A}(v_a - \cos C v_B - \cos B v_C)$$

计算角度改正数 v_B,将它加到相应角度上去,得平差角度,并按三角形统计作 $v_A+v_B+v_C=0$ 检核。这项工作在表 11-12 中进行。

7.精度评定

测边单位权中误差 $\mu = \pm\sqrt{\frac{[pv^2]}{r}} = \pm\sqrt{\frac{0.202}{2}} = \pm 0.32\text{dm} = \pm 0.032\text{m}$;边长 s_{64}之方位角中误差

$$m_{\alpha_{64}} = \mu\sqrt{1/p_\alpha} = \pm 0.32 \times \sqrt{31.258} = \pm 1.8''$$

8.最后坐标计算,按表 11-18 进行

表 11-18

i	1	2	2	5
k	5		3	
$\alpha_{已知}$	22°49′22.42″	202°49′22.42″	158°00′03.00″	338°00′03.00″
$\pm\beta_i$	+45 16 22.93	−44 49 16.42	−45 36 35.98	+89 01 29.66
α_{ik}	68° 05′ 45.35″	158° 00′ 03.00″	112° 23′ 27.02″	67° 01′ 32.66″
x_k/m	5 915 999.918	5 915 999.916	5 918 119.605	1 918 119.607
x_i/m	5 913 998.270	5 921 014.070	5 921 014.070	5 915 999.917
Δx_{ik}/m	+2 001.648	−5 014.154	−2 894.465	+2 119.690
$\cos\alpha_{ik}$	0.373 053 5	−0.927 189 3	−0.380 922 6	0.390 317 6
s_{ik}/m	5 365.579	5 407.908	7 598.564	5 430.680
$\sin\alpha_{ik}$	0.927 809 8	0.374 593 1	0.924 607 0	0.920 680 3
Δy_{ik}/m	+4 978.237	+2 025.765	+7 025.685	+4 999.920
y_i/m	8 541 021 740	8 543 974.210	8 543 974.210	8 545 999.976
y_k/m	8 545 999.977	8 545 999.975	8 550 999.895	8 550 999.896

续表

i	5	3	1	5
k	4		6	
$\alpha_{已知}$	67°01′32.66″	247°01′32.66″	68°05′45.35″	248°05′45.35″
$\pm\beta_i$	+46 10 29.12	−88 21 48.69	+43 02 48.74	−91 08 33.42
α_{ik}	113° 12′ 01.78″	153° 39′ 43.97″	111° 08′ 34.09″	156° 57′ 11.93″
x_k/m	5 912 999.641	5 912 999.640	5 911 299.746	5 911 299.744
x_i/m	5 915 999.917	5 918 119.606	5 913 998.270	5 915 999.917
Δx_{ik}/m	−3 000.276	−5 119.966	−2 698.524	−4 700.173
$\cos\alpha_{ik}$	−0.393 949 8	−0.931 451 5	−0.360 693 7	−0.920 186 2
s_{ik}/m	7 615.884	5 496.761	7 481.484	5 107.850
$\sin\alpha_{ik}$	0.919 132 0	0.363 865 6	0.932 684 3	0.391 481 0
Δy_{ik}/m	+7 000.003	+2 000.082	+6 977.863	+1 999.626
y_i/m	8 545 999.976	8 550 999.896	8 541 021.740	8 545 999.976
y_k/m	8 552 999.979	8 552 999.978	8 547 999.603	8 547 999.603

第12章 工程控制网间接平差

间接平差又称参数平差。水平控制网按间接平差时，通常选取待定点的坐标平差值作为未知数(按方向平差时，还增加测站定向角未知数)，平差后直接求得各待定点的坐标平差值，故这种以待定点坐标作为未知数的间接平差法也称为坐标平差法。参加平差的量可以是网中的直接观测量，例如方向、边长等；也可以是直接观测量的函数，例如角度等。由于三角网的水平角一般是采用方向观测法观测，并由相邻方向相减而得，故它们是相关观测值。此时，若不顾及函数间的相关性，平差结果将受到一定的曲解。因此，坐标平差法都按方向平差。

间接平差的函数模型是误差方程，它是表达观测量与未知数之间关系的方程式。一般工程测量平面控制网的观测对象主要是方向(或角度)和相邻点间的距离(即边长)。因此坐标平差时主要列立各观测方向及观测边长的误差方程式，再按照间接平差法的原理和步骤，由误差方程和观测值的权组成未知数法方程去解算待定点坐标平差值，并进行精度评定。

本章主要研究直接观测量下的方向网、测边网以及测边测角网的严密坐标平差。为了理论联系实际及考虑到计算技术的提高，选择了具有一定代表性的算例及电算教学程序。

水平控制网按坐标平差法进行平差时，为降低法方程组的阶数以便于解算，定向角未知数可采用一定的法则予以消掉。由于误差方程式的组成简单且有规律，便于由程序实现全部计算，因此，在近代测量平差实践中，控制网按间接平差法得到了广泛的应用。

12.1 三角网坐标平差

平面控制网按坐标平差时，网中每一观测值都应列立一个误差方程式。为便于计算，通常总是将观测值改正数表示为对应待定点坐标近似值改正数的线性式。坐标平差的第一步是列出误差方程式。对于方向网而言，参与平差的观测值是未定向的方向值，选定的未知数是待定点的纵、横坐标值。误差方程式就是方向观测值改正数表达为待定点纵横坐标值的函数式，可以通过坐标方位角来建立方向值与未知数之间的联系。

12.1.1 方向误差方程式的建立和组成

在图12-1中，在测站 k 上观测了 $k0,ki,\cdots,kn$ 等方向，其方向观测值分别为 $N_{k0},N_{ki},\cdots,N_{kn}$，它们的平差改正数为 $v_{k0},v_{ki},\cdots,v_{kn}$。

$k0$ 为测站 k 的零方向，则任意方向 ki 的坐标方位角平差值方程为

$$\alpha_{ki}=\overline{Z}_k+\overline{N}_{ki}=Z_k+\zeta_k+N_{ki}+v_{ki} \tag{12-1}$$

式中 $\overline{N}_{ki}$ 为 ki 方向的平差值，$\overline{Z}_k$ 为 $k0$ 方向的坐标方位角，通常称测站定向角，Z_k 为定向角 $\overline{Z}_k$ 的近似值，ζ_k 为定向角的改正数，是一个未知参数。

如果令 k,i 两点的近似坐标分别为 x_k^0,y_k^0 和 x_i^0,y_i^0，其相应的改正数分别为 $\delta x_k,\delta y_k$ 及 δx_i，

δy_i,则有关系式

$$\left.\begin{aligned} x_k &= x_k^0 + \delta x_k \\ y_k &= y_k^0 + \delta y_k \end{aligned}\right\};\qquad \left.\begin{aligned} x_i &= x_i^0 + \delta x_i \\ y_i &= y_i^0 + \delta y_i \end{aligned}\right\} \tag{12-2}$$

则根据方位角反算公式

$$\alpha_{ki} = \arctan \frac{y_i - y_k}{x_i - x_k} \tag{12-3}$$

按泰勒级数展开,取至一次项,得

$$\alpha_{ki} = \alpha_{ki}^0 + \delta\alpha_{ki} \tag{12-4}$$

式中 α_{ki}^0 是 ki 方向的近似坐标方位角,按近似坐标 (x^0, y^0),依(12-3)式计算。

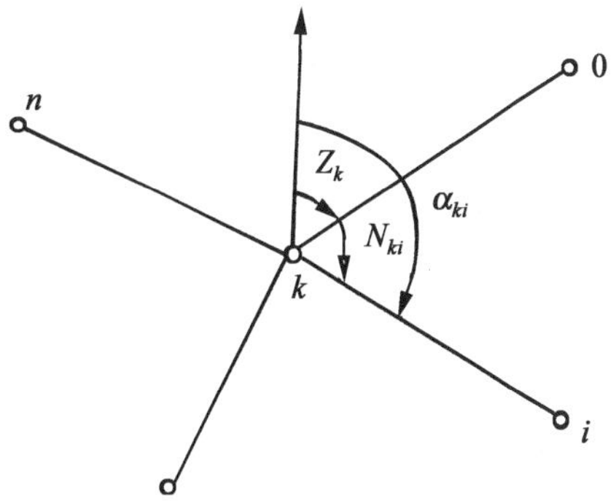

图 12-1

$$\delta\alpha_{ki} = \frac{\Delta y_{ki}^0}{s_{ki}^{02}}\delta x_k - \frac{\Delta x_{ki}^0}{s_{ki}^{02}}\delta y_k - \frac{\Delta y_{ki}^0}{s_{ki}^{02}\delta x_k}\delta x_k + \frac{\Delta x_{ki}^0}{s_{ki}^{02}}\delta y_k \tag{12-5}$$

其中 s_{ki}^0 为 k,i 两点间近似距离。s_{ki}^0 和 $\delta x_k, \delta y_k$ 及 $\delta x_i, \delta y_i$ 均以 m 为单位,$\delta\alpha_{ki}$ 以弧度为单位。

将(12-5)式代入(12-4)式,然后再代入(12-1)式,经移项整理后,便得方向误差方程式

$$v_{ki} = -\zeta_k + \frac{\Delta y_{ki}^0}{s_{ki}^{02}}\delta x_k - \frac{\Delta x_{ki}^0}{s_{ki}^{02}}\delta y_k - \frac{\Delta y_{ki}^0}{s_{ki}^{02}}\delta x_i + \frac{\Delta y_{ki}^0}{s_{ki}^{02}}\delta y_i + l_{ki} \tag{12-6}$$

式中

$$l_{ki} = \alpha_{ki}^0 - N_{ki} - Z_k \tag{12-7}$$

(12-6)式就是三角网中方向误差方程式的一般形式,也是边角网、导线网中的方向误差方程式,它适用于电算。

若对上式作某些形式上的变化,并顾及 $\Delta x = s\cos\alpha$, $\Delta y = s\sin\alpha$,取距离 s_{ki} 以 km 为单位,坐标改正数 $\delta x, \delta y$ 以 dm 为单位,且换以 ξ, η 来表示,即有下列关系:

$$10\delta x = \xi, \quad 10\delta y = \eta$$

于是(12-6)式变为

$$v_{ki} = -\zeta_k + a_{ki}\xi_k + b_{ki}\eta_k - a_{ki}\xi_i - b_{ki}\eta_i + l_{ki} \tag{12-8}$$

式中

$$a_{ki} = \frac{\rho''\sin\alpha_{ki}^0}{10^4 s_{ki}^0}, \quad b_{ki} = -\frac{\rho''\cos\alpha_{ki}^0}{10^4 s_{ki}^0} \tag{12-9}$$

a, b 称为方向系数。显然,(12-8)式中 v_{ki} 以秒为单位,是三角网手算时所采用的方向误差方程式的一般形式。

对于常数项(12-7)式中包含的某一测站定向角近似值 Z_k,可命任一方向 $l_{ki}=0$,由 $Z_k = \alpha_{ki}^0 - N_{ki}$ 算得,也可取该测站上各方向(包括零方向)定向角的平均值,亦即

$$Z_k = \frac{1}{n_k}\sum_{j=1}^{n_k}(\alpha_{kj}^0 - N_{kj}) \tag{12-10}$$

式中 n_k 为测站 k 上方向数。如此,显然一个测站上所有方向误差方程式中的常数项 l_{ki} 之代数和应为零,即

$$[l]_k = 0 \tag{12-11}$$

此式可作为每一个测站上的所有方向误差方程式常数项计算正确性的检核。

对于三角网中已知坐标的固定点,其坐标值视为固定的,显然,它的坐标改正数 ξ, η 为零。

根据控制网布设的实际情况，列出的误差方程式常有以下几种形式：

当测站点 k 为固定点，照准点 i 为待定点时，由于 $\xi_k=\eta_k=0$，则误差方程式为

$$v_{ki}=-\zeta_k-a_{ki}\xi_i-b_{ki}\eta_i+l_{ki} \tag{12-12}$$

当测站点 k 为待定点，照准点 i 为固定点时，由于 $\xi_i=\eta_i=0$，则误差方程式为

$$v_{ki}=-\zeta_k+a_{ki}\xi_k+b_{ki}\eta_k+l_{ki} \tag{12-13}$$

当测站点 k 及照准点 i 均为固定点时，由于 $\xi_k=\eta_k=\xi_i=\eta_i=0$，则误差方程式为

$$v_{ki}=-\zeta_k+l_{ki} \tag{12-14}$$

根据(12-8)式，可以写出对向方向 $i \to k$ 的误差方程式，$v_{ik}=-\zeta_i+a_{ik}\xi_i+b_{ik}\eta_i-a_{ik}\xi_k-b_{ik}\eta_k+l_{ik}$，由于 $\alpha_{ki}^0=\alpha_{ik}^0\pm180°$，所以 $a_{ki}=-a_{ik}$，$b_{ki}=-b_{ik}$，于是两个对向观测的方向误差方程式可写成如下形式：

$$\left.\begin{aligned}v_{ki}&=-\zeta_k+a_{ki}\xi_k+b_{ki}\eta_k-a_{ki}\xi_i-b_{ki}\eta_i+l_{ki}\\v_{ik}&=-\zeta_i+a_{ki}\xi_k+b_{ki}\eta_k-a_{ki}\xi_i-b_{ki}\eta_i+l_{ik}\end{aligned}\right\} \tag{12-15}$$

由此可见：两个对向观测方向的误差方程式中，坐标改正数前的系数是相同的，但定向角改正数 ζ 和常数项 l 是各自测站上的量，是不相同的。

列出误差方程式后，就可组成法方程式加以解算，最后求出待定点的近似坐标改正数，从而得到各待定点坐标的最或然值，即坐标的平差值。

由上可知，三角网坐标平差时方向误差方程式列立的步骤如下。

1. 待定三角点近似坐标(x^0，y^0)的计算

根据网中已知点坐标和观测值按前方交会公式或坐标增量公式逐点推算各待定点的近似坐标值。为了保证方向改正数的必要精度应尽量使近似坐标值接近或然值。计算时首先将每个三角形的闭合差平均分配给三个内角，以提高近似坐标精度，并按不同路线加以校核。

2. 近似坐标方位角 α_{ki}^0 和近似边长 s_{ki}^0 的计算

为了计算误差方程式的系数和常数项，必须先算出近似坐标方位角 α_{ki}^0 和近似边长 s_{ki}^0，通常按下式计算：

$$\tan\alpha_{ki}^0=\frac{y_i^0-y_k^0}{x_i^0-x_k^0}=\frac{\Delta y_{ki}^0}{\Delta x_{ki}^0}$$

并用下式进行检核：

$$\tan(\alpha_{ki}^0+45°)=\frac{\Delta y_{ki}^0+\Delta x_{ki}^0}{\Delta x_{ki}^0-\Delta y_{ki}^0}$$

近似边长按式

$$s_{ki}^0=\frac{\Delta x_{ki}^0}{\cos\alpha_{ki}^0}=\frac{\Delta y_{ki}^0}{\sin\alpha_{ki}^0} \tag{12-16}$$

计算并检核。

3. 方向系数 a，b 的计算

按(12-9)式计算，即

$$a_{ki}=\frac{\rho''\sin\alpha_{ki}^0}{10^4 s_{ki}^0};\quad b_{ki}=-\frac{\rho''\cos\alpha_{ki}^0}{10^4 s_{ki}^0}$$

方向系数 a，b 的正负号按近似坐标方位角所在象限决定。

4. 常数项 l_{ki} 的计算

按(12-7)式计算，亦即

$$l_{ki} = \alpha_{ki}^0 - N_{ki} - Z_k$$

式中 Z_k 是测站 k 的定向角近似值，按(12-10)式计算，亦即

$$Z_k = \frac{1}{n_k}\sum_{j=1}^{n_k}(\alpha_{kj}^0 - N_{kj})$$

常数项 l 计算正确性按(12-11)式检核

$$[l]_k = 0$$

5. 方向误差方程式的组成

由(12-8)式按测站写出全部观测方向的误差方程式。

6. 检核

依对向观测方向误差方程式相应系数对应相等的原则，对两个对向方向误差方程式的正确性进行检核。

12.1.2 误差方程式的改化——史赖伯法则

按方向观测坐标平差可知，方向误差方程式有两个显著特点：一是由同一测站上各观测方向所组成的误差方程式中，有共同的定向角未知数(ζ_k)，且其系数均为-1；二是两个对向观测的方向误差方程式同名未知数的系数相同。根据这两个特点，可对误差方程式进行改化，以减少未知数和误差方程式的数目。由于这个方法是史赖伯首先提出来的，故称史赖伯改化法则。

1. 消去定向角未知数法则

为讨论方便，以后方交会为例。假设在待定点 k 上设站，观测了 n 个方向，根据(12-13)式可列出一组误差方程：

$$\left.\begin{aligned} v_{k1} &= -\zeta_k + a_{k1}\xi_k + b_{k1}\eta_k + l_{k1} \quad & \text{权 } 1 \\ v_{k2} &= -\zeta_k + a_{k2}\xi_k + b_{k2}\eta_k + l_{k2} \quad & \text{权 } 1 \\ &\cdots \\ v_{kn} &= -\zeta_k + a_{kn}\xi_k + b_{kn}\eta_k + l_{kn} \quad & \text{权 } 1 \end{aligned}\right\} \tag{12-17}$$

现以一组消去具有相同系数的未知数 ζ_k 的方程代替上列方程组，即

$$\left.\begin{aligned} v'_{k1} &= a_{k1}\xi_k + b_{k1}\eta_k + l_{k1} \quad & \text{权 } 1 \\ v'_{k2} &= a_{k2}\xi_k + b_{k2}\eta_k + l_{k2} \quad & \text{权 } 1 \\ &\cdots \\ v'_{kn} &= a_{kn}\xi_k + b_{kn}\eta_k + l_{kn} \quad & \text{权 } 1 \\ v'_k &= [a]_k\xi_k + [b]_k\eta_k + [l]_k \quad & \text{权 } -\frac{1}{n} \end{aligned}\right\} \tag{12-18}$$

(12-18)式称为一组虚拟误差方程式，式中的最后一个方程式称为和方程式。可以证明(12-17)式和(12-18)式具有相同解算结果等价性质。

由(12-17)式组成法方程式：

$$\begin{bmatrix} n_k & -[a]_k & -[b]_k \\ -[a]_k & [aa]_k & [ab]_k \\ -[b]_k & [ab]_k & [bb]_k \end{bmatrix}\begin{bmatrix} \zeta_k \\ \xi_k \\ \eta_k \end{bmatrix} + \begin{bmatrix} [l]_k \\ [al]_k \\ [bl]_k \end{bmatrix} = 0 \tag{12-19}$$

进行第一次约化，消去定向角未知数 ζ_k 后，得消化方程：

$$\begin{bmatrix} [aa]_k - \dfrac{[a]_k}{n_k}[a]_k & [ab] - \dfrac{[a]_k}{n_k}[b]_k \\ [ab]_k - \dfrac{[b]_k}{n_k}[a]_k & [bb] - \dfrac{[b]_k}{n_k}[b]_k \end{bmatrix} \begin{bmatrix} \xi_k \\ \eta_k \end{bmatrix} + \begin{bmatrix} [al]_k - \dfrac{[a]_k}{n_k}[l]_k \\ [bl]_k - \dfrac{[b]_k}{n_k}[l]_k \end{bmatrix} = 0 \quad (12\text{-}20)$$

显然,消化方程式(12-20)就相当于由虚拟误差方程式(12-18)式所组成的法方程式,由此解出的未知数 ξ_k 及 η_k 也必然完全相同。由此证明(12-17)式和(12-18)式具有解算结果的等价性质。因此,又称(12-18)式是(12-17)式的约化误差方程组。

由此可知,运用这个法则消去定向角未知数的步骤是:(1)按每个测站列出该测站的全部方向误差方程式,不必列出定向角未知数,各误差方程式的权均为1;(2)在每个测站的误差方程之后,增加一个该测站的和方程 v'_k,此和方程的权为该站观测方向数的负倒数。这个做法称为史赖伯第一法则。

同样的道理,如果在待定点 k 上观测了 n 个待定点方向,那么根据上述法则,可用下面一组约化误差方程组代替,即

$$\left.\begin{aligned} &v'_{k1} = a_{k1}\xi_k + b_{k1}\eta_k - a_{k1}\xi_1 - b_{k1}\eta_1 + l_{k1} && \text{权 } 1 \\ &v'_{k2} = a_{k2}\xi_k + b_{k2}\eta_k - a_{k2}\xi_2 - b_{k2}\eta_2 + l_{k2} && \text{权 } 1 \\ &\cdots \\ &v'_{kn} = a_{kn}\xi_k + b_{kn}\eta_k - a_{kn}\xi_n - b_{kn}\eta_n + l_{kn} && \text{权 } 1 \\ &v'_k = [a]_k\xi_k + [b]_k\eta_k - a_{k1}\xi_1 - b_{k1}\eta_1 - a_{k2}\xi_2 - \\ &\qquad b_{k2}\eta_2 \cdots - a_{kn}\xi_n - b_{kn}\eta_n + [l]_k \\ \text{或}\quad &v'_k = [a]_k\xi_k + [b]_k\eta_k - \sum_{i=1}^{n}(a_{ki}\xi_i + b_{ki}\eta_i) + [l]_k && \text{权 } -\frac{1}{n} \end{aligned}\right\} \quad (12\text{-}21)$$

这里需要指出的是,约化误差方程式只是一种计算的手段,而不是真正的观测方向的误差方程式,在实际观测中更不存在着什么负数权,它仅起到一个运算上的数值作用。虚拟误差方程式的权称为虚拟权,虚拟误差方程式中的 v'_{ki} 也不再是方向观测值的改正数,而仅仅是运算的记号。

对于一个三角网来说,每个测站的近似定向角改正数 ζ 均可消去,这对于法方程式的组成与解算可以省事不少。但是方向观测值改正数 v_{ki} 还是要用原来的误差方程式(12-8)式来计算。因此,除了要将解得的近似坐标改正数 ξ 及 η 代入(12-8)式后,还必须将近似定向角改正数 ζ 代入(12-8)式后,方可计算出方向观测值改正数 v 值。

近似坐标改正数可由法方程式解得,而近似定向角改正数 ζ 可按下述方法计算。

对各测站的误差方程式分别取和,并顾及同一测站上所有方向观测值改正数之和 $[v]_k$ 等于零,和方程的常数项 $[l]_k$ 也等于零。则定向角改正数 ζ_k 的计算公式为:

$$\zeta_k = \frac{[a]_k}{n_k}\xi_k + \frac{[b]_k}{n_k}\eta_k - \frac{a_{k1}}{n_k}\xi_1 - \frac{b_{k1}}{n_k}\eta_1 - \frac{a_{k2}}{n_k}\xi_2 - \frac{b_{k2}}{n_k}\eta_2 \cdots - \frac{a_{kn}}{n_k}\xi_n - \frac{b_{kn}}{n_k}\eta_n + \frac{[l]_k}{n_k}$$

或

$$\zeta_k = \frac{v'_k}{n_k} = \frac{1}{n_k}\left\{[a]_k\xi_k + [b]_k\eta_k - \sum_{i=1}^{n_k}(a_{ki}\xi_i + b_{ki}\eta_i)\right\} \quad (12\text{-}22)$$

式中,$k=1,2,\cdots,N_p$(N_p 为设站点数)。

2. 合并对向观测误差方程式法则

设消去定向角未知数后的两个对向观测(仍以后方交会为例)的约化误差方程式为

$$\left.\begin{aligned} v'_{ki} &= a_{ki}\xi_k + b_{ki}\eta_k + l_{ki} \qquad \text{权 } 1 \\ v'_{ik} &= a_{ki}\xi_k + b_{ki}\eta_k + l_{ik} \qquad \text{权 } 1 \end{aligned}\right\} \tag{12-23}$$

在组成法方程时，可用下面一个合并的误差方程式来代替上式，即

$$v''_{ki} = a_{ki}\xi_k + b_{ki}\eta_k + \frac{1}{2}(l_{ki} + l_{ik}) \qquad \text{权 } 2 \tag{12-24}$$

比较(12-23)与(12-24)两式可知，右端未知数及未知数系数部分相同；常数项部分不同。后者的常数项是前者两个常数项的带权平均值，且后者的权是前二者权之和。

可以证明：(12-23)式和(12-24)式具有解算结果的等价性质。由于按(12-23)式和(12-24)式组成的法方程组相同，即

$$\left.\begin{aligned} 2a_{ki}^2\xi_k + 2a_{ki}b_{ki}\eta_k + a_{ki}(l_{ki} + l_{ik}) = 0 \\ 2a_{ki}b_{ki}\xi_k + 2b_{ki}^2\eta_k + b_{ki}(l_{ki} + l_{ik}) = 0 \end{aligned}\right\} \tag{12-25}$$

显然，两式具有等价的性质。

设 k,i 两待定点对向观测的约化误差方程式为

$$\left.\begin{aligned} v'_{ki} &= a_{ki}\xi_k + b_{ki}\eta_k - a_{ki}\xi_i - b_{ki}\eta_i + l_{ki} \qquad \text{权 } P_1 \\ v'_{ik} &= a_{ki}\xi_k + b_{ki}\eta_k - a_{ki}\xi_i - b_{ki}\eta_i + l_{ki} \qquad \text{权 } P_2 \end{aligned}\right\} \tag{12-26}$$

则按第二改化法则，可用下面一个误差方程来代替，即

$$v''_{ki} = a_{ki}\xi_k + b_{ki}\eta_k - a_{ki}\xi_i - b_{ki}\eta_i + \frac{[Pl]}{[P]} \qquad \text{权}[P] \tag{12-27}$$

应用上述两个法则后，消去了定向角未知数，合并了对向观测的约化误差方程，使未知数的数目和误差方程式的数目明显减少，这对于法方程的组成与解算是很方便的。

可见，史赖伯法则在三角网、测边测角网以及导线网的方向坐标平差中以及其他方面，均得到广泛地应用。根据平差工作的实际情况，可以同时应用，也可以应用其中之一，当然也可以都不用。

最后指出，当应用史赖伯法则时，尚需强调以下几点：

(1)当按式

$$\boldsymbol{V}^{\mathrm{T}}\boldsymbol{P}\boldsymbol{V} = \boldsymbol{l}^{\mathrm{T}}\boldsymbol{P}\boldsymbol{l} + (\boldsymbol{B}^{\mathrm{T}}\boldsymbol{P}\boldsymbol{l})^{\mathrm{T}}\delta x$$

计算 $\mathbf{V}^{\mathrm{T}}\boldsymbol{P}\boldsymbol{V}$ 时，其中 $\boldsymbol{l}^{\mathrm{T}}\boldsymbol{P}\boldsymbol{l}$ 项一般应该用原误差方程(12-8)式中的常数项 $\boldsymbol{l}$ 计算，不能用改化后的误差方程式的常数项计算。在作平差计算时，仅应用史赖伯第一改化法则，则 $\boldsymbol{l}^{\mathrm{T}}\boldsymbol{P}\boldsymbol{l}$ 常数项计算。$(\boldsymbol{B}^{\mathrm{T}}\boldsymbol{P}\boldsymbol{l})^{\mathrm{T}}\delta x$ 一项则可按经史赖伯法则改化后的方程计算，这是因为应用史赖伯法则与否，对解算未知数来讲都是等价的。

(2)当计算单位权中误差时，即使采用了史赖伯法则，但网的未知数总数仍为两倍待定点的个数与测站点总数之和。

(3)方向改正数 v_{ki} 的计算，应将定向角改正数和坐标未知数代入原误差方程式(12-8)式计算。

(4)消去定向角未知数后的约化误差方程组和原方程组比较，由于在数值计算方面，组成的约化法方程组的制约性较差，不宜使用逐渐趋近法解算法方程组。

12.1.3 三角网坐标平差的精度评定

三角网坐标平差后，首先要计算单位权观测中误差，根据需要还应评定网中待定点的精度以及未知数函数的精度。

1. 单位权中误差

单位权观测中误差的计算公式为

$$m_0 = \pm\sqrt{\frac{[Pvv]}{n-(2N_t+N_p)}} \tag{12-28}$$

式中，n 为网中观测方向的总个数，N_t 为待定点个数，N_p 为设站点的个数，亦即为定向角未知数的个数。

如果在平差时设各观测方向的权为 1，则 m_0 就是方向观测值的中误差。

2. 点位精度

为了评定控制网的精度，通常需评定网中所有待定点或部分待定点精度，或网中最弱点的精度。所谓最弱点，是指网中相对其他点而言，点位精度最差的点，一般是离起算点最远的待定点。

计算网中点位精度，可利用平差的中间结果，即未知数的协因数阵 Q_x，Q_x 的元素 Q_{ij} 又称为权系数，其对角线上元素 Q_{ii} 称为第 i 个未知数的权倒数，则任意一点 i 的坐标中误差 m_{x_i} 和 m_{y_i} 及点位中误差 M_i 为

$$\left.\begin{aligned} m_{x_i} &= \pm m_0\sqrt{Q_{x_ix_i}} \\ m_{y_i} &= \pm m_0\sqrt{Q_{y_iy_i}} \\ M_i &= \pm\sqrt{m_{x_i}^2+m_{y_i}^2} \end{aligned}\right\} \tag{12-29}$$

3. 坐标未知数函数的精度

在评定三角网精度时，除了要评定点位精度外，对于工程控制网，有时还需要计算网中某条边的边长中误差和方位角中误差。而这些边长和方位角都是坐标的函数，故求边长和方位角的中误差，实际上就是求未知数函数的中误差。求未知数函数中误差，首先要列出权函数式。下面讨论边长和方位角的权函数式。

对于边长 s_{ki} 的权函数式，由于

$$s_{ki} = \sqrt{(x_i-x_k)^2+(y_i-y_k)^2}$$

对上式取全微分，得

$$\delta s_{ki} = \frac{2(x_i^0-x_k^0)(\delta x_i-\delta x_k)+2(y_i^0-y_k^0)(\delta y_i-\delta y_k)}{2\sqrt{(x_i^0-x_k^0)^2+(y_i^0-y_k^0)^2}}$$

经整理合并后，得

或

$$\left.\begin{aligned} \delta s_{ki} &= -\frac{\Delta x_{ki}^0}{s_{ki}^0}\delta x_k-\frac{\Delta y_{ki}^0}{s_{ki}^0}\delta y_k+\frac{\Delta x_{ki}^0}{s_{ki}^0}\delta x_i+\frac{\Delta y_{ki}^0}{s_{ki}^0}\delta y_i \\ \delta s_{ki} &= -\cos\alpha_{ki}^0\delta x_k-\sin\alpha_{ki}^0\delta y_k+\cos\alpha_{ki}^0\delta x_i+\sin\alpha_{ki}^0\delta y_i \end{aligned}\right\} \tag{12-30}$$

（12-30）式就是边长 s_{ki} 的权函数式，式中改正数的单位应与误差方程式中坐标改正数的单位相同。

对于坐标方位角 α_{ki} 的权函数式，根据 k 点与 i 点坐标按式可计算坐标方位角，即

$$\tan\alpha_{ki} = \frac{y_i-y_k}{x_i-x_k}$$

对上式取全微分，得

$$\delta\alpha_{ki}=\frac{\sin\alpha_{ki}^{0}}{s_{ki}^{0}}\delta x_k-\frac{\cos\alpha_{ki}^{0}}{s_{ki}^{0}}\delta y_k-\frac{\sin\alpha_{ki}^{0}}{s_{ki}^{0}}\delta x_i+\frac{\cos\alpha_{ki}^{0}}{s_{ki}^{0}}\delta y_i$$

若采用(12-9)式的符号,则可写为

$$\delta\alpha_{ki}=a_{ki}\delta x_k+b_{ki}\delta y_k-a_{ki}\delta x_i-b_{ki}\delta y_i \tag{12-31}$$

此式即为坐标方位角 α_{ki}的权函数式,根据 k,i 方向上的误差方程式不难求得。实际上它也是 k,i 方向的坐标方位角误差方程式(不包含常数项)。

权函数式列出后,即可在法方程解算表中计算出相应的权倒数 $1/P_{s_{ki}}$或 $1/P_{\alpha_{ki}}$,进而计算其中误差:

$$m_{s_{ki}}=\pm m_0\sqrt{\frac{1}{P_{s_{ki}}}} \tag{12-32}$$

和

$$m_{\alpha_{ki}}=\pm m_0\sqrt{\frac{1}{P_{\alpha_{ki}}}} \tag{12-33}$$

式中,$m_{s_{ki}}$的单位与坐标未知数单位相同,而 $m_{\alpha_{ki}}$的单位是秒。

由 $m_{s_{ki}}$和 $m_{\alpha_{ki}}$还可计算出 k,i 两点间的相对点位中误差:

$$M_{ki}=\pm\sqrt{m_{s_{ki}}^{2}+\left(\frac{m_{\alpha_{ki}}}{\rho''}s_{ki}\right)^{2}} \tag{12-34}$$

12.2 测边网与边角网间接平差

测边网或测边测角网坐标平差时,它们的观测值不外乎边长和角度(或方向)。这类网平差时只要按边长观测值或角度(或方向)观测值列出相应误差方程式,就可组成法方程式并进行解算,解算方法与一般间接平差相同。测边网坐标平差,待定点的平差坐标为未知数,误差方程式的个数等于网中观测边的数目。边角网包括导线网坐标平差,误差方程式的总数等于网中测边和测角(或方向)之和。按方向平差时,还需增加测站定向角未知数。

12.2.1 边长误差方程式

测边网坐标平差时,一般是选观测边长作为平差元素。设 k,i 两点的平差坐标(x,y)为未知数,其相应的近似坐标和改正数分别为(x^0,y^0)及$(\delta x,\delta y)$,则边长与其两端点坐标有关系式为

$$s_{ki}=\sqrt{(x_i-x_k)^2+(y_i-y_k)^2}$$

将上式线性化后,得

$$v_{s_{ki}}=-\cos\alpha_{ki}^{0}\delta x_k-\sin\alpha_{ki}^{0}\delta y_k+\cos\alpha_{ki}^{0}\delta x_i+\sin\alpha_{ki}^{0}\delta y_i+l_{s_{ki}} \tag{12-35}$$

式中 $l_{s_{ki}}$为误差方程式的常数项,它等于边长近似值 s_{ki}^{0}与边长观测值 s_{ki}之差。即

$$l_{s_{ki}}=s_{ki}^{0}-s_{ki} \tag{12-36}$$

若令

$$\left.\begin{aligned}c_{ki}&=-\cos\alpha_{ki}^{0}\\d_{ki}&=-\sin\alpha_{ki}^{0}\end{aligned}\right\} \tag{12-37}$$

则(12-35)式可写成:

$$v_{s_{ki}} = c_{ki}\delta x_k + d_{ki}\delta y_k - c_{ki}\delta x_i - d_{ki}\delta y_i + l_{s_{ki}} \tag{12-38}$$

显然，$c_{ki}=-c_{ik}$，$d_{ki}=-d_{ik}$，则(12-38)式又可写成：

$$v_{s_{ki}} = c_{ki}\delta x_k + d_{ki}\delta y_k + c_{ik}\delta x_i + d_{ik}\delta y_i + l_{s_{ki}} \tag{12-39}$$

(12-38)式或(12-39)式即为测边网平差时，边长误差方程式的一般形式。实际上，它与三角网坐标平差时边长权函数式(12-30)式相比较，仅增加一个常数项 $l_{s_{ki}}$。

在实际计算时，会遇到一些特殊情况，例如 k 点为固定点，由于 $\delta x_k=\delta y_k=0$，则

$$\left.\begin{aligned} v_{s_{ki}} &= -c_{ki}\delta x_i - d_{ki}\delta y_i + l_{s_{ki}} \\ \text{或}\quad v_{s_{ki}} &= c_{ik}\delta x_i + d_{ik}\delta y_i + l_{s_{ki}} \end{aligned}\right\} \tag{12-40}$$

反之，当 k 为待定点，i 点为固定点时，则有

$$v_{s_{ki}} = c_{ki}\delta x_k + d_{ki}\delta y_k + l_{s_{ki}} \tag{12-41}$$

当 k，i 两点皆为固定点时，此时为固定边，可以不观测此边，也就无需列出误差方程式。如果观测了此固定边，由于 $\delta x_k=\delta y_k=\delta x_i=\delta y_i=0$，则

$$v_{s_{ki}} = l_{s_{ki}} \tag{12-42}$$

由于该式不涉及未知数，所以它与解算未知数无关，仅参与精度计算。

下面结合图 12-2 所示测边网，说明测边网中边长误差方程式的主要特点及组成时的注意事项。

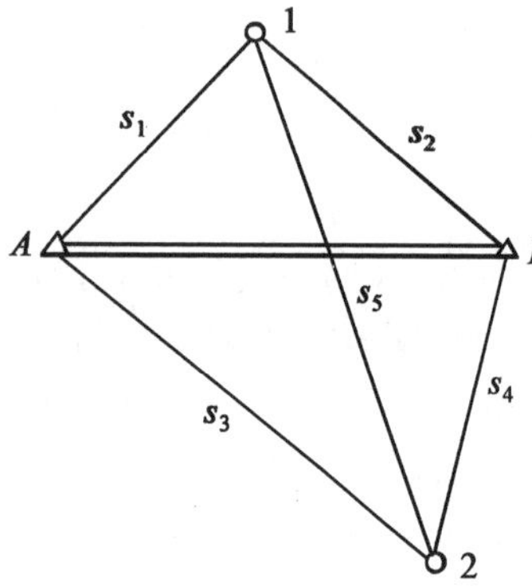

图 12-2

(1)网中误差方程式的个数应等于观测边数，如本网有5个误差方程式。

(2)待定点 1 和 2 间的边长误差方程式中，同名未知数前系数的绝对值相等，符号相反；不同名未知数前系数的平方和等于 1，亦即有如下关系式

$$\left.\begin{aligned} c_{ki} &= -c_{ik}, & d_{ki} &= -d_{ik} \\ c_{ki}^2 + d_{ki}^2 &= 1, & c_{ik}^2 + d_{ik}^2 &= 1 \end{aligned}\right\} \tag{12-43}$$

因此，某边的误差方程式，按 k，i 方向与按 i，k 方向列立结果相同，即 $v_{s_{ki}}=v_{s_{ik}}$，仅需列其中一个。

(3)误差方程式中，未知数 δx，δy，边长改正数 v_s，常数项 l_s 以及单位权中误差 m_0 等，它们均有相同的单位。

(4)凡用来计算待定点近似坐标的这些边长称为必要观测边，如网中 s_1，s_2，s_3 和 s_4。显然这些必要观测边误差方程式常数项必等于零，因为按近似坐标反算的边长近似值和边长观测值必定相等。网中其他边 s_5 称为多余观测边，其常数项一般不等于零。以图 12-2 为例，它们的误差方程式为

$$\left.\begin{aligned} v_{s_1} &= -c_{A1}\delta x_1 - d_{A1}\delta y_1 && +0 \\ v_{s_2} &= -c_{B1}\delta x_1 - d_{B1}\delta y_1 && +0 \\ v_{s_3} &= \qquad\qquad -c_{A2}\delta x_2 - d_{A2}\delta y_2 && +0 \\ v_{s_4} &= \qquad\qquad -c_{B2}\delta x_2 - d_{B2}\delta y_2 && +0 \\ v_{s_5} &= c_{12}\delta x_1 + d_{12}\delta y_1 - c_{12}\delta x_2 - d_{12}\delta y_2 && +l_{s12} \end{aligned}\right\}$$

测边网坐标平差时，为了简化组成误差方程式的计算工作，可以按边长平方之半$\left(\frac{1}{2}s_{ki}^2\right)$作为观测值来组成误差方程式。边长平方的一半与坐标未知数的关系可表示为下式：

$$\frac{1}{2}s_{ki}^2 + v'_{s_{ki}} = \frac{1}{2}\{(x_i + \delta x_i - x_k - \delta x_k)^2 + (y_i + \delta y_i - y_k - \delta y_k)^2\} \tag{12-44}$$

式中 $v'_{s_{ki}}$ 为边长平方之半的改正数。

将(12-44)式经线性化后，得

$$v'_{s_{ki}} = -\Delta x_{ki}^0 \delta x_k - \Delta y_{ki}^0 \delta y_k + \Delta x_{ki}^0 \delta x_i + \Delta y_{ki}^0 \delta y_i + l_{s_{ki}} \tag{12-45}$$

式中

$$l_{s_{ki}} = \frac{1}{2}\{(x_i - x_k)^2 + (y_i - y_k)^2 - s_{ki}^2\}$$

此式与(12-38)式相比较，系数的计算不需要由近似坐标反算近似坐标方位角，常数项的计算也简单了。

由(12-45)式组成法方程式，解算出近似坐标改正数 δx，δy，将它们代入误差方程式(12-45)计算得到的 v'_s 是边长平方之半$\frac{1}{2}s^2$ 的改正数。则观测边长 s 的改正数 v_s 可由下面关系式求得

$$d\left(\frac{1}{2}s^2\right) = s\mathrm{d}s \tag{12-46}$$

写成改正数形式为

$$v'_s = sv_s$$

即

$$v_s = \frac{v'_s}{s} \tag{12-47}$$

也就是说，求出 v'_s 后，除以相应的边长，即得该边边长观测值 s 的改正数 v_s。

按(12-46)式可导出边长误差方程式(12-45)的权，即

$$m\,\frac{1}{2}s^2 = sm_s$$

则

$$P_{\frac{1}{2}s^2} = \frac{m_0^2}{(sm_s)^2} \tag{12-48}$$

式中 m_0 为单位权中误差。

如果边长大致相等，也可认为 $P_{\frac{1}{2}s^2} = 1$。

测边网坐标平差时，通常以不等权来组成法方程式。如果测边网中的边长较长，边长误差主要是由与边长成正比的误差而产生，可以认为各边的相对精度相同。这时，可以建立边长对数的误差方程式。

按关系式 $m_{\lg s} = 0.4343\,\frac{m_s}{s}$。由于$\frac{m_s}{s}$相同，所以 $m_{\lg s}$ 也相等，因此权也相等，即 $P_{\lg s} = 1$。

12.2.2 角度误差方程式

角度误差方程式就是角度观测值改正数表达为三角点纵横坐标值的函数关系式。

由图 12-3 所示，在测站 k 上，用 kj 和 ki 两相邻方向构成平差角度 $\bar{\beta}$：

$$\bar{\beta} = \bar{N}_{kj} - \bar{N}_{ki} \tag{12-49}$$

故角度改正数等于构成这个角度的两个方向改正数之差，亦即有式

$$v_\beta = v_{kj} - v_{ki} \tag{12-50}$$

式中，v_β 为角度观测值 β 的改正数。若以 $\xi_k,\eta_k,\xi_i,\eta_i$ 表示以 cm 为单位的坐标改正数；以 ζ_k 表示测站 k 的定向角改正数，则按(12-8)式可得方向 ki 和 kj 的误差方程式，即

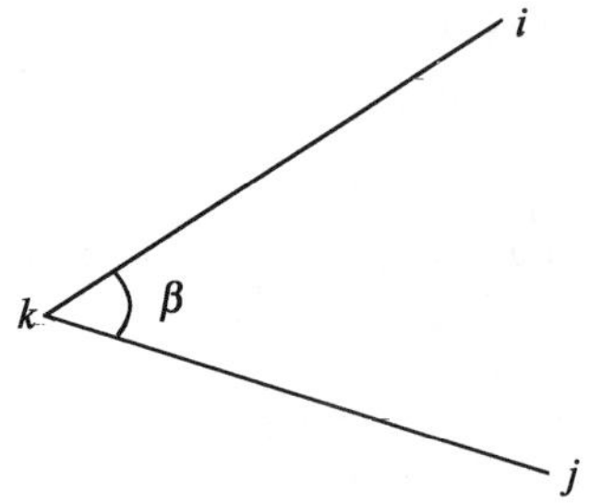

图 12-3

$$\left.\begin{aligned} v_{kj} &= -\zeta_k + a_{kj}\xi_k + b_{kj}\eta_k - a_{kj}\xi_j - b_{kj}\eta_j + l_{kj} \\ v_{ki} &= -\zeta_k + a_{ki}\xi_k + b_{ki}\eta_k - a_{ki}\xi_i - b_{ki}\eta_i + l_{ki} \end{aligned}\right\} \tag{12-51}$$

式中

$$\left.\begin{aligned} l_{kj} &= \alpha_{kj}^0 - N_{kj} - Z_k \\ l_{ki} &= \alpha_{ki}^0 - N_{ki} - Z_k \end{aligned}\right\} \tag{12-52}$$

将(12-51)式代入(12-50)式可得

$$v_\beta = (a_{kj} - a_{ki})\xi_k + (b_{kj} - b_{ki})\eta_k - a_{kj}\xi_j - b_{kj}\eta_j + a_{ki}\xi_i + b_{ki}\eta_i + l_\beta \tag{12-53}$$

式中

$$l_\beta = l_{kj} - l_{ki} = (\alpha_{kj}^0 - \alpha_{ki}^0) - (N_{kj} - N_{ki})$$

$$l_\beta = (\alpha_{kj}^0 - \alpha_{ki}^0) - \beta \tag{12-54}$$

(12-53)式就是角度误差方程式的一般形式。从而可知，在角度误差方程式中没有定向角未知数，只有待定点的坐标未知数。

不难证明：角度误差方程式(12-53)等价于(12-51)式中的两个误差方程式。如果将(12-51)式按误差方程式第一改化法则消去定向角未知数，得到三个虚拟误差方程式，由这三个虚拟误差方程式组成法方程，与由(12-53)式组成的法方程式是相同的。即当测站上仅有两个方向时，按方向列出误差方程式与按角度列出的误差方程式，顾及相应的权阵，将有相同的结果。

12.2.3 边角网误差方程式

边角网坐标平差时，无论是边角连续网还是导线网，误差方程式都含有两类：一类是方向(或角度)误差方程式；一类是边长误差方程式。它们的总数应等于两类观测元素的总和。

1. 边角连续网中的误差方程式

边角连续网坐标平差时，方向误差方程式的一般形式即为(12-8)式

$$v_{ki} = -\zeta_k + a_{ki}\xi_k + b_{ki}\eta_k - a_{ki}\xi_i - b_{ki}\eta_i + l_{ki}$$

边长误差方程式的一般形式即为(12-38)式

$$v_{s_{ki}} = c_{ki}\xi_k + d_{ki}\eta_k - c_{ki}\xi_i - d_{ki}\eta_i + l_{s_{ki}}$$

特殊情况下，固定点坐标改正数 $\xi=\eta=0$。代入上面两式中，就不难写出相应的误差方程式。

对于方向误差方程式，根据平差工作的实际情况决定是否使用史赖伯改化法则，可以只用其中一条或两条法则，也可以不用。

2. 导线网误差方程式

导线网坐标平差时，大部分导线点(除端点和结点外)仅有两个方向，应用史赖伯法则可使平差工作简化。下面将讨论导线网误差方程式的特点。

如图 12-4 所示单结点导线网，A,B 及 C 点为带有固定方向的已知点，1~9 点及 P 点皆为待定点，且 P 为节点。

(1)在具有固定方向的导线端点(如 A 点)上，有两个方向误差方程式，即

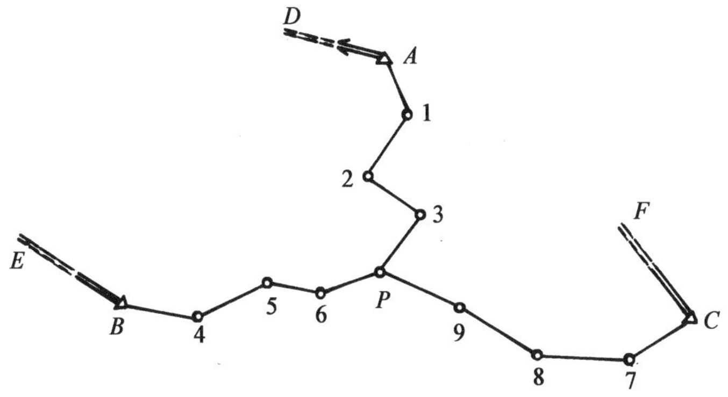

图 12-4

$$\left.\begin{aligned} v_{AD} &= -\zeta_A + l_{AD} & \text{权 } 1 \\ v_{A1} &= -\zeta_A - a_{A1}\xi_1 - b_{A1}\eta_1 + l_{A1} & \text{权 } 1 \end{aligned}\right\} \tag{12-55}$$

这两个方向误差方程式可用下面一个约化误差方程式代替：

$$v''_A = -a_{A1}\xi_1 - b_{A1}\eta_1 + l_{A1} \quad \text{权}\frac{1}{2} \tag{12-56}$$

证明如下：

对(12-55)式应用史赖伯第一法则，消去定向角未知数 ζ_A 后，得三个虚拟误差方程式：

$$\left.\begin{aligned} v'_{AD} &= l_{AD} & \text{权 } 1 \\ v'_{A1} &= -a_{A1}\xi_1 - b_{A1}\eta_1 + l_{A1} & \text{权 } 1 \\ v'_A &= -a_{A1}\xi_1 - b_{A1}\eta_1 + (l_{AD} + l_{A1}) & \text{权 } -\frac{1}{2} \end{aligned}\right\} \tag{12-57}$$

上式中的第一式右端不含未知数，仅有常数项，故对组成法方程不起作用。而第二、三式中未知数及其系数均相同，仅常数项不同，故可使用史赖伯第二法则，合并为一个约化误差方程式，得

$$v''_A = -a_{A1}\xi_1 - b_{A1}\eta_1 + \frac{l_{A1} - \frac{1}{2}(l_{AD} + l_{A1})}{1 - \frac{1}{2}}$$

$$= -a_{A1}\xi_1 - b_{A1}\eta_1 + (l_{A1} - l_{AD}) \quad \text{权}\frac{1}{2} \tag{12-58}$$

由(12-7)式知

$$l_{AD} = \alpha_{AD}^0 - N_{AD} - Z_A$$

定向角近似值 Z_A 对于本例中是用固定方向 α_{AD}^0 求得的，即

$$Z_A = \alpha_{AD}^0 - N_{AD}$$

于是，常数项为

$$l_{AD} = \alpha_{AD}^0 - N_{AD} - (\alpha_{AD}^0 - N_{AD}) = 0$$

因此，(12-58)式可写为

$$v''_A = -a_{A1}\xi_1 - b_{A1}\eta_1 + l_{A1} \qquad \text{权}\frac{1}{2}$$

(2)在单导线内部的待定点(除端点与结点外)上，方向误差方程式(以网中的 2 号点为

例)为

$$\left.\begin{aligned} v_{21} &= -\zeta_2 + a_{21}\xi_2 + b_{21}\eta_2 - a_{21}\xi_1 - b_{21}\eta_1 + l_{21} \quad 权1 \\ v_{23} &= -\zeta_2 + a_{23}\xi_2 + b_{23}\eta_2 - a_{23}\xi_3 - b_{23}\eta_3 + l_{23} \quad 权1 \end{aligned}\right\} \tag{12-59}$$

若按角度(∠123)平差,则角度误差方程式为

$$\begin{aligned} v_{\angle 2} &= v_{23} - v_{21} \\ &= (a_{23} - a_{21})\xi_2 + (b_{23} - b_{21})\eta_2 + a_{21}\xi_1 + b_{21}\eta_1 - \\ &\quad a_{23}\xi_3 - b_{23}\eta_3 + (l_{23} - l_{21}) \qquad 权\frac{1}{2} \end{aligned} \tag{12-60}$$

若其中有一端为固定点时,则该点坐标未知数为零($\xi=\eta=0$)。如网中 1,4,7 点的角度误差方程式(以 4 点为例)为

$$\begin{aligned} v_{\angle 4} &= (a_{45} - a_{4B})\xi_4 + (b_{45} - b_{4B})\eta_4 - \\ &\quad a_{45}\xi_5 - b_{45}\eta_5 + (l_{45} - l_{4B}) \qquad 权\frac{1}{2} \end{aligned} \tag{12-61}$$

可以证明,(12-60)式角度误差方程式等价于(12-59)式中两个方向误差方程式。这是因为对(12-59)式使用史赖伯第一法则消去定向角未知数 ζ 后,得到三个约化误差方程式,用它们组成的法方程组与按(12-60)式组成的法方程组是相同的。可见,在仅有两个方向的导线内部点上,以角度为平差元素,即按(12-60)式列出角度误差方程式进行平差(若方向权为 1,此时角度权为 0.5),或按方向(12-59)式列出方向误差方程式进行平差,对于解算坐标未知数来说,是等价的。

综上可知,对于单一附合导线坐标平差时,导线端点可按(12-56)式写出一个约化误差方程式,每一个导线内部待定点可按(12-60)式或(12-61)式列出角度误差方程式(注意,若方向权为 1,则这两种误差方程式权均为 0.5),用它们进行坐标平差或按方向误差方程式进行坐标平差,它们的解是等价的,但这样做会更方便。

(3)节点 P 上的方向误差方程式。

在节点上一般多于两个方向,其方向误差方程式可依(12-8)式写出:

$$v_{pi} = -\zeta_p + a_{pi}\xi_p + b_{pi}\eta_p - a_{pi}\xi_i - b_{pi}\eta + l_{pi} \qquad 权1$$

式中,$i=3,6,9$。

若拟使用史赖伯第一法则,可由下面 4 个虚拟误差方程式来代替,即

$$\left.\begin{aligned} v'_{pi} &= a_{pi}\xi_p + b_{pi}\eta_p - a_{pi}\xi_i - b_{pi}\eta_i + l_{pi} \qquad 权1 \\ v'_p &= [a_{pi}]_p\xi_p + [b_{pi}]_p\eta_p - [a_{pi}]_p\xi_i - [b_{pi}]_p\eta_i + [l_{pi}]_p \quad 权 -\frac{1}{3} \end{aligned}\right\} \tag{12-62}$$

式中,$i=3,6,9$。

(4)导线边边长误差方程式。

每个导线边边长误差方程式可依(12-38)式写出一般形式:

$$v_{s_{ki}} = c_{ki}\delta x_k + d_{ki}\delta y_k - c_{ki}\delta x_i - d_{ki}\delta y_i + l_{s_{ki}}$$

综上所述,导线网坐标平差时,误差方程式可分为上述四种形式,与一般方法相比较,其平差结果是完全一样的,但可减少一定的计算工作量。

12.2.4 边角网坐标平差的精度评定

边角网平差的精度评定时,单位权观测中误差计算公式为

$$m_0 = \pm \sqrt{\frac{[P_s v_s v_s] + [P_{方} v_{方} v_{方}]}{n - t}} \tag{12-63}$$

式中:n 为网中方向与边长观测的总数;t 为必要观测数,等于 2 倍待定点数与观测方向测站数之和。

为了评定网中点位精度,可根据未知数协因数阵 $\boldsymbol{Q}_x(=(\boldsymbol{B}^{\mathrm{T}}\boldsymbol{P}\boldsymbol{B})^{-1})$ 的有关元素,依(12-29)式来计算。

边角网平差后有时还需评定网中某条边的边长精度或方位角精度。为了计算这些未知数函数的中误差,先要写出权函数式。边长权函数式可按(12-30)式形式列立,方位角权函数式可按(12-31)式写出,有了权函数式即可计算出它们的权倒数 $1/\boldsymbol{P}_{s_{ki}}$ 或 $1/\boldsymbol{P}_{\alpha_{ki}}$,从而按(12-32)式计算边长中误差,按(12-33)式计算方位角中误差。

12.3 观测值权的确定和方差估计

由测量平差理论可知,平差问题中权的确定,对于求解或然值及精度评定都是十分重要的。对于同类等精度的一组观测值(如三角网中各点按方向法作相同测回数观测所得的方向值),通常可取其权阵为单位阵,即 $\boldsymbol{P}=\boldsymbol{E}$;对于不同类观测值(如边角网中的边长观测值与角度(或方向)观测值),或同类不等精度的观测值,更存在一个定权的问题。用不同的方法估计观测误差和定权,会得到不同的平差结果。

本节首先讨论权的种类及定权公式。对于不同类观测值的方差估计,除了介绍一般传统方法外,还介绍根据各次平差得到的观测值改正数(又称残差)估算各类观测值的单位权方差的赫尔默特(Helmet)方差分量估计,最后还讨论方差估值的检验。

12.3.1 权的种类及定权公式

在近代平差问题中,会产生各种不同的权类。

由测量平差理论知,对于随机模型

$$\boldsymbol{D}(\boldsymbol{\Delta}) = \sigma_0^2 \boldsymbol{Q} = \sigma_0^2 \boldsymbol{P}^{-1} \tag{12-64}$$

当观测值互相独立,由上式可知 $\boldsymbol{D}(\boldsymbol{\Delta})$ 为对角阵,则权 $\boldsymbol{P}_i$ 为

$$\boldsymbol{P}_i = \frac{\boldsymbol{\sigma}_0^2}{\boldsymbol{\sigma}_i^2} = \frac{1}{\boldsymbol{Q}_{ii}} \tag{12-65}$$

式中,$\boldsymbol{\sigma}_0^2$ 为单位权方差,$\boldsymbol{\sigma}_i^2$ 为观测值 i 的方差,$\boldsymbol{Q}_{ii}$ 为观测值 i 的协因数。(12-65)式是最常用的一类权。当 $\boldsymbol{D}(\boldsymbol{\Delta})$ 中各 Δ_i 相关,由(12-65)式确定的 $\boldsymbol{P}$ 称为相关权阵,它与第一类权在平差运算中具有相同意义。而权阵元素 $\boldsymbol{P}_{ij}$ 不是权逆阵元素 $\boldsymbol{Q}_{ij}$ 的倒数,它仅是 $\boldsymbol{Q}$ 的逆阵。其中对角线元素 $\boldsymbol{P}_{ii} \neq 1/\boldsymbol{Q}_{ii}$,此处的 $\boldsymbol{P}_{ii}$ 仅作为一个运算符号出现,这是第二类权。如平差中某一观测量可视为不加改正数的量,即该观测值不受平差结果的影响,此时可赋予该观测值权为无穷大,即 $\boldsymbol{P}_i \to \infty$。例如在带有条件的间接平差中,可将条件方程视为误差方程,将闭合差视为观测值,在平差中不加改正数,并赋予无穷大权,这是第三类权。若在平差中欲剔除某一观测值,或使平差过程中对该观测值不灵敏,则可赋予该观测值权 $\boldsymbol{P}_i = \boldsymbol{0}$ 或 $\boldsymbol{P}_i \to \boldsymbol{0}$,这就是所谓的零权。如果 $\boldsymbol{D}(\boldsymbol{\Delta})$ 或 $\boldsymbol{Q}$ 阵奇异,即它们的行列式等于零,则 $\boldsymbol{D}(\boldsymbol{\Delta})$ 或 $\boldsymbol{Q}$ 阵的正则逆 $\boldsymbol{D}^{-1}(\boldsymbol{\Delta})$ 或 $\boldsymbol{Q}^{-1}$ 不存在,无法直接按(12-65)式定权,则可按 $\boldsymbol{P}=\boldsymbol{Q}^{+}$ 来定权,这种定权称为奇异权,与这种权相对

应的观测值是一组相关的且有函数约束的观测值。关于无穷大权、零权及奇异权，在此不作讨论，下面对相关权尤其是对一类权（独立观测值权）作重点研究。

独立观测值权的估计，实质上是观测值先验方差的估计，所以通常称为方差估计。相关观测值权的估计，则是对观测值的方差-协方差的估计。对于同类独立观测值的平差问题，一般可按（12-65）式常规方法定权，对于不同类观测值的平差问题，如边角网、导线网、水准网与重力网联合平差、三维网及更多类观测的联合平差等，定权就比较复杂。下面以边角网为例介绍定权公式。

边角网平差时，观测值的权与中误差的基本关系式为

$$P_\beta = \frac{\sigma_0^2}{m_\beta^2}, \quad P_s = \frac{\sigma_0^2}{m_s^2} \tag{12-66}$$

式中，m_β^2 与 m_s^2 分别为角度与边长观测值的方差，σ_0^2 是可以任意选择的比例常数，通常称为单位权方差。

由于 m_β 与 m_s 的单位不同，故权是有量纲的，正因为如此，边角网才可能在 $[P_\beta v_\beta v_\beta] + [P_s v_s v_s] = \min$ 的原则下进行整体平差。下面讨论当 σ_0^2 取不同值时几种常用的边角定权方法。

在边角网中，如果认为角度观测的精度相同，而测边精度不同。此时可令

$$\sigma_0^2 = m_\beta^2$$

于是

$$\left.\begin{aligned} P_\beta &= \frac{\sigma_0^2}{m_\beta^2} = 1\text{（纯量）} \\ P_{s_i} &= \frac{m_\beta^2}{m_{s_i}^2}\text{（量纲：秒}^2\text{/ 毫米}^2\text{（或秒}^2\text{/ 厘米}^2\text{））} \end{aligned}\right\} \tag{12-67}$$

此时由平差求得的单位权方差 σ_0^2 即为测角的方差，而边长观测的中误差为 $\sigma_0/\sqrt{P_{s_i}}$，其单位为 mm 或 cm。

如果控制网的边长较短（$s_i \leqslant 1\text{km}$），外界因素对测距精度影响较小，或当控制网边长大致相等时，认为是相同条件下的观测。即可以认为测角精度相同，测边精度也相同，若令

$$\sigma_0^2 = m_s^2$$

于是

$$\left.\begin{aligned} P_\beta &= \frac{m_s^2}{m_\beta^2}\text{（毫米}^2\text{/ 秒}^2\text{ 或厘米}^2\text{/ 秒}^2\text{）} \\ P_s &= 1\text{（纯量）} \end{aligned}\right\} \tag{12-68}$$

如果网中各边长精度相同，则可以边长对数为平差元素。因为各边边长对数是等精度的，此时可令

$$\sigma_0^2 = m_{\lg s}^2$$

则有

$$\left.\begin{aligned} P_\beta &= \frac{m_{\lg s}^2}{m_\beta^2}\text{（（对数第六位为单位）}^2\text{/ 秒}^2\text{）} \\ P_s &= 1\text{（纯量）} \end{aligned}\right\} \tag{12-69}$$

设已知 $m_s/s = 1/10$ 万，$m_\beta = \pm 0.6''$，则 $m_{\lg s} = \mu \times \frac{m_s}{s} \times 10^6 = 4.34$（以对数第六位为单位），按（12-

69)式定权得

$$P_\beta = \frac{m_{1gs}^2}{m_\beta^2} = \frac{(4.34)^2}{(0.6)^2} = 52.3$$

此时角度权的单位是对数(以第六位为单位)平方除以秒平方。

上述方法多用于手算平差,一次计算终止。严格地讲,这些定权方法都属于近似的,可能会曲解平差结果。

12.3.2 不同类观测值的方差估计

从定权公式讨论得知,角度和边长的权是一种比例关系,为定权故必须精确知道观测值的方差。可是在平差前该量是不知道的,只能设法找出它们的尽量好的估值来,也称方差估计。常采用以下几种方法。

1. 按常规方法确定其估值

测角中误差可根据测角仪器的类型和观测测回数,参照相应等级的三角测量精度来决定 m_β,测边中误差按测距仪出厂时的标称精度公式来确定 m_{s_i},然后可按(12-67)式定权。

2. 按大量观测资料确定其估值

在边角网中,按三角形闭合差并依菲列罗公式计算测角中误差 m_β,即

$$m_\beta = \pm\sqrt{\frac{[ww]}{3n}}$$

而边长按白塞尔公式计算边长中误差 m_{s_i},即

$$m_{s_i} = \pm\sqrt{\frac{[vv]}{n-1}}$$

然后按(12-67)式定权。

3. 充分利用电子计算技术确定其估值

当控制网采用边角同测的观测方案时,可将该网先分成角网与边网两种,然后各自按角网和边网单独平差,由平差改正数分别计算测角中误差及测边中误差:

$$\left.\begin{aligned} m_\beta &= \pm\sqrt{\frac{[v_\beta v_\beta]}{r_1}} \\ m_s &= \pm\sqrt{\frac{[v_s v_s]}{r_2}} \end{aligned}\right\} \tag{12-70}$$

式中 r_1 和 r_2 分别为测角网及测边网的多余观测数。按下式计算测边中误差:

$$m_{s_i} = \pm m_s\sqrt{\frac{1}{P_{s_i}}}$$

然后按(12-67)式定权。

可知,此方法要求分开后单独平差时边网与角网各自应有一定数量的多余观测。

若平差的边角网不能单独各自构成完整的角网与边网,但至少可构成角网或边网中的一种。或者测角中误差能比较满意地确定,而边长中误差虽能确定但不令人满意时,可按以下方法进行:

(1)首先对该角网进行平差,求得其中误差 m_1,令其自由度(多余观测数)为 f_1。

(2)按下式定权:

$$P_\beta = 1, \quad P_s = \frac{m_\beta^2}{m_s^2}$$

(3)对含有边长观测量的角网进行整体平差,求得平差后观测中误差的估值 m_2,令其自由度为 f_2。那么由下式可求得边长观测的中误差估值 m_{21},即

$$m_{21}{}^2 = \frac{f_2 m_2{}^2 - f_1 m_1{}^2}{f_2 - f_1} = \frac{f_2 m_2{}^2 - f_1 m_1{}^2}{f_{21}} \tag{12-71}$$

可以证明,中误差估值 m_1 与 m_{21} 是相互独立的。

(4)利用先后求得的中误差估值 m_1 与 m_{21} 重新定权,即有 $P_\beta = 1, P_s = m_1{}^2/m_{21}{}^2$。然后再对整体网平差,求出新的中误差估值 m'_{21}。

(5)如果 m'_{21} 满足

$$|m'_{21} - m_{21}| \leqslant \varepsilon m'_{21} \tag{12-72}$$

(式中,ε 为任意小正数,可根据要求选定 $\varepsilon = 0.05$ 或 0.01),则计算可终止。

(6)否则,取用 m'_{21} 代替 m_{21} 重复步骤(4),(5),使计算一直进行到满足(12-72)式时为止。

为了更精确地估计不同类观测的权比,近十几年来,通过研究已形成了一套所谓方差估计理论,并出现了不少具体计算方法。对于独立观测值的方差估计,最有效的方法乃是赫尔默特(Helmet)估计法和最小范数二次无偏估计法。理论上可以证明,虽然这两种估计方法的出发点不同,但结果是一致的。这里,仅介绍赫尔默特方差严密估计法。

4. 按赫尔默特提出的方差估计统计方法求出测角及测边的方差估值 m_β 和 m_{s_i}

其基本原理如下:

设控制网中角、边的观测值分别为 L_1 和 L_2,其相应改正数为 v_1 和 v_2。又设 L_1 及 L_2 的权阵为 $\boldsymbol{P}_1$ 和 $\boldsymbol{P}_2$,其逆阵为 $\boldsymbol{Q}_{11} = \boldsymbol{P}_1^{-1}, \boldsymbol{Q}_{22} = \boldsymbol{P}_2^{-1}$,且它们均为对角阵。下面按间接平差时的情况进行讨论。令 σ_1^2 和 σ_2^2 为观测值 L_1 和 L_2 的方差,σ_{01}^2 和 σ_{02}^2 为其相应的单位权方差。误差方程为

$$\begin{pmatrix} V_1 \\ V_2 \end{pmatrix} = \begin{pmatrix} B_1 \\ B_2 \end{pmatrix} X - \begin{pmatrix} L_1 \\ L_2 \end{pmatrix} \tag{12-73}$$

或写成

$$\boldsymbol{V} = \boldsymbol{B}X - \boldsymbol{L} \tag{12-74}$$

式中,$\boldsymbol{B}$ 为误差方程组的系数阵;X 为未知数的或然值。

现设 L_1 和 L_2 的真误差分别为 Δ_1 和 Δ_2,则由上式即得

$$\Delta = \boldsymbol{B}\overline{X} - \boldsymbol{L} \tag{12-75}$$

式中,$\overline{X}$ 为未知数的真值。由(12-74)式与(12-75)式可得

$$\boldsymbol{V} - \Delta = \boldsymbol{B}(X - \overline{X}) = -\boldsymbol{B}\Delta X \tag{12-76}$$

式中,ΔX 是或然值 X 的真误差。由(12-74)式组成法方程,然后解算法方程得

$$\boldsymbol{X} = (\boldsymbol{B}^{\mathrm{T}}\boldsymbol{P}\boldsymbol{B})^{-1}\boldsymbol{B}^{\mathrm{T}}\boldsymbol{P}\boldsymbol{L} \tag{12-77}$$

于是

$$\Delta\boldsymbol{X} = (\boldsymbol{B}^{\mathrm{T}}\boldsymbol{P}\boldsymbol{B})^{-1}\boldsymbol{B}^{\mathrm{T}}\boldsymbol{P}\Delta \tag{12-78}$$

将上式代入(12-76)式,得

$$\boldsymbol{V} = (E - \boldsymbol{B}(\boldsymbol{B}^{\mathrm{T}}\boldsymbol{P}\boldsymbol{B})^{-1}\boldsymbol{B}^{\mathrm{T}}\boldsymbol{P})\Delta \tag{12-79}$$

或写成

$$\begin{bmatrix} V_1 \\ V_2 \end{bmatrix} = \begin{bmatrix} \Delta_1 \\ \Delta_2 \end{bmatrix} - \begin{bmatrix} B_1 \\ B_2 \end{bmatrix} (\boldsymbol{B}^{\mathrm{T}}\boldsymbol{P}\boldsymbol{B})^{-1}\boldsymbol{B}^{\mathrm{T}}\boldsymbol{P}\boldsymbol{\Delta} \tag{12-80}$$

方差分量估计的目的是利用各次平差后各类改正数的平方和 $\boldsymbol{V}_1{}^{\mathrm{T}}\boldsymbol{P}_1\boldsymbol{V}_1$ 及 $\boldsymbol{V}_2{}^{\mathrm{T}}\boldsymbol{P}_2\boldsymbol{V}_2$ 来估计 $\sigma_{01}{}^2$ 和 $\sigma_{02}{}^2$。为此,必须建立残差平方和与 $\sigma_{01}{}^2$ 和 $\sigma_{02}{}^2$ 之间的关系式。若设 $\boldsymbol{N}=\boldsymbol{B}^{\mathrm{T}}\boldsymbol{P}\boldsymbol{B}$,$\boldsymbol{N}_{11}=\boldsymbol{B}_1{}^{\mathrm{T}}\boldsymbol{P}_1\boldsymbol{B}_1$,$\boldsymbol{N}_{22}=\boldsymbol{B}_2{}^{\mathrm{T}}\boldsymbol{P}_2\boldsymbol{B}_2$,经推导可得

$$\begin{aligned} \mathbf{E}(\boldsymbol{V}_1{}^{\mathrm{T}}\boldsymbol{P}_1\boldsymbol{V}_1) = \{ & n_1 - 2\mathrm{tr}(\boldsymbol{N}^{-1}\boldsymbol{N}_{11}) + \mathrm{tr}(\boldsymbol{N}^{-1}\boldsymbol{N}_{11}\boldsymbol{N}^{-1}\boldsymbol{N}_{11})\}\sigma_{01}{}^2 + \\ & \mathrm{tr}(\boldsymbol{N}^{-1}\boldsymbol{N}_{11}\boldsymbol{N}^{-1}\boldsymbol{N}_{22})\sigma_{02}{}^2 \end{aligned} \tag{12-81}$$

同理可得

$$\begin{aligned} \mathbf{E}(\boldsymbol{V}_2{}^{\mathrm{T}}\boldsymbol{P}_2\boldsymbol{V}_2) = \{ & n_2 - 2\mathrm{tr}(\boldsymbol{N}^{-1}\boldsymbol{N}_{22}) + \mathrm{tr}(\boldsymbol{N}^{-1}\boldsymbol{N}_{22}\boldsymbol{N}^{-1}\boldsymbol{N}_{22})\}\sigma_{02}{}^2 + \\ & \mathrm{tr}(\boldsymbol{N}^{-1}\boldsymbol{N}_{11}\boldsymbol{N}^{-1}\boldsymbol{N}_{22})\sigma_{02}{}^2 \end{aligned} \tag{12-82}$$

以上两式中,n_1 和 n_2 分别为测角和测边的个数。

将(12-81)和(12-82)两式中的数学期望符号去掉,改成由平差得到的计算值 $\boldsymbol{V}_1{}^{\mathrm{T}}\boldsymbol{P}_1\boldsymbol{V}_1$ 和 $\boldsymbol{V}_2{}^{\mathrm{T}}\boldsymbol{P}_2\boldsymbol{V}_2$,便可解出 $\sigma_{01}{}^2$ 及 $\sigma_{02}{}^2$ 的估值 $\hat{\sigma}_{01}{}^2$ 及 $\hat{\sigma}_{02}{}^2$,它们是相应于 $\boldsymbol{P}_1$ 和 $\boldsymbol{P}_2$ 的单位权方差的估值。于是,有便于计算角、边观测值的方差估值:

$$\left.\begin{aligned} m_\beta{}^2 &= \frac{\hat{\sigma}_{01}{}^2}{P_1} \\ m_{s_i}{}^2 &= \frac{\hat{\sigma}_{02}}{P_{s_i}} \end{aligned}\right\} \tag{12-83}$$

知道了边、角观测值的方差估值,便可按(12-67)式来定权。

如果平差前根据前述的先验估算法所确定的各类观测权的初值不恰当,此时就可以采用赫尔默特方差估计公式。经过多次平差,反复迭代,可望获得正确的结果。具体计算步骤如下:

(1)将观测值分类,进行各类观测值的验前权估计,定出其权的初值 $\boldsymbol{P}_i^0(i=1,2,\cdots,n)$。

(2)进行第一次平差,求得 $\boldsymbol{V}_i^{\mathrm{T}}\boldsymbol{P}_i\boldsymbol{V}_i(i=1,2,\cdots,n)$。

(3)按(12-81)式或(12-82)式求得 $\sigma_{0i}{}^2(i=1,2,\cdots,n)$ 的第一次估值,再依下式定权

$$P_i = \frac{c}{\sigma_{0i}{}^2 p_i^{0-1}} \tag{12-84}$$

式中,c 为任意常数,一般选 $\sigma_{0i}{}^2 p_i^{0-1}$ 中的某一个,即取某一类观测值为单位权。

(4)反复进行第(2),(3)两项的计算,直到

$$\sigma_{01}{}^2 = \sigma_{02}{}^2 = \cdots = \sigma_{0m}{}^2$$

或通过必要检验认为各类单位权方差的比等于 1 为止。

为便于实用可采取简化计算,即在应用(12-81)及(12-82)式时,可适当采用近似方法。例如仅采用 $\boldsymbol{N}$,$\boldsymbol{N}_{11}$及 $\boldsymbol{N}_{22}$中的对角线元素,舍去非对角线元素等。

以上介绍了四种方差估计的方法。第一、二两种方法计算简单,但不一定很可靠;第三种方法较好,但要进行一次平差计算,目前认为第四种方法最好,但计算工作量很大。需指出一点,不论采用以上讨论的任何一种方法来估计观测值的方差,都应该赋予一定形式的判定,即方差估值的假设检验。

12.3.3　方差估值的假设检验

用上述方法确定的权比是否合理,必须在平差后作一次统计假设检验才能予以确认。可

以设想，如果所定之权是合理的，那么实测的测角中误差与定权时所假定的测角中误差应该没有显著差别。从数理统计学观点来讲，按(12-67)式定权，其意义就是先验地认为实测的母体测角方差 σ_β^2 等于 m_β^2；测边的母体方差 ${\sigma_{s_i}}^2$ 等于 ${m_{s_i}}^2$。检验的目的就是要确认测角母体方差 ${\sigma_\beta}^2$ 是否与定权时采用的先验方差 m_β^2 相一致。其检验的步骤如下：

(1)作原假设 $H_0: \sigma_\beta^2=m_\beta^2$，备选假设 $H_1: \sigma_\beta^2\neq m_\beta^2$。

(2)将平差后计算的改正数平方和除以 σ_β^2 作为统计量

$$\chi^2(r)=\frac{[Pvv]}{\sigma_\beta^2} \tag{12-85}$$

它是自由度为 r 的 χ^2 变量。若原假设 H_0 成立，则(12-85)式为

$$\chi^2(r)=\frac{[Pvv]}{m_\beta^2} \tag{12-86}$$

此值可以计算出来。

(3)如果 H_0 成立，由(12-86)式算出的 $\chi^2(r)$ 之值应满足下列概率表达式：

$$P({\chi_{\alpha_1}}^2<\chi^2<{\chi_{\alpha_2}}^2)=1-\alpha \tag{12-87}$$

取显著水平 $\alpha=0.05$ 或 $\alpha=0.01$(一般取 0.05)，在 χ^2 分布表中查取 ${\chi_{\alpha_1}}^2$ 及 ${\chi_{\alpha_2}}^2$ 之值，如果由(12-86)式所计算得到的 $\chi^2(r)$ 之值在区间 $({\chi_{\alpha_1}}^2,{\chi_{\alpha_2}}^2)$ 之内，则认为 H_0 成立，接受原假设；否则 H_1 成立。

若经过检验 H_0 成立，就以显著水平 α 判断所定之权比是合理的；反之，H_0 不成立而 H_1 成立。对边角网平差而言，可认为主要是定权不合理，应重新定权。

在测边测角网平差中，为检验测角的先验方差 ${m_\beta}^2$ 是否与测角的母体方差相一致，可分两种情况来进行：第一是将边角网首先按角网平差，算出测角方差 m_β^2，再对它和 σ_β^2 的一致性进行检验；第二是将边角网同时平差，算出的测角方差 m_β^2(亦即单位权方差 σ_0^2)与 σ_β^2 的一致性进行比较。从统计学观点看，当多余观测数足够多时，以上两种情况下的假设检验都是成立的。

12.4 三角网方向坐标平差算例

三角网如图 12-5 所示，A，B，C 为已知点，P_1，P_2 为待定点。各点上均进行了等权方向观测，起算数据及观测方向值分别列在表 12-1 及表 12-4 中。试按方向坐标平差法对该网进行平差，并求出 P_1，P_2 点的点位中误差、P_1P_2 边的边长及方位角中误差。其平差的具体计算步骤如下：

1. 准备工作

(1)绘制平差计算略图(见图 12-5)并进行有关编号。

(2)抄录起算数据(见表 12-1)。

2. 待定点近似坐标的计算

在进行待定点近似坐标计算时，应拟定推算路线，以三角形独立计算。为保证方向改正数的计算精度，使误差方程式的自由项尽可能地小，待定点近似坐标应尽可能接近其或然坐标。先分配三角形闭合差，然后根据分配后的内角采用前方交会公式算出，坐标计算至 mm。本例计算结果见表 12-2。

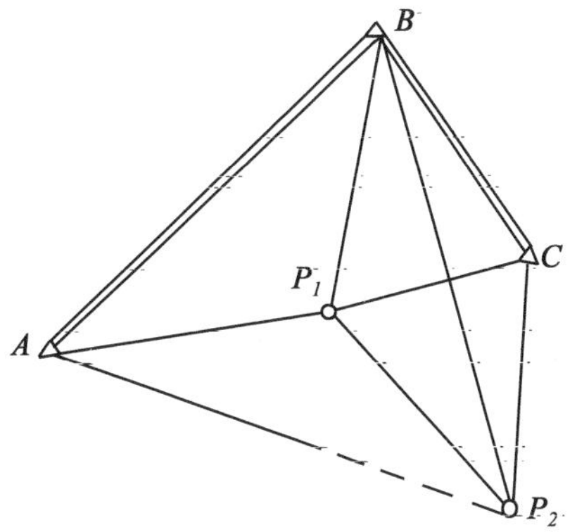

图 12-5

表 12-1

点名	x/m	y/m	s/m	α ° ′ ″
A	6 182 699. 830	40 904. 620	5 437. 397	60 03 16. 02
B	6 185 414. 052	45 616. 125	2 795. 244	171 49 32. 42
C	6 182 647. 208	46 013. 568		

表 12-2

点名	近似坐标(m)		改正数		最后坐标(m)	
	x^0	y^0	δx	δy	x	y
A					6182 699. 830	40 904. 620
B					6 185 414. 052	45 616. 125
C					6 182 647. 208	46 013. 568
P_1	6 182 820. 532	43 528. 608	+0. 007	+0. 005	6 182 820. 539	43 528. 613
P_2	6 180 997. 459	44 661. 067	+0. 006	+0. 002	6 180 997. 465	44 661. 069

3. 各边近似坐标方位角和近似边长计算

坐标方位角计算公式:

$$\tan\alpha_{ki}^0 = \frac{y_i^0 - y_k^0}{x_i^0 - x_k^0} = \frac{\Delta y_{ki}^0}{\Delta x_{ki}^0}$$

检核公式:

$$\tan(\alpha_{ki}^0 + 45°) = \frac{\Delta x_{ki}^0 + \Delta y_{ki}^0}{\Delta x_{ki}^0 - \Delta y_{ki}^0}$$

近似边长计算公式:

$$s_{ki}^0 = \sqrt{\Delta x_{ki}^{0\,2} + \Delta y_{ki}^{0\,2}}$$

本例计算结果见表 12-3。

表 12-3

点名 k	P_1	P_1	P_1	P_1	P_2	P_2	A
i	A	B	C	P_2	B	C	P_2
y_i^0/m	40 904. 620	45 616. 125	46 013. 568	44 661. 067	45 616. 125	46 013. 568	44 661. 067
y_k^0/m	43 528. 608	43 528. 608	43 528. 608	43 528. 608	44 661. 067	44 661. 067	40 904. 620
Δy_{ki}^0/m	−2 623. 988	2 087. 517	2 484. 960	1 132. 459	955. 058	1 352. 501	3 756. 447
x_i^0/m	6 182 699. 830	6 185 414. 052	6 182 647. 208	6 180 997. 459	6 185 141. 052	6 182 647. 208	6 180 997. 459
x_k^0/m	6 182 820. 532	6 182 820. 532	6 182 820. 532	6 182 820. 532	6 180 997. 459	6 180 997. 459	6 182 699. 830
Δx_{ki}^0/m	−120. 702	2 593. 520	−173. 324	−1 823. 073	4 416. 593	1 649. 749	−1 702. 371
α_{ki}^0	267°21′58. 62″	38° 49′49. 77″	93°59′23. 55″	148°09′07. 99″	12°12′07. 00″	39°20′44. 39″	114°22′45. 81″
$\Delta x_{ki}^0+\Delta y_{ki}^0$/m	−2 744. 690	4 681. 037	2 311. 636	−690. 614	5 371. 651	3 002. 250	2 054. 076
$\Delta x_{ki}^0-\Delta y_{ki}^0$/m	2 503. 286	506. 003	−2 658. 284	−2 955. 532	3 461. 535	297. 248	−5 458. 818
$\alpha_{ki}^0+45°$	312°21′58. 62″	83°49′49. 77″	138°59′23. 55″	193°09′07. 99″	57°12′07. 00″	84°20′44. 39″	159°22′45. 81″
s_{ki}^0/km	2. 627	3. 329	2. 491	2. 146	4. 519	2. 133	4. 124

4. 方向误差方程式系数 a,b 和常数项 l 的计算

根据各边的近似方位角和近似边长，可按公式计算方向系数及常数项

$$a_{ki}=+20.6265\frac{\sin\alpha_{ki}^{0}}{s_{ki}^{0}}$$

$$b_{ki}=-20.6265\frac{\cos\alpha_{ki}^{0}}{s_{ki}^{0}}$$

$$l_{ki}=\alpha_{ki}^{0}-N_{ki}-Z_{k}^{0}=\alpha_{ki}^{0}-R_{ki}^{0}$$

其中

$$Z_{k}^{0}=\frac{1}{n}\sum_{i=1}^{n}Z_{ki}^{0}$$

由上式可知，在各测站上，所有方向误差方程式常数项之和 $\sum l_{ki}=0$，改正数之和 $\sum v_{ki}=0$，用以检核。对向误差方程式系数 a、b 数值相等，可用 $a_{ki}=-a_{ik}$，$b_{ki}=-b_{ik}$ 来检核。但它们的常数项不同，需分别计算。上述计算详见表 12-4。

表 12-4

测站	目标	方向观测值 ° ′ ″	近似方位角 ° ′ ″	近似定向角 Z_k^0 及 Z_{ki}^0 ° ′ ″	近似定向方向 $R_{ki}^0=N_{ki}+Z_k^0$ ° ′ ″	常数项 l_{ki}	近似边长 (km)	a	b
A	P_2	0 00 00. 00	114 22 45. 81	114 22 45. 81	114 22 45. 97	−0. 16	4. 124	+4. 56	+2. 06
	B	305 40 30. 09	60 03 16. 02	114 22 45. 93	60 03 16. 06	−0. 04	5. 437		
	P_1	332 59 12. 45	87 21 58. 62	114 22 46. 17	87 21 58. 42	+0. 20	2. 627	+7. 84	−0. 36
				Z_A^0 = 114 22 45. 97		0. 00			
B	C	0 00 00. 00	171 49 32. 42	171 49 32. 42	171 49 31. 78	+0. 64	2. 795		
	P_2	20 20 33. 32	192 12 07. 00	171 49 33. 68	192 12 05. 10	+1. 90	4. 519	−0. 96	+4. 46
	P_1	47 00 19. 39	218 49 49. 77	171 49 30. 38	218 49 51. 17	−1. 40	3. 329	−3. 88	+4. 83
	A	68 13 45. 38	240 03 16. 02	171 49 30. 64	240 03 17. 16	−1. 14	5. 437		
				Z_B^0 = 171 49 31. 78		0. 00			
C	P_2	0 00 00. 00	219 20 44. 39	219 20 44. 39	219 20 44. 30	+0. 09	2. 133	−6. 13	+7. 48
	P_1	54 38 39. 99	273 59 23. 55	219 20 43. 56	273 59 24. 29	−0. 74	2. 491	−8. 26	−0. 58
	B	132 28 47. 47	351 49 32. 42	219 20 44. 95	351 49 31. 77	+0. 65	2. 795		
				Z_C^0 = 219 20 44. 30		0. 00			
P_1	A	0 00 00. 00	267 21 58. 62	267 21 58. 61	267 21 58. 64	−0. 02	2. 627	−7. 84	+0. 36
	B	131 27 50. 84	38 49 49. 77	267 21 58. 93	38 49 49. 48	+0. 29	3. 329	+3. 88	−4. 83
	C	186 37 24. 61	93 59 23. 55	267 21 58. 94	93 59 23. 25	+0. 30	2. 491	+8. 26	+0. 58
	P_2	240 47 09. 91	148 09 07. 99	267 21 58. 08	148 09 08. 55	−0. 56	2. 146	+5. 07	+8. 16
				$Z_{P_1}^0$ = 267 21 58. 64		+0. 01			
P_2	P_1	0 00 00. 00	328 09 07. 99	328 09 07. 99	328 09 08. 54	−0. 55	2. 146	−5. 07	−8. 16
	B	44 02 56. 59	12 12 07. 00	328 09 10. 41	12 12 05. 13	+1. 87	4. 519	+0. 96	−4. 46
	C	71 11 37. 17	39 20 44. 39	328 09 07. 22	39 20 45. 71	−1. 32	2. 133	+6. 13	−7. 48
				$Z_{P_2}^0$ = 328 09 08. 54		0. 00			

5. *方向误差方程式的组成*

由表 12-4 中的有关数据组成各观测方向的误差方程式,见表 12-5。

如果不应用史赖伯改化法则,就可直接根据表 12-5 中的数据组成法方程式(见表 12-6),再按一般方法解算此法方程组,直接解得定向角及近似坐标改正数 δ_Z 及 ξ,η。再将它们代入到误差方程式中求出各方向观测值的平差改正数,最后将其加到相应的各方向观测值上得到各方向观测值的平差值。以上方法若用手算,则其工作量较大,一般都采用史赖伯改化法则,组成及解算约化后的法方程式。本例采用史赖伯改化法则,故还需继续对方向误差方程式进行改化。

表 12-5

测站	目标	定向角改正数系数					近似坐标改正数系数				常数项	和 s	权 P
		δZ_A	δZ_B	δZ_C	δZ_{P_1}	δZ_{P_2}	ξ_{P_1}	η_{P_1}	ξ_{P_2}	η_{P_2}	l_{ki}		
A	P_2	−1							−4.56	−2.06	−0.16	−7.78	1
	B	−1									−0.04	−1.04	1
	P_1	−1					−7.84	+0.36			+0.20	−8.28	1
B	C		−1								+0.64	−0.36	1
	P_2		−1						+0.96	−4.46	+1.90	−2.60	1
	P_1		−1				+3.88	−4.83			−1.40	−3.35	1
	A		−1								−1.14	−2.14	1
C	P_2			−1					+6.13	−7.48	+0.09	−2.26	1
	P_1			−1			+8.26	+0.58			−0.74	+7.10	1
	B			−1							+0.65	−0.35	1
P_1	A				−1		−7.84	+0.36			−0.02	−8.50	1
	B				−1		+3.88	−4.83			+0.29	−1.66	1
	C				−1		+8.26	+0.58			+0.30	+8.14	1
	P_2				−1		+5.07	+8.16	−5.07	−8.16	−0.56	−1.56	1
P_2	P_1					−1	+5.07	+8.16	−5.07	−8.16	−0.55	−1.55	1
	B					−1			+0.96	−4.46	+1.87	−2.63	1
	C					−1			+6.13	−7.48	−1.32	−3.67	1

表 12-6

δZ_A	δZ_B	δZ_C	δZ_{P_1}	δZ_{P_2}	ξ_{P_1}	η_{P_1}	ξ_{P_2}	η_{P_2}	L	s	检核
+3					+7.84	−0.36	+4.56	+2.06	0.00	+17.10	+17.10
	+4				−3.88	+4.83	−0.96	+4.46	0.00	+8.45	+8.45
		+3			−8.26	−0.58	−6.13	+7.84	0.00	−4.49	−4.49
			+4		−9.37	−4.27	+5.07	+8.16	−0.01	+3.58	+3.58
				+3	−5.07	−8.16	−2.02	+20.10	0.00	+7.85	+7.85

δZ_A	δZ_B	δZ_C	δZ_{P_1}	δZ_{P_2}	ξ_{P_1}	η_{P_1}	ξ_{P_2}	η_{P_2}	L	s	检核
					+340.90	+49.20	−51.41	−82.74	−14.98	+222.23	+222.23
						+180.76	−82.74	−133.17	−3.89	+1.62	+1.62
							+149.20	−8.13	+2.44	+9.88	+9.87
								+289.10	+1.77	+109.09	+109.09
									+14.35	−0.32	−0.31

6. 改化误差方程式及和方程式的组成

根据史赖伯第一法则,消去各测站定向角未知数,且每个测站增加一个和方程式。见表12-7。

表 12-7

测站	目标	δZ	ξ_{P_1}	η_{P_1}	ξ_{P_2}	η_{P_2}	L	s	权 P	改正数 ″
A	P_2	−1			−4.56	−2.06	−0.16	−6.78	1	−0.18
	B	−1					−0.04	−0.04	1	+0.23
	P_1	−1	−7.84	+0.36			+0.20	−7.28	1	−0.04
	$\sum$		−7.84	+0.36	−4.56	−2.06	0.00	−14.10	−1/3	$\delta Z_A=-0.27$
B	C	−1					+0.64	+0.64	1	+0.65
	P_2	−1			+0.96	−4.46	+1.90	−1.60	1	+1.88
	P_1	−1	+3.88	−4.83			−1.40	−2.35	1	−1.39
	A	−1					−1.14	−1.14	1	−1.13
	$\sum$		+3.88	−4.83	+0.96	−4.46	0.00	−4.45	−1/4	$\delta Z_B=-0.01$
C	P_2	−1			+6.13	−7.48	+0.09	−1.26	1	+0.03
	P_1	−1	+8.26	+0.58			−0.74	+8.10	1	−0.41
	B	−1					+0.65	+0.65	1	+0.39
	$\sum$		+8.26	+0.58	+6.13	−7.48	0.00	+7.49	−1/3	$\delta Z_C=+0.26$
P_1	A	−1	−7.84	+0.36			−0.02	−7.50	1	−0.64
	B	−1	+3.88	−4.83			+0.29	−0.66	1	+0.18
	C	−1	+8.26	+0.58			+0.30	+9.14	1	+0.78
	P_2	−1	+5.07	+8.16	−5.07	−8.16	−0.56	−0.56	1	−0.33
	$\sum$		+9.37	+4.27	−5.07	−8.16	+0.01	+0.42	−1/4	$\delta Z_{P_1}=+0.11$
P_2	P_1	−1	+5.07	+8.16	−5.07	−8.16	−0.55	−0.55	1	−0.38
	B	−1			+0.96	−4.46	+1.87	−1.63	1	+1.67
	C	−1			+6.13	−7.48	−1.32	−2.67	1	−1.29
	$\sum$		+5.07	+8.16	+2.02	−20.10	0.00	−4.85	−1/3	$\delta Z_{P_2}=+8.17$

$[Pvv]=13.32$

在表 12-7 中,消去定向角未知数 δZ 后的对向误差方程式,进一步按史赖伯改化第二法则,合并为一个虚拟误差方程式。合并后的虚拟误差方程式连同和方程式一起列于表 12-8 中。

7. 权函数式的列立

P_1P_2 边边长权函数式可按(12-30)式列出:

$$\delta_{s_{P_1P_2}} = -\cos\alpha^0_{P_1P_2}\xi_{P_1} - \sin\alpha^0_{P_1P_2}\eta_{P_1} + \cos\alpha^0_{P_1P_2}\xi_{P_2} + \sin\alpha^0_{P_1P_2}\eta_{P_2}$$

即

$$\delta_{s_{P_1P_2}} = 0.849\xi_{P_1} - 0.528\eta_{P_1} - 0.849\xi_{P_2} + 0.528\eta_{P_2}$$

该边的方位角权函数式应等于该方向误差方程式去掉定向角改正数及常数项,即

$$\delta_{\alpha_{P_1P_2}} = a_{P_1P_2}\xi_{P_1} + b_{P_1P_2}\eta_{P_1} - a_{P_1P_2}\xi_{P_2} - b_{P_1P_2}\eta_{P_2}$$

也即

$$\delta_{\alpha_{P_1P_2}} = 5.072\xi_{P_1} + 8.165\eta_{P_1} - 5.072\xi_{P_2} - 8.165\eta_{P_2}$$

表 12-8

方程式	测站	目标	ξ_{P_1}	η_{P_1}	ξ_{P_2}	η_{P_2}	L	s	权 P
对向观测合并方程式	P_1	A	−7.84	+0.36			+0.09	−7.39	2
		B	+3.88	−4.83			−0.56	−1.51	2
		C	+8.26	+0.58			−0.22	+8.62	2
		P_2	+5.07	+8.16	−5.07	−8.16	−0.56	−0.56	2
	P_2	B			+0.96	−4.46	+1.88	−1.62	2
		C			+6.13	−7.48	−0.62	−1.97	2
	A	P_2			−4.56	−2.06	−0.16	−6.78	1
测站和方程式	A		−7.84	+0.36	−4.56	−2.06	0.00	−14.10	−1/3
	B		+3.88	−4.83	+0.96	−4.46	0.00	−4.45	−1/4
	C		+8.26	+0.58	+6.13	−7.84	0.00	+7.49	−1/3
	P_1		+9.37	+4.27	−5.07	−8.16	+0.01	+0.42	−1/4
	P_2		+5.07	+8.16	+2.02	−20.10	0.00	−4.85	−1/3

8. 法方程式的组成与解算

根据表 12-8 中的有关数据,便可组成法方程式。其解算过程按高斯约化法进行,其结果见表 12-9。表中 L 栏之最末尾一行数是由[Pll]经四次约化求得的[Pvv]之值,但必须注意[Pll]应由未经过约化的表 12-5 中的 l,P 值计算而得。

由表 12-9 计算得到的坐标改正数是以 dm 为单位的,将其化为以 m 为单位再加到相应的近似坐标上,于是得平差后的或然坐标,详见表 12-2。

9. 方向改正数的计算

计算方向改正数,应先求出各测站的定向角改正数 δZ_k,其公式为

$$\delta Z_k = \frac{1}{n}\{[a]\xi_k + [b]\eta_k - \sum_{i=1}^{n}(a_{ki}\xi_i + b_{ki}\eta_i)\}$$

表 12-9

ξ_{P_1}	η_{P_1}	ξ_{P_2}	η_{P_2}	L	s	f_s	s_f	f_α	s_f	Q_{1i}	Q_{2i}	Q_{3i}	Q_{4i}
263. 435	+29. 423	−72. 681	−10. 118	−15. 064	+194. 995	−0. 849	+209. 210	−5. 072	+204. 987	−1	0	0	0
	−0. 111 690	+0. 275 897	+0. 038 408	+0. 057 183	−0. 740 202	+0. 003 223	−0. 794 162	+0.019 253	−0.778 131	+0. 003 796	0	0	0
	+147. 980	−82. 271	−73. 526	−3. 909	+17. 697	+0. 528	+22. 134	−8. 165	+13. 441	0	−1	0	0
	+144. 694	−74. 153	−72. 396	−2. 227	−4. 082	+0. 622	−1. 233	−7. 599	−9. 454	+0. 111 7	−1	0	0
		+0. 512 482	+0. 500 339	+0. 015 391	+0. 028 211	−0. 004 302	+0. 631 890	+0. 052 518	+0. 065 338	−0. 000 772	+0. 006 911	0	0
		+121. 722	+8. 268	+2. 382	−22. 580	+0. 849	−24. 113	+5. 072	−19. 890	0	0	−1	0
		+63. 667	−31. 625	−2. 915	+29. 127	+0. 934	+32. 976	−0. 222	+31. 820	−0. 218 7	−0. 512 5	−1	0
			+0. 496 725	+0. 045 785	−0. 457 490	−0. 014 672	−0. 517 945	+0. 003 487	−0. 499 788	+0. 003 440	+0. 008 044	+0. 015 707	0
			+112. 910	+1. 972	+39. 506	−0. 528	+37. 006	+8. 165	+45. 699	0	0	0	−1
			+60. 590	−1. 169	+59. 421	+0. 215	+60. 805	+4. 058	+64. 648	−0. 091 2	−0. 754 9	−0. 496 7	−1
				+0. 019 294	−0. 980 706	−0. 003 549	−1.003 548	−0. 066 975	−1.066 975	+0.001 505	+0. 012 460	+0. 008 198	+0. 016 504
				+14. 355	−0. 264	0	0	0	0	$Q_{11}=$ +0. 004 8			
				+13. 303	+13. 304	−0. 019 9	−0. 020 0	−0. 769	−0. 769	$Q_{12}=$ +0. 002 1	$Q_{22}=$ +0. 020 5		
ξ_{P_1}	η_{P_1}	ξ_{P_2}	η_{P_2}							$Q_{13}=$ +0. 004 2	$Q_{23}=$ +0. 014 3	$Q_{33}=$ +0. 019 8	
+0. 067 2	+0. 053 4	+0. 055 4	+0. 019 3							$Q_{14}=$ +0.001 5	$Q_{24}=$ +0. 012 5	$Q_{34}=$ +0. 008 2	$Q_{44}=$ +0. 016 5

也就是将所求得的坐标改正数 ξ,η 代入该测站的和方程式中，再按上式求得各测站定向角改正数 δZ_k。最后，将 ξ,η 及 δZ 代入原方向误差方程式中，求出各方向改正数 v_{ki}，计算结果见表 12-7 的最后一列。

根据平差后的方向值可求得平差后的角度，根据角度及已知边长等可求出网中平差后的所有边长和方位角；也可根据平差后的坐标反算求得。这两项工作因限于篇幅，此处从略。

10. 精度评定

1) 单位权中误差的计算

单位权中误差(方向观测值中误差) m_0 按下式计算：

$$m_0 = \pm\sqrt{\frac{[Pvv]}{n-(2N_t+N_p)}}$$

本例多余观测数 $r=n-(2N_t+N_p)=17-(4+5)=8$，由高斯约化表 12-9 得 $[Pvv]=[Pll\cdot4]=13.303$ 或由 P,v 诸值直接计算作检核。表 12-7 最后一列有 $[Pvv]=13.32$，于是

$$m_0 = \pm\sqrt{\frac{13.30}{8}} = \pm1.29''$$

2) 未知数中误差 m_{x_i} 的计算

表 12-9 已算得权系数阵 Q，根据公式 $m_{x_i}=\pm m_0\sqrt{Q_{ii}}$，可计算网中所有待定点精度(单位为 dm)，于是

$$m_{xP_1}=\pm m_0\sqrt{Q_{11}}=\pm1.29\sqrt{0.0048}=\pm0.09(\text{dm})=\pm0.01(\text{m})$$

$$m_{yP_1}=\pm m_0\sqrt{Q_{22}}=\pm1.29\sqrt{0.0205}=\pm0.18(\text{dm})=\pm0.02(\text{m})$$

$$m_{xP_2}=\pm m_0\sqrt{Q_{33}}=\pm1.29\sqrt{0.0198}=\pm0.18(\text{dm})=\pm0.02(\text{m})$$

$$m_{yP_2}=\pm m_0\sqrt{Q_{44}}=\pm1.29\sqrt{0.0165}=\pm0.17(\text{dm})=\pm0.02(\text{m})$$

点位中误差为

$$M_{P_1}=\pm\sqrt{m_{xP_1}{}^2+m_{yP_1}}=\pm\sqrt{0.0005}=\pm0.02(\text{m})$$

$$M_{P_2}=\pm\sqrt{m_{xP_2}{}^2+m_{yP_1}{}^2}=\pm\sqrt{0.0008}=\pm0.03(\text{m})$$

3) 未知数函数(边长与坐标方位角)中误差的计算

由表 12-9 中的计算结果，查得 $s_{P_1P_2}$ 边长的权倒数 $1/P_{s_{12}}=0.0199$，因此其边长中误差为

$$m_{s_{P_1P_2}}=\pm m_0\sqrt{\frac{1}{P_{s_{12}}}}=\pm1.29\sqrt{0.0199}$$

$$=\pm0.18(\text{dm})=\pm0.02(\text{m})$$

同样地，在表 12-9 中查得 P_1P_2 边的方位角权倒数 $1/P_{\alpha_{12}}=0.769$，由此得方位角中误差为

$$m_{\alpha_{P_1P_2}}=\pm m_0\sqrt{\frac{1}{P_{\alpha_{12}}}}=\pm1.29\sqrt{0.769}=\pm1.13''$$

12.5 测边网间接平差教学程序及算例

对于设计电算程序来讲，测边网平差是较为简单的，但其程序设计流程和原理同最复杂的

边角混合网具有许多共同点,因而本节选取测边网间接平差程序作为教学目的,这有助于初学者理解和掌握测量控制网平差程序设计的基本技巧、算法和数据流程。而在 12.7 节中将给出边角混合网的程序设计实例,以满足进一步提高和生产实际的需要。

12.5.1 程序功能

本程序采用 FORTRAN 语言编写,平差元素为水平距离观测值,起算数据为已知点坐标,适用于纯测边网的平差计算和精度评定工作。该程序的主要目的是讲解平差程序设计的主要过程和技巧。程序内容主要有误差方程模块、法方程模块、求逆模块、精度评定模块、结果输出模块等。

12.5.2 变量说明

1. 控制参数变量

NO:已知点个数

NP:网中总点数

NS:观测边总数

MA:测边固定误差(mm)

MB:测边比例误差(mm/km)

MO:单位权中误差

N1:坐标未知数个数

N2:法方程系数阵下三角元素个数

2. 主要数组变量

X(*NP*)、*Y*(*NP*):已知点坐标和待定点近似坐标,单位为 m

LS(*NS*):边长观测值数组,单位为 m

SB(*NS*):边长观测值的端点信息数组

C(*N2*):法方程系数阵下三角元素数组,求逆后存放协因数元素

W(*N1*):法方程常数项数组

XX(*N1*):坐标未知数数组,单位为 cm

H(*N1*):求逆辅助数组

3. 误差方程有关变量

I1、*I2*:观测边两端点号

DX、*DY*:*I1*,*I2* 两点间坐标增量

SS:*I1*、*I2* 两点间的近似边长

P:边长观测值的权

L0:误差方程常数项,单位为厘米

B(1)~*B*(4):误差方程系数

IB(1)~*IB*(4):*B*(1)~*B*(4)对应的未知数序号

4. 精度评定有关变量

MM:根据 $L^{T}PL+\delta X^{T}B^{T}PL$ 求得的验后单位权中误差

$MM1$:根据$[Pvv]$求得的验后单位权中误差

R:多余观测数

QX,MX:待定点 X 坐标平差值的协因数和中误差

QY,MY:待定点 Y 坐标平差值的协因数和中误差

QS,MS:边长平差值的权倒数和中误差

$S,S1$:边长平差值及相对中误差

12.5.3 数据准备

起算数据和观测数据全部以数据文件方式存于磁盘上,可用任何一个编辑软件形成该文件,文件名称为 NET.INP。文件结构为

A,B,MO

NO,NP,NS

$I,X(I),Y(I)$

$I,LS(I),SB(I)$

其中,$X(1)\sim X(NO)$,$Y(1)\sim Y(NO)$为已知点坐标;

$X(NO+1)\sim X(NP)$,$Y(NO+1)\sim Y(NP)$为待定点近似坐标;

$LS(1)\sim LS(NS)$为边长观测值;

$SB(1)\sim SB(NS)$为边长观测值的端点信息,其形式为×××.×××,前 3 位为起点点号,后 3 位为终点点号,终点点号不足 3 位时用零紧接小数点补齐。

12.5.4 程序运行与成果输出

将源程序编译、连接后生成的可执行程序为 NET.EXE,在系统状态下键入程序名开始运行程序,运行结果存于数据文件 NET.OUT 中。

(1)在标题“====BEGINING IFORMATION====”下输出全部初始输入数据,它包括:

$NO,NP,NS,N1,N2,MA,MB,MO$;

已知点坐标(KNOWN-POINT COORDINATES);

待定点近似坐标(UNKNOWN-POINT APPOXIMATE COORDINATES);

边长观测值(HORIZONTAL-DISTANCE MEASUREMENTS)。

(2)在标题“====ADJUSTED RESULTS====”下输出全部平差结果,包括:

待定点坐标平差值(UNKNOWN-POINT ADJUSTED COORDINA TES);

以 MM 和 MM1 分别输出按不同公式计算的验后单位权中误差;

待定点坐标平差值的中误差和点位中误差(POINT-POSITION PRECISION);

边长改正数、边长平差值及其中误差和相对中误差(ADJUSTED DISTANCE AND PRECISION)。

12.5.5 主要算法和数据结构

1. 误差方程的组成

设有边 ik,如图 12-6。其边长的误差方程纯量形式为

$$v_{ki} = C_{ki}\delta x_k + D_{ki}\delta y_k - C_{ki}\delta x_i - D_{ki}\delta y_i + l_{ki} \quad 权\ P_{ki} \tag{12-88}$$

电算中该式最容易理解的形式为

$$v_{ki} = B(1) \cdot XX(1) + B(2) \cdot XX(2) + \cdots + B(N1)XX(N1) + L \quad 权\ P \tag{12-89}$$

但(12-89)式不是最优的,因 $B(1) \sim B(N1)$ 中最多只有 4 项不为零,其他全为零,因而只需定义一个 4 阶的数组 $B(4)$,再定义一个 4 阶的数组 $IB(4)$ 记录与 $B(4)$ 相对应的未知数的序号就可确定任意一个误差方程,其形式为

$$\begin{aligned} v_{ki} = {} & B(1) \cdot XX(IB(1)) + B(2) \cdot XX(IB(2)) + \\ & B(3) \cdot XX(IB(3)) + B(4) \cdot XX(IB(4)) + L \end{aligned} \tag{12-90}$$

(12-90)式优于(12-89)式,其优点是占用元素少,不对零元素进行运算,组成法方程时运算速度快。式中各符号的意义为

$$B(1) = -\Delta x_{ki}^0 / s_{ki}^0$$

$$B(2) = -\Delta y_{ki}^0 / s_{ki}^0$$

$$B(3) = \Delta x_{ki}^0 / s_{ki}^0$$

$$B(4) = \Delta y_{ki}^0 / s_{ki}^0$$

$$IB(1) = 2(k-NO)-1$$

$$IB(2) = 2(k-NO)$$

$$IB(3) = 2(i-NO)-1$$

$$IB(4) = 2(i-NO)$$

$$L = (s_{ki}^0 - s_{ki}) \cdot 100$$

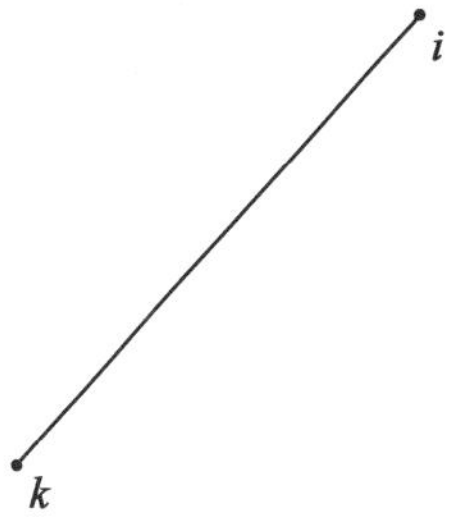

图 12-6

$$P = MO^2/(MA/10 + MB \cdot s_{ki}/10^4)^2$$

本程序采用(12-90)式作为程序设计误差方程的数学模型。

2. *法方程的组成*

间接平差中误差方程的形式为

$$\boldsymbol{B}^{\mathrm{T}}\boldsymbol{PB} \cdot XX + \boldsymbol{B}^{\mathrm{T}}\boldsymbol{PL} = \boldsymbol{0} \tag{12-91}$$

从程序设计方面来考虑,欲形成这一法方程,一种方法是利用误差方程模型(12-89)式,将所有的误差方程系数存放到一个二维矩阵 $B(NS, N1)$ 中,再按矩阵运算规律形成 $B^{\mathrm{T}}PB$ 和 $B^{\mathrm{T}}PL$,从而组成法方程。该法组成法方程简单明了,易于实现,与手工计算时步骤相同。但该法需要存放二维系数阵 $B(NS, N1)$,这将占用大量内存空间,从而使得程序的解算容量受到限制,对于微机和袖珍机来讲,这种方法有很大的局限性。在此介绍一种节省空间的法方程组成方法,即累加法组成一维下三角法方程系数阵。

对于 $\boldsymbol{B}^{\mathrm{T}}\boldsymbol{PB}$ 和 $\boldsymbol{B}^{\mathrm{T}}\boldsymbol{PL}$ 可进一步写为

$$\left.\begin{aligned} \boldsymbol{B}^{\mathrm{T}}\boldsymbol{PB} &= \boldsymbol{B}_1^{\mathrm{T}}\boldsymbol{P}_1\boldsymbol{B}_1 + \boldsymbol{B}_2^{\mathrm{T}}\boldsymbol{P}_2\boldsymbol{B}_2 + \cdots + \boldsymbol{B}_{ns}^{\mathrm{T}}\boldsymbol{P}_{ns}\boldsymbol{B}_{ns} \\ \boldsymbol{B}^{\mathrm{T}}\boldsymbol{PL} &= \boldsymbol{B}_1^{\mathrm{T}}\boldsymbol{P}_1\boldsymbol{L}_1 + \boldsymbol{B}_2^{\mathrm{T}}\boldsymbol{P}_2\boldsymbol{L}_2 + \cdots + \boldsymbol{B}_{ns}^{\mathrm{T}}\boldsymbol{P}_{ns}\boldsymbol{L}_{ns} \end{aligned}\right\} \tag{12-92}$$

由该式可知,法方程是由各个误差方程依次累加形成的,第 1 个误差方程形成 $\boldsymbol{B}_1^{\mathrm{T}}\boldsymbol{P}_1\boldsymbol{B}_1$、$\boldsymbol{B}_1^{\mathrm{T}}\boldsymbol{P}_1\boldsymbol{L}_1$ 后,它的作用就完成了;再用同一组变量组成第 2 个误差方程,同样将其累加到法方程中去,依次类推,直到最后一个误差方程。这种形成法方程的方法称为“累加法”,其优点是不必组成所有的误差方程系数 $B(NS, N1)$ 后再组成法方程,而是组成一个误差方程之后,立即将其累加

到法方程中去,从而大大节省了内存空间。

3. *法方程系数阵的一维存放结构*

法方程的系数阵为一个对称的方阵,若记

$$\boldsymbol{B}^{\mathrm{T}}\boldsymbol{PB}=\begin{bmatrix} A(1,1) & & & & \\ A(2,1) & A(2,2) & & \text{对称} & \\ A(3,1) & A(3,2) & \boldsymbol{A}(3,3) & & \\ \vdots & \vdots & \vdots & & \\ A(\boldsymbol{N}1,1) & A(\boldsymbol{N}1,2) & \boldsymbol{A}(\boldsymbol{N}1,3) & \cdots & \boldsymbol{A}(\boldsymbol{N}1,\boldsymbol{N}1) \end{bmatrix}$$

则可以用二维数组 $A(N1,N1)$ 来存放这一系数阵,这种存放结构称为二维存放。由于法方程系数阵是对称矩阵,针对这一特点,可以定义一个一维数组只存放其下三角元素,从而节省出上三角对称元素所占用的空间,这种存放结构称为一维存放。

要实现一维存放的关键是找到一维数组下标同二维数组下标之间的对应关系。若记一维数组为 $C(N2)$,则应有

$$\begin{bmatrix} C(1) \\ C(2) \\ C(3) \\ \vdots \\ C(k) \\ \vdots \\ C(N2) \end{bmatrix} \leftrightarrow \begin{bmatrix} A(1,1) \\ A(2,1) \\ A(2,2) \\ \vdots \\ A(I,J) \\ \vdots \\ A(N1,N1) \end{bmatrix}$$

这一对应关系用函数关系或可表示为

$$\left.\begin{aligned} &C(k)=A(I,J) \\ &k=f(I,J)=\frac{1}{2}(I-1)I+J \quad (I \geqslant J) \end{aligned}\right\} \tag{12-93}$$

根据这一公式,在组成法方程系数阵时,直接由误差方程采用累加法形成一维存放的系数阵,比用二维存放节省的元素个数为

$$N1^{2}-\frac{1}{2}N1(N1+1)=\frac{1}{2}N1(N1-1)$$

设可用自由空间为 500k,二维存放只能解算约 170 点的控制网;而一维存放可解算约 250 点的控制网,因而一维存放对于大型控制网的解算具有重要意义。

4. *法方程解算*

本程序中采用一维原地求逆法解算法方程。由于采用了一维结构,求逆过程比较复杂,只要清楚该模块的入口和出口数据即可。

5. *精度评定*

1) $\boldsymbol{V}^{\mathrm{T}}\boldsymbol{PV}$ 的计算

程序中采用两种公式计算 $V^{\mathrm{T}}\boldsymbol{PV}$,以达到检核的目的:

$$[\boldsymbol{P}vv]_1=\boldsymbol{L}^{\mathrm{T}}\boldsymbol{PL}+\delta\boldsymbol{x}^{\mathrm{T}}\cdot\boldsymbol{B}^{\mathrm{T}}\boldsymbol{PL}$$

$$[\boldsymbol{P}vv]_2=\boldsymbol{P}_1 v_1{}^2+\boldsymbol{P}_2 v_2{}^2+\cdots+\boldsymbol{P}_{ns} v_{ns}{}^2$$

验后单位权中误差为

$$MM=\sqrt{[\boldsymbol{P}vv]_1/R}$$

$$MM_1=\sqrt{[\boldsymbol{P}vv]_2/R}$$

$$R=NS\text{-}N1$$

2)平差值中误差

未知数的协因数阵存于 $C(N2)$ 中,据此可求出各有关量的精度指标。

$$MX_i=MM\cdot\sqrt{Q_{x_ix_i}}$$

$$MY_i=MM\cdot\sqrt{Q_{y_iy_i}}$$

$$Ms_{ki}=MM\cdot\sqrt{Q_{s_{ki}}}$$

$$Q_{x_ix_i}=C(k_1)$$

$$Q_{y_iy_i}=C(k_2)$$

$$k1=\frac{1}{2}\cdot I1\cdot(I1-1)+I1$$

$$k2=\frac{1}{2}\cdot I2\cdot(I2-1)+I2$$

$$I1=2(I-N0)-1$$

$$I2=2(I-N0)$$

12.5.6 程序框图

(1)总框图见图 12-7。

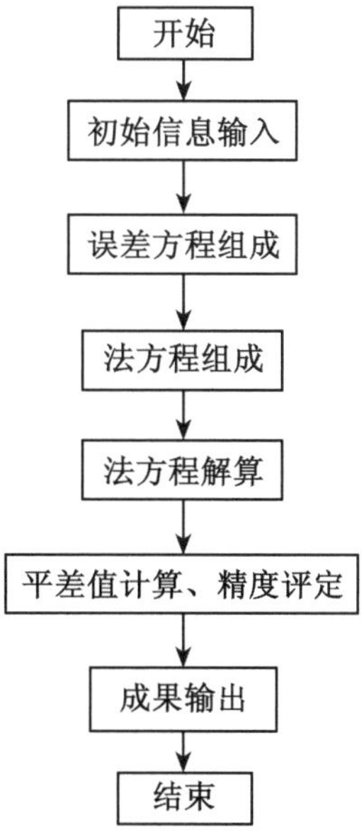

图 12-7

(2)细框图见图 12-8。

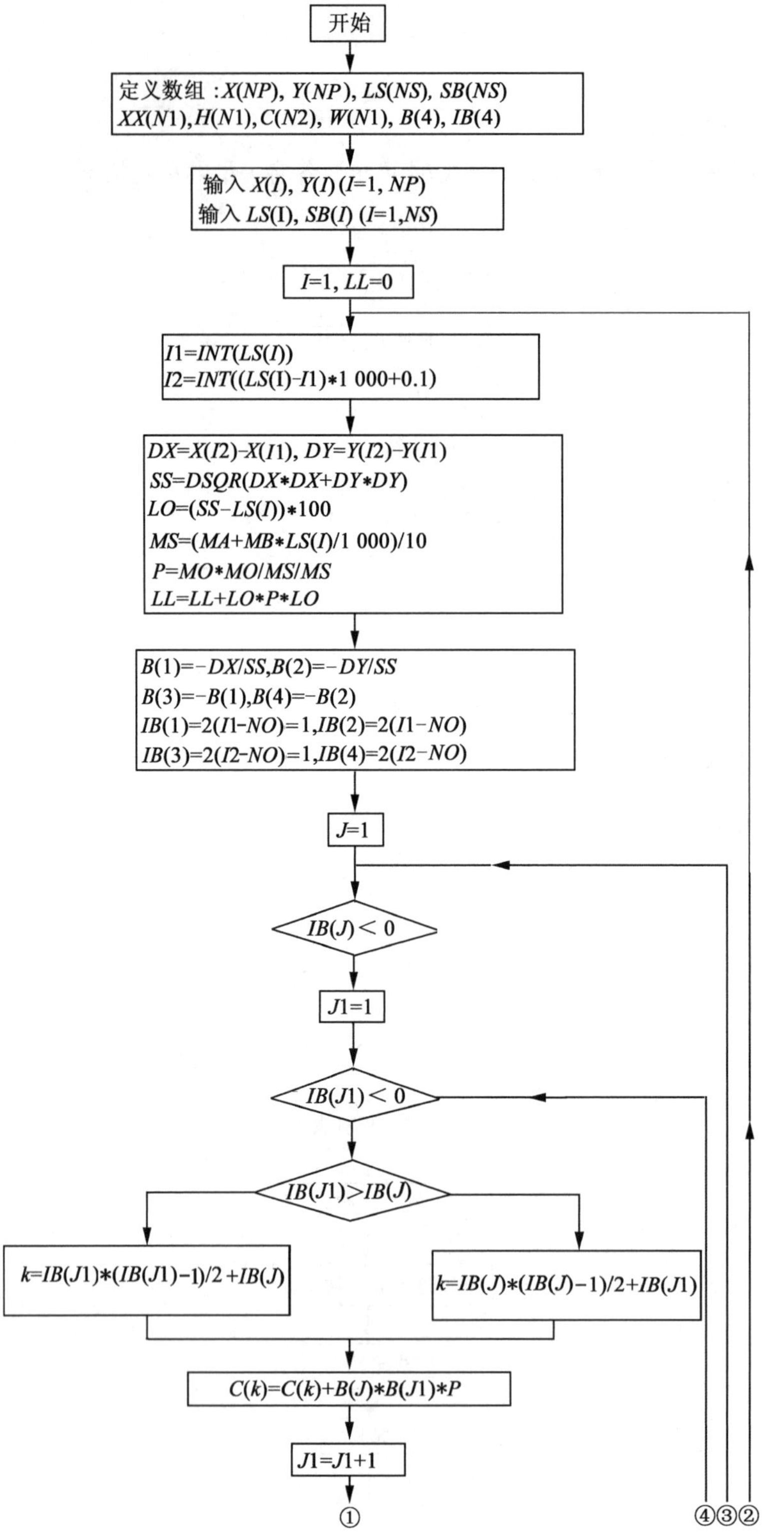
开始
定义数组：X(NP), Y(NP), LS(NS), SB(NS)
XX(N1),H(N1),C(N2), W(N1), B(4), IB(4)
输入 X(I), Y(I) (I=1, NP)
输入 LS(I), SB(I) (I=1,NS)
I=1, LL=0
I1=INT(LS(I))
I2=INT((LS(I)-I1)*1 000+0.1)
DX=X(I2)-X(I1), DY=Y(I2)-Y(I1)
SS=DSQR(DX*DX+DY*DY)
LO=(SS-LS(I))*100
MS=(MA+MB*LS(I)/1 000)/10
P=MO*MO/MS/MS
LL=LL+LO*P*LO
B(1)=-DX/SS,B(2)=-DY/SS
B(3)=-B(1),B(4)=-B(2)
IB(1)=2(I1-NO)=1,IB(2)=2(I1-NO)
IB(3)=2(I2-NO)=1,IB(4)=2(I2-NO)
J=1
IB(J)< 0
J1=1
IB(J1)< 0
IB(J1)>IB(J)
k=IB(J1)*(IB(J1)-1)/2 +IB(J)
k=IB(J)*(IB(J)-1)/2+IB(J1)
C(k)=C(k)+B(J)*B(J1)*P
J1=J1+1
①
④③②

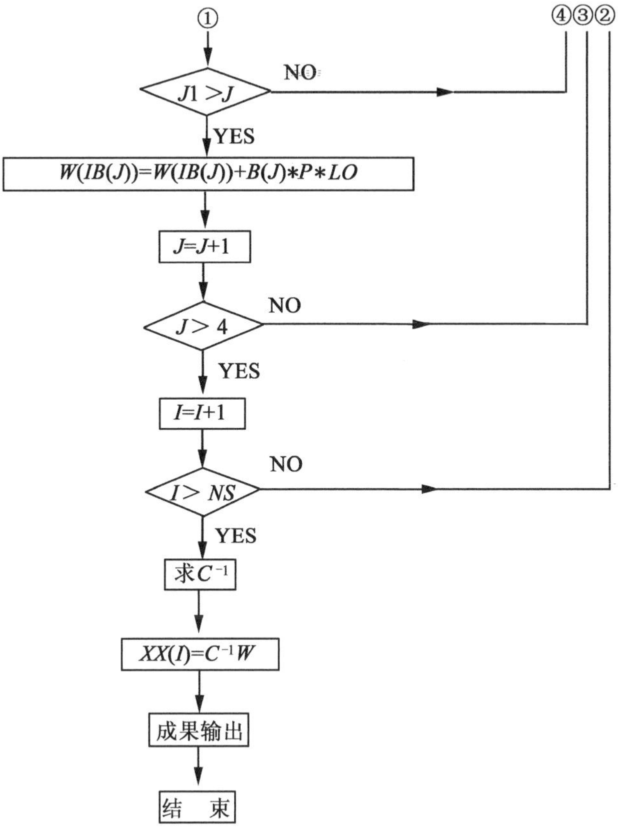

图 12-8

12.5.7 测边网电算平差算例

有一测边网，如图 12-9 所示，测距精度为 $5\text{mm}+2\times10^{-6}$。现对该网利用上述程序进行平差。已知数据和平差结果如下。

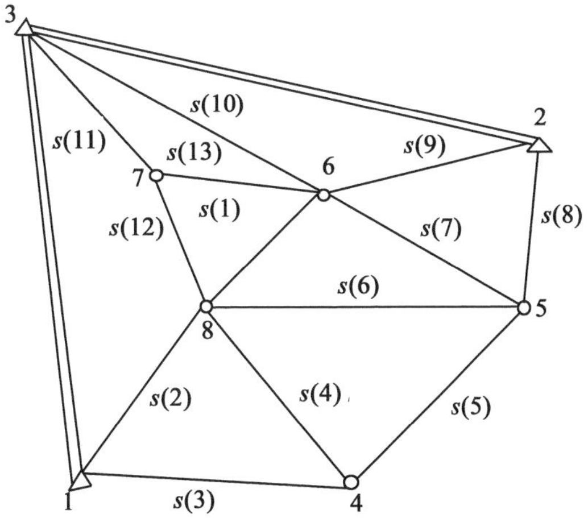

图 12-9

1. 输入数据

(1)控制参数(表 12-10);(2)已知坐标和近似坐标(表 12-11);(3)边长观测值(表 12-12)。

表 12-10

NO	3	*MA*	5
NP	8	*MB*	2
NS	13	*MO*	5

表 12-11

点　号	X/m	Y/m
1	210. 000	320. 000
2	837. 770	1 418. 311
3	1 238. 820	226. 677
4	209. 993	924. 740
5	449. 519	1 190. 778
6	793. 401	870. 100
7	879. 417	497. 499
8	570. 340	622. 374

表 12-12

序　号	LS(I)/m	SB(I)
1	333. 353	008. 006
2	470. 411	008. 001
3	604. 740	004. 001
4	470. 399	004. 008
5	357. 974	004. 005
6	581. 103	008. 005
7	470. 201	006. 005
8	450. 011	005. 002
9	550. 004	006. 002
10	782. 554	003. 006
11	449. 996	003. 007
12	333. 350	007. 008
13	382. 400	007. 006

2. 平差结果

==== BEGINNING INFORMATION ====

NO=3 NP=8 NS=13 N1=10 N2=55 A=5.0 B=2.0 MO=1.00

No.	X(m)	Y(m)
(KNOWN-POINT COORDINATS)		
1	210.000	320.000
2	837.770	1 418.311
3	1 238.820	226.677
(UNKNOWN-POINT APPOXIMATE COORDINATS)		
4	209.993	924.740
5	449.519	1 190.778
6	793.401	870.100
7	879.417	497.499
8	570.340	622.374

HORIZONTAL-DISTANCE MEASUREMENTS

No.	LS(m)	SB
1	333.353	806
2	470.411	108
3	604.740	104
4	470.399	408
5	357.974	405
6	581.103	805
7	470.201	505
8	450.011	502
9	550.004	602
10	782.554	306
11	449.996	307
12	333.350	708
13	382.400	706

===ADJUSTMENT RESULT===

No.	XX(m)	YY(m)
(KNOWN-POINT COORDINATS)		
1	210.000	320.000
2	837.770	1 418.311
3	1 238.820	226.677
(UNKNOWN-POINT ADJUSTED COORDINATSS)		
4	210.008	924.736
5	449.524	1 190.773
6	793.411	870.102
7	879.441	497.503
8	570.358	622.371

MM = 0.87cm

No.	MX(cm)	MY(cm)	MP(cm)
4	.69	.46	.83
5	.51	.48	.70
6	.59	.38	.70
7	.76	.73	1.05
8	.51	.47	.69

ADJUSTED-DISTANCE & ITS PRECISION

No.	LS(m)	VS(cm)	SS(m)	MS(cm)	SS/MS
1	333.353	-.19	333.351 1	.45	74 100
2	470.441	-.04	470.410 6	.43	110 400
3	604.740	-.35	604.736 5	.46	131 300
4	470.399	.22	470.401 2	.49	96 500
5	357.974	-.23	357.9717	.46	77 400
6	581.103	.13	581.104 3	.50	116 400
7	470.201	-.04	470.200 6	.48	98 900
8	450.011	-.18	450.009 2	.45	100 400
9	550.004	-.28	550.001 2	.39	140 100
10	782.554	-.39	782.550 1	.42	186 500
11	449.996	.41	450.000 1	.42	106 900
12	333.350	.30	333.353 0	.44	74 900
13	382.400	.13	382.401 3	.49	77 400

MM1 = .87cm

××××END××××

12.6 边角网间接平差程序及算例

12.6.1 程序功能

本程序采用附有条件的间接平差模型，利用 Quick BASIC 语言编写，在 IBM-PC 机上调试通过。程序以概算后的方向、边长观测值、近似坐标，固定方位角和基线为平差元素，适合于各种控制网(三角网、测边网、边角网、导线网、混合网)的平差计算和精度评定工作，其在 640k 内存上的解算容量为 250 点的任意控制网。平差结果包括坐标平差值、方位角和边长平差值。精度评定有点位中误差、方位角和边长中误差、点位误差椭圆、相对误差椭圆、边长相对精度等。

12.6.2 数据准备

1. 控制点编号

已知点编号为 1~*NO*，未知点编号为 *NO*+1~*NP*，各点坐标存入数组 *X*(*NP*)，*Y*(*NP*)中。

2. 方向观测值

方向观测值以测站为单元，各测站内从零方向开始按顺时针方向顺次编号，全部方向观测值存入数组 *L*(*NL*)中，各方向观测值的测站点和照准点分别用整型数组 *DL*1(*NL*)，*DL*2(*NL*)

存放，各测站零方向对应的序号用数组 $D(I)$ 存放，$D(I)$ 由程序自动产生，其作用是确定各个测站上的方向观测个数和方向观测值对应的序号，各个方向值的精度指标用数组 $M(NL)$ 存放，可以处理不等精度观测值的联合平差问题。

3. 边长观测值

观测边的编号为 $1\sim NS$，全部边长观测值存入数组 $S(NS)$ 中，各观测边的端点信息分别用整型数组 $DS1(NS)$，$DS2(NS)$ 存放，其固定误差和比例误差分别用数组 $MA(NS)$，$MB(NS)$ 存放。

4. 固定方位角和基线

固定方位角和基线用数组 $R(NR)$ 存放，其两端点点号用数组 $DR1(NR)$，$DR2(NR)$ 存放。为了区分方位角和基线，定义了一个标记数组 $DRO(NR)$，对于方位角其值为1，对于基线其值为2。

12.6.3 变量说明

1. 控制参数变量

NO：已知点个数

NP：控制网总点数

NL：方向观测值总数

NS：边长观测值总数

NR：已知方位角和基线总数

MO：单位权中误差

XE：平差迭代限值

XF：$XF=0$ 采用验前中误差，$XF=1$ 采用验后中误差

$N1$：坐标未知数个数

$N2$：法方程系数阵下三角元素个数

$KK1$，$KK2$：法方程系数阵准二维数组下界

NZ：方向观测设站数

2. 主要数组变量

$X(NP)$，$Y(NP)$：坐标数组

$L(NL)$：方向观测值

$DL1(NL)$，$DL2(NL)$：$L(NL)$ 对应的测站和目标点号

$M(NL)$：$L(NL)$ 的中误差

$D(NZ)$：各测站零方向对应的序号

$S(NS)$：边长观测值

$DS1(NS)$，$DS2(NS)$：$S(NS)$ 对应的端点号

$MA(NS)$，$MB(NS)$：$S(NS)$ 对应的固定误差和比例误差

$R(NR)$：已知方位角和基线值

$DR1(NR)$，$DR2(NR)$：$R(NR)$ 对应的端点号

$DRO(NR)$：$R(NR)$ 的标记数组（1——方位角，2——基线）

$C(KK1,KK2)$：法方程系数阵准二准数组

$W(N1)$：法方程常数项数组

$XX(N1)$：坐标未知数数组

$H(N1)$：和方程、求逆辅助数组

12.6.4 输入输出文件说明

文件名的构成方法是：
输入文件名=网名+*IN*? .TXT
输出文件名=网名+*RE*? .TXT
设网名为：NET，则有：
NETIN0. TXT——控制参数输入文件，格式为：*NO*，*NP*，*NL*，*NS*，*NR*，*ML*，*XE*，*XF*
NETIN1. TXT——已知方位角和基线文件：*DR*0(*I*)，*DR*1(*I*)，*DR*2(*I*)，*R*(*I*)
NETIN2. TXT——已知坐标和近似坐标文件：*I*，*X*(*I*)，*Y*(*I*)
NETIN3. TXT——方向观测值文件：*DL*1(*I*)，*LD*2(*I*)，*L*(*I*)，*M*(*I*)
NETIN4. TXT——边长观测值文件：*DS*1(*I*)，*DS*2(*I*)，*S*(*I*)，*MA*(*I*)，*MB*(*I*)
NETRE1. TXT——平差结果文件，内容有：

KNOWN INFORMATION(已知信息)
MEASUREMENTS OF DIRECTIONS(方向观测值)
MEASUREMENTS OF DISTANCES(边长观测值)
FIXED BASELINE & AZIMUTH(已知基线和方位角)
FIXED POINT COORDINATES(已知坐标)
APPROXIMATE COORDINATES(近似坐标)
ML，MO，PVV，NT(精度指标)
ADJUSTED RESULTS OF DIRECTIONS(方向平差值)
ADJUSTED RESULTS OF DISTANCES(边长平差值)
ADJUSTED COORDINATES(坐标平差值)
RELATIVE ACCURACY(相对精度)
RELATIVE ERROR ELLIPSE FOR ANY TWO POINTS
(任意两点的相对误差椭圆参数)

12.6.5 主要算法和数据结构

1. 组成误差方程

边长误差方程模型同(12-90)式，方向观测值误差方程的一般形式为

$$v_{ki} = -\zeta_k + a_{ki}\delta x_k + b_{ki}\delta y_k - a_{ki}\delta x_i - b_{ki}\delta y_i + l_{ki} \qquad \text{权 } P_{ki} \tag{12-94}$$

采用史赖伯法则消去定向角未知数后的误差方程及和方程为

$$v_{ki} = a_{ki}\delta x_k + b_{ki}\delta y_k - a_{ki}\delta x_i - b_{ki}\delta y_i + l_{ki} \qquad \text{权 } P_{ki} \tag{12-95}$$

$$v_k = [Pa]_{ki}\delta x_k + [Pb]_{ki}\delta y_k - \sum_i P_{ki}a_{ki}\delta x_i - \sum_i P_{ki}b_{ki}\delta y_i + [Pl]_{ki} \qquad \text{权}\frac{1}{[P]} \tag{12-96}$$

其中：$a_{ki} = \dfrac{\Delta y_{ki}^0 \cdot \rho''}{(s_{ki}^0 \cdot 100)^2}$，$b_{ki} = \dfrac{\Delta x_{ki}^0 \cdot \rho''}{(s_{ki}^0 \cdot 100)^2}$， $l_{ki} = \alpha_{ki}^0 - (Z_k^0 + L_{ki})$， $P_{ki} = m_0{}^2/m_{ki}{}^2$， $[P] = \sum_i P_{ki}$，Z_k^0 为零方向方位角近似值(定向角初值)。

2. 条件方程模型

坐标方位角条件方程为

$$a_{ki}\delta x_k + b_{ki}\delta y_k - a_{ki}\delta x_i - b_{ki}\delta y_i + w_{ki} = 0 \tag{12-97}$$

$$w_{ki} = \alpha_{ki}^0 - \alpha_{ki}$$

基线条件方程为

$$c_{ki}\delta x_k + d_{ki}\delta y_k - c_{ki}\delta x_i - d_{ki}\delta y_i + w_{s_{ki}} = 0 \tag{12-98}$$

$$w_{s_{ki}} = (s_{ki}^0 - s_{ki}) \cdot 100$$

3. 组成法方程

$$\left.\begin{aligned} &\boldsymbol{B}^{\mathrm{T}}\boldsymbol{PB}\cdot XX + \boldsymbol{A}_x^{\mathrm{T}}k + \boldsymbol{B}^{\mathrm{T}}\boldsymbol{PL} = \boldsymbol{0} \\ &\boldsymbol{A}_x k + \boldsymbol{w} = \boldsymbol{0} \end{aligned}\right\} \tag{12-99}$$

组成方法采用 12.5.5 小节所述的累加法。

4. 法方程系数阵下三角元素的二维存放结构

如 12.5.5 小节所述,采用一维存放结构,对于大型控制网可以节省大量的内存空间,从而增强程序的解算能力。但 Quick BASIC 语言中一维数组的最大下标限制为 32 767,而大型控制网法方程系数阵中下三角元素的数且远大于 32 767,例如 250 个待定点构成的控制网对应的法方程下三角元素个数为 125 250(未包括条件式和定向角未知数部分)。为了解决这一矛盾,可采用一个二维数组来存放法方程系数阵的下三角元素,该二维数组应满足的条件是其元素总数应等于法方程系数阵下三角元素的个数。设该数组为 $c(kk1, kk2)$,则应有

$$N2 = \frac{1}{2}\cdot N1 \cdot (N1 + 1) = kk1 \cdot kk2 \tag{12-100}$$

由(12-100)式可得

$$\left.\begin{aligned} &kk1 = \mathrm{INT}(N1/2) \qquad N1\text{ 为偶数} \\ &kk2 = N1 + 1 \end{aligned}\right\} \tag{12-101}$$

$$\left.\begin{aligned} &kk1 = \mathrm{INT}[(N1 + 1)/2] \qquad N1\text{ 为奇数} \\ &kk2 = N1 \end{aligned}\right\} \tag{12-102}$$

根据误差方程采用累加法组成法方程,不管采用何种存放结构,关键是找到误差方程系数同法方程系数阵元素下标之间的对应关系。二维对称矩阵全部元素按二维方阵存放时下标同一维下三角元素数组下标的对应关系为(12-93)式。此处进一步给出一维下三角元素下标同下三角元素按非对称二维存放时元素下标的对应关系:

$$\left.\begin{aligned} &\boldsymbol{C}(k) = \boldsymbol{c}(k1, k2) \\ &k1 = \mathrm{INT}(k/kk2) + 1 \\ &k2 = k - (k1 - 1)\cdot kk2 \end{aligned}\right\} \tag{12-103}$$

如图 12-10 所示,设某方向测站点为 k,照准点为 i,则该方向观测值对应的误差方程系数及对应的未知数序号分别为

$B(1) = \Delta y_{ki}^0 \rho''/(s_{ki}^0 \cdot 100)^2$,

$B(2) = -\Delta x_{ki}^0 \rho''/(s_{ki}^0 \cdot 100)^2$,

$B(3) = -B(1)$,

$B(4) = -B(2)$,

$IB(1) = 2(k-NO)-1$,

$IB(2) = 2(k-NO)$,

$IB(3) = 2(i-NO)-1$,

$IB(4) = 2(i-NO)$.

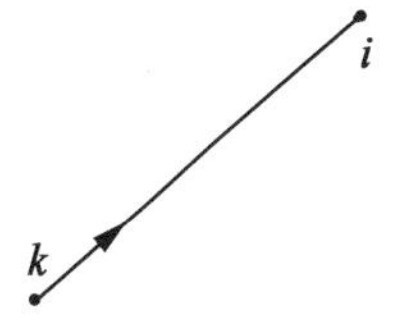

图 12-10

该误差方程系数累加到法方程系数阵 $\boldsymbol{c}(k1, k2)$ 中对应的元素时,其下标为

$$\left.\begin{aligned} k1 &= \mathrm{INT}(k/kk2) + 1 \\ k2 &= k - (k1 - 1) * kk2 \end{aligned}\right\}$$

$$\begin{cases} k = \dfrac{1}{2}I(I-1) + J & (I \geqslant J) \\ k = \dfrac{1}{2}J(J-1) + I & (I < J) \end{cases} \begin{pmatrix} I = IB(1) & TO & JB(4) \\ J = I & TO & IB(4) \end{pmatrix}$$

这一关系式的另一用途是当进行精度评定时，从逆阵中获取所需要的元素。例如求第 i 点 x 坐标中误差 m_x 的有关公式为

$$J=2(I-NO)-1$$

$$k=\frac{1}{2}J(J-1)+J$$

$$k1=\mathrm{INT}(k/kk2)+1$$

$$k2=k-(k1-1) * kk2$$

$$Q_{x_kx_k}=c(k1,k2)$$

$$m_{x_k}=m_0\sqrt{Q_{x_kx_k}}$$

12.6.6 程序框图

(1)总框图见图 12-11。

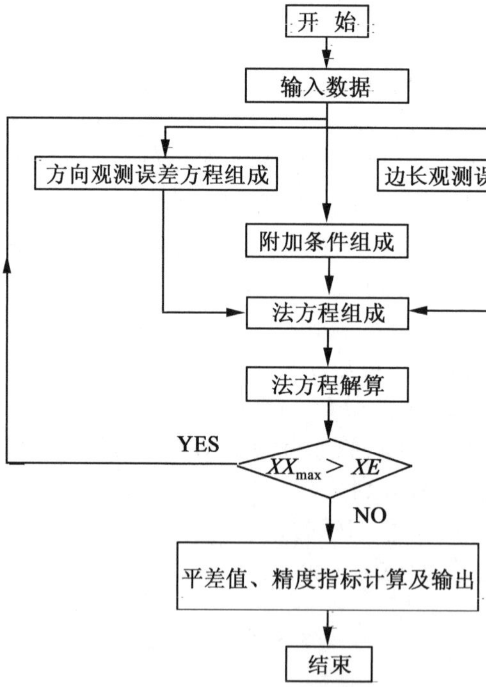

图 12-11

(2)细框图见图 12-12。

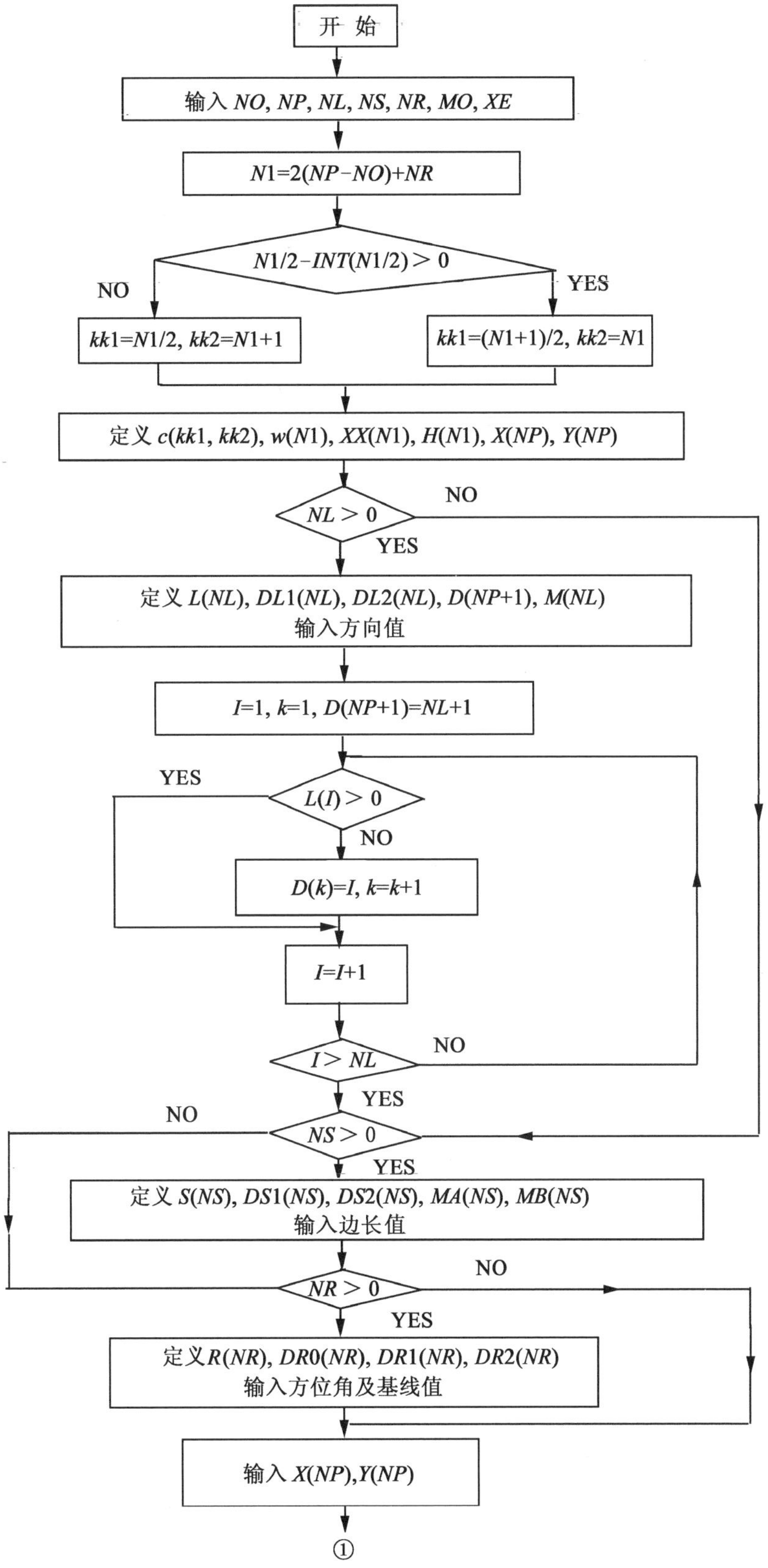

开 始
输入 NO, NP, NL, NS, NR, MO, XE
N1=2(NP−NO)+NR
N1/2−INT(N1/2)＞0
NO
YES
kk1=N1/2, kk2=N1+1
kk1=(N1+1)/2, kk2=N1
定义 c(kk1, kk2), w(N1), XX(N1), H(N1), X(NP), Y(NP)
NL＞0
NO
YES
定义 L(NL), DL1(NL), DL2(NL), D(NP+1), M(NL)
输入方向值
I=1, k=1, D(NP+1)=NL+1
YES
L(I)＞0
NO
D(k)=I, k=k+1
I=I+1
I＞NL
NO
YES
NO
NS＞0
YES
定义 S(NS), DS1(NS), DS2(NS), MA(NS), MB(NS)
输入边长值
NR＞0
NO
YES
定义R(NR), DR0(NR), DR1(NR), DR2(NR)
输入方位角及基线值
输入 X(NP),Y(NP)
①

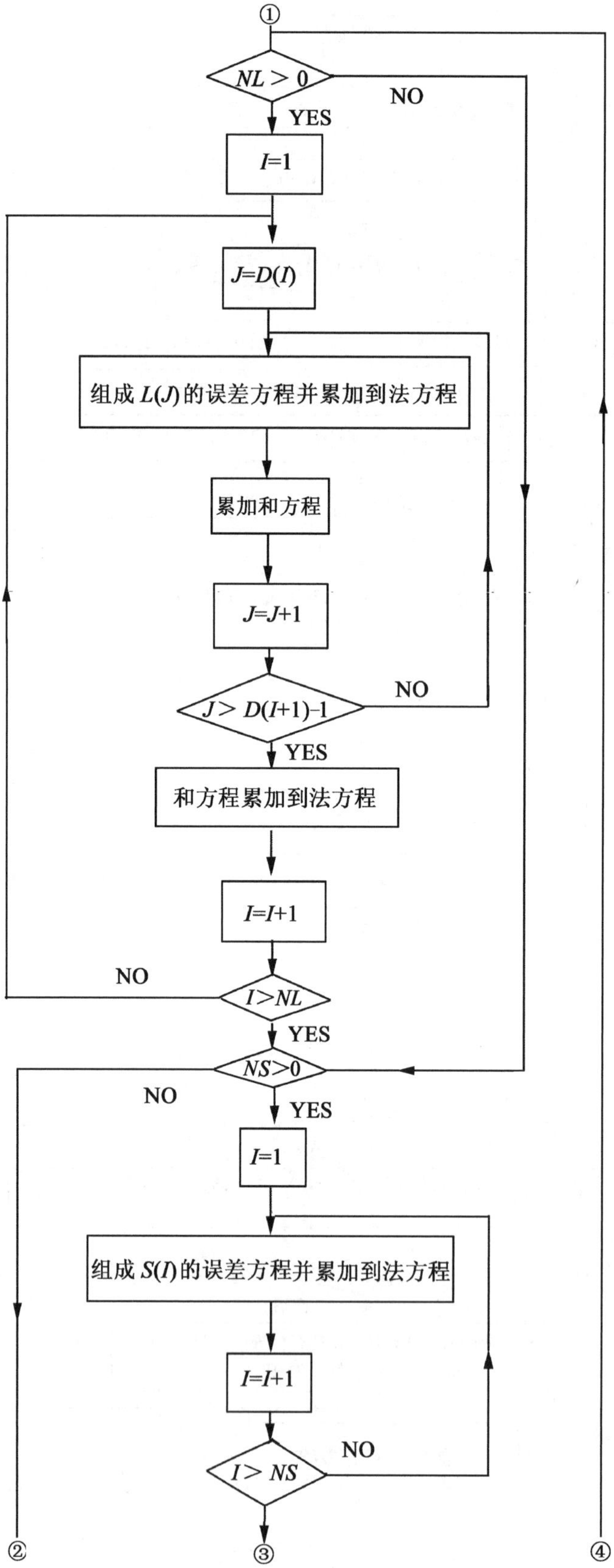
①
NL > 0
NO
YES
I=1
J=D(I)
组成 L(J) 的误差方程并累加到法方程
累加和方程
J=J+1
J > D(I+1)-1
NO
YES
和方程累加到法方程
I=I+1
NO
I>NL
YES
NS>0
NO
YES
I=1
组成 S(I) 的误差方程并累加到法方程
I=I+1
I > NS
NO
②
③
④

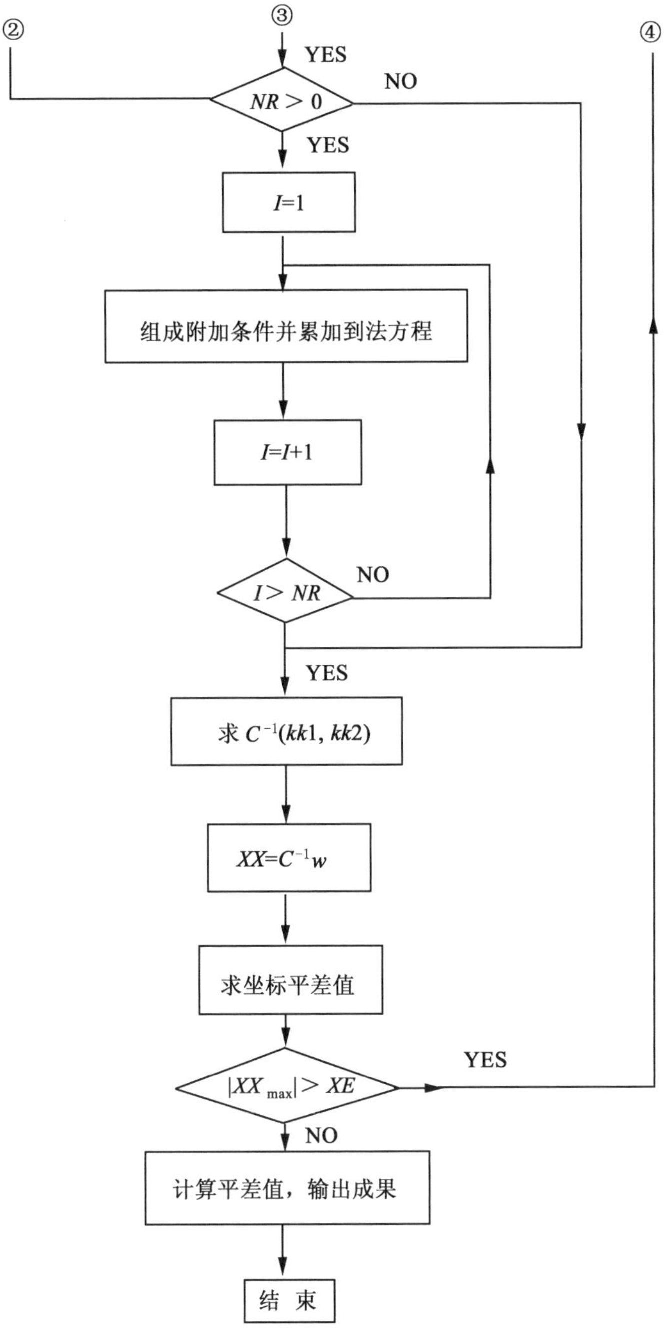

图 12-12

12.6.7 边角网平差算例

有一边角混合网,如图 12-13 所示。测角精度为±1.8″,测距精度为 5mm±5×10^{-6},现对该网利用上述程序进行平差,已知数据和平差结果如下所述。

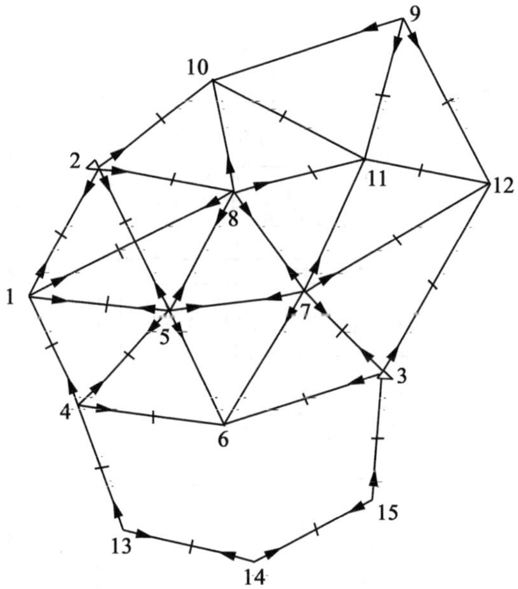

图 12-13

KNOWN INFORMATION

NO = 3　NP = 15　NL = 41　NS = 22

NR = 1　ML = 1.8　XE = 30　XF = 1

MEASUREMENTS OF DIRECTIONS

No.	FROM	TO	L(dms)	M(sec)
1	1	2	0.000 000	1.800
2	1	8	38.061 600	1.800
3	1	5	79.105 000	1.800
4	1	4	132.484 300	1.800
5	2	10	0.000 000	1.800
6	2	8	49.131 200	1.800
7	2	5	96.072 600	1.800
8	2	1	148.105 200	1.800
9	3	12	0.000 000	1.800
10	3	6	255.132 500	1.800
11	3	7	291.205 800	1.800
12	4	1	0.000 000	1.800
13	4	5	57.191 000	1.800
14	4	6	114.055 900	1.800
15	5	8	0.000 000	1.800
16	5	7	66.405 900	1.800
17	5	6	126.415 600	1.800
18	5	4	198.164 400	1.800
19	5	1	267.193 600	1.800

20	5	2	316.052 600	1.800
21	7	8	0.000 000	1.800
22	7	11	58.544 600	1.800
23	7	12	111.355 600	1.800
24	7	3	160.010 900	1.800
25	7	6	259.591 300	1.800
26	7	5	313.430 800	1.800
27	8	2	0.000 000	1.800
28	8	10	79.135 400	1.800
29	8	11	158.345 000	1.800
30	8	7	203.464 000	1.800
31	8	5	270.485 100	1.800
32	8	1	317.035 700	1.800
33	9	12	0.000 000	1.800
34	9	11	45.050 100	1.800
35	9	10	105.301 700	1.800
36	13	4	0.000 000	1.800
37	14	14	142.342 000	1.800
38	14	13	0.000 000	1.800
39	14	15	139.173 200	1.800
40	15	14	0.000 000	1.800
41	15	3	146.172 500	

MEASUREMENTS OF DISTANCES

No.	FROM	TO	S(m)	MA(mm)	MB($\times 10^{-6}$)
1	1	4	2 070.115 00	5.000	5.000
2	4	5	1 784.942 00	5.000	5.000
3	4	6	2 159.703 00	5.000	5.000
4	1	2	1 779.105 00	5.000	5.000
5	1	8	2 580.004 00	5.000	5.000
6	1	5	1 865.773 00	5.000	5.000
7	5	2	2 323.792 00	5.000	5.000
8	2	8	1 611.787 00	5.000	5.000
9	2	10	2 021.912 00	5.000	5.000
10	3	6	3 419.103 00	5.000	5.000
11	3	7	2 518.876 00	5.000	5.000
12	3	12	2 023.033 00	5.000	5.000
13	12	7	2 518.876 00	5.000	5.000
14	12	11	2 003.958 00	5.000	5.000
15	12	9	2 826.712 00	5.000	5.000
16	11	8	1 904.045 00	5.000	5.000
17	11	10	2 226.511 00	5.000	5.000
18	11	9	2 091.059 00	5.000	5.000
19	13	4	2 128.225 00	5.000	5.000

20	13	14	2 005.289 00	5.000	5.000
21	15	14	1 568.102 00	5.000	5.000
22	15	3	1 698.808 00	5.000	5.000

FIXED BASELINE & AZIMUTH

TYPE	FROM	TO	R
2	5	2	2 323.798 000

FIXED POINT COORDINATES

No.	X(m)	Y(m)
1	32 280.014 0	21 141.726 0
2	33 985.162 0	21 649.359 0
3	32 171.583 0	27 448.021 0

APPROXIMATE COORDINATES

No.	X(m)	Y(m)
1	32 280.014 0	21 141.726 0
2	33 985.162 0	21 649.359 0
3	32 171.583 0	27 448.021 0
4	30 498.350 6	22 195.790 4
5	32 092.822 8	22 998.084 8
6	30 743.192 0	24 341.591 9
7	32 648.205 8	25 087.487 6
8	33 771.503 0	23 246.910 6
9	36 310.403 6	25 259.321 8
10	35 327.597 5	23 161.254 2
11	34 225.734 3	25 095.977 1
12	34 164.284 1	27 099.015 3
13	29 305.277 2	23 957.398 5
14	29 421.388 0	25 959.323 2
15	30 511.218 4	27 086.804 3

ADJUSTED RESULT

ML = 1.80

MO = 1.11

Pvv = 35.44

NT = 29

ADJUSTED RESULTS OF DIRECTIONS

No.	FROM	TO	L1(dms)	V(sec)	L2(dms)
1	1	2	0.000 000	−0.000	0.000 000
2	1	8	38.061 600	0.769	38.061 677
3	1	5	79.105 000	−2.919	79.104 708
4	1	4	132.484 300	−0.140	132.484 286
5	2	10	0.000 000	−0.000	0.000 000
6	2	8	49.131 200	1.706	49.131 371

7	2	5	96. 072 600	1. 532	96. 072 753
8	2	1	148. 105 200	1. 043	148. 105 304
9	3	12	0. 000 000	-0. 000	0. 000 000
10	3	6	255. 142 500	0. 836	255. 142 584
11	3	7	291. 205 800	-0. 153	291. 205 785
12	4	1	0. 000 000	-0. 000	0. 000 000
13	4	5	57. 191 00	0. 581	57. 191 058
14	4	6	114. 055 900	0. 816	114. 055 982
15	5	8	0. 000 000	-0. 000	0. 000 000
16	5	7	66. 405 900	-1. 288	66. 405 771
17	5	6	126. 415 600	-1. 022	126. 415 498
18	5	4	198. 164 400	-1. 914	198. 164 209
19	5	1	267. 193 600	-0. 274	267. 193 573
20	5	2	316. 052 600	-2. 866	316. 052 313
21	7	8	0. 000 000	-0. 000	0. 000 000
22	7	11	58. 544 600	0. 900	58. 544 690
23	7	12	111. 355 600	-0. 066	111. 355 593
24	7	3	160. 010 900	0. 680	160. 010 968
25	7	6	259. 591 300	0. 432	259. 591 343
26	7	5	313. 430 800	-0. 850	313. 430 715
27	8	2	0. 000 000	-0. 000	0. 000 000
28	8	10	79. 135 400	0. 870	79. 135 487
29	8	11	158. 345 000	0. 733	158. 345 073
30	8	7	203. 464 000	1. 254	203. 464 125
31	8	5	270. 485 100	-0. 308	270. 485 069
32	8	1	317. 035 700	-0. 894	317. 035 611
33	9	12	0. 000 000	-0. 000	0. 000 000
34	9	11	45. 050 100	-0. 241	45. 050 076
35	9	10	105. 301 700	-0. 451	105. 301 655
36	13	4	0. 000 000	-0. 000	0. 000 000
37	13	14	142. 342 000	1. 971	142. 342 197
38	13	14	0. 000 000	-0. 000	0. 000 000
39	14	15	139. 173 200	2. 557	139. 173 456
40	14	14	0. 000 000	-0. 000	0. 000 000
41	15	3	146. 172 500	1. 736	146. 172 674

ADJUSTED RESULTS OF DISTANCES

No.	FROM	TO	S1(m)	V(mm)	S2(m)
1	1	4	2 070. 115 00	0. 678	2 070. 121 78
2	4	5	1 784. 942 00	-0. 787	1 784. 934 13
3	4	6	2 159. 703 00	0. 378	2 159. 706 78
4	1	2	1 779. 105 00	0. 179	1 779. 106 79
5	1	8	2 580. 004 00	-0. 740	2 579. 996 60
6	1	5	1 865. 773 00	0. 104	1 865. 774 04
7	5	2	2 323. 792 00	0. 600	2 323. 798 00

8	2	8	1 611. 787 00	0. 071	1 611. 787 71
9	2	10	2 021. 912 00	-0. 494	2 021. 907 06
10	3	6	3 419. 103 00	-0. 031	3 419. 102 69
11	3	7	2 408. 179 00	-1. 083	2 408. 168 17
12	3	12	2 023. 033 00	0. 034	2 023. 033 34
13	12	7	2 518. 876 00	-0. 049	2 518. 875 51
14	12	11	2 003. 958 00	0. 360	2 003. 961 60
15	12	9	2 826. 712 00	0. 019	2 826. 712 19
16	11	8	1 904. 045 00	-0. 129	1 904. 043 71
17	11	10	2 226. 511 00	-0. 351	2 226. 507 49
18	11	9	2 091. 059 00	-0. 223	2 091. 056 77
19	13	4	2 128. 225 00	0. 568	2 128. 230 68
20	13	14	2 005. 289 00	0. 821	2 005. 297 21
21	15	14	1 568. 102 00	0. 554	1 568. 107 54
22	15	3	1 698. 808 00	0. 341	1 698. 811 41

ADJUSTED COORDINATES

No.	X(m)	Y(m)	MX(cm)	MY(cm)	MP(cm)	E(cm)	F(cm)	T(dms)
4	30 498. 348 0	22 195. 799 3	0. 969	1. 191	1. 535	1. 193	0. 966	84. 200 9
5	32 092. 815 6	22 998. 085 2	0. 499	0. 701	0. 860	0. 860	0. 000	54. 311 7
6	30 743. 191 6	24 341. 582 3	1. 822	1. 225	2. 196	1. 822	1. 225	179. 554 4
7	32 648. 199 1	25 087. 489 1	0. 985	1. 013	1. 413	1. 052	0. 943	52. 212 6
8	33 771. 500 3	23 246. 922 2	0. 904	0. 719	1. 155	0. 905	0. 717	175. 063 3
9	36 310. 398 3	252 59. 311 8	1. 724	3. 028	3. 484	3. 082	1. 624	77. 154 4
10	35 327. 633 3	23 161. 271 4	1. 644	1. 198	2. 035	1. 666	1. 167	166. 611 2
11	34 225. 729 3	25 095. 991 9	1. 817	1. 106	2. 127	1. 822	1. 098	5. 170 8
12	34 164. 283 7	27 099. 011 2	1. 296	1. 279	1. 820	1. 309	1. 265	33. 575 6
13	29 305. 163 8	23 958. 092 4	1. 678	1. 872	2. 514	1. 879	1. 670	10. 451 5
14	29 421. 531 0	25 960. 010 4	1. 713	2. 065	2. 683	2. 080	1. 694	101. 522 7
15	30 511. 495 4	27 087. 369 7	1. 325	1. 653	2. 119	1. 654	1. 324	92. 263 6

RELATIVE ACCURACY

FROM	TO	A(dms)	MA(sec)	S(m)	MS(cm)	S/MS	E(cm)	F(cm)	T(dms)
1	8	54. 405 970	0. 688	2 579. 996 60	0. 770	335 100	0. 905	0. 717	175. 063 3
1	5	95. 453 001	0. 627	1 865. 774 04	0. 647	288 300	0. 860	0. 000	54. 311 7
1	4	149. 232 579	1. 152	2 070. 121 78	1. 010	204 900	1. 193	0. 966	84. 200 9
2	10	48. 234 988	1. 599	2 021. 907 06	1. 298	155 800	1. 666	1. 167	166. 511 2
2	8	97. 370 359	1. 148	1 611. 787 71	0. 727	221 600	0. 905	0. 717	175. 063 3
2	5	144. 311 742	0. 764	2 323. 798 00	0. 000		0. 860	0. 000	54. 311 7
3	12	350. 035 668	1. 312	2 023. 033 34	1. 288	157 000	1. 309	1. 265	33. 575 6
3	6	245. 182 251	1. 045	3 419. 102 69	1. 348	253 600	1. 822	1. 225	179. 554 4
3	7	281. 245 452	0. 862	2 408. 168 17	0. 991	242 900	1. 052	0. 943	52. 212 6

4	5	26. 423 637	1. 207	1 784. 934 13	0. 957	186 500	1. 044	0. 957	117. 301 0
4	6	83. 292 560	1. 771	2 159. 706 78	1. 216	177 600	1. 905	1. 134	156. 524 2
5	8	8. 255 428	1. 058	1 697. 027 36	0. 946	179 400	0. 968	0. 845	34. 273 4
5	7	75. 065 199	0. 875	2 161. 957 26	1. 199	180 300	1. 200	0. 916	71. 230 7
5	6	135. 074 926	1. 425	1 904. 329 18	1. 588	119 900	1. 699	1. 168	164. 293 2
5	4	206. 423 637	1. 207	1 784. 934 13	0. 957	186 500	1. 044	0. 957	117. 301 0
5	1	275. 453 001	0. 62 7	1 865. 774 04	0. 647	288 300	0. 860	0. 000	54. 311 7
5	2	324. 311 742	0. 764	2 323. 798 00	0. 000		0. 860	0. 000	54. 311 7
7	8	301. 234 484	0. 939	2 156. 268 01	1. 156	186 400	1. 157	0. 980	126. 130 2
7	11	0. 183 174	1. 407	1 577. 553 10	1. 779	88 600	1. 781	1. 073	177. 025 6
7	12	52. 594 078	1. 132	2 518. 875 51	1. 194	211 000	1. 387	1. 189	151. 393 1
7	3	101. 245 452	0. 862	2 408. 168 17	0. 991	242 900	1. 052	0. 943	52. 212 6
7	6	201. 225 827	1. 400	2 045. 832 47	1. 773	115 300	1. 795	1. 360	7. 292 3
7	5	255. 065 199	0. 875	2 161. 957 26	1. 199	180 300	1. 200	0. 916	71. 230 7
8	2	277. 370 359	1. 148	1 611. 787 71	0. 727	221 600	0. 905	0. 717	175. 063 3
8	10	356. 505 846	1. 475	1 558. 488 36	1. 647	94 600	1. 648	1. 113	179. 273 4
8	11	76. 115 432	1. 604	1 904. 043 71	1. 092	174 300	1. 528	1. 025	5. 360 8
8	7	121. 234 484	0. 939	2 156. 268 01	1. 156	186 400	1. 157	0. 980	126. 130 2
8	5	188. 255 428	1. 058	1 697. 027 36	0. 946	179 400	0. 968	0. 845	34. 273 4
8	1	234. 405 970	0. 688	2 579. 996 60	0. 770	335 100	0. 905	0. 717	175. 063 3
9	12	139. 234 578	2. 109	2 826. 712 19	1. 711	165 200	2. 999	1. 512	67. 243 4
9	11	184. 284 654	2. 811	2 091. 056 77	1. 337	156 400	2. 853	1. 329	91. 055 8
9	10	244. 540 233	1. 802	2 316. 808 34	3. 152	73 400	3. 319	1. 738	86. 244 7
13	4	304. 060 177	1. 679	2 128. 230 68	1. 529	139 100	1. 745	1. 515	48. 020 2
13	14	86. 402 374	1. 391	2 005. 297 21	1. 425	140 700	1. 427	1. 350	96. 560 8
14	13	266. 402 374	1. 391	2 005. 297 21	1. 425	140 700	1. 427	1. 350	96. 560 8
14	15	45. 575 830	1. 569	1 568. 107 54	1. 243	126 100	1. 245	1. 190	33. 502 3
15	14	225. 575 830	1. 569	1 568. 107 54	1. 243	126 100	1. 245	1. 190	33. 502 3
15	3	12. 152 503	1. 997	1 698. 811 41	1. 335	127 200	1. 654	1. 324	92. 263 6
12	11	271. 452 550	2. 066	2 003. 961 60	1. 068	187 600	2. 008	1. 066	179. 551 0
11	10	299. 394 794	1. 839	2 226. 507 49	1. 155	192 700	1. 988	1. 150	25. 544 1

RELATIVE ERROR ELLIPSE FOR ANY TWO POINTS

FROM	TO	E(cm)	F(cm)	T(dms)
7	14	2. 287	1. 969	104. 619 7
5	13	2. 848	1. 740	92. 469 6

第 13 章　测量控制网近代平差与数据管理

本章讲述测量控制网近代平差的理论和方法，主要内容包括：近代测量平差发展概况，工程控制网相关分解平差，GPS 网与地面网平差以及控制测量数据库的概念。

13.1　近代测量平差发展概况

13.1.1　经典测量平差的发展和研究的重点

德国著名学者高斯（C. F. Gauss）于 1794 年提出的最小二乘原理是经典测量平差的理论基础。1912 年俄国学者马尔可夫（A. A. Markov）对这种理论进行了深入研究，提出著名的高斯-马尔可夫模型：

1. 函数模型

$$\boldsymbol{L} = \boldsymbol{A}\boldsymbol{X} + \boldsymbol{\Delta} \tag{13-1}$$

式中：$\boldsymbol{L}$ 为观测值向量；$\boldsymbol{\Delta}$ 为误差向量；$\boldsymbol{X}$ 为未知参数向量；$\boldsymbol{A}$ 为设计矩阵。

2. 随机模型

$$\left.\begin{aligned} &\mathrm{E}(\Delta) = 0 \\ &\boldsymbol{\Sigma} = \sigma_0^2\boldsymbol{Q} = \sigma_0^2\boldsymbol{P}^{-1} \end{aligned}\right\} \tag{13-2}$$

式中：$\mathrm{E}(\cdot)$ 为数学期望；$\boldsymbol{\Sigma}$ 为 Δ 或 $\boldsymbol{L}$ 的对角协方差阵；$\boldsymbol{Q}$ 为对角权逆阵；$\boldsymbol{P}$ 为对角权阵；σ_0^2 为单位权方差。

若将 Δ 以估值 $(-\boldsymbol{V})$ 表示，$\boldsymbol{X}$ 以估值 $\hat{X}$ 表示，按经典最小二乘原理：

$$\boldsymbol{V}^{\mathrm{T}}\boldsymbol{P}\boldsymbol{V} = \min$$

下，求出的 $\hat{X}$ 具有无偏性和最优性的性质。此外，许多学者还对这一平差理论及应用也进行了大量研究，取得了丰硕成果。经典测量平差研究的是只含随机误差的观测值，且这些误差在统计意义上是相互独立，服从正态分布的。研究重点内容是条件平差法及间接平差法的具体解法；主要的研究方向是如何减少平差计算工作量。比如史赖伯提出的在组成法方程之前消去定向角未知数及合并对向观测的所谓史赖伯法则；克吕格提出的将条件式分为两组解算的分组平差法以及赫尔默特提出的分区平差法等。因此，就其本身发展来说已是相当完善了。

13.1.2　近代测量平差的发展和重点内容

随着测量工程规模越来越大，精度要求越来越高，技术越来越先进，特别是矩阵代数、概率论与数理统计，最优化理论和电子计算机等新理论和新技术的发展和出现，对测量平差的理论发展和实践应用产生了深刻影响，使测量平差从经典平差进入到了近代平差的新时期。它的发展和重点内容主要体现在以下几个方面。

1. 广义最小二乘原理与相关平差

荷兰学者廷斯特拉(J. M. Tienstra)于1947年扩展了高斯-马尔可夫模型,将(13-2)式中的$\boldsymbol{\Sigma}$,$\boldsymbol{Q}$及$\boldsymbol{P}$由对角阵扩展为满秩非对角阵,将经典测量平差对观测误差独立的要求扩展到统计相关的情况,将经典最小二乘原理发展为相关最小二乘原理,即(13-2)式中的$\boldsymbol{P}$阵是对称正定矩阵。

考虑到测量误差可能是服从正态分布或非正态分布的随机误差,又考虑到未知量可能是具有随机先验方差的随机参数,因此产生了不同估计准则,但对服从正态分布的随机量而言,这些估计准则均可归纳为广义最小二乘原理:

$$\boldsymbol{V}^{\mathrm{T}}\boldsymbol{P}\boldsymbol{V} + \boldsymbol{V}_X^{\mathrm{T}}\boldsymbol{P}_X\boldsymbol{V}_X = \min \tag{13-3}$$

式中,$\boldsymbol{P}_X$为随机未知参数$\boldsymbol{X}$的先验权阵;$\boldsymbol{V}_X$为相应改正数。

当X与观测误差Δ的协方差$\boldsymbol{D}_{X\Delta}\neq\boldsymbol{0}$时,广义最小二乘原理可写为

$$[\boldsymbol{V}_X^{\mathrm{T}}\boldsymbol{V}]\begin{bmatrix}\boldsymbol{D}_X & \boldsymbol{D}_{X\Delta}\\ \boldsymbol{D}_{\Delta X} & \boldsymbol{D}_{\Delta}\end{bmatrix}^{-1}\begin{bmatrix}\boldsymbol{V}_X\\ \boldsymbol{V}\end{bmatrix} = 0 \tag{13-4}$$

式中$\boldsymbol{D}_X$及$\boldsymbol{D}_{\Delta}$分别为$\boldsymbol{X}$及Δ的方差阵。

建立在广义最小二乘原理基础上的相关平差方法的出现,是近代测量平差发展的理论基础,它对测量平差有着极大的影响。首先,观测值的概念广义化了,使得不仅随机独立的观测值可以作为平差对象,而且它的导出量,比如随机独立观测量的函数或任何一种初步平差的结果都可作为平差对象;其次,当引用矩阵代数理论后,可以把近代测量平差的许多方法,比如参数平差、条件平差、带有约束的参数平差和带有参数的条件平差等,均可从相关平差角度予以概括成统一平差模型。

2. 函数模型得到扩充

首先把函数模型的研究扩展到粗差的探测和系统误差的补偿。把粗差纳入函数模型的实质是利用数据探测法对粗差进行识别和剔除,为此引进可靠性理论和度量平差模型可靠性指标;把系统误差作为附加参数纳入函数模型的实质是通过函数模型的扩展进行系统误差的补偿,为此必须对引进的系统参数进行优选和显著性检验,以防止附加参数过度化问题。其次,把未知参数扩展到具有先验随机特性的随机参数,在此基础上建立了最小二乘配置、滤波和推估的广义高斯-马尔可夫模型。此外,人们还建立了函数模型不一定是列满秩或行满秩的秩亏平差模型,其中包括加权秩亏自由网平差,常规自由网平差以及拟稳平差的解法及应用。

3. 随机模型的研究得到重视

把粗差纳为随机模型的实质是通过选权迭代法不断改进随机模型,使其更趋于合理,以抵抗粗差对平差值的影响,因此产生了所谓稳健估计法和有偏估计法等多种估计方法。此外,人们还研究了具有奇异权、无限大权以及零权的这类随机模型秩亏的参数估计问题。对含多种观测量的平差问题,人们不但注意随机信息先验特性的分析和确定,而且十分注重其验后特性的估计,不但进一步完善赫尔默特提出的验后估计各自单位权中误差的方法,而且还出现了利用验后信息估计观测值方差-协方差分量的最优二次无偏估计及最大似然估计法。

在上述“2.”及“3.”的基础上,印度学者劳(C. R. Rao)于1971年综合了各种可能情况,提出了广义的高斯-马尔可夫模型。

$$V = A\hat{X} - L, \mathrm{rk}(A) \leqslant t \tag{13-5}$$

$$\Sigma = \sigma^0 Q, \det Q \geqslant 0 \tag{13-6}$$

解决此问题的基本思想是寻找一 Q_u 代替 Q,然后按

$$V^{\mathrm{T}} Q_u^- V = \min \tag{13-7}$$

准则解得参数估值。式中 Q_u^- 是 Q_u 的广义逆。并且证明 Q_u 可取下式:

$$Q_u = Q + AUA^{\mathrm{T}} \tag{13-8}$$

其中 U 为满足确定条件的对称矩阵。由此可见,此模型是满秩间接平差、条件平差、秩亏自由网平差以及奇异权逆矩阵观测平差等的统一模型。

4. 数据处理的内容和服务领域得到拓宽

测量既是在三维几何空间进行的,又是在具有地球重力场这一物理空间进行的。由于各种条件的限制,传统上采用分开处理办法,即在几何空间确定点位,在物理空间确定地球重力场,而在几何空间中又将平面位置和高程位置分开处理。严格说来这种处理模式,不仅没有充分发挥各类观测量的效力,而且在理论上也不严密。因此在近代测量数据处理中往往是把各类数据,其中既有几何量,也有物理(重力)量,既有地面技术观测量也有空间技术观测量,最佳地结合起来,以确定地面点空间位置、地球形状及其重力场模型。

另外,由于地球不是绝对的刚体,而是处于实时连续变化的动态系统中,因此近代测量数据处理还需研究函数模型与时间有关的情况,从而组成一个时间-空间动态平差系统。其主要内容包括动态数学模型的建立、动态参数的选取、点位运动规律的描述以及动态平差及卡尔曼滤波方法的应用等。

由此可见,近代测量平差的服务领域已远远超出了测量本身进而延伸到像地壳及建筑物变形分析与预报,地球动力学以及地震学等学科领域中,并正发挥着越来越不可替代的作用。

5. 电子计算机用于平差计算和数据管理

电子计算机是20世纪科学技术史上最伟大的成就之一,对包括近代测量数据处理和管理在内的科学技术产生了巨大影响。首先,只有计算机在测量中的应用,才能使工程测量控制网优化设计成为现实和可能,这在本课程上册中已作了介绍。其次,使之有可能完成像中国大地网、西欧大地网以及北美大地网等高达15万阶法方程的解算。第三,正在改变人们手算时代的某些观念,比如在电算时代,人们主要考虑的是使全部运算过程适宜电算程序的编写,数据规律的输入和输出以及解的稳定性,探求适宜于计算机解算的迭代算法等。最后,在电子计算机系统上建立专用测量数据库系统是实现测量现代化管理的必由之路。

综上所述,近代测量平差内容是十分丰富的,而且它的发展方兴未艾。限于时间及数学大纲的要求,我们不能面面俱到,只能选择近代测量平差中几个基本内容,其中包括控制网相关分解平差,GPS网与地面网平差以及控制测量数据库等加以论述。

13.2 带有未知数的条件方程式

带有未知数的条件方程式,实际上是常规条件式的扩展。由于控制网网形的复杂,或者由于基准位置(即起算数据的位置)的随意,常常需要选择网中的某些元素(如角度、某边的边长,方位或某点的坐标)的近似值改正数作为未知数,使得网形的结构及整个条件式的

列立趋于简单化,这就产生带有未知数的条件方程式。下面讨论几种常用的带有未知数的条件式。

13.2.1 线形网中带有未知数的坐标条件方程式

图 13-1 所示的线形网，其坐标条件式显然不易列出。如选择以某个已知点（如 A 点）为端点的边长及该边方位角的近似值改正数 δ_s 和 δ_α 作为未知数，则该网的条件式便不难列出了。

又如图 13-2 所示的线形网,该网条件式总数为 14 个,其中图形条件 10 个,极条件与圆周条件(以角度为观测值)各 1 个,另外两个附合条件的列立就比较困难。如果选取 A-5 边的边长及其方位角的近似值 s'_{A5}与 α'_{A5}的改正数 δ_s 和 δ_α 作为未知数,容易看出,利用点 5 的坐标平差值和已知点 A 的坐标,按 5-A-6-8-C 路线即可推算出 C 点的坐标。此时,应有增量平差值条件式

$$\left.\begin{aligned} X_A + \Delta X_{A6} + \Delta X_{68} + \Delta X_{8C} - X_C = 0 \\ Y_A + \Delta Y_{A6} + \Delta Y_{68} + \Delta Y_{8C} - Y_C = 0 \end{aligned}\right\} \tag{13-9}$$

式中的 ΔX_{ij},ΔY_{ij}表示 i 点到 j 点的纵横坐标增量平差值。

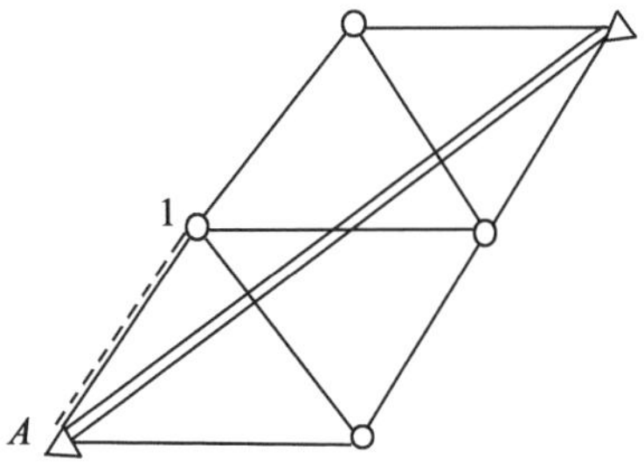

图 13-1

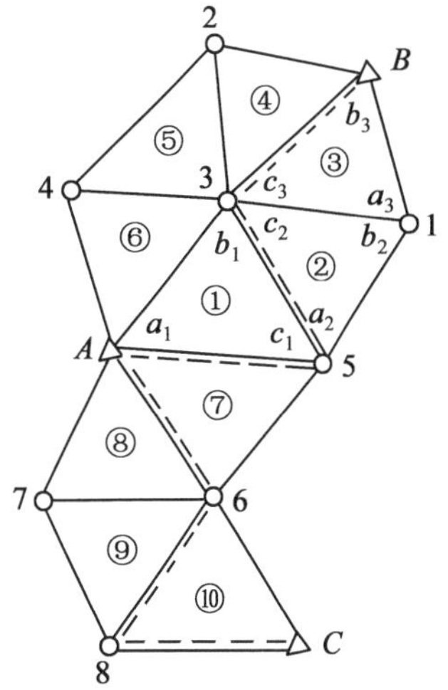

图 13-2

根据坐标增量公式,有

$$\left.\begin{aligned} \Delta X_{A6} &= s_{A6}\cos\alpha_{A6} = s_{A5}\frac{\sin A_7}{\sin B_7}\cos(\alpha_{A5} + C_7) \\ \Delta X_{68} &= s_{68}\cos\alpha_{68} = s_{A5}\frac{\sin A_7 \sin A_8 \sin A_9}{\sin B_7 \sin B_8 \sin B_9} \times \\ &\qquad \cos(\alpha_{A5} + C_7 - C_8 - C_9 + 180^\circ) \\ \Delta X_{8C} &= s_{8C}\cos\alpha_{8C} = s_{A5}\frac{\sin A_7 \sin A_8 \sin A_9 \sin A_{10}}{\sin B_7 \sin B_8 \sin B_9 \sin B_{10}} \times \\ &\qquad \cos(\alpha_{A5} + C_7 - C_8 - C_9 + C_{10}) \end{aligned}\right\} \tag{13-10}$$

同理

$$
\left.\begin{aligned}
\Delta Y_{A6} &= s_{A6}\sin\alpha_{A6} = s_{A5}\frac{\sin A_7}{\sin B_7}\sin(\alpha_{A5}+C_7) \\
\Delta Y_{68} &= s_{68}\sin\alpha_{68} = s_{A5}\frac{\sin A_7\sin A_8\sin A_9}{\sin B_7\sin B_8\sin B_9}\times \\
&\qquad \sin(\alpha_{A5}+C_7-C_8-C_9+180^\circ) \\
\Delta Y_{8C} &= s_{8C}\sin\alpha_{8C} = s_{A5}\frac{\sin A_7\sin A_8\sin A_9\sin A_{10}}{\sin B_7\sin B_8\sin B_9\sin B_{10}}\times \\
&\qquad \sin(\alpha_{A5}+C_7-C_8-C_9+C_{10})
\end{aligned}\right\} \tag{13-11}
$$

式中，s_{ij}，α_{ij}分别表示平差后边长与坐标方位角，A_i，B_i 与 C_i 表示平差角值，其对应的观测角和改正数分别为 a_i，b_i，c_i 与 v_{a_i}，v_{b_i}，v_{c_i}。

将(13-10)与(13-11)两式代入(13-9)式，然后按台劳公式将(13-9)式的第一式展开，取至一次项，得

$$
\sum_{i=7}^{10}\left\{\left(\frac{\partial \Phi_X}{\partial A_i}\right)_0 v_{a_i}+\left(\frac{\partial \Phi_X}{\partial B_i}\right)_0 v_{b_i}+\left(\frac{\partial \Phi_X}{\partial C_i}\right)_0 v_{c_i}\right\}\frac{1}{\rho}+\left(\frac{\partial \Phi_X}{\partial S_{A5}}\right)_0\delta_s+\left(\frac{\partial \Phi_X}{\partial \alpha_{A5}}\right)_0\delta_\alpha\cdot\frac{1}{\rho}+\omega_X=0 \tag{13-12}
$$

式中

$$
\left.\begin{aligned}
\Phi_X &= X_A+\Delta X_{A6}+\Delta X_{68}+\Delta X_{8C}-X_C \\
\omega_X &= X'_C-X_C \\
X'_C &= X_A+\Delta X'_{A6}+\Delta X'_{68}+\Delta X'_{8C}
\end{aligned}\right\} \tag{13-13}
$$

而 $\Delta X'_{ij}$是根据观测值 a_i，b_i，c_i 和近似值 s'_{A5}及 α'_{A5}求得的增量近似值。

函数 Φ_X 对 A_i 求偏导数，得

$$
\left.\begin{aligned}
\left(\frac{\partial \Phi_X}{\partial A_7}\right)_0 &= \Delta X'_{A6}\cot a_7+\Delta X'_{68}\cot a_7+\Delta X'_{8C}\cot a_7=\Delta X'_{AC}\cot a_7 \\
\left(\frac{\partial \Phi_X}{\partial A_8}\right)_0 &= \Delta X'_{68}\cot a_8+\Delta X'_{8C}\cot a_8=\Delta X'_{6C}\cot a_8 \\
\left(\frac{\partial \Phi_X}{\partial A_9}\right)_0 &= \Delta X'_{68}\cot a_9+\Delta X'_{8C}\cot a_9=\Delta X'_{6C}\cot a_9 \\
\left(\frac{\partial \Phi_X}{\partial A_{10}}\right)_0 &= \Delta X'_{8C}\cot a_{10}
\end{aligned}\right\} \tag{13-14}
$$

函数 Φ_X 对 B_i 及 C_i 求偏导数，得

$$
\left.\begin{aligned}
&\left(\frac{\partial \Phi_X}{\partial B_7}\right)_0 =-\Delta X'_{AC}\cot b_7,\quad \left(\frac{\partial \Phi_X}{\partial C_7}\right)_0=-\Delta Y'_{AC}(+1) \\
&\left(\frac{\partial \Phi_X}{\partial B_8}\right)_0 =-\Delta X'_{6C}\cot b_8,\quad \left(\frac{\partial \Phi_X}{\partial C_8}\right)_0=\left(\frac{\partial \Phi_X}{\partial C_9}\right)_0=-\Delta Y'_{6C}(-1) \\
&\left(\frac{\partial \Phi_X}{\partial B_9}\right)_0 =-\Delta X'_{6C}\cot b_9,\quad \left(\frac{\partial \Phi_X}{\partial C_{10}}\right)_0=-\Delta Y'_{8C}(+1) \\
&\left(\frac{\partial \Phi_X}{\partial B_{10}}\right)_0 =-\Delta X'_{8C}\cot b_{10}
\end{aligned}\right\} \tag{13-15}
$$

仿上,不难求出函数 Φ_X 对 s_{A5} 及 α_{A5} 的偏导数,得

$$\left.\begin{aligned}\left(\frac{\partial\Phi_X}{\partial s_{A5}}\right)_0 &= \frac{1}{s'_{A5}}(\Delta X'_{A6}+\Delta X'_{68}+\Delta X'_{8C})' = \frac{\Delta X'_{AC}}{s'_{A5}}\\ \left(\frac{\partial\Phi_X}{\partial\alpha_{A5}}\right)_0 &= -\frac{1}{\rho}(\Delta Y'_{A6}+\Delta Y'_{68}+\Delta Y'_{8C}) = \frac{\Delta Y'_{AC}}{\rho}\end{aligned}\right\} \tag{13-16}$$

将(13-14),(13-15)及(13-16)式代入(13-12)式中,并两边同乘以 ρ,即得经线性化后真数形式的带有未知数的纵坐标条件方程式:

$$\sum_{i=7}^{10}\Delta X'_{iC}(\cot a_i v_{a_i} - \cot b_i v_{b_i}) - \sum_{i=7}^{10}\Delta Y'_{iC}(\pm v_{c_i}) + \frac{\rho\Delta X'_{AC}}{s'_{A5}}\delta_s - \Delta Y'_{AC}\delta_a + \rho\omega_X = 0 \tag{13-17}$$

同理,可以导出带有未知数的横坐标条件方程式:

$$\sum_{i=7}^{10}\Delta Y'_{iC}(\cot a_i v_{a_i} - \cot b_i v_{b_i}) + \sum_{i=7}^{10}\Delta X'_{iC}(\pm v_{c_i}) + \frac{\rho\Delta Y'_{AC}}{s'_{A5}}\delta_s + \Delta X'_{AC}\delta_a + \rho\omega_Y = 0 \tag{13-18}$$

式中

$$\left.\begin{aligned}\omega_Y &= Y'_C - Y_C\\ Y'_C &= Y_A + \Delta Y'_{A6} + \Delta Y'_{68} + \Delta Y'_{8C}\end{aligned}\right\} \tag{13-19}$$

而 $\Delta Y'_{ij}$ 是根据观测值 a_i, b_i, c_i 和近似值 s'_{A5} 及 α'_{A5} 求得的增量近似值。

类似地,也可导出路线 A-5-3-B 上的坐标条件,其形式与(13-17),(13-18)两式完全类似。

此外,也可以选取点 5 的近似坐标 x'_5 及 y'_5 的改正数 δ_x 及 δ_y 作为未知数,由于

$$\left.\begin{aligned}s_{A5} &= \sqrt{(X_5-x_A)^2+(Y_5-y_A)^2}\\ \alpha_{A6} &= \arctan\frac{Y_5-Y_A}{X_5-X_A}\end{aligned}\right\} \tag{13-20}$$

所以

$$\left.\begin{aligned}\delta_s &= \frac{\Delta X'_{A5}}{s'_{A5}}\delta_x + \frac{\Delta Y'_{A5}}{s'_{A5}}\delta_y\\ \delta_a &= -\rho\frac{\Delta Y'_{A5}}{(s'_{A5})^2}\delta_x + \rho\frac{\Delta X'_{A5}}{(s'_{A5})^2}\delta_y\end{aligned}\right\} \tag{13-21}$$

将上式代入(13-17),(13-18)两式并加以整理,即得以点 5 的坐标改正数为未知数的坐标条件式:

$$\left.\begin{aligned}&\sum_{i=7}^{10}\Delta X'_{iC}(\cot a_i v_{a_i} - \cot b_i v_{b_i}) - \sum_{i=7}^{10}\Delta Y'_{iC}(\pm v_{c_i}) + \rho\lambda_1\delta_x + \rho\lambda_2\delta_y + \rho\omega_X = 0\\ &\sum_{i=7}^{10}\Delta Y'_{iC}(\cot a_i v_{a_i} - \cot b_i v_{b_i}) + \sum_{i=7}^{10}\Delta X'_{iC}(\pm v_{c_i}) - \rho\lambda_2\delta_x + \rho\lambda_1\delta_y + \rho\omega_Y = 0\end{aligned}\right\} \tag{13-22}$$

式中

$$\left.\begin{aligned}\lambda_1 &= (\Delta X'_{AC}\Delta X'_{A5} + \Delta Y'_{AC}\Delta Y'_{A5})\frac{1}{(s'_{A5})^2}\\ \lambda_2 &= (\Delta X'_{AC}\Delta X'_{A5} - \Delta Y'_{AC}\Delta Y'_{A5})\frac{1}{(s'_{A5})^2}\end{aligned}\right\} \tag{13-23}$$

以上导出的带有未知数的坐标条件式(13-17),(13-18)以及(13-22)式,与(11-28),(11-29)式相比较,仅多了包含未知数的两项。而观测值改正数 $v_{a_i}, v_{b_i}, b_{c_i}$ 的系数组成规律,与

前述完全相同。

13.2.2 导线网中带有未知数的条件方程式

导线网平差时,常常是先算出网中(如图 13-3)结点 A,B,C,D 的近似坐标以及 $A—a,B—b,C—c,D—d$ 边方位角的近似值。如果把它们相应的改正数作为未知数,可以将导线网平差转化为单一导线的平差。当然,各条导线之间是有联系(结点上的未知数:坐标与方位角改正数)的,根据这些联系将各单一导线组成导线网,从而达到整体平差的目的。

当三角网与导线网混合在一起时,见图 13-4,也常常是选择它们的联结点(如 A 点)及联结边(如 $A—a$ 边)的坐标与方位角近似值的改正数作为未知数,把网分成两部分:一部分是三角网、一部分是导线网。下面主要讨论导线网中带有未知数的条件方程式。

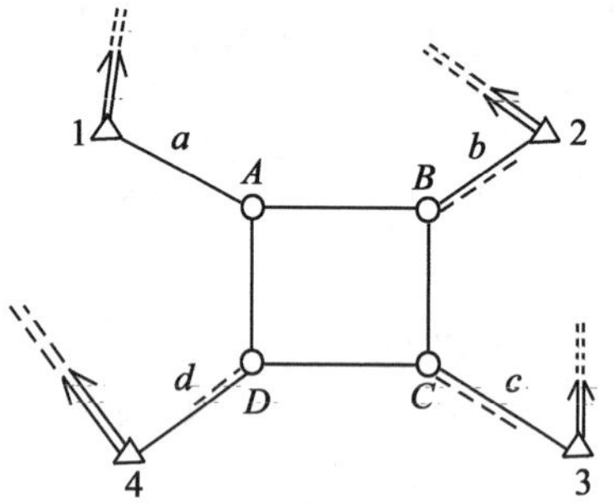

图 13-3

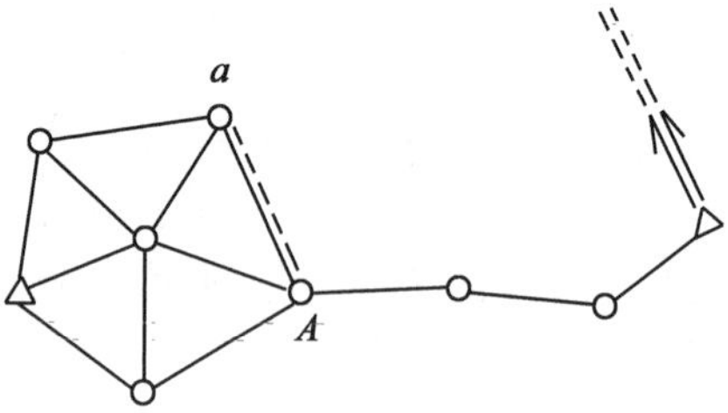

图 13-4

如图 13-5 所示,其两端点为未知点,两端方向均为未知方向的导线节,如果选取两端点坐标与两端方向的近似值改正数为未知数,仿前述推导并参考(11-83)与(11-84)两式,不难得该导线节三个带有未知数的条件式为

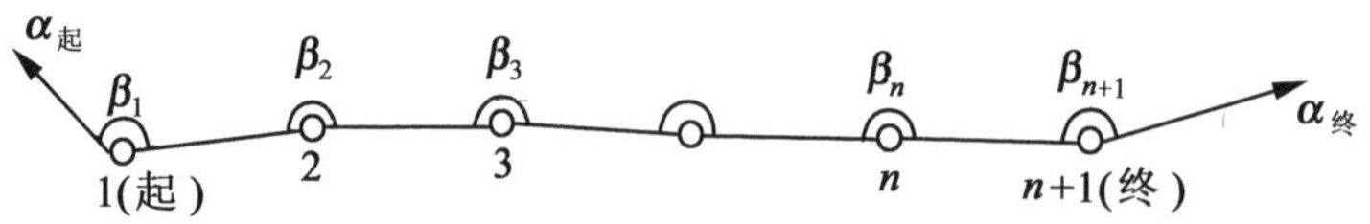

图 13-5

$$\left.\begin{aligned}
&\sum_{i=1}^{n+1} v_{\beta_i} + \delta_{\alpha_{起}} - \delta_{\alpha_{终}} + \omega_\beta = 0\\
&\sum_{i=1}^{n} \cos\alpha_i^0 v_{s_i} - \frac{1}{\rho}\sum_{i=1}^{n}(y_{终}^0 - y_i^0)(\pm v_{\beta_i}) +\\
&\qquad \frac{1}{\rho}y_{终}^0\,\delta_{\alpha_{起}} - \frac{1}{\rho}y_{起}^0\,\delta_{\alpha_{终}} + \delta_{x_{起}} - \delta_{x_{终}} + \omega_x = 0\\
&\sum_{i=1}^{n} \sin\alpha_i^0 v_{s_i} + \frac{1}{\rho}\sum_{i=1}^{n}(x_{终}^0 - x_i^0)(\pm v_{\beta_i}) +\\
&\qquad \frac{1}{\rho}x_{终}^0\,\delta_{\alpha_{起}} - \frac{1}{\rho}x_{起}^0\,\delta_{\alpha_{终}} + \delta_{y_{起}} - \delta_{y_{终}} + \omega_y = 0
\end{aligned}\right\} \tag{13-24}$$

式中

$$\left.\begin{aligned}\omega_\beta &= \sum_{i=1}^{n+1}\beta_i + \alpha^0_{起} - \alpha^0_{终} \pm n\cdot 180^\circ\\ \omega_x &= x^0_{起} + \sum_{i=1}^{n}\Delta x^0_i - x^0_{终}\\ \omega_y &= y^0_{起} + \sum_{i=1}^{n}\Delta y^0_i - y^0_{终}\end{aligned}\right\}\tag{13-25}$$

$$\left.\begin{aligned}\alpha_j &= \alpha^0_j + \delta_{\alpha_j}\\ x_j &= x^0_j + \delta_{x_j}\\ y_j &= y^0_j + \delta_{y_j}\end{aligned}\right\}\tag{13-26}$$

v_{β_i}前的正负号,根据转折角位置取在“+”右“-”。

若导线布设在带有坚强方向的两个坚强点之间时,(13-24)式中所有未知数项为0。此时,即为一般的导线条件方程式:

$$\left.\begin{aligned}&\sum_{i=1}^{n+1}v_{\beta_i} + \omega_\beta = 0\\ &\sum_{i=1}^{n}\cos\alpha^0_i v_{s_i} - \frac{1}{\rho}\sum_{i=1}^{n}(y^0_{终} - y^0_i)(\pm v_{\beta_i}) + \omega_x = 0\\ &\sum_{i=1}^{n}\sin\alpha^0_i v_{s_i} + \frac{1}{\rho}\sum_{i=1}^{n}(x^0_{终} - x^0_i)(\pm v_{\beta_i}) + \omega_y = 0\end{aligned}\right\}\tag{13-27}$$

若(13-24)式中坐标未知数项均为0,则该式表示的是导线布设在两端有固定点,但无已知方向的条件方程式:

$$\left.\begin{aligned}&\sum_{i=1}^{n+1}v_{\beta_i} + \delta_{\alpha_{起}} - \delta_{\alpha_{终}} + \omega_\beta = 0\\ &\sum_{i=1}^{n}\cos\alpha^0_i v_{s_i} - \frac{1}{\rho}\sum_{i=1}^{n}(y^0_{终} - y^0_i)(\pm v_{\beta_i}) + \frac{1}{\rho}y^0_{终}\,\delta_{\alpha_{起}} - \frac{1}{\rho}y^0_{起}\,\delta_{\alpha_{终}} + \omega_x = 0\\ &\sum_{i=1}^{n}\sin\alpha^0_i v_{s_i} + \frac{1}{\rho}\sum_{i=1}^{n}(x^0_{终} - x^0_i)(\pm v_{\beta_i}) - \frac{1}{\rho}x^0_{终}\,\delta_{\alpha_{起}} + \frac{1}{\rho}x^0_{起}\,\delta_{\alpha_{终}} + \omega_y = 0\end{aligned}\right\}\tag{13-28}$$

同理,若导线布设在两端有已知方向,但无固定点间,那么,(13-24)式中方位角未知数项均为0,该导线节条件式为

$$\left.\begin{aligned}&\sum_{i=1}^{n+1}v_{\beta_i} + \omega_\beta = 0\\ &\sum_{i=1}^{n}\cos\alpha^0_i v_{s_i} - \frac{1}{\rho}\sum_{i=1}^{n}(y^0_{终} - y^0_i)(\pm v_{\beta_i}) + \delta_{x_{起}} - \delta_{x_{终}} + \omega_x = 0\\ &\sum_{i=1}^{n}\sin\alpha^0_i v_{s_i} + \frac{1}{\rho}\sum_{i=1}^{n}(x^0_{终} - x^0_i)(\pm v_{\beta_i}) + \delta_{y_{起}} - \delta_{y_{终}} + \omega_y = 0\end{aligned}\right\}\tag{13-29}$$

可见,(13-24)式表示的是单导线条件方程式的通式。

还须指出,(13-27),(13-28)及(13-29)三式中的自由项 ω_β, ω_x 及 ω_y 虽然采用了与(13-24)式相同的符号,但与(13-25)式的含义不尽相同。请读者自己导出。

本节所介绍的带有未知数的条件方程式是平面控制网平差时常见的。根据平差问题的实际情况,其他类型的条件式中也常附有未知数,例如极条件方程式等,这里就不一一赘述了。

13.3 带有条件的间接平差

控制网坐标平差时，应选择足够的且又相互独立的未知数。但在某些控制网中，由于特殊情况所致，使得选定的未知数之间存在着一定的联系。平差后，这些联系条件也应得到满足。这就产生了带有条件的间接平差问题。

如图 13-6 所示三角网中，A，E 为已知点，B，C，D，F 为待定点。为了加强该网的精度，又观测了 BC 边边长 b_2 及 DC 边方位角 α_2，且它们有足够的精度可作为起算数据。若该网选定了所有待定点坐标为未知数，由于基线 b_2 及方位角 α_2 是不需加改正数的起算数据，所以平差后的 B，C，D 点坐标（x_B，y_B；x_C，y_C；x_D，y_D）应满足如下两个条件式，即

$$\left.\begin{aligned} b_2 &= \sqrt{(x_C - x_B)^2 + (y_C - y_B)^2} \\ \alpha_2 &= \arctan\frac{y_C - y_D}{x_C - x_D} \end{aligned}\right\} \tag{13-30}$$

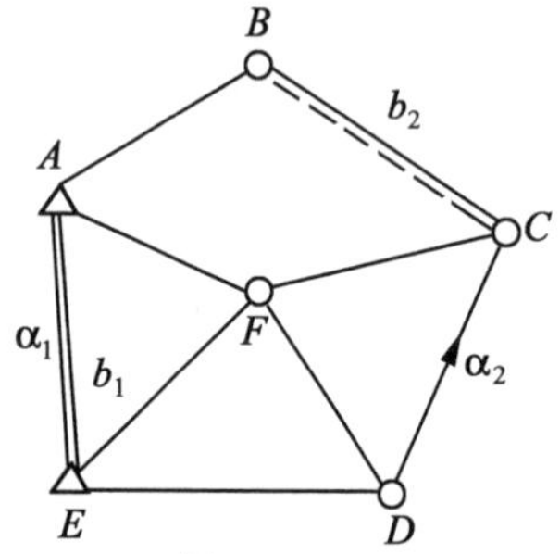

图 13-6

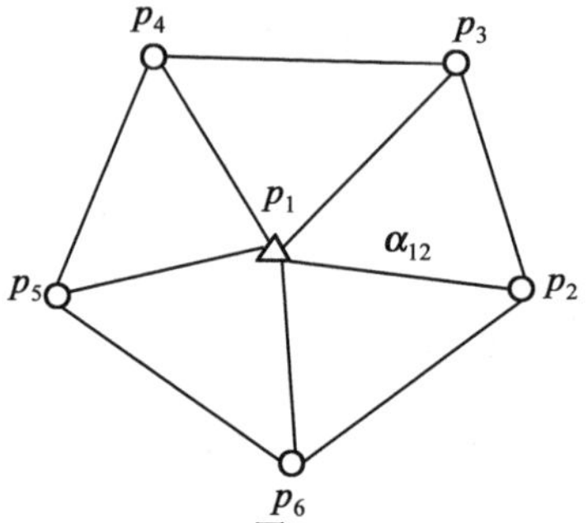

图 13-7

又如图 13-7 所示的独立测边网中，p_1 为已知点，p_1p_2 边方位角 α_{12} 为已知方位角，p_2~p_6 为待定点。若选各待定点坐标为未知数，则平差后 p_2 点坐标应满足如下条件式：

$$\alpha_{12} = \arctan\frac{y_2 - y_1}{x_2 - x_1} \tag{13-31}$$

再如图 13-8 所示的一部分单导线，p_2 点平差后的坐标也应满足（13-31）式。

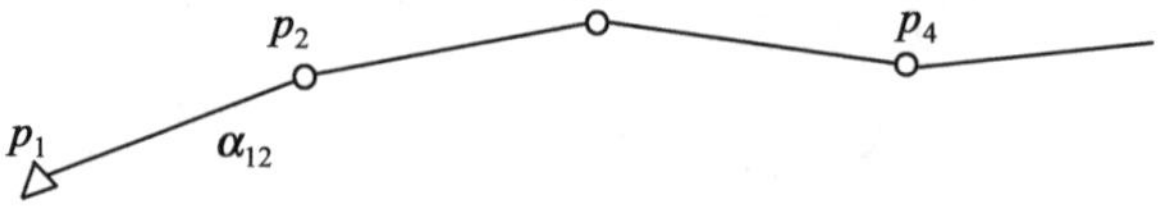

图 13-8

可见，当控制网的待定点中存在有不需加改正数的固定边长或固定方位角时，若按坐标平差，固定值两个端点的坐标未知数之间就不独立了，必须要满足某种条件，并且每增加一个不独立的未知数就增加了一个条件。

若 k,i 两点未知数之间存在方位角与边长条件式，经线性化后，并考虑 $v_\alpha=0, v_s=0$，则

$$\left.\begin{aligned} a_{ki}\delta x_k + b_{ki}\delta y_k - a_{ki}\delta x_i - b_{ki}\delta y_i + \omega_\alpha = 0 \\ c_{ki}\delta x_k + d_{ki}\delta y_k - c_{ki}\delta x_i - d_{ki}\delta y_i + \omega_s = 0 \end{aligned}\right\} \tag{13-32}$$

式中

$$\left.\begin{aligned} \omega_\alpha = \alpha_{ki}^0 - \alpha_{ki} \\ \omega_s = s_{ki}^0 - s_{ki} \end{aligned}\right\} \tag{13-33}$$

由于计算待定点坐标时，总是利用已知方位角 α_{ki} 与已知边长 s_{ki} 参与计算的，由此而求得的近似坐标再用其反算出方位角与边长的近似值 α_{ki}^0 与 s_{ki}^0，则必然是 $\alpha_{ki}^0=\alpha_{ki}, s_{ki}^0=s_{ki}$。因此，(13-32)式可写为

$$\left.\begin{aligned} a_{ki}\delta x_k + b_{ki}\delta y_k - a_{ki}\delta x_i - b_{ki}\delta y_i = 0 \\ c_{ki}\delta x_k + d_{ki}\delta y_k - c_{ki}\delta x_i - d_{ki}\delta y_i = 0 \end{aligned}\right\} \tag{13-34}$$

上式即为坐标平差时附有方位角或边长条件的一般式。同理，如果 k,i 两点中有一个是固定点，其相应的 $\delta x=\delta y=0$，(13-34)式中的有关项也就等于 0。

可见，带有条件的坐标平差时，既存在着平差值的误差方程式，也存在着某些未知数之间应满足的条件方程式。解算这类问题的方法有两种：其一是按条件式消去不独立的未知数，例如，由(13-34)式可解出

$$\left.\begin{aligned} \delta x_k = \delta x_i - \cot\alpha_{ki}\delta y_i + \cot\alpha_{ki}\delta y_k \\ \text{或} \quad \delta x_i = \delta x_k - \cot\alpha_{ki}\delta y_k + \cot\alpha_{ki}\delta y_i \end{aligned}\right\} \tag{13-35}$$

以及

$$\left.\begin{aligned} \delta x_k = \delta x_i + \tan\alpha_{ki}\delta y_i - \tan\alpha_{ki}\delta y_k \\ \text{或} \quad \delta x_i = \delta x_k + \tan\alpha_{ki}\delta y_k - \tan\alpha_{ki}\delta y_i \end{aligned}\right\} \tag{13-36}$$

之后，再将上述(13-35)式或(13-36)式中的某个未知数的函数表达式代入到网中有关的误差方程式中，使得误差方程式中的未知数彼此互相独立。进而通过法方程组解出全部独立未知数的值，再回代到(13-35)式或(13-36)式中，计算那些曾被暂时消去的不独立的未知数之值。

其二是在 $\boldsymbol{V}^{\mathrm{T}}\boldsymbol{P}\boldsymbol{V}=\min$ 的原则下，导出附有条件的间接平差计算公式。通过对法方程组求解来完成，这在测量平差基础课中已作了详细讲述，在此不再赘述。

13.4 工程控制网相关分解平差

在整体一次要求 $\boldsymbol{V}^{\mathrm{T}}\boldsymbol{P}\boldsymbol{V}=\min$ 条件下导出的平差公式，只适宜作一次性的整体平差计算。但随着工程测量事业的发展，这一解法有时显得不够方便。比如，当工程分期建设时，作为工程基础的控制网也要分期建立，于是产生分期观测成果的平差问题；即使是同期观测，当网过于复杂和庞大时，在一个平差模型中处理大量观测数据以求定大量的待估参数，使平差计算也往往产生很大困难；此外，平差计算还将受到计算工具和技术水平等因素制约。解决这种问题的较好办法是将所给定的问题分解成几个组成部分，每部分在 $\boldsymbol{V}_i^{\mathrm{T}}\boldsymbol{P}_i\boldsymbol{V}_i=\min$ 条件下求解，然后将各部分计算结果有机地结合起来，以得到满足整体条件 $\boldsymbol{V}^{\mathrm{T}}\boldsymbol{P}\boldsymbol{V}=\min$ 的最后结果。这就是通过所谓相关分解平差的办法来解决。本节介绍适于当代计算机计算的条件分解平差及间接分解平差以及序贯平差的数学解法。

13.4.1 条件分解解法

1. 条件逐次分组迭代解法

今将具有权倒数阵 $\boldsymbol{Q}_0(\boldsymbol{P}_0^{-1})$ 的条件方程组

$$\boldsymbol{AV}+\boldsymbol{W}^{(0)}=\boldsymbol{0}$$

分解成 R 组：

$$\left.\begin{array}{l}\boldsymbol{A}_1\boldsymbol{V}+\boldsymbol{W}_1^{(0)}=\boldsymbol{0}\\ \boldsymbol{A}_2\boldsymbol{V}+\boldsymbol{W}_2^{(0)}=\boldsymbol{0}\\ \cdots\\ \boldsymbol{A}_R\boldsymbol{V}+\boldsymbol{W}_R^{(0)}=\boldsymbol{0}\end{array}\right\}\tag{13-37}$$

在 $\boldsymbol{V}^{\mathrm{T}}\boldsymbol{PV}=\min$ 条件下，得联系数法方程：

$$\left.\begin{array}{l}\boldsymbol{A}_1\boldsymbol{Q}_0\sum\limits_{j=1}^{R}\boldsymbol{A}_j^{\mathrm{T}}\boldsymbol{K}_j+\boldsymbol{W}_1^{(0)}=\boldsymbol{0}\\ \boldsymbol{A}_2\boldsymbol{Q}_0\sum\limits_{j=1}^{R}\boldsymbol{A}_j^{\mathrm{T}}\boldsymbol{K}_j+\boldsymbol{W}_2^{(0)}=\boldsymbol{0}\\ \cdots\\ \boldsymbol{A}_R\boldsymbol{Q}_0\sum\limits_{j=1}^{R}\boldsymbol{A}_j^{\mathrm{T}}\boldsymbol{K}_j+\boldsymbol{W}_R^{(0)}=\boldsymbol{0}\end{array}\right\}\tag{13-38}$$

将(13-38)第 1 式左乘$(\boldsymbol{A}_1\boldsymbol{Q}_0\boldsymbol{A}_1^{\mathrm{T}})^{-1}$后，求出第一组联系数：

$$\boldsymbol{K}_1=-(\boldsymbol{A}_1\boldsymbol{Q}_0\boldsymbol{A}_1^{\mathrm{T}})^{-1}\boldsymbol{A}_1\boldsymbol{Q}_0\sum_{j=2}^{R}\boldsymbol{A}_j^{\mathrm{T}}\boldsymbol{K}_j-(\boldsymbol{A}_1\boldsymbol{Q}_0\boldsymbol{A}_1^{\mathrm{T}})^{-1}\boldsymbol{W}_1^{(0)}\tag{13-39}$$

并从后续全部法方程中消去它们，于是得到相对其他组联系数 $\boldsymbol{K}_2,\boldsymbol{K}_3,\cdots,\boldsymbol{K}_R$ 的法方程：

$$\left.\begin{array}{l}\boldsymbol{A}_2\boldsymbol{Q}_1\sum\limits_{j=2}^{R}\boldsymbol{A}_j^{\mathrm{T}}\boldsymbol{K}_j+\boldsymbol{W}_2^{(1)}=\boldsymbol{0}\\ \boldsymbol{A}_3\boldsymbol{Q}_1\sum\limits_{j=2}^{R}\boldsymbol{A}_j^{\mathrm{T}}\boldsymbol{K}_j+\boldsymbol{W}_3^{(1)}=\boldsymbol{0}\\ \boldsymbol{A}_R\boldsymbol{Q}_1\sum\limits_{j=2}^{R}\boldsymbol{A}_j^{\mathrm{T}}\boldsymbol{K}_j+\boldsymbol{W}_R^{(1)}=\boldsymbol{0}\end{array}\right\}\tag{13-40}$$

式中

$$\boldsymbol{Q}_1=\boldsymbol{Q}_1^0\boldsymbol{Q}_0\tag{13-41}$$

$$\boldsymbol{Q}_1^0=\boldsymbol{E}-\boldsymbol{Q}_0\boldsymbol{A}_1^{\mathrm{T}}(\boldsymbol{A}_1\boldsymbol{Q}_0\boldsymbol{A}_1^{\mathrm{T}})^{-1}\boldsymbol{A}_1\tag{13-42}$$

$$\boldsymbol{W}_j^{(1)}=\boldsymbol{W}_j^{(0)}-\boldsymbol{A}_j\boldsymbol{Q}_0\boldsymbol{A}_1^{\mathrm{T}}(\boldsymbol{A}_1\boldsymbol{Q}_0\boldsymbol{A}_1^{\mathrm{T}})^{-1}\boldsymbol{W}_1^{(0)}\tag{13-43}$$

采用同样方法消去其余组的联系数后，相继得到下面方程：

$$\left.\begin{array}{l}\boldsymbol{A}_3\boldsymbol{Q}_2\sum\limits_{j=3}^{R}A_j^{\mathrm{T}}\boldsymbol{K}_j+\boldsymbol{W}_3^{(2)}=\boldsymbol{0}\\ \cdots\\ \boldsymbol{A}_R\boldsymbol{Q}_2\sum\limits_{j=3}^{R}A_j^{\mathrm{T}}\boldsymbol{K}_j+\boldsymbol{W}_R^{(2)}=\boldsymbol{0}\end{array}\right\}\tag{13-44}$$

式中

$$\boldsymbol{Q}_2=\boldsymbol{Q}_2^0\boldsymbol{Q}_1=\boldsymbol{Q}_2^0\boldsymbol{Q}_1^0\boldsymbol{Q}_0 \tag{13-45}$$

$$\boldsymbol{Q}_2^0=\boldsymbol{E}-\boldsymbol{Q}_1\boldsymbol{A}_2^{\mathrm{T}}(\boldsymbol{A}_2\boldsymbol{Q}_1\boldsymbol{A}_2^{\mathrm{T}})^{-1}\boldsymbol{A}_2 \tag{13-46}$$

$$\boldsymbol{W}_j^{(2)}=\boldsymbol{W}_j^{(1)}-\boldsymbol{A}_j\boldsymbol{Q}_1\boldsymbol{A}_2^{\mathrm{T}}(\boldsymbol{A}_2\boldsymbol{Q}_1\boldsymbol{A}_2^{\mathrm{T}})^{-1}\boldsymbol{W}_2^{(1)} \tag{13-47}$$

$$\cdots$$

进而有

$$\boldsymbol{A}_R\boldsymbol{Q}_{R-1}\boldsymbol{A}_R^{\mathrm{T}}\boldsymbol{K}_R+\boldsymbol{W}_R^{(R-1)}=\boldsymbol{0} \tag{13-48}$$

$$\boldsymbol{Q}_{R-1}=\boldsymbol{Q}_{R-1}^0\boldsymbol{Q}_{R-2}=\boldsymbol{Q}_{R-1}^0\cdots\boldsymbol{Q}_2^0\boldsymbol{Q}_1^0\boldsymbol{Q}_0 \tag{13-49}$$

$$\boldsymbol{Q}_{R-1}^0=\boldsymbol{E}-\boldsymbol{Q}_{R-2}\boldsymbol{A}_{R-1}^{\mathrm{T}}(A_{R-1}\boldsymbol{Q}_{R-2}\boldsymbol{A}_{R-1}^{\mathrm{T}})^{-1}\boldsymbol{A}_{R-1} \tag{13-50}$$

$$\boldsymbol{W}_R^{(R-1)}=\boldsymbol{W}_R^{(R-2)}-\boldsymbol{A}_R\boldsymbol{Q}_{R-2}\boldsymbol{A}_{R-1}^{\mathrm{T}}(\boldsymbol{A}_{R-1}\boldsymbol{Q}_{R-2}\boldsymbol{A}_{R-1}^{\mathrm{T}})^{-1}\boldsymbol{W}_{R-1}^{(R-2)} \tag{13-51}$$

矩阵 $\boldsymbol{Q}_j$ 及 $\boldsymbol{Q}_j^0$ 具有如下性质：

(1)矩阵 $\boldsymbol{Q}_j(j=0,1,2,\cdots)$ 是对称矩阵。

由于 $\boldsymbol{Q}_0$ 是正定对称矩阵，由(13-41)，(13-42)，(13-45)，(13-46)，(13-49)及(13-50)诸式可知

$$\left.\begin{aligned}
&\boldsymbol{Q}_1^{\mathrm{T}}=\boldsymbol{Q}_0^{\mathrm{T}}(\boldsymbol{Q}_1^0)^{\mathrm{T}}=\boldsymbol{Q}_0(\boldsymbol{E}-\boldsymbol{A}_1^{\mathrm{T}}(\boldsymbol{A}_1\boldsymbol{Q}_0\boldsymbol{A}_1^{\mathrm{T}})^{-1}\boldsymbol{A}_1\boldsymbol{Q}_0)=\boldsymbol{Q}_1\\
&\boldsymbol{Q}_2^{\mathrm{T}}=\boldsymbol{Q}_1^{\mathrm{T}}(\boldsymbol{Q}_2^0)^{\mathrm{T}}=\boldsymbol{Q}_1(\boldsymbol{E}-\boldsymbol{A}_2^{\mathrm{T}}(\boldsymbol{A}_2\boldsymbol{Q}_1\boldsymbol{A}_2^{\mathrm{T}})^{-1}\boldsymbol{A}_2\boldsymbol{Q}_1)=\boldsymbol{Q}_2\\
&\cdots\\
&\boldsymbol{Q}_{R-1}^{\mathrm{T}}=\boldsymbol{Q}_{R-2}^{\mathrm{T}}(\boldsymbol{Q}_{R-1}^0)^{\mathrm{T}}=Q_{R-2}(\boldsymbol{E}-\boldsymbol{A}_{R-1}^{\mathrm{T}}(\boldsymbol{A}_{R-1}\boldsymbol{Q}_{R-2}\boldsymbol{A}_{R-2}^{\mathrm{T}})^{-1}\boldsymbol{A}_{R-1}\boldsymbol{Q}_{R-2})=\boldsymbol{Q}_{R-1}
\end{aligned}\right\} \tag{13-52}$$

(2)矩阵 $\boldsymbol{Q}_j$ 左乘以第 j 组条件方程系数 $\boldsymbol{A}_j$(或右乘以转置矩阵 A_j^{T})，得零矩阵。

由于 $\boldsymbol{A}_0$ 是零矩阵，即有式 $\boldsymbol{A}_0\boldsymbol{Q}_0=\boldsymbol{Q}_0\boldsymbol{A}_0^{\mathrm{T}}=0$，故

$$\left.\begin{aligned}
&\boldsymbol{A}_1\boldsymbol{Q}_1=\boldsymbol{A}_1(\boldsymbol{E}-\boldsymbol{Q}_0\boldsymbol{A}_1^{\mathrm{T}}(\boldsymbol{A}_1\boldsymbol{Q}\boldsymbol{A}_1^{\mathrm{T}})^{-1}\boldsymbol{A}_1)\boldsymbol{Q}_0=\boldsymbol{A}_1\boldsymbol{Q}_0-\boldsymbol{A}_1\boldsymbol{Q}_0=\boldsymbol{0}\\
&\boldsymbol{Q}_1\boldsymbol{A}_1^{\mathrm{T}}=(\boldsymbol{A}_1\boldsymbol{Q}_1)^{\mathrm{T}}=\boldsymbol{0}\\
&\boldsymbol{A}_2\boldsymbol{Q}_2=\boldsymbol{A}_2(\boldsymbol{E}-\boldsymbol{Q}_1\boldsymbol{A}_2^{\mathrm{T}}(\boldsymbol{A}_2\boldsymbol{Q}_1\boldsymbol{A}_2^{\mathrm{T}})^{-1}\boldsymbol{A}_2)\boldsymbol{Q}_1=\boldsymbol{A}_2\boldsymbol{Q}_1-\boldsymbol{A}_2\boldsymbol{Q}_1=\boldsymbol{0}\\
&\boldsymbol{Q}_2\boldsymbol{A}_2^{\mathrm{T}}=(\boldsymbol{A}_2\boldsymbol{Q}_2)^{\mathrm{T}}=\boldsymbol{0}\\
&\cdots\\
&\boldsymbol{A}_R\boldsymbol{Q}_R=\boldsymbol{A}_R(\boldsymbol{E}-\boldsymbol{Q}_{R-1}\boldsymbol{A}_R^{\mathrm{T}}(\boldsymbol{A}_R\boldsymbol{Q}_{R-1}\boldsymbol{A}_R^{\mathrm{T}})^{-1}\boldsymbol{A}_R)\boldsymbol{Q}_{R-1}=\boldsymbol{A}_R\boldsymbol{Q}_{R-1}-\boldsymbol{A}_R\boldsymbol{Q}_{R-1}=\boldsymbol{0}\\
&\boldsymbol{Q}_R\boldsymbol{A}_R^{\mathrm{T}}=(\boldsymbol{A}_R\boldsymbol{Q}_R)^{\mathrm{T}}=\boldsymbol{0}
\end{aligned}\right\} \tag{13-53}$$

(3)$\boldsymbol{Q}_j^0$ 是幂等矩阵，即

$$\boldsymbol{Q}_j^0=\boldsymbol{Q}_j^0\boldsymbol{Q}_j^0=\boldsymbol{Q}_j^0\boldsymbol{Q}_j^0\cdots\boldsymbol{Q}_j^0 \tag{13-54}$$

如将 $\boldsymbol{Q}_j^0$ 自乘则有

$$\boldsymbol{Q}_j^0\boldsymbol{Q}_j^0=(\boldsymbol{E}-\boldsymbol{Q}_{j-1}\boldsymbol{A}_j^{\mathrm{T}}(\boldsymbol{A}_j\boldsymbol{Q}_{j-1}\boldsymbol{A}_j^{\mathrm{T}})^{-1}A_j)^2=\boldsymbol{E}-\boldsymbol{Q}_{j-1}\boldsymbol{A}_j^{\mathrm{T}}(\boldsymbol{A}_j\boldsymbol{Q}_{j-1}\boldsymbol{A}_j^{\mathrm{T}})^{-1}\boldsymbol{A}_j$$

即

$$\boldsymbol{Q}_j^0\boldsymbol{Q}_j^0=\boldsymbol{Q}_j^0$$

下面讲解条件逐次分解迭代平差步骤：

(1)按 $\boldsymbol{V}_1^{\mathrm{T}}\boldsymbol{P}_0\boldsymbol{V}_1=\min$ 条件，解算第一组条件方程

$$\boldsymbol{A}_1\boldsymbol{V}_1+\boldsymbol{W}_1^0=\boldsymbol{0}$$

得观测值的第一次改正数

$$\boldsymbol{V}_1=-\boldsymbol{Q}_0\boldsymbol{A}_1^{\mathrm{T}}(\boldsymbol{A}_1\boldsymbol{Q}_0\boldsymbol{A}_1^{T})^{-1}\boldsymbol{W}_1^{(0)} \tag{13-55}$$

用改正后的第一次平差值计算后续 j 组($j=2,3,\cdots,R$)条件式的闭合差，有式：

$$W_j^{(1)} = W_j^{(0)} + A_j V_1 = W_j^{(0)} - A_j Q_0 A_1^{\mathrm{T}} (A_1 Q_0 A_1^{\mathrm{T}})^{-1} W_1^{(0)} \tag{13-56}$$

比较(13-43)及(13-56)式可知,按第一次平差值计算的后续 j 组条件式闭合差就等于消去第一组联系数 K_1 后的闭合差的改化值。

(2)按 $V_2^{\mathrm{T}} P_1 V_2 = \min$ 条件,解算第二组条件方程

$$A_2 V_2 + W_2^{(1)} = 0$$

得第二次改正数

$$V_2 = - Q_1 A_2^{\mathrm{T}} (A_2 Q_1 A_2^{\mathrm{T}})^{-1} W_2^{(1)} \tag{13-57}$$

值得注意的是这次求出的改正数具有如下性质:按(13-55)式及(13-57)式计算二次型:

$$V_1^{\mathrm{T}} P_0 V_2 = (W_1^{(0)})^{\mathrm{T}} (A_1 Q_0 A_1^{\mathrm{T}})^{-1} A_1 Q_0 P_0 Q_1 A_2^{\mathrm{T}} (A_2 Q_1 A_2^{\mathrm{T}})^{-1} W_2^{(1)}$$

由于 $Q_0 P_0 = E, A_1 Q_1 = 0$,故

$$V_1^{\mathrm{T}} P_0 V_2 = 0 \tag{13-58}$$

用第二次改正后的第二次平差值计算后续 j 组($j=3,4,\cdots,R$)条件方程闭合差,得式:

$$W_j^{(2)} = W_j^{(1)} + A_j V_2 = W_j^{(1)} - A_j Q_1 A_2^{\mathrm{T}} (A_2 Q_1 A_2^{\mathrm{T}})^{-1} W_2^{(1)} \tag{13-59}$$

比较(13-47)与(13-59)式可知,按第二次平差值计算的后续 j 组条件式闭合差等于消去第二组联系数 K_2 后的闭合差的改正值。

(3)由此不难推得解算第 j($j=1,2,\cdots,R$)次条件方程改正数的迭代公式:

$$V_j = -Q_{j-1} A_j^{\mathrm{T}} (A_j Q_{j-1} A_j^{\mathrm{T}})^{-1} W_j^{(j-1)} \tag{13-60}$$

$$Q_{j-1} = \prod_{K=j-1}^{1} Q_K^0 Q_0 \tag{13-61}$$

$$V = \sum_{j=1}^{R} V_j \tag{13-62}$$

下面再研究两种特殊情况下的条件分组迭代平差的特性。

当每组只有一个条件方程式的情况下,设此平差问题有 r 个条件方程:

$$a_{11} v_1 + a_{12} v_2 + \cdots + a_{1n} v_n + w_1^{(0)} = 0$$

$$a_{21} v_1 + a_{22} v_2 + \cdots + a_{2n} v_n + w_2^{(0)} = 0$$

$$\cdots$$

$$a_{r1} v_1 + a_{r2} v_2 + \cdots + a_{rn} v_n + w_r^{(0)} = 0$$

由于每组条件式系数只有一行 a_1,而它与其转置阵相乘必是一个数,即有

$$a_1 q_0 a_1^{\mathrm{T}} = [q_0 a_1 a_1]$$

其逆阵同样是一个数,即

$$(a_1 q_0 a_1^{\mathrm{T}})^{-1} = 1/[q_0 a_1 a_1]$$

按(13-55)式计算第一次改正数

$$v_1 = - q_0 a_1^{\mathrm{T}} w_1^{(0)} / [q_0 a_1 a_1]$$

进而采用(13-40)~(13-43)式,得

$$q_1 = q_0 - q_0 a_1^{\mathrm{T}} \frac{1}{[q_0 a_1 a_1]} a_1 q_0$$

$$a_2 q_1 a_2^{\mathrm{T}} = [q_0 a_2 a_2] - \frac{[q_0 a_1 a_2][q_0 a_1 a_2]}{[q_0 a_1 a_1]} = [q_0 a_2 a_2 \cdot 1]$$

$$a_2 q_1 a_3^{\mathrm{T}} = [q_0 a_2 a_3] - \frac{[q_0 a_1 a_2][q_0 a_1 a_3]}{[q_0 a_1 a_1]} = [q_0 a_2 a_3 \cdot 1]$$

$$\cdots$$

$$a_2 q_1 a_2^{\mathrm{T}} = [q_0 a_2 a_2] - \frac{[q_0 a_1 a_2][q_0 a_1 a_r]}{[q_0 a_1 a_1]} = [q_0 a_1 a_1 \cdot 1]$$

$$w_j^{(1)} = w_j^{(0)} - \frac{[q_0 a_1 a_j]}{[q_0 a_1 a_1]} w_1^{(0)} = [w_1^0 \cdot 1]$$

由此可见，在 $\boldsymbol{V}_1^{\mathrm{T}}\boldsymbol{P}_0\boldsymbol{V}_1 = \min$ 条件下解算第一组条件方程与按高斯约化法组成法方程和消去 K_1 是等价的。

进而按(13-44)~(13-47)式解算第二组条件方程有：

$$q_2 = q_1 - q_1 a_1^{\mathrm{T}} \frac{1}{[q_0 a_2 a_2 \cdot 1]} a_2 q_1$$

$$a_3 q_2 a_3^{\mathrm{T}} = [q_0 a_3 a_3 \cdot 1] - \frac{[q_0 a_2 a_3 \cdot 1][q_0 a_2 a_3 \cdot 1]}{[q_0 a_2 a_2 \cdot 1]} = [q_0 a_3 a_3 \cdot 2]$$

$$\cdots$$

$$a_3 q_2 a_r^{\mathrm{T}} = [q_0 a_3 a_r \cdot 1] - \frac{[q_0 a_2 a_3 \cdot 1][q_0 a_2 a_2 \cdot 1]}{[q_0 a_2 a_2 \cdot 1]} = [q_0 a_3 a_r \cdot 2]$$

$$w_j^{(2)} = [w_j^{(0)} \cdot 1] - \frac{[q_0 a_2 a_j \cdot 1]}{[q_0 a_2 a_2 \cdot 1]} [\omega_2 \cdot 1] = [w_j \cdot 2]$$

由此可见，在 $V_2^{\mathrm{T}}P_1V_2 = \min$ 条件下解算第二个条件方程与按高斯约化法组成第二个法方程及消去 K_2 是等价的。

按(13-57)式计算第二次改正数：

$$v_2 = -q_1 a_2^{\mathrm{T}} w_2^{(1)} / [q_0 a_2 a_2 \cdot 1]$$

第三、第四直到最后一次解算都依此类推。

在不含有公共改正数的条件方程的条件下，设有条件方程组：

$$\boldsymbol{\alpha V} + \boldsymbol{W}_{\boldsymbol{\alpha}} = \boldsymbol{0}$$

$$\boldsymbol{AV} + \boldsymbol{W}_A = \boldsymbol{0}$$

式中 $\boldsymbol{\alpha}$ 子块由 τ 个相互独立的条件方程系数构成。

此时，每个条件方程 $\alpha_i (i=1,2,\cdots,\tau)$ 都是孤立地自己解算。此外，对 $\boldsymbol{A}$ 块的权倒数阵

$$\boldsymbol{Q}_1 = \boldsymbol{Q}_0 - \boldsymbol{Q}_0\boldsymbol{\alpha}^{\mathrm{T}}(\boldsymbol{\alpha}\boldsymbol{Q}_0\boldsymbol{\alpha}^{\mathrm{T}})^{-1}\boldsymbol{\alpha}\boldsymbol{Q}_0$$

具有简单的结构，这是因为矩阵($\boldsymbol{\alpha}\boldsymbol{Q}_0\boldsymbol{\alpha}^{\mathrm{T}}$)是对角阵，矩阵$(\boldsymbol{\alpha}\boldsymbol{Q}_0\boldsymbol{\alpha}^{\mathrm{T}})^{-1}$也是对角阵。因此 $\boldsymbol{A}$ 块联系数法方程式

$$\boldsymbol{A}\boldsymbol{Q}_1\boldsymbol{A}^{\mathrm{T}}\boldsymbol{K}_A + \boldsymbol{W}_A^{(1)} = \boldsymbol{0}$$

也具有最简单结构。

条件分组平差解法具有公式简单，规律性强，易于电算程序的编写，因此适于电子计算机进行网的平差计算。但当使用袖珍计算器平差时，对较大控制网，由于计算器内存容量的限时，这时采用条件分区平差解法也许要方便一些。下面简述条件分区平差的基本原理。

2. 条件分区解法

所谓条件分区平差是指将一个较大的测量控制网分成几个区，将由本区观测量组成的本区条件同由邻区公有观测量组成的联系条件按区前后次序排列，组成和解算法方程组，直到消去本区的联系数为止。再将剩余的分区约化法方程相加得总体约化法方程组，解算这些法方

程组得公有联系数，再将它们分别回代到本区约化法方程中，求得各区的联系数，从而最后求得观测值改正数。下面以分两区为例来阐述这种平差方法的正确性。

设有三组条件方程：

$$\boldsymbol{A}_1\boldsymbol{V}_1+\boldsymbol{W}_A=\boldsymbol{0} \tag{13-63}$$

$$\boldsymbol{B}_2\boldsymbol{V}_2+\boldsymbol{W}_B=\boldsymbol{0} \tag{13-64}$$

$$\boldsymbol{C}_1\boldsymbol{V}_1+\boldsymbol{C}_2\boldsymbol{V}_2+\boldsymbol{W}_C=\boldsymbol{0} \tag{13-65}$$

显然(13-63)及(13-64)式为本区条件组，(13-65)式为两区联系条件组。下面论证整体解法与分区解算的等价性。

当整体平差时，得法方程组：

$$\left.\begin{aligned}&\boldsymbol{A}_1\boldsymbol{q}_1\boldsymbol{A}_1^{\mathrm{T}}\boldsymbol{K}_A+\boldsymbol{A}_1\boldsymbol{q}_1\boldsymbol{C}_1^{\mathrm{T}}\boldsymbol{K}_C+\boldsymbol{W}_A=\boldsymbol{0}\\&\boldsymbol{B}_2\boldsymbol{q}_2\boldsymbol{B}_2^{\mathrm{T}}\boldsymbol{K}_B+\boldsymbol{B}_2\boldsymbol{q}_2\boldsymbol{C}_2^{\mathrm{T}}\boldsymbol{K}_C+\boldsymbol{W}_B=\boldsymbol{0}\\&\boldsymbol{C}_1\boldsymbol{q}_1\boldsymbol{A}_1^{\mathrm{T}}\boldsymbol{K}_A+\boldsymbol{C}_2\boldsymbol{q}_2\boldsymbol{B}_2^{\mathrm{T}}\boldsymbol{K}_B+(\boldsymbol{C}_1\boldsymbol{q}_1\boldsymbol{C}_1^{\mathrm{T}}+\boldsymbol{C}_2\boldsymbol{q}_2\boldsymbol{C}_2^{\mathrm{T}})\boldsymbol{K}_C+\boldsymbol{W}_C=\boldsymbol{0}\end{aligned}\right\} \tag{13-66}$$

引入符号 $N_{ij}(i,j=1,2,3)$，上式可缩写为

$$\begin{bmatrix}\boldsymbol{N}_{11}&\boldsymbol{0}&\boldsymbol{N}_{13}\\\boldsymbol{0}&\boldsymbol{N}_{22}&\boldsymbol{N}_{23}\\\boldsymbol{N}_{13}^{\mathrm{T}}&\boldsymbol{N}_{23}^{\mathrm{T}}&\boldsymbol{N}_{33}\end{bmatrix}\begin{bmatrix}\boldsymbol{K}_A\\\boldsymbol{K}_B\\\boldsymbol{K}_C\end{bmatrix}+\begin{bmatrix}\boldsymbol{W}_A\\\boldsymbol{W}_B\\\boldsymbol{W}_C\end{bmatrix}=\boldsymbol{0} \tag{13-67}$$

解(13-67)式前两行，得联系数：

$$\boldsymbol{K}_A=-N_{11}^{-1}(\boldsymbol{N}_{13}\boldsymbol{K}_C+\boldsymbol{W}_A);\quad \boldsymbol{K}_B=-\boldsymbol{N}_{22}^{-1}(\boldsymbol{N}_{23}\boldsymbol{K}_C+\boldsymbol{W}_B) \tag{13-68}$$

将(13-68)式代入(13-66)式第三行，得改化方程：

$$(\boldsymbol{N}_{33}-\boldsymbol{N}_{13}^{\mathrm{T}}\boldsymbol{N}_{11}^{-1}\boldsymbol{N}_{13}-\boldsymbol{N}_{23}^{\mathrm{T}}\boldsymbol{N}_{22}^{-1}\boldsymbol{N}_{23})\boldsymbol{K}_C+(\boldsymbol{W}_C-\boldsymbol{N}_{13}^{\mathrm{T}}\boldsymbol{N}_{11}^{-1}\boldsymbol{W}_A-\boldsymbol{N}_{23}^{\mathrm{T}}\boldsymbol{N}_{22}^{-1}\boldsymbol{W}_B)=\boldsymbol{0} \tag{13-69}$$

引入高斯约化符号，上式可缩写成

$$[\boldsymbol{N}_{33}\cdot 2]\boldsymbol{K}_C+[\boldsymbol{W}_C\cdot 2]=\boldsymbol{0}$$

把上式代入(13-68)式，即可解出本区联系数 $\boldsymbol{K}_A$ 和 $\boldsymbol{K}_B$。

当分区平差时，将(13-63)~(13-65)式分为两组，即

$$\left.\begin{aligned}\boldsymbol{A}_1\boldsymbol{V}_1+\boldsymbol{W}_A&=\boldsymbol{0}\\\boldsymbol{C}_1\boldsymbol{V}_1+\boldsymbol{W}_C&=\boldsymbol{0}\end{aligned}\right\} \tag{13-70}$$

$$\left.\begin{aligned}\boldsymbol{B}_2\boldsymbol{V}_2+\boldsymbol{W}_B&=\boldsymbol{0}\\\boldsymbol{C}_2\boldsymbol{V}_2&=\boldsymbol{0}\end{aligned}\right\} \tag{13-71}$$

实际上，是将联系条件(13-65)式分成两部分，与本区观测量有关的项列入本区条件，不符值列入任意区联系条件内均可，这里是列入第Ⅰ区。对各区分别组成法方程，得

$$\left.\begin{aligned}\boldsymbol{A}_1\boldsymbol{q}_1\boldsymbol{A}_1^{\mathrm{T}}\boldsymbol{K}_A+\boldsymbol{A}_1\boldsymbol{q}_1\boldsymbol{C}_1^{\mathrm{T}}\boldsymbol{K}_C+\boldsymbol{W}_A&=\boldsymbol{0}\\\boldsymbol{C}_1\boldsymbol{q}_1\boldsymbol{A}_1^{\mathrm{T}}\boldsymbol{K}_A+\boldsymbol{C}_1\boldsymbol{q}_1\boldsymbol{C}_1^{\mathrm{T}}\boldsymbol{K}_C+\boldsymbol{W}_C&=\boldsymbol{0}\end{aligned}\right\} \tag{13-72}$$

$$\left.\begin{aligned}\boldsymbol{B}_2\boldsymbol{q}_2\boldsymbol{B}_2^{\mathrm{T}}\boldsymbol{K}_B+\boldsymbol{B}_2\boldsymbol{q}_2\boldsymbol{C}_2^{\mathrm{T}}\boldsymbol{K}_C+\boldsymbol{W}_B&=\boldsymbol{0}\\\boldsymbol{C}_2\boldsymbol{q}_2\boldsymbol{B}_2^{\mathrm{T}}\boldsymbol{K}_B+\boldsymbol{C}_2\boldsymbol{q}_2\boldsymbol{C}_2^{\mathrm{T}}\boldsymbol{K}_C&=\boldsymbol{0}\end{aligned}\right\} \tag{13-73}$$

可见，上面两个法方程组中第一个方程是(13-66)式的前二个方程式，另外两个方程之和是(13-66)式中第三个方程式。

分别解算上面两个组方程，由(13-72)式得

$$\left.\begin{aligned}\boldsymbol{K}_A&=-\boldsymbol{N}_{11}^{-1}(\boldsymbol{N}_{13}\boldsymbol{K}_C+\boldsymbol{W}_A)\\\boldsymbol{K}_B&=-\boldsymbol{N}_{22}^{-1}(\boldsymbol{N}_{23}\boldsymbol{K}_C+\boldsymbol{W}_B)\end{aligned}\right\} \tag{13-74}$$

把它们代入(13-73)式,得约化法方程:

$$(\boldsymbol{C}_1\boldsymbol{q}_1\boldsymbol{C}_1^{\mathrm{T}}-\boldsymbol{N}_{13}^{\mathrm{T}}\boldsymbol{N}_{11}^{-1}\boldsymbol{N}_{13})\boldsymbol{K}_C+(\boldsymbol{W}_C-\boldsymbol{N}_{13}^{\mathrm{T}}\boldsymbol{N}_{11}^{-1}\boldsymbol{W}_A)=\boldsymbol{0} \tag{13-75}$$

$$(\boldsymbol{C}_2\boldsymbol{q}_2\boldsymbol{C}_2^{\mathrm{T}}-\boldsymbol{N}_{23}^{\mathrm{T}}\boldsymbol{N}_{22}^{-1}\boldsymbol{N}_{23}^{\mathrm{T}})\boldsymbol{K}_C+(\boldsymbol{0}-\boldsymbol{N}_{23}^{\mathrm{T}}\boldsymbol{N}_{22}^{-1}\boldsymbol{W}_B)=\boldsymbol{0} \tag{13-76}$$

取上两式之和,有相对公共联系数 $\boldsymbol{K}_C$ 法方程:

$$(\boldsymbol{N}_{33}-\boldsymbol{N}_{13}^{\mathrm{T}}\boldsymbol{N}_{11}^{-1}\boldsymbol{N}_{13}-\boldsymbol{N}_{23}^{\mathrm{T}}\boldsymbol{N}_{22}^{-1}\boldsymbol{N}_{23})\boldsymbol{K}_C+(\boldsymbol{W}_C-\boldsymbol{N}_{13}^{\mathrm{T}}\boldsymbol{N}_{11}^{-1}\boldsymbol{W}_A-\boldsymbol{N}_{23}^{\mathrm{T}}\boldsymbol{N}_{22}^{-1}\boldsymbol{W}_B)=\boldsymbol{0} \tag{13-77}$$

将(13-77)及(13-74)式同(13-69)及(13-68)式比较可知,分区解算和整体解算的结果是一致的,这就证明了条件分区平差是正确的。

13.4.2 间接分解解法

1. 法方程逐次分组迭代法

将具有权矩阵 $\boldsymbol{P}_0(\boldsymbol{Q}_0^{-1})$ 的误差方程组

$$\boldsymbol{V}=\boldsymbol{B}\boldsymbol{X}+\boldsymbol{L} \tag{13-78}$$

中 $\boldsymbol{X}$ 分解成 T 组:$\boldsymbol{X}_1,\boldsymbol{X}_2,\cdots,\boldsymbol{X}_T$,与此相应,矩阵 $\boldsymbol{B}$ 也分解成 T 块:$\boldsymbol{B}_1,\boldsymbol{B}_2,\cdots,\boldsymbol{B}_T$。

在 $\boldsymbol{V}^{\mathrm{T}}\boldsymbol{P}\boldsymbol{V}=\min$ 条件下,得法方程:

$$\left.\begin{aligned}
&\boldsymbol{B}_1^{\mathrm{T}}\boldsymbol{P}_0\Big(\sum_{j=1}^{T}\boldsymbol{B}_j\boldsymbol{X}_j+\boldsymbol{L}\Big)=\boldsymbol{0}\\
&\boldsymbol{B}_2^{\mathrm{T}}\boldsymbol{P}_0\Big(\sum_{j=1}^{T}\boldsymbol{B}_j\boldsymbol{X}_j+\boldsymbol{L}\Big)=\boldsymbol{0}\\
&\boldsymbol{B}_3^{\mathrm{T}}\boldsymbol{P}_0\Big(\sum_{j=1}^{T}\boldsymbol{B}_j\boldsymbol{X}_j+\boldsymbol{L}\Big)=\boldsymbol{0}\\
&\cdots\\
&\boldsymbol{B}_T^{\mathrm{T}}\boldsymbol{P}_0\Big(\sum_{j=1}^{T}\boldsymbol{B}_j\boldsymbol{X}_j+\boldsymbol{L}\Big)=\boldsymbol{0}
\end{aligned}\right\} \tag{13-79}$$

(13-79)式第一行左乘$(\boldsymbol{B}_1^{\mathrm{T}}\boldsymbol{P}_0\boldsymbol{B}_1)^{-1}$,求出第一组未知数:

$$\boldsymbol{X}_1=-(\boldsymbol{B}_1^{\mathrm{T}}\boldsymbol{P}_0\boldsymbol{B}_1)^{-1}\boldsymbol{B}_1^{\mathrm{T}}\boldsymbol{P}_0\Big(\sum_{j=2}^{T}\boldsymbol{B}_j\boldsymbol{X}_j+\boldsymbol{L}\Big) \tag{13-80}$$

并从后续的全部法方程消去它们,得相对 $\boldsymbol{X}_2,\boldsymbol{X}_3,\cdots,\boldsymbol{X}_T$ 的法方程:

$$\left.\begin{aligned}
&\boldsymbol{B}_2^{\mathrm{T}}\boldsymbol{P}_1\Big(\sum_{j=2}^{T}\boldsymbol{B}_j\boldsymbol{X}_j+\boldsymbol{L}\Big)=\boldsymbol{0}\\
&\boldsymbol{B}_3^{T}\boldsymbol{P}_1\Big(\sum_{j=2}^{\mathrm{T}}\boldsymbol{B}_j\boldsymbol{X}_j+\boldsymbol{L}\Big)=\boldsymbol{0}\\
&\cdots\\
&\boldsymbol{B}_T^{\mathrm{T}}\boldsymbol{P}_1\Big(\sum_{j=2}^{T}\boldsymbol{B}_j\boldsymbol{X}_j+\boldsymbol{L}\Big)=\boldsymbol{0}
\end{aligned}\right\} \tag{13-81}$$

式中

$$\boldsymbol{P}_1=\boldsymbol{P}_0\boldsymbol{P}_1^0 \tag{13-82}$$

$$\boldsymbol{P}_1^0=\boldsymbol{E}-\boldsymbol{B}_1(\boldsymbol{B}_1^{\mathrm{T}}\boldsymbol{P}_0\boldsymbol{B}_1)^{-1}\boldsymbol{B}_0^{\mathrm{T}}\boldsymbol{P}_0 \tag{13-83}$$

用同样方法消去第二个未知数后,得方程:

$$\left.\begin{array}{l}B_3^{\mathrm{T}}P_2(\sum_{j=3}^{T}B_jX_j+L)=\mathbf{0}\\ \cdots\\ B_T^{\mathrm{T}}P_2(\sum_{j=3}^{T}B_jX_j+L)=\mathbf{0}\end{array}\right\} \tag{13-84}$$

式中

$$P_2=P_1P_2^0=P_0P_1^0P_2^0 \tag{13-85}$$

$$P_2^0=E-B_2(B_2^{\mathrm{T}}P_1B_2)^{-1}B_2^{\mathrm{T}}P_1 \tag{13-86}$$

$$\cdots$$

进而有

$$B_T^{\mathrm{T}}P_{\mathrm{T}-1}(B_{\mathrm{T}}X_{\mathrm{T}}+L)=\mathbf{0} \tag{13-87}$$

$$P_{\mathrm{T}-1}=P_{\mathrm{T}-2}P_{\mathrm{T}-1}^0=P_0P_1^0P_2^0\cdots P_{\mathbf{T}-1}^0 \tag{13-88}$$

$$P_{\mathrm{T}-1}^0=E-B_{\mathrm{T}-1}(B_{\mathrm{T}-1}^{T}P_{\mathrm{T}-2}B_{\mathrm{T}-1})^{-1}B_{T-1}^{\mathrm{T}}P_{\mathrm{T}-2} \tag{13-89}$$

矩阵 P_j 及 P_j^0 具有如下性质：

(1)矩阵 $P_j(j=0,1,2,\cdots)$是对称矩阵。

由于 P_0 是正定对称矩阵，由(13-82)，(13-83)，(13-85)～(13-89)式可知

$$P_1^{\mathrm{T}}=(P_1^0)P_0^{\mathrm{T}}=(E-P_0B_1(B_1^{\mathrm{T}}P_0B_1)^{-1}B_1^{\mathrm{T}})P_0=P_1$$

$$P_2^{\mathrm{T}}=(P_2^0)P_1^{\mathrm{T}}=(E-P_1B_2(B_2^{\mathrm{T}}P_1B_2)^{-1}B_2^{\mathrm{T}})P_1=P_2$$

$$\cdots$$

$$P_{T-1}^{\mathrm{T}}=(P_{T-1}^0)P_{\mathrm{T}-2}^{\mathrm{T}}=(E-P_{T-2}B_{T-1}(B_{T-1}^{\mathrm{T}}P_{T-2}B_{T-1})^{-1}B_{T-1}^{\mathrm{T}})P_{T-2}=P_{T-1}$$

(2)矩阵 P_j 右乘以第 j 组误差方程系数 B_j(或右乘以其转置矩阵 $B_j^{\mathbf{T}}$)，得零矩阵。

事实上，由于 B_0 是零矩阵，有式 $P_0B_0=B_0^{\mathrm{T}}P_0=0$，因此

$$P_1B_1=P_0(E-B_1(B_1^{\mathrm{T}}P_0B_1)^{-1}B_1^{\mathrm{T}}P_0)B_1=P_0(B_1-B_1)=\mathbf{0}$$

$$B_1^{\mathrm{T}}P_1=(P_1B_1)^{\mathrm{T}}=\mathbf{0}$$

$$P_2B_2=P_1(E-B_2(B_2^{\mathrm{T}}P_0B_2)^{-1}B_2^{\mathrm{T}}P_1)B_2=P_1(B_2-B_2)=\mathbf{0}$$

$$B_2^{\mathrm{T}}P_2=(P_2B_2)^{\mathrm{T}}=\mathbf{0}$$

$$\cdots$$

$$P_TB_T=P_{T-1}(E-B_{\mathrm{T}}(B_T^{\mathrm{T}}P_{T-1}B_{\mathrm{T}})^{-1}B_T^{\mathrm{T}}P_{T-1})B_{\mathrm{T}}=P_{T-1}(B_{\mathrm{T}}-B_{\mathrm{T}})=\mathbf{0}$$

$$B_T^{\mathrm{T}}P_{\mathbf{T}}=(P_{\mathrm{T}}B_{\mathrm{T}})^{\mathrm{T}}=\mathbf{0}$$

(3)P_j^0 是幂等矩阵。即

$$P_j^0=P_j^0P_j^0=P_j^0P_j^0\cdots P_j^0$$

如将 P_j^0 自乘，则有

$$P_j^0P_j^0=(E-B_j(B_j^{\mathrm{T}}P_{j-1}B_j)^{-1}B_j^{\mathrm{T}}P_{j-1})^2=E-B_j(B_j^{\mathrm{T}}P_{j-1}B_j)^{-1}B_jP_{j-1}$$

即

$$P_j^0P_j^0=P_j^0$$

下面讲间接逐次分解迭代平差步骤：

(1)按(13-80)式计算 X_1，由(13-78)式得

$$V=-B_1(B_1^{\mathrm{T}}P_0B_1)^{-1}B_1^{\mathrm{T}}P_0\left(\sum_{j=2}^{T}B_jX_j+L\right)+\sum_{j=2}^{T}B_jX_j+L \tag{13-90}$$

或

$$\boldsymbol{V}=\boldsymbol{P}_1^0\left(\sum_{j=2}^{T}\boldsymbol{B}_j\boldsymbol{X}_j+\boldsymbol{L}\right)$$

(2)由(13-81)式第一行解得

$$\boldsymbol{X}_2=-(\boldsymbol{B}_2^{\mathrm{T}}\boldsymbol{P}_1\boldsymbol{B}_2)^{-1}\left(\sum_{j=3}^{T}\boldsymbol{B}_j\boldsymbol{X}_j+\boldsymbol{L}\right)$$

并把它代入(13-90)式,得改化后的改正数方程:

$$\boldsymbol{V}=\boldsymbol{P}_1^0\boldsymbol{P}_2^0\left(\sum_{j=3}^{T}\boldsymbol{B}_j\boldsymbol{X}_j+\boldsymbol{L}\right)$$

(3)依此类推到 T 组,最后得以全部常数项表示的改正数向量:

$$\boldsymbol{V}=\boldsymbol{P}_1^0\boldsymbol{P}_2^0\cdots\boldsymbol{P}_T^0\boldsymbol{L} \tag{13-91}$$

在特殊情况下,比如当每组只有一个未知数时,利用上述解法将更简便。

2. 间解分区解法

从上可见,误差方程分组平差也具有许多优点,适且于电子计算机平差。与条件分区相对应也有间接分区平差的解法。其基本思想与之相似,即将一较大控制网分成若干区,将本区观测量改正数方程式与邻区公有观测量改正数方程式,按区先后次序排列,组成和解算法方程组直到消去本区未知数为止,然后将各区剩余约化法方程式对应相加得公有未知数约化法方程,解算它们得公有未知数,再把它们分别回代到本区约化法方程求出各区独有未知数,从而最后求出观测值改正数。下面仍以分两区为例阐述这种平差方法的正确性。

设有两组误差方程:

$$\boldsymbol{V}_A=\boldsymbol{A}_1\boldsymbol{X}_1+\boldsymbol{A}_3\boldsymbol{X}_3+\boldsymbol{L}_A \qquad 权\ P_A \tag{13-92}$$

$$\boldsymbol{V}_B=\boldsymbol{B}_2\boldsymbol{X}_2+\boldsymbol{B}_3\boldsymbol{X}_3+\boldsymbol{L}_B \qquad 权\ P_B \tag{13-93}$$

显然两式中 $\boldsymbol{X}_1,\boldsymbol{X}_2$ 为本区独有未知数,$\boldsymbol{X}_3$ 为公有联系未知数。现在证明整体解算与分区解算结果的等价性。

当整体平差时,得法方程:

$$\left.\begin{aligned}&\boldsymbol{A}_1^{\mathrm{T}}\boldsymbol{P}_A\boldsymbol{A}_1\boldsymbol{X}_1+\boldsymbol{0}+\boldsymbol{A}_1^{\mathrm{T}}\boldsymbol{P}_A\boldsymbol{A}_3\boldsymbol{X}_3+\boldsymbol{A}_1^{\mathrm{T}}\boldsymbol{P}_A\boldsymbol{L}_A=\boldsymbol{0}\\&\boldsymbol{0}+\boldsymbol{B}_2^{\mathrm{T}}\boldsymbol{P}_B\boldsymbol{B}_2\boldsymbol{X}_2+\boldsymbol{B}_2^{\mathrm{T}}\boldsymbol{P}_B\boldsymbol{B}_3\boldsymbol{X}_3+\boldsymbol{B}_2^{\mathrm{T}}\boldsymbol{P}_B\boldsymbol{L}_B=\boldsymbol{0}\\&\boldsymbol{A}_3^{\mathrm{T}}\boldsymbol{P}_A\boldsymbol{A}_1\boldsymbol{X}_1+\boldsymbol{B}_3^{\mathrm{T}}\boldsymbol{P}_B\boldsymbol{B}_2\boldsymbol{X}_2+(\boldsymbol{A}_3^{\mathrm{T}}\boldsymbol{P}_A\boldsymbol{A}_3+\boldsymbol{B}_3^{\mathrm{T}}\boldsymbol{P}_B\boldsymbol{B}_3)\boldsymbol{X}_3+(\boldsymbol{A}_3^{\mathrm{T}}\boldsymbol{P}_A\boldsymbol{L}_A+\boldsymbol{B}_3^{\mathrm{T}}\boldsymbol{P}_B\boldsymbol{L}_B)=\boldsymbol{0}\end{aligned}\right\} \tag{13-94}$$

引入符号 $\boldsymbol{N}_{ij}$ 及 $\boldsymbol{L}_i(i,j=1,2,3)$,上式可缩写为

$$\begin{bmatrix}\boldsymbol{N}_{11}&\boldsymbol{0}&\boldsymbol{N}_{13}\\\boldsymbol{0}&\boldsymbol{N}_{22}&\boldsymbol{N}_{23}\\\boldsymbol{N}_{13}^{\mathrm{T}}&\boldsymbol{N}_{23}^{\mathrm{T}}&\boldsymbol{N}_{33}\end{bmatrix}\begin{bmatrix}\boldsymbol{X}_1\\\boldsymbol{X}_2\\\boldsymbol{X}_3\end{bmatrix}+\begin{bmatrix}\boldsymbol{L}_1\\\boldsymbol{L}_2\\\boldsymbol{L}_3\end{bmatrix}=\boldsymbol{0} \tag{13-95}$$

由前两行解得未知数:

$$\boldsymbol{X}_1=-\boldsymbol{N}_{11}^{-1}(\boldsymbol{N}_{13}\boldsymbol{X}_3+\boldsymbol{L}_1);\quad \boldsymbol{X}_2=-\boldsymbol{N}_{22}^{-1}(\boldsymbol{N}_{23}\boldsymbol{X}_3+\boldsymbol{L}_2) \tag{13-96}$$

把它们代入到第三行,得改化方程:

$$(\boldsymbol{N}_{33}-\boldsymbol{N}_{13}^{\mathrm{T}}\boldsymbol{N}_{11}^{-1}\boldsymbol{N}_{13}-\boldsymbol{N}_{23}^{\mathrm{T}}\boldsymbol{N}_{22}^{-1}\boldsymbol{N}_{23})\boldsymbol{X}_3+(\boldsymbol{L}_3-\boldsymbol{N}_{13}^{\mathrm{T}}\boldsymbol{N}_{11}^{-1}\boldsymbol{L}_1-\boldsymbol{N}_{23}^{\mathrm{T}}\boldsymbol{N}_{22}^{-1}\boldsymbol{L}_2)=\boldsymbol{0} \tag{13-97}$$

引入高斯约化符号,上式简写为

$$[\boldsymbol{N}_{33}\cdot 2]\boldsymbol{X}_3+[\boldsymbol{L}_3\cdot 2]=\boldsymbol{0} \tag{13-98}$$

从上式中解出 $\boldsymbol{X}_3$，再把它们代入（13-96）式计算 $\boldsymbol{X}_1$ 和 $\boldsymbol{X}_2$。

当分区平差时，每组可分别组成法方程：

$$\left.\begin{aligned}\boldsymbol{A}_1^{\mathrm{T}}\boldsymbol{P}_A\boldsymbol{A}_1\boldsymbol{X}_1+\boldsymbol{A}_1^{\mathrm{T}}\boldsymbol{P}_A\boldsymbol{A}_3\boldsymbol{X}_3+\boldsymbol{A}_1^{\mathrm{T}}\boldsymbol{P}_A\boldsymbol{L}_A=\boldsymbol{0}\\ \boldsymbol{A}_3^{\mathrm{T}}\boldsymbol{P}_A\boldsymbol{A}_1\boldsymbol{X}_1+\boldsymbol{A}_3^{\mathrm{T}}\boldsymbol{P}_A\boldsymbol{A}_3\boldsymbol{X}_3+\boldsymbol{A}_3^{\mathrm{T}}\boldsymbol{P}_A\boldsymbol{L}_A=\boldsymbol{0}\end{aligned}\right\}\tag{13-99}$$

$$\left.\begin{aligned}\boldsymbol{B}_2^{\mathrm{T}}\boldsymbol{P}_B\boldsymbol{B}_2\boldsymbol{X}_2+\boldsymbol{B}_2^{\mathrm{T}}\boldsymbol{P}_B\boldsymbol{B}_3\boldsymbol{X}_3+\boldsymbol{B}_2^{\mathrm{T}}\boldsymbol{P}_B\boldsymbol{L}_B=\boldsymbol{0}\\ \boldsymbol{B}_3^{\mathrm{T}}\boldsymbol{P}_B\boldsymbol{B}_2\boldsymbol{X}_2+\boldsymbol{B}_3^{\mathrm{T}}\boldsymbol{P}_B\boldsymbol{B}_3\boldsymbol{X}_3+\boldsymbol{B}_3^{\mathrm{T}}\boldsymbol{P}_B\boldsymbol{L}_B=\boldsymbol{0}\end{aligned}\right\}\tag{13-100}$$

可见，上两式中第二式之和即为（13-94）式第三式，第一式分别为（13-94）式的第一、二式。

由（13-99）第一式解出 $\boldsymbol{X}_1$，由（13-100）第一式解出 $\boldsymbol{X}_2$，并把它们分别代入到后续方程，再依次得方程：

$$\boldsymbol{X}_1=-\boldsymbol{N}_{11}^{-1}(\boldsymbol{N}_{13}\boldsymbol{X}_3+\boldsymbol{L}_1)\tag{13-101}$$

$$\boldsymbol{X}_2=-\boldsymbol{N}_{22}^{-1}(\boldsymbol{N}_{23}\boldsymbol{X}_3+\boldsymbol{L}_2)\tag{13-102}$$

$$(\boldsymbol{A}_3^{\mathrm{T}}\boldsymbol{P}_A\boldsymbol{A}_3-\boldsymbol{N}_{13}^{\mathrm{T}}\boldsymbol{N}_{11}^{-1}\boldsymbol{N}_{13})\boldsymbol{X}_3+(\boldsymbol{A}_3^{\mathrm{T}}\boldsymbol{P}_A\boldsymbol{L}_A-\boldsymbol{N}_{13}^{\mathrm{T}}\boldsymbol{N}_{11}^{-1}\boldsymbol{L}_1)=\boldsymbol{0}\tag{13-103}$$

$$(B_3^{\mathrm{T}}\boldsymbol{P}_B\boldsymbol{B}_3-\boldsymbol{N}_{23}^{\mathrm{T}}\boldsymbol{N}_{22}^{-1}\boldsymbol{N}_{23})\boldsymbol{X}_3+(\boldsymbol{B}_3^{\mathrm{T}}\boldsymbol{P}_B\boldsymbol{L}_B-\boldsymbol{N}_{23}^{\mathrm{T}}\boldsymbol{N}_{22}^{-1}\boldsymbol{L}_2)=\boldsymbol{0}\tag{13-104}$$

取上两式之和，有相对公有未知数 X_3 法方程：

$$(\boldsymbol{N}_{33}-\boldsymbol{N}_{13}^{\mathrm{T}}\boldsymbol{N}_{11}^{-1}\boldsymbol{N}_{13}-\boldsymbol{N}_{23}^{\mathrm{T}}\boldsymbol{N}_{22}^{-1}\boldsymbol{N}_{23})\boldsymbol{X}_3+(\boldsymbol{L}_3-\boldsymbol{N}_{13}^{\mathrm{T}}\boldsymbol{N}_{11}^{-1}\boldsymbol{L}_1-\boldsymbol{N}_{23}^{\mathrm{T}}\boldsymbol{N}_{22}^{-1}\boldsymbol{L}_2)=\boldsymbol{0}\tag{13-105}$$

比较（13-105）式与（13-97）式，两式完全相同，从而证明了间接分区平差的正确性。

13.4.3 序贯平差解法

当测量控制网复测、改造或扩建时，利用建立在递推公式基础上的序贯平差的解法是非常有效的。由于这部分内容在测量基础课中已有较详细的讲述，故在这里只简单介绍这种方法在工程控制网平差计算中的应用特点。

1. 当控制网分期观测，且每期都有相同未知数时

今以两期为例，进而推论到多期观测。

设权分别为 $\boldsymbol{P}_1(\boldsymbol{Q}_1^{-1})$ 及 $\boldsymbol{P}_2(\boldsymbol{Q}_2^{-1})$ 的两期观测，有误差方程组：

$$\boldsymbol{V}_1=\boldsymbol{B}_1\boldsymbol{X}-\boldsymbol{L}_1,\qquad 权\ \boldsymbol{P}_1\tag{13-106}$$

$$V_2=\boldsymbol{B}_2\boldsymbol{X}-\boldsymbol{L}_2,\qquad 权\ \boldsymbol{P}_2\tag{13-107}$$

在 $\boldsymbol{V}_1^{\mathrm{T}}\boldsymbol{P}_1\boldsymbol{V}_1=\min$ 条件下，解第一期方程，有法方程：

$$(\boldsymbol{B}_1^{\mathrm{T}}\boldsymbol{P}_1\boldsymbol{B}_1)\boldsymbol{X}_1-\boldsymbol{B}_1^{\mathrm{T}}\boldsymbol{P}_1\boldsymbol{L}_1=\boldsymbol{0}\tag{13-108}$$

解得第一次平差未知数：

$$\boldsymbol{X}_1=(\boldsymbol{B}_1^{\mathrm{T}}\boldsymbol{P}_1\boldsymbol{B}_1)^{-1}\boldsymbol{B}_1^{\mathrm{T}}\boldsymbol{P}_1\boldsymbol{L}_1\tag{13-109}$$

设 $\boldsymbol{B}_1^{\mathrm{T}}\boldsymbol{P}_1\boldsymbol{B}_1=\boldsymbol{N}_{11}$，则上式可改写为

$$\boldsymbol{X}_1=\boldsymbol{N}_{11}^{-1}\boldsymbol{B}_1^{\mathrm{T}}\boldsymbol{P}_1\boldsymbol{L}_1=\boldsymbol{Q}_{X_1}\boldsymbol{B}_1^{\mathrm{T}}\boldsymbol{P}_1\boldsymbol{L}_1\tag{13-110}$$

$\boldsymbol{X}_1$ 的权倒数为

$$\boldsymbol{Q}_{X_1}=(\boldsymbol{B}_1^{\mathrm{T}}\boldsymbol{P}_1\boldsymbol{B}_1)^{-1}=\boldsymbol{N}_{11}^{-1}\tag{13-111}$$

权为

$$\boldsymbol{P}_{X_1}=\boldsymbol{Q}_{X_1}^{-1}=(\boldsymbol{B}_1^{\mathrm{T}}\boldsymbol{P}_1\boldsymbol{B}_1)=\boldsymbol{N}_{11}\tag{13-112}$$

二次型为

$$\boldsymbol{V}_1^{\mathrm{T}}\boldsymbol{P}_1\boldsymbol{V}_1=\boldsymbol{L}_1^{\mathrm{T}}\boldsymbol{P}_1\boldsymbol{L}_1-(\boldsymbol{B}_1^{\mathrm{T}}\boldsymbol{P}_1\boldsymbol{L}_1)^{\mathrm{T}}\boldsymbol{X}_1\tag{13-113}$$

由于加入了第二期观测，必使已求得未知数 $\boldsymbol{X}_1$ 有增量 ΔX_2。当两期观测整体平差时，有

法方程：

$$(\boldsymbol{B}_1^{\mathrm{T}}\boldsymbol{P}_1\boldsymbol{B}_1+\boldsymbol{B}_2^{\mathrm{T}}\boldsymbol{P}_2\boldsymbol{B}_2)(\boldsymbol{X}_1+\Delta\boldsymbol{X}_2)-\boldsymbol{B}_1^{\mathrm{T}}\boldsymbol{P}_1\boldsymbol{L}_1-\boldsymbol{B}_2^{\mathrm{T}}\boldsymbol{P}_2\boldsymbol{L}_2=\boldsymbol{0} \tag{13-114}$$

设 $\boldsymbol{B}_2^{\mathrm{T}}\boldsymbol{P}_2\boldsymbol{B}_2=\boldsymbol{N}_{22}$，经过简单变换后，得关于增量 $\Delta\boldsymbol{X}_2$ 的法方程：

$$(\boldsymbol{N}_{11}+\boldsymbol{N}_{22})\Delta\boldsymbol{X}_2-\boldsymbol{B}_2^{\mathrm{T}}\boldsymbol{P}_2\boldsymbol{L}_2+\boldsymbol{B}_2^{\mathrm{T}}\boldsymbol{P}_2\boldsymbol{B}_2\boldsymbol{X}_1=\boldsymbol{0} \tag{13-115}$$

由此解得

$$\begin{aligned}\Delta\boldsymbol{X}_2&=(\boldsymbol{N}_{11}+\boldsymbol{N}_{22})^{-1}\boldsymbol{B}_2^{\mathrm{T}}\boldsymbol{P}_2(\boldsymbol{L}_2-\boldsymbol{B}_2\boldsymbol{X}_1)\\&=(\boldsymbol{P}_{X_1}+\boldsymbol{N}_{22})^{-1}\boldsymbol{B}_2^{\mathrm{T}}\boldsymbol{P}_2\overline{\boldsymbol{L}}_2\end{aligned} \tag{13-116}$$

或

$$\Delta\boldsymbol{X}_2=\boldsymbol{K}\overline{\boldsymbol{L}}_2 \tag{13-117}$$

式中

$$\boldsymbol{K}=(\boldsymbol{P}_{X_1}+\boldsymbol{N}_{22})^{-1}\boldsymbol{B}_2^{\mathrm{T}}\boldsymbol{P}_2 \tag{13-118}$$

$$\overline{L}_2=\boldsymbol{L}_2-\boldsymbol{B}_2\boldsymbol{X}_1 \tag{13-119}$$

值得注意的是，(13-119)式右端第二项($\boldsymbol{B}_2\boldsymbol{X}_1$)可认为是第二期方程常数项 $\boldsymbol{L}_2$ 的预报值，$\overline{\boldsymbol{L}}_2$ 是对 $\boldsymbol{L}_2$ 的改化值。

由于

$$(\boldsymbol{P}_{X_1}+\boldsymbol{N}_{22})\boldsymbol{Q}_X=(\boldsymbol{P}_{X_1}+\boldsymbol{N}_{22})(\boldsymbol{Q}_{X_1}+\Delta\boldsymbol{Q}_X)=\boldsymbol{E} \tag{13-120}$$

经变换可得

$$(\boldsymbol{P}_{X_1}+\boldsymbol{N}_{22})\Delta Q_X=\boldsymbol{E}-(P_{X_1}+\boldsymbol{N}_{22})\boldsymbol{Q}_{X_1} \tag{13-121}$$

由此可解得

$$\Delta\boldsymbol{Q}_X=-(\boldsymbol{P}_{X_1}+\boldsymbol{N}_{22})^{-1}\boldsymbol{N}_{22}\boldsymbol{Q}_{X_1} \tag{13-122}$$

又可写为

$$\Delta\boldsymbol{Q}_X=-(\boldsymbol{P}_{X_1}+\boldsymbol{N}_{22})^{-1}\boldsymbol{B}_2^{\mathrm{T}}\boldsymbol{P}_2\boldsymbol{B}_2\boldsymbol{Q}_{X_1} \tag{13-123}$$

或

$$\boldsymbol{\Delta Q_X}=-\boldsymbol{K}\boldsymbol{B}_2\boldsymbol{Q}_{X_1} \tag{13-124}$$

二次型为

$$\boldsymbol{V}^{\mathrm{T}}\boldsymbol{PV}=\boldsymbol{V}_1^{\mathrm{T}}PV+\boldsymbol{V}_2^{\mathrm{T}}\boldsymbol{PV}_2 \tag{13-125}$$

式中

$$\boldsymbol{V}_2^{\mathrm{T}}\boldsymbol{PV}_2=\overline{\boldsymbol{L}}_2^{\mathrm{T}}\boldsymbol{P}_2\overline{\boldsymbol{L}}_2-(\boldsymbol{B}_2^{\mathrm{T}}\boldsymbol{P}_2\overline{\boldsymbol{L}}_2)^{\mathrm{T}}\Delta X_2 \tag{13-126}$$

根据矩阵反演公式，并经某些变换，$\boldsymbol{K}$ 有如下计算公式：

$$\begin{aligned}\boldsymbol{K}&=(\boldsymbol{N}_{11}+\boldsymbol{N}_{22})^{-1}\boldsymbol{B}_2^{\mathrm{T}}\boldsymbol{P}_2=\boldsymbol{N}_{11}^{-1}\boldsymbol{B}_2^{\mathrm{T}}(\boldsymbol{P}_2^{-1}+\boldsymbol{B}_2\boldsymbol{N}_{11}^{-1}\boldsymbol{B}_2^{\mathrm{T}})^{-1}\\&=\boldsymbol{Q}_{X_1}\boldsymbol{B}_2^{\mathrm{T}}(\boldsymbol{Q}_2+\boldsymbol{B}_2\boldsymbol{Q}_{X_1}\boldsymbol{B}_2^{T})^{-1}\end{aligned} \tag{13-127}$$

因此，对整体平差后未知数

$$\boldsymbol{X}_2=\boldsymbol{X}_1+\Delta X_2=\boldsymbol{X}_1+\boldsymbol{Q}_{X_1}\boldsymbol{B}_2^{\mathrm{T}}(\boldsymbol{Q}_2+\boldsymbol{B}_2\boldsymbol{Q}_{X_1}\boldsymbol{B}_2^{\mathrm{T}})^{-1}\overline{\boldsymbol{L}}_2 \tag{13-128}$$

它的协因数阵

$$\boldsymbol{Q}_{X_2}=\boldsymbol{Q}_{X_1}+\boldsymbol{\Delta Q_X}=\boldsymbol{Q}_{X_1}-\boldsymbol{Q}_{X_1}\boldsymbol{B}_2^{\mathrm{T}}(\boldsymbol{Q}_2+\boldsymbol{B}_2\boldsymbol{Q}_{X_1}B_2^{\mathrm{T}})^{-1}\boldsymbol{B}_2\boldsymbol{Q}_{X_1} \tag{13-129}$$

(13-127)~(13-129)式的意义在于使得 $\boldsymbol{K}$，$\boldsymbol{X}_2$ 及 $\boldsymbol{Q}_{X_2}$ 的计算充分利用了前期平差成果 $\boldsymbol{Q}_{X_1}$ 及 X_1，并使整体平差时 $u\times u$ 阶$(\boldsymbol{N}_{11}+\boldsymbol{N}_{22})^{-1}$($u$ 为未知数个数)的计算转化为 $n_2\times n_2$ 阶($\boldsymbol{Q}_2+$

$B_2Q_{X_1}B_2^{\mathrm{T}}$）（$n_2$ 为第二期观测个数）同几个矩阵之积的计算，只要 $n_2<u$，那么该公式将便于计算。

由以上推导，不难得到多期观测的序贯平差递推公式。现假设已有第 i 次解：参数 X_i，权倒数阵 Q_{X_i} 及二次型 Ω_i，它们都来自前 i 个观测方程

$$V_i = B_iX - L_i, \qquad 权\ P_i \tag{13-130}$$

现引进第 $i+1$ 次观测，有新观测方程：

$$V_{i+1} = B_{i+1}X - L_i, \qquad 权\ P_{i+1} \tag{13-131}$$

现在要根据上述这些已知资料计算新的估算：参数 X_{i+1}，权倒数阵 $Q_{X_{i+1}}$ 及二次型 Ω_{i+1}。

依（13-129）式，不难得到

$$Q_{X_{i+1}} = Q_{X_i} - Q_{X_i}B_{i+1}^{\mathrm{T}}(Q_{i+1} + B_{i+1}Q_{X_i}B_{i+1}^{\mathrm{T}})^{-1}B_{i+1}Q_{X_i} \tag{13-132}$$

由（13-128）式可知

$$X_{i+1} = X_i + \Delta X_{i+1} = X_i + Q_{X_i}B_{i+1}^{\mathrm{T}}(Q_{i+1} + B_{i+1}Q_{X_i}B_{i+1}^{\mathrm{T}})^{-1}\bar{L}_{i+1} \tag{13-133}$$

式中

$$\bar{L}_{i+1} = L_{i+1} - B_{i+1}X_i \tag{13-134}$$

二次型为

$$\Omega_{i+1} = \Omega_i + \bar{L}_{i+1}^{\mathrm{T}}P_{i+1}\bar{L}_{i+1} - (B_{i+1}^{\mathrm{T}}P_{i+1}\bar{L}_{i+1})^{\mathrm{T}}\Delta X_{i+1} \tag{13-135}$$

从上述递推公式可知，序贯平差的特点在于只要知道初始状态值——第 i 次平差结果 X_i，Q_{X_i} 及 Ω_i，就可从新增加的一个或一组观测资料中推估新的估值 X_{i+1}，Q_{i+1} 及 Ω_{i+1}，一直到加入全部观测值，最后得到与整体平差一样的平差结果。可见，利用这种平差方法进行平差计算，无论观测值有多少，即不需解高阶矩阵也不需储存前期观测数据，从而大大节省内存和计算时间，应该说这是一种优化的解法。

2. 当控制网分期观测，但每期都有不同未知数时

例如，新期观测只在原网某些点上进行，以提高原网精度和可靠性，这时两期观测有误差方程组：

$$V_1 = B_{11}X_1 + B_{12}X_2 - L_1, \qquad 权\ P_1 \tag{13-136}$$

$$V_2 = \qquad B_{22}X_2 - L_2, \qquad 权\ P_2 \tag{13-137}$$

又如，新期观测在原网某些点上接边扩建，这时两期观测有误差方程组：

$$V_1 = B_{12}X_2 \qquad - L_1, \qquad 权\ P_1 \tag{13-138}$$

$$V_2 = B_{22}X_2 + B_{23}X_3 - L_2, \qquad 权\ P_2 \tag{13-139}$$

再如，新期观测在原网基础上进行并扩建，这时两期观测误差方程组

$$V_1 = B_{11}X_1 + B_{12}X_2 \qquad - L_1, \qquad 权\ P_1 \tag{13-140}$$

$$V_2 = \qquad B_{22}X_2 + B_{23}X_3 - L_2, \qquad 权\ P_2 \tag{13-141}$$

由上可见，第三种情况是第一、二种情况的一般情况，因为当（13-141）式中 $B_{23}=0$ 时，即变为（13-136）及（13-137）式；而当 $B_{11}=0$ 时，即为（13-138）及（13-139）式。下面推导通用模型的序贯平差计算公式。

先进行第一期参数分组平差。这时，误差方程式

$$V_1 = B_{11}X_1' + B_{12}X_2' - L_1, \qquad 权\ P_1 \tag{13-142}$$

法方程

$$\begin{bmatrix} \boldsymbol{N}_{11} & \boldsymbol{N}_{12} \\ \boldsymbol{N}_{21} & \boldsymbol{N}_{22} \end{bmatrix}\begin{bmatrix} \boldsymbol{X}_1 \\ \boldsymbol{X}''_2 \end{bmatrix} - \begin{bmatrix} \boldsymbol{B}_{11}^{\mathrm{T}}\boldsymbol{P}_1\boldsymbol{L}_1 \\ \boldsymbol{B}_{12}^{\mathrm{T}}\boldsymbol{P}_1\boldsymbol{L}_1 \end{bmatrix} = \boldsymbol{0} \tag{13-143}$$

式中

$$\boldsymbol{N}_{11} = \boldsymbol{B}_{11}^{\mathrm{T}}\boldsymbol{P}_1\boldsymbol{B}_{11}; \quad \boldsymbol{N}_{12} = \boldsymbol{B}_{11}^{\mathrm{T}}\boldsymbol{P}_1\boldsymbol{B}_{12} = \boldsymbol{N}_{21}^{\mathrm{T}}; \quad \boldsymbol{N}_{22} = \boldsymbol{B}_{12}^{\mathrm{T}}\boldsymbol{P}_1\boldsymbol{B}_{12} \tag{13-144}$$

法方程之解为

$$\begin{bmatrix} \boldsymbol{X}'_1 \\ \boldsymbol{X}'_2 \end{bmatrix} = \begin{bmatrix} \boldsymbol{N}_{11} & \boldsymbol{N}_{12} \\ \boldsymbol{N}_{21} & \boldsymbol{N}_{22} \end{bmatrix}^{-1}\begin{bmatrix} \boldsymbol{B}_{11}^{\mathrm{T}}\boldsymbol{P}_1\boldsymbol{L}_1 \\ \boldsymbol{B}_{12}^{\mathrm{T}}\boldsymbol{P}_1\boldsymbol{L}_1 \end{bmatrix} \tag{13-145}$$

第一次改正数

$$\boldsymbol{V}_1 = \boldsymbol{B}_{11}\boldsymbol{X}'_1 + \boldsymbol{B}_{12}\boldsymbol{X}'_2 - \boldsymbol{L}_1 \tag{13-146}$$

第一次平差值

$$\boldsymbol{X}_{\mathrm{I}} = \boldsymbol{X}_{\mathrm{I}}^0 + \boldsymbol{X}'_1, \quad \boldsymbol{X}_{\mathrm{II}} = \boldsymbol{X}_{\mathrm{II}}^0 + \boldsymbol{X}'_2, \quad \boldsymbol{X}_{\mathrm{III}} = \boldsymbol{X}_{\mathrm{III}}^0 \tag{13-147}$$

第一次平差值协因数

$$\boldsymbol{Q}_{X'} = \begin{bmatrix} \boldsymbol{N}_{11} & \boldsymbol{N}_{12} \\ \boldsymbol{N}_{21} & \boldsymbol{N}_{22} \end{bmatrix}^{-1} = \begin{bmatrix} \boldsymbol{Q}_{X_1} & \boldsymbol{Q}_{X_1X_2} \\ \boldsymbol{Q}_{X_2X_1} & \boldsymbol{Q}_{X_2} \end{bmatrix} \tag{13-148}$$

按分块矩阵求逆法则可得

$$\boldsymbol{Q}_{X'_1} = \boldsymbol{N}_{11}^{-1} + \boldsymbol{N}_{11}^{-1}\boldsymbol{N}_{12}\boldsymbol{Q}_{X_2}\boldsymbol{N}_{21}\boldsymbol{N}_{11}^{-1} \tag{13-149}$$

$$\boldsymbol{Q}_{X'_2} = (\boldsymbol{N}_{22} - \boldsymbol{N}_{21}\boldsymbol{N}_{11}^{-1}\boldsymbol{N}_{12})^{-1} = \boldsymbol{P}_{X'_2}^{-1}, \tag{13-150}$$

故

$$\boldsymbol{P}_{X'_2} = (\boldsymbol{N}_{22} - \boldsymbol{N}_{21}\boldsymbol{N}_{11}^{-1}\boldsymbol{N}_{12}) \tag{13-151}$$

二次型为

$$\Omega_1 = \boldsymbol{V}_1\boldsymbol{P}_1\boldsymbol{V}_1 = \boldsymbol{L}_1^{\mathrm{T}}\boldsymbol{P}_1\boldsymbol{L}_1 - (\boldsymbol{B}_{11}^{\mathrm{T}}\boldsymbol{P}_1\boldsymbol{L}_1)^{\mathrm{T}}\boldsymbol{X}'_1 - (\boldsymbol{B}_{12}^{\mathrm{T}}\boldsymbol{P}_1\boldsymbol{L}_1)^{\mathrm{T}}\boldsymbol{X}'_2 \tag{13-152}$$

再进行第二次平差,这时有误差方程

$$\boldsymbol{V}_2 = \boldsymbol{O}\boldsymbol{X}''_1 + \boldsymbol{B}_{22}\boldsymbol{X}''_2 + \boldsymbol{B}_{23}\boldsymbol{X}''_3 - \bar{\boldsymbol{L}}_2, \tag{13-153}$$

式中

$$\bar{L}_2 = L_2 - B_{22}X_2 \tag{13-154}$$

注意到新观测值 $\bar{\boldsymbol{L}}_2$ 的权阵,则得法方程

$$\begin{bmatrix} \boldsymbol{N}_{11} & \boldsymbol{N}_{12} & \boldsymbol{0} \\ \boldsymbol{N}_{21} & \bar{\boldsymbol{N}}_{22} & \boldsymbol{N}_{23} \\ \boldsymbol{0} & \boldsymbol{N}_{32} & \boldsymbol{N}_{33} \end{bmatrix}\begin{bmatrix} \boldsymbol{X}''_1 \\ \boldsymbol{X}''_2 \\ \boldsymbol{X}''_3 \end{bmatrix} - \begin{bmatrix} \boldsymbol{0} \\ \boldsymbol{B}_{22}^{\mathrm{T}}\boldsymbol{P}_2\bar{\boldsymbol{L}}_2 \\ \boldsymbol{B}_{23}^{\mathrm{T}}\boldsymbol{P}_2\bar{\boldsymbol{L}}_2 \end{bmatrix} = \boldsymbol{0} \tag{13-155}$$

式中

$$\bar{\boldsymbol{N}}_{22} = \boldsymbol{N}_{22} + \boldsymbol{B}_{22}^{\mathrm{T}}\boldsymbol{P}_2\boldsymbol{B}_{22}; \quad \boldsymbol{N}_{23} = \boldsymbol{N}_{32}^{\mathrm{T}} = \boldsymbol{B}_{22}^{\mathrm{T}}\boldsymbol{P}_2\boldsymbol{B}_{23}; \quad \boldsymbol{N}_{33} = \boldsymbol{B}_{23}^{\mathrm{T}}\boldsymbol{P}_2\boldsymbol{B}_{23} \tag{13-156}$$

由上式第一行解得

$$\boldsymbol{X}''_1 = -\boldsymbol{N}_{11}^{-1}\boldsymbol{N}_{12}\boldsymbol{X}''_2 \tag{13-157}$$

从第二、三行中消去 $\boldsymbol{X}''_1$,得方程组

$$\left.\begin{aligned} (\boldsymbol{P}_{X'_2} + \boldsymbol{B}_{22}^{\mathrm{T}}\boldsymbol{P}_2\boldsymbol{B}_{22})\boldsymbol{X}''_2 + \boldsymbol{B}_{22}^{\mathrm{T}}\boldsymbol{P}_2\boldsymbol{B}_{23}\boldsymbol{X}''_3 - \boldsymbol{B}_{22}^{\mathrm{T}}\boldsymbol{P}_2\bar{\boldsymbol{L}}_2 = \boldsymbol{0} \\ \boldsymbol{B}_{23}^{\mathrm{T}}\boldsymbol{P}_2\boldsymbol{B}_{22}\boldsymbol{X}''_2 + \boldsymbol{B}_{22}^{\mathrm{T}}\boldsymbol{P}_2\boldsymbol{B}_{23}\boldsymbol{X}''_3 - \boldsymbol{B}_{23}^{\mathrm{T}}\boldsymbol{P}_2\bar{\boldsymbol{L}}_2 = \boldsymbol{0} \end{aligned}\right\} \tag{13-158}$$

由此解得平差值 $\boldsymbol{X}''_2$ 及 $\boldsymbol{X}''_3$,及第二次改正数

$$V''_1 = B_{11}X''_1 + B_{12}X''_2 \tag{13-159}$$

$$V''_2 = B_{22}X''_2 + B_{23}X''_3 - \bar{L}_2 \tag{13-160}$$

二次型为

$$\begin{aligned}\Omega_2 &= \Omega_1 + V''^{\mathrm{T}}PV'' \\ &= \Omega_1 + \bar{L}_2^{\mathrm{T}}P_2\bar{L}_2 - (B_{22}^{\mathrm{T}}P_2\bar{L}_2)^{\mathrm{T}}X''_2 - (B_{23}^{\mathrm{T}}P_2\bar{L}_2)^{\mathrm{T}}X''_3\end{aligned} \tag{13-161}$$

平差值的协因数阵

$$Q_X = \begin{bmatrix} N_{11} & N_{12} & 0 \\ N_{21} & \bar{N}_{22} & N_{23} \\ 0 & N_{32} & N_{33} \end{bmatrix}^{-1} = \begin{bmatrix} Q_{X_1} & Q_{X_1X_2} & Q_{X_1X_3} \\ Q_{X_2X_1} & Q_{X_2} & Q_{X_2X_3} \\ Q_{X_3X_1} & Q_{X_3X_2} & Q_{X_3} \end{bmatrix} \tag{13-162}$$

其中

$$\left.\begin{aligned} Q_{X_1} &= N_{11}^{-1} + N_{11}^{-1}N_{12}Q_{X_2}N_{21}N_{11}^{-1} \\ Q_{X_2} &= (\bar{N}_{22} - N_{21}N_{11}^{-1}N_{12})^{-1}[E - N_{23}Q_{X_3}N_{32}(\bar{N}_{22} - N_{21}N_{11}^{-1}N_{12})^{-1}] \\ Q_{X_3} &= [N_{23} - N_{32}(\bar{N}_{22} - N_{21}N_{11}^{-1}N_{12})^{-1}N_{23}]^{-1} \end{aligned}\right\} \tag{13-163}$$

(13-136)、(13-137)式及(13-138)、(13-139)式都是(13-140)、(13-141)式的特例,因此只要把上述有关公式中分别以 $B_{23}=0$ 及 $B_{11}=0$ 代入,即得相应第一及第二种情况下的序贯平差公式,在此不再赘述。

本节重点介绍了工程控制网按最小二乘分解平差的二种典型方法:其一是根据相关最小二乘原理进行的条件分组、间接分组及序贯平差的解法;其二是根据大型控制网法方程稀疏特性和约化法方程可加性原理进行的条件分区和间接分区平差的解法。特别是第一种解法,由于具有理论严密、公式简明、规律性强、易于编写电算程序等优点,不仅在工程测量控制网平差计算中得到广泛应用,而且对大地测量、空间和航测遥感等测量数据处理以及控制网优化都有重要意义。然而,要应用好这一理论和方法,还需要强调以下内容要点和注意事项:

每一次平差都有它自己的初始量,这些初始量或者来自原始观测值,或者来自前一次的平差结果。这些初始量根据数学模型和最小二乘原理进行平差,从而求出以它的全部信息表示的参数向量及其方差-协方差阵,接着再把这些信息用于下一步的平差之中,此时再也用不到原始信息了,一直进行到最后,其结果与整体平差等效。然而要做到这样,还应满足下列条件:

(1)来自各局部平差的那些参加下次平差的初始量组,在统计上应是相互独立的;

(2)各次的平差量的精度估计适宜协方差传播律,且以同一标准方差为基础;

(3)每次平差应根据相关最小二乘原理进行,以便根据前次平差给出的协方差阵进行正确的传播和解算;

(4)应保证每次解算都有确切的最小二乘解,亦即在常规网平差中不出现奇异问题。

13.5 大地控制测量数据处理的数学模型

13.5.1 GPS 基线向量网在地心空间直角坐标系中平差的数学模型

1. 平差网形的优选

我们知道,由多个同步观测图形连接的工程 GPS 测量控制网,因同步图形中独立基线的选取是任意的,因此 GPS 基线向量网的网形也是任意的,但不同网形其可靠性及平差后的精度会不一样,因而平差网形的选择是个十分重要的问题。现只讨论为使平差后获得好的精度为条件来优选平差网形。其应遵循如下原则:

(1)平差网应由尽可能多的闭合图形组成。为此,应先用网中边缘上的 GPS 点间的独立基线把各边界点连接起来,以形成一个大的封闭环,这样既可避免支点的出现,也可保证组成尽可能多的闭合图形。

(2)平差网形中的各基线向量应由精度好的独立基线组成。这就是说在 R(R-1)条基线向量中挑选(R—1)条独立基线时(R 为接收机数),应满足:①每条基线两次设站独立观测的所谓重复观测基线的精度,应符合限差要求,并尽量选最好的;②异步环中三个坐标分量的闭合差及环线全长相对闭合差都符合限差要求,并应是精度最好的;③保证相邻异步环闭合差达到最佳配合;④平差网基准点——固定点的坐标越精确越好。

(3)网中所有闭合图形中坐标分量闭合差应该最小。基线向量网平差网形的优选不是一下子就能做好的,应经过几次试验,通过比较后才能逐渐地确定下来。

2. GPS 基线向量平差的数学模型

GPS 基线向量网平差一般都按间接平差,但也可按条件平差。平差的方法与常规地面网平差步骤基本相同。平差中用到的基本量是由基线解中得到的以坐标增量形式表示的基线向量作为观测值,以基线解中得到的方差-协方差阵中的元素作为定权的依据。

在间接平差时,有基线向量的误差方程

$$\begin{bmatrix} V_{\Delta X} \\ V_{\Delta Y} \\ V_{\Delta Z} \end{bmatrix}_{ij} = -\begin{bmatrix} \mathrm{d}X \\ \mathrm{d}Y \\ \mathrm{d}Z \end{bmatrix}_{i} + \begin{bmatrix} \mathrm{d}X \\ \mathrm{d}Y \\ \mathrm{d}Z \end{bmatrix}_{j} + \begin{bmatrix} l_{\Delta X} \\ l_{\Delta Y} \\ l_{\Delta Z} \end{bmatrix} \tag{13-164}$$

式中,$(\mathrm{d}X,\mathrm{d}Y,\mathrm{d}Z)_i$,$(\mathrm{d}X,\mathrm{d}Y,\mathrm{d}Z)_j$ 分别为 i,j 两点坐标未知数。而常数项

$$\begin{bmatrix} l_{\Delta X} \\ l_{\Delta Y} \\ l_{\Delta Z} \end{bmatrix} = -\begin{bmatrix} -X_i^0 + X_j^0 \\ -Y_i^0 + Y_j^0 \\ -Z_i^0 + Z_j^0 \end{bmatrix} + \begin{bmatrix} \Delta X_{ij} \\ \Delta Y_{ij} \\ \Delta Z_{ij} \end{bmatrix}$$

式中,$(X^0,Y^0,Z^0)_i$,$(X^0,Y^0,Z^0)_j$ 分别为 i,j 点的坐标近似值;$(\Delta X_{ij},\Delta Y_{ij},\Delta Z_{ij})$为 i,j 两点 GPS 观测的基线向量;$(V_{\Delta X},V_{\Delta Y},V_{\Delta Z})_{ij}$为坐标增量观测值改正数。

若 i,j 中其一为固定点,则将该点坐标未知数以 **0** 代替。观测值的权阵

$$\boldsymbol{P} = \boldsymbol{C}_{\Delta X}^{-1} \tag{13-165}$$

式中,$\boldsymbol{C}_{\Delta X}^{-1}$为基线向量解中得到(或用其他方法确定)的相对坐标的方差-协方差阵。

在条件平差时,按独立环线组成基线向量条件方程式。每个环的条件方程式基本形式为

$$\left.\begin{aligned} \sum \boldsymbol{V}_{\Delta X} + \boldsymbol{W}_{\Delta X} = \boldsymbol{0} \\ \sum \boldsymbol{V}_{\Delta Y} + \boldsymbol{W}_{\Delta Y} = \boldsymbol{0} \\ \sum \boldsymbol{V}_{\Delta Z} + \boldsymbol{W}_{\Delta Z} = \boldsymbol{0} \end{aligned}\right\} \tag{13-166}$$

式中,$\sum V_{\Delta X} = V_{\Delta X1.2} + V_{\Delta X2.3} + \cdots + V_{\Delta Xn.1}$,$\sum \boldsymbol{V}_{\Delta Y}$,$\sum \boldsymbol{V}_{\Delta Z}$与$\sum \boldsymbol{V}_{\Delta X}$相仿;$\boldsymbol{W}_{\Delta X} = \sum \Delta X = \Delta X_{1.2} + \Delta X_{2.3} + \cdots + \Delta X_{n.1}$,$\boldsymbol{W}_{\Delta Y}$及 $\boldsymbol{W}_{\Delta Z}$可仿 $\boldsymbol{W}_{\Delta X}$。这是对由几条基线组成的闭合环而言。

由条件平差得出的改正数是直接观测值——基线向量三个坐标分量的改正数。

若在网中有 WGS-84 系中的三维已知点,或高等级高程点,或已转换到 WGS-84 系中的已知的国家或地方用的控制点,或不要加改正数的固定边长,这时在平差中应列出未知数间应满

足的约束条件,按约束平差处理。

有了误差方程或条件方程以及约束条件方程,并确定了相应的权,余下的事情则是按最小二乘法进行平差计算,在此不再赘述。

13.5.2 GPS观测值与地面观测值在参心空间坐标系中平差的数学模型

1. 在参心空间直角坐标中平差的数学模型

为取得对工程测量有实际应用价值的GPS控制测量成果,现在一般都是将属于WGS-84坐标系中的GPS基线向量观测值,通过坐标换算将其转换到我国采用的1980年国家坐标系(GDZ80)或1954年北京坐标系(BJZ54)等参心空间直角坐标系中或大地坐标系中,然后在地面网所属的这些参心坐标系中建立GPS基线向量观测值与地面网常规观测值联合平差的数学模型,最后通过联合平差得到有意义的严密的控制测量成果。下面首先介绍在三维参心空间直角坐标系中联合平差的函数模型。

1)GPS基线向量误差方程式

我们知道,由GPS载波相位测量得到的基线向量观测值是属于世界大地坐标系WGS-84的,为在三维参心空间直角坐标系中与地面网观测数据进行联合处理,必须将GPS基线向量值根据坐标变换的理论,将它们转换到地面网所属的参心坐标系中,并在此坐标系中组成它们的误差方程式。

根据式(10-40)可导出,对GPS基线向量$\boldsymbol{\Delta X}_{ij}$如下误差方程式:

$$\begin{bmatrix} V_{\Delta x} \\ V_{\Delta y} \\ V_{\Delta z} \end{bmatrix}_{ij} = -\begin{bmatrix} \mathrm{d}X \\ \mathrm{d}Y \\ \mathrm{d}Z \end{bmatrix}_i + \begin{bmatrix} \mathrm{d}X \\ \mathrm{d}Y \\ \mathrm{d}Z \end{bmatrix}_j + \begin{bmatrix} 0 & -\Delta Z & \Delta Y \\ \Delta Z & 0 & -\Delta X \\ -\Delta Y & \Delta X & 0 \end{bmatrix}_{ij} \begin{bmatrix} \varepsilon_x \\ \varepsilon_y \\ \varepsilon_z \end{bmatrix} + \begin{bmatrix} \Delta X \\ \Delta Y \\ \Delta Z \end{bmatrix}_{ij} \mathrm{d}k + \begin{bmatrix} L_{\Delta x} \\ L_{\Delta y} \\ L_{\Delta z} \end{bmatrix} \tag{13-167}$$

式中,$[V_{\Delta x} \quad V_{\Delta y} \quad V_{\Delta z}]_{ij}^{\mathrm{T}}$为GPS基线向量观测值改正数向量;$\boldsymbol{\Delta X}_{ij}=[\Delta X \quad \Delta Y \quad \Delta Z]_{ij}^{\mathrm{T}}$为坐标改正数列向量;$[\mathrm{d}X \quad \mathrm{d}Y \quad \mathrm{d}Z]^{\mathrm{T}}$为地面网点坐标未知数列向量;$[\varepsilon_x \quad \varepsilon_y \quad \varepsilon_z]^{\mathrm{T}}$为WGS-84坐标系对参心空间直角坐标系三个坐标轴的旋转角度未知数列向量;$\mathrm{d}k$为尺度变化未知数,而常数项

$$\begin{bmatrix} L_{\Delta x} \\ L_{\Delta y} \\ L_{\Delta z} \end{bmatrix} = \begin{bmatrix} X_j^0 & -\Delta X_{ij} & -X_i^0 \\ Y_j^0 & -\Delta Y_{ij} & -Y_i^0 \\ Z_j^0 & -\Delta Z_{ij} & -Z_i^0 \end{bmatrix} \tag{13-168}$$

式中上角标有“0”的数值为坐标近似值。

由式(13-167)知,在GPS基线向量观测值误差方程式中,除具有待定点坐标未知数外,还有为归化观测值同一坐标系而增设的必要附加转换参数未知数。

2)地面网常规观测值误差方程式

在工程测量控制网中,地面常规观测值通常有方向角α(或水平方向r),垂直角β,斜距s及水准高差h等,对于这些观测值也应在参心空间直角坐标系中列出它们的误差方程式。

(1)方向角α(或水平方向r)、垂直角β及斜距s的误差方程式

图13-9表示在参心空间直角坐标系O-XYZ内以测站点P_i为坐标原点的站心坐标系。其中h的正方向与通过原点P_i背向椭球的法线方向重合,n轴在子午面内,并指北为正向;正向

的 e 轴垂直于子午面并向东，从而构成站心空间直角坐标系（P_i-neh）。图 13-10 为测站观测值方向角 α（或水平方向 r）、垂直角 β 及斜距 s 归化的示意图。由站心直角坐标与站心极坐标关系式

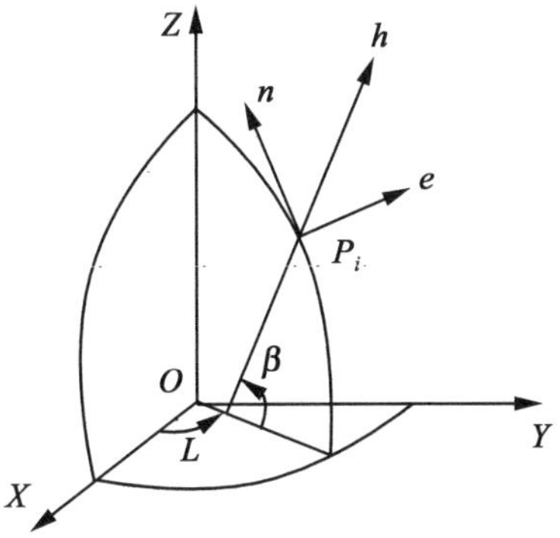

图 13-9

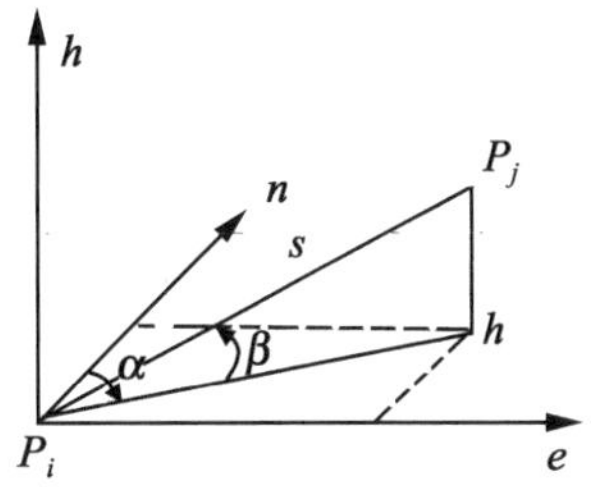

图 13-10

$$\begin{bmatrix} n \\ e \\ h \end{bmatrix} = s \begin{bmatrix} \cos\beta\cos\alpha \\ \cos\beta\sin\alpha \\ \sin\beta \end{bmatrix} \tag{13-169}$$

可建立用站心坐标计算观测值的关系式：

$$\left.\begin{aligned} \alpha &= \arctan(e/n) \\ \beta &= \arcsin(h/s) \\ s &= (n^2 + e^2 + h^2)^{1/2} \end{aligned}\right\} \tag{13-170}$$

又知，站心直角坐标同参心直角坐标有关系式：

$$\begin{bmatrix} n \\ -e \\ h \end{bmatrix} = \boldsymbol{R}_2(B - 90^\circ)\boldsymbol{R}_3(L - 180^\circ) \begin{bmatrix} \Delta X \\ \Delta Y \\ \Delta Z \end{bmatrix}_{ij} \tag{13-171}$$

式中，$\boldsymbol{R}_2$ 和 $\boldsymbol{R}_3$ 分别为绕 e 轴和 h 轴的旋转矩阵。而

$$\begin{bmatrix} \Delta X \\ \Delta Y \\ \Delta Z \end{bmatrix}_{ij} = \begin{bmatrix} X_j - X_i \\ Y_j - Y_i \\ Z_j - Z_i \end{bmatrix} \tag{13-172}$$

注意到式（13-171）中负号，并将旋转矩阵 $\boldsymbol{R}_2$ 和 $\boldsymbol{R}_3$ 合并，则有式：

$$\begin{bmatrix} n \\ e \\ h \end{bmatrix} = \boldsymbol{R}(B,L) \begin{bmatrix} \Delta \mathrm{X} \\ \Delta \mathrm{Y} \\ \Delta \mathrm{Z} \end{bmatrix}_{ij} \tag{13-173}$$

式中

$$\boldsymbol{R} = \begin{bmatrix} -\sin B & -\sin B\sin L & \cos B \\ -\sin L & \cos L & 0 \\ \cos B\cos L & \cos B\sin L & \sin B \end{bmatrix}$$

将上式代入式（13-173）再代入式（13-170），整理得由参心直角坐标差（$\Delta X, \Delta Y, \Delta Z$）计算观测值的公式：

$$\left.\begin{aligned}\alpha_i &= \arctan\frac{-\sin L_i\Delta X + \cos L_i\Delta Y}{-\sin B_i\cos L_i\Delta X - \sin B_i\sin L_i\Delta Y + \cos B_i\Delta Z}\\ \beta_i &= \arcsin\frac{\cos B_i\cos L_i\Delta X + \cos B_i\sin L_i\Delta Y + \sin B_i\Delta Z}{(\Delta X^2 + \Delta Y^2 + \Delta Z^2)^{1/2}}\\ s &= (\Delta X^2 + \Delta Y^2 + \Delta Z^2)^{1/2}\end{aligned}\right\} \tag{13-174}$$

由上式对坐标未知参数取全微分,则得矩阵表达式:

$$\begin{bmatrix} d\alpha_i \\ d\beta_i \\ ds \end{bmatrix} = -\boldsymbol{G}d\boldsymbol{X}_i + \boldsymbol{G}d\boldsymbol{X}_j \tag{13-175}$$

式中

$$\boldsymbol{G} = \begin{bmatrix} g_{11} & g_{12} & g_{13} \\ g_{21} & g_{22} & g_{23} \\ g_{31} & g_{32} & g_{33} \end{bmatrix} = \begin{bmatrix} g_\alpha \\ g_\beta \\ g_s \end{bmatrix} \tag{13-176}$$

$$\left.\begin{aligned} d\boldsymbol{X}_i &= [\,dX_i \quad dY_i \quad dZ_i\,]^{\mathrm{T}} \\ dX_j &= [\,dX_j \quad dY_j \quad dZ_j\,]^{\mathrm{T}} \end{aligned}\right\} \tag{13-177}$$

继而可组成地面观测值 α,β,s 的误差方程式:

$$\begin{bmatrix} V_\alpha \\ V_\beta \\ V_s \end{bmatrix} = -\boldsymbol{G}d\boldsymbol{X}_i + \boldsymbol{G}d\boldsymbol{X}_j + \boldsymbol{L}_{\alpha\beta s} \tag{13-178}$$

式中

$$\boldsymbol{L}_{\alpha\beta s} = \begin{bmatrix} L_\alpha \\ L_\beta \\ L_s \end{bmatrix}_{计} - \begin{bmatrix} L_\alpha \\ L_\beta \\ L_s \end{bmatrix}_{测} \tag{13-179}$$

式(13-176)中 G 矩阵中各分量为

$$\left.\begin{aligned} g_{11} &= \frac{\partial\alpha_i}{\partial X_i} = \frac{\sin B_i\cos L_r\sin\alpha_i - \sin L_i\cos\alpha_i}{s\cos\beta_i}\\ g_{12} &= \frac{\partial\alpha_i}{\partial Y_i} = \frac{\sin B_i\sin L_i\sin\alpha_i + \cos L_i\cos\alpha_i}{s\cos\beta_i}\\ g_{13} &= \partial\alpha_i/\partial Z_i = -\cos\beta_i\sin\alpha_i/(s\cos\beta_i)\\ g_{21} &= \frac{\partial\beta_i}{\partial X_i} = \frac{s\cos B_i\cos L_i - \sin\beta_i\Delta X}{s^2\cos\beta_i}\\ g_{22} &= \frac{\partial\beta_i}{\partial Y_i} = \frac{s\cos B_i\sin L_i - \sin\beta_i\Delta Y}{s^2\cos\beta_i}\\ g_{23} &= \frac{\partial\beta_i}{\partial Z_i} = \frac{s\cos B_i - \sin\beta_i\Delta Z}{s^2\cos\beta_i}\\ g_{31} &= \partial s_i/\partial X_i = \Delta X/s\\ g_{32} &= \partial s_i/\partial Y_i = \Delta Y/s\\ g_{33} &= \partial s_i/\partial Z_i = \Delta Z/s \end{aligned}\right\} \tag{13-180}$$

上式中所有偏导数值均用近似值计算。

值得注意的是，对水平方向的误差方程式，由于

$$r = \alpha - \zeta$$

式中 ζ 为定向角，则根据式(13-178)第一行所表示的方向角误差方程式易得

$$V_r = - d\zeta + V_\alpha + L_r \tag{13-181}$$

式中 $d\zeta$ 为定向角近似值改正数。而常数项

$$L_r = \alpha_{计} - r_{测} - \zeta^0 \tag{13-182}$$

(2)水准测量高差 h 的误差方程式

如果略去转换参数并顾及到这是同椭球变换，则由(10-79)式得大地高的全微分公式

$$dH = \cos B\cos L dX + \cos B\sin L dY + \sin B dZ \tag{13-183}$$

由大地高差

$$h_{ij} = H_j - H_i + \Delta N_{ij}$$

故有

$$dh_{ij} = dH_j - dH_i$$

将式(13-183)代入，得大地高差全微分公式

$$\begin{aligned} dh_{ij} = {} & \cos B_j\cos L_j dX_j - \cos B_j\sin L_j dY_j + \\ & \sin B_j dZ_j - \cos B_i\cos L_i dX_i + \\ & \cos B_i\sin L_i dY_i - \sin B_i dZ_i \end{aligned}$$

则大地高差的误差方程式为

$$\begin{aligned} V_{h_{ij}} = {} & - \begin{bmatrix} \cos B\cos L & -\cos B\sin L & \sin B \end{bmatrix}_i \begin{bmatrix} dX \\ dY \\ dZ \end{bmatrix}_i + \\ & \begin{bmatrix} \cos B\cos L & -\cos B\sin L & \sin B \end{bmatrix}_j \begin{bmatrix} dX \\ dY \\ dZ \end{bmatrix}_j + L_h \end{aligned} \tag{13-184}$$

式中

$$L_h = H_j - H_i + \Delta N_{ij} - h_{ij}$$

ΔN_{ij}为 j 点和 i 点大地水准面差距之差，可按有关地球重力场模型计算。

(3)重合点坐标误差方程式

GPS 网与地面网重合点往往是地面网的点，这时首先应根据平面坐标(x,y)用高斯坐标反算公式反算大地坐标(B,L)，再取得大地高 H，然后再由大地坐标(B,L,H)计算空间直角坐标(X,Y,Z)，于是可得地面网重合点的误差方程式：

$$\begin{bmatrix} V_X \\ V_Y \\ V_Z \end{bmatrix}_i = \begin{bmatrix} dX \\ dY \\ dZ \end{bmatrix}_i + \begin{bmatrix} X \\ Y \\ Z \end{bmatrix}_i^0 - \begin{bmatrix} X \\ Y \\ Z \end{bmatrix}_i \tag{13-185}$$

3)固定量的约束条件方程

同平面测量控制网平差一样，当网中存在某些固定量或作为已知值的观测量时，在平差中待定点坐标未知数还必须满足由这些固定量制约的约束条件，为此需列立约束条件方程。

(1)固定点坐标约束条件方程

若设第 i 点为固定点，则固定点坐标约束条件为

$$d\boldsymbol{X}_i = \boldsymbol{0} \tag{13-186}$$

在列立各观测误差方程时，凡是方程中有 $d\boldsymbol{X}_i=[dX \quad dY \quad dZ]_i^T$ 的均应以 $\boldsymbol{0}$ 代入。

(2)固定边条件方程

当网中有高精度的弦长作为已知值，并作为 GPS 基线向量网的长度基准，这时由式(13-178)第 3 式易得固定边条件方程

$$-g_s d\boldsymbol{X}_i + g_s d\boldsymbol{X}_j + \boldsymbol{W}_s = \boldsymbol{0} \tag{13-187}$$

式中 $\boldsymbol{W}_s=\boldsymbol{S}_{计}-\boldsymbol{S}_{知}$。

(3)固定大地方位角条件方程

当网中有已知大地方位角，并把它作为 GPS 网的方位基准时，则依式(13-178)第 1 式得该条件方程

$$-g_\alpha d\boldsymbol{X}_i + g_\alpha d\boldsymbol{X}_j + \boldsymbol{W}_\alpha = \boldsymbol{0} \tag{13-188}$$

式中 $\boldsymbol{W}_\alpha=\boldsymbol{\alpha}_{计}-\boldsymbol{\alpha}_{知}$。

(4)固定大地经度、大地纬度条件方程

如果必须保证点的大地经度和大地纬度不变(如将三维网变为一维高程网)，则必须保证条件

$$dB = dL = 0 \tag{13-189}$$

顾及式(10-79)前两式，则得条件方程：

对于经度

$$-\frac{\sin L}{(N+H)\cos B}dX + \frac{\cos L}{(N+H)\cos B}dY = 0 \tag{13-190}$$

对于纬度

$$-\frac{\sin B\cos L}{M+H}dX - \frac{\sin B\sin L}{M+H}dY + \frac{\cos B}{M+H}dZ = 0 \tag{13-191}$$

(5)固定大地高条件方程

若将三维网平差返回到二维平面网平差，则必须保证大地高不变的条件

$$dH = 0 \tag{13-192}$$

顾及式(10-79)第 3 式，得大地高条件方程

$$\cos B\cos L dX + \cos B\sin L dY + \sin B dZ = 0 \tag{13-193}$$

上述固定量的约束条件，有的是三维平差所必须满足的，有的也可用它们(指后两类)作平差模型的转换，即可把三维网平差转变为二维网或一维网平差。

2. *在参心大地坐标系中平差数学模型*

GPS 基线向量网与地面网联合平差，除可在三维参心空间直角坐标系中进行外，通常还在三维参心大地坐标系中进行。现研究在这种情况下联合平差的函数模型。

为建立在三维参心大地坐标系条件下的观测量的误差方程式，只要将在三维参心空间直角坐标系条件下的各类误差方程中的坐标未知数(dX, dY, dZ)，通过大地微分公式转换成大地坐标未知数(dB, dL, dH)即可很方便地得到。考虑到这里同椭球的变换，对式(10-60)应有 $da=0, d\alpha=0$，则有式

$$d\boldsymbol{X} = \begin{bmatrix} dX \\ dY \\ dZ \end{bmatrix} = \boldsymbol{A}\begin{bmatrix} dB \\ dL \\ dH \end{bmatrix} = \boldsymbol{A}d\boldsymbol{B} \tag{13-194}$$

式中矩阵

$$
\boldsymbol{A} = \begin{bmatrix} -(M+H)\sin B\cos L & -(N+H)\cos B\sin L & \cos B\cos L \\ -(M+H)\sin B\sin L & (N+H)\cos B\cos L & \cos B\sin L \\ (M+H)\cos B & 0 & \sin B \end{bmatrix} \tag{13-195}
$$

1)GPS 基线向量误差方程式

将式(13-194)代入式(13-167),则得 GPS 基线向量在三维参心大地坐示(B、L、H)下的误差方程式

$$
\begin{bmatrix} V_{\Delta x} \\ V_{\Delta y} \\ V_{\Delta z} \end{bmatrix}_{ij} = -\boldsymbol{A}_i \mathrm{d}\boldsymbol{X}_i + \boldsymbol{A}_j \mathrm{d}\boldsymbol{X}_j + \begin{bmatrix} 0 & -\Delta Z & \Delta Y \\ \Delta Z & 0 & -\Delta Z \\ -\Delta Y & \Delta X & 0 \end{bmatrix} \begin{bmatrix} \varepsilon_x \\ \varepsilon_y \\ \varepsilon_z \end{bmatrix} + \begin{bmatrix} \Delta X \\ \Delta Y \\ \Delta Z \end{bmatrix}_{ij} \mathrm{d}k + \begin{bmatrix} L_{\Delta x} \\ L_{\Delta y} \\ L_{\Delta z} \end{bmatrix} \tag{13-196}
$$

式中,$\boldsymbol{A}_i$ 及 $\boldsymbol{A}_j$ 分别按 i 点和 j 点的近似大地坐标依式(13-195)计算。

2)地面网观测量误差方程式

地面网观测量:方向角 α,垂直角 β 及斜距 s 在三维参心大地坐标下的误差方程式,只要将式(13-194)代入式(13-178)可得

$$
\begin{bmatrix} V_\alpha \\ V_\beta \\ V_s \end{bmatrix} = -\boldsymbol{G}_j \boldsymbol{A}_i \mathrm{d}\boldsymbol{B}_i + \boldsymbol{G}_i \boldsymbol{A}_j \mathrm{d}\boldsymbol{B}_j + \boldsymbol{L}_{\alpha\beta s} \tag{13-197}
$$

对于水平方向 r,则需将式(13-194)代入式(13-181)得

$$
\boldsymbol{V}_r = -\mathrm{d}\boldsymbol{\zeta} - g_{\alpha i}\boldsymbol{A}_i \mathrm{d}\boldsymbol{B}_i + g_{\alpha j}\boldsymbol{A}_j \mathrm{d}\boldsymbol{B}_j + L_r
$$

对水准高差观测值,将式(13-194)代入式(13-181)得

$$
\begin{aligned} \boldsymbol{V}_{hij} = & -[\cos B\cos L \ -\cos B\sin L \quad \sin B]_i \boldsymbol{A}_i \mathrm{d}\boldsymbol{B}_i + \\ & [\cos B\cos L \ -\cos B\sin L \quad \sin B]_j \boldsymbol{A}_j \mathrm{d}\boldsymbol{B}_j + \boldsymbol{L}_h \end{aligned} \tag{13-198}
$$

对重合点坐标在大地坐标系下误差方程式,直接写成

$$
\begin{bmatrix} V_B \\ V_L \\ V_H \end{bmatrix} = \begin{bmatrix} \mathrm{d}B \\ \mathrm{d}L \\ \mathrm{d}H \end{bmatrix}_i + \begin{bmatrix} B \\ L \\ H \end{bmatrix}_i^0 - \begin{bmatrix} B \\ L \\ H \end{bmatrix}_i \tag{13-199}
$$

3)固定量的约束条件方程

仿上,将式(13-194)代入式(13-186)得固定点坐标约束条件方程:

$$
\boldsymbol{A}_i \mathrm{d}\boldsymbol{B}_i = \boldsymbol{0} \tag{13-200}
$$

对固定边,将式(13-194)代入式(13-187)得

$$
-g_s \boldsymbol{A}_i \mathrm{d}\boldsymbol{B}_i + g_s \boldsymbol{A}_j \mathrm{d}\boldsymbol{B}_j + \boldsymbol{W}_s = \boldsymbol{0} \tag{13-201}
$$

对固定大地方位角,将式(13-194)代入式(13-188)得

$$
-g_\alpha \boldsymbol{A}_i \mathrm{d}\boldsymbol{B}_i + g_\alpha \boldsymbol{A}_j \mathrm{d}\boldsymbol{B}_j + \boldsymbol{W}_\alpha = \boldsymbol{0} \tag{13-202}
$$

对固定大地经度或纬度,将式(13-194)代入式(13-190)或式(13-191)得

$$
\begin{bmatrix} -\dfrac{\sin L}{(N+H)\cos B} & \dfrac{\cos L}{(N+H)\cos B} & 0 \end{bmatrix} \boldsymbol{A}\mathrm{d}\boldsymbol{B} = \boldsymbol{0} \tag{13-203}
$$

$$
\begin{bmatrix} -\dfrac{\sin B\cos L}{M+H} & -\dfrac{\sin B\sin L}{M+H} & \dfrac{\cos B}{M+H} \end{bmatrix} \boldsymbol{A}\mathrm{d}\boldsymbol{B} = \boldsymbol{0} \tag{13-204}
$$

对固定大地高,将式(13-194)代入式(13-193)得

$$\begin{bmatrix}\cos B\cos L & \cos B\sin L & \sin B\end{bmatrix}\boldsymbol{A}\mathrm{d}\boldsymbol{B}=\boldsymbol{0} \tag{13-205}$$

3. 三维联合平差的随机模型、数学解法及转换参数的显著性检验

1)观测量权的合理确定

在联合平差中观测元素的数量多而且种类也不一样,其中含有 GPS 基线向量、水平方向、垂直角及斜距等,因此合理地确定这些不同类观测值之权显得十分重要。

由权的意义和定权公式可知,若设 m_i 为第 i 类观测的中误差,则对地面网观测值:

$$\left.\begin{array}{ll}\text{水平方向的权} & P_r=1/m_r^2\\ \text{垂直角的权} & P_\beta=1/m_\beta^2\\ \text{斜距的权} & P_s=1/m_s^2\\ \text{大地高的权} & P_h=1/m_h^2\end{array}\right\} \tag{13-206}$$

对 GPS 基线向量的方差-协方差阵,因载波相位基线向量处理的方式不同而异。一般地说,对单基线解的基线向量三个坐标分量的协方差阵表示为

$$\boldsymbol{\Sigma}_{\Delta xii}=\begin{bmatrix}\sigma_{\Delta x}^2 & \sigma_{\Delta x\Delta y} & \sigma_{\Delta x\Delta z}\\ \sigma_{\Delta y\Delta x} & \sigma_{\Delta y}^2 & \sigma_{\Delta y\Delta z}\\ \sigma_{\Delta z\Delta x} & \sigma_{\Delta z\Delta y} & \sigma_{\Delta z}^2\end{bmatrix} \tag{13-207}$$

其特点是各条基线向量之间不相关,所有基线向量组成的方差-协方差阵是对角阵,因此权阵也是对角阵:

$$\boldsymbol{P}=\begin{bmatrix}\boldsymbol{\Sigma}_{11} & & & \\ & \boldsymbol{\Sigma}_{12} & & \\ & & \ddots & \\ & & & \boldsymbol{\Sigma}_{nn}\end{bmatrix}^{-1} \tag{13-208}$$

对基线向量的多点解,若有 R 台接收机同步观测,则有 $(R-1)$ 条独立基线,对它们则有方差-协方差阵:

$$\boldsymbol{\Sigma}_{Ri}=\begin{bmatrix}\boldsymbol{\Sigma}_{11} & & \text{对称} & \\ \boldsymbol{\Sigma}_{21} & \boldsymbol{\Sigma}_{22} & & \\ \vdots & \vdots & \ddots & \\ \boldsymbol{\Sigma}_{n-1,1} & \boldsymbol{\Sigma}_{n-1,2} & \cdots & \boldsymbol{\Sigma}_{n-1,R-1}\end{bmatrix} \tag{13-209}$$

式中

$$\boldsymbol{\Sigma}_{ii}=\begin{bmatrix}\sigma_{\Delta x}^2 & \sigma_{\Delta x\Delta y} & \sigma_{\Delta x\Delta z}\\ \sigma_{\Delta y\Delta z} & \sigma_{\Delta y}^2 & \sigma_{\Delta y\Delta z}\\ \sigma_{\Delta z\Delta x} & \sigma_{\Delta z\Delta y} & \sigma_{\Delta z}^2\end{bmatrix}_i$$

$$\boldsymbol{\Sigma}_{ij}=\begin{bmatrix}\sigma_{\Delta xi\Delta xj} & \sigma_{\Delta xi\Delta yj} & \sigma_{\Delta xi\Delta zj}\\ \sigma_{\Delta yi\Delta xj} & \sigma_{\Delta yi\Delta yj} & \sigma_{\Delta yi\Delta zj}\\ \sigma_{\Delta zi\Delta xj} & \sigma_{\Delta zi\Delta yj} & \sigma_{\Delta zi\Delta zj}\end{bmatrix}$$

其特点是各条基线向量之间相关,同步观测得到的观测值协方差阵是一满阵,因而其权阵也是

满阵：

$$\boldsymbol{P}_{Ri}=\boldsymbol{\Sigma}_{Ri}^{-1}=\begin{bmatrix}\boldsymbol{\Sigma}_{11} & & & \text{对称}\\ \boldsymbol{\Sigma}_{21} & \boldsymbol{\Sigma}_{22} & & \\ \vdots & \vdots & \ddots & \\ \boldsymbol{\Sigma}_{R-1,1} & \boldsymbol{\Sigma}_{n-1,2} & \cdots & \boldsymbol{\Sigma}_{R-1,R-1}\end{bmatrix}^{-1} \tag{13-210}$$

但由多组($i=2,3,\cdots,n$)同步观测得到的全体基线向量协方差阵仍是似对角阵，因而权阵也是似对角阵：

$$\boldsymbol{P}=\begin{bmatrix}\boldsymbol{P}_{R1} & & & \\ & \boldsymbol{P}_{R2} & & \\ & & \ddots & \\ & & & \boldsymbol{P}_{Rn}\end{bmatrix} \tag{13-211}$$

为取得好的平差结果，重要的是通过多种预平差(不同种类观测)合理地取出各类观测的实际中误差，此外还应通过网的优化设计使各类观测的权得到最佳的匹配。

2)带有约束条件间接平差的解算

无论在哪一种坐标系下进行联合平差，都存在带有条件的间接平差基础方程

$$\left.\begin{aligned}\boldsymbol{V}&=\boldsymbol{AX}-\boldsymbol{L}\\ \boldsymbol{CX}+\boldsymbol{W}&=\boldsymbol{O}\end{aligned}\right\} \tag{13-212}$$

在 $\boldsymbol{V}^{\mathrm{T}}\boldsymbol{PV}=\min$ 条件下，按条件极值法可得法方程

$$\begin{bmatrix}\boldsymbol{N} & \boldsymbol{C}^{\mathrm{T}}\\ \boldsymbol{C} & \boldsymbol{O}\end{bmatrix}\begin{bmatrix}\boldsymbol{X}\\ \boldsymbol{K}\end{bmatrix}=\begin{bmatrix}\boldsymbol{U}\\ -\boldsymbol{W}\end{bmatrix} \tag{13-213}$$

式中，$\boldsymbol{N}=\boldsymbol{A}^{\mathrm{T}}\boldsymbol{PA}$，$\boldsymbol{U}=\boldsymbol{A}^{\mathrm{T}}\boldsymbol{PL}$，$\boldsymbol{K}$ 为联系数列向量，$\boldsymbol{X}$ 为坐标未知数及转换参数组成的未知数列向量，对三维参心空间直角坐标系下平差为$[\mathrm{d}\boldsymbol{X}_1^{\mathrm{T}}\quad \mathrm{d}\boldsymbol{X}_2^{\mathrm{T}}\quad \cdots\quad \mathrm{d}\boldsymbol{X}_n^{\mathrm{T}}\quad \boldsymbol{\varepsilon}_x\quad \boldsymbol{\varepsilon}_y\quad \boldsymbol{\varepsilon}_z\quad k]^{\mathrm{T}}$，对三维参心大地坐标系下平差为$[\mathrm{d}\boldsymbol{B}_1^{\mathrm{T}}\quad \mathrm{d}\boldsymbol{B}_2^{\mathrm{T}}\quad \cdots\quad \mathrm{d}\boldsymbol{B}_n^{\mathrm{T}}\quad \boldsymbol{\varepsilon}_x\quad \boldsymbol{\varepsilon}_y\quad \boldsymbol{\varepsilon}_z\quad k]^{\mathrm{T}}$。

由式(13-213)解得

$$\left.\begin{aligned}\boldsymbol{K}&=(\boldsymbol{CN}^{-1}\boldsymbol{C}^{\mathrm{T}})^{-1}(\boldsymbol{W}+\boldsymbol{CN}^{-1}\boldsymbol{U})\\ \boldsymbol{X}&=\boldsymbol{N}^{-1}(\boldsymbol{U}-\boldsymbol{C}^{\mathrm{T}}K)\end{aligned}\right\} \tag{13-214}$$

未知数的协因数阵

$$\left.\begin{aligned}\boldsymbol{Q}_{\hat{x}}&=\boldsymbol{N}^{-1}+\boldsymbol{N}^{-1}\boldsymbol{C}^{\mathrm{T}}\boldsymbol{Q}_{kk}\boldsymbol{CN}^{-1}\\ \boldsymbol{Q}_{kk}&=(\boldsymbol{CN}^{-1}\boldsymbol{C}^{\mathrm{T}})^{-1}\end{aligned}\right\} \tag{13-215}$$

单位权方差估值

$$\hat{\sigma}_0^2=\boldsymbol{V}^{\mathrm{T}}\boldsymbol{PV}/(3n_g-t+r+n) \tag{13-216}$$

式中 n_g 为 GPS 基线向量个数，n 为地面观测值个数，t 为待定未知数个数(含待定点坐标和转换参数)，r 为约束条件方程个数。

平差后未知数估值的精度

$$\boldsymbol{D}_x=\hat{\sigma}_0^2\boldsymbol{Q}_x \tag{13-217}$$

在三维参心空间直角坐标系中和在三维参心大地坐标系中进行联合平差，都是严密解法，均能得到好的平差结果。但由平差的函数模型及平差结果来看，在三维参心大地坐标系中进行联合平差，可很容易地将平面坐标分量(B,L)同高程分量(H)分开来，并可很方便地转为二维平面信息，这对某些问题的研究是很有利的。

3)转换参数显著性的检验

由联合平差求得的 4 个转换参数,为合理地确定其可用性,一般都通过参数显著性的统计假设检验其可否被采用。为此有:

原假设 $H_0:\varepsilon_x=0,\quad \varepsilon_y=0,\quad \varepsilon_z=0,\quad \mathrm{d}k=0$

备选假设 $H_1:\varepsilon_x\neq0,\quad \varepsilon_y\neq0,\quad \varepsilon_z\neq0,\quad \mathrm{d}k\neq0$

经检验 H_0 成立,可认为转换参数不显著,可不采用它们作模型转换;否则,认为 H_1 成立,转换参数显著,可用其作模型转换。现在大多采用单个参数检验法,为此组成 4 个统计量:

$$\left.\begin{array}{l}T_{\varepsilon_x}=\varepsilon_x/(\hat{\sigma}_0\sqrt{Q_{\varepsilon_x}}),T_{\varepsilon_y}=\varepsilon_y/(\hat{\sigma}_0\sqrt{Q_{\varepsilon_y}})\\ T_{\varepsilon_z}=\varepsilon_z/(\hat{\sigma}_0\sqrt{Q_{\varepsilon_z}}),T_{\mathrm{d}k}=\mathrm{d}k/(\hat{\sigma}_0\sqrt{Q_{\mathrm{d}_k}})\end{array}\right\}\tag{13-218}$$

它们都服从 $t_{(f)}$ 分布。这里 f 是 t 分布自由度,$f=3n_g+n-t+r$。

在一定显著水平 α 下,可由 t 分布表查取临界值 t_α。若计算值 T 小于临界值 t_α,即 $T<t_\alpha$,则原假设 H_0 成立,即该参数不显著,在平差模型中可把它舍去,再重新进行平差计算;若 $T>t_\alpha$,则备选假设 H_1 成立,即该参数显著,原平差模型有效。

由式(13-218)可知,转换参数 t 统计量的计算值 T 既与观测精度 σ_0 有关,也与几何条件 $\sqrt{Q}$ 有关。由于这些转换参数是为全球地心坐标系同参心坐标系作模型转换用的,因此在有限范围内求解它们有时就不够准确。公共点的区域大,且分布合理,观测精度高一点也有可能求出准确的转换参数,如果公共点区域小一些,但观测精度高,也有可能求出显著的转换参数,故必须慎重处理这个问题。

13.5.3 GPS 观测值与地面观测值在二维坐标系中平差的数学模型

1. 一般说明

在 13.5.2 中已明确指出,GPS 基线向量网与地面网无论在三维参心空间直角坐标系中或三维参心大地坐标系中进行平差,都能得到良好的三维空间位置的平差结果,是严密的解法。特别是在三维大地坐标系中进行平差,可将表示平面坐标信息分量同高程位置坐标分量很方便地区分开,并进而简便地转换成工程测量实用的控制成果。因此,这两种平差方法,特别是后者在大地测量和工程测量中得到广泛应用。但在这些空间坐标系中进行平差时,必须知道满足一定精度要求的地面点的大地高或相应的大地水准面差距 N。对于 N,目前一般都是采用某种地球重力场模型通过模拟计算的办法得到,但在某些地形地理条件下,在一些地区还很难获得满意的结果。故工程测量中,为避开这个目前尚难以解决的实际问题,现代工程 GPS 基线向量网与地面网平差还常常采用在二维坐标系中进行的办法。

二维坐标系可以是参考椭球面也可以是高斯投影平面(或某种工程施工坐标平面)。由于工程测量的范围一般都比较小,往往都是采用高斯平面直角坐标系(或施工平面直角坐标系),因而联合平差往往是在平面直角坐标系中进行,但也可在参考椭球面二维曲面坐标系中进行。这就是说,在联合平差中,首先应将 GPS 基线向量观测值及地面网地面观测值按照一定的数学关系式将它们化算到椭球面或进一步归算到统一的高斯投影平面坐标系中,然后在椭球面或平面直角坐标系中建立观测量的误差方程式,固定量的约束条件方程,并确定它们在该坐标系中的随机模型,再进行平差,从而得到适宜于工程测量需要的控制测量成果。

本节将研究在这两种二维坐标系中进行平差的数学模型。当在高斯平面直角坐标系中进行平差时,为将 GPS 基线向量转换到该坐标系中,一般采用两种方法:一种是将 GPS 基线向量及其随机模型原封不动地按照数学关系式进行转换;另一种是将 GPS 网观测量首先进行预平差,然后再将预平差结果(包括三维坐标及其随机特性)一起转换到平面坐标系中。这两种方法都能得到理想的平差结果。这里,我们把前后两种方法称为模式一和模式二。下面将分别加以介绍。本节最后还对三维平差和二维平差进行了综合和比较,以期对 GPS 基线向量网与地面网数据处理的问题在理论及应用选择上有一明晰认识。

2. 在二维平面直角坐标系中平差模型一的数学模型及解法

模式一的基本要点是:根据有关 GPS 观测值和地面观测值在统一坐标系中合并的基本理论,首先根据 GPS 网固定点坐标及 GPS 观测得到的基线向量$(\Delta X,\Delta Y,\Delta Z)_{GPS}$,求得各点的三维空间直角坐标$(X,Y,Z)_{GPS}$,并利用(7-31)~(7-33)式的迭代法或直接法,将其转换成大地坐标$(B,L,H)_{GPS}$,然后,舍去大地高 H,利用$(B,L)_{GPS}$,通过高斯坐标正算公式计算高斯平面直角坐标$(xy)_{ls}$,最后再按取坐标差的方法,得到平面直角坐标系中的 GPS 基线向量 $\Delta\boldsymbol{x}_{ij}$及 $\Delta\boldsymbol{y}_{ij}$。再利用它们按数学关系式列立误差方程式及约束条件方程。对 GPS 基线向量的随机信息,按照

$$\boldsymbol{D}_{\Delta X\Delta Y\Delta Z}\rightarrow\boldsymbol{D}_{BLH}\rightarrow\boldsymbol{D}_{xy}\rightarrow\boldsymbol{D}_{\Delta x\Delta y}\tag{13-219}$$

顺序,也进行方差-协方差的传播并转换到二维平面直角坐标系中。对地面网观测值(如水平方向、斜距等)则按常规地面网平差方法,将其归化到高斯投影平面上,从而获得属于该坐标系的地面观测值。最后,将归算到高斯平面坐标系中的 GPS 基线向量及地面观测量这两类观测值在该坐标系中建立联合平差数学模型,按其进行联合平差。

1)在二维平面直角坐标系中观测量的误差方程式

(1)GPS 二维基线向量误差方程式

顾及此时只有平面坐标未知数 $\mathrm{d}x,\mathrm{d}y$,而转换参数 $\varepsilon_x=\varepsilon_y=0,\varepsilon_z=\mathrm{d}\alpha$,尺度变化参数 $\mathrm{d}k$,则依(13-167)式不难获得关于 GPS 二维基线向量 $\Delta\boldsymbol{x}$、$\Delta\boldsymbol{y}$ 的误差方程式:

$$\begin{bmatrix}V_{\Delta x}\\V_{\Delta y}\end{bmatrix}_{ij}=-\begin{bmatrix}\mathrm{d}x\\\mathrm{d}y\end{bmatrix}_i+\begin{bmatrix}\mathrm{d}x\\\mathrm{d}y\end{bmatrix}_j+\begin{bmatrix}\Delta y\\-\Delta x\end{bmatrix}_{ij}\mathrm{d}\alpha+\begin{bmatrix}\Delta x\\\Delta y\end{bmatrix}_{ij}\mathrm{d}k+\begin{bmatrix}l_{\Delta x}\\l_{\Delta y}\end{bmatrix}\tag{13-220}$$

式中

$$\left.\begin{aligned}l_{\Delta x}&=(x_j^0-x_i^0)-(x_j-x_i)\\l_{\Delta y}&=(y_j^0-y_i^0)-(y_j-y_i)\end{aligned}\right\}\tag{13-221}$$

对整个控制网用矩阵表达:

$$\boldsymbol{V}_G=\boldsymbol{A}_G\mathrm{d}\boldsymbol{x}+\boldsymbol{B}_G\hat{\boldsymbol{y}}+\boldsymbol{L}_G\tag{13-222}$$

式中,矩阵 $\boldsymbol{V}_G$ 为由二维基线向量(坐标差)改正数组成的列向量,$\boldsymbol{A}_G$ 为坐标未知数 $\mathrm{d}\boldsymbol{x}$ 的系数阵,$\boldsymbol{B}_G$ 为转换参数 $\hat{y}=[\mathrm{d}\alpha\quad \mathrm{d}k]^{\mathrm{T}}$ 的系数阵,$\boldsymbol{L}_G$ 为常数项列向量。

若工程上采用工程独立施工坐标系,这时 GPS 网与工程独立网之间的基准方向可能有较大差异,则需根据两重合点解算出的方位角进行 GPS 网的初步配置,即由

$$\Delta\alpha_{ij}=\alpha_{ij}^g-a_{ij}^s\tag{13-223}$$

按式

$$\begin{bmatrix}\Delta x\\\Delta y\end{bmatrix}_{ij}=\begin{bmatrix}\cos\Delta\alpha_{ij}&\sin\Delta\alpha_{ij}\\-\sin\Delta\alpha_{ij}&\cos\Delta\alpha_{ij}\end{bmatrix}\begin{bmatrix}\Delta x\\\Delta y\end{bmatrix}_{ij}^s\tag{13-224}$$

进行。式中 $\alpha_{ij}^g,\alpha_{ij}^s$分别为地面网和 GPS 网两重合点间的方位角,$\begin{bmatrix}\Delta x\\\Delta y\end{bmatrix}^s$ 及 $\begin{bmatrix}\Delta x\\\Delta y\end{bmatrix}$分别为 GPS

二维基线向量在配置前、后的坐标差观测值。

(2)地面观测值误差方程式:

(ⅰ)水平方向误差方程式

将地面观测的水平方向(已进行垂线偏差 δu、标高差 δh 和截面差 δg 改正)化算成椭球面方向值,再加入高斯投影方向改化 δr 得到高斯投影面上水平方向值 r,于是按第 12 章,有误差方程式:

$$v_{rij} = -\mathrm{d}\zeta_i + a_{ij}\mathrm{d}x_i + b_{ij}\mathrm{d}y_i - a_{ij}\mathrm{d}x_j - b_{ij}\mathrm{d}y_i + l_{rij} \tag{13-225}$$

式中

$$\left.\begin{aligned} & a_{ij} = \sin\alpha_{ij}^0/s^0, \quad b_{ij} = -\cos\alpha_{ij}^0/s^0 \\ & l_{rij} = \alpha_{ij}^0 - r_{ij} + z_i \\ & z_i = \frac{1}{n_i}\sum_{j=1}^{n_i}(\alpha_{ij}^0 - r_{ij}) \\ & \alpha_{ij}^0 = \arctan\frac{y_j^0 - y_i^0}{x_j^0 - x_i^0} \end{aligned}\right\} \tag{13-226}$$

同样可采用史赖伯第一法则,增加站和误差方程式而消去定向角未知数 $\mathrm{d}\zeta_i$,该站和误差方程式

$$v_i' = [a_i]\mathrm{d}x_i + [b_i]\mathrm{d}y_i - \sum_{j=1}^{n}[a_{ij}\mathrm{d}x_j + b_{ij}\mathrm{d}y_i] + [l]_i \qquad 权 - 1/n \tag{13-227}$$

对全网,方向误差方程式用矩阵表达

$$\boldsymbol{V}_r = \boldsymbol{A}_r\mathrm{d}\boldsymbol{x} + \boldsymbol{L}_r \tag{13-228}$$

式中,$\boldsymbol{A}_r$ 为消去定向角未知数后的误差方程式系数矩阵,$\boldsymbol{L}_r$ 为常数项列向量。

(ⅱ)边长误差方程式

对地面观测的斜距,先将其归化到参考椭球面,进而按高斯投影特性归化到高斯平面。这时边长误差方程式有

$$v_{sij} = c_{ij}\mathrm{d}x_i + d_{ij}\mathrm{d}y_i - c_{ij}\mathrm{d}x_j - d_{ij}\mathrm{d}y_i + l_{sij} \tag{13-229}$$

式中

$$\left.\begin{aligned} & c_{ij} = -\cos\alpha_{ij}^0, \quad d_{ij} = -\sin\alpha_{ij}^0 \\ & l_{sij} = s^0 - s, \quad s^0 = [(x_j^0 - x_i^0)^2 + (y_j^0 - y_i^0)^2]^{1/2} \end{aligned}\right\} \tag{13-230}$$

对全网以矩阵形式表示:

$$\boldsymbol{V}_s = \boldsymbol{A}_s\mathrm{d}\boldsymbol{x} + \boldsymbol{L}_s \tag{13-231}$$

式中,$\boldsymbol{A}_s$ 为误差方程式系数阵,$\boldsymbol{L}_s$ 为常数项列向量。

(ⅲ)重合点坐标误差方程式

据(13-185)式,易知有下式:

$$\begin{bmatrix} v_x \\ v_y \end{bmatrix}_i = \begin{bmatrix} d_x \\ d_y \end{bmatrix}_i + \boldsymbol{L}_x \tag{13-232}$$

式中

$$\boldsymbol{L}_x = \begin{bmatrix} x^0 \\ y^0 \end{bmatrix}_i - \begin{bmatrix} x \\ y \end{bmatrix}_i \tag{13-233}$$

对全网可用矩阵表示:

$$\boldsymbol{V}_x = \boldsymbol{A}_x \mathrm{d}\boldsymbol{x} + \boldsymbol{L}_x \tag{13-234}$$

式中,$\boldsymbol{A}_x$ 为系数矩阵,实质上它是单位阵;$\boldsymbol{L}_x$ 是常数项列向量。

应指出,若 i 点或 j 点是固定点,则其坐标未知数 $\mathrm{d}x=\mathrm{d}y=0$,故凡含有固定点的误差方程式属于该点的坐标未知数以“0”代入。

2)固定量的约束条件方程

若地面网中含有已知量或高精度的作为基准的观测量,如方位角和基准长度,这时应列出相应的约束条件方程。据(13-32)式有

$$a_{ij}\mathrm{d}x_i + b_{ij}\mathrm{d}y_i - a_{ij}\mathrm{d}x_j - b_{ij}\mathrm{d}y_j + w_\alpha = 0 \tag{13-235}$$

而

$$w_\alpha = \arctan\frac{y_j^0-y_i^0}{x_j^0-x_i^0}-a_{ij} \tag{13-236}$$

$$c_{ij}\mathrm{d}x_i+d_{ij}\mathrm{d}y_i-c_{ij}\mathrm{d}x_j-d_{ij}\mathrm{d}y_j+w_s=0 \tag{13-237}$$

而

$$w_s=s_{ij}^0-s_{ij} \tag{13-238}$$

式中,系数 a,b 同(13-226)式,c,d 同(13-230)式。

由于在计算待定点坐标时,总是利用已知方位角 α_{ij} 及基准长度 s_{ij},因此(13-235)式及(13-237)式的常数项 $w_\alpha=0$,$w_s=0$,故又可写成

$$\left.\begin{aligned} a_{ij}\mathrm{d}x_i + b_{ij}\mathrm{d}y_i - a_{ij}\mathrm{d}x_j - b_{ij}\mathrm{d}y_j = 0 \\ c_{ij}\mathrm{d}x_i + d_{ij}\mathrm{d}y_i - c_{ij}\mathrm{d}x_j - d_{ij}\mathrm{d}y_j = 0 \end{aligned}\right\} \tag{13-239}$$

对全网,可用矩阵把约束条件方程综合为

$$\boldsymbol{C}\mathrm{d}\boldsymbol{x} + \boldsymbol{W} = \boldsymbol{0} \tag{13-240}$$

式中,$\boldsymbol{C}$ 为系数矩阵,$\boldsymbol{W}$ 为闭合差列向量。

同样,当 i 点或 j 点是固定点时,在约束条件方程中应去掉属于它们的这些项。

3)二维平面坐标系中观测量的随机模型

按本模式平差基本思想,应按(13-219)式对 GPS 观测量的随机信息进行转换,主要公式如下:

在同椭球下

$$\mathrm{d}\boldsymbol{B} = \boldsymbol{A}^{-1}\mathrm{d}\boldsymbol{x} \tag{13-241}$$

依方差-协方差传播律得

$$\boldsymbol{D}_B = \boldsymbol{A}^{-1}\boldsymbol{D}_{\Delta x\Delta y\Delta z}\boldsymbol{A} \tag{13-242}$$

式中

$$\boldsymbol{A}^{-1} = \begin{bmatrix} \dfrac{-\sin B\cos L}{M+H} & \dfrac{-\sin B\sin L}{M+H} & \dfrac{\cos B}{M+H} \\ \dfrac{-\sin L}{(M+H)\cos B} & \dfrac{\cos L}{(M+H)\cos B} & 0 \\ \cos B\cos L & \cos B\sin L & \sin B \end{bmatrix} \tag{13-243}$$

由(8-42)式,当略去二次以上微小量时,高斯投影坐标正算公式可简写为

$$\left.\begin{aligned} x &= X_0 + X_{02}L^2 + X_{04}L^4 + \cdots \\ y &= Y_{01}L + Y_{03}L^3 + \cdots \end{aligned}\right\} \tag{13-244}$$

式中

$$
\left.\begin{aligned}
X_{02} &= (1/2)N\sin B\cos B \\
X_{04} &= (1/24)N(5-6\sin^2 B)\sin B\cos B \\
Y_{01} &= N\cos B \\
Y_{03} &= (1/6)N(1-2\sin^2 B)\cos B
\end{aligned}\right\} \tag{13-245}
$$

而 X_0 为子午线弧长，N 为卯酉圈曲率半径，对上取微分，略去二阶微小量，有

$$
\left.\begin{aligned}
dx &= \left(\frac{dX_0}{dB} + \frac{dX_{02}}{dB}L^2\right)dB + (2X_{02}L + 4X_{04}L^3)dL \\
dy &= \left(\frac{dY_{01}}{dB}L + \frac{dY_{03}}{dB}L^3\right)dB + (Y_{01} + 3Y_{03}L^2)dL
\end{aligned}\right\} \tag{13-246}
$$

式中

$$
\left.\begin{aligned}
dX_0/dB &= N(1-e^2)/W^2 \\
dX_{02}/dB &= -(1/2)N(1-2\sin^2 B + e^2\sin^2 B\cos^2 B) \\
dY_{01}/dB &= -[N(1-e^2)/W^2]\sin B \\
dY_{03}/dB &= -(1/6)N(5-6\sin^2 B)\sin B
\end{aligned}\right\} \tag{13-247}
$$

式中 $W=(1-e^2\sin^2 B)^{1/2}$，$N=a/W$。

将(13-247)式代入(13-246)式，则得微分关系式：

$$
\begin{bmatrix} dx \\ dy \end{bmatrix} = \begin{bmatrix} X_b & X_L \\ Y_b & Y_L \end{bmatrix}\begin{bmatrix} dB \\ dL \end{bmatrix} \tag{13-248}
$$

式中

$$
\left.\begin{aligned}
X_b &= N\left[(1-e^2)/W^2 + \left(\frac{1}{2}\right)(1-2\sin^2 B + e^2\sin^2 B\cos^2 B)L^2\right] \\
X_L &= N\left[L + \left(\frac{1}{6}\right)(5-6\sin^2 B)L^3\right]\sin B\cos B \\
Y_b &= -N\left[(1-e^2)L/W^2 + \left(\frac{1}{6}\right)(5-6\sin^2 B)L^3\right]\sin B \\
Y_L &= N\left[1 + \left(\frac{1}{2}\right)(1-2\sin^2 B + e^2\cos^2 B)L^2\right]\cos B
\end{aligned}\right\} \tag{13-249}
$$

于是按方差-协方差传播律得

$$
\boldsymbol{D}_{xy} = \begin{bmatrix} X_b & X_L \\ Y_b & Y_L \end{bmatrix}\boldsymbol{D}_{BL}\begin{bmatrix} X_b & X_L \\ Y_b & Y_L \end{bmatrix}^{\mathrm{T}} \tag{13-250}
$$

又由于坐标差

$$
\begin{bmatrix} \Delta x \\ \Delta y \end{bmatrix} = \begin{bmatrix} x_j - x_i \\ y_j - y_i \end{bmatrix} = \begin{bmatrix} 1 & -1 & 0 & 0 \\ 0 & 0 & 1 & -1 \end{bmatrix}\begin{bmatrix} x_j \\ x_i \\ y_j \\ y_i \end{bmatrix} \tag{13-251}
$$

故按方差-协方差传播律得

$$
\boldsymbol{D}_{\Delta x\Delta y} = \begin{bmatrix} 1 & -1 & 0 & 0 \\ 0 & 0 & 1 & -1 \end{bmatrix}\boldsymbol{D}_{xy}\begin{bmatrix} 1 & -1 & 0 & 0 \\ 0 & 0 & 1 & -1 \end{bmatrix}^{\mathrm{T}} \tag{13-252}
$$

从上可见，为取得 GPS 二维平面基线向量的随机信息，其工作量是比较大的。为简化计算，也可采用 GPS 接收机由厂家给出的标称精度：边长中误差 m_s 及方位中误差 m_α 来确定。这时由坐标差的微分关系式：

$$\begin{bmatrix} d_{\Delta x} \\ d_{\Delta y} \end{bmatrix} = \begin{bmatrix} \cos\alpha & -s\sin\alpha \\ \sin\alpha & s\cos\alpha \end{bmatrix} \begin{bmatrix} ds \\ d\alpha \end{bmatrix} \tag{13-253}$$

根据方差-协方差传播律得

$$\boldsymbol{D}_{\Delta x \Delta y} = \begin{bmatrix} m_s^2\cos^2\alpha + s^2\sin^2\alpha m_\alpha^2 & (m_s^2 - m_\alpha^2 s^2)\cos\alpha\sin\alpha \\ (m_s^2 - m^2\alpha s^2)\cos\alpha\sin\alpha & m_s^2\sin^2\alpha + m_\alpha^2 s^2\cos^2\alpha \end{bmatrix} \tag{13-254}$$

有了坐标差 Δx 及 Δy 的方差-协方差阵，即可按下式定权：

$$\boldsymbol{P}_G = \sigma_0^2 D_{\Delta x \Delta y}^{-1} \tag{13-255}$$

对地面观测值：水平方向、边长及重合点坐标的权，若设其中误差分别为 m_r、m_s 及 m_x，则相应权为

$$\left.\begin{array}{ll} \text{水平方向} & P_r = \sigma_0^2/m_r^2 \\ \text{边长} & P_s = \sigma_0^2/m_s^2 \\ \text{坐标} & P_x = \sigma_0^2/m_x^2 \end{array}\right\} \tag{13-256}$$

4）联合平差数学模型的解法

由（13-222），（13-228），（13-231）及（13-234）各式组成误差方程式矩阵：

$$\boldsymbol{V} = [\boldsymbol{A} \quad \boldsymbol{B}] \begin{bmatrix} d\boldsymbol{x} \\ \hat{\boldsymbol{y}} \end{bmatrix} + \boldsymbol{L} \tag{13-257}$$

式中矩阵

$$\boldsymbol{A} = \begin{bmatrix} \mathbf{A}_r & \mathbf{0} \\ \mathbf{A}_s & \mathbf{0} \\ \mathbf{A}_x & \mathbf{0} \\ \mathbf{A}_G & \mathbf{B}_G \end{bmatrix}, \quad \boldsymbol{L} = \begin{bmatrix} \boldsymbol{L}_r \\ \boldsymbol{L}_s \\ \boldsymbol{L}_x \\ \boldsymbol{L}_G \end{bmatrix} \tag{13-258}$$

（13-240）式为条件方程：

$$\boldsymbol{C}d\boldsymbol{x} + \boldsymbol{W} = \mathbf{0} \tag{13-259}$$

权矩阵

$$\boldsymbol{P} = \begin{bmatrix} \boldsymbol{P}_r & & & \\ & \boldsymbol{P}_s & & \\ & & \boldsymbol{P}_x & \\ & & & \boldsymbol{P}_G \end{bmatrix} \tag{13-260}$$

由它们可组成带有条件的间接平差法方程：

$$\begin{bmatrix} \boldsymbol{N}_{11} & \boldsymbol{N}_{12} & \boldsymbol{C}^{\mathrm{T}} \\ \boldsymbol{N}_{21} & \boldsymbol{N}_{22} & \mathbf{0} \\ \boldsymbol{C} & \mathbf{0} & \mathbf{0} \end{bmatrix} \begin{bmatrix} \mathbf{d}x \\ \hat{y} \\ k \end{bmatrix} + \begin{bmatrix} \boldsymbol{A}_r^{\mathrm{T}}\boldsymbol{P}_r\boldsymbol{L}_r + \boldsymbol{A}_s^{\mathrm{T}}\boldsymbol{P}_s\boldsymbol{L}_s + \boldsymbol{A}_x^{\mathrm{T}}\boldsymbol{P}_x\boldsymbol{L}_x + \boldsymbol{A}_G\boldsymbol{P}_G\boldsymbol{L}_G \\ \boldsymbol{B}_0^{\mathrm{T}}\boldsymbol{P}_G\boldsymbol{L}_G \\ \boldsymbol{W} \end{bmatrix} = \mathbf{0} \tag{13-261}$$

式中

$$
\left.\begin{aligned}
\boldsymbol{N}_{11} &= \boldsymbol{A}_r^{\mathrm{T}}\boldsymbol{P}_r\boldsymbol{A}_r + \boldsymbol{A}_s^{\mathrm{T}}\boldsymbol{P}_s\boldsymbol{L}_s + \boldsymbol{A}_x^{\mathrm{T}}\boldsymbol{P}_x\boldsymbol{A}_x + \boldsymbol{A}_G^{\mathrm{T}}\boldsymbol{P}_G\boldsymbol{A}_G \\
\boldsymbol{N}_{12} &= \boldsymbol{N}_{21}^{\mathrm{T}} = \boldsymbol{A}_r^{\mathrm{T}}\boldsymbol{P}_G\boldsymbol{B}_G + \boldsymbol{A}_s^{\mathrm{T}}\boldsymbol{P}_G\boldsymbol{B}_G + \boldsymbol{A}_x^{\mathrm{T}}\boldsymbol{P}_G\boldsymbol{B}_G \\
\boldsymbol{N}_{22} &= \boldsymbol{B}_G^{\mathrm{T}}\boldsymbol{P}_G\boldsymbol{B}_G
\end{aligned}\right\} \tag{13-262}
$$

按(13-212)~(13-216)式解算上式,求得未知数 dx,转换参数 $\hat{y}$,联系数 k 及精度。单位权方差估值

$$
\hat{\sigma}_0^2 = \frac{\boldsymbol{V}_r^{\mathrm{T}}\boldsymbol{P}_r\boldsymbol{V}_r + \boldsymbol{V}_s^{\mathrm{T}}\boldsymbol{P}_s\boldsymbol{V}_s + \boldsymbol{V}_x^{\mathrm{T}}\boldsymbol{P}_x\boldsymbol{V}_x + \boldsymbol{V}_G^{\mathrm{T}}\boldsymbol{P}_G\boldsymbol{V}_G}{N_r + N_s + 2N_x + 2N_G + r_c - t_\xi - t_x - t_{\hat{y}}} \tag{13-263}
$$

式中,N_r 为水平方向观测数,N_s 为边长观测数,N_x 为重合点数,N_G 为 GPS 点数,r_C 为约束条件数,t_ξ 为定向角未知数个数,t_x 为坐标未知数个数,$t_{\hat{y}}$为转换参数个数。

为进行精度评定,还可求出坐标未知数的权系数阵 $\boldsymbol{Q}_{\Delta x \Delta y}$,并可绘出点位误差椭圆或相对点位误差椭圆;还可对其他平差值函数,比如边长等进行精度评定。

同样,应对转换参数 dα 及 dk 进行显著性检验,这同 13.5.2 中 3 节的转换参数的显著性检验相同,此不赘述。

3. 在二维平面直角坐标系中平差模式二的数学模型

模式二的基本要点是,先在 WGS-84 系中对 GPS 网进行三维无约束预平差,然后再把预平差得到的三维坐标及其随机信息转换到二维平面坐标系中,得到二维平面坐标$(xy)_{ls}$及其方差-协方差,把它们作为虚拟观测值,再同归化到同一平面坐标系中的地面网观测值一起建立平差的数学模型。具体计算步骤如下:

(1)在 WGS-84 系中纯 GPS 三维网无约束平差

按 13.5.2 建立平差的函数模型和随机模型,并进行三维无约束平差,平差后得到 WGS-84 系中的 GPS 三维坐标及其方差-协方差阵。很显然,这时的方差-协方差阵是个大型的满阵。

(2)GPS 将三维坐标平差结果整体转换到二维平面坐标系

按空间网与地面网观测值合并的理论,依

$$
(X,Y,Z) \rightarrow (B,L,H) \rightarrow (x,y) \tag{13-264}
$$

的方法将三维直角坐标换算成平面坐标,按

$$
\boldsymbol{D}_{XYZ} \rightarrow \boldsymbol{D}_{BLH} \rightarrow \boldsymbol{D}_{xy} \tag{13-265}
$$

的方法将三维直角坐标随机模型换算成二维平面直角坐标随机模型。这些公式前面已经介绍,此不再赘述。

(3)以 GPS 各点平面坐标对固定点平面坐标之差作为虚拟观测值列立误差方程式:

$$
\begin{bmatrix} V_{\Delta x} \\ V_{\Delta y} \end{bmatrix}_{0j}^{(s)} = \begin{bmatrix} \mathrm{d}x \\ \mathrm{d}y \end{bmatrix}_j + \begin{bmatrix} \Delta y \\ -\Delta x \end{bmatrix}_{oj} \mathrm{d}\alpha + \begin{bmatrix} \Delta x \\ \Delta y \end{bmatrix}_{oj} \mathrm{d}\boldsymbol{\kappa} + \begin{bmatrix} L_{\Delta x} \\ L_{\Delta y} \end{bmatrix}_{oj} \tag{13-266}
$$

并按已取得的协方差阵定权。

(4)对地面重合点平面坐标差也列出误差方程式:

$$
\begin{bmatrix} V_{\Delta x} \\ V_{\Delta y} \end{bmatrix}_{oj}^{(g)} = \begin{bmatrix} \mathrm{d}x \\ \mathrm{d}y \end{bmatrix}_j + \begin{bmatrix} L_{\Delta x} \\ L_{\Delta y} \end{bmatrix}_{oj} \tag{13-267}
$$

并按已取得的协方差阵定权。

(5)地面网观测的水平方向、边长等误差方程式以及固定量约束条件方程

这些方程均与模式一相同,其解法亦同,不再赘述。

4. 在二维椭球面上平差数学模型

这时只需将空间网与地面网两类观测值都转换到同一参考椭球面上,即可在此系内建立联合平差的数学模型。由此可见,有许多公式与在三维参心大地坐标系平差中的公式是相似的。

GPS 基线向量观测值误差方程式同(13-196)式。

水平方向 r 误差方程式的建立,由于方向观测值 r_{ij} 及大地方位角 A_{ij} 有关系式:

$$\hat{r}_{ij} = r_{ij} + v_{ij} = -\hat{Z}_i + A_{ij} \tag{13-268}$$

于是有

$$v_{rij} = -\mathrm{d}\xi_i + \mathrm{d}A_{ij} + l_{rij} \tag{13-269}$$

式中

$$L_{rij} = -Z_i^0 + A_{ij}^0 - r_{ij} \tag{13-270}$$

由赫尔默特第一类微分公式可知:

$$\mathrm{d}A_{ij} = \left(\frac{\mathrm{d}m}{\mathrm{d}s}\right)_j \frac{M_i}{m}\sin A_{ij}^0 \mathrm{d}B_i + \frac{M_j}{m}\sin A_{ji}^0 \mathrm{d}B_j + \frac{N_j}{m}\cos A_{ji}^0 \cos B_j^0 (\mathrm{d}L_i - \mathrm{d}L_j) \tag{13-271}$$

式中

$$\left.\begin{aligned} m &= R_j \sin(s_{ij}^0/R_j) \\ (\mathrm{d}m/\mathrm{d}s)_j &= \cos(s_{ij}^0/R_j) \end{aligned}\right\} \tag{13-272}$$

引入如下符号:

$$\left.\begin{aligned} a_{ij} &= (\mathrm{d}m/\mathrm{d}s)_j (M_j/m) \sin A_{ij}^0 \\ b_{ij} &= (N_j/m) \cos A_{ji}^0 \cos B_j^0 \\ c_{ij} &= (M_j/m) \sin A_{ji}^0 \end{aligned}\right\} \tag{13-273}$$

最后得椭球面上水平方向误差方程式:

$$v_{rij} = -\mathrm{d}\xi_i + a_{ij}\mathrm{d}B_i + b_{ij}\mathrm{d}L_i + c_{ij}\mathrm{d}B_j - b_{ij}\mathrm{d}L_j + L_{rij} \tag{13-274}$$

以上诸式中:A^0,B^0 及 L^0 分别是大地方位角、大地纬度及大地经度近似值;M,N 是子午圈和卯酉圈曲率半径;R 是地球平均曲率半径;m 是大地线归化长度;s^0 是大地线长度近似值。

同理,对归算到椭球面上边长误差方程式有

$$v_{sij} = a_{sij}\mathrm{d}B_i + b_{sij}\mathrm{d}L_i + c_{sij}\mathrm{d}B_j - b_{sij}\mathrm{d}L_j + L_{sij} \tag{13-275}$$

式中

$$\left.\begin{aligned} a_{sij} &= -M_i \cos A_{ij}^0 \\ b_{sij} &= N_j \cos B_j^0 \sin A_{ji}^0 \\ c_{sij} &= -M_j \cos A_{ji}^0 \\ L_{sij} &= S_{ij}^0 - S_{ij} \end{aligned}\right\} \tag{13-276}$$

对已知大地方位角 A_{ij} 及基准边长 s_{ij},应列出约束条件方程,分别有

$$a_{ij}\mathrm{d}B_i + b_{ij}\mathrm{d}L_i + c_{ij}\mathrm{d}B_j - b_{ij}\mathrm{d}L_j + w_A = 0 \tag{13-277}$$

式中 $w_A = A_{ij}^0 - A_{ij}$

$$a_{sij}\mathrm{d}B_i + b_{sij}\mathrm{d}L_i + c_{sij}\mathrm{d}B_j - b_{sij}\mathrm{d}L_j + w_s = 0 \tag{13-278}$$

式中 $w_s = s_{ij}^0 - s_{ij}$。

观测值的随机模型的确定可仿前,不赘述。

此外,GPS 基线向量网与地面网在二维椭球面上进行联合平差也可采用在三维参心大地坐标系中进行联合平差的全部数学模型,但加以大地高改正数为 0 的约束条件,即(13-205)式,按带有约束条件的间接平差实行三维大地坐标系平差模型向二维椭球面平差模型转换的方式进行。

5. GPS 网与地面网联合平差数学模型的比较

当 GPS 网与地面网联合平差时,我们应对 GPS 基线向量网与地面网三维联合平差和二维联合平差进行综合比较,以期对其有一全面简明的认识。

1)三维联合平差特点

(1)三维联合平差模型中综合利用了除重力测量以外的 GPS 网及地面网中的所有观测值,因而解决了平面位置与高程位置统一的解法,克服了经典作法的一些缺点。由于地面网常规观测值(方向、边长、天顶距等)与坐标系无关,只有 GPS 观测值与坐标系有关,因而在这些联合平差数学模型中只存在 GPS 基线向量的模型转换,而这种转换关系是函数确定性的问题,是容易理解和实现的。此外,它不存在分带和邻带连接等问题。

(2)三维联合平差得到的结果是点的三维空间位置及其精度,这对点位及其各分量的全面分析和研究是极有利的。特别是三维大地坐标系中联合平差,很容易地把点的平面位置(B,L)和高程位置(H)分开,进而可利用大地坐标(B,L)按高斯投影公式计算高斯平面坐标或施工坐标,这对工程测量应用成果来说,也是方便和实用的。

(3)三维联合平差模型可在不同约束条件下实现平差模型的转换。如在三维参心空间直角坐标系的三维联合平差模型,可在固定高程约束条件(13-193)式下,使平差模型变为二维平差模型,并且由平差结果还可求出第三分量,因从(13-193)式可得,当 $B\neq 0$ 时有

$$dZ = -\cot B\cos L dX - \cot B\sin L dY \tag{13-279}$$

如果在大地经、纬度固定约束条件(13-190),(13-191)式下,可使三维联合平差模型转变为一维平差模型。因此,三维联合平差模型是一个多功能的可实现平差模型转换的高级平差系统。

(4)三维联合平差时,需要地面点有相应精度要求的大地高观测值,但这在某些情况下,目前尚难以实现。

2)二维联合平差特点

(1)这种平差方案中的数学模型是大家都比较熟悉和易于掌握的。如地面网观测值的误差方程及约束条件方程都是常规形式,GPS 基线向量误差方程式也远比三维时的简明。

(2)平差结果得到的是工程测量坐标系中的点位置及其精度,可直接用于工程测量各种目的,这对工作是方便的。

(3)二维联合平差软件比较容易编写,只在原平面网平差程序基础上增加 GPS 基线向量网这部分平差程序即可实现。

(4)二维联合平差模型中舍去了基线向量高程位置分量及地面网中有关高度角及水准测量等信息。但这对某些工程测量来说不是主要问题,因目前大多数工程测量还都是采取平面网和高程网分开处理的办法。此外,有时会遇到分带及邻带连接等问题。

综上所述,三维联合平差及二维联合平差都是理论上严密解法。只要地面点近似高程可以达到地面观测值归算的精度要求,那么由三维联合平差得到的平面位置及其精度与二维平差结果是相同的。故这两种平差手段均可在工程测量中使用,在某些情况下,也许二维平差方法对工程测量更实用些。

除上述的严密解法外,有人提出一些近似解法。比如,先用 GPS 基线向量求得两点间斜

距,利用斜距组成测距网,再同地面网联合处理;又如按 WGS-84 系的坐标(X,Y,Z)反算大地坐标(B,L,H),再用其计算出大地线长度和大地方位角,由大地方位角之差求出水平角,从而组成导线网再同地面网联合平差等。这些方法均不宜在精密工程测量中采用。

国内外广大测量工作者对 GPS 网与地面网数据联合处理的研究,虽已取得了许多重要成果,但目前仍有许多工作需要进一步进行研究,主要涉及到诸如可靠地确定不同类观测量的方差-协方差及权;编制优良性能的联合平差软件系统等。

6. 平差方案的选择

在当前,由于 GPS 测量已具有相当高的精度,已大大普及使用,无论是国家大地控制网还是工程测量控制网,一般都是采用 GPS 方法来建立,这时当然应该对 GPS 网进行单独平差,无需顾及已有的地面观测数据。

如果个别地区或工程需要用地面常规测量方法建立控制网,一般也是在 GPS 网控制下进行。这时应首先进行 GPS 网平差,然后再进行地面网平差,也就是说应首选分别平差的方案。当然也可以进行联合平差,但实施中有一些麻烦。

不论是分别独立平差还是联合平差,本节所介绍的基本原理都是适用的,只是要正确地选择其中所需要的数学模型。

13.6 工程控制网数据库系统设计概念

控制点是空间信息的位置基准,控制网中的大量数据是地表重要的几何信息,在城市规划与管理、工程设计和施工及运行管理等各方面都具有重要意义,采用数据库系统对这些数据进行管理和处理是非常必要的。一般来说,建立一个控制网数据库系统需要经过下述各阶段的工作。

13.6.1 分析阶段

在设计专业数据库之前,首先需要确定该数据库应具备哪些功能,存放哪些信息,输出何种结果。设计控制网数据库,其目的是为了更好地对控制网的各种数据进行处理和管理,更好地为科学研究和工程建设提供必要的数据资料。其功能应包括:观测数据的录入和存储、数据平差处理、各类数据的查询和报表输出。考虑到我国的国情,各种数据的属性、名称、备注等应采用汉字表示,人机对话用汉字提示,以便使用。

13.6.2 设计阶段

分析阶段是解决系统应完成的功能,设计阶段则是解决如何实现系统的预期目标,并逐步和计算机结合起来,确定系统的结构和采用的程序设计语言,为进一步编写程序奠定基础。

1. 确定程序设计语言

随着计算机软件的迅速发展,出现了多种功能很强的高级程序设计语言,如 Quick BASIC,FORTRAN,C,C++,DBASE,FOXBASE 等。但每种语言都有其优点和不足,选用哪种语言作为程序设计语言应根据工作要求来决定。对于控制网数据库,一方面需要大量的数据管理工作,另一方面还需要大量的平差计算工作,因而可采用 FOXBASE 和 Quick BASIC(或 FORTRAN,C,C++)两种语言进行程序设计,利用 FOXBASE 编写数据管理程序,用 Quick BASIC 编写平差计算程序,用批处理方式将两部分统一为整体而构成完善的控制网数据库。

2. 总体设计

总体设计旨在确定系统的模块结构。根据控制网数据库的功能特性,可得出如图 13-11 所示的总体框图。在该总体框图中,将整个数据库系统划分为七个大模块,在各个大模块中又分为多个小模块,每个模块相互独立,这样各个模块可以独立地编写、调试和修改,从而使复杂的研制工作得以简化,并可由多人分工合作共同完成。

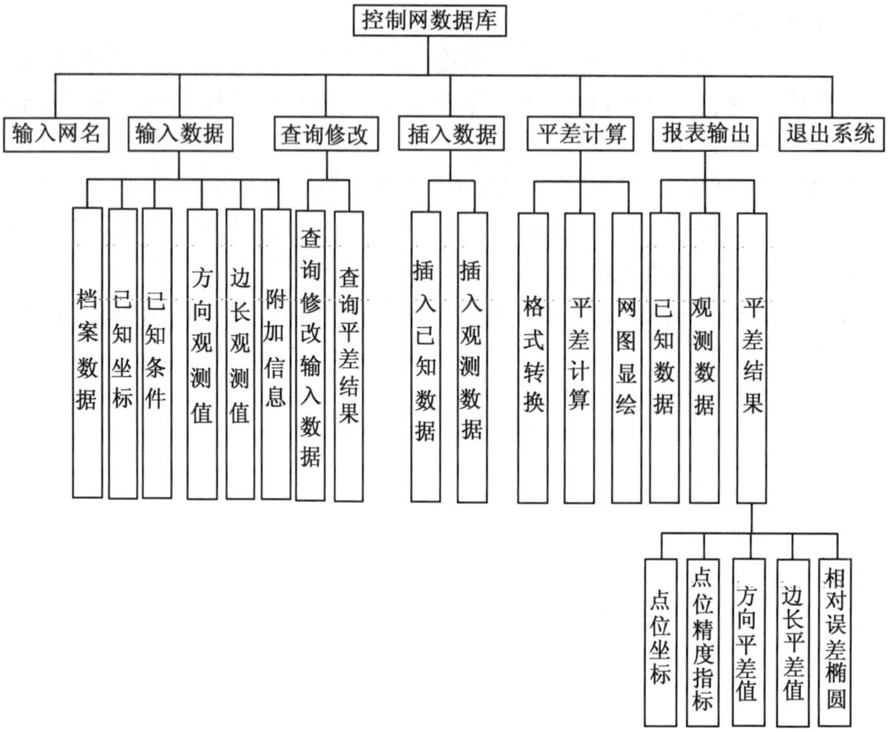

图 13-11

3. 细部设计

细部设计是根据总体设计的模块进一步具体化,主要分为输入设计、数据处理设计、输出设计和数据编辑设计。控制网数据输入设计是根据控制测量的特点,结合数据处理的算法要求,设计合适的库结构和直观方便的输入格式。通常可将需要输入的数据划分为档案数据、已知坐标、观测方向、观测边长、已知条件(固定方位角或基线)、附加信息等项目。数据处理设计是关于数据处理的算法、数据处理与管理连接方式等的设计。由于大多数数据库语言运算能力较弱,加之在数据库系统应用之前,已有用 BASIC(或 FORTRAN)编写的平差计算程序,因而可选择已有软件作为数据处理部分的骨架,再结合数据库系统的要求对其进行修改,这样既利用了已有的软件成果,缩短了系统的研制周期,减轻了程序设计工作量,又充分利用了各种语言的特点。数据输出设计是根据系统最终应输出哪些资料而设计的相应的输出方式和输出内容。通常输出方式有屏幕显示、打印机打印、绘图仪绘制等;输出内容则分为文档、数据、图形等。控制网数据库输出可设计专用的输出模块输出有关数据的报表,要求具有汉字标题并分页打印;数据编辑设计是根据数据的存放形式进行人机交互查询、修改、删除、插入有关数据的设计,其中任意组合条件查询是该模块的关键。

13.6.3 编写与测试

编写程序就是将模块内容转换成某种语言表达的源程序，其目标是写出逻辑上正确而又易于阅读和理解的程序。为了验证程序的正确性，应对程序进行全面测试，测试用例应有输入数据和预期的输出结果，即在程序执行之前，应对预期的输出有明确的描述，测试后就可将程序的输出结果进行对照检查。如果不预先确定预期的输出，就可能把似乎是正确而实际是错误的结果当成正确的结果，达不到测试目的。

13.6.4 运行与维护

一个数据库系统经过充分测试确认合格后，即可投入运行。在运行的同时还需要对数据库中的数据进行维护，删除过时无用的数据，追加新增数据，同时做好文档库的记载，使数据库始终处于最新的正确状态。

对控制网数据采用数据库方式在计算机上进行处理和管理，可方便地为工程建设与管理提供各类数据，比人工管理资料具有明显的优越性。

13.6.5 控制网数据库实例

控制网数据库的设计过程已于前面叙述，下面则给出一个用汉化 FOXBASE 和 Quick BASIC 为主语言的控制网数据库运行过程。

在操作系统下键入系统名称 NET 就进入系统主菜单：

控制网数据库

1. 输入网名
2. 输入数据
3. 查询修改
4. 插入数据
5. 平差计算
6. 报表输出
7. 退出系统

选择 1 则进入输入数据子菜单：

输入数据子菜单

1. 控制网建库
2. 输入点名点号
3. 输入网形参数
4. 输入已知坐标
5. 输入已知条件
6. 输入附加信息
7. 输入方向值
8. 输入边长值
9. 返回主菜单

在主菜单下选择 6 则进入输出数据菜单：

输出数据子菜单

1. 输出已知数据
2. 平差结果入库
3. 输出平差结果
4. 退回主菜单

再选择 3 则进入输出平差结果菜单：

输出平差结果

1. 平差坐标
2. 方向平差值
3. 边长平差值
4. 点位误差椭圆
5. 相对误差椭圆
6. 退回上级菜单

再选择 6 则打印输出如表 13-1 所示的数据报表。

表 13-1　　**两点间相对量**

测站点名	点号	照准点名	点号	方位角 ° ′ ″	中误差/″	边长值/m	中误差/cm	相对误差	长轴 E/cm	短轴 F/cm	长轴方位 T ° ′ ″
屯营	1	驼山	8	54 40 59.52	0.350	2 579.999 0	0.322	1/800 100	0.467	0.278	170 25 17.8
屯营	1	东镇	5	95 54 29.42	0.425	1 865.773 0	0.303	1/616 600	0.398	0.285	27 02 50.4
屯营	1	柳桥	4	149 23 26.02	0.460	2 070.117 7	0.378	1/547 500	0.463	0.377	66 33 31.7
红塔	2	北山	10	48 23 49.46	0.777	2 021.911 1	0.420	1/481 000	0.770	0.405	148 13 57.7
红塔	2	驼山	8	97 37 03.14	0.581	1 611.788 0	0.299	1/538 200	0.467	0.278	170 25 17.8
红塔	2	东镇	5	144 31 17.16	0.334	2 323.793 2	0.313	1/743 200	0.390	0.285	27 02 50.4
杨沟	3	沙河	12	350 03 56.50	0.501	2 023.033 4	0.413	1/490 000	0.492	0.413	83 17 45.9
杨沟	3	七岩	6	245 18 23.08	0.562	3 419.105 2	0.452	1/756 500	0.946	0.421	166 28 31.1
杨沟	3	清河	7	281 24 54.76	0.455	2 408.174 8	0.377	1/638 700	0.533	0.375	5 05 19.6
柳桥	4	东镇	5	26 42 36.58	0.531	1 784.938 6	0.357	1/499 400	0.460	0.356	111 14 53.5
柳桥	4	七岩	6	83 29 25.11	0.887	2 159.705 3	0.403	1/535 300	0.937	0.384	165 07 14.5
东镇	5	驼山	8	8 25 54.47	0.481	1 697.025 3	0.546	1/310 500	0.549	0.393	1 04 22.4
东镇	5	清河	7	75 06 52.00	0.512	2 161.951 7	0.502	1/430 400	0.570	0.464	20 28 17.3
东镇	5	七岩	6	135 07 49.55	0.631	1 904.324 2	0.840	1/226 600	0.920	0.446	162 53 11.6
清河	7	驼山	8	301 23 45.08	0.506	2 156.262 0	0.512	1/421 000	0.606	0.417	168 54 55.9
清河	7	云门	11	0 18 32.68	0.590	1 577.550 4	0.982	1/160 500	0.988	0.439	173 27 11.8
清河	7	沙河	12	52 59 41.27	0.498	2 518.876 2	0.397	1/633 600	0.609	0.396	147 14 27.9

主要参考文献

[1] 孔祥元,郭际明．控制测量学(上册)．第三版．武汉:武汉大学出版社,2006

[2] 孔祥元,郭际明．控制测量学(下册)．第三版．武汉:武汉大学出版社,2006

[3] 孔祥元,郭际明,刘宗泉．大地测量学基础．第二版．武汉:武汉大学出版社,2011

[4] 宁津生,陈俊勇,李德仁,刘经南,张祖勋．测绘学概论．武汉:武汉大学出版社,2004

[5] 施一民．现代大地控制测量．北京:测绘出版社,2003

[6] 徐正阳,刘振华,吴国良．大地控制测量学．北京:解放军出版社,1992

[7] 管泽霖,宁津生．地球形状与外部重力场(上、下册)．北京:测绘出版社,1981

[8] 管泽霖,宁津生．地球重力场在工程测量中的应用．北京:测绘出版社,1990

[9] 熊介．椭球大地测量学．北京:解放军出版社,1988

[10] 陈健,簿志鹏．应用大地测量学．北京:测绘出版社,1989

[11] 陈健,晁定波．椭球大地测量学．北京:测绘出版社,1989

[12] 朱华统．常用大地测量坐标系及其换算．北京:解放军出版社,1990

[13] 周忠谟,易杰军,周琪．GPS 卫星测量原理与应用(修订版)．北京:测绘出版社,1997

[14] 胡明城．现代大地测量学的理论及其应用．北京:测绘出版社,2003

[15] 梁振英,董鸿闻,姬恒炼．精密水准测量的理论和实践．北京:测绘出版社,2004

[16] 李征航．空间大地测量理论基础．武汉:武汉测绘科技大学出版社,1998

[17] B. H. 巴兰诺夫．温学龄,张先觉译．宇宙大地测量学．北京:解放军出版社,1989

[18] 杨启和．地图投影变换原理与方法．北京:解放军出版社,1989

[19] 崔希璋,於宗俦,陶本藻,刘大杰等．广义测量平差．武汉:武汉测绘科技大学出版社,2001

[20] 武汉大学测绘学院测量平差学科组．误差理论与测量平差基础．武汉:武汉大学出版社,2003

[21] 黄维彬．近代平差理论及其应用．北京:解放军出版社,1992

[22] 郑慧娆,陈绍林,莫忠息,黄象鼎．数值计算方法．武汉:武汉大学出版社,2002

[23] 张正禄等．工程测量学．武汉:武汉大学出版社,2005

[24] 吴翼麟,孔祥元．特种精密工程测量．北京:测绘出版社,1992

[25] 何平安,翁兴涛,贺赛先．测绘仪器研究文集．武汉:武汉大学出版社,2001

[26] 鲍利沙柯夫．孔祥元译．精密工程测量的仪器与方法．北京:测绘出版社,1983

[27] P. Vanice k, E. Krakiwsky. Geodesy-The Concepts. Second Edition Elsevier, 1986

[28] Wolfgang Torge Geodesy. Second Edition Berlin. New York, 1991

[29] V. D. Bolsakov, F. Deumlich. Elektronische streckenmessung. VEB Verlag fur Bauwesen Berlin, 1985

[30] J. M. Rueger. Electronic Distance Measurement an Introduction. Springer-Verlag, 1990

[31] A. Leick. GPS SATELLITE SURVEYING.《JOHN WILEY SOWS》. 1990
[32] GUO jiming Foundation of Geodesy. Wuhan University. 2005
[33] В. П. МОЗОВ. КУРС СФЕРОИЧЕСКОЙ ГЕОДЕЗИИ. МОСКВА НЕДРА, 1979
[34] З. С. ХАЙМОВ. ОСНОВЫ ВЫСШЕЙ ГЕОДЕЗИИ. МОСКВА НЕДРА, 1984
[35] М. М. МАШИМОВ УРАВНИВАНИЕ ГЕОДЕЗИЧЕСКИХ. СЕТЕЙ. МОСКВА НЕДРА, 1979